annual reports
in organic
synthesis - 1997

ANNUAL REPORTS IN ORGANIC SYNTHESIS

ANNUAL REPORTS IN ORGANIC SYNTHESIS-1970
John McMurry and R. Bryan Miller, Eds.

ANNUAL REPORTS IN ORGANIC SYNTHESIS-1972
John McMurry and R. Bryan Miller, Eds.

ANNUAL REPORTS IN ORGANIC SYNTHESIS-1973
R. Bryan Miller and Louis S. Hegedus, Eds.
John McMurry, Series Editor

ANNUAL REPORTS IN ORGANIC SYNTHESIS-1974
Louis S. Hegedus and Stephen R. Wilson, Eds.
R. Bryan Miller, Series Editor

ANNUAL REPORTS IN ORGANIC SYNTHESIS-1975
R. Bryan Miller and L. G. Wade, Jr., Eds.

ANNUAL REPORTS IN ORGANIC SYNTHESIS-1976
R. Bryan Miller and L. G. Wade, Jr., Eds.

ANNUAL REPORTS IN ORGANIC SYNTHESIS-1978
L. G. Wade, Jr., and Martin J. O'Donnell, Eds.

ANNUAL REPORTS IN ORGANIC SYNTHESIS-1980
L. G. Wade, Jr., and Martin J. O'Donnell, Eds.

ANNUAL REPORTS IN ORGANIC SYNTHESIS-1981
L. G. Wade, Jr., and Martin J. O'Donnell, Eds.

ANNUAL REPORTS IN ORGANIC SYNTHESIS-1982
L. G. Wade, Jr., and Martin J. O'Donnell, Eds.

ANNUAL REPORTS IN ORGANIC SYNTHESIS-1983
Martin J. O'Donnell and Louis Weiss, Eds.

ANNUAL REPORTS IN ORGANIC SYNTHESIS-1984
Martin J. O'Donnell and Louis Weiss, Eds.

ANNUAL REPORTS IN ORGANIC SYNTHESIS-1985
Martin J. O'Donnell and Eric F. V. Scriven, Eds.

ANNUAL REPORTS IN ORGANIC SYNTHESIS-1986
Eric F. V. Scriven and Kenneth Turnbull, Eds.

ANNUAL REPORTS IN ORGANIC SYNTHESIS-1987
Eric F. V. Scriven and Kenneth Turnbull, Eds.

ANNUAL REPORTS IN ORGANIC SYNTHESIS-1989
Kenneth Turnbull and Daniel M. Ketcha, Eds.

ANNUAL REPORTS IN ORGANIC SYNTHESIS-1990
Kenneth Turnbull, Philip M. Weintraub, Daniel M. Ketcha,
and James Keay, Eds.

ANNUAL REPORTS IN ORGANIC SYNTHESIS-1991
Philip M. Weintraub and Kenneth Turnbull, Eds.

ANNUAL REPORTS IN ORGANIC SYNTHESIS-1992
Philip M. Weintraub, Kenneth Turnbull,
Daniel M. Ketcha, and Raymond Gross, Eds.

ANNUAL REPORTS IN ORGANIC SYNTHESIS-1993
Philip M. Weintraub, Kenneth Turnbull,
Daniel M. Ketcha, Raymond S. Gross, and Tony Yantao Zhang, Eds.

ANNUAL REPORTS IN ORGANIC SYNTHESIS-1994
Philip M. Weintraub, Kenneth Turnbull,
Daniel M. Ketcha, Raymond S. Gross, and Tony Yantao Zhang, Eds.

ANNUAL REPORTS IN ORGANIC SYNTHESIS-1995
Philip M. Weintraub, Kenneth Turnbull,
Daniel M. Ketcha, Raymond S. Gross, and Tony Yantao Zhang, Eds.

ANNUAL REPORTS IN ORGANIC SYNTHESIS-1996
Philip M. Weintraub, Kenneth Turnbull,
Daniel M. Ketcha, Raymond S. Gross, and Gary W. Morrow, Eds.

annual reports in organic synthesis – 1997

edited by

Philip M. Weintraub
Marion Merrell Dow
Research Institute
Cincinnati, Ohio

Daniel M. Ketcha
Wright State University
Dayton, Ohio

Gary W. Morrow
University of Dayton
Dayton, Ohio

Kenneth Turnbull
Wright State University
Dayton, Ohio

Raymond S. Gross
Marion Merrell Dow
Research Institute
Cincinnati, Ohio

ACADEMIC PRESS
San Diego   London   Boston   New York   Sydney   Tokyo   Toronto

This book is printed on acid-free paper. ∞

Copyright © 1997 by ACADEMIC PRESS

All Rights Reserved.
No part of this publication may be reproduced or transmitted in any form or by any means, electronic or mechanical, including photocopy, recording, or any information storage and retrieval system, without permission in writing from the Publisher.
The appearance of the code at the bottom of the first page of a chapter in this book indicates the Publisher's consent that copies of the chapter may be made for personal or internal use of specific clients. This consent is given on the condition, however, that the copier pay the stated per copy fee through the Copyright Clearance Center, Inc. (222 Rosewood Drive, Danvers, Massachusetts 01923), for copying beyond that permitted by Sections 107 or 108 of the U.S. Copyright Law. This consent does not extend to other kinds of copying, such as copying for general distribution, for advertising or promotional purposes, for creating new collective works, or for resale. Copy fees for pre-1997 chapters are as shown on the title pages. If no fee code appears on the title page, the copy fee is the same as for current chapters.
0066-409X/97 $25.00

Academic Press
a division of Harcourt Brace & Company
525 B Street, Suite 1900, San Diego, California 92101-4495, USA
http://www.apnet.com

Academic Press Limited
24-28 Oval Road, London NW1 7DX, UK
http://www.hbuk.co.uk/ap/

International Standard Book Number: 0-12-040827-9

PRINTED IN THE UNITED STATES OF AMERICA
97 98 99 00 01 02 MM 9 8 7 6 5 4 3 2 1

Contents

PREFACE	ix
JOURNALS ABSTRACTED	xiii
GLOSSARY OF ABBREVIATIONS	xv

I. CARBON–CARBON BOND FORMING REACTIONS

A. Carbon-Carbon Single Bonds (see also: I.E., I.F., I.G., I.H.) ... 1
    1. Alkylations of Aldehydes, Ketones, and their Derivatives ... 1
    2. Alkylations of Nitriles, Acids and Acid Derivatives ... 3
    3. Alkylations of β-Dicarbonyl, β-Cyanocarbonyl Systems, and Other Active Methylene Compounds ... 8
    4. Alkylations of N-, P-, S-, Se and Similar Stabilized Carbanions ... 11
    5. Alkylations of Organometallic and Related Reagents (see also: I.B.3., I.B.4., I.F., I.G.) ... 13
    6. Other Alkylation Procedures ... 19
    7. Nucleophilic Addition to Electrophilic Carbon ... 20
        a. 1,2-Additions ... 20
            (1) Aldol-Type 1,2 Additions ... 20
            (2) Addition of N-, P-, S-, Se and Similar Stabilized Carbanions ... 27
            (3) Addition of Organometallic and Related Species ... 28
            (4) Other 1,2-Additions ... 41
        b. Conjugate Additions ... 45
            (1) Enolate-Type Carbanions ... 45
            (2) Organometallic and Related Reagents ... 49
            (3) Other Conjugate Additions ... 56
    8. Other Carbon-Carbon Single Bond Forming Reactions ... 60

B. Carbon-Carbon Double Bonds (See also: I.E.1) ... 66
    1. Wittig-Type Olefination Reactions ... 66
    2. Eliminations ... 69
        a. Alcohols and Derivatives ... 69
        b. Halides ... 70
        c. Other Eliminations ... 71
    3. Other Carbon-Carbon Double Bond Forming Reactions ... 73
    4. Vinylations ... 78
    5. Allene Forming Reactions ... 83

C. Carbon-Carbon Triple Bonds ... 85

D. Cyclopropanations ... 87
    1. Carbene or Carbenoid Additions to a Multiple Bond ... 87
    2. Other Cyclopropanations ... 89

E. Thermal and Photochemical Reactions ... 92
    1. Cycloadditions ... 92
    2. Other Thermal Reactions ... 109
    3. Photochemical Reactions ... 110

F. Aromatic Substitutions Forming a New Carbon-Carbon Bond ... 117
    1. Friedel-Crafts Type Aromatic Substitution Reactions ... 117
    2. Coupling Reactions to Form an Aromatic-Aromatic Bond ... 121

3. Other Aromatic Substitutions and Preparations.............. 125
G. Synthesis via Organometallics.. 133
   1. Synthesis via Organoboranes.. 133
   2. Carbonylation Reactions... 134
   3. Other Syntheses via Organometallics............................ 137
H. Rearrangements.. 138
   1. Claisen, Cope and Similar Processes............................ 138
   2. Other Rearrangements.. 143

II. OXIDATIONS
A. C-O Oxidations 153
   1. Alcohol → Ketone, Aldehyde.. 153
   2. Alcohol, Aldehydes → Acids, Esters............................ 155
B. C-H Oxidations... 156
   1. C-H → C-O... 156
   2. C-H → C-Hal.. 159
C. C-N Oxidations... 160
D. Amine Oxidations.. 160
E. Sulfur Oxidations... 161
F. Oxidative Additions to C-C Multiple Bonds....................... 163
   1. Epoxidations... 163
   2. Hydroxylations... 166
   3. Other Oxidative Additions to C-C Multiple Bonds.... 167
G. Phenol-Quinone Oxidation.. 169
H. Dehydrogenation.. 171
I. Other Oxidations.. 172

III. REDUCTIONS
A. C=O Reductions (see also III.F.1).. 176
B. C-N Multiple Bond Reductions... 182
   1. Imine Reductions... 182
   2. Reductions of Heterocycles.. 187
C. Reduction os Sulfur Compounds... 185
D. N-O Reductions.. 185
E. C-C Multiple Bond Reductions... 186
   1. C=C Reductions... 186
   2. C≡C Reductions... 189
F. Hetero Bond Reductions... 190
   1. C-O → C-H... 190
   2. C-Hal → C-H.. 192
   3. C-S → C-H.. 194
G. Reductive Cleavages.. 195
   1. Oxiranes... 195
   2. N-O Cleavages.. 196
   3. Other Reductive Cleavages.. 196
H. Reduction of Azides... 196
I. Other Reductions.. 197

IV. SYNTHESIS OF HETEROCYCLES

- A. Oxiranes, Aziridines, and Thiiranes 199
- B. Oxetanes, Azetidines, and Thietanes 203
- C. Lactams 205
- D. Lactones 211
- E. Furans and Thiophenes 218
- F. Pyrroles, Indoles, etc. 225
- G. Pyridines, Quinolines, etc. 237
- H. Pyrans, Pyrones, and Sulfur Analogues 245
- I. Other Heterocycles with One Heteroatom 251
- J. Heterocycles with a Bridgehead Heteroatom 255
- K. Heterocycles with Two or More Heteroatoms 260
  1. Heterocycles with 2 N's 260
     - a. 5-Membered 260
     - b. 6-Membered 264
     - c. 7-Membered 265
  2. Heterocycles with 2 O's or 2 S's 267
  3. Heterocycles with 1 N and 1 O 269
  4. Heterocycles with 1 N and 1 S 274
  5. Heterocycles with 1 O and 1 S 276
  6. Heterocycles with 3 or more N's 277
  7. Heterocycles with 2 N's and 1 O 279
  8. Heterocycles with 2 N's and 1 S or 1 Se 280
- L. Other Heterocyles 281
- M. Reviews 283

V. PROTECTING GROUPS

- A. Aldehyde and Ketone Protecting Groups 290
- B. Amino Acid Protection 292
- C. Amine Protecting Groups 294
- D. Carboxyl Protecting Groups 296
- E. Hydroxyl Protecting Groups 298
- F. Other Protecting Groups 302

VI. USEFUL SYNTHETIC PREPARATIONS

- A. Functional Group Preparations 303
  1. Acetals and Ketals 303
  2. Acids and Anhydrides (see also: I.G.2.) 306
  3. Alcohols and Related Species (see also: II.B.1., III.A., V.E., VI.A.9.) 308
  4. Aldehydes and Ketones (see also: I.A.1., I.G.2., II.A.1 312
  5. Amides 316
  6. Amines and Carbamates 319
  7. Amino Acid Derivatives 324
  8. Azides 329
  9. Esters (see also: I.G.2., IV.D., V.D., VI.A.3) 331
  10. Ethers 334
  11. Halides (see also: II.B.2.) 335
  12. Nitriles and Imines 341
  13. Other N-Containing Functional Groups 344

	13. Other N-Containing Functional Groups	344
B.	Additions to Alkenes and Alkynes	347
C.	Nucleotides, etc.	350
D.	Phosphorus, Selenium and Tellurium Compounds	351
E.	Silicon Compounds	355
F.	Sulfur Compounds	357
G.	Tin Compounds	362

VII. REVIEWS

A.	Techniques	364
B.	Asymmetric Synthesis and Molecular Recognition	368
C.	Reactions	376
D.	Reactive Intermediates	379
E.	Organo-metallics and -metalloids	383
F.	Halogen Compounds and Halogenation (see also: VI.A.11.)	390
G.	Natural Products	392
H.	Others (see also: IV.M.)	398

VIII. SELECTED TOPICAL AREAS

A.	Fullerene Chemistry	407
	1. Diels-Alder Type Cycloadditions	407
	2. Other Cycloadditions	407
	3. Photochemical Reactions	408
	4. Other Fullerene Chemistry	409
B.	Taxol and Related Taxane Chemistry	414
C.	Enediyne and Dienediyne Chemistry	417
D.	Total Syntheses of Selected Natural Products (see also: VIII.B and VIII.C)	419
E.	Reactions in Aqueous Media	425
F.	Combinatorial Chemistry	426

AUTHOR INDEX 433

PREFACE

One of the more difficult problems facing chemists today is that of "keeping up with the literature." For several reasons, the problem is particularly severe for the synthetic organic chemist. Bits of information of potential use are scattered throughout common chemistry journals and can be found in any paper, not just those dealing strictly with synthesis. Thus, synthetic chemists must read a large number of journals and must organize and index what they read to make the information available for future reference. All synthetic chemists do this, but the task is becoming more difficult each year as the flow of information increases.

The problem, however, is shared to some extent by all. Most organic chemists are at some time faced with the problem of synthesizing a desired material, and for many the problems are formidable. Non-specialists faced with the synthetic problem are not likely to have kept pace with the developments in synthetic chemistry that may well solve their problems, and they will not have the necessary information in their files, despite the capabilities of on-line searching

Thus, we felt that an organized annual review of synthetically useful information would prove beneficial to nearly all organic chemists, both specialists and non-specialists in synthesis. It should help relieve some of the information storage burden of the specialist and should enable the non specialist who is seeking help with a specific problem to rapidly become aware of recent synthetic advances. Ideally also, it should appear as promptly as possible after the close of the abstracting period. As in the past years, we have placed particular emphasis on keeping the abstracts as concise as possible, while indicating the generality of the reactions involved. We have tried to combine similar publications into inclusive abstracts. This practice has allowed us to include a larger number of references without a substantial increase in the book's length. It should be noted that where multiple references are included in the abstract, the first mentioned refers to the equation shown. The remaining references are closely related but not identical. To further aid the readers, we have separated related but less similar references from that represented by the graphic by the phrase "see also:". We have allowed for two such separations per graphic. In a number of cases we have attempted to further elucidate the contents of these multiple references by including a statement below the graphic. If this statement is enclosed in square brackets [e.g. I.A.3-3 and I.A.5-18] then it pertains to data from the references following the lead reference. If no square brackets are employed (e.g. II.I-4 and III.F.1-5), then further information about the lead reference is being provided.

The year has been omitted from each reference as presumably all are from 1996. Any references from 1995 (journals received after our February 1 cutoff date) are noted appropriately. In an effort to be more space efficient, we have adopted letter abbreviations for the journal references from Katritzky's *Handbook of Heterocyclic Chemistry*. See the List of Abstracted Journals for definitions of these letter abbreviations; they are alphabetized by the abbreviations rather than the journal name. The name of the *Journal of Organic Chemistry (USSR)* was changed to the *Russian Journal of Organic Chemistry* which is reflected by the letter abbreviation RJOC.

In producing *Annual Reports in Organic Chemistry–1997*, we have abstracted 47 primary chemistry journals, selecting useful synthetic advances. We have tried to present the information in an organized manner, emphasizing rapid visual retrieval. The purpose of this emphasis is to aid the reader in scanning the book. The mind is capable of absorbing a whole picture in an instant, but is considerably slowed by having to read sentences. If the pictures presented catch the reader's interest, he or she should then seek details from the original paper. Only the common journals received by our libraries have been abstracted. Any journal received after February 1, 1996 will be covered in the next volume. We have also exercised selectivity in choosing which papers to abstract. Our general guidelines have been to include reactions and methods that are new, synthetically useful, or reasonably general.

The Author Index is based on the name of the senior author or sometimes the first author. No subject index is included because we feel the Table of Contents serves that function. Chapters I–III are organized by reaction type and, hopefully, the organization is self-explanatory; thus, there should be no difficulty in locating a new method of oxidation or a new cyclopropanation procedure. Chapter IV deals with methods of synthesizing heterocyclic systems. Where fused ring systems bearing multiple heterocyclic rings are synthesized, we have chosen to categorize the heterocyclic system by the ring formed in the reaction. Chapter V covers the use of protecting groups. Chapter VI deals with those synthetically useful transformations that do not fit easily into the first three chapters. In Chapter VII, the reviews have been divided into sections to help the reader to quickly find a review on a specific topic. Heterocyclic reviews may be found at the end of Chapter IV. Chapter VIII, Selected Topical Areas, was added to last year's Annual. We chose several areas that we felt were "hot" topics and collected titles of papers in these areas. While not an all-inclusive listing, we hope it will prove useful. We reorganized the section on Total Syntheses of Selected Natural Products (see VIII.D). The product names (with associated author and reference) have been sorted and grouped alphabetically to help the reader locate a particular compound as quickly as possible. To keep the *Annual* to a reasonable size, only one author is listed. We used our editorial prerogative to select from the many applicable syntheses. This year we added a section on "Reactions in Aqueous Media" (see VIII.E) to this chapter

Any undertaking of this type involves a series of compromises. We have chosen to emphasize reasonable cost and rapid visual retrieval of information at the admitted expense of detail and beauty.

Comments (negative or preferably positive) or suggestions from the reader will be well received by the senior editor.

Senior and Contributing Editor
Philip M. Weintraub

Contributing Editors
Kenneth Turnbull
Daniel M. Ketcha
Raymond S. Gross
Gary W. Morrow

JOURNALS ABSTRACTED

AA	Aldrichimica Acta
ACR	Accounts of Chemical Research
ACS	Acta Chemica Scandinavia
AG(E)	Angewandte Chemie International Edition in English
AJC	Australian Journal of Chemistry
BCJ	Bulletin of the Chemical Society of Japan
BSB	Bulletin de Societies Chimiques Belges
BSF	Bulletin de la Societie Chimique de France
CB	Chemische Berichte
CC	Journal of the Chemical Society Chemical Communications
CCC	Collection of Czechoslovakian Chemical Communications
CI(L)	Chemistry and Industry (London)
CJC	Canadian Journal of Chemistry
CL	Chemistry Letters
COS	Contemporary Organic Synthesis
CPB	Chemical and Pharmaceutical Bulletin
CRV	Chemical Reviews
CSR	Chemical Society Reviews
G	Gazzetta Chimica Italiana
H	Heterocycles
HCA	Helvetica Chimica Acta
JACS	Journal of the American Chemical Society
JCR(S)	Journal of Chemical Research (S)
JCS(P1)	Journal of the Chemical Society (Perkin I)
JCS(P2)	Journal of the Chemical Society (Perkin II)
JHC	Journal of Heterocyclic Chemistry
JMC	Journal of Medicinal Chemistry
JOC	Journal of Organic Chemistry
JOM	Journal of Organometallic Chemistry
JPR	Journal fur Praktische Chemie/Chemische Zeitung
LA	Liebigs Annalen der Chemie
M	Monatschefte fur Chemie
OM	Organometallics
OPP	Organic Preparations and Procedures International
OS	Organic Synthesis
RCR	Russian Chemical Reviews

RJOC	Russian Journal of Organic Chemistry
RTC	Recueil des Traveaux Chimiques des Pays-bas
S	Synthesis
SC	Synthetic Communications
SL	Synlett
ST	Steroids
T	Tetrahedron
TA	Tetrahedron Asymmetry
TCC	Topics in Current Chemistry
TL	Tetrahedron Letters

GLOSSARY OF ABBREVIATIONS

9-BBN	9-borabicyclo[3.3.1]nonane
18-Cr-6 = 8-C-6	18-crown-6
AA	amino acid
Ac	acetyl
acac	acetonylacetone
ad	adamantanyl
ADDP	1,1'-(azadicarbonyl)dipiperidine
AIBN	azobisisobutyronitrile
All	allyl
Alloc = ALOC	allyloxycarbonyl
An	*p*-anisyl
aq	aqueous
Ar	aryl
ATD	aluminum tris(2,6-di-*tert*-butyl-4-methylphenoxide)
ATPH	aluminum tris(2,6-diphenylphenoxide)
BCN	N-benzyloxycarbonyl-oxy-5-norbornene-2,3-dicarboximide
BDPP	(2*R*, 4*R*) or (2*S*, 4*S*) 2,4-bis(diphenylphosphino)pentane
BER	borohydride exchange resin
BINAL-H	LiAlH$_4$/ethanol/1,1'-bis-2-naphthol complex
BINAP = DINAP	2,2'-bis-(diphenylphosphino)-1,1'-binaphthyl
Bip	biphenyl-4-sulphonyl
BLA	Bronsted acid assisted chiral Lewis Acid
Bn	benzyl
Boc	*t*-butyloxycarbonyl
BOM	benzyloxymethyl
BPO	benzoyl peroxide
bpy	bipyridyl
BQ	benzoquinone
BSA	bovine serum albumin
BSA	*N,O*-bis(trimethylsilyl)acetamide
Bt	1- or 2-benzotriazolyl
BTEAC	benzyl triethylammonium chloride
BTFP	2-bromotrifluoroisoprene
BTIB	[bis(trifluoroacetoxy)iodo]benzene
BTMA	benzyltrimethyl ammonium
BTS	bis(trimethylsilyl)sulfate
BTSP	bis(trimethylsilyl) peroxide
Bu	butyl
Bz	benzoyl
CAN	ceric ammonium nitrate
cat.	catalyst
Cbz	benzyloxycarbonyl
CCE	constant current electrolysis
CHD	cyclohexadiene
Chx$_2$BI	dicyclohexyl iodoborane
cod	1,5-cyclooctadiene
cot	cyclooctatriene
Cp	cyclopentadienyl
CPTS	collidinium-*p*-toluenesulfonate
Cr-PILC	chromium-pillared clay catalyst
CRA	complex reducing agent
CSA	camphor sulfonic acid
CTAB	cetyl trimethyl-ammonium bromide
CTMS = TMCS	chlorotrimethylsilyl
Cy	cyclohexyl
Δ	heat
D	day
DABCO	1,4-diazabicyclo[2.2.2]octane
DAMFA	(diethylaminoethylene) hexafluoroacetylacetone

DAST diethylaminosulfurtrifluoride
DATMP diethylaluminum 2,2,6,6-tetramethylpiperidide
dba dibenzylidene acetone
DBAD di-*tert*-butylazodicarboxylate
DBH di-*tert*-butyl hyponitrite
DBS dibenzosuberyl
DBU 1,5-diazabicyclo[5.4.0]-undec-5-ene
DCA 9,10-dicyanoanthracene
DCB dichlorobenzene
DCC dicyclohexylcarbodiimide
DCE 1,2-dichloroethane
Dcpm dicyclopropylmethyl
DDQ 2,3-dichloro-5,6-dicyanobenzoquinone
de = d.e. diastereomeric excess
DEAD diethyl azodicarboxylate
DEPC diethyl cyanophosphoridate
DET diethyl tartrate
DHAP dihydroxyacetone phosphate
DHQD dihydroquinidine
DIAD diisopropylazodicarboxylate
DIB (diacetoxyiodo)benzene
DIBAH = DIBAL diisobutylaluminum hydride
DIOP 2,3-*O*-isopropylidene-2,3-dihydroxy-1,4-bis-(diphenylphosphino)-butane
dippp 1,3-bis(diisopropylphosphino)propane
DMA N,N-dimethylacetamide
DMAD dimethyl acetylene dicarboxylate
DMAP 4-(N,N-dimethyl)-aminopyridine
DMB 2,3-dimethylbuta-1,3-diene
DMD dimethyl dioxirane
DME dimethoxyethane
DMF dimethylformamide
DMI 1,3-dimethylimidazolidin-2-one
DMM dimethoxymethane
DMN 1,5-dimethoxynaphthalene
DMP 2,6-dimethylphenol
DMPS dimethylphenylsilyl
DMPU *N,N'*-dimethylpropyleneurea
DMSO dimethylsulfoxide
DMT 4,4'-dimethoxytrityl
DMTr dimethyltrityl
DPC diphenylphosphoro chloridate
DPDC diisopropyl peroxydicarbonate
DPDM diphenyl diazomethane
DPEDA 1,2-diphenylethane-1,2-diamine
DPPA diphenylphosphorazidate
dppb bis(1,4-diphenylphosphino)butane
dppe = DPPE bis(diphenylphosphino)ethane
dppf dichloro[1,1'-bis-(diphenylphosphinoferrocene)]
dppp 1,3-(diphenylphosphino)-propane
DPS *t*-butyldiphenylsilyl
dr diastereomeric ratio
ds diastereoselectivity
DTBB 4,4'-di-*tert*-butylbiphenyl
DTBP 2,6-di-*t*-butylpyidine
DTE dithioerythritol
E general electrophile
EDAC ethyldimethylaminopropylcarbodiimide
EDCI 1-[3-(trimethylamino)-propyl]-3-ethylcarbodiimde

GLOSSARY

EDCP ethylene dicarboxylic diphosphonic acid
EDTA ethylenediamine tetraacetic acid
ee = e.e. enantiomeric excess
en ethylene diamine
Et ethyl
EWG electron withdrawing group
F_c ferrocenyl
FDP fructose-1,6-diphosphate
FePHEN tris(1,10-phenanthroline)iron(III)hexafluorophosphate
fl flavin
flosyl = Fs fluorosulfonate
Fmoc 9-fluorenylmethoxycarbonyl
fod 6,6,7,7,8,8,8-heptafluoro-2,2-dimethyl-3,5-octanedione
Fs = flosyl fluorosulfonate
FTT 1-fluoro-2,4,6-trimethylpyridinium triflate
FVP flash vapor pyrolysis
Gr graphite
h hours
Hap hydroxyapatite
hfacac hexafluoroacetylacetone
HFIP 1,1,1,3,3,3-hexafluoro-2-propanol
HGK 4-hydroxy-2-ketoglutarate
Hmb 2-hydroxy-4-methoxybenzyl
HMDS 1,1,1,3,3,3-hexamethyldisilazane
HMPA = HMPT hexamethylphosphoramide
hν irradiation with light
HTIB [hydroxy(p-tolylsulfonyloxy)iodo]benzene
IBDA iodobenzene diacetate
IBX o-iodoxybenzoic acid

IDCP iodonium dicollidine perchlorate
INOC Intramolecular Nitrile Oxide Cycloaddition
Ipc2 diisopropylcamphyl
KMBA potassium N-methylbutyramide
L-selectride" lithium tri-^{s}butylborohydride
L.R. Lawesson's reagent
LAH lithium aluminum hydride
LDA lithium diisopropylamide
LDBB lithium 4,4'-^{t}butylbiphenylide
LDPE lithium perchlorate-diethyl ether
liq. liquid
LTMP lithium 2,2,6,6-tetramethylpiperidide
MABR methylaluminum bis(4-bromo-2,6-di-^{t}butylphenoxide)
MAD methylaluminum bis-(2,6-di-^{t}butyl-4-methylphenoxide)
MAPh methylaluminumbis(2,6-diphenoxide)
MBT 2-mercaptobenzothiazole
MCPBA m-chloroperbenzoic acid
MDB monopyridinium dichloromethanesulfonate
Me methyl
Mek methyl ethyl ketone
MEM β-methoxyethoxymethyl
MEPY methyl 2-pyrrolidone-5(S)-carboxylate
Mes = mesityl 2,4,6-trimethylphenyl
MMPP magnesium monoperoxyphthalate
MOM methoxymethyl
MPD 1-methylpyrrolidone
MPM methoxy(phenylthio)methyl

Mpm = PMB	p-methoxybenzyl	PhTRAP	2,2'-bis[1-(diphenylphosphino)ethyl]-1,1'-biferrocene
MS	molecular sieves		
Ms	methanesulfonyl		
MSA	methanesulfonic acid	pic	2-pyridinecarboxylate
MSH	o-mesitylenesulfonyl hydroxylamine	PIDA	phenyliodonium diacetate
		PIFA	phenyliodo bis-(trifluoroacetate)
MTO	methyltrioxorhenium (MeReO$_3$)	PLAP	porcine liver acetone powder
MTPA	methoxy-α-trifluoromethylphenylacetyl	PMB = Mpm	p-methoxybenzyl
		PMP	1,2,2,6,6-pentamethylpiperidine
MV^{2+}	methyl viologen		
MVK	methyl vinyl ketone	PMP	p-methoxyphenyl
mw	microwave	PNB	p-nitrobenzyl
NaBMGS	sodium butylmonoglycosulfate	PNZ	p-nitrobenzyloxycarbonyl
		PPA	polyphosphoric acid
Naph = Np	naphthyl	PPHF	pyridinium polyhydrogen fluoride
NBS	N-bromosuccinimide		
NCS	N-chlorosuccinimide	PPNO	4-phenylpyridine N-oxide
N$_f$	nonafluorobutylsulfonyl	ppp	poly(p-phenylene)
NFOBS	N-fluoro-O-benzenedisulfonimide	PPSE	polyphosphoric acid trimethylsilyl ester
NHPI	N-hydroxyphthalimide	PPTS	pyridinium p-toluenesulfonate
NIS	N-iodosuccinimide		
NMO	N-methylmorpholine-N-oxide	Pr	propyl
		psi	pounds per square inch
NPM	N-phenylmaleimide	PTAB	phenyltrimethylammonium perbromide
NR	no reaction		
Nuc.	general nucleophile	PTC	phase transfer catalysis
[O]	general oxidation	PTS	p-tolylsulphonate
Oxone	potassium peroxymonosulfate	PTSA	p-toluenesulfonic acid
		pyr	pyridine
PBP	pyridinium bromide perbromide	rac	racemic
		RaNi	Raney nickel
PCC	pyridinium chlorochromate	R$_f$	perfluorinated alkyl
		rt	room temperature
PDC	pyridinium dichromate	Salen	N,N'-ethylenebis-(salicylideneiminato)
PEG	polyethylene glycol		
Pf	9-phenylfluorenyl	SAMP	(s)-1-amino-2-methoxymethylpyrrolidine
pfb	perfluorobutyrate		
PFC	pyridinium fluorochromate		
Ph	phenyl		
Ph-H	benzene	SEM = TEOC	β-trimethylsilylethoxymethyl
Ph-Me	toluene		

GLOSSARY

SES 2-[(trimethylsilyl)ethyl]sulfonyl
Sia Siamyl
SMEAH sodium bis(2-methoxyethoxy)aluminum hydride
TASF tris(dimethylamino)sulfur(trimethylsilyl)difluoride
TBAB tetrabutylammonium bromide
TBAF tetrabutylammonium fluoride
TBAHS tetra-*n*-butylammonium hydrogen sulfate
TBCO tetrabromocyclohexadienone
TBD 1,5,7-triazabicyclo[4.4.0]-dec-5-ene
TBDMS = TBS *t*-butyldimethylsilyl
TBDPS ^{t}butyldiphenylsilyl
Tbfmoc Tetrabenzo[a,c,g,i]fluorenyl-17-methyloxycarbonyl
TBHP ^{t}butyl hydroperoxide
TBME ^{t}butyl methyl ether
TBP tributylphosphine
Tbs 4-methoxy-3-*t*-butylbenzenesulphonyl
TBSOP N-^{t}butylcarbonyl-2-(^{t}butyldimethylsiloxy)-pyrrole
TBTH tributyltin hydride
TBTSP *t*-butyl trimethylsilyl peroxide

TCAA trichloroacetyl anhydride
TCF trichloromethyl chloroformate
TCNE tetracyanoethylene
TCNEO tetracyanoethylene oxide
TCPC^{TFE} (tetrakis(2,2,2-trifluoroethoxycarbonyl)palladium cyclopentadiene
TDS dimethyl thexylsilyl
TEA triethylamine
TEBA Benzyl trimethylammonium chloride
TEOC = SEM β-trimethylsilylethoxymethyl
TEP triethylphosphite
TES triethylsilyl
Tf trifluoromethanesulfonyl
TFA trifluoroacetic acid
TFAA trifluoroacetic anhydride
TFE trifluoroethanol
TFMSA trifluoromethanesulfonic acid
TFP 1,1,1-trifluoro-2-propanol
TFP tris-2-furylphosphine
TFPZ trifluoroisopropenyl zinc
THAH tetrahexylammonium hydrogen fluoride
TH$^+$•ClO$_4^-$ thianthrene cation radical perchlorate
thexyl 2,3-dimethylbutly
THF tetrahydrofuran
THP tetrahydropyranyl

TIPPSe-Br (2,4,6-triisopropyl-phenyl)selenium bromide
TIPS   tri-^{i}propylsilyl
TMABr   tetramethylammonium bromide
TMAF   tetramethylammonium fluoride
TMAO = TMANO trimethylamine N-oxide
TMEDA   tetramethylethylenediamine
TMG   1,1,3,3-tetramethylguanidine
Tmob   2,4,6-trimethoxybenzyl
TMP   2,2,6,6-tetramethylpiperidine
TMS   trimethylsilyl
TMSA   trimethylsilyl azide = azido trimethylsilane
TMSDEA N,N-diethyltrimethylsilylamine
TMU   tetramethylurea
TNM   tetranitromethane
Tol   tolyl

Tos = Ts *p*-toluenesulfonyl
TPCD   tetrapyridine cobalt(II) dichromate
TPP   Tetraphenylporphyrin
TPP   triphenyl phosphine
TPP   triphenylphosphate
TPPTS   *m*-sulfonated triphenylphosphine
Tr = trityl triphenylmethyl
TSE   2-(trimethylsilyl)ethyl
TT Co(II) Pc tetrabutylammonium cobalt(II) phthalocyanine-5,12,19,26-tetrasulfate
UHP   urea-hydrogen peroxide complex
wk   week
Z   benzyloxycarbonyl
Ⓟ   polymeric support
〘⟨⟨⟨・ = US ultrasound

I
CARBON-CARBON BOND FORMING REACTIONS

I.A. Carbon - Carbon Single Bonds

(see also: I.E., I.F., I.G., I.H.)

I.A.1. Alkylations of Aldehydes, Ketones and Their Derivatives

I.A.1-1 Villemin, D. et al., *SC*, **26**, 2901.

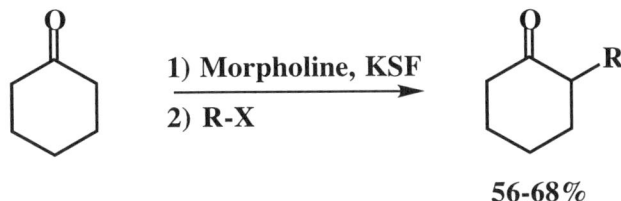

I.A.1-2 Schinzer, D. and Barmann, H., *AGE*, **35**, 1678.

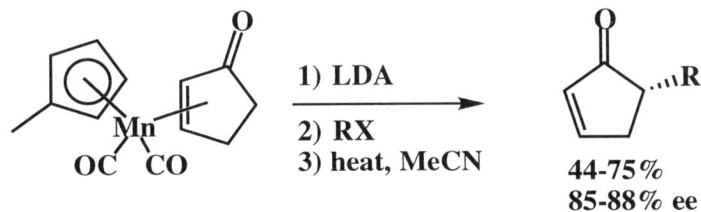

I.A.1-3 Kulinkovich, O.G. et al., *RJOC*, **31**, 1060 (1995) and *S*, 330.

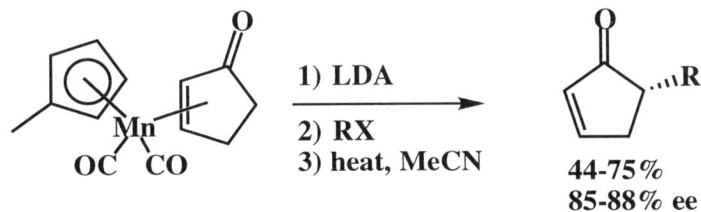

I.A.1-4 Sugiura, M. and Nakai, T., *TL*, **37**, 7991.

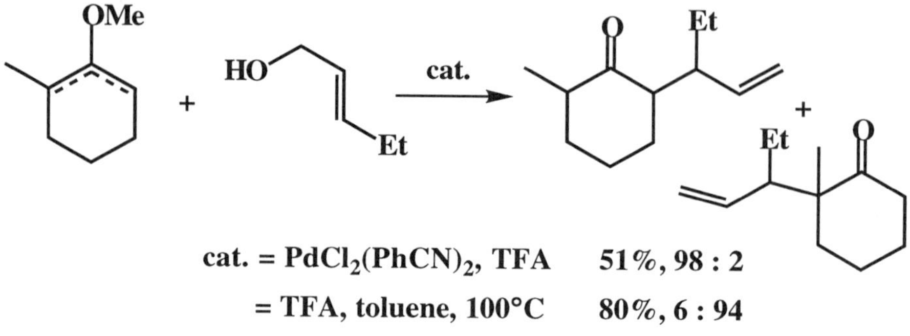
OMe
HO
Et
cat.
O
Et
+
Et
O
cat. = PdCl2(PhCN)2, TFA 51%, 98 : 2
= TFA, toluene, 100°C 80%, 6 : 94

I.A.1-5 Enholm, E.J. et al., *TL*, **37**, 559 and *JOC*, **61**, 5384.

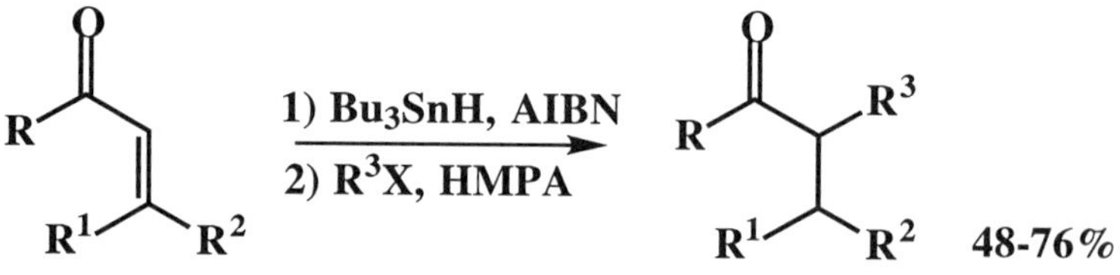
O
R
R1
R2
1) Bu3SnH, AIBN
2) R3X, HMPA
R3
48-76%

I.A.1-6 Kobayashi, S., Katritzky, A.R. et al., *TL*, **37**, 3731; **see also:** Enders, D. et al., *AGE*, **35**, 981; Kamata, M., Hasegawa, E. et al., *TL*, **37**, 3483.

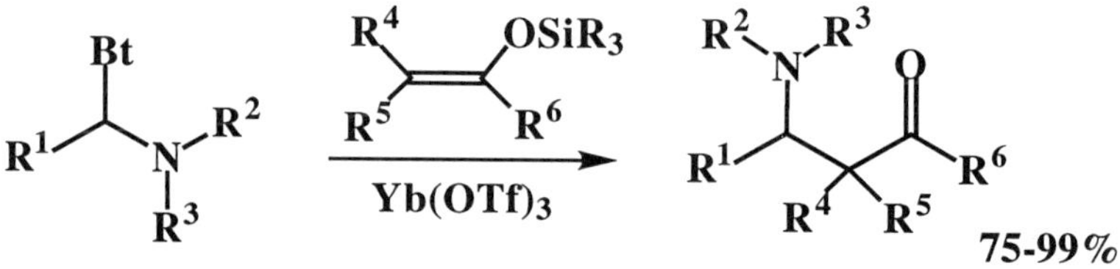
Bt
R1
N
R2
R3
R4
OSiR3
R5
R6
Yb(OTf)3
O
75-99%

[similarly with different catalysts and aminoethers or acetals]

I.A.1-7 Enders, D. et al., *JOM*, **519**, 147.

[Reaction: crotonate ester with $\oplus$Fe(CO)$_4$ X$\ominus$ + silyl enol ether R^1/R^1/OSiMe$_3$/R^2 → (CAN, H$_2$O) → 1,4-adduct product with * stereocenter, bearing R^2C(O)–, R^1, R^1 substituents and CH=CH–C(O)OR]

25-98%
>90->95% de
>95->99% ee

I.A.1-8 Snider, B.B. et al., *JOC*, **61**, 7832 and *T*, **52**, 6073.

[Reaction: cyclopentanone bearing CO$_2$Me and a (Z)-pentenyl side chain → Mn(OAc)$_3$, Cu(OAc)$_2$ → bicyclic ketone with vinyl/Me group]

72%
cis:trans = 1:8

I.A.1-9 Dang, H.-S. and Roberts, B.P., *JCS(P1)*, 769.

[Reaction: R^1C(O)CH=N$_2$ → 1) allyl–SnBu$_3$; 2) KF, H$_2$O → R^1C(O)CH$_2$CH$_2$CH=CH$_2$]

58-82%

I.A.2. Alkylations of Nitriles, Acids and Acid Derivatives

I.A.2-1 Tundo, P. et al., *RTC*, **115**, 256.

> "The Use of Dialkyl Carbonates for Safe and Highly Selective Alkylations of Methylene-Active Compounds. A Process Without Waste Production."

I.A.2-2 Schultz, A.G. and Li, Y.-J., *TL*, **37**, 6511.

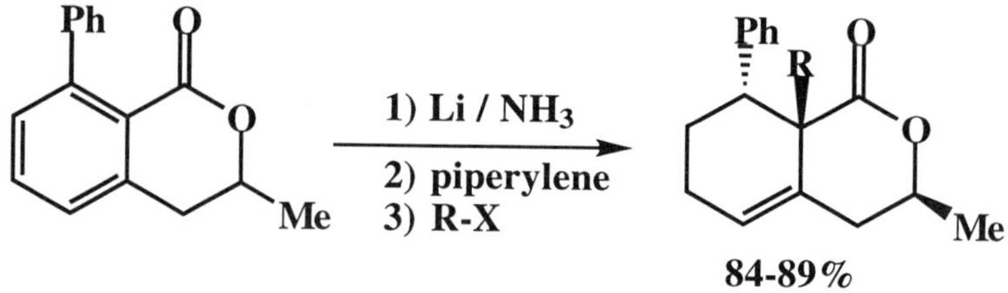

[Structure: 8-phenyl isochromanone with 3-Me] → 1) Li / NH$_3$; 2) piperylene; 3) R-X → [bicyclic product with R, Ph, Me] **84-89%**

I.A.2-3 Le Gall, T. et al., *JOC*, **61**, 7244.

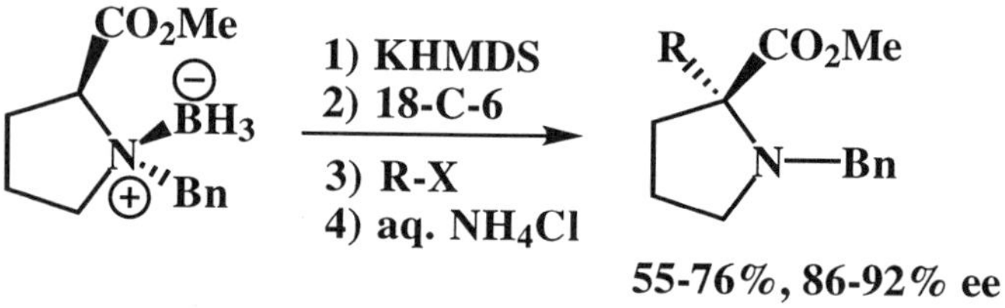

[Pyrrolidine with CO$_2$Me, BH$_3$, N-Bn ylide] → 1) KHMDS; 2) 18-C-6; 3) R-X; 4) aq. NH$_4$Cl → [2-R-2-CO$_2$Me-N-Bn pyrrolidine] **55-76%, 86-92% ee**

I.A.2-4 Grieco, P.A. et al., *TL*, **37**, 8707; **see also:** Locke, A.J. and Richards, C.J., *TL*, **37**, 7861.

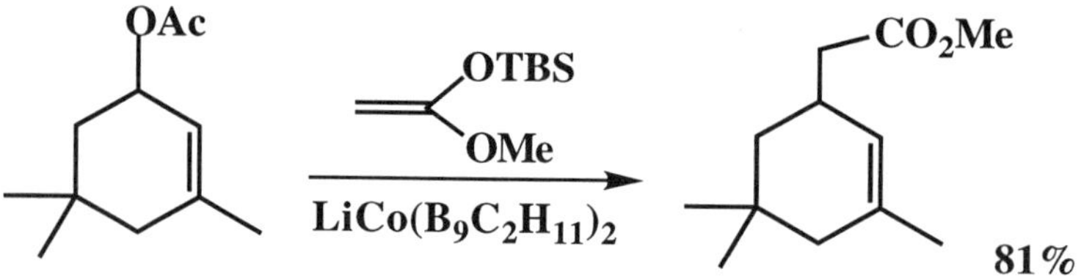

[cyclohexenyl OAc] + [CH$_2$=C(OTBS)(OMe)] / LiCo(B$_9$C$_2$H$_{11}$)$_2$ → [cyclohexenyl CH$_2$CO$_2$Me] **81%**

I.A.2-5 Taber, D.F. et al., *JACS*, **118**, 547.

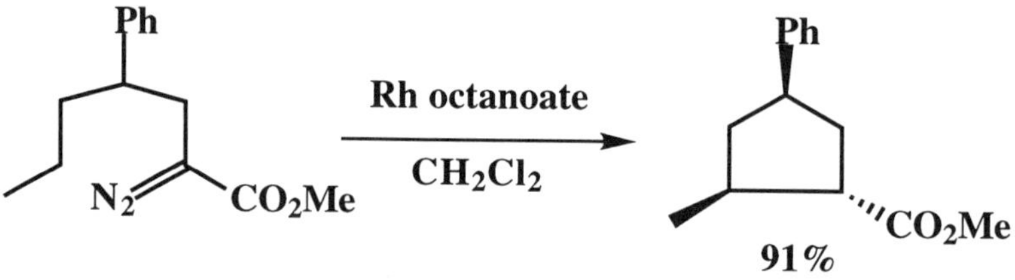

[Ph-substituted diazo ester] → Rh octanoate, CH$_2$Cl$_2$ → [cyclopentane with Ph, Me, CO$_2$Me] **91%**

I.A.2-6 Boland, W. et al., *TL*, **37**, 8715.

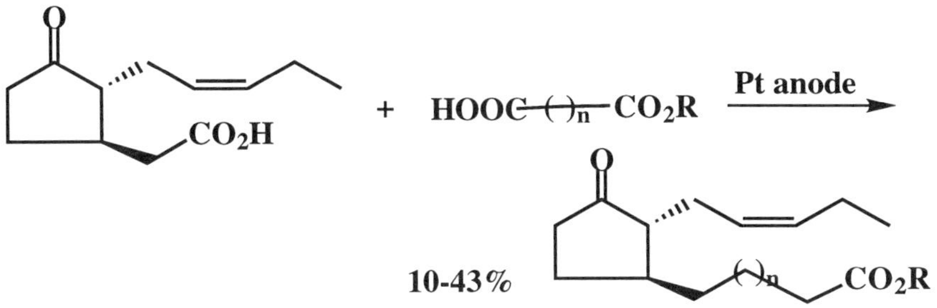

I.A.2-7 Myers, A.G. and McKinstry, L., *JOC*, **61**, 2428.

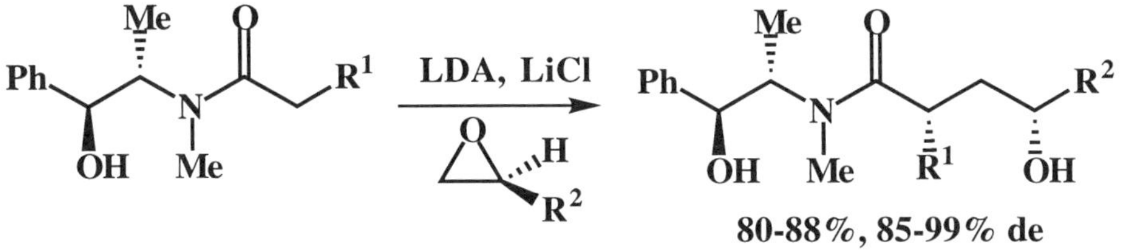

I.A.2-8 Watt, P.B. et al., *JCS(P1)*, 621; Craig, D. et al., *T*, **52**, 4769.

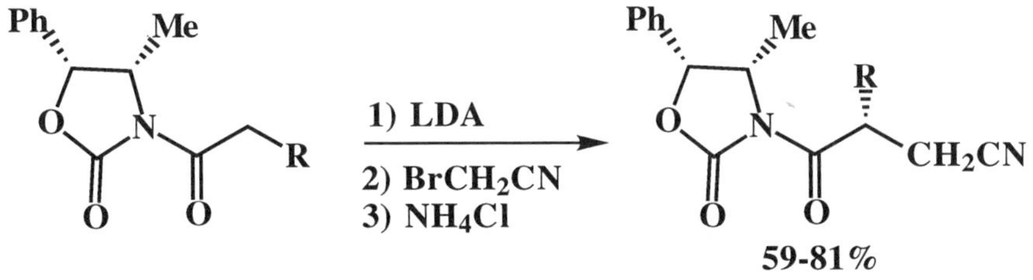

I.A.2-9 Roth, G.P. et al., *JOC*, **61**, 5710; **see also:** Meyers, A.I. et al., *JOC*, **61**, 5712 and 5714; Koll, P. and Lutzen, A., *TA*, **7**, 637.

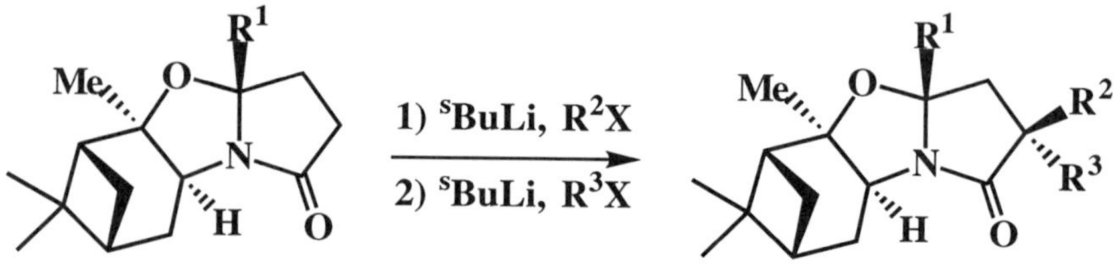

1) ^{s}BuLi, R^2X
2) ^{s}BuLi, R^3X

9:1 to 99:1 exo:endo

I.A.2-10 Palomo, C. et al., *TL*, **37**, 4565 and 6931.

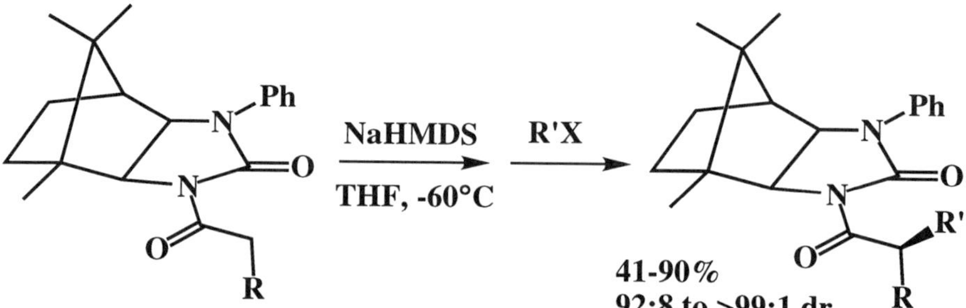

NaHMDS   R'X

THF, -60°C

new chiral auxiliary

41-90%
92:8 to >99:1 dr

[similarly with an aldehyde as electrophile]

I.A.2-11 Norman, B.H. and Kroin, J.S., *JOC*, **61**, 4990, **see also:** Murray, P.J. and Starkey, I.D., *TL*, **37**, 1875.

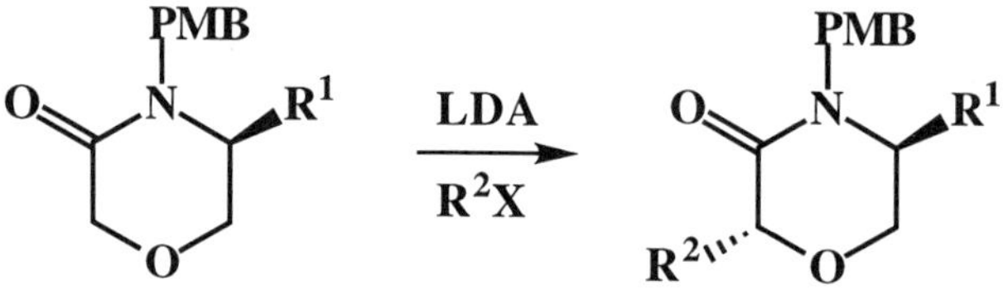

LDA
R^2X

62-100%, 3:1 to >20:1

I.A.2-12 Aitken, D.J., Rose, E. et al., *TL*, **37**, 3307.

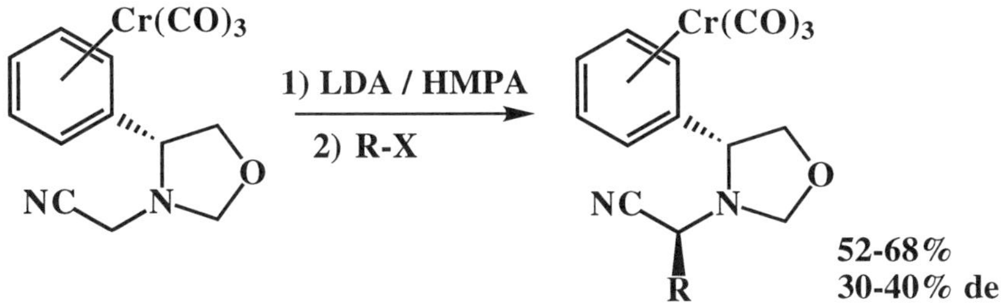
Cr(CO)3
NC
N
O
1) LDA / HMPA
2) R-X
Cr(CO)3
NC
N
O
R
52-68%
30-40% de

I.A.2-13 Jonczyk, A. et al., *JCR(S)*, 36, **see also:** *TL*, **37**, 8909 and *S*, 1073.

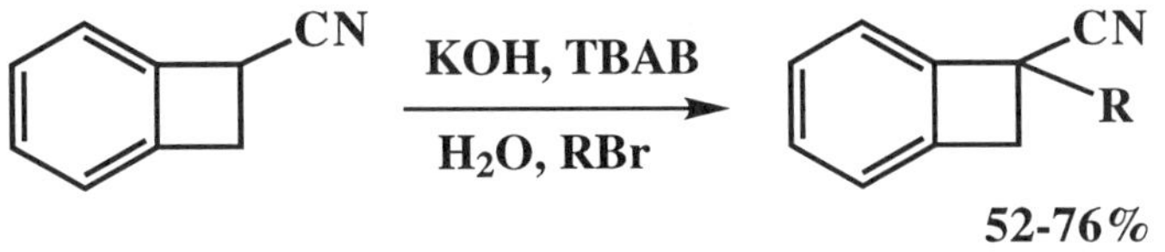
CN
KOH, TBAB
H2O, RBr
CN
R
52-76%

I.A.2-14 Pearson, A.J. et al., *TL*, **37**, 3087; Semmelhack, M.F. and Schmalz, H.-G., *TL*, **37**, 3089.

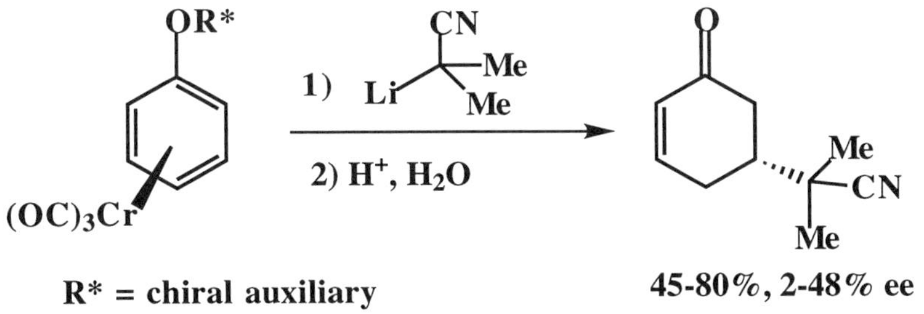
OR*
(OC)3Cr
1)
CN
Li
Me
Me
2) H+, H2O
O
Me
CN
Me
R* = chiral auxiliary
45-80%, 2-48% ee

I.A.3. Alkylations of β-Dicarbonyl, β-Cyanocarbonyl Systems and Other Active Methylene Compounds

I.A.3-1 Padwa, A. et al., *OS*, **74**, 115.

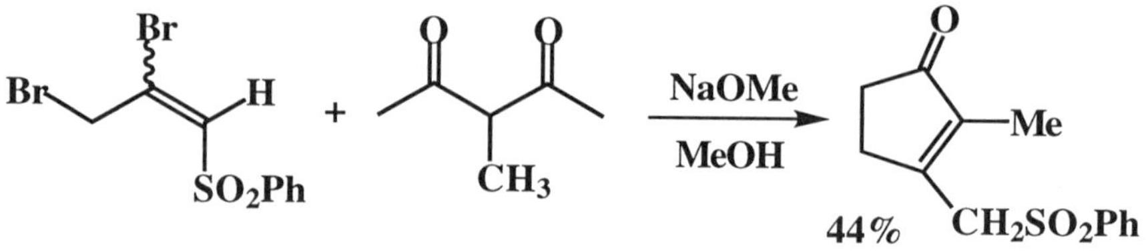

I.A.3-2 Shibasaki, M. et al., *JACS*, **118**, 7108.

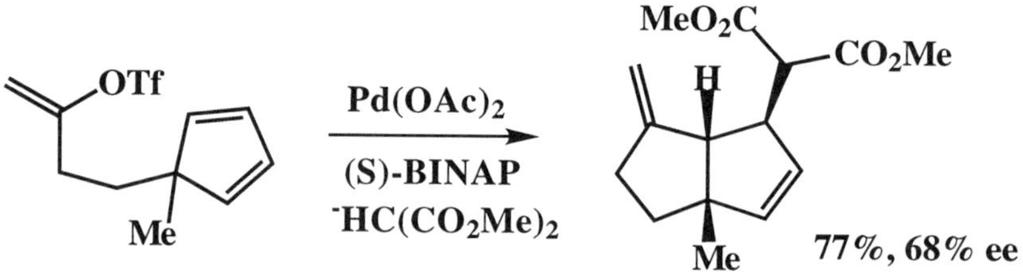

I.A.3-3 Zhang, X. et al., *TL*, **37**, 4475; Wimmer, P. and Widhalm, M., *M*, **127**, 669; Kellogg, R.M. et al., *RTC*, **115**, 49; Trost, B.M. et al., *JACS*, **118**, 6520 and 235; Ikeda, I. et al., *TL*, **37**, 4545 and 7995; Bolm, C. et al., *TL*, **37**, 3985; Chelucci, G. and Cabras, M.A., *TA*, **7**, 965; Evans, P.A. and Brandt, T.A., *TL*, **37**, 9143; Hamada, Y. et al., *TL*, **37**, 7565; Mortreux, A. et al., *TL*, **37**, 6105.

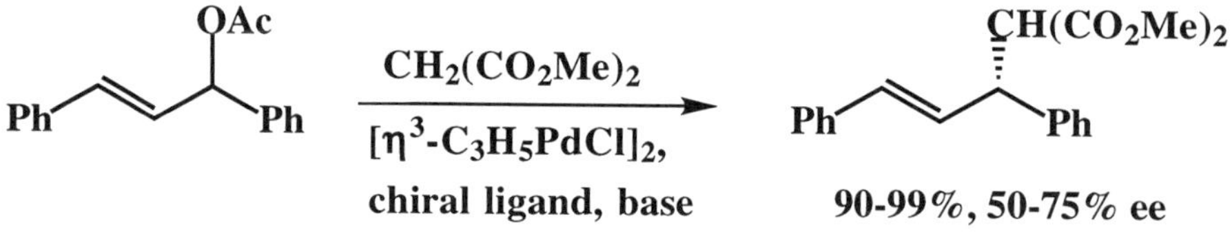

[a wide variety of chiral ligands and other Pd or Ni catalysts used for similar transformations]

I.A.3-4 Thorimbert, S. and Malacria, M., *TL,* **37**, 8483.

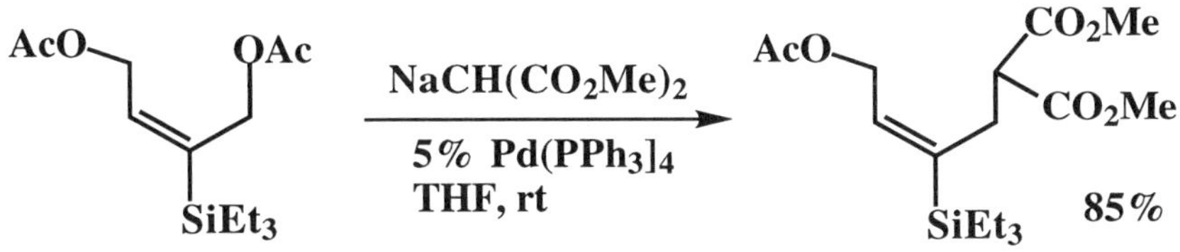

[AcO-CH₂-C(SiEt₃)=CH-CH₂-OAc] →[NaCH(CO₂Me)₂ / 5% Pd(PPh₃)₄ / THF, rt]→ [AcO-CH₂-C(SiEt₃)=CH-CH₂-CH(CO₂Me)₂]   85%

I.A.3-5 Palmisano, G. et al., *T,* **52**, 13007.

$$HC(CO_2Et)_3 \xrightarrow[\text{TPP, DEAD}]{\text{ROH}} RC(CO_2Et)_3 \quad 25\text{-}81\%$$

I.A.3-6 Yamamoto, A. et al., *BCJ,* **69**, 1065.

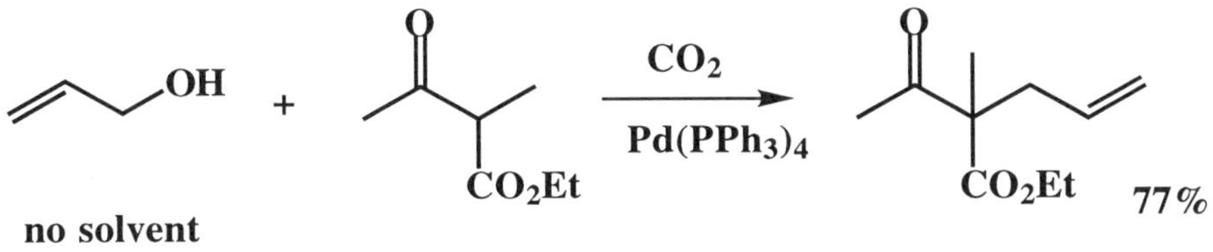

allyl alcohol + CH₃C(O)CH(CH₃)CO₂Et →[CO₂ / Pd(PPh₃)₄]→ CH₃C(O)C(CH₃)(CO₂Et)CH₂CH=CH₂   77%

no solvent

I.A.3-7 Linker, T. et al., *AGE,* **35**, 1730.

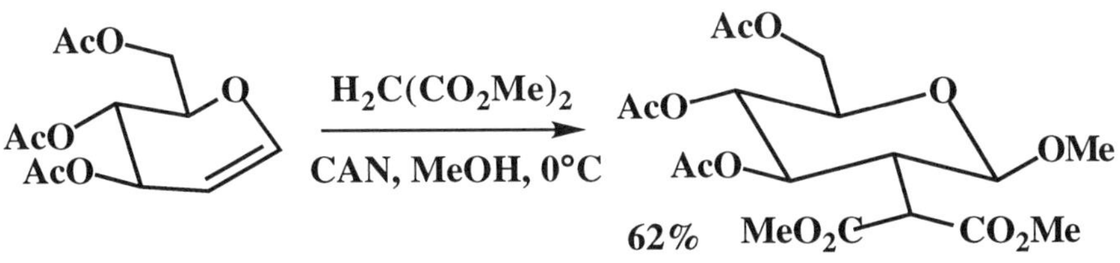

tri-O-acetyl glucal + H₂C(CO₂Me)₂ →[CAN, MeOH, 0°C]→ methyl 2-deoxy-2-C-(bis(methoxycarbonyl)methyl)-3,4,6-tri-O-acetyl-α-D-glucopyranoside   62%

I.A.3-8 Zoretic, P.A. et al., *TL*, **37**, 1751 and 7909.

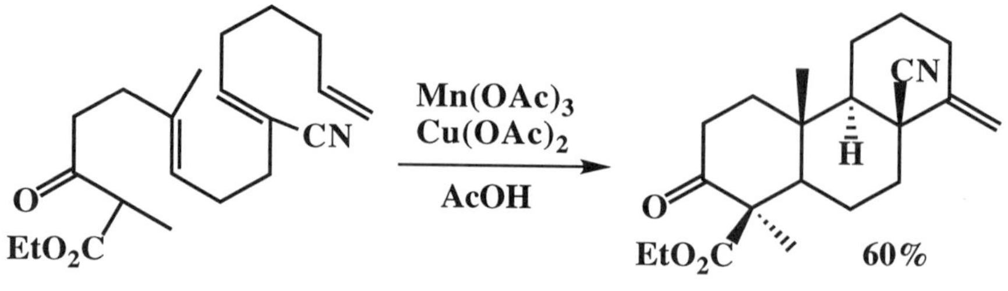

I.A.3-9 Okuro, K. and Alper, H., *JOC*, **61**, 5312.

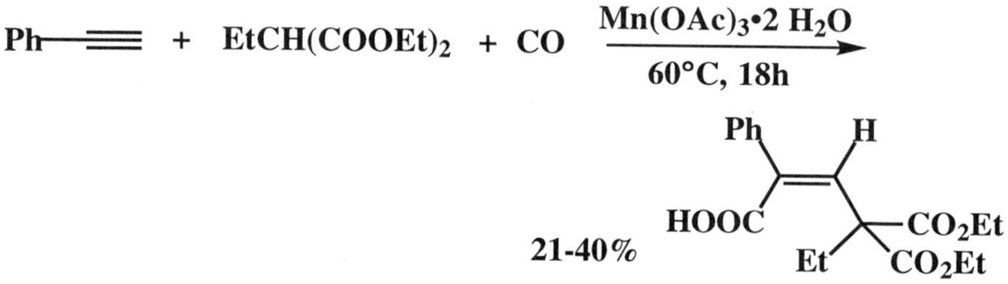

Ph—≡ + EtCH(COOEt)$_2$ + CO $\xrightarrow[\text{60°C, 18h}]{\text{Mn(OAc)}_3 \cdot 2\text{ H}_2\text{O}}$

21-40%

I.A.3-10 McDaniel, K.F., McMills, M.C. et al., *JOC*, **61**, 4188; Monteiro, H.J. and Zukerman-Schpector, J., *T*, **52**, 3879.

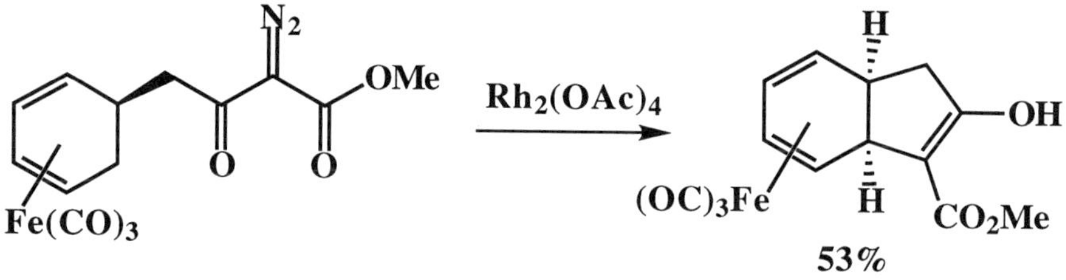

I.A.4. Alkylations of N-, P-, S-, Se and Similar Stabilized Carbanions

I.A.4-1 Harmata, M. et al., *TL*, **37**, 6267.

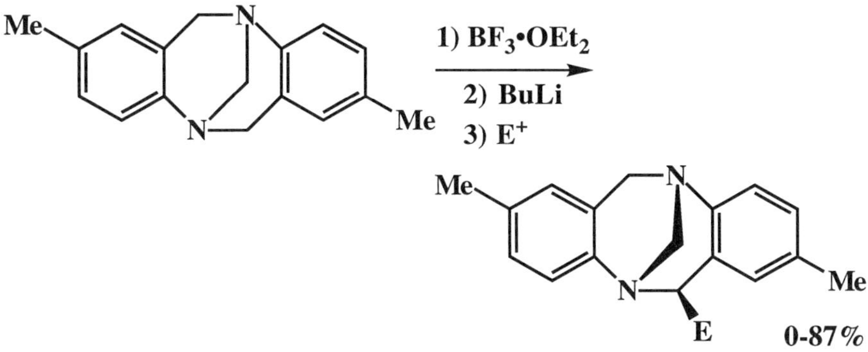

1) $BF_3 \cdot OEt_2$
2) BuLi
3) E^+

0-87%

I.A.4-2 Deardorff, D.R. et al., *JOC*, **61**, 3616.

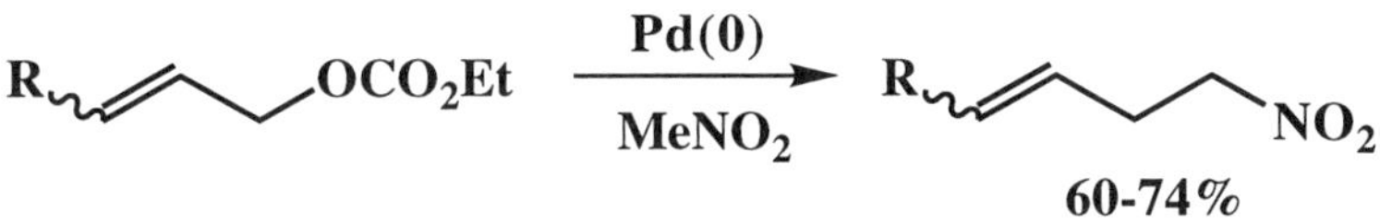

$R\text{-CH=CH-CH}_2\text{-OCO}_2Et \xrightarrow[\text{MeNO}_2]{\text{Pd(0)}} R\text{-CH=CH-CH}_2\text{-CH}_2\text{-NO}_2$

60-74%

I.A.4-3 Schmalz, H.-G. and Schellhaus, K., *AGE*, **35**, 2146.

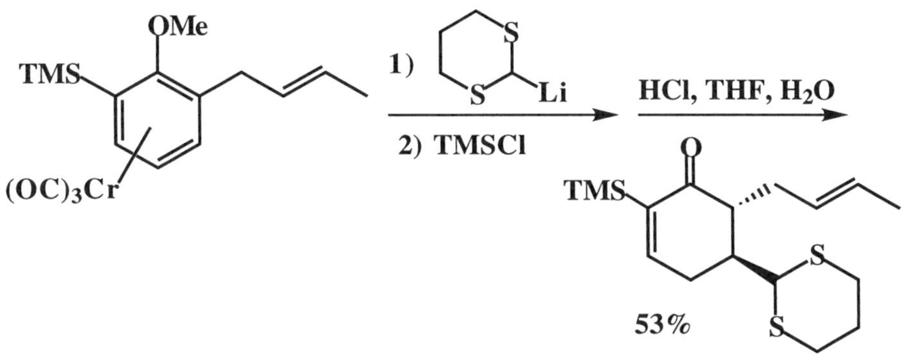

1) dithiane-Li
2) TMSCl

HCl, THF, H_2O

53%

I.A.4-4 Renaud, P. et al., *TL*, **37**, 8387.

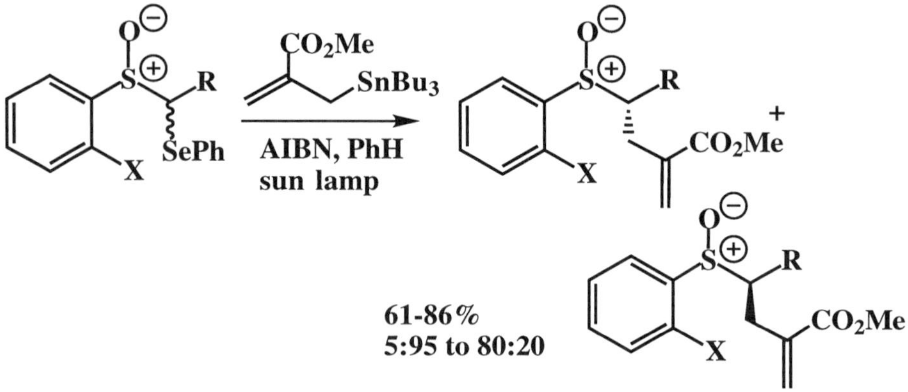

61-86%
5:95 to 80:20

I.A.4-5 Mori, Y. et al., *TL*, **37**, 2605; Bonete, P. and Najera, C., *T*, **52**, 4111; **see also:** Jonczyk, A. and Radwan-Pytlewski, T. *G*, **126**, 111.

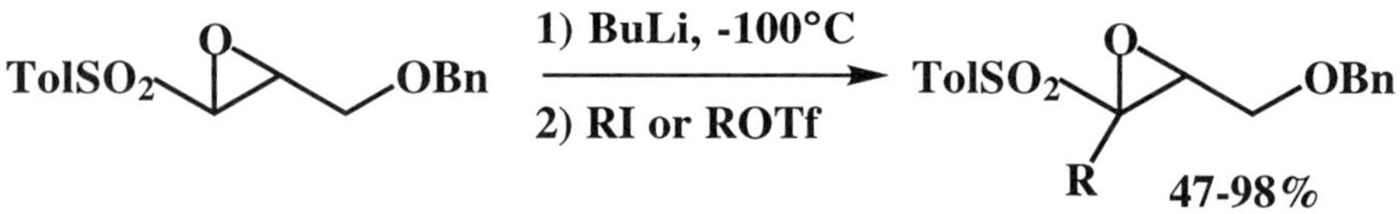

47-98%

I.A.4-6 Pulido, F.J. et al., *S*, 42.

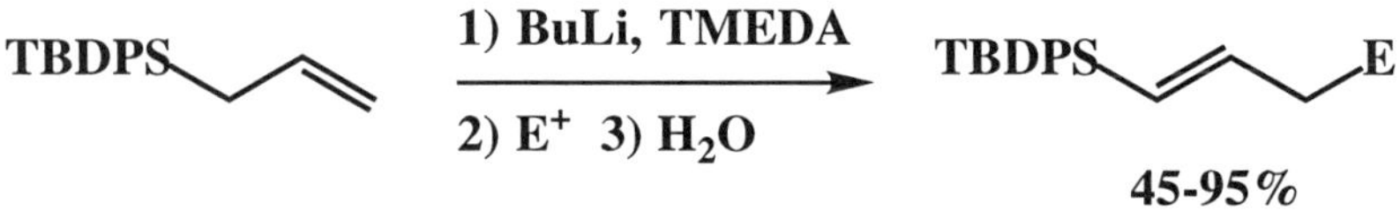

45-95%

I.A.5. Alkylations of Organometallic Reagents

(see also: I.B.3., I.B.4., I.F., I.G.)

I.A.5-1 Hoppe, D. and Derwing, C., *S*, 149; Gibson, S.E. et al., *CC*, 839.

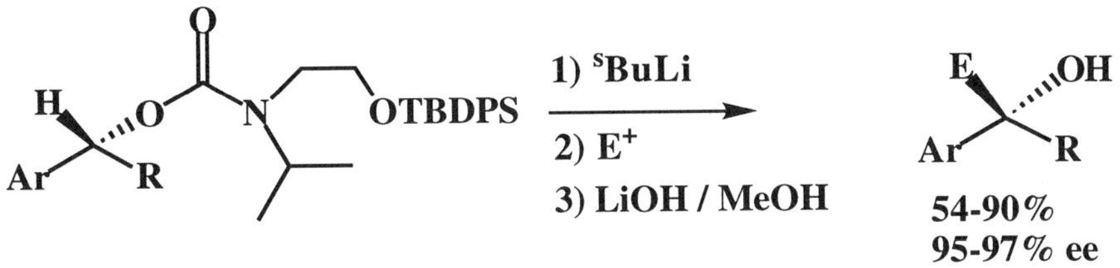

O
H
O
N
OTBDPS
Ar
R
1) ˢBuLi
2) E⁺
3) LiOH / MeOH
E
OH
Ar
R
54-90%
95-97% ee

I.A.5-2 Barluenga, J. et al., *JOC*, **61**, 3646.

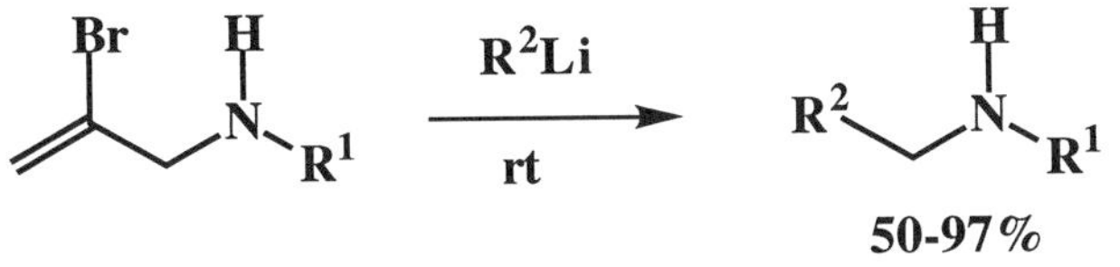

Br
H
N
R¹
R²Li
rt
H
R²
N
R¹
50-97%

I.A.5-3 Basu, A. and Beak, P., *JACS*, **118**, 1575; **see also** Beak, P. et al., *JOC*, **61**, 4542; **see also:** Huff, B.E. et al., *TL*, **37**, 3655.

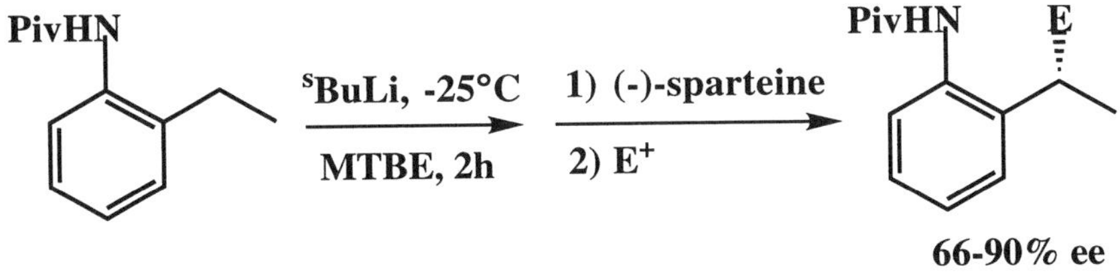

PivHN
ˢBuLi, -25°C
MTBE, 2h
1) (-)-sparteine
2) E⁺
PivHN
E
66-90% ee

[similarly with the amide in the side chain or with a methyl tetrazole]

I.A.5-4 Beak, P. et al., *TL*, **37**, 2899; **see also:** Konoike, T. et al., *TL*, **37**, 3339; **see also:** Smith, K. et al., *JOC*, **61**, 647, 656, 662.

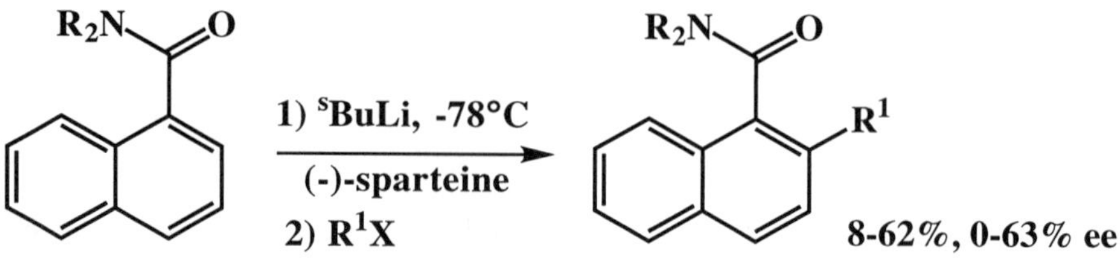

R_2N-naphthyl-C(O) →
1) ^{s}BuLi, -78°C, (-)-sparteine
2) R^1X
→ 2-R^1-substituted product, 8-62%, 0-63% ee

[similarly with amido isoxazoles or quinazolinones]

I.A.5-5 Wei, X. and Taylor, R.J.K., *TL*, **37**, 4209.

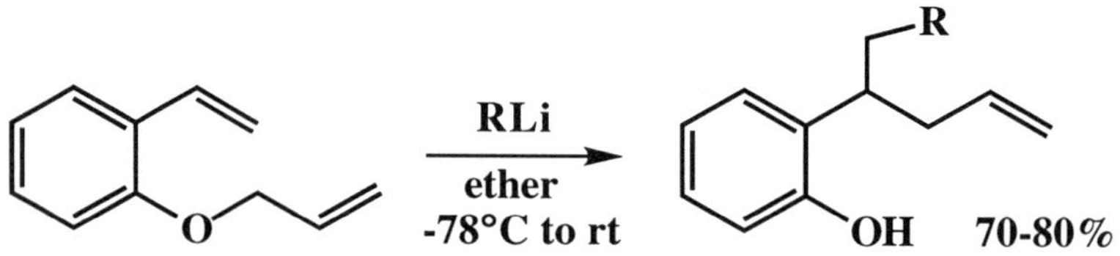

o-vinylphenyl allyl ether → RLi, ether, -78°C to rt → 2-(1-R-but-3-enyl)phenol, 70-80%

I.A.5-6 Tomioka, K. et al., *TA*, **7**, 2483; **see also:** Mioskowski, C. et al., *CC*, 549.

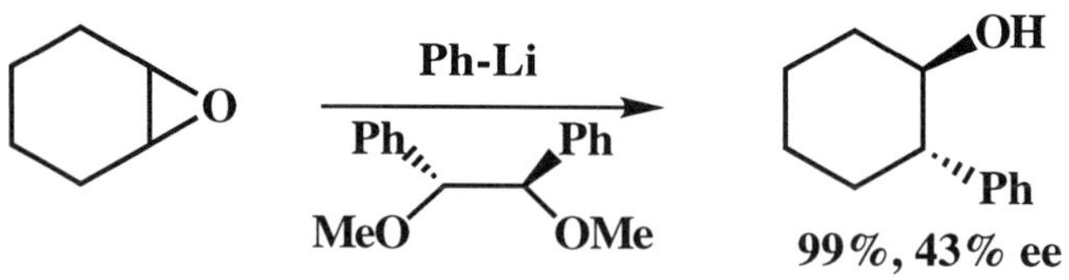

cyclohexene oxide + Ph-Li / (MeO,Ph)CH-CH(Ph,OMe) → trans-2-phenylcyclohexanol, 99%, 43% ee

I.A.5-7 Kondo, Y. Sakamoto, T. et al., *JACS*, **118**, 8733.

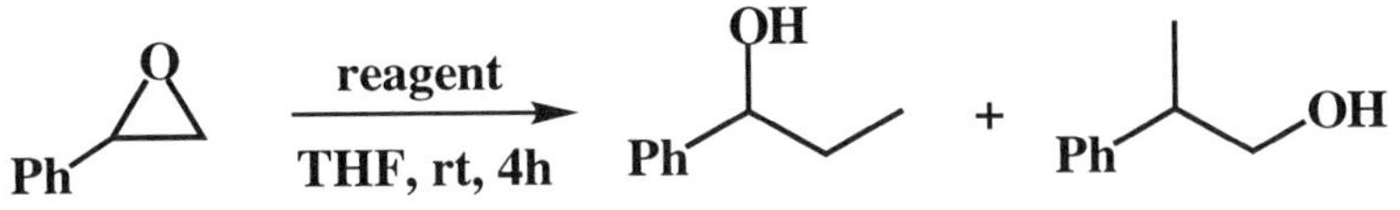

Ph—epoxide → Ph-CH(OH)-CH₂-CH₃ + Ph-CH(CH₃)-CH₂-OH
(reagent, THF, rt, 4h)

reagent = Me₃Zn(CN)Li₂   41%, 29:71
       = Me₂Cu(SCN)Li₂   100%, 61:39

I.A.5-8 Hodgson, D.M. and Lee, G.P., *CC*, 1015.

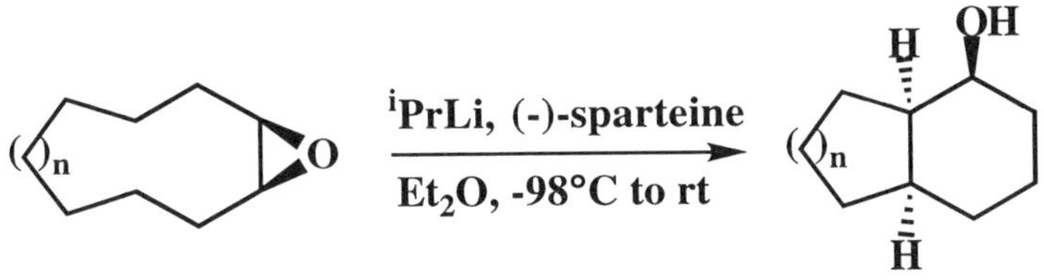

^{i}PrLi, (−)-sparteine, Et₂O, −98°C to rt

77–97%, 77–83% ee

I.A.5-9 Lautens, M. and Ma, S., *JOC*, **61**, 7246; Pale, P. and Dalla, V., *TL*, **37**, 2781 and 2777; **see also:** Gais, H.-J. et al., *JOC*, **61**, 4379.

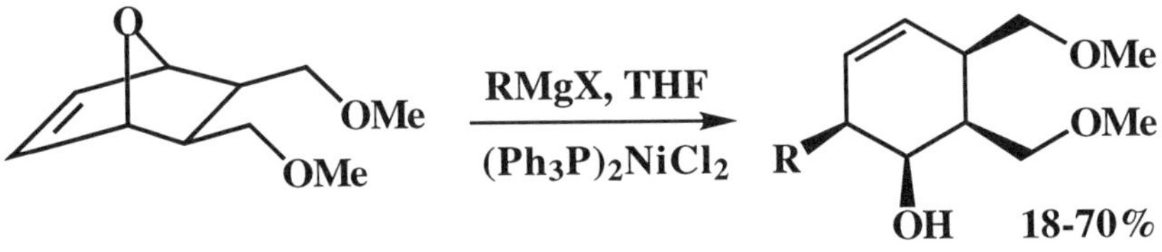

RMgX, THF, (Ph₃P)₂NiCl₂   18–70%

[S$_N$2' reactions also reported with cuprates and allyl epoxides or with chiral allyl sulfoximines]

I.A.5-10 Parsons, P.J. et al., *JCS(P1)*, 191.

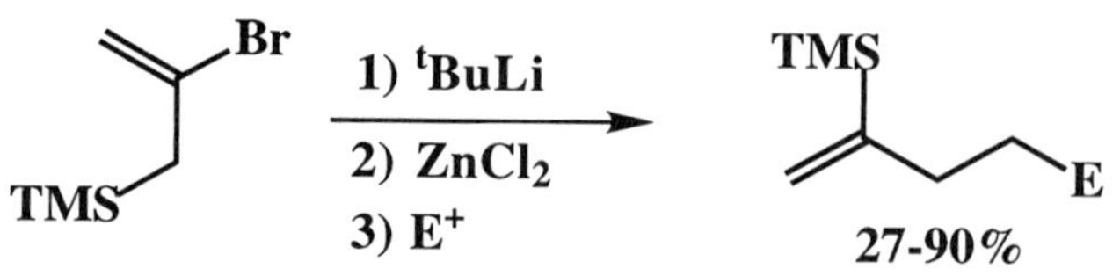

TMS–CH$_2$–C(Br)=CH$_2$ $\xrightarrow{\text{1) }^t\text{BuLi}\quad\text{2) ZnCl}_2\quad\text{3) E}^+}$ TMS–C(=CH$_2$)–CH$_2$–CH$_2$–E 27-90%

I.A.5-11 Singleton, D.A. et al., *JACS*, **118**, 9986.

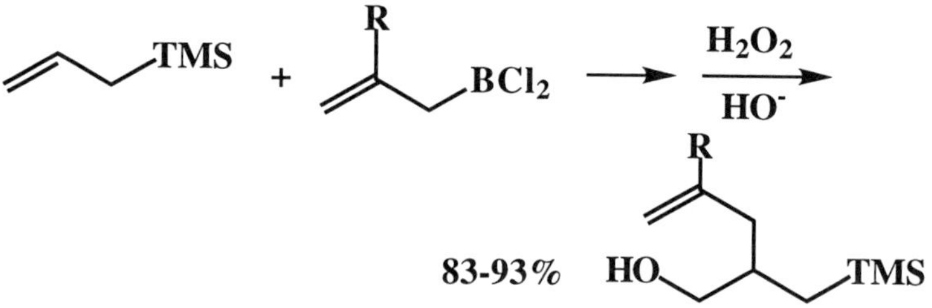

CH$_2$=CH–CH$_2$–TMS + CH$_2$=C(R)–CH$_2$–BCl$_2$ $\xrightarrow{\text{H}_2\text{O}_2 / \text{HO}^-}$ 83-93%

HO–CH$_2$–CH(–CH$_2$–C(R)=CH$_2$)–CH$_2$–TMS

I.A.5-12 Kang, S.-K. et al., *JOC*, **61**, 4720.

R^1-I$^+$PhX$^-$ or R^{1}I(OH)OTs + R^{2}BR$_2$ $\xrightarrow[\text{Na}_2\text{CO}_3\quad\text{DME, H}_2\text{O}]{\text{Pd(PPh}_3)_4}$ R^1—R^2 80-99%

I.A.5-13 Kobayashi, Y. et al., *JOC*, **61**, 5391.

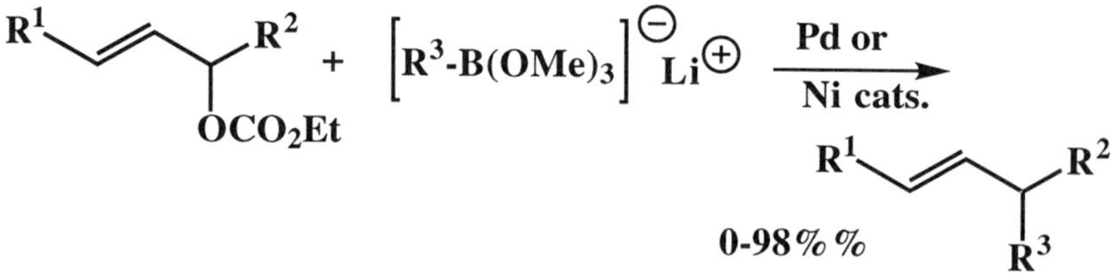

R^1–CH=CH–CH(R^2)(OCO$_2$Et) + [R^3-B(OMe)$_3$]$^-$Li$^+$ $\xrightarrow{\text{Pd or Ni cats.}}$ R^1–CH=CH–CH(R^2)(R^3) 0-98%

I.A.5-14 Liu, C. et al., *TL*, **37**, 6177; Saigo, K. et al., *BCJ*, **69**, 2095.

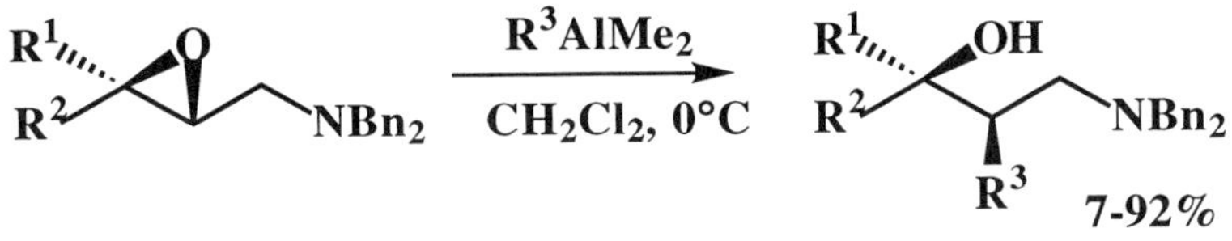

R^1,,,,$\overset{O}{\triangle}$,,,,NBn_2 / R^2 →(R^3AlMe_2, CH_2Cl_2, 0°C)→ R^1,,,,$C(OH)$,,,,NBn_2 / R^2, R^3 7-92%

I.A.5-15 Lipshutz, B.H. et al., *JACS*, **118**, 5512.

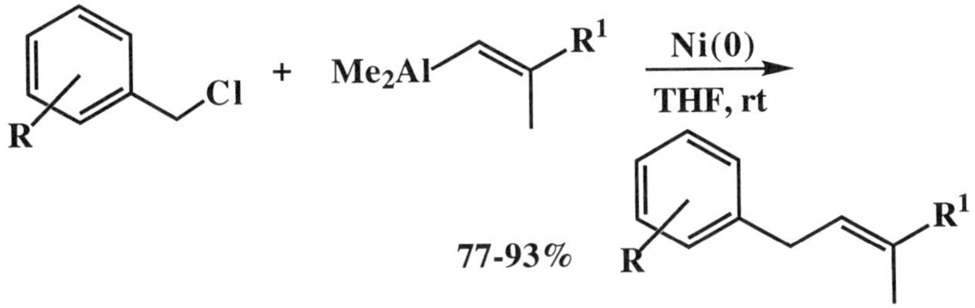

ArCH$_2$Cl + Me_2Al–CH=C(R^1)(Me) →(Ni(0), THF, rt)→ ArCH$_2$CH=C(R^1)(Me)

77-93%

I.A.5-16 Whiting, A. et al., *TL*, **37**, 4795; **see also:** Wanner, K.T. and Paintner, F.F., *LA*, 1941.

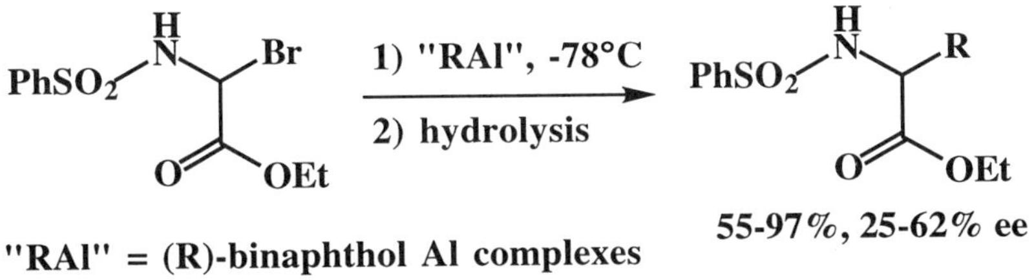

PhSO$_2$–NH–CH(Br)–C(O)OEt →(1) "RAl", -78°C; 2) hydrolysis)→ PhSO$_2$–NH–CH(R)–C(O)OEt

"RAl" = (R)-binaphthol Al complexes

55-97%, 25-62% ee

I.A.5-17 Toshima, K. et al., *CC*, 1379.

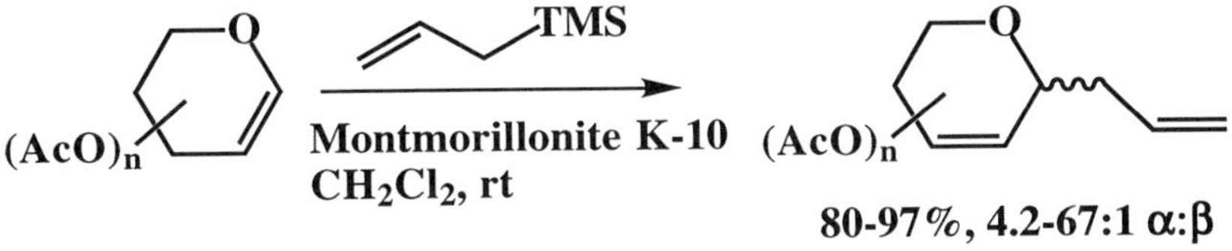

[glycal (AcO)$_n$] + allyl-TMS →(Montmorillonite K-10, CH_2Cl_2, rt)→ C-allyl glycal (AcO)$_n$

80-97%, 4.2-67:1 α:β

I.A.5-18 Guindon, Y. et al., *JACS*, **118**, 12528; Nagano, H. et al., *JCS(P1)*, 389; Sibi, M.P. and Ji, J., *AGE*, **35**, 190; Echavarren, A.M. et al., *TL*, **37**, 6587.

$R^1\underset{R^2\ I}{\overset{OMe}{\diagup}}CO_2Me$ + $\diagup\!\!\!\diagdown TMS$ $\xrightarrow[\text{Et}_3\text{B, CH}_2\text{Cl}_2\ -78°\text{C}]{\text{MgBr}_2\cdot\text{OEt}_2}$ $R^1\underset{R^2}{\overset{OMe}{\diagup}}CO_2Me$

35-87%, 1.5:1 to >100:1 anti : syn

[similarly with stannanes, other catalysts and leaving groups]

I.A.5-19 Yoshida, J. et al., *TL*, **37**, 3157, **see also:** Loh, T.-P. and Li, X.-R., *CC*, 1929.

$R\underset{SAr}{\overset{OMe}{\diagup}}$ $\xrightarrow[\text{BuNClO}_4]{\diagup\!\!\!\diagdown\text{TMS}\quad\text{electrolysis}}$ $R\overset{OMe}{\diagup}\diagdown\!\!\!\diagup$ 46-81%

[similarly with allyl tin or indium species and hemiacetals]

I.A.5-20 Mori, M. et al., *T*, **52**, 8143.

benzene-CH₂Br/CH₂Br + R₂C=CR₂ $\xrightarrow[\text{THF, 0°C, TASF}]{\text{Bu}_3\text{SnTMS}}$ tetralin-R,R

22-93%

I.A.5-21 Oshima, K. et al., *TL*, **37**, 5377.

$$\text{R}\underset{\text{Br}}{\overset{\text{Br}}{\triangle}} \xrightarrow[\text{2) E}^+]{\text{1) R'}_3\text{MnMtl}} \text{R}\underset{\text{R'}}{\overset{\text{E}}{\triangle}} + \text{R}\underset{\text{E}}{\overset{\text{R'}}{\triangle}}$$

50-89%, 99:1 to 58:42

I.A.5-22 Araki, S. et al., *JACS*, **118**, 4699.

$$R^3\text{-CH=C=CH-C}(R^1)(R^2)\text{-OH} + (R^4\text{-CH=CH-CH}(R^5)\text{-})_3\text{In}_2X_3 \xrightarrow[140°C]{\text{DMF}}$$

$$R^4\text{-CH=CH}_2,\ R^5\text{-CH-CH}(R^3)\text{-CH=CH-C}(R^1)(R^2)\text{-OH}$$

17-99%

I.A.6. Other Alkylation Procedures

I.A.6-1 Kang, S.-K. et al., *CC*, 835.

$$R^1{-}{\equiv}{-}\text{H} + R^2{-}\overset{\oplus}{\text{I}}{-}\text{Ph}\ \ X^{\ominus} \xrightarrow[\text{MeCN, H}_2\text{O}]{\text{Pd(OAc)}_2,\ \text{NaHCO}_3} R^1{-}{\equiv}{-}R^2$$

56-97%

I.A.6-2 Rossi, R.A. et al., *JOC*, **61**, 1125.

$$\underset{\text{Ph}}{\overset{\text{Ph}}{\text{C}}}{=}\underset{\text{Br}}{\overset{\text{Ph}}{\text{C}}} + {}^{\ominus}\text{CH}_2\text{Z} \xrightarrow[\text{S}_{\text{RN}}1,\ h\nu]{\text{DMSO, 3h}} \underset{\text{Ph}}{\overset{\text{Ph}}{\text{C}}}{=}\underset{\text{CH}_2\text{Z}}{\overset{\text{Ph}}{\text{C}}}$$

89-93%

I.A.6-3 Rothwell, I.P. et al., *CC*, 2617.

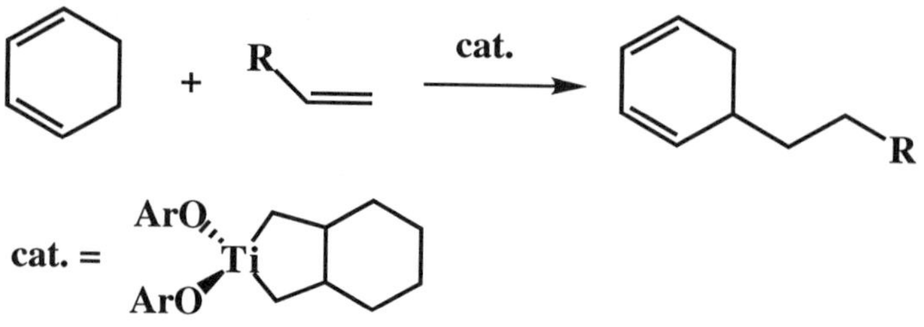

cat. = ArO,,,,Ti(ArO)— (indane-fused)

I.A.7. Nucleophilic Addition to Electrophilic Carbon

I.A.7.a.1. Aldol-Type 1,2-Additions

I.A.7.a.1-1 Mosbach, K. et al., *JOC*, **61**, 5414.

"Carbon-Carbon Bond Formation Using Substrate Selective Catalytic Polymers Prepared by Molecular Imprinting: An Artificial Class II Aldolase."

I.A.7.a.1-2 Evans, D.A. et al., *TL*, **37**, 1957.

"Double Stereodifferentiating Aldol Reactions of (E) and (Z) Lithium Enolates."

I.A.7.a.1-3 Kaiser, A. and Wiegrebe, W., *M*, **127**, 397.

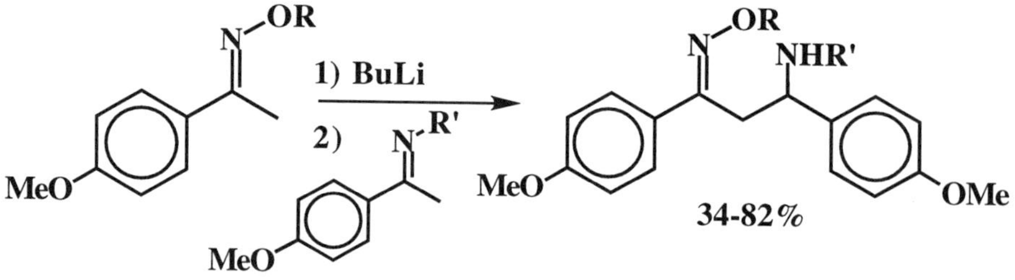

34-82%

I.A.7.a.1-4 Nagao, Y. et al., *CC*, 1775.

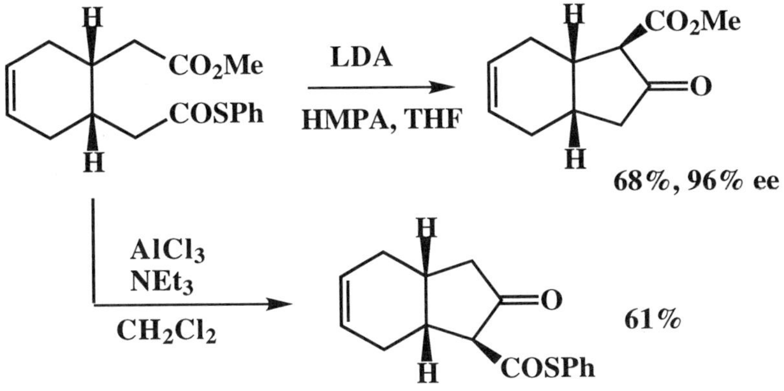

I.A.7.a.1-5 Jacobson, I.C. and Reddy, G.P., *TL*, 37, 8263.

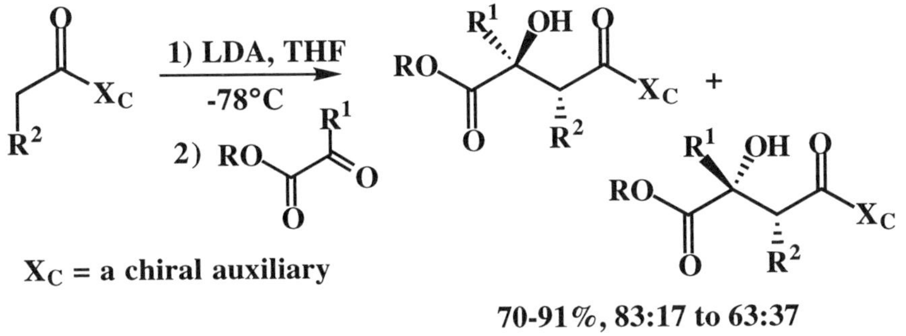

X_C = a chiral auxiliary

70-91%, 83:17 to 63:37

I.A.7.a.1-6 Garcia Ruano, J.L., Maestro, M.C. et al., *JOC*, 61, 9462.

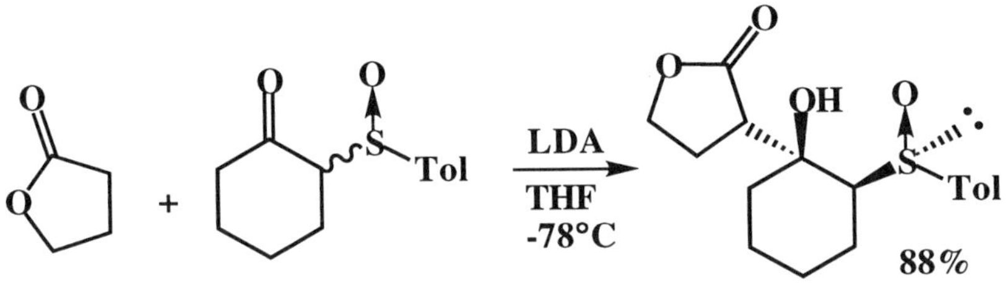

I.A.7.a.1-7 Shigemasa, Y. et al., *JOC*, **61**, 6769.

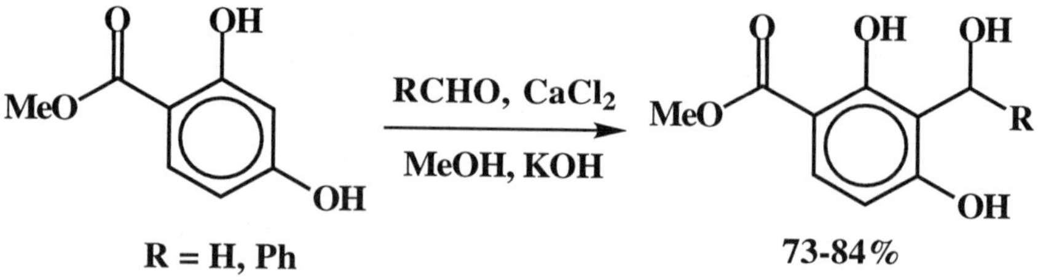

MeO-C(O)-C₆H₂(OH)(OH) + RCHO, CaCl₂ / MeOH, KOH → product

R = H, Ph

73-84%

I.A.7.a.1-8 Eberle, M.K., *JOC*, **61**, 3844.

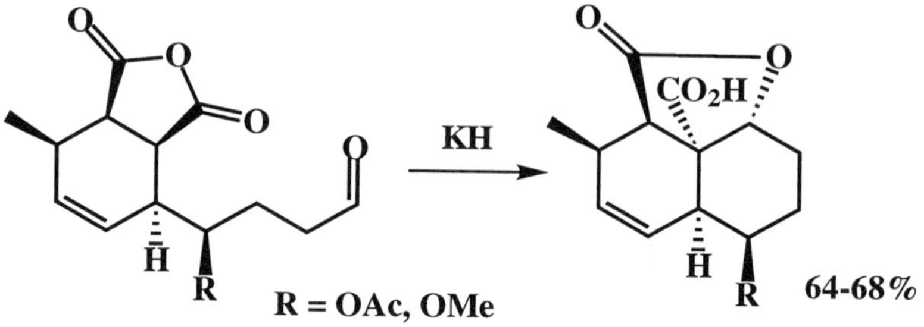

KH

R = OAc, OMe

64-68%

I.A.7.a.1-9 Aggarwal, V.K. et al., *CC*, 2713; Perlmutter, P. et al., *TL*, **37**, 1715.

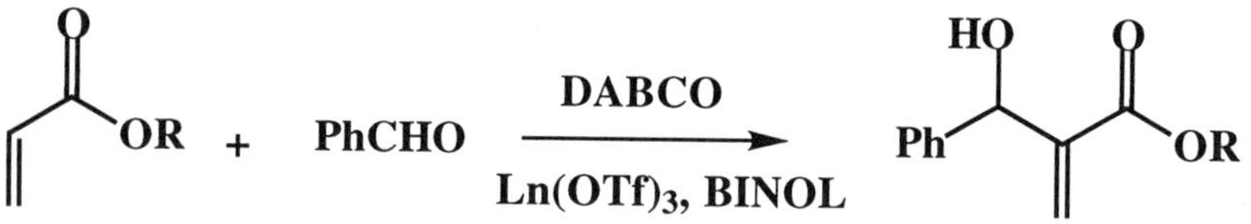

CH₂=CH-C(O)OR + PhCHO → [DABCO, Ln(OTf)₃, BINOL] → Ph-CH(OH)-C(=CH₂)-C(O)OR

First Examples of Metal and Ligand Accelerated Catalysis of the Baylis-Hillman Reaction

---

I.A.7.a.1-10 Abiko, A., Liu, J.-F. and Masamune, S., *JOC*, **61**, 2590.

"Concerning the Boron-Mediated Aldol Reaction of Carboxylic Esters."

I.A.7.a.1-11 Brown, H.C. et al., *TL*, **37**, 4911; **see also:** Yan, T.-H. et al., *JOC*, **61**, 2038.

$$\underset{R}{\text{R-CO-CH}_3} + (\text{Ipc})_2\text{BCl} \xrightarrow[\text{CH}_2\text{Cl}_2, 0°\text{C}]{\text{Et}_3\text{N}} \xrightarrow{\text{R}^1\text{CHO}, -78°\text{C}} \underset{R}{\text{R-CO-CH}_2\text{-CH(OH)-R}^1}$$

49-75%, 4-90% ee

I.A.7.a.1-12 Iseki, K., Oishi, S. and Kobayashi, Y., *CPB*, **44**, 2003.

"Diastereo-Face Selectivities in the Aldol Reaction of Boryl Enolates Derived from Oppolzer's Sultam."

I.A.7.a.1-13 Paterson, I. et al., *TL*, **37**, 8585; **see also:** Enders, D. et al., *S*, 1095.

$$\text{(}^c\text{Hx}_2\text{BO)-C(=CH}_2\text{)-CH}_2\text{-CH(OPMP)-CH=CH-CH}_3 \xrightarrow{\text{RCHO}} \text{R-CH(OH)-CH}_2\text{-CO-CH}_2\text{-CH(OPMP)-CH=CH-CH}_3$$

93-98% ds

I.A.7.a.1-14 Kiyooka, S. et al., *TL*, **37**, 2597 and *TA*, **7**, 2181.

$$\underset{\text{EtO}}{\text{TMSO-C(=C(Me)}_2\text{)-OEt}} + \underset{\text{Ph}}{\text{Ph-CH(Me)-CHO}} \xrightarrow[-78°\text{C}]{\text{cat.}} \text{EtO-CO-C(Me)}_2\text{-CH(OH)-CH(Me)-Ph}$$

64%, >99% ee

cat. = [isopropyl-oxazaborolidinone with TsN-BH]

I.A.7.a.1-15 Mahrwald, R. and Costisella, B., *S*, 1087.

$$\text{Et-CO-Et} + 2\ \text{RCHO} \xrightarrow[\text{rt, 24h}]{\text{cat. BuTi(O}^i\text{Pr})_4\text{Li}} \text{RCO}_2\text{-CHR-CH}_2\text{-CH(OH)-Et} + \text{RCO}_2\text{-CHR-CH}_2\text{-CH(OH)-Et}$$

63-86%
97:3 to 99:1

I.A.7.a.1-16 Duhamel, P. et al., *JOC*, **61**, 2232.

"Alkali Enolates of Unsymmetrical Ketones from Silyl Enol Ethers. Highly Regioselective Aldol Reactions Dependent on the Nature of the Cation."

I.A.7.a.1-17 Loh, T.-P. et al., *CC*, 1819; Kumar, R. and Srinivasan, K.V. et al., *CC*, 129.

$$\text{R-C(OTMS)=CH-R}^1 \xrightarrow[\text{H}_2\text{O, 15h}]{\text{InCl}_3,\ \text{R}^2\text{CHO, rt}} \text{R}^2\text{-CH(OH)-CHR}^1\text{-CO-R}$$

85-96%

[similarly with titanium silicate catalysts in THF]

I.A.7.a.1-18 Maruoka, K. et al., *JACS*, **118**, 11307.

cyclohexenyl-OTMS → 2-(TMSO-CHPh)-cyclohexanone

reagents: PhCHO, CH$_2$Cl$_2$, Me$_2$AlO—(biphenyl with Me groups)—OAlMe$_2$

87%

I.A.7.a.1-19 Gorrichon, L. et al., *M*, **127**, 519; **see also:** Dubac, J. et al., *JOC*, **61**, 3885.

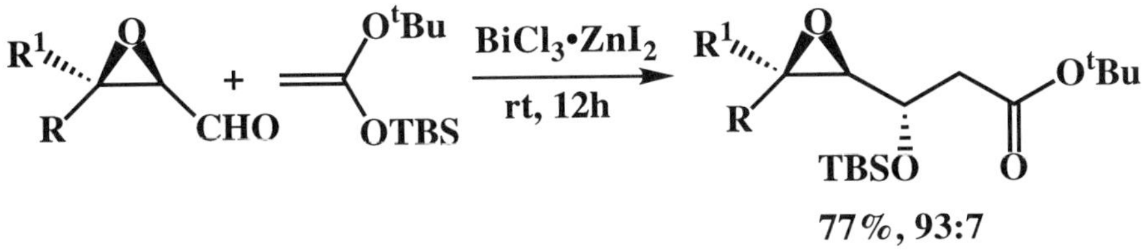

[Epoxy aldehyde + CH₂=C(OtBu)(OTBS) → epoxy β-hydroxy ester, BiCl₃·ZnI₂, rt, 12h; 77%, 93:7]

I.A.7.a.1-20 Horiuchi, Y., Oshima, K. and Utimoto, K., *JOC*, **61**, 4483.

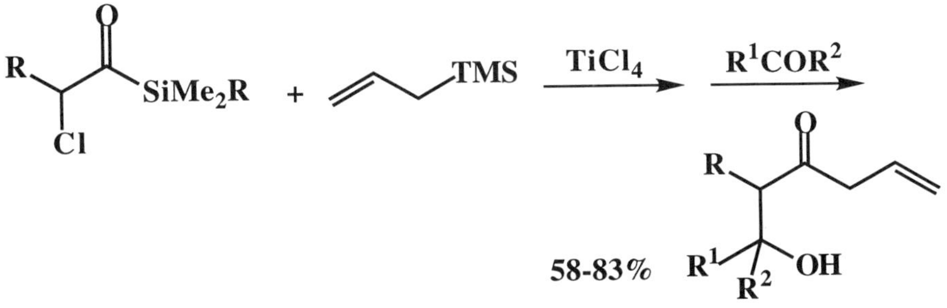

[R-CH(Cl)-C(O)-SiMe₂R + allyl-TMS, TiCl₄, then R¹COR², gives homoallyl ketone with tertiary alcohol; 58–83%]

I.A.7.a.1-21 Fujisawa, T. et al., *CL*, 545.

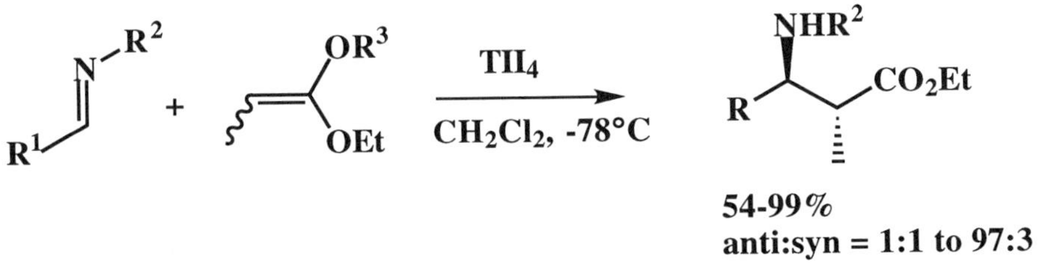

[R¹CH=NR² + CH₂=C(OR³)(OEt), TiI₄, CH₂Cl₂, −78°C → β-amino ester; 54–99%, anti:syn = 1:1 to 97:3]

I.A.7.a.1-22   Denmark, S.E. et al., *JACS*, **118**, 7404.

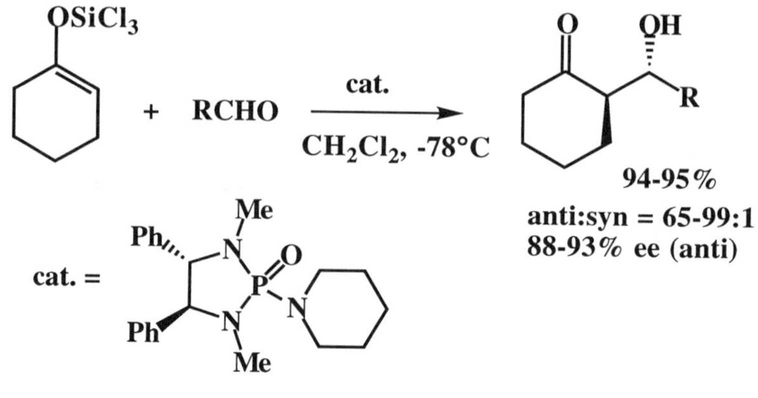

cyclohexenyl-OSiCl$_3$ + RCHO $\xrightarrow[\text{CH}_2\text{Cl}_2,\ -78°\text{C}]{\text{cat.}}$ 2-(hydroxyalkyl)cyclohexanone

94-95%
anti:syn = 65-99:1
88-93% ee (anti)

cat. = chiral phosphoramide (Ph, Me, piperidine substituted)

I.A.7.a.1-23   Dang, H.-S. and Roberts, B.P., *CC*, 2201.

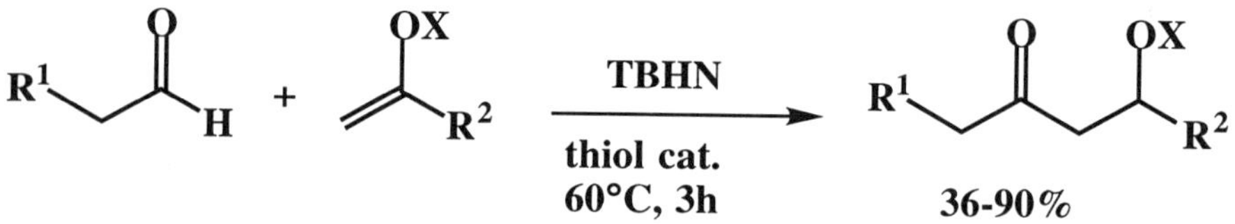

$R^1\text{CH}_2\text{CHO}$ + CH$_2$=C(OX)R^2 $\xrightarrow[\text{thiol cat.}\ 60°\text{C, 3h}]{\text{TBHN}}$ $R^1\text{CH}_2\text{C(O)CH}_2\text{CH(OX)}R^2$ 36-90%

X = Ac, TBS, (EtO)$_2$P(O), Bu
TBHN = di-*t*-butyl hyponitrite

I.A.7.a.1-24   Kim, J.-H. and Kulawiec, R.J., *JOC*, **61**, 7656.

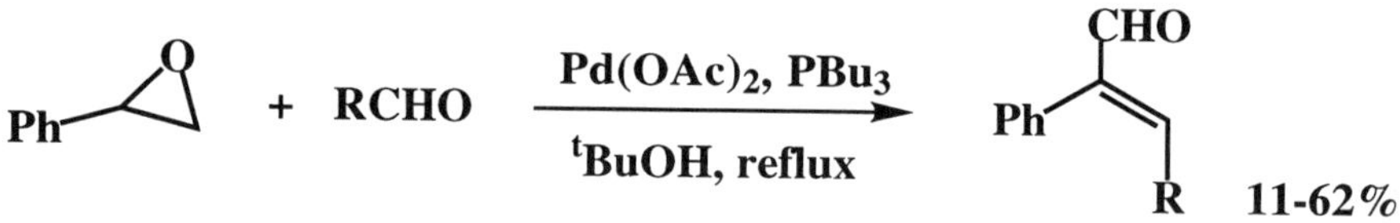

Ph-epoxide + RCHO $\xrightarrow[{}^t\text{BuOH, reflux}]{\text{Pd(OAc)}_2,\ \text{PBu}_3}$ Ph-CH=C(R)-CHO   11-62%

I.A.7.a.1-25 Strunz, G.M. and Finlay, H.J., *CJC*, **74**, 419.

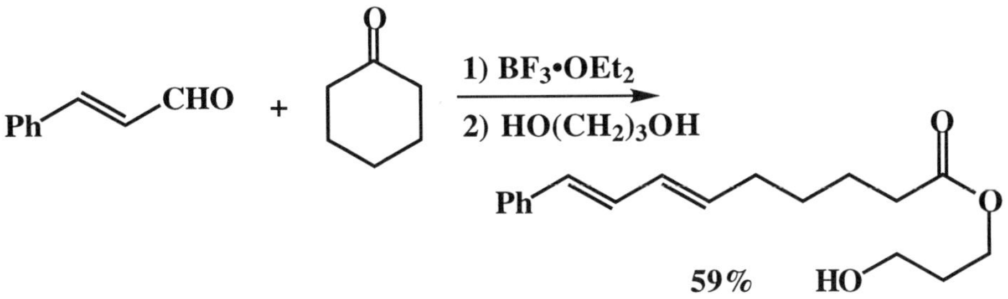

[Reaction: Ph-CH=CH-CHO + cyclohexanone → 1) BF₃·OEt₂ 2) HO(CH₂)₃OH → Ph-CH=CH-CH=CH-(CH₂)₄-C(=O)-O-CH₂CH₂CH₂-OH, 59%]

I.A.7.a.2. Addition of N-, P-, S-, Se and Similar Stabilized Carbanions

I.A.7.a.2-1 Beak, P. and Nikolic, N.A., *OS*, **74**, 23.

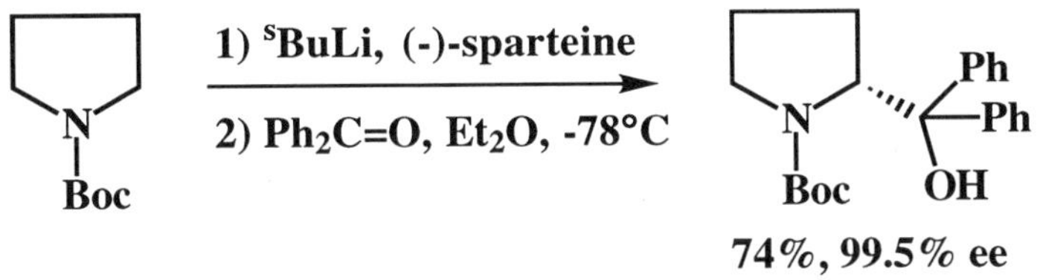

[Reaction: N-Boc pyrrolidine → 1) ^{s}BuLi, (−)-sparteine 2) Ph₂C=O, Et₂O, −78°C → 2-substituted N-Boc pyrrolidine with CPh₂OH, 74%, 99.5% ee]

I.A.7.a.2-2 Hanessian, S. and Devasthale, P.V., *TL*, **37**, 987; **see also:** Iseki, K. et al., *TL*, **37**, 9081.

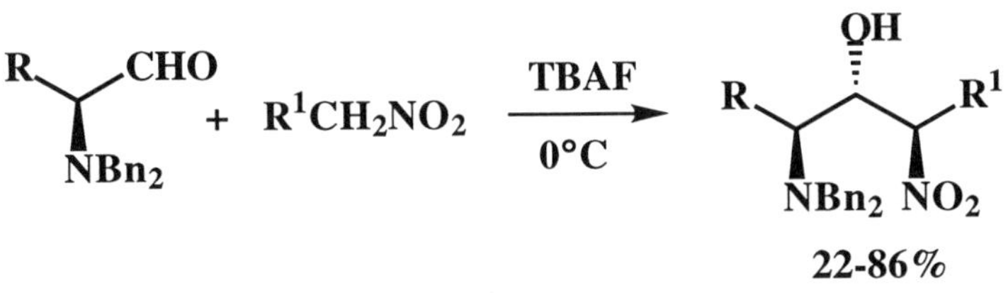

[Reaction: R-CH(NBn₂)-CHO + R¹CH₂NO₂ → TBAF, 0°C → R-CH(NBn₂)-CH(OH)-CH(NO₂)-R¹, 22-86%]

[nitro aldols also reported with Sm-Li-BINOL complex catalysis]

I.A.7.a.2-3 Takei, H. et al., *JCS(P1)*, 119.

$R^1S\underset{}{\overset{O}{\diagdown\diagup}}NHMe \xrightarrow[\text{2) } R^2CHO, \text{cat.}]{\text{1) BuLi, -78°C}} R^2\underset{HO}{\overset{R^1S}{\diagdown}}\diagup\underset{}{\overset{O}{\diagdown}}NHMe$

cat. = a chiral amine   50-91%, 5-47% ee

I.A.7.a.2-4 Hart, D.J. and Wu, W.-L., *TL*, **37**, 5283; **see also:** Caturla, F. and Najera, C., *TL*, **37**, 4787.

$^nC_7H_{15}\diagdown\diagup SO_2Ph \xrightarrow[\text{3) } NH_4Cl, H_2O]{\substack{\text{1) BuLi, DME}\\\text{2) RCHO}}} {}^nC_7H_{15}\diagdown\underset{R\diagup\ \diagdown OH}{\diagup SO_2Ph}$

89-95%

I.A.7.a.2-5 Solladié-Cavallo, A. et al., *JOC*, **61**, 2690.

"Effect of a Phosphazene Base on the Diastereoselectivity of Addition of α-Sulfonyl Carbanions to Butyraldehyde and Isopropylideneglyceraldehyde."

I.A.7.a.3. Addition of Organometallic and Related Species

I.A.7.a.3-1 Ruano, J.L.G., Tito, A. and Culebras, R., *T*, **52**, 2177.

"Stereoselective Addition of Organometallic Reagents to β-Hydroxyketones."

I.A.7.a.3-2 Pelter, A. et al., *T*, **52**, 1085.

$$\text{ArCHO} + \text{Mes}_2\text{BCHLiR} \xrightarrow[\text{2) NaOH, H}_2\text{O}_2]{\text{1) -116°C}} \text{Ar-CH(OH)-CH(OH)-R}$$

53-88% (major)

I.A.7.a.3-3 Pancrazi, A. et al., *TL*, **37**, 5519.

Propargyl ether with R substituent and OR^1 group:
1) BuLi
2) Ti(O^{i}Pr)$_4$
3) R^{2}CHO

→ R^2-CH(OH)-CH(OR^1)-C≡C-R   40-68%

R^1 = THP, TMS

I.A.7.a.3-4 Hiouni, A. and Duhamel, L., *TL*, **37**, 5507; Schlosser, M. and Wei, H., *TL*, **37**, 2771.

Br-CH=C(OEt)$_2$
1) ^{t}BuLi
2) R^{1}COR^2
3) aq. Na$_2$CO$_3$

→ R^{1}R^{2}C(OH)-CH$_2$-C(=O)OEt   72-83%

I.A.7.a.3-5 Yus, M. et al., *T*, **52**, 1797, 1643, 13243, 8333 and 13739; *TL*, **37**, 5593; **see also:** *JOC*, **61**, 6058.

$$\text{CX}_2\text{Cl}_2 + \text{R}^1\text{COR}^2 \xrightarrow[\text{2) H}_2\text{O}]{\text{1) Li powder, DTBB, THF, -40°C}} \text{R}^1\text{R}^2\text{C(OH)-CX}_2\text{-C(OH)R}^1\text{R}^2$$

25-61%

I.A.7.a.3-6 Oshima, K., Utimoto, K. et al., *T*, **52**, 14533; **see also:** *T*, **52**, 503..

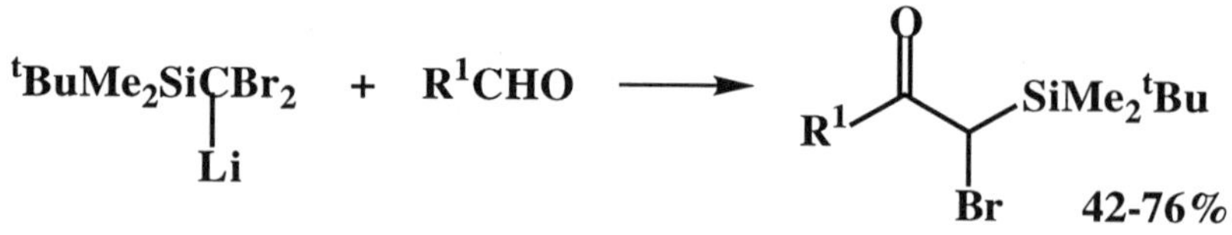

^{t}BuMe$_2$SiCBr$_2$
Li
+ R^{1}CHO
O
R^1
SiMe$_2$^{t}Bu
Br
42-76%

I.A.7.a.3-7 Enders, D et al., *T*, **52**, 2893.

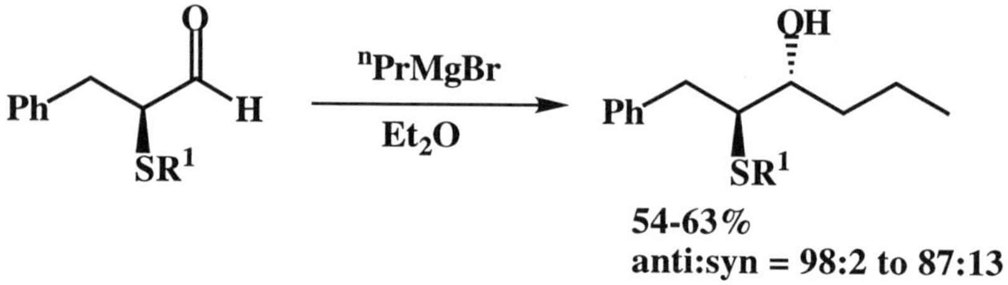

O
Ph
H
SR^1
^{n}PrMgBr
Et$_2$O
OH
Ph
SR^1
54-63%
anti:syn = 98:2 to 87:13

I.A.7.a.3-8 Jäger, V. et al., *CC*, 329.

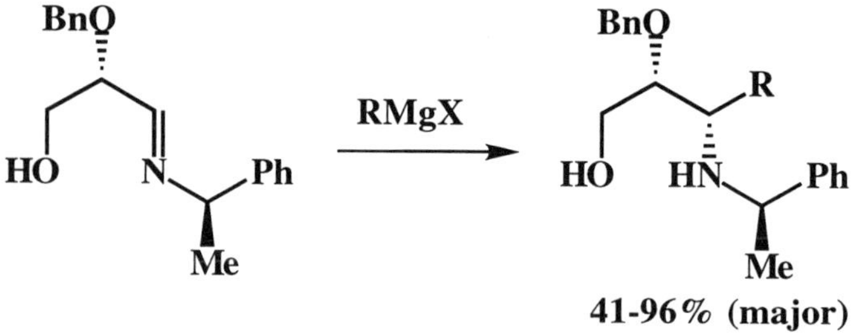

BnO
HO
N
Ph
Me
RMgX
BnO
R
HO
HN
Ph
Me
41-96% (major)

erythro is major with (S)-imine

I.A.7.a.3-9 Mioskowski, C., Falck, J.R. et al., *TL*, **37**, 1421 and 1424.

[dioxolanone with isobutenyl and Ph substituents] $\xrightarrow{\text{RMgBr, Et}_2\text{O}}$ [product with R, O-CH(Ph)CO$_2$H]

0-77%
91:9 to 97:3 dr

I.A.7.a.3-10 Mattson, M.N. and Rapoport, H., *JOC*, **61**, 6071; see also: Alvarez-Builla, J. et al., *T*, **52**, 14297.

$R^1\text{COOH} \xrightarrow[\text{2) R}^2\text{MgX, -20°C to rt}]{\text{1) DHP, MsOH, CH}_2\text{Cl}_2} R^1\text{COR}^2$

72-90%

[similar ketone formation from N-imidazolium-N-methylamides and Grignards]

I.A.7.a.3-11 Ohmori, H. et al., *TL*, **37**, 5381.

RCOCl $\xrightarrow[\text{2) MeMgBr}]{\text{1) Bu}_3\text{P}}$ RCOMe + R−C(OH)(Me)Me

R = Me(CH$_2$)$_8$, Ph   12-98%   trace-26%

I.A.7.a.3-12 Akiba, K. et al., *T*, **52**, 13137; Savoia, D. et al., *JCS(P1)*, 875.

[OTBS-substituted N-Bn imine] $\xrightarrow{\text{R}_2\text{CuLi·BF}_3}$ $\xrightarrow{\text{TBAF}}$ [OH, R, NHBn product]

0-85%
anti:syn up to >98:2

I.A.7.a.3-13 Hanessian, S. and Yang, R.-Y., *TL*, **37**, 8993 and 5273; Nakamura, E. et al., *JACS*, **118**, 8489.

$$\text{BnO-N=C(R}^1\text{)CO}_2\text{R}^2 + \text{[Zn complex with } R^3, R^4, R^5\text{]} \longrightarrow \text{product}$$

62-90%, 74-94% ee

I.A.7.a.3-14 Kataoka, Y., Makihira, I. and Tani, K., *TL*, **37**, 7083; **see also:** Makosza, M. and Grela, K., *SC*, **26**, 2935; Hou, X.-L. et al., *TL*, **37**, 4187; Tagliavini, G. et al., *JOC*, **61**, 2731.

$$\text{Ph-CO-Et} + \text{allyl-Br} \xrightarrow[\text{THF : HMPA, 20°C}]{[V_2Cl_3(thf)_6]_2[Zn_2Cl_6]} \text{Ph-C(Et)(OH)-CH}_2\text{-CH=CH}_2$$

97%

[similarly with aldehydes or imines and allyl zinc species]

I.A.7.a.3-15 Shankar, B.B. et al., *TL*, **37**, 4095; Pedrosa, R. et al., *S*, 1071; Yoshida, M. et al., *SC*, **26**, 2523.

$$\text{R*O-CO-CH}_2\text{Br} + \text{BnO-C}_6\text{H}_4\text{-CH=N-Ar} \xrightarrow{\text{Zn, I}_2} \text{R*O-CO-CH}_2\text{-CH(NHAr)-C}_6\text{H}_4\text{-OBn}$$

Ar = 4-FC$_6$H$_4$

45-70%, ~60:40 to 99:1

[Reformatsky-type reactions also reported with chiral catalysts]

I.A.7.a.3-16 Dai, W.-M. et al., *TL*, **37**, 5971 and *TA*, **7**, 1245; Cho, B.T. and Kim, N., *JCS(P1)*, 2901; Brocard, J. et al., *TA*, **7**, 653; Chelucci, G. et al., *TA*, **7**, 885; Falorni, M. et al., *TA*, **7**, 293; Iwata, C. et al., *TL*, **37**, 3345; Jin, M.-J. et al., *TL*, **37**, 8767; Hulst, R. et al., *TA*, **7**, 2755; Cozzi, P.G., Papa, A. and Umani-Ronchi, A., *TL*, **37**, 4613; Gibson, C.L., *CC*, 645; Wirth, T. et al., *HCA*, **79**, 1957; Katsuki, T. et al., *CL*, 343; **see also:** Pedrosa, R. et al., *JOC*, **61**, 4210; Knochel, P. et al., *SL*, 731.

ArCHO + Et$_2$Zn $\xrightarrow{\text{catalyst}}$ Ar—CH(Et)—OH

catalyst = chiral amino alcohol   86-94%, 48-98% ee

[various other chiral catalysts used for similar transformations]

I.A.7.a.3-17 Soai, K. et al., *JACS*, **118**, 471; *CC*, 751; *TL*, **37**, 8783; *T*, **52**, 13355.

(2-R-pyrimidin-5-yl)-CHO + ^{i}Pr$_2$Zn $\xrightarrow[\text{PhMe, 0°C}]{\text{cat.}}$ (2-R-pyrimidin-5-yl)—CH(^{i}Pr)—OH

R = H, Me   68-103%, 91-99% ee

cat. = product   "autocatalytic asymmetric induction"

I.A.7.a.3-18 Rieke, R.D. et al., *JOC*, **61**, 2726; **see also:** Ranu, B. et al., *TL*, **37**, 1109; Fujiwara, M. et al., *JOM*, **508**, 49.

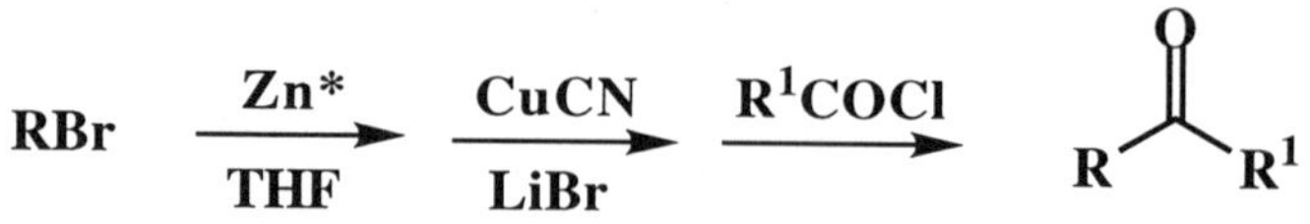

$$RBr \xrightarrow[THF]{Zn^*} \xrightarrow[LiBr]{CuCN} \xrightarrow{R^1COCl} R\underset{62\text{-}99\%}{\overset{O}{\underset{\|}{C}}}R^1$$

Zn* = Rieke zinc
R = 3° or 2°

[similar ketone formation from acid chlorides and allyl zinc species or Ar₅Sb]

I.A.7.a.3-19 Mulzer, J. et al., *TL*, **37**, 5487.

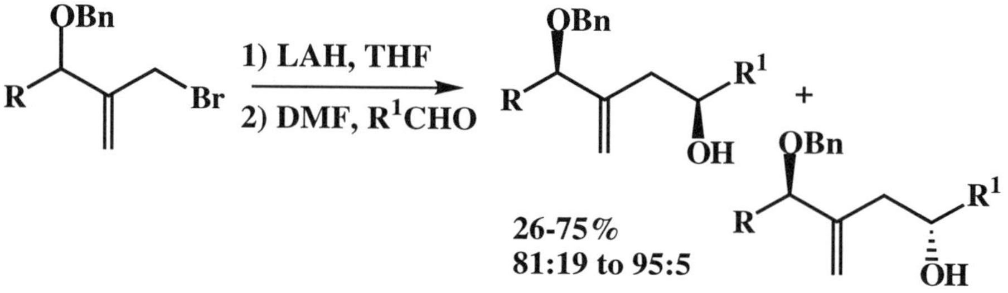

26-75%
81:19 to 95:5

I.A.7.a.3-20 Schumann, H., Blum, J. et al., *S*, 1127; **see also:** Yoon, N.M. et al., *JOC*, **61**, 4472.

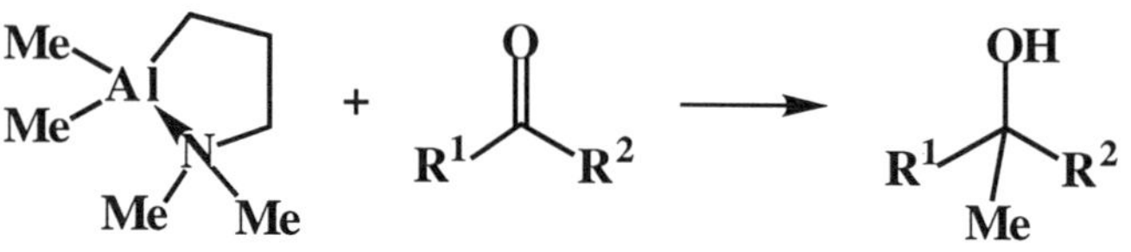

85-99%

I.A.7.a.3-21 Gauthier, D.R., Jr. and Carreira, E.M., *AGE*, **35**, 2363; Trehan, S. et al., *CC*, 581; Aggarwal, V.K. and Vennall, G.P., *TL*, **37**, 3745; Shi, G. and Huang, X., *TL*, **37**, 5401; Taddei, M. et al., *TA*, **7**, 1217; Pellissier, H., Wilmouth, S. and Santelli, M., *TL*, **37**, 5107; **see also:** Pilcher, A.S. and DeShong, P., *JOC*, **61**, 6901.

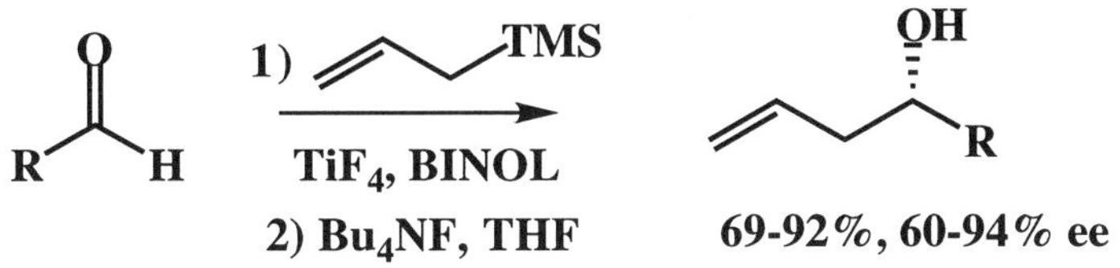

[similar reactions with $HN(SO_2F)_2$, $Sc(OTf)_3$ or other Lewis acids]

I.A.7.a.3-22 Panek, J.S. et al., *JACS*, **118**, 12475.

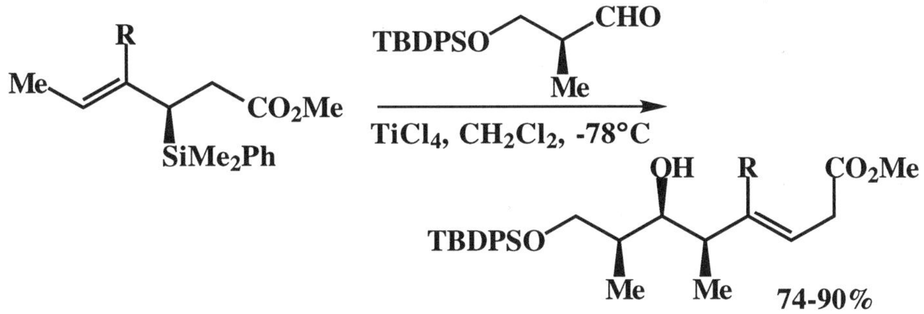

I.A.7.a.3-23 Linderman, R.J. and Chen, K., *JOC*, **61**, 2441.

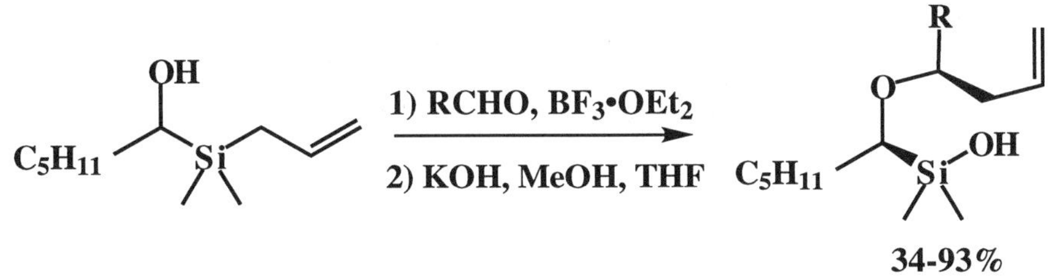

I.A.7.a.3-24 Wang, D. et al., *CC*, 2261; Iseki, K., Kobayashi, Y. et al., *TL*, **37**, 5149; **see also:** Gewald, R. et al., *S*, 111.

[allyl-Si reagent with CO$_2$Pr^i groups] $\xrightarrow[\text{2) RCHO}]{\text{1) TEA, DMF}}$ R-CH(OH)-CH$_2$-CH=CH$_2$

40-72%, up to 71% ee

I.A.7.a.3-25 Kablaoui, N.M. and Buchwald, S.L., *JACS*, **118**, 3182; Mori, M. et al., *TL*, **37**, 887; **see also:** Sato, F. et al., *CC*, 1725; Urabe, H. and Sato, F., *JOC*, **61**, 6756.

R^1-C(=O)-CHR^2-CH$_2$-CH$_2$-CH=CH$_2$ $\xrightarrow[\text{Ph}_2\text{SiH}_2, \text{PhMe} \atop \text{2) H}_3\text{O}^+]{\text{1) Cp}_2\text{Ti(PMe}_3)_2}$ [cyclopentane with HO, R^1, R^2, Me substituents]

50-86%

[similarly with Ni(acac)$_2$ / Ph$_3$P / DIBAL and intermolecular reactions with alkynes / [(-)-menthoxy]$_3$TiCl / ^{i}PrMgCl]

I.A.7.a.3-26 Furstner, A. and Shi, N., *JACS*, **118**, 2533; **see also:** Mulzer, J. et al., *JOC*, **61**, 6936.

RCHO + PhI $\xrightarrow[\substack{\text{cat. NiCl}_2 \\ \text{Mn powder} \\ \text{chlorosilane}}]{\text{CrCl}_2}$ R-CH(OH)-Ph

64-88%

I.A.7.a.3-27 Marshall, J.A. et al., *JOC*, **61**, 105, 4247, 4611 and 2904; Li, X.-R. and Loh, T.-P., *TA*, **7**, 1535.

$$RCHO + \underset{OMOM}{\overset{SnBu_3}{\diagup\!\!\!\diagup}} \xrightarrow[\text{EtOAc, -78°C to rt}]{InCl_3}$$

85-95%
90:10 to 98:2
syn : anti

syn product (R-CH(OH)-CH(OMOM)-CH=CH-CH_3) + anti product

I.A.7.a.3-28 Kobayashi, S. and Nagayama, S., *JOC*, **61**, 2256; Young, D.J. et al., *TL*, **37**, 1905.

$$\underset{R}{\overset{O}{\|}}\!\!-\!\!R^1 \xrightarrow[\text{polymer-supported scandium catalyst}]{Sn(\text{-}\!\!\diagup\!\!\diagup)_4} R\underset{R^1}{\overset{OH}{\diagdown}}\!\!\diagup\!\!\diagup \quad 57\text{-}98\%$$

I.A.7.a.3-29 Yamamoto, Y. et al., *JACS*, **118**, 6641 and *CC*, 1459.

$$R^1\!\!\diagup\!\!\underset{R^2}{\overset{}{\diagdown}}\!\!SnBu_3 + R^3CHO \xrightarrow[\text{or } PtCl_2(PPh_3)_2]{PdCl_2(PPh_3)_2} R^3\underset{OH}{\overset{R^1}{\diagdown}}\!\!\underset{R^2}{\overset{}{\diagup}} \quad 37\text{-}100\%$$

I.A.7.a.3-30 Baba, A. et al., *TL*, **37**, 5951.

$$\underset{R^2}{\overset{R^1}{\diagdown}}\!\!=\!\!\!\diagup\!\!SnBu_3 + \underset{Z}{\overset{R^3\;R^4}{\diagdown\!\!\diagup}} \xrightarrow[\text{MeCN, rt}]{SnCl_2} R^3\!\!\underset{ZH}{\overset{R^4\;R^1}{\diagdown}}\!\!\underset{}{\overset{R^2}{\diagup}} \quad 78\text{-}100\%$$

Z = O, NR

I.A.7.a.3-31 Nishigaichi, Y et al., *TL*, **37**, 3701 and *CL*, 961; **see also:** Keck, G.E. et al., *TL*, **37**, 3291; Banfi, L et al., *TL*, **37**, 521.

$$\text{X}\diagup\hspace{-0.5em}=\hspace{-0.5em}\diagdown_{\text{Y}}^{\text{CH}_2\text{SnBu}_3} + \text{PhCHO} \xrightarrow[\substack{\text{CH}_2\text{Cl}_2 \\ -78°\text{C to rt}}]{\text{BF}_3\cdot\text{OEt}_2} \text{Ph}\diagdown\hspace{-0.3em}\underset{\text{X}}{\overset{\text{OH}}{\diagup}}\hspace{-0.3em}\diagdown\hspace{-0.3em}\underset{}{\overset{\text{Y}}{=}}$$

61-92%
91:9 to 13:87, syn : anti

[chiral aldehydes used in similar transformations]

I.A.7.a.3-32 Hoppe, D. et al., *S*, 141 and 145.

$$\text{Bu}_3\text{Sn}\diagdown\hspace{-0.3em}\diagup\hspace{-0.3em}=\hspace{-0.3em}\diagdown\text{OCb} \xrightarrow[\text{2) TiCl}_4, \text{CH}_2\text{Cl}_2, -78°\text{C}]{1) \text{R}^1\text{R}^2\text{C=O}} \text{R}^1\diagdown\hspace{-0.3em}\underset{\text{CH}_3}{\overset{\text{HO}\hspace{0.3em}\text{R}^2}{\diagup}}\hspace{-0.3em}\diagdown\hspace{-0.3em}\diagup\hspace{-0.3em}=\hspace{-0.3em}\diagdown\text{OCb}$$

79-96%, 79-96% ee

I.A.7.a.3-33 Faller, J.W. et al., *JACS*, **118**, 1217.

$$\text{RCHO} \xrightarrow[\text{2)} \diagup\hspace{-0.3em}=\hspace{-0.3em}\diagdown\text{SnBu}_3]{\substack{1) (R)\text{-BINOL} \\ \text{Ti}(\text{O}^i\text{Pr})_4}} \diagup\hspace{-0.3em}=\hspace{-0.3em}\diagdown\hspace{-0.3em}\underset{\text{R}}{\overset{\text{HO}\hspace{0.3em}\text{H}}{\diagup}}$$

25-65%, 0-92% ee

I.A.7.a.3-34 Whitesell, J.K. and Apodaca, R., *TL*, **37**, 3955.

$$\text{RCHO} + \text{Bu}_3\text{Sn}\diagdown\hspace{-0.3em}\diagup\hspace{-0.3em}=\hspace{-0.3em}\diagdown \xrightarrow[\text{Bu}_2\text{SnCl}_2]{\text{ECl, rt}} \text{R}\diagdown\hspace{-0.3em}\underset{}{\overset{\text{OE}}{\diagup}}\hspace{-0.3em}\diagdown\hspace{-0.3em}\diagup\hspace{-0.3em}=\hspace{-0.3em}\diagdown$$

48-92%

I.A.7.a.3-35 Paquette, L.A. et al., *JACS*, **118**, 1931 and 1917; Mauzé, B. et al., *SC*, **26**, 3179; **see also:** Whitesides, G.M. et al., *JOC*, **61**, 9538; Araki, S. et al., *TL*, **37**, 8417.

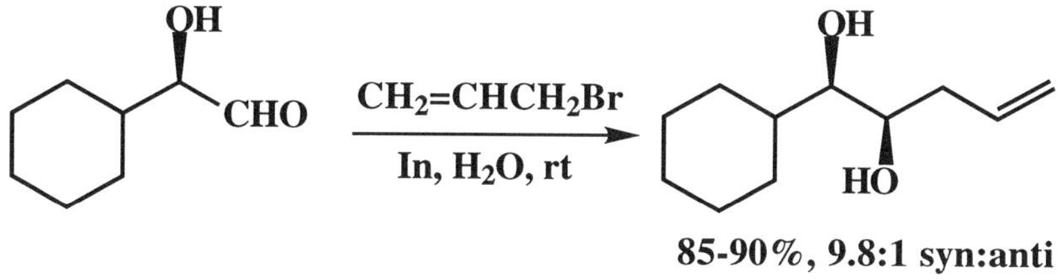

85-90%, 9.8:1 syn:anti

I.A.7.a.3-36 Suzuki, K. et al., *CL*, 231.

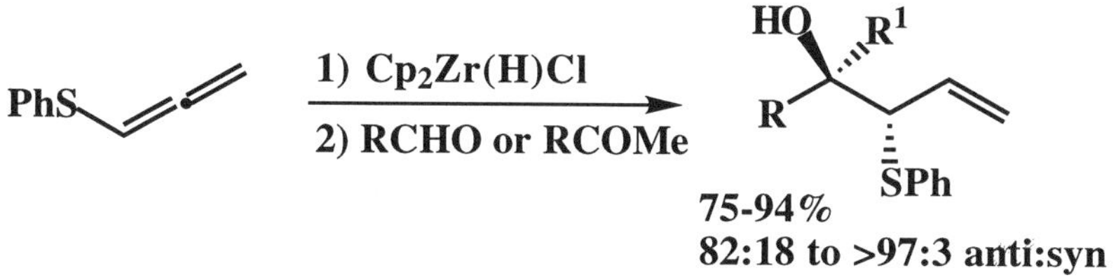

75-94%
82:18 to >97:3 anti:syn

I.A.7.a.3-37 Yamamoto, H. et al., *CC*, 367.

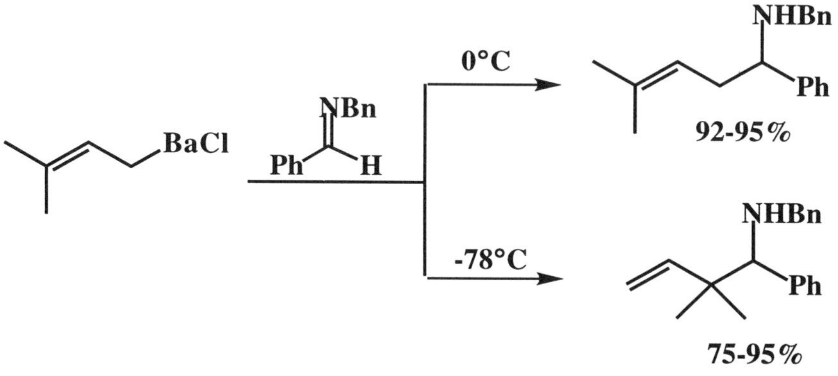

92-95%

75-95%

I.A.7.a.3-38 Greeves, N. et al., *TL*, **37**, 2675 and 5821; **see also:** Bartoli, G. et al., *TL*, **37**, 2293; Wee, A.G.H. and Tang, F., *TL*, **37**, 6677.

$$\text{RCHO} \xrightarrow[\text{Et}_2\text{O, -100°C, 1h}]{\text{Ce cat.}} \underset{\text{Bu}}{\overset{\text{OH}}{R\!-\!\!\!\!-\!\!\!-\!\!H}}$$

66-70%, 65-70% ee

Ce cat. =

[structure: dioxolane with Ph, Ph, Ph, Ph substituents and Ce-Bu group]

I.A.7.a.3-39 Fukuzawa, S. et al., *JOC*, **61**, 5400, *T*, **52**, 1953; Zhang, Y. et al., *SC*, **26**, 2473.

$$R^1COR^2 + R^3\text{-}X \xrightarrow{2\ Sm(OTf)_2} \underset{R^3}{\overset{OH}{R^1\!-\!\!\!\!-\!\!\!-\!R^2}}$$

32-95%

[similar reactions with esters or imines]

I.A.7.a.3-40 Skrydstrup, T. et al., *CC*, 515.

$$R^1COR^2 + \text{BnO}\!\!\diagup\!\!\underset{O_2}{S}\!\!\diagdown\!\!\text{(2-Py)} \xrightarrow[\text{THF}]{SmI_2} \underset{R^1\ \ R^2}{\overset{BnO\ \ \ \ OH}{\diagdown\!\!\diagup}}$$

75-91%

I.A.7.a.3-41 Molander, G.A. and Harris, C.R., *JACS*, **118**, 4059.

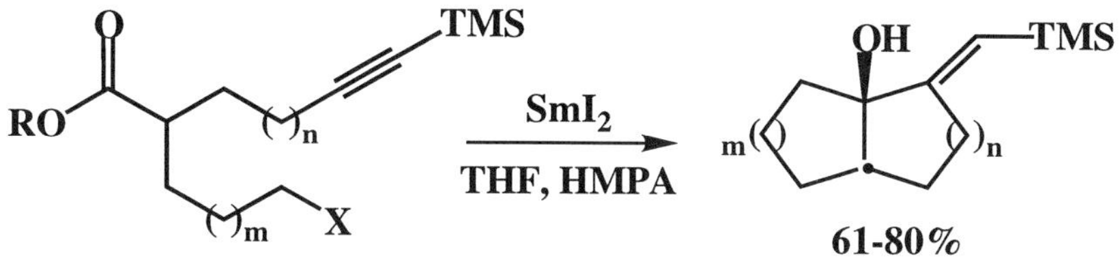

[Scheme: RO-C(=O)-CH(CH₂-C≡C-TMS)(CH₂)ₙ with (CH₂)ₘ-X chain, treated with SmI₂, THF, HMPA, gives bicyclic product with OH and =CH-TMS exocyclic alkene, 61-80%]

I.A.7.a.4. Other 1,2-Additions

I.A.7.a.4-1 Porta, O. et al., *TL*, **37**, 3035; Pedersen, S.F. et al., *JOC*, **61**, 5528; Hoffmann, H.M.R. et al., *T*, **52**, 11799; Swindell, C.S. and Fan, W., *TL*, **37**, 2321; Yamashita, M. et al., *TL*, **37**, 7755.

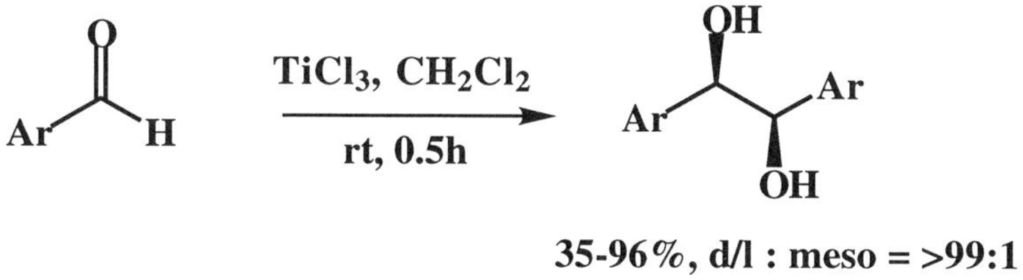

[Scheme: Ar-CHO, TiCl₃, CH₂Cl₂, rt, 0.5h → Ar-CH(OH)-CH(OH)-Ar]

35-96%, d/l : meso = >99:1

[similar pinacol couplings reported with samarium diiodide]

I.A.7.a.4-2 Hamann, B., Namy, J.-L. and Kagan, H.B., *T*, **52**, 14225; Porta, O. et al., *T*, **52**, 11037.

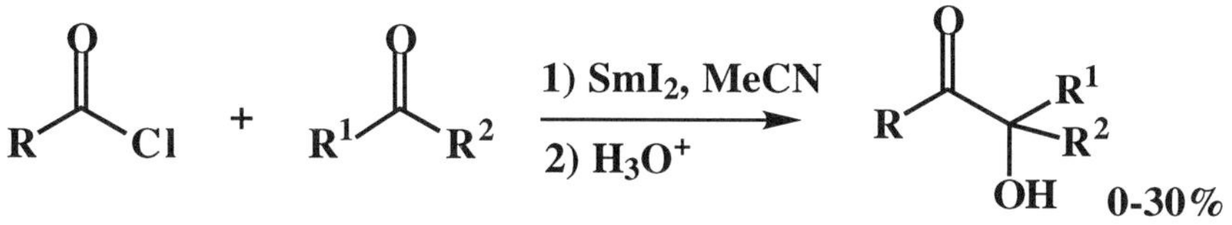

[Scheme: R-C(=O)-Cl + R¹-C(=O)-R² → 1) SmI₂, MeCN 2) H₃O⁺ → R-C(=O)-C(R¹)(R²)(OH), 0-30%]

I.A.7.a.4-3 Enders, D. et al., *HCA*, **79**, 1217; Crout, D.H.G. et al., *JCS(P1)*, 425.

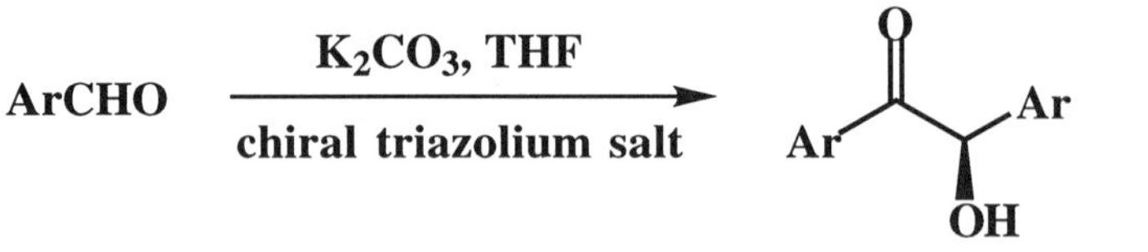

$$\text{ArCHO} \xrightarrow[\text{chiral triazolium salt}]{K_2CO_3, \text{THF}} \text{Ar-CO-CH(OH)-Ar}$$

22-72%, 20-86% ee

[an enzymatic acyloin also reported]

I.A.7.a.4-4 Chiba, T. et al., *JOC*, **61**, 4835.

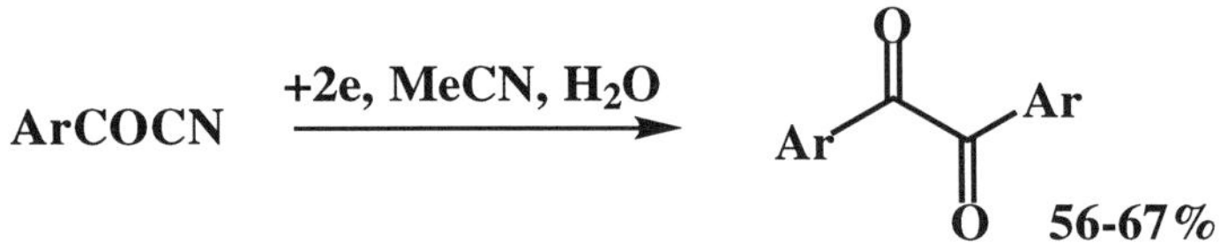

$$\text{ArCOCN} \xrightarrow{+2e, \text{MeCN}, H_2O} \text{Ar-CO-CO-Ar}$$

56-67%

I.A.7.a.4-5 Montgomery, J. and Savchenko, A.V., *JOC*, **61**, 1562 and *JACS*, **118**, 2099.

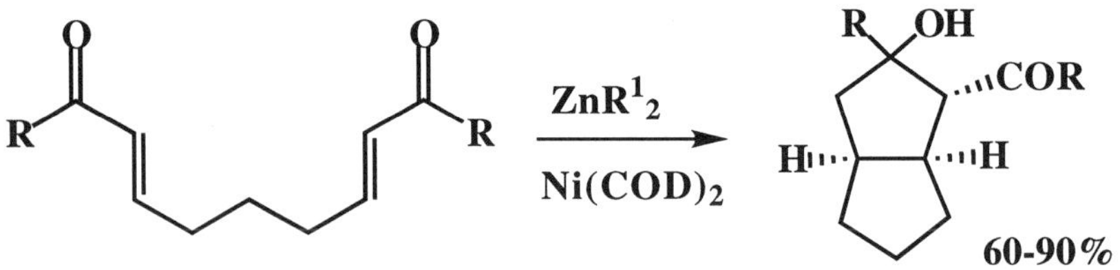

$$\text{RCO-CH=CH-(CH}_2)_2\text{-CH=CH-COR} \xrightarrow[\text{Ni(COD)}_2]{\text{ZnR}^1{}_2} \text{bicyclic product}$$

60-90%

I.A.7.a.4-6 Palacios, F. et al., *T*, **52**, 4857.

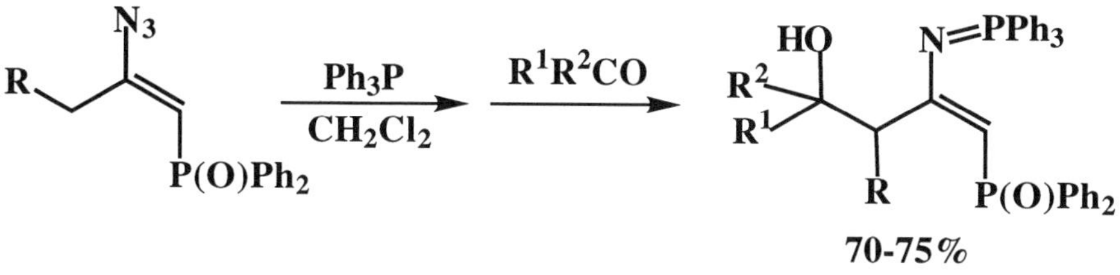

I.A.7.a.4-7 Shono, T. et al., *TL*, **37**, 6737.

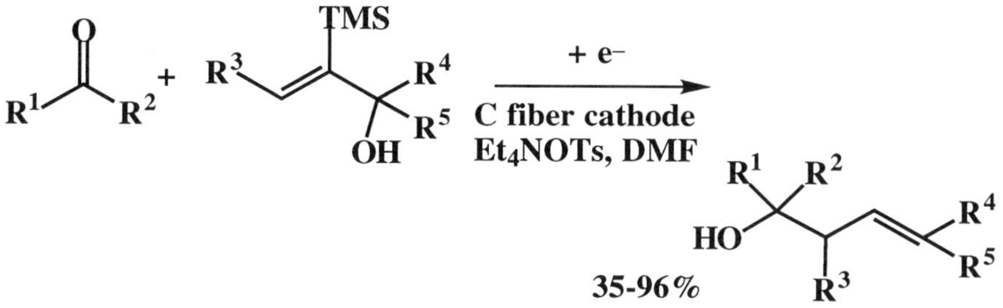

I.A.7.a.4-8 Mikami, K. et al., *TL*, **37**, 8515; and *SL*, 833; **see also:** Snider, B.B. et al., *JACS*, **118**, 7644.

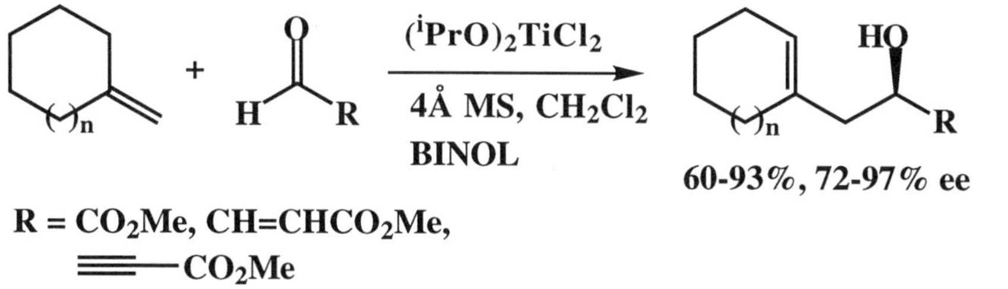

R = CO$_2$Me, CH=CHCO$_2$Me, ≡—CO$_2$Me

I.A.7.a.4-9 Franck-Neumann, M et al., *TL*, **37**, 8763.

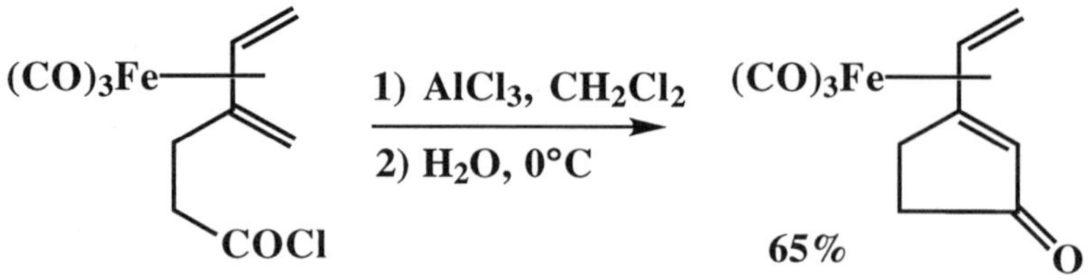

$(CO)_3Fe$-[structure with COCl and diene] → 1) $AlCl_3$, CH_2Cl_2; 2) H_2O, 0°C → $(CO)_3Fe$-[cyclopentenone structure] 65%

I.A.7.a.4-10 Duffield, J.J. and Regan, A.C., *TA*, **7**, 663.

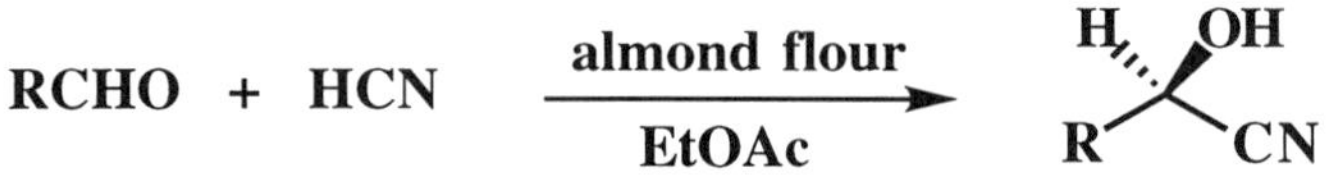

RCHO + HCN →(almond flour / EtOAc)→ R-C(H)(OH)(CN)

74-98.5%, 85->99% ee

I.A.7.a.4-11 Abiko, A. and Wang, G., *JOC*, **61**, 2264; Belokon', Y., North, M. et al., *TA*, **7**, 851.

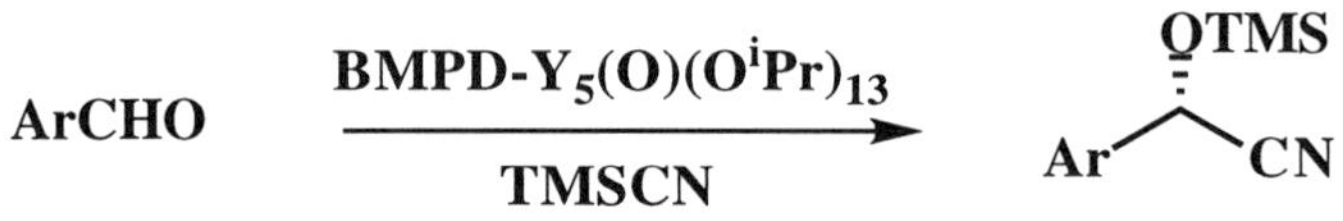

ArCHO →($BMPD-Y_5(O)(O^iPr)_{13}$ / TMSCN)→ Ar-C(H)(OTMS)(CN)

>95%, 30-91% ee

BMPD = [(R,R)-bis(2-methylferrocenyl)propane-1,3-dione]

I.A.7.a.4-12 Okimoto, M. and Chiba, T., *S*, 1188.

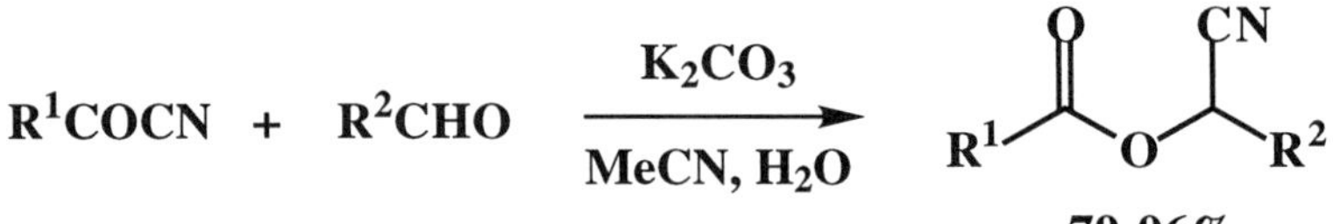

R^1COCN + R^2CHO →(K_2CO_3 / MeCN, H_2O)→ $R^1C(O)OC(CN)(H)R^2$

79-96%

I.A.7.b. Conjugate Additions

I.A.7.b.1. Enolate-Type Carbanions

I.A.7.b.1-1 Drago, R.S. and Jurczyk, K., *JCS(P1)*, 927.

"Strong Solid Base Reagents and Catalysts Based on Carbonaceous Supports."

I.A.7.b.1-2 Koga, K. et al., *TL*, **37**, 6343.

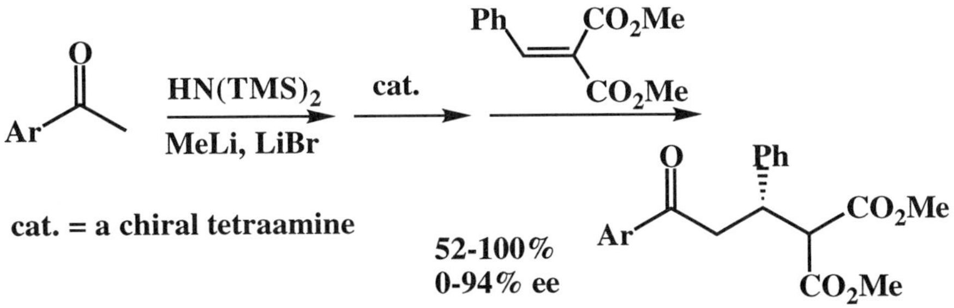

Ar-CO-CH₃ → [HN(TMS)₂, MeLi, LiBr] → [Ph-CH=C(CO₂Me)₂, cat.] → Ar-CO-CH₂-CH(Ph)-CH(CO₂Me)₂

cat. = a chiral tetraamine

52-100%
0-94% ee

I.A.7.b.1-3 Yamaguchi, M, et al., *JOC*, **61**, 3520; Echavarren, A.M. et al., *JACS*, **118**, 8553; Shibasaki, M. et al., *TL*, **37**, 5561..

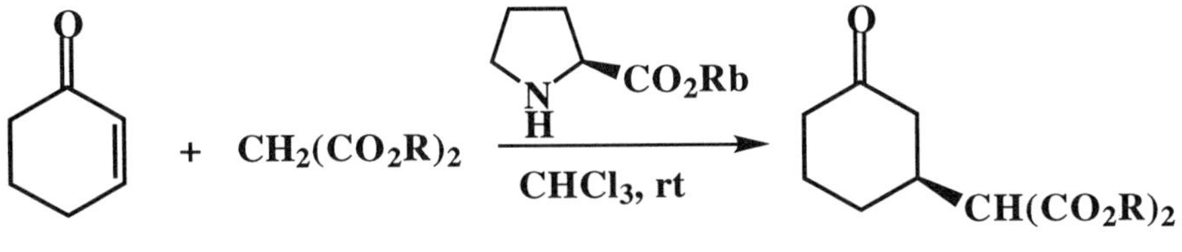

cyclohexenone + $CH_2(CO_2R)_2$ → [proline-CO₂Rb, CHCl₃, rt] → 3-[CH(CO₂R)₂]-cyclohexanone

39-99%, 39-65% ee

[similarly with Ru or La-Na-BINOL catalysts]

I.A.7.b.1-4 de Meijere, A. et al., *LA*, 899.

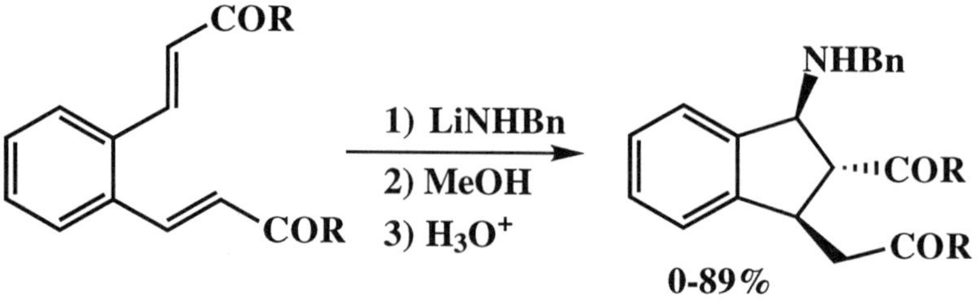

[bis-styryl ketone benzene] → 1) LiNHBn 2) MeOH 3) H$_3$O$^+$ → indane product with NHBn, COR, CH$_2$COR substituents

0-89%

I.A.7.b.1-5 Ballini, R. et al., *JOC*, **61**, 3209, *TL*, **37**, 8027, *LA*, 2087; Gomez-Sanchez, A. et al., *S*, 64; **see also:** Ballini, R. et al., *T*, **52**, 1677.

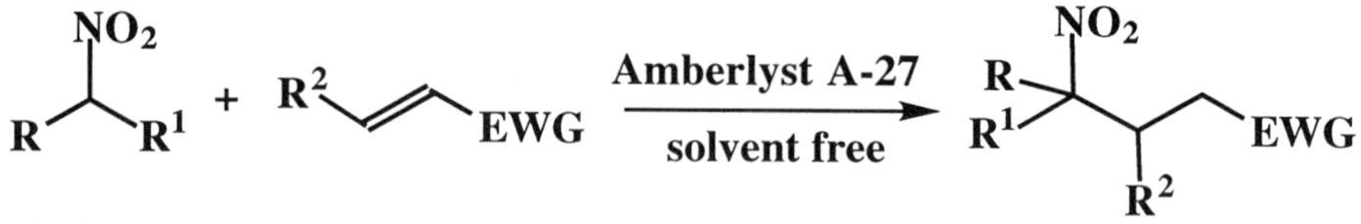

$$R\text{-}C(NO_2)(R^1)\text{-}H + R^2\text{-}CH=CH\text{-}EWG \xrightarrow[\text{solvent free}]{\text{Amberlyst A-27}} R\text{-}C(NO_2)(R^1)\text{-}CH(R^2)\text{-}CH_2\text{-}EWG$$

EWG = electron-withdrawing group   55-93%

[similarly with basic catalysts]

I.A.7.b.1-6 Okano, T. et al., *CL*, 1041.

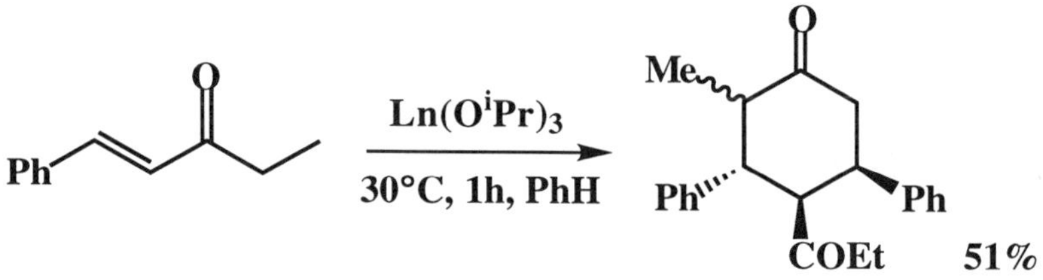

Ph-CH=CH-CO-CH$_2$CH$_3$ → Ln(O^{i}Pr)$_3$, 30°C, 1h, PhH → cyclohexanone with Me, Ph, Ph, COEt substituents

51%

I.A.7.b.1-7 Padwa, A. et al., *OS*, **74**, 147, *JOC*, **61**, 3829.

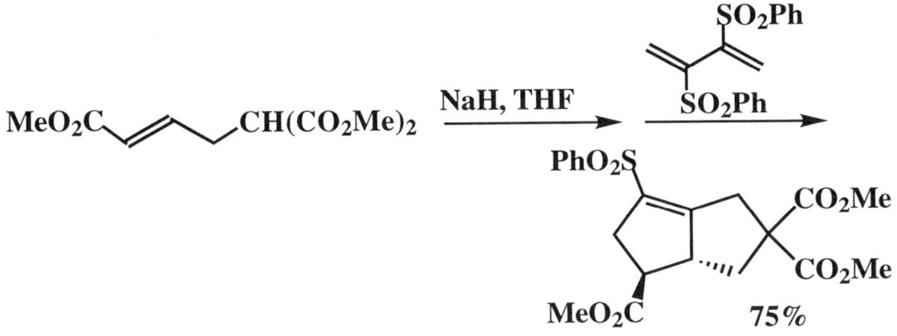

I.A.7.b.1-8 Ghera, E. Yechezkel, T. and Hassner, A., *JOC*, **61**, 4959.

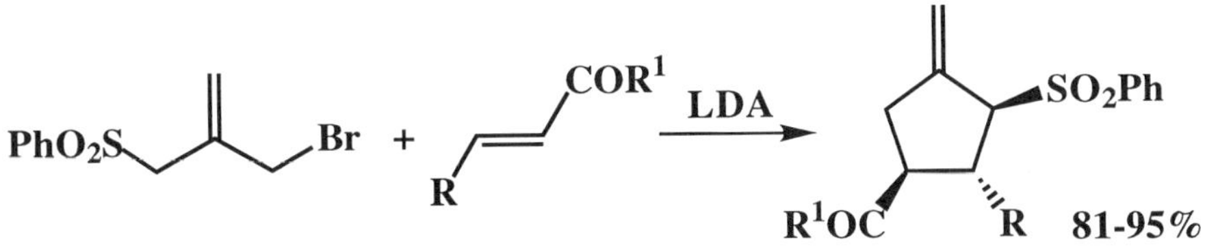

I.A.7.b.1-9 Li, Y. et al., *JCR(S)*, 477; d'Angelo, J. et al., *JOC*, **61**, 4361; Wijnberg, J.B.P.A., de Groot, A. et al., *JOC*, **61**, 4022.

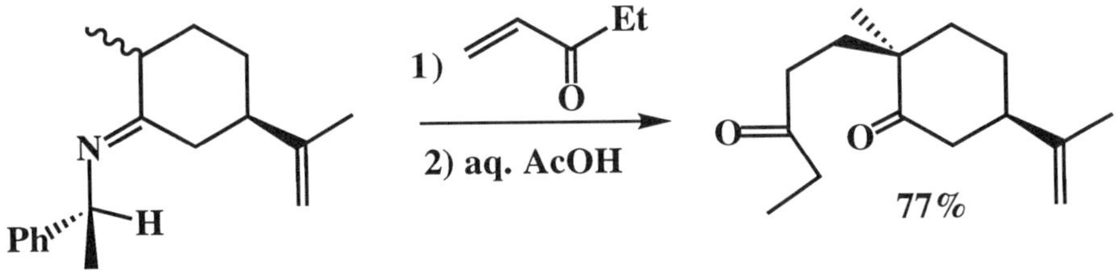

I.A.7.b.1-10 Enders, D. et al., *S*, 48 and 53.

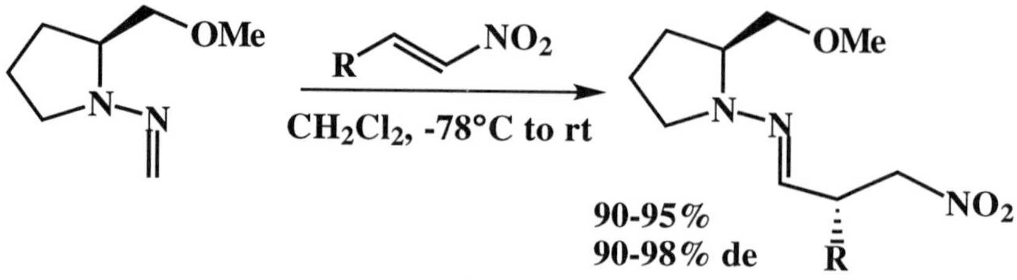

I.A.7.b.1-11 Bernardi, A. Colombo, G. and Scolastico, C., *TL*, **37**, 8921.

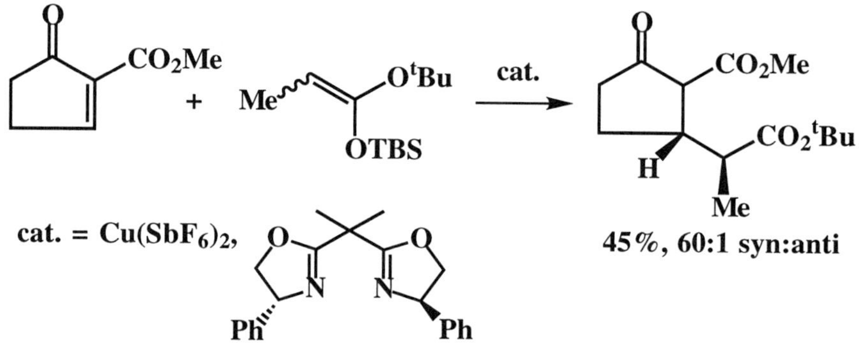

cat. = Cu(SbF$_6$)$_2$,

45%, 60:1 syn:anti

I.A.7.b.1-12 Grieco, P.A., Strauss, S.H. et al., *OM*, **15**, 3776.

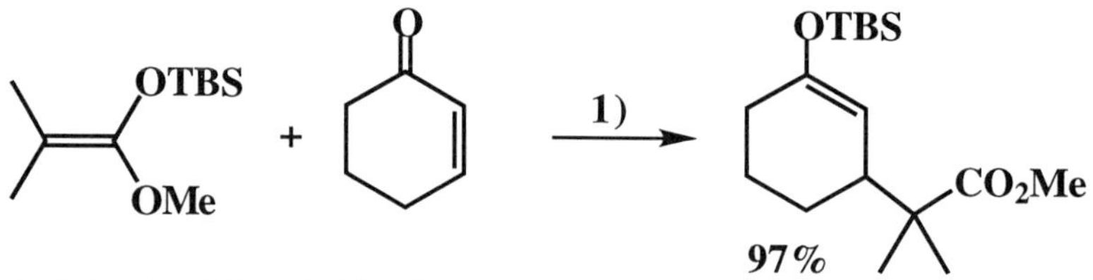

1) LiAl(OC(Ph)(CF$_3$)$_2$)$_4$; PhMe

97%

I.A.7.b.1-13 Kita, Y. et al., *CPB*, **44**, 892.

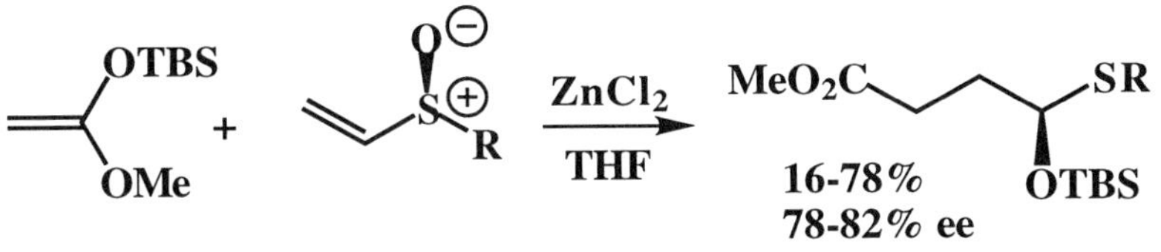

I.A.7.b.2. Organometallic and Related Reagents

I.A.7.b.2-1 Wulff, W.D. et al., *CC*, 2601.

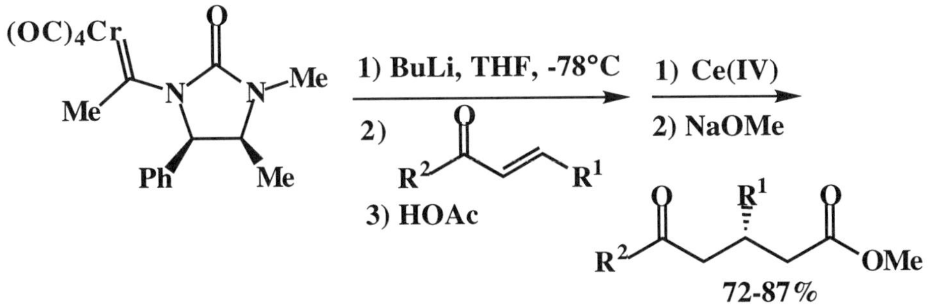

I.A.7.b.2-2 Mortier, J., Vaultier, M. et al., *JOC*, **61**, 5206.

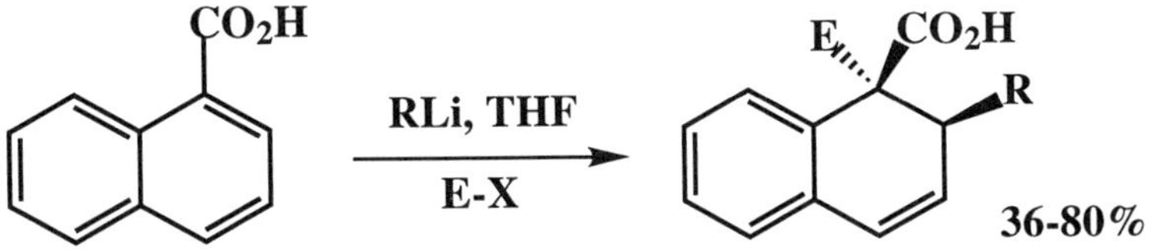

I.A.7.b.2-3 Kundig, E.P. et al., *JOC*, **61**, 2258.

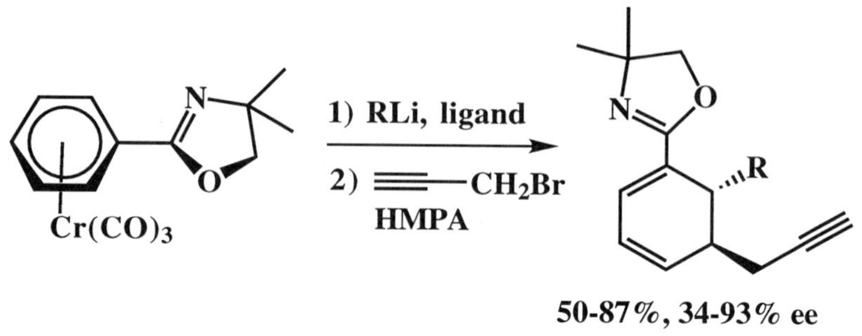

50-87%, 34-93% ee

I.A.7.b.2-4 Comins, D.L. and Guerra-Weltzein, L., *TL*, **37**, 3807.

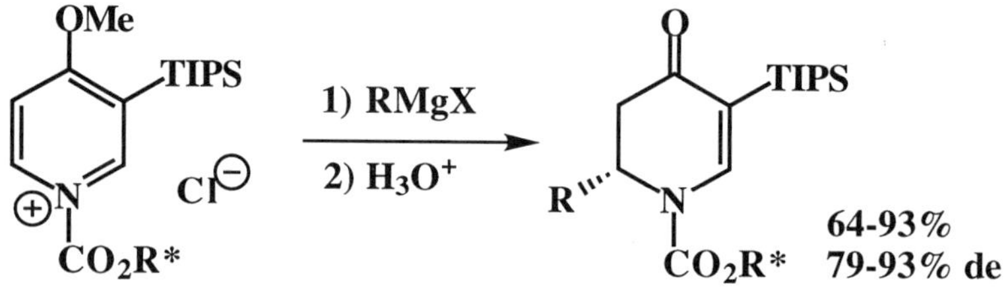

64-93%
79-93% de

I.A.7.b.2-5 Liotta, D.C. et al., *TL*, **37**, 4293.

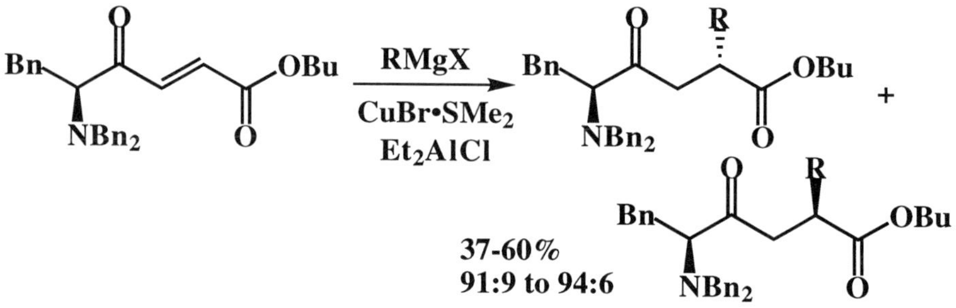

37-60%
91:9 to 94:6

I.A.7.b.2-6 Villiéras, J. et al., *TL*, **37**, 6323.

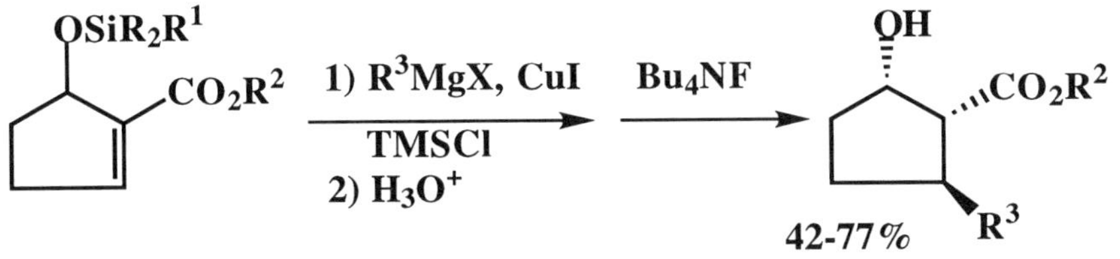

I.A.7.b.2-7 Tomioka, K. et al., *TL*, **37**, 7805.

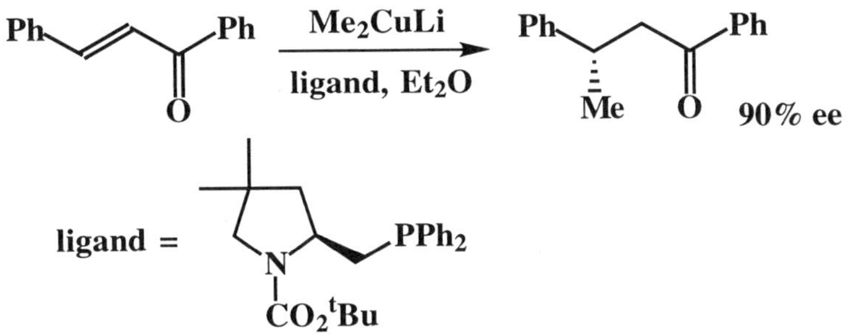

I.A.7.b.2-8 Fuji, K. et al., *TL*, **37**, 7373.

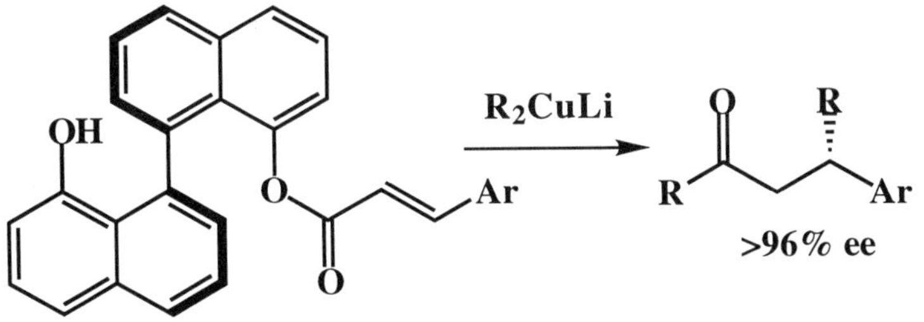

I.A.7.b.2-9 Comasseto, J.V., Marino, J.P. et al., JOC, **61**, 4975; Pereira, O.Z. and Chan, T.-H., *JOC*, **61**, 5406.

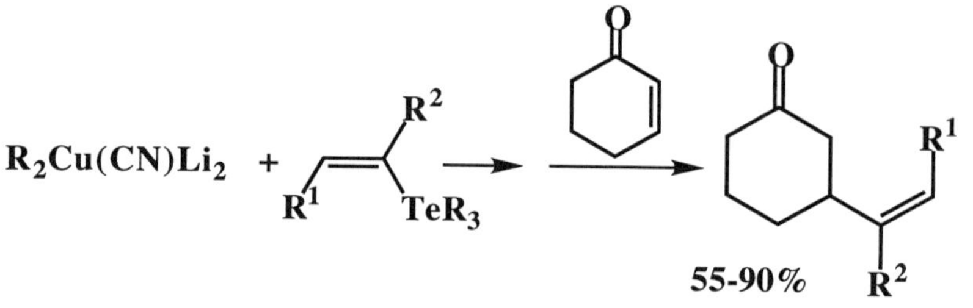

$R_2Cu(CN)Li_2$ + [alkene with R^2, R^1, TeR_3] → [cyclohexenone] → [cyclohexanone product with R^1, R^2 vinyl substituent]

55-90%

I.A.7.b.2-10 Wiliams, J.M.J. et al., *S*, 34.

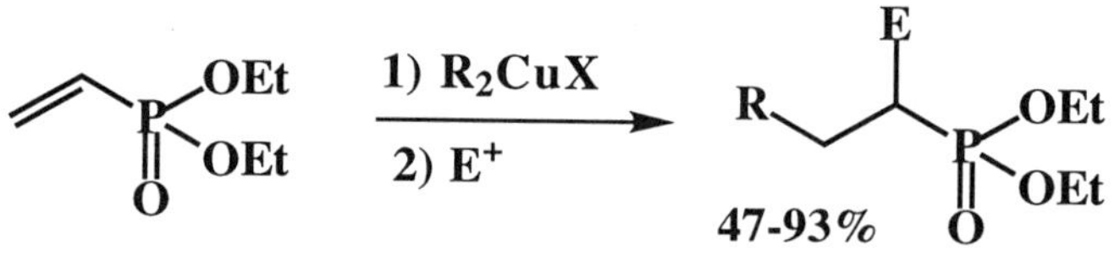

[vinyl phosphonate $P(O)(OEt)_2$] $\xrightarrow{\text{1) } R_2CuX \quad \text{2) } E^+}$ [R-CH$_2$-CH(E)-P(O)(OEt)$_2$]

47-93%

I.a.7.b.2-11 Marino, J.P., Fernandez de la Pradilla, R. et al., *TL*, **37**, 8031; **see also:** Arjona, O., Plumet, J. et al., *TL*, **37**, 105.

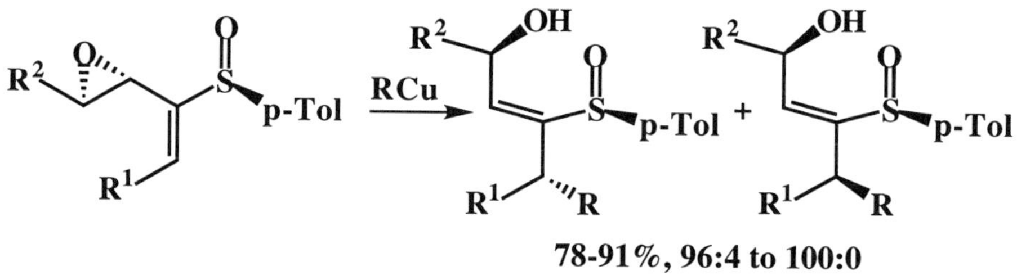

[epoxide vinyl sulfoxide with R^2, R^1, S(O)p-Tol] $\xrightarrow{RCu}$ [allylic alcohol product with R^2, OH, R^1, R, S(O)p-Tol] + [diastereomer]

78-91%, 96:4 to 100:0

I.A.7.b.2-12 Noyori, R. et al., *TL*, **37**, 5141; Knochel, P. et al., *TL*, **37**, 4495; Gibson, C.L., *TA*, **7**, 3357.

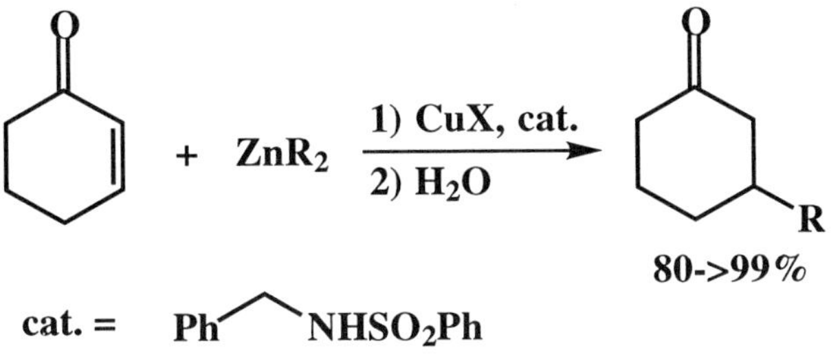

cyclohex-2-enone + ZnR$_2$ →[1) CuX, cat.][2) H$_2$O] 3-R-cyclohexanone   80->99%

cat. = Ph-CH$_2$-NHSO$_2$Ph

I.A.7.b.2-13 Iwata, C. et al., *T*, **52**, 14177 and *TA*, **7**, 993; Carreno, M.C. et al., *JOC*, **61**, 6758.

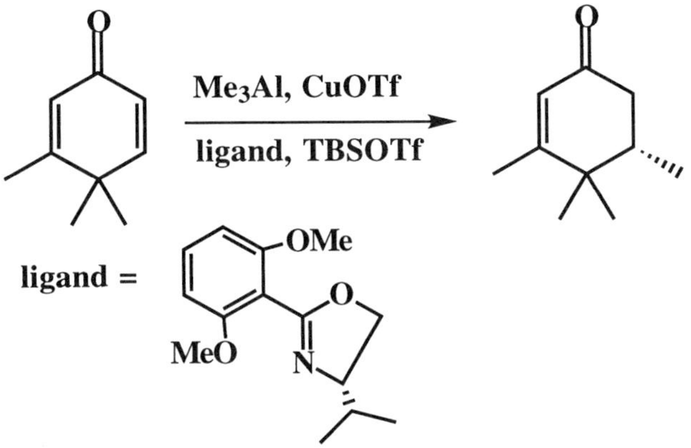

Me$_3$Al, CuOTf, ligand, TBSOTf

ligand = 2,6-dimethoxyphenyl-oxazoline with isopropyl

I.A.7.b.2-14 Wipf, P. and Takahashi, H., *CC*, 2675; **see also:** Bongini, A. et al., *TA*, **7**, 1457; Hruby, V.J. et al., *TL*, **37**, 7917.

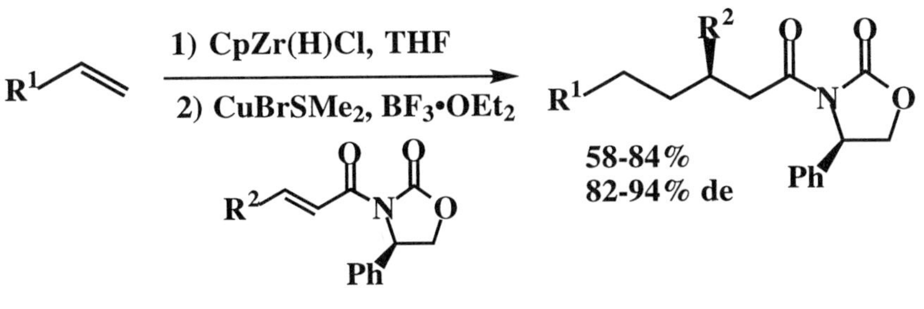

R^1-CH=CH$_2$ →[1) CpZr(H)Cl, THF][2) CuBrSMe$_2$, BF$_3$·OEt$_2$] + R^2-CH=CH-C(O)-N(oxazolidinone-Ph) → R^1-(CH$_2$)$_2$-CH(R^2)-CH$_2$-C(O)-N(oxazolidinone-Ph)

58-84%
82-94% de

I.A.7.b.2-15 Kibayashi, C. et al., *TL*, **37**, 9063; Sarkar, A. et al., *JOC*, **61**, 8362.

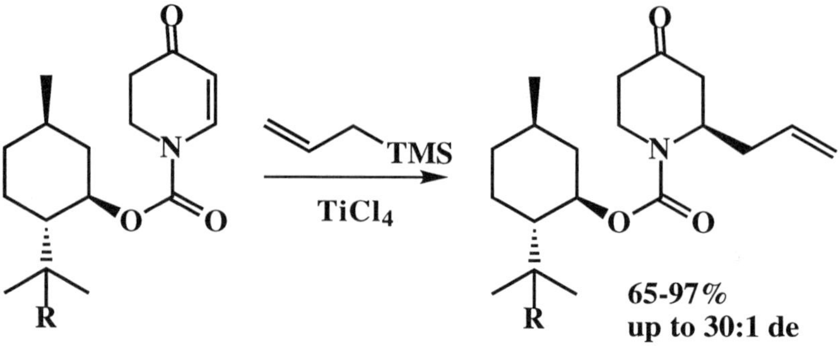

I.A.7.b.2-16 Falck, J.R. et al., *TL*, **37**, 3811.

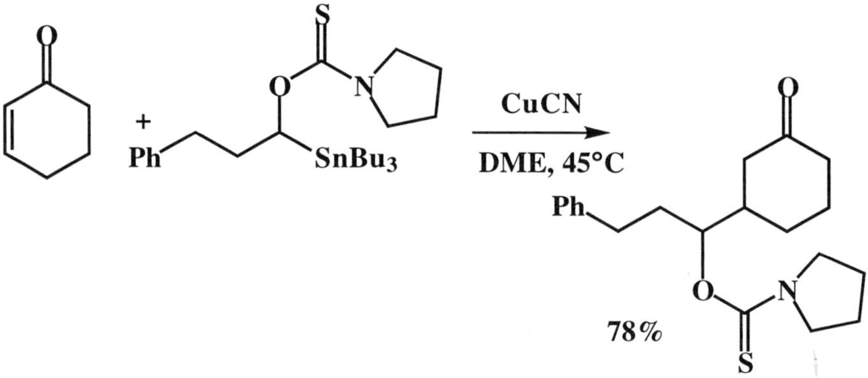

I.A.7.b.2-17 Sibi, M.P. and Ji, J., *JOC*, **61**, 6090.

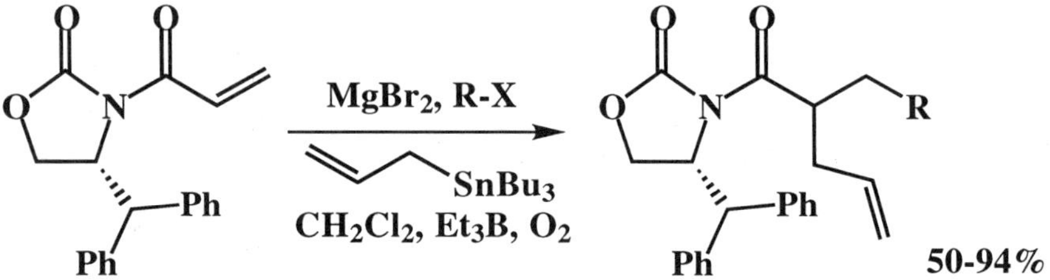

I.A.7.b.2-18 Takai, K. et al., *JOC*, **61**, 7990.

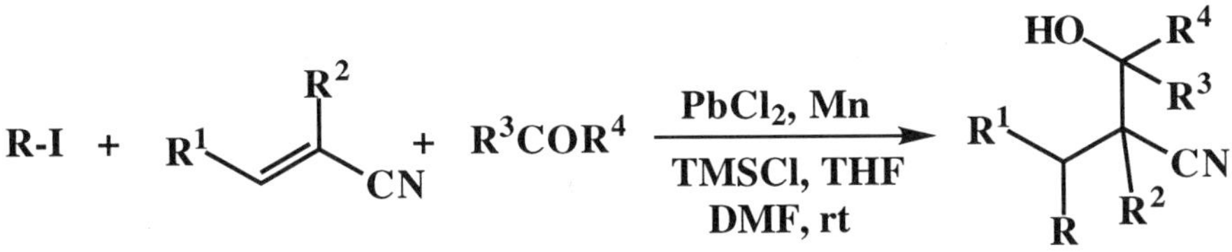

$$R\text{-}I + R^1\underset{CN}{\overset{R^2}{\diagup\!\!\!\diagdown}} + R^3COR^4 \xrightarrow[\substack{TMSCl,\ THF \\ DMF,\ rt}]{PbCl_2,\ Mn} R^1\underset{R}{\overset{}{-}}\underset{R^2}{\overset{R^3}{-}}\!\!\!\!\overset{HO\ \ R^4}{\diagup}\!\!\!\!\underset{CN}{}$$

I.A.7.b.2-19 Namboothiri, I.N.N. and Hassner, A., *JOM*, **518**, 69; **see also:** Menicagli, R. and Samaritani, S., *T*, **52**, 1425.

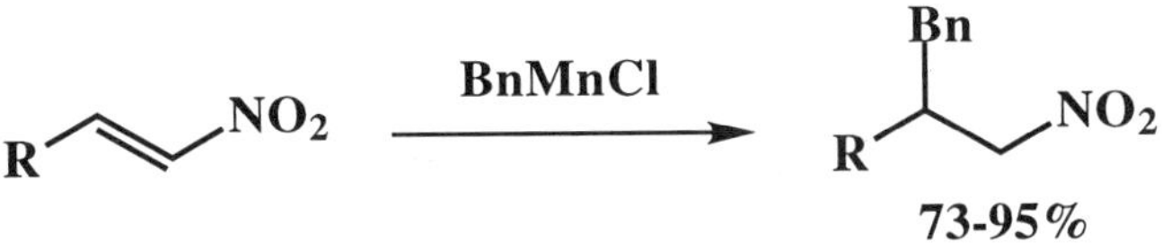

$$R\diagup\!\!\!\diagdown NO_2 \xrightarrow{BnMnCl} R\underset{}{\overset{Bn}{-}}\diagdown NO_2$$

73-95%

I.A.7.b.2-20 Uemura, S. et al., *BCJ*, **69**, 2341.

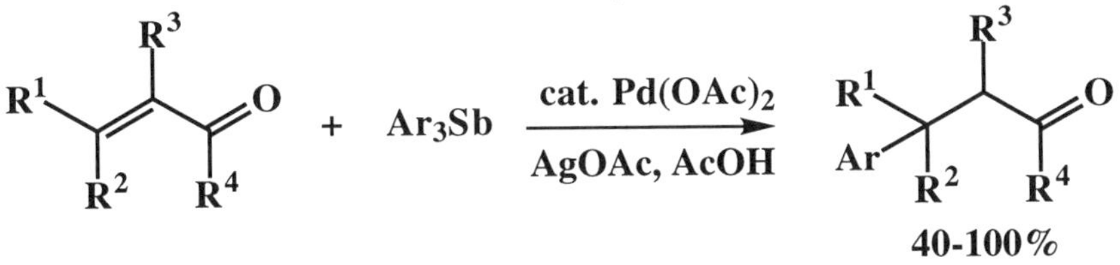

$$\underset{R^2\ \ R^4}{\overset{R^1\ \ \ R^3}{\diagdown\!\!\!\!\diagup}}\!\!=\!\!O + Ar_3Sb \xrightarrow[AgOAc,\ AcOH]{cat.\ Pd(OAc)_2} \underset{Ar\ R^2\ \ R^4}{\overset{R^1\ \ \ R^3}{-}}\!\!=\!\!O$$

40-100%

I.A.7.b.3. Other Conjugate Additions

I.A.7.b.3-1 Sibi, M.P., Porter, N.A. et al., *JACS*, **118**, 9200.

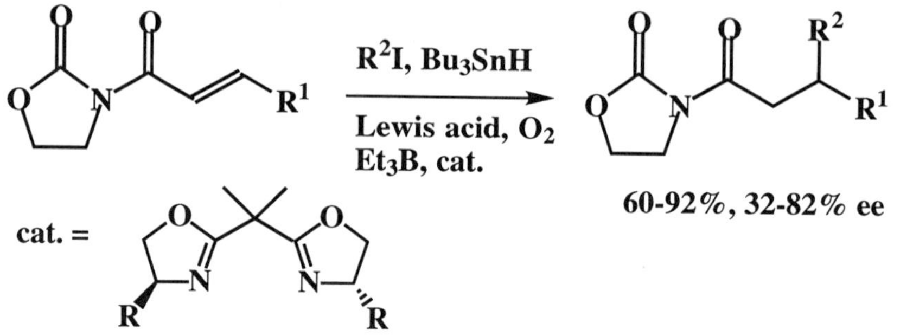

O
O
O
N
R1
R2I, Bu3SnH
Lewis acid, O2
Et3B, cat.
O
O
R2
O
N
R1
60-92%, 32-82% ee
cat. =
O
O
N
N
R
R

I.A.7.b.3-2 Nemoto, H. et al., *T*, **52**, 13339; Fukumoto, K. et al., *TL*, **37**, 6355.

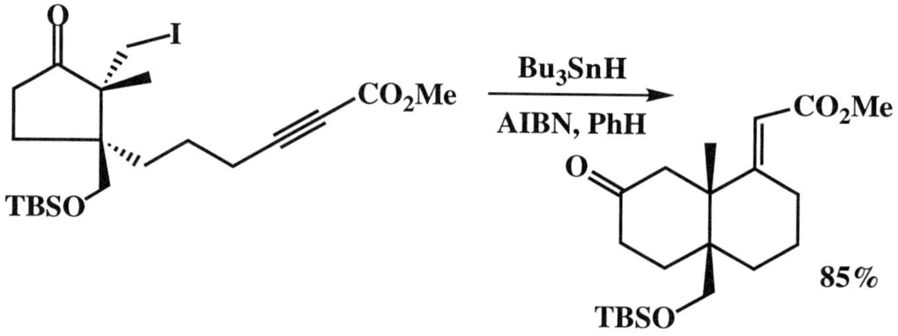

O
I
CO2Me
TBSO
Bu3SnH
AIBN, PhH
CO2Me
O
TBSO
85%

I.A.7.b.3-3 Carretero, J.C. et al., *SL*, 640.

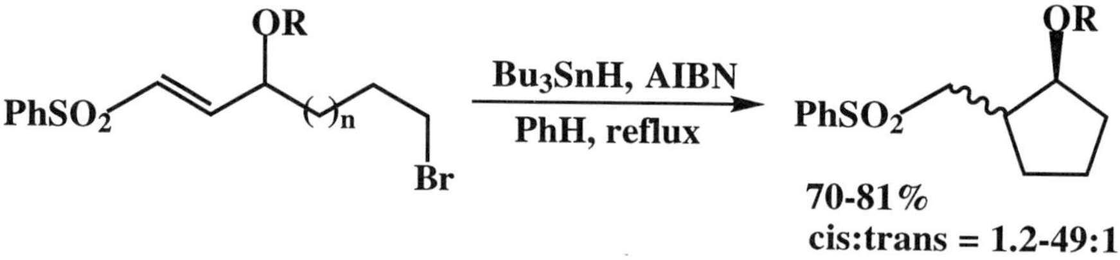

OR
PhSO2
n
Br
Bu3SnH, AIBN
PhH, reflux
OR
PhSO2
70-81%
cis:trans = 1.2-49:1

I.A.7.b.3-4 Snieckus, V. et al., *JACS*, **118**, 8727.

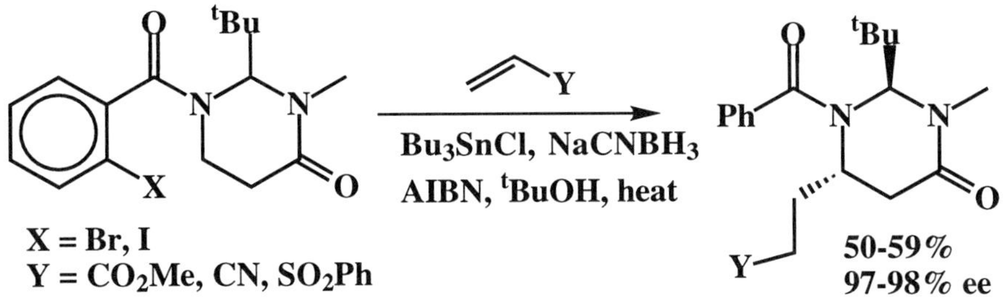

X = Br, I
Y = CO₂Me, CN, SO₂Ph

50-59%
97-98% ee

I.A.7.b.3-5 Chen, Y.-J. et al., *T*, **52**, 13181.

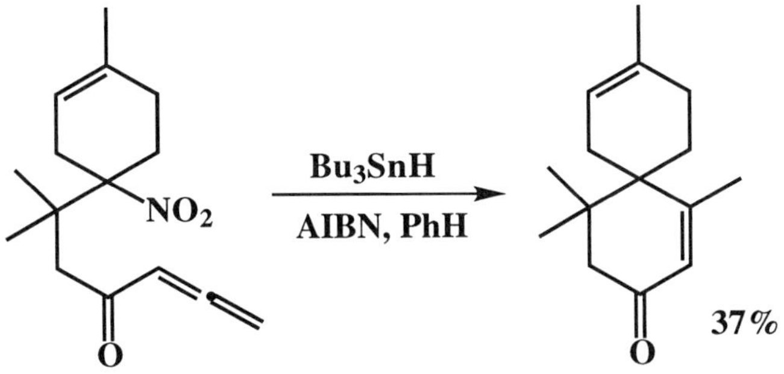

37%

I.A.7.b.3-6 Nishida, A. and Kawahara, N., *T*, **52**, 9713.

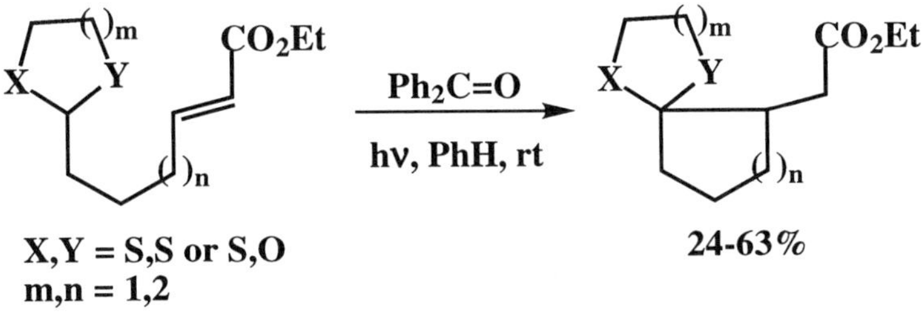

X,Y = S,S or S,O
m,n = 1,2

24-63%

I.A.7.b.3-7 Moon, N.M. et al., *TL*, **37**, 3137.

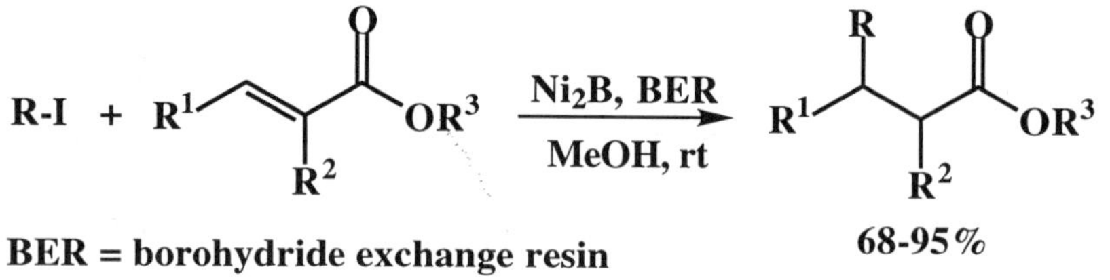

$$R\text{-}I + R^1\text{-}CH=C(R^2)\text{-}CO\text{-}OR^3 \xrightarrow{Ni_2B,\ BER}_{MeOH,\ rt} R^1\text{-}CHR\text{-}CH(R^2)\text{-}CO\text{-}OR^3$$

BER = borohydride exchange resin

68-95%

I.A.7.b.3-8 Ohno, T., Nishiguchi, I. et al., *T*, **52**, 1943.

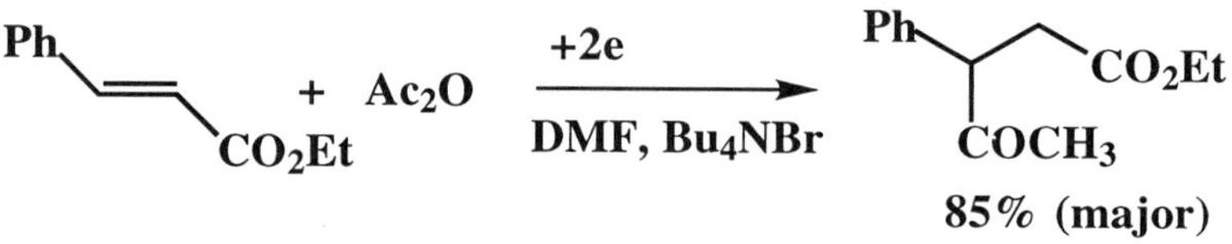

$$Ph\text{-}CH=C(CO_2Et) + Ac_2O \xrightarrow[DMF,\ Bu_4NBr]{+2e} Ph\text{-}CH(COCH_3)\text{-}CH\text{-}CO_2Et$$

85% (major)

I.A.7.b.3-9 Brengel, G.P. and Meyers, A.I., *JOC*, **61**, 3230.

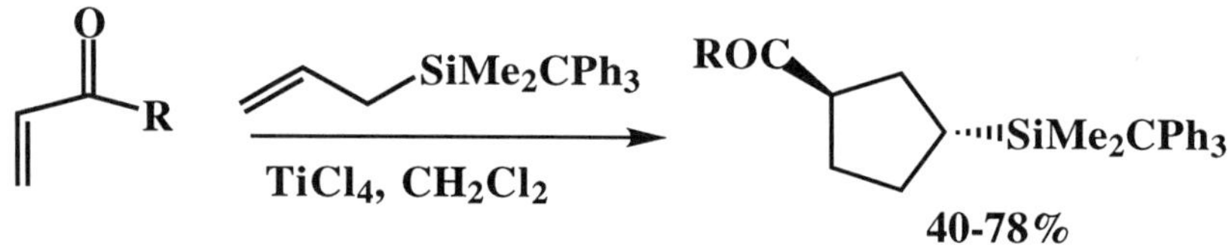

$$CH_2=CH\text{-}CO\text{-}R + CH_2=CH\text{-}CH_2\text{-}SiMe_2CPh_3 \xrightarrow{TiCl_4,\ CH_2Cl_2} \text{cyclopentane(ROC, SiMe}_2CPh_3)$$

40-78%

I.A.7.b.3-10 Lassaletta, J.-M. et al., *T*, **52**, 9143 and *JACS*, **118**, 7002.

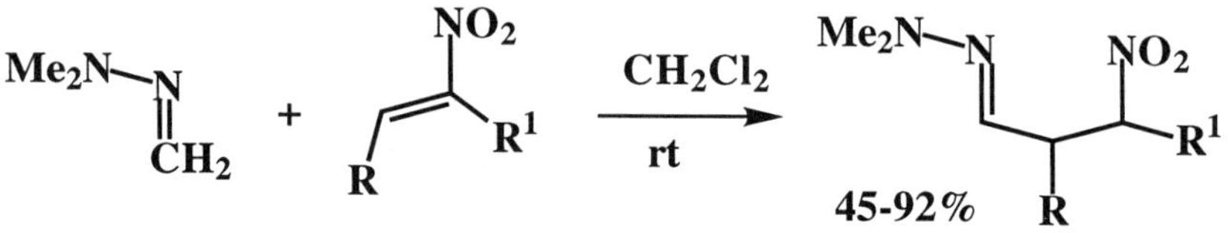

$$Me_2N\text{-}N=CH_2 + R\text{-}CH=C(R^1)\text{-}NO_2 \xrightarrow[rt]{CH_2Cl_2} Me_2N\text{-}N=CH\text{-}CHR\text{-}CH(R^1)(NO_2)$$

45-92%

I.A.7.b.3-11 Trost, B.M. and Harms, A.E., *TL*, **37**, 3971.

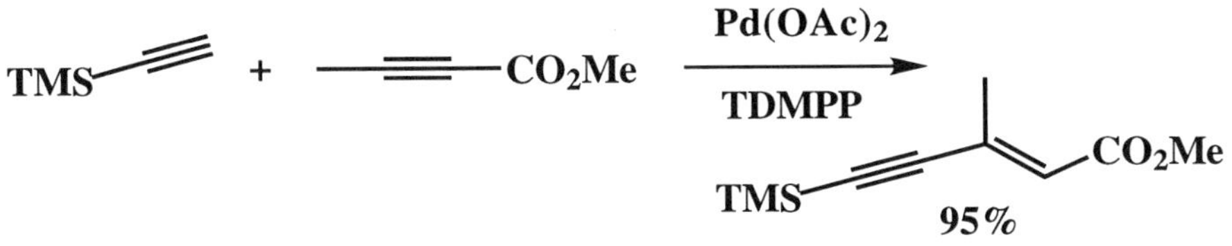

TMS–≡– + –≡–CO₂Me →[Pd(OAc)₂ / TDMPP] TMS–≡–C(Me)=CH–CO₂Me   95%

I.A.7.b.3-12 Lu, X. and Wang, Z., *CC*, 535 and *JOC*, **61**, 2254

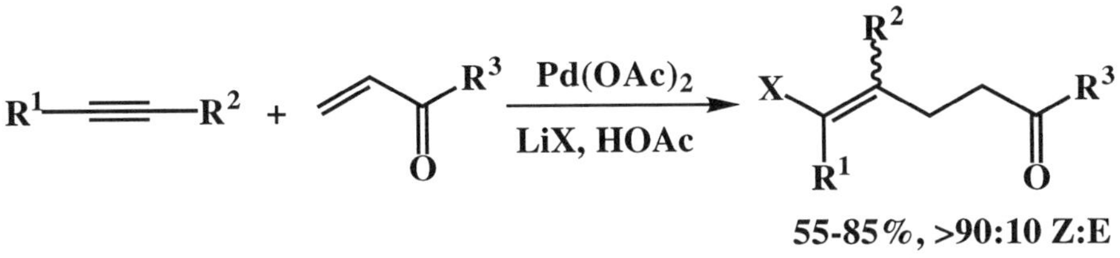

R^1—≡—R^2 + CH₂=CH–C(O)–R^3 →[Pd(OAc)₂, LiX, HOAc] X–C(R^1)=C(R^2)–CH₂CH₂–C(O)–R^3

55-85%, >90:10 Z:E

I.A.7.b.3-13 Motherwell, W.B. et al., *TL*, **37**, 5983.

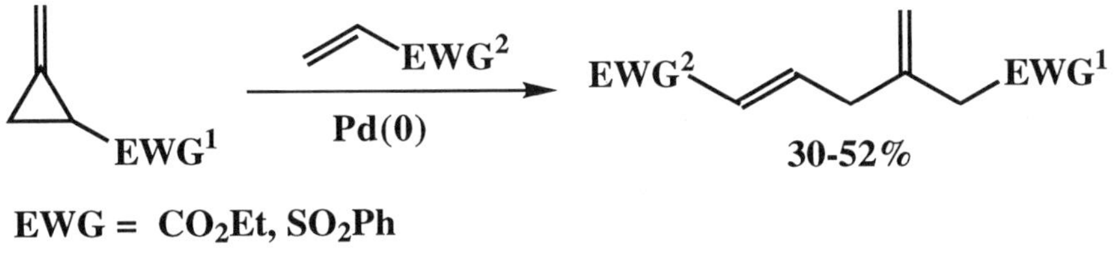

methylenecyclopropane-EWG^1 + CH₂=CH–EWG^2 →[Pd(0)] EWG^2–CH=CH–CH₂–C(=CH₂)–CH₂–EWG^1

30-52%

EWG = CO₂Et, SO₂Ph

I.A.8. Other Carbon-Carbon Single Bond Forming Reactions

I.A.8-1 Yamane, T. and Ogasawara, K., *SL*, 925; **see also:** Schultz, A.G. and Wang, A., *JOC*, **61**, 4857; Kaliappan, K. and Subba Rao, G.S.R., *CC*, 2331.

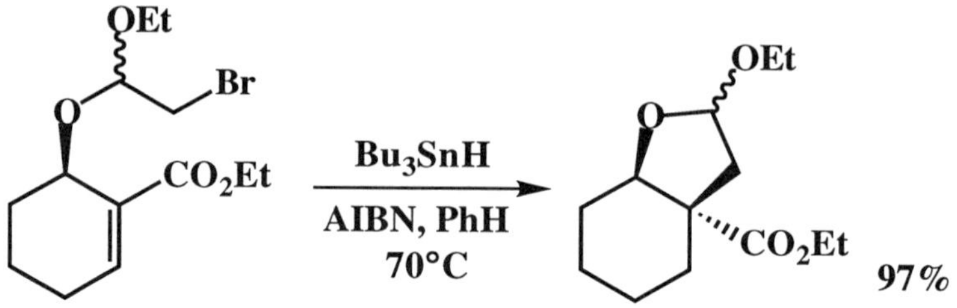

I.A.8-2 Curran, D.P. and Xu, J., *JACS*, **118**, 3142; Bertrand, M.P., Crich, D. et al., *JOC*, **61**, 3588.

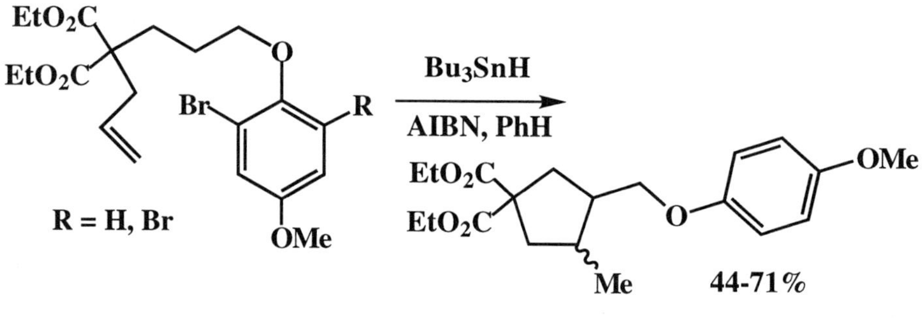

I.A.8-3 Enholm, E.J. and Jia, Z.J., *CC*, 1567.

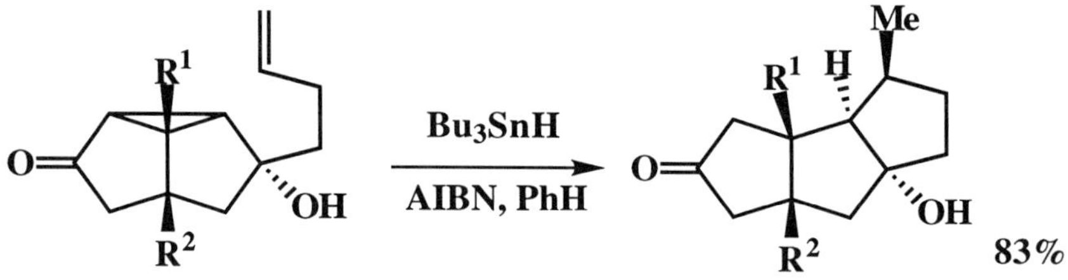

I.A.8-4 Kündig, E.P. and Beruben, D., *HCA*, **79**, 1533.

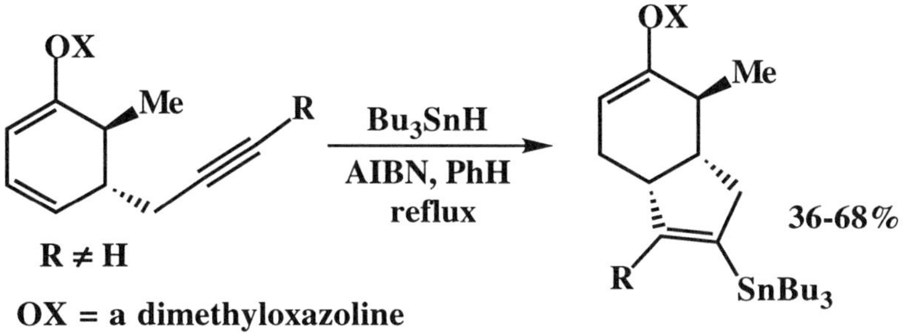

[Scheme: cyclohexadiene with OX and Me substituents, bearing a pendant alkyne-R group, treated with Bu₃SnH, AIBN, PhH, reflux to give bicyclic product with OX, Me, R, and SnBu₃ groups, 36–68%]

R ≠ H
OX = a dimethyloxazoline

I.A.8-5 Hayes, C.J. and Pattenden, G., *TL*, **37**, 271; Pattenden, G. and Roberts, L., *TL*, **37**, 4191; Fernandez-Mateos, A. et al., *T*, **52**, 4817.

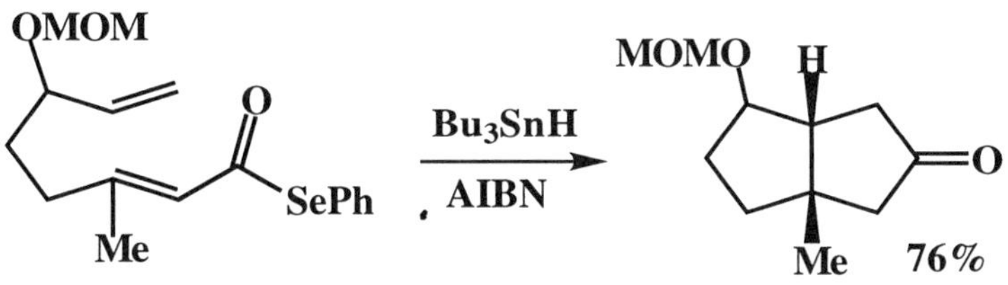

[Scheme: OMOM-substituted dienone with SePh group and Me, treated with Bu₃SnH, AIBN to give bicyclopentanone with MOMO, H, Me substituents, 76%]

I.A.8-6 Chatgilialoglu, C. et al., *TL*, **37**, 6387, 6391; **see also:** Ponten, F. and Magnusson, G., *JOC*, **61**, 7463.

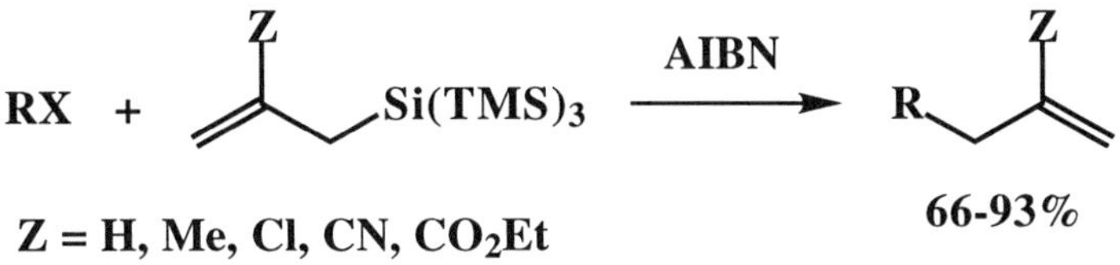

RX + [CH₂=C(Z)–CH₂–Si(TMS)₃] —AIBN→ R–CH₂–C(Z)=CH₂, 66-93%

Z = H, Me, Cl, CN, CO₂Et

I.A.8-7 Booker-Milburn, K.L. et al., *CC*, 2577.

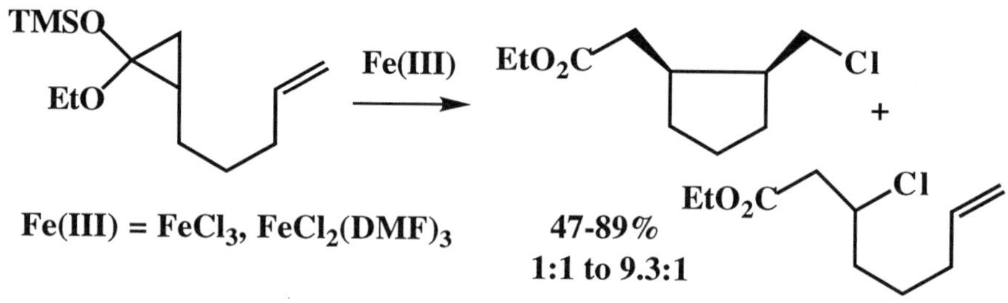
TMSO
EtO
Fe(III)
EtO2C
Cl
+
EtO2C
Cl
Fe(III) = FeCl3, FeCl2(DMF)3
47-89%
1:1 to 9.3:1

I.A.8-8 Holzapfel, C.W. et al., *TL*, **37**, 5817.

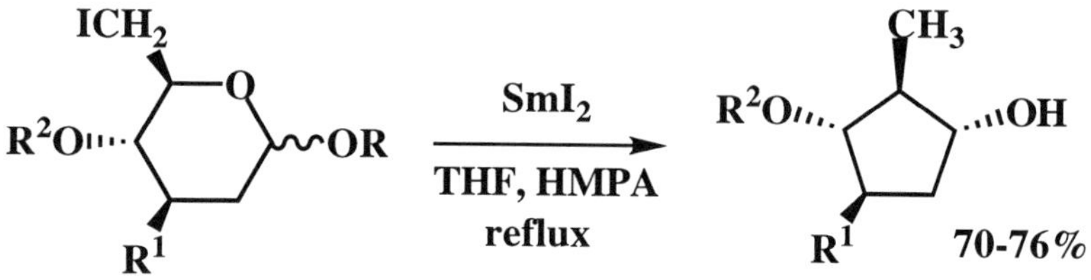
ICH2
O
R2O
OR
R1
SmI2
THF, HMPA
reflux
CH3
R2O
OH
R1
70-76%

I.A.8-9 Molander, G. and Shakya, S.R., *JOC*, **61**, 5885.

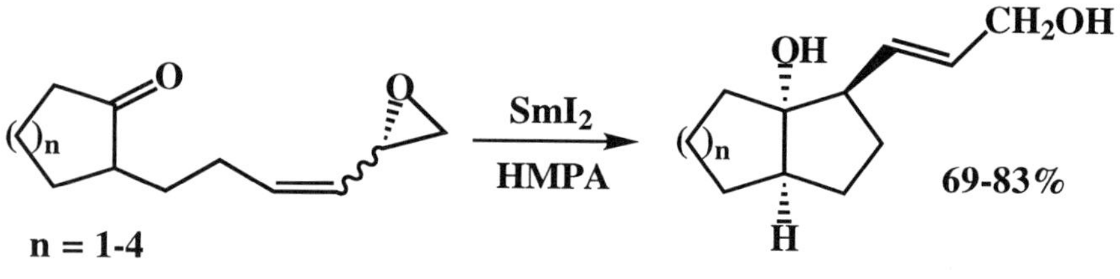
O
( )n
O
n = 1-4
SmI2
HMPA
CH2OH
OH
( )n
H
69-83%

I.A.8-10 Studer, A. and Curran, D.P., *SL* , 255.

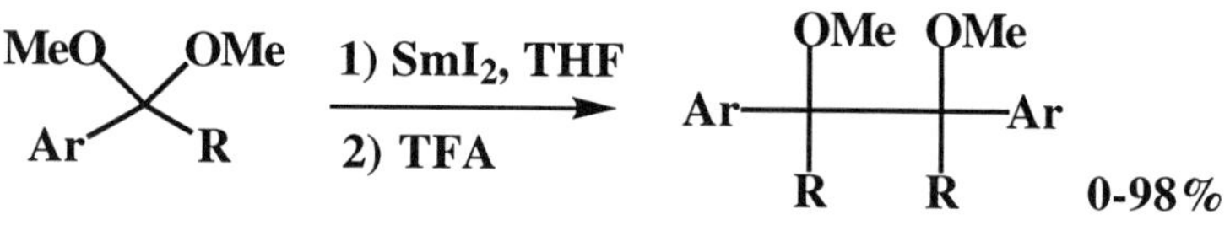
MeO
OMe
Ar
R
1) SmI2, THF
2) TFA
OMe
OMe
Ar
Ar
R
R
0-98%

I.A.8-11 Taber, D.F. et al., *JOC*, **61**, 2081; **see also:** Doyle, M.P., et al., *JACS*, **118**, 8837.

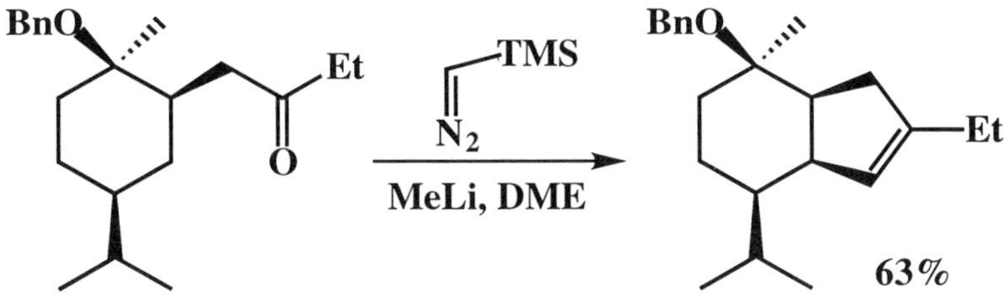

I.A.8-12 Gore, J. et al., *T*, **52**, 9101.

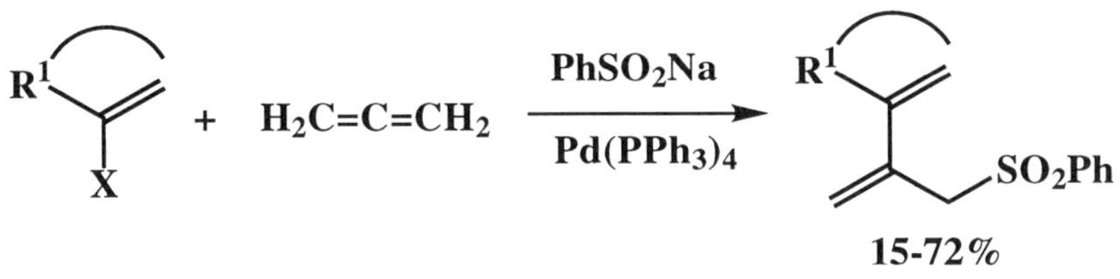

I.A.8-13 Nishiyama, T. et al., *CL*, 549; **see also:** Piers, E. and Romero, M.A., *JACS*, **118**, 1215.

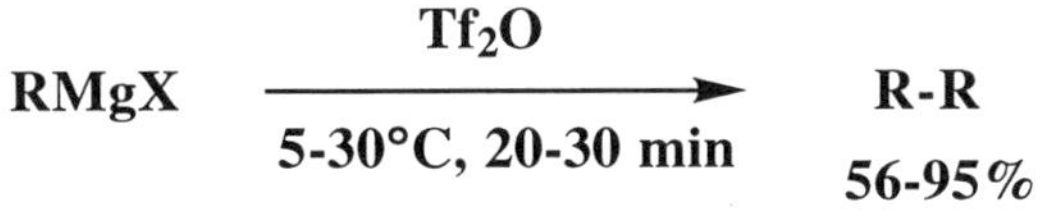

$$\text{RMgX} \xrightarrow[\text{5-30°C, 20-30 min}]{\text{Tf}_2\text{O}} \text{R-R} \quad 56\text{-}95\%$$

I.A.8-14 Huang, Y.-Z. et al., *TL*, **37**, 3347.

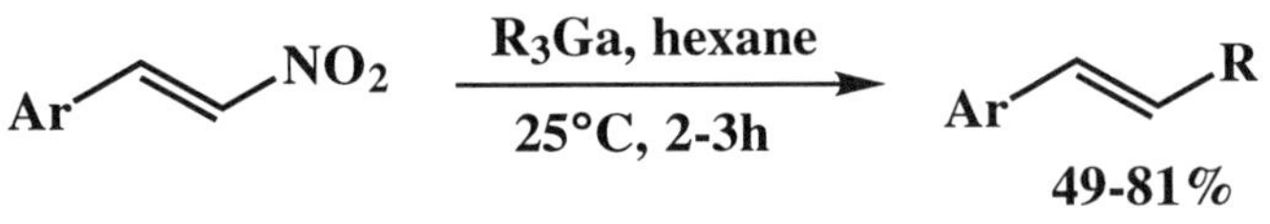

I.A.8-15 Swenton, J.S. et al., *JOC*, **61**, 1267.

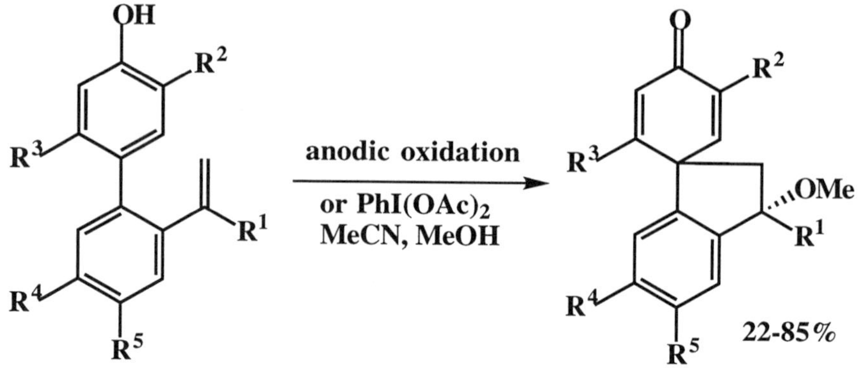
OH
R2
R3
R1
R4
R5
anodic oxidation
or PhI(OAc)2
MeCN, MeOH
O
R2
R3
OMe
R1
R4
R5
22-85%

I.A.8-16 Moeller, K.D. et al., *JOC*, **61**, 1578 and *TL*, **37**, 8317.

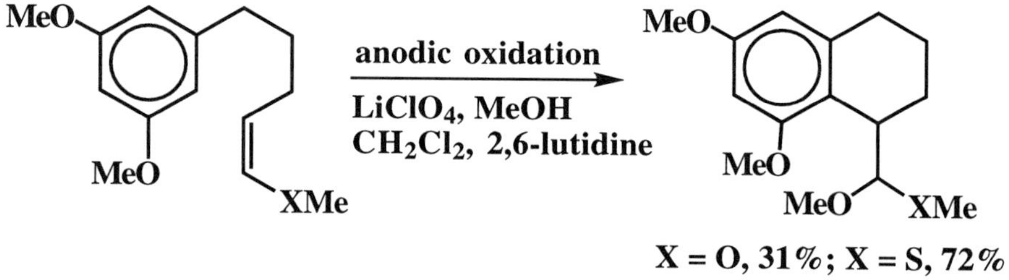
MeO
MeO
XMe
anodic oxidation
LiClO4, MeOH
CH2Cl2, 2,6-lutidine
MeO
MeO
MeO
XMe
X = O, 31%; X = S, 72%

I.A.8-17 Takacs, J.M. and Mehrman, S.J., *TL*, **37**, 2749.

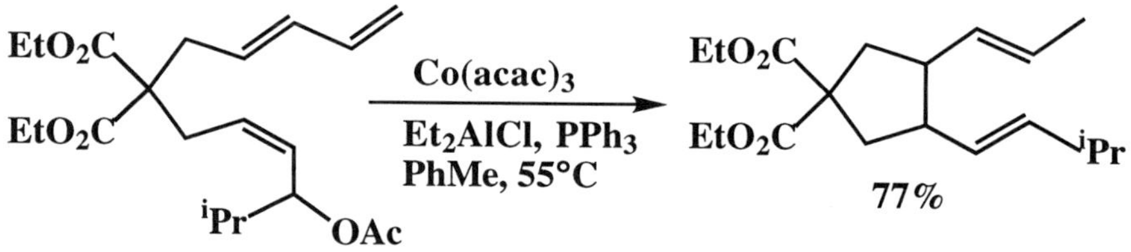
EtO2C
EtO2C
iPr
OAc
Co(acac)3
Et2AlCl, PPh3
PhMe, 55°C
EtO2C
EtO2C
iPr
77%

I.A.8-18 Kim, Y.H. et al., *CC*, 585; Murai, S. et al., *CL*, 939.

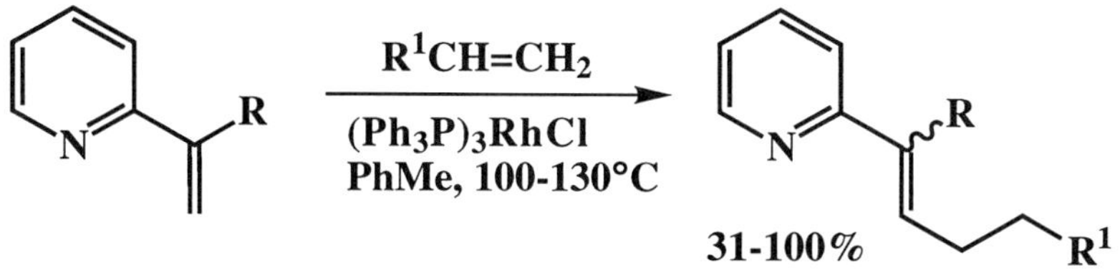

[2-pyridyl-C(R)=CH$_2$] $\xrightarrow[\text{PhMe, 100-130°C}]{\text{R}^1\text{CH=CH}_2 \\ (\text{Ph}_3\text{P})_3\text{RhCl}}$ [2-pyridyl-C(R)=CHCH$_2$CH$_2$R^1]

31-100%

I.A.8-19 Yamamoto, M. et al., *CC*, 2353.

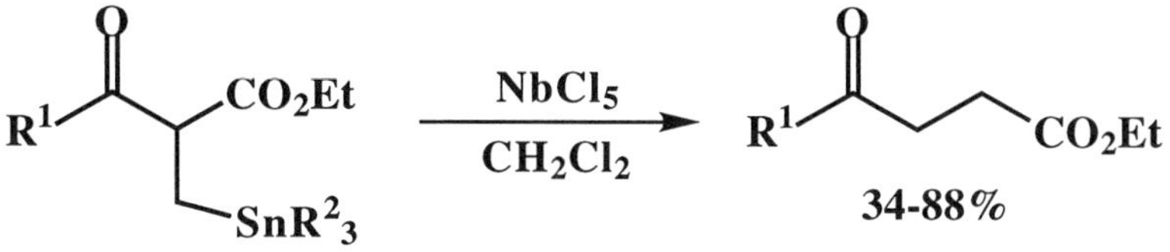

R^{1}C(O)CH(CO$_2$Et)(CH$_2$SnR$^2_3$) $\xrightarrow[\text{CH}_2\text{Cl}_2]{\text{NbCl}_5}$ R^{1}C(O)CH$_2$CH$_2$CO$_2$Et

34-88%

I.A.8-20 Kobayashi, K. et al., *BCJ*, **69**, 441.

RS(O)CHR^{1}R^2 $\xrightarrow[\text{R}^3\text{MgBr}]{^i\text{Pr}_2\text{NH}}$ RSCR^{1}R^{2}R^3

58-78%

I.A.8-21 Durandetti, M. et al., *JOC*, **61**, 1748.

Ar-X $\xrightarrow[\substack{\text{cathodic reduction} \\ \text{DMF, Bu}_4\text{NBF}_4 \\ \text{NiBr}_2\text{bipy}}]{\text{ClCH}_2\text{COCH}_3}$ ArCH$_2$COCH$_3$

34-80%

I.B. Carbon-Carbon Double Bonds

(see also: I.E.1)

I.B.1. Wittig-Type Olefination Reactions

I.B.1-1 Chiappe, C. et al., *TL*, **37**, 4225; Klar, U. and Deicke, P., *TL*, **37**, 4141; **see also:** Provent, C. et al., *TL*, **37**, 1393; Patil, V.J. and Mavers, U., *TL*, **37**, 1281; **see also:** Ueda, I et al., *TL*, **37**, 5735

$$\underset{Ar \cdot CH_2}{\overset{Ph}{\underset{Br^-}{P^{+}}}} \overset{Ph}{\underset{}{}} Cl + Ar^1CHO \xrightarrow[\text{KOH}]{\text{18-cr-6}} \underset{Ar^1}{\overset{Ar}{\diagdown\!\!=\!\!\diagup}}$$

(E:Z = 19-99:1)

I.B.1-2 Tsai, H.-J., *TL*, **37**, 629.

$$\underset{R}{\overset{R^1}{\diagdown}}\!\!=\!\!O + (R^2O)_2\overset{O}{\underset{\|}{P}}\!\!-\!\!CHFR^3 \xrightarrow[\text{THF, -78 °C→rt}]{\text{LDA}} \underset{R}{\overset{R^1}{\diagdown}}\!\!=\!\!\underset{F}{\overset{R^3}{\diagup}}$$

48-74%

I.B.1-3 Wu, Y.-L. et al., *JCSP1*, 1057.

$$RCHO + Ph_3As^+CH_2CHO \; Br^- \xrightarrow[\text{Et}_2\text{O/THF/H}_2\text{O}]{K_2CO_3} \begin{array}{l} RCH=CHO \\ 21\text{-}51\% \\ + \\ RCH=CHCH=CHO \\ 32\text{-}75\% \end{array}$$

I.B.1-4 Miyaura, N. et al., *T*, **52**, 915.

$$RCHO + [(Me_3C)_2O_2BCH_2]Cu(CN)ZnI \xrightarrow{\Delta} RCH=CH_2$$

57-84%

I.B.1-5 Abiko, A. and Masmune, S., *TL*, **37**, 1077; **see also:** Lampe, T.F.J. and Hoffmann, H.M.R., *CC*, 2637; Nangia, A. and Prasuna, G., *T*, **52**, 3435; **see also:** Ermolenko, M.S. et al., *SL 24*.

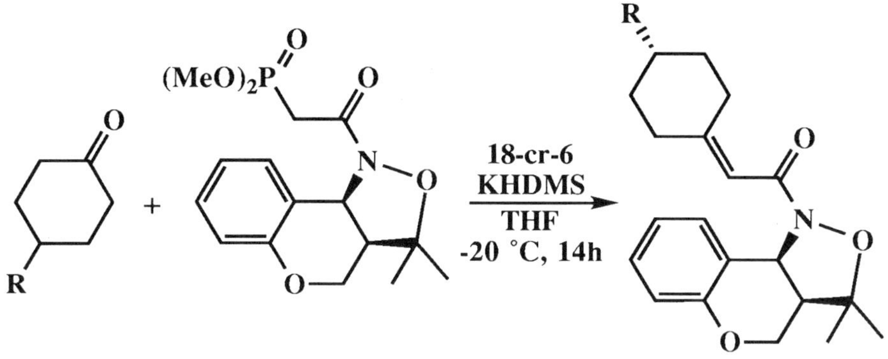

85-91%
(S:R = 9-24:1)

I.B.1-6 Mink, D. and Deslongchamps, G., *SL* 875.

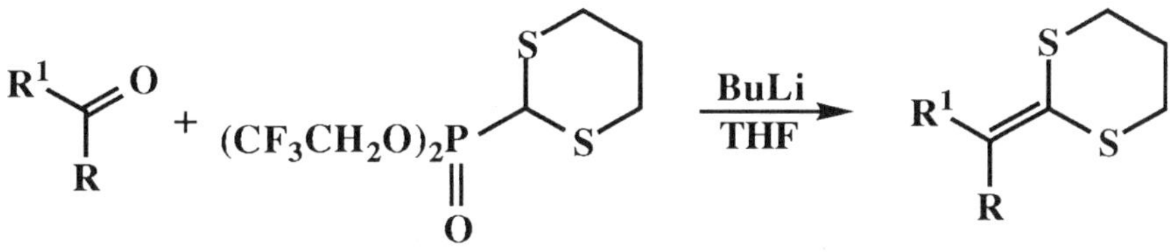

45-87%

I.B.1-7 Gauthier, S., Mailhot, J. and Labrie, F., *JOC*, **61**, 3890.

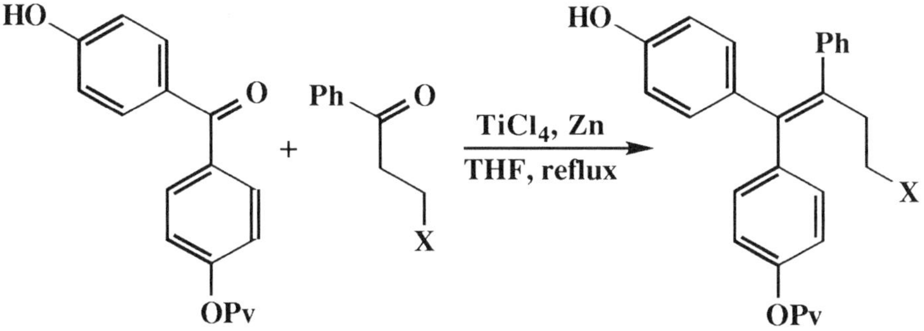

86%
(E:Z = 100:1)

I.B.1-8 Rousseau, G. and Brunel, Y., *TL*, **37**, 3853; **see also:** Mulzer, J. et al., *TL*, **37**, 9177.

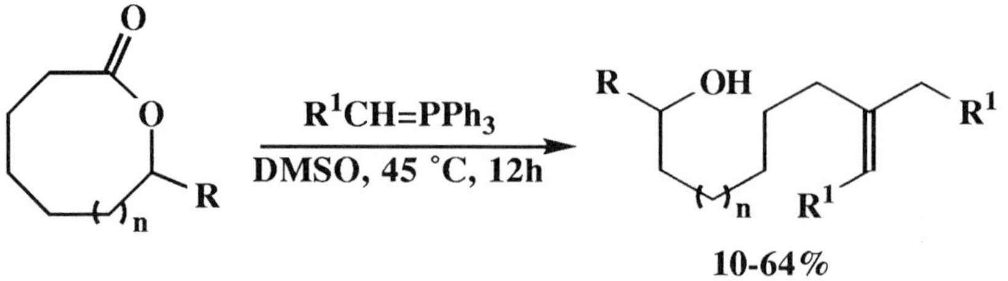

[lactone] $\xrightarrow[\text{DMSO, 45 °C, 12h}]{R^1CH=PPh_3}$ [hydroxy alkene product]

10-64%

I.B.1-9 Dollinger, L.M. and Howell, A.R., *JOC*, **61**, 7248; **see also:** Hughes, D.L. et al., *OM*, **15**, 663.

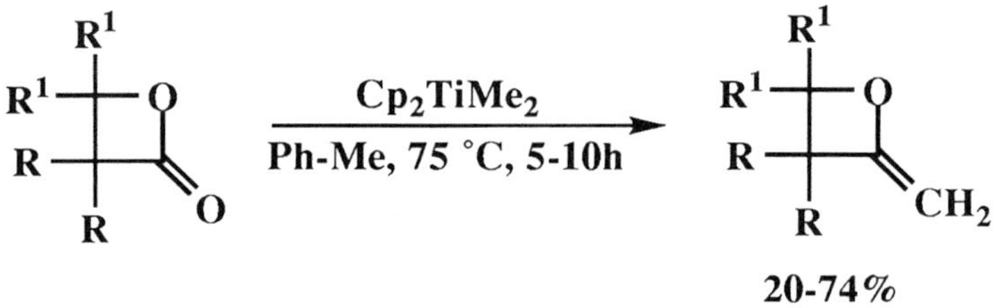

[β-lactone] $\xrightarrow[\text{Ph-Me, 75 °C, 5-10h}]{Cp_2TiMe_2}$ [methylene oxetane]

20-74%

I.B.1-10 Cristau, H.J. et al., *T*, **52**, 2005.

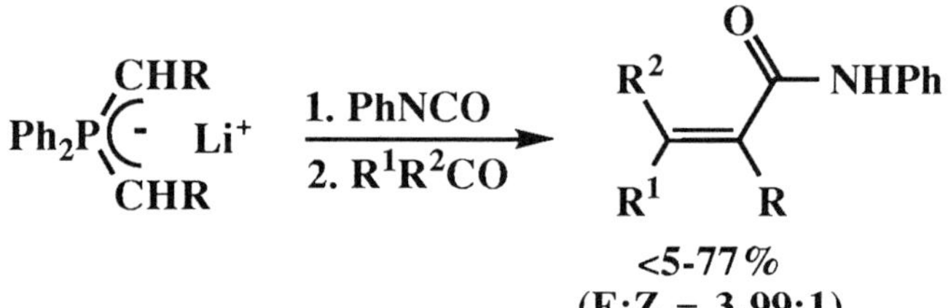

$Ph_2P\begin{pmatrix}CHR\\-\\CHR\end{pmatrix}Li^+$ $\xrightarrow{\text{1. PhNCO}}_{\text{2. } R^1R^2CO}$ [α,β-unsaturated amide product]

<5-77%
(E:Z = 3-99:1)

I.B.2. Eliminations

I.B.2.a. Eliminations of Alcohols and Derivatives

I.B.2.a-1 Bennani, Y.L. et al., *TL*, **37**, 8109.

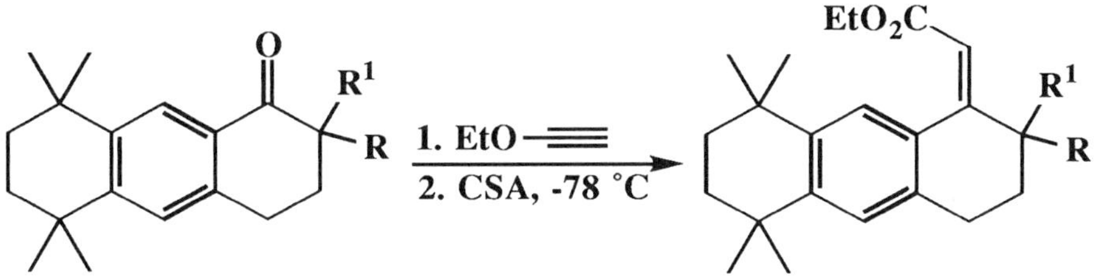

[Reaction scheme: tricyclic ketone with R^1, R substituents → 1. EtO−≡ 2. CSA, −78 °C → exocyclic vinyl ester product with EtO_2C group]

71-90%
(cis:trans = 13:10)

I.B.2.a-2 Mattern, R.-H., *TL*, **37**, 291.

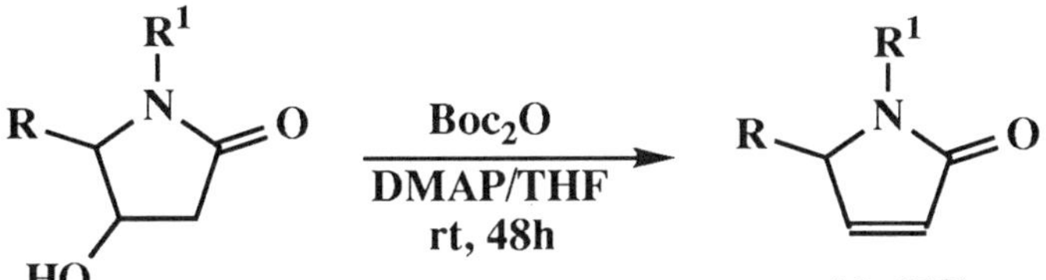

[Reaction scheme: 4-hydroxy-pyrrolidinone with R^1, R substituents → Boc_2O, DMAP/THF, rt, 48h → 3-pyrrolin-2-one]

46-65%

I.B.2.a-3 Crimmins, M.T. et al., *TL*, **37**, 6519.

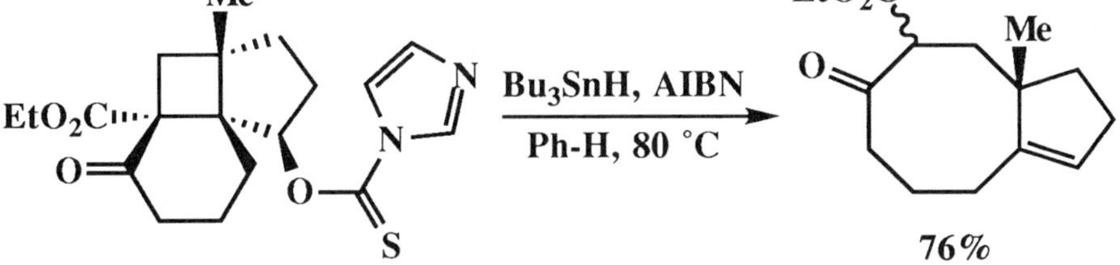

[Reaction scheme: tricyclic substrate with Me, EtO_2C, and O-thiocarbonyl imidazole groups → Bu_3SnH, AIBN, Ph-H, 80 °C → bicyclic product with EtO_2C, Me, cyclooctanone-cyclopentene]

76%

I.B.2.a-4 Shimizu, I. et al., *TL*, **37**, 7115.

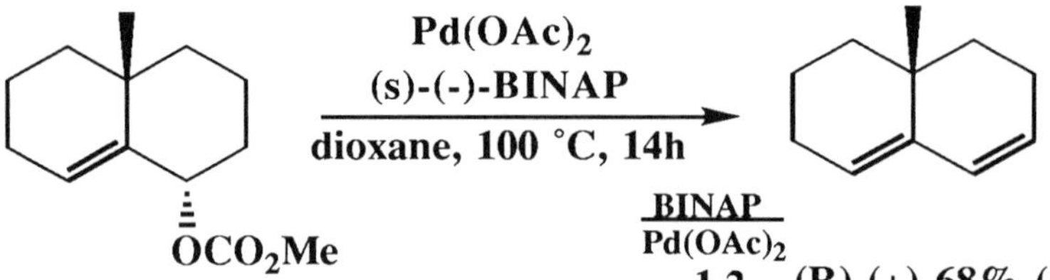

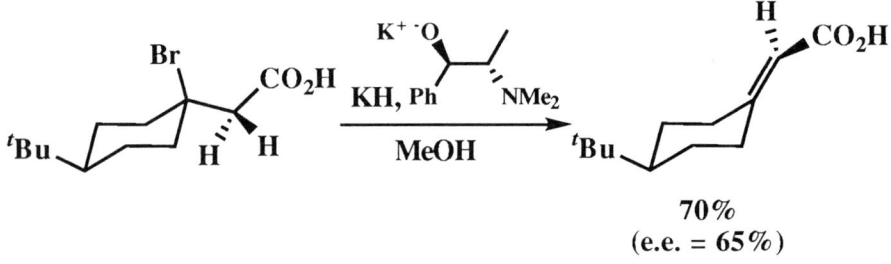

1.2	(R)-(+)	68%	(e.e. = 45%)
1.8	(S)-(-)	60%	(e.e. = 47%)

I.B.2.a-5 Kodama, M. et al, *CL*, 1039.

$$RCH_2CH_2OBn \xrightarrow[\text{THF, -78} \rightarrow 0 \, °C]{BuLi} RCH=CH_2$$
$$47-90\%$$

I.B.2.b. Eliminations of Halides

I.B.2.b-1 Duhamel, L. et al., *JACS*, **118**, 12483.

70%
(e.e. = 65%)

I.B.2.b-2 Cristobal Lopez, J. et al., *CC*, 2357.

35-72%

I.B.2.b-3 Soderquist, J.A. et al., *TL*, **37**, 2561.

$$C_6H_{13}\text{-CH}_2\text{-CH}_2\text{-Br} \xrightarrow[\text{DMF, 25 °C}]{\text{KOH, TIPSOH}} C_6H_{13}\text{-CH=CH}_2 \quad 97\%$$

I.B.2.b-4 Masaki, Y. et al., *H*, **43**, 11, **see also:** Oshima, K. et al., *JOC*, **61**, 6770; Spencer, R.P. and Schwartz, J., *TL*, **37**, 4357; **see also:** Yanada, R. et al., *TL*, **37**, 9313.

[Reaction scheme: bromo-sugar derivative → Zn/aq EtOH → oxazolidinone with OBz and CHO groups → NaBH$_4$/EtOH → oxazolidinone with OH and OBz groups, 78%]

I.B.2.b-5 Uneyama, K. et al., *TL*, **37**, 2045.

[Reaction scheme: CF$_3$-C(CO$_2$R^1)=NR $\xrightarrow{\text{Et}_2\text{Zn, Ph-Me, rt}}$ CF$_2$=C(CO$_2$R^1)-N(Et)R, 65-88%]

I.B.2.c. Other Eliminations

I.B.2.c-1 Taber, D.F. et al., *JOC*, **61**, 2908.

[Reaction scheme: α-diazo ketone R-CH$_2$-C(=N$_2$)-C(=O)R^1 $\xrightarrow{\text{Rh}_2(\text{OCOCF}_3)_4, \text{CH}_2\text{I}_2, -78\,°\text{C}}$ (Z)-enone, 80-92%]

I.B.2.c-2 Cao, X.-P., Chan, T.L. and Chow, H.-F., *TL*, **37**, 1049; see also: Taylor, R.J.K. et al., *JCSP1*, 661

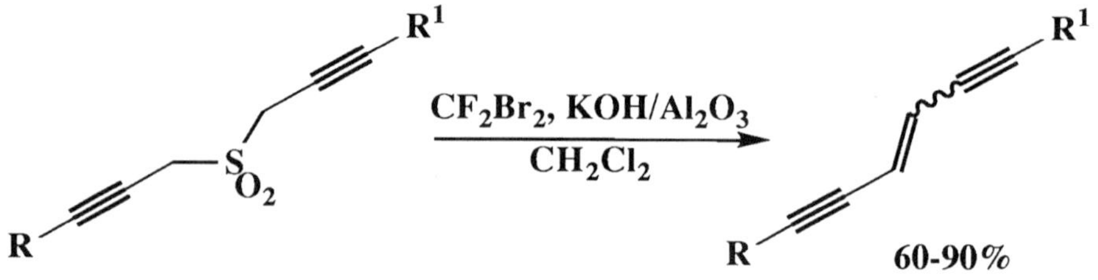

$$\text{R-C≡C-CH}_2\text{-SO}_2\text{-CH}_2\text{-C≡C-R}^1 \xrightarrow[\text{CH}_2\text{Cl}_2]{\text{CF}_2\text{Br}_2,\ \text{KOH/Al}_2\text{O}_3} \text{R-C≡C-CH=CH-C≡C-R}^1$$

60-90%

I.B.2.c-3 Metz, P. et al., *TL*, **37**, 3841.

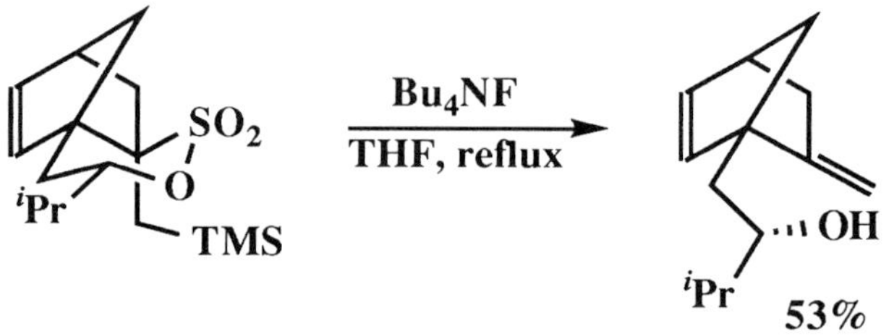

$$\xrightarrow[\text{THF, reflux}]{\text{Bu}_4\text{NF}}$$

53%

I.B.2.c-4 Mohri, K. et al., *CPB*, **44**, 2218.

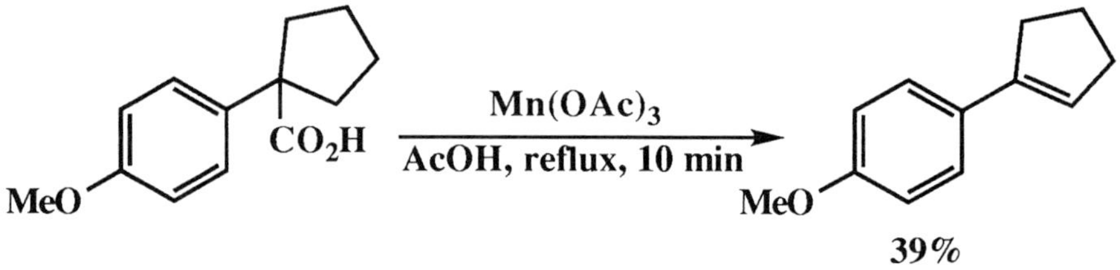

$$\xrightarrow[\text{AcOH, reflux, 10 min}]{\text{Mn(OAc)}_3}$$

39%

I.B.2.c-5 Jacobsen, E.N. and Leighton, J.L., *JOC*, **61**, 389; see also: Hendrickson, J.B. et al., *SL*, 661

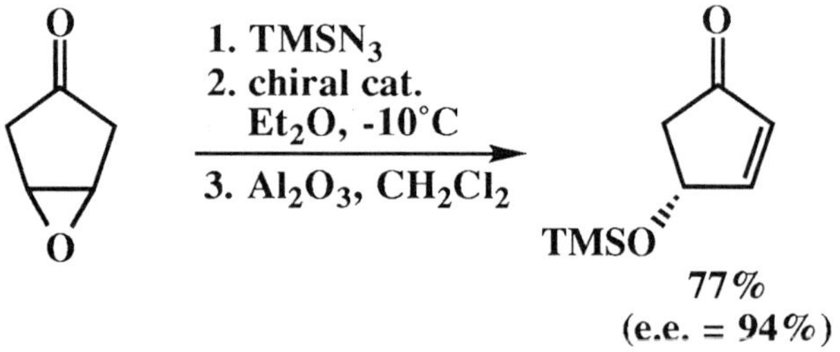

1. TMSN$_3$
2. chiral cat. Et$_2$O, -10°C
3. Al$_2$O$_3$, CH$_2$Cl$_2$

77%
(e.e. = 94%)

I.B.3. Other Carbon-Carbon Double Bond Forming Reactions

I.B.3-1 Langa, F. et al., *TL*, **37**, 1113; **see also:** Prejapati, D. et al., *JCSP1*, 959.

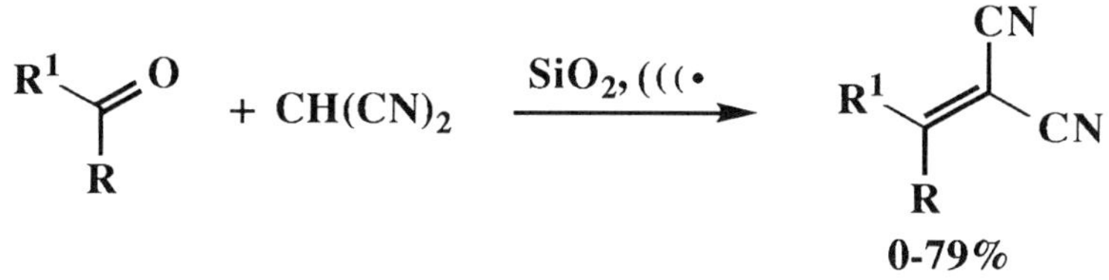

$$R^1\text{C(=O)}R + CH(CN)_2 \xrightarrow{SiO_2, (((\bullet} R^1R\text{C=C(CN)}_2$$

0-79%

I.B.3-2 Hiemstra, H. et al., *TL*, **37**, 905.

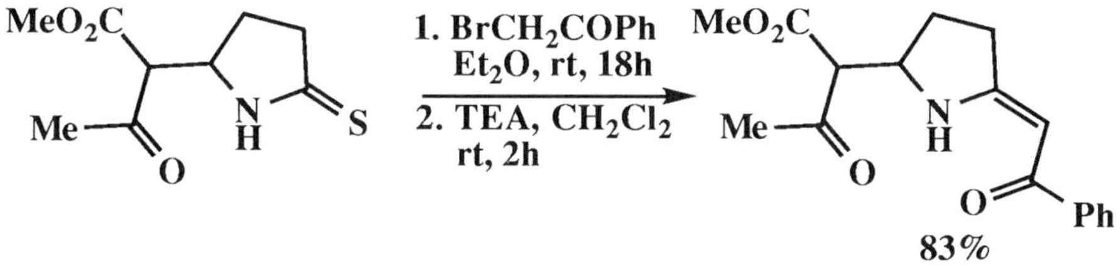

Reagents: 1. BrCH₂COPh, Et₂O, rt, 18h; 2. TEA, CH₂Cl₂, rt, 2h

83%

I.B.3-3 Ha, D.-C. et al., *TL*, **37**, 2577.

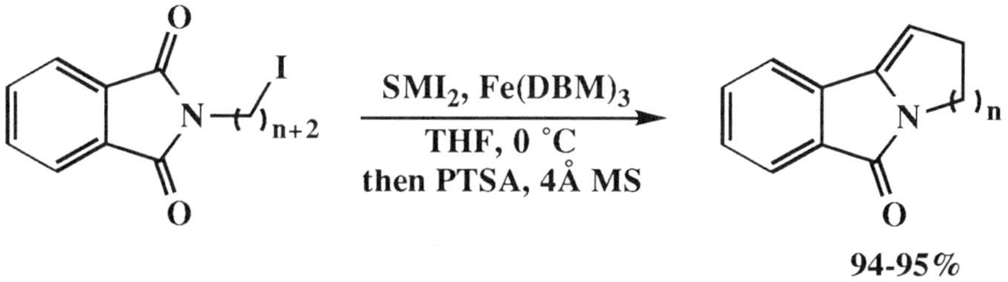

Reagents: SmI$_2$, Fe(DBM)$_3$, THF, 0 °C, then PTSA, 4Å MS

94-95%

I.B.3-4 Tseng, H.-R. and Luh, T.-Y., *OM*, **15**, 3099.

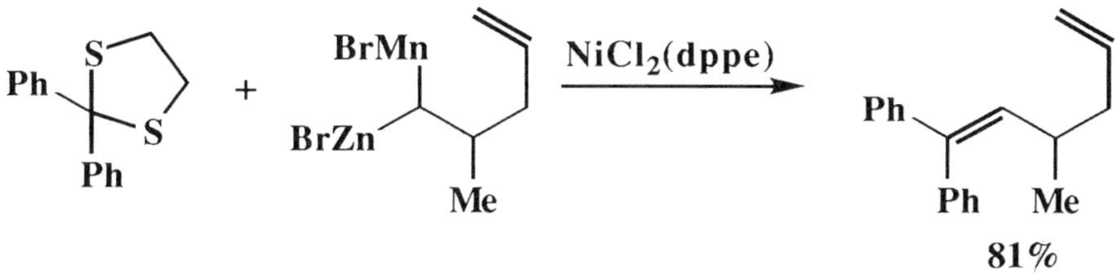

Reagents: NiCl$_2$(dppe)

81%

I.B.3-5 Marko, I.E. et al., *TL*, **37**, 2089; Aube, J. et al., *TL*, **37**, 953.

$$R^1C(O)R + R^2CH_2SO_2Ph \xrightarrow[\text{2. SmI}_2, \text{THF/HMPA}]{\text{1. BuLi, -78 °C, TMS-Cl}} R^1(R)C=CHR^2$$

64-84%

I.B.3-6 Sierra, M.A. et al., *OM*, **15**, 4612.

$$R^1(OR)C=Cr(CO)_5 + {}^\ominus HC(Me_2S^\oplus)C(O)R^2 \xrightarrow{h\nu}{MeCN} R^1(OR)C=CH-C(O)R^2$$

48-90%
(E/Z = 1-99:1)

I.B.3-7 Noiret, N. et al., *TL*, **37**, 7703.

$$R\text{-CH}_2(\text{CH}_2)_n\text{P}^+\text{Ph}_3\ Br^- \xrightarrow{\text{NaHMDS, air}}{\text{THF}} R(CH_2)_n\text{-CH=CH-}(CH_2)_n R$$

45-99%
(Z:E = >19:1)

I.B.3-8 Julia, M. et al., *BSF*, **133**, 805.

$$R\text{-CH}_2\text{-CH}_2\text{-SO}_2Ph \xrightarrow[\text{THF, reflux}]{\text{BuLi, Ni(acac)}_2} R\text{-CH=CH-}R$$

65-70%

I.B.3-9 Knochel, P. and Elck, H., *AGE*, **35**, 218.

[Bu-substituted bis-zinc cyclooctane] + $CH_2Br\text{-C}\equiv\text{C-}CH_2Br$ $\xrightarrow{\text{CuCN·2LiCl}}$ Bu-cyclopentane-1,2-bis(methylene)

48%

I.B.3-10 Takahashi, T. et al., *TL*, **37**, 7521.

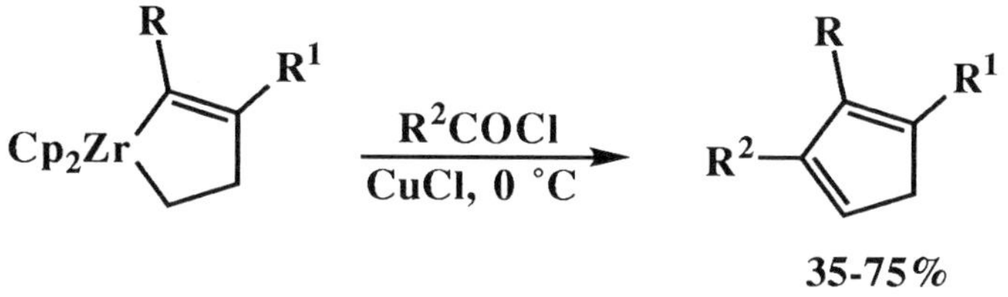

Cp_2Zr-cyclopentene with R, R¹ substituents + R^2COCl / CuCl, 0 °C → cyclopentadiene product, 35-75%

I.B.3-11 Crimmins, M.T. and King, B.W., *JOC*, **61**, 4192; Furstner, A. and Langemann, K., *JOC*, **61**, 3942.

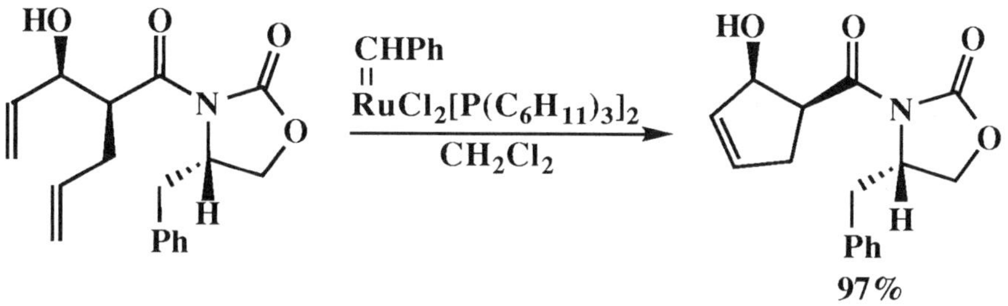

Reagents: CHPh, $RuCl_2[P(C_6H_{11})_3]_2$, CH_2Cl_2; 97%

I.B.3-12 Grubbs, R.H. et al., *JACS*, **118**, 6634, 100; Blechert, S. and Schneider, M.F., *AGE*, **35**, 411.

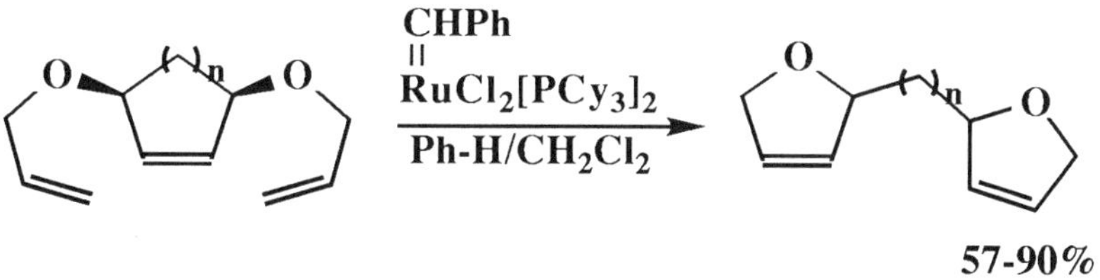

Reagents: CHPh, $RuCl_2[PCy_3]_2$, Ph-H/CH_2Cl_2; 57-90%

I.B.3-13 Grubbs, R.H. et al., *JOC*, **61**, 1073; Kinoshita, A. and Mori, M., *JOC*, **61**, 8356.

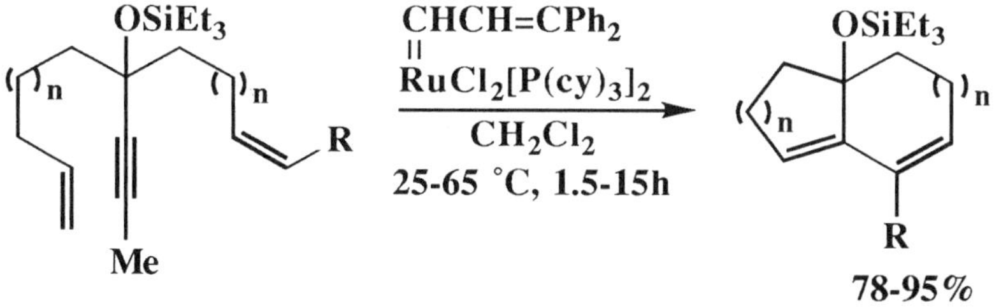

Reagents: $CHCH=CPh_2$, $RuCl_2[P(cy)_3]_2$, CH_2Cl_2, 25-65 °C, 1.5-15h; 78-95%

I.B.3-14 Crowe, W.E. et al, *TL*, **37**, 2117; Barrett, A.G.M. et al., *CC*, 2229.

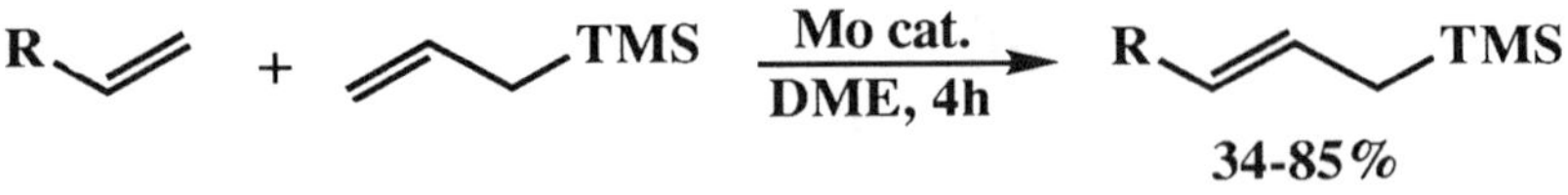
R
+
TMS
Mo cat.
DME, 4h
R
TMS
34-85%

I.B.3-15 Kibayashi, C. et al., *JACS*, **118**, 1054; Trost, B.M. and Krische, M.J., *JACS*, **118**, 233.

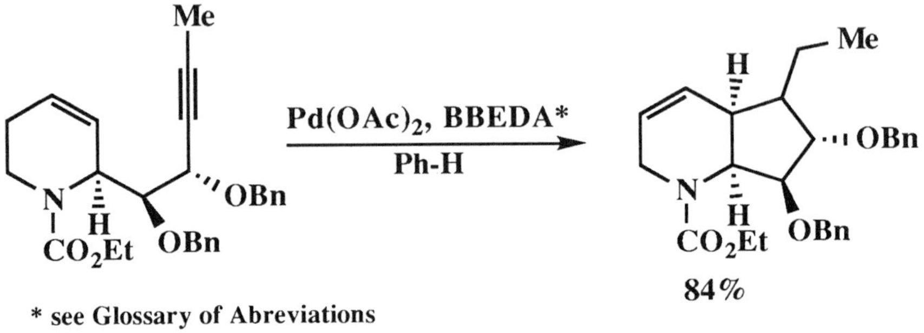
Me
N
H
CO2Et
OBn
OBn
Pd(OAc)2, BBEDA*
Ph-H
Me
H
OBn
N
H
CO2Et
OBn
84%
* see Glossary of Abreviations

I.B.3-16 Li, C.J. et al., *JACS*, **118**, 4216.

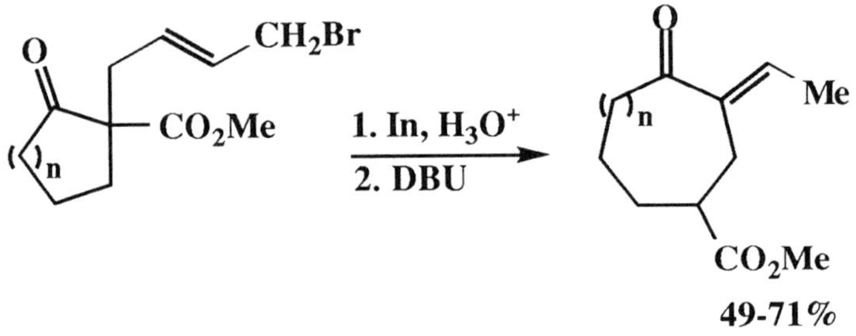
O
CH2Br
CO2Me
n
1. In, H3O+
2. DBU
O
n
Me
CO2Me
49-71%

I.B.3-17 Okada, K., Oshima, K. and Utimoto, K., *JACS*, **118**, 6076.

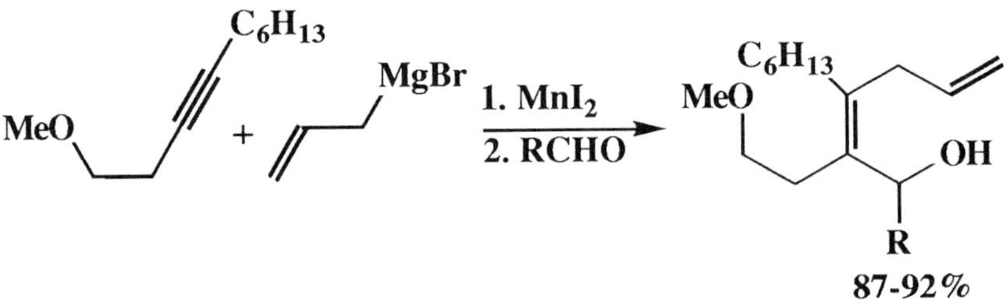
C6H13
MeO
+
MgBr
1. MnI2
2. RCHO
C6H13
MeO
OH
R
87-92%

I.B.3-18 Lhotak, P. and Shimkai, S., *TL*, **37**, 645; Banerji, A. et al., *JACS*, **118**, 5932.

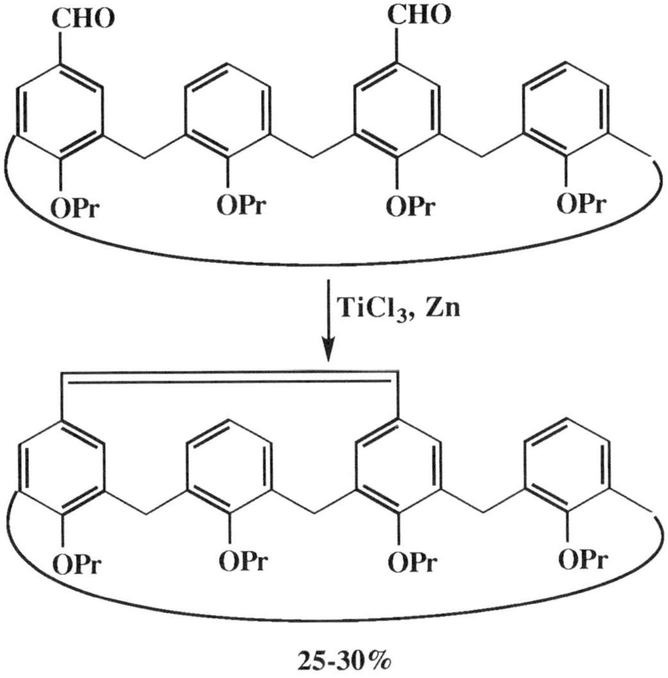

25-30%

I.B.3-19 Cossio, F.P. et al., *TL*, **37**, 7143.

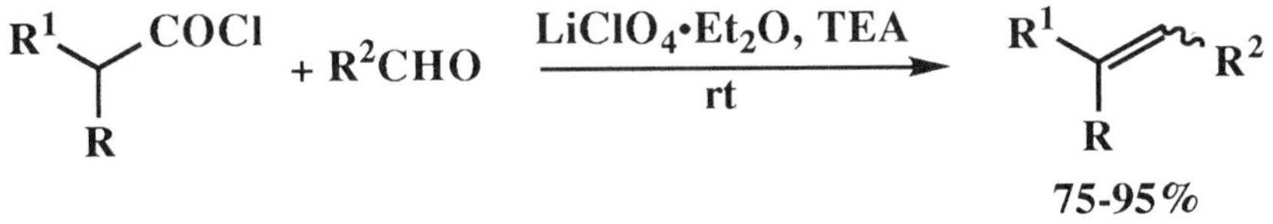

$R^1R(R)CH\text{-}COCl$ + R^2CHO →[LiClO$_4$·Et$_2$O, TEA / rt] alkene product

75-95%

I.B.3-20 Myers, A.G. and Zheng, B., *TL*, **37**, 4841.

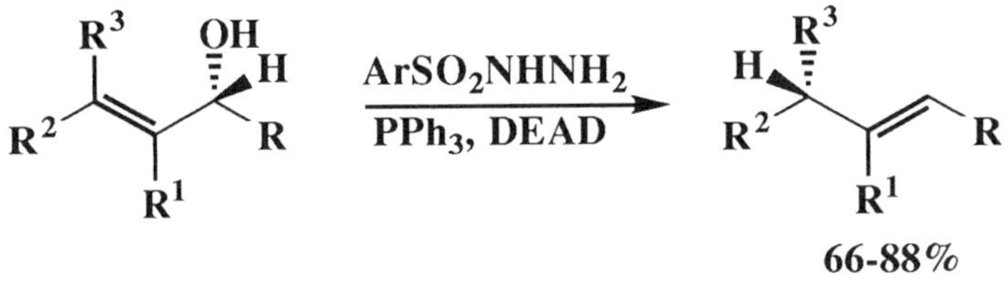

Reagents: ArSO$_2$NHNH$_2$, PPh$_3$, DEAD

66-88%

I.B.3-21 Fuchs, P.L. et al., *TL*, **37**, 5247, 5249, 5253.

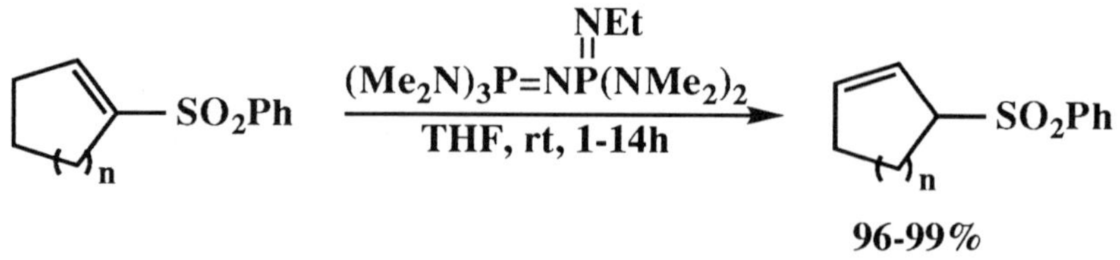

[cyclopentenyl-SO$_2$Ph] →[(Me$_2$N)$_3$P=NP(NMe$_2$)$_2$ with NEt][THF, rt, 1-14h]→ [cyclopentenyl-SO$_2$Ph isomer]

96-99%

I.B.3-22 Obushak, N.D. et al., *RJOU*, **31**, 884 (1995).

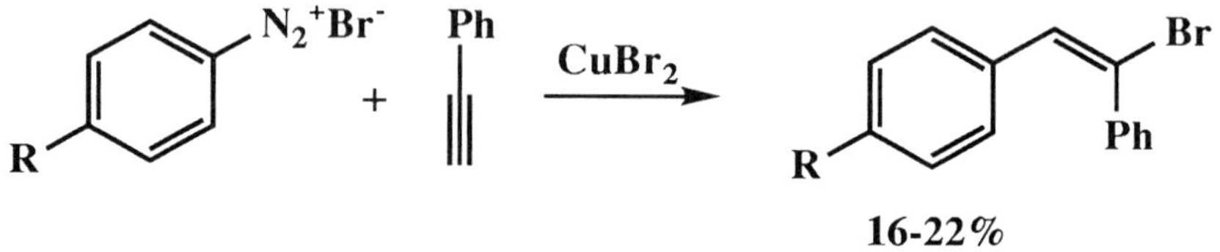

R-C$_6$H$_4$-N$_2^+$Br$^-$ + Ph-C≡C-Ph →[CuBr$_2$]→ R-C$_6$H$_4$-CH=C(Br)(Ph)

16-22%

I.B.3-23 Murai, S. et al., *OM*, **15**, 901.

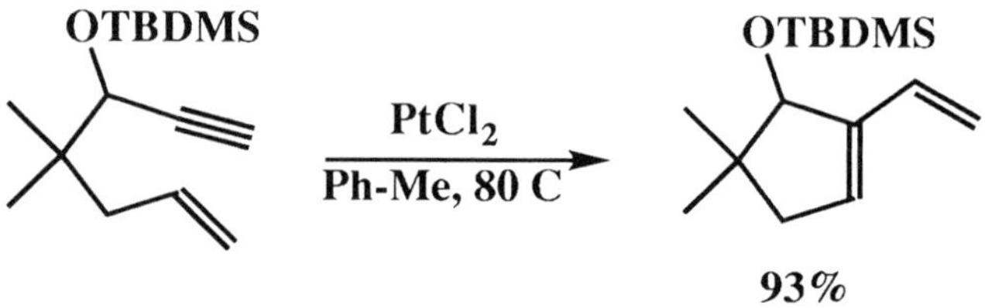

[enyne with OTBDMS] →[PtCl$_2$][Ph-Me, 80 C]→ [cyclopentene with OTBDMS and vinyl]

93%

I.B.4. Vinylations

I.B.4-1 Piers, E. et al., *TL*, **37**, 1173.

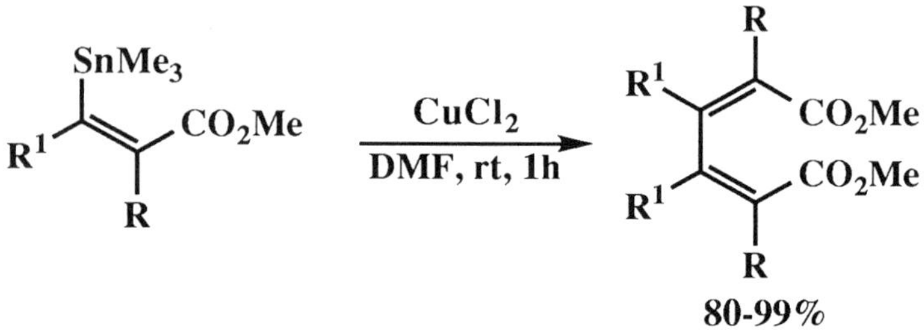

[R^1,R-vinyl-SnMe$_3$ with CO$_2$Me] →[CuCl$_2$][DMF, rt, 1h]→ [diene dimer with R, R^1, CO$_2$Me groups]

80-99%

I.B.4-2 Jeong, I.H. et al., *TL*, **37**, 5905.

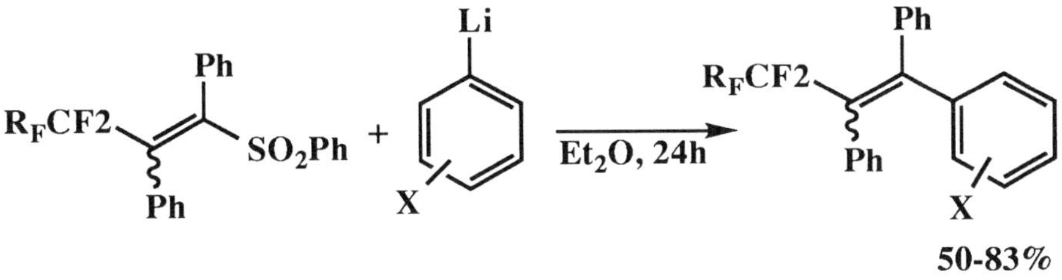

[Scheme: R_FCF_2-C(Ph)=C(Ph)-SO$_2$Ph + aryl-Li (with X substituent) → R_FCF_2-C(Ph)=C(Ph)-aryl(X), Et$_2$O, 24h, 50-83%]

I.B.4-3 Bonnet-Delpon, D. et al., *JOC*, **61**, 9111; Enders, D. et al., *T*, **52**, 2909.

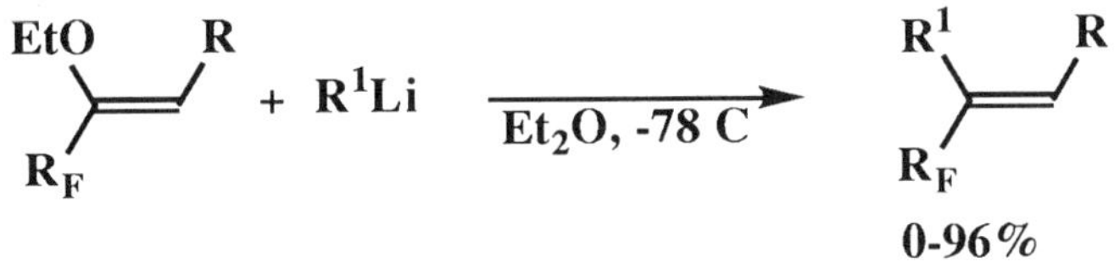

[Scheme: EtO-C(R$_F$)=CH-R + R^{1}Li → R^1-C(R$_F$)=CH-R, Et$_2$O, -78 °C, 0-96%]

I.B.4-4 Clark, A.J. et al., *TL*, **37**, 909.

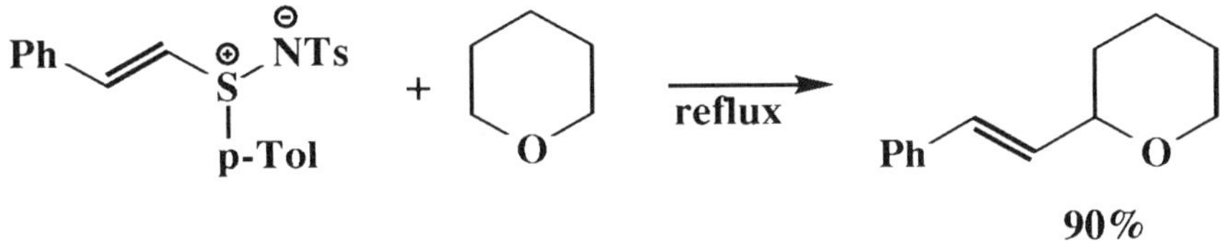

[Scheme: Ph-CH=CH-S$^+$(p-Tol)(NTs$^-$) + tetrahydropyran → Ph-CH=CH-(2-tetrahydropyranyl), reflux, 90%]

I.B.4-5 Shibasaki, M. et al., *JACS*, **118**, 7108; de Meijere, A. et al., *T*, **52**, 11503; Gore, J. et al., *BSF*, **133**, 563.

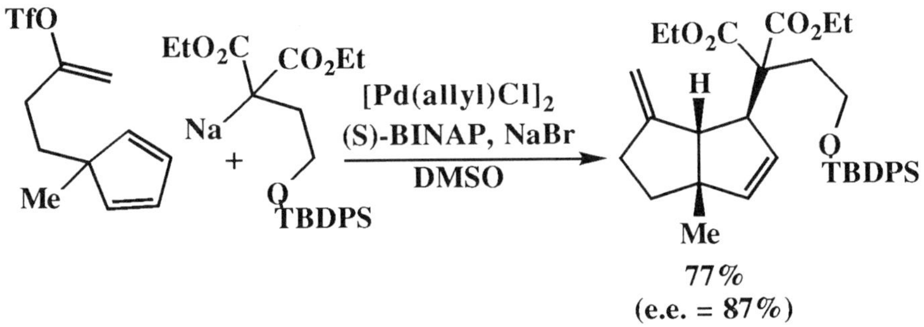

[Scheme: TfO-substituted methylcyclopentadiene + Na-C(CO$_2$Et)$_2$-CH$_2$CH$_2$-OTBDPS → bicyclic product, [Pd(allyl)Cl]$_2$, (S)-BINAP, NaBr, DMSO, 77% (e.e. = 87%)]

I.B.4-6 Huang, X. and Zhu, L.-S., *JOM*, **523**, 9; **see also:** Uemura, S. et al., *JOM*, **507**, 197.

$$\text{ArSe}\!\!\equiv\!\! \xrightarrow[\text{2. Ar}^1\text{X, Pd(PPh}_3)_4]{\text{1. Cp}_2\text{Zr(H)Cl}} \text{ArSe}\!\!-\!\!\text{CH=CH-Ar}^1$$

66-85%

I.B.4-7 Yamamoto, Y. et al., *CC*, 1513; **see also:**, Fallis, A.G. et al., *TL*, **37**, 755.

[allyl-SnBu₃ with R¹, R substituents] + [alkyne with R₂] → [1,3-diene product with R¹, R, R²]

1. ZrCl₄
2. TEA

23-87%

I.B.4-8 Cahiez, G. and Marquais, S., *TL*, **37**, 1773; Furstner, A. and Brunner, H., *TL*, **37**, 7009.

[vinyl-X with R¹, R², R] + R³MnCl $\xrightarrow[\text{NMP/THF, rt, 1h}]{\text{Fe(acac)}}$ [vinyl-R³ with R¹, R², R]

25-90%

I.B.4-9 Charette, A.B. and Giroux, A., *JOC*, **61**, 8718; Qing, F. et al., *TL*, **37**, 8213; **see also:** Sato, F. et al., *JCSP1*, 715.

[vinyl catecholboronate with R] + [iodomethyl cyclopropane with CH₂OBn] $\xrightarrow[\text{aq DMF, 90 °C}]{\text{Pd(OAc)}_2,\ \text{PPh}_3 \atop \text{K}_2\text{CO}_3,\ \text{Bu}_4\text{NCl}}$ [vinyl-cyclopropane-CH₂OBn product]

35-84%

I.B.4-10 Monteiro, A.L. et al., *TL*, **37**, 1157.

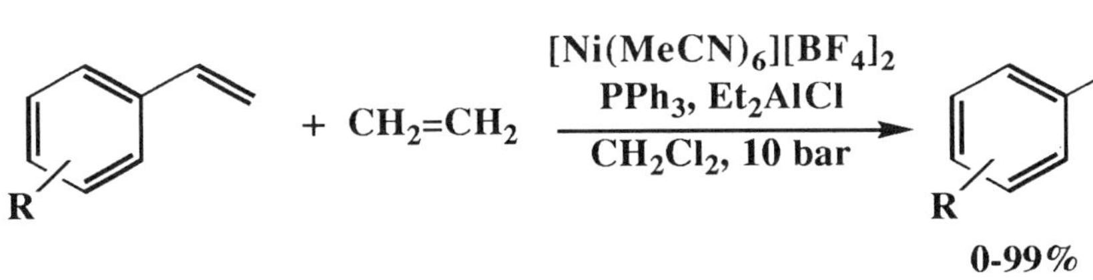

I.B.4-11 Pour, M. and Negishi, E., *TL*, **37**, 4679; Rossi, R., Bellina, F. et al., *T*, **52**, 4095; Luo, F.-T. and Hsieh, L.-C., *JOC*, **61**, 9060; **see also:** Snieckus, V. et al., *TL*, **37**, 6057; Davis, C.R. and Burton, D.J., *TL*, **37**, 7237.

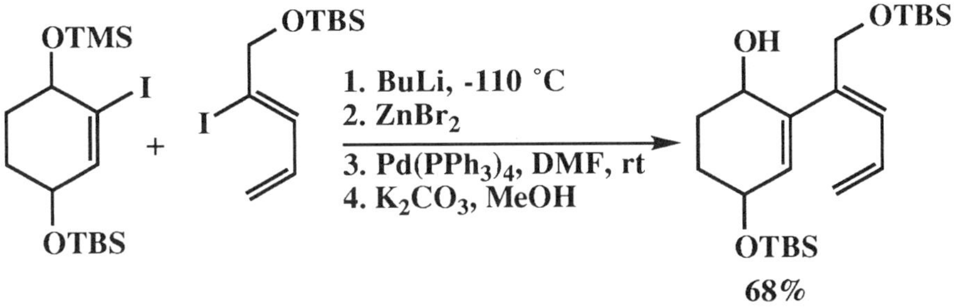

I.B.4-12 Fernandez-Mateos, A. et al., *JOC*, **61**, 9097; Mann, A. et al., *JOC*, **61**, 4870; Reginato, G. et al., *T*, **52**, 10985; **see also:**, Nicolaou, K.C. et al., *AGE*, **35**, 889; Subramanyam, C. et al., *TL*, **37**, 459; Stephenson, R. et al., *TL*, **37**, 2731; Speckamp, W.N. et al., *TL*, **37**, 3561; Torii, S. et al., *TL*, **37**, 5967; **see also:** Kato, N. and Miyaura, N., *T*, **52**, 13347; Ichikawa, J., Minami, T. et al., *TL*, **37**, 8799.

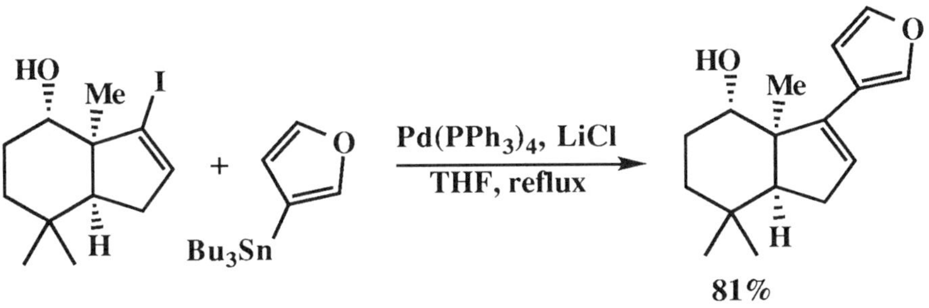

I.B.4-13 Pfaltz, A. et al., *AGE*, **35**, 200; Crisp, G.T. and Bebauer, M.G., *T*, **52**, 12465; **see also:** Beller, M. et al., *JOM*, **520**, 257; Larhed, M. and Hallberg, A., *JOC*, **61**, 9582; Shi, G. et al., *JCSP1*, 763; Bumagin, N.A. et al., *RJOU*, **31**, 349, 439 (1995); Kelker, A., *TL*, **37**, 8917.

[dihydrofuran] + [cyclohexenyl-OTf] → Pd(dba)$_2$, base, cat. / Ph-H, 30 °C, 3d → product
92% (e.e. = >99%)

cat. = [ortho-(PPh$_2$)-aryl oxazoline with ^{t}Bu]

I.B.4-14 Sengupta, S. and Bhattacharyya, S., *SC*, **26**, 231.

ArN$_2^+$BF$_4^-$ + [sulfolene] → 1. Pd(OAc)$_2$, MeOH; 2. TEA, CH$_2$Cl$_2$ → Ar-substituted sulfolene
80-95%

I.B.4-15 Kang, S.-K. et al., *JOC*, **61**, 2604.

RI$^+$Ph + BF$_4^-$ + allylic alcohol (R^1) → Pd(OAc)$_2$, NaHCO$_3$ / H$_2$O/DMF, rt → R-CH=CH-CH(OH)R^1
71-89%

I.B.4-16 Nishida, M. et al., *CC*, 579.

iodoalkene with CO$_2$(c-C$_6$H$_{11}$) ester → Bu$_3$SnH, Et$_3$B / chiral Lewis acid → methylenecyclopentane with CO$_2$(c-C$_6$H$_{11}$)
63-75% (e.e. = 12-48%)

I.B.5. Allene Forming Reactions

I.B.5-1 Saalfrank, R.W. et al., *LA*, 171; **see also:** Kovacs, L. et al., *ACS*, **50**, 466.

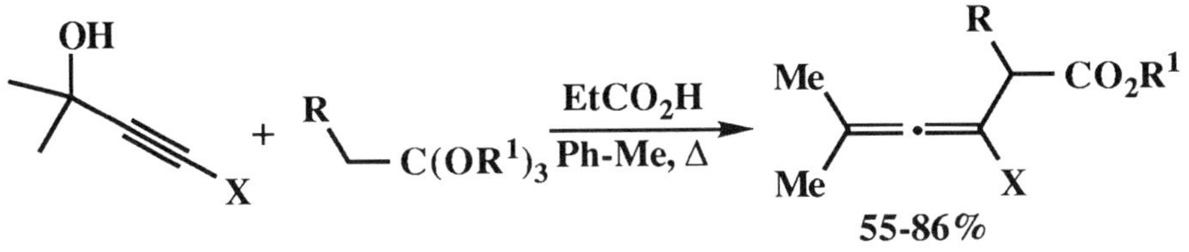

I.B.5-2 Fuji, K. et al., *TL*, **37**, 3735.

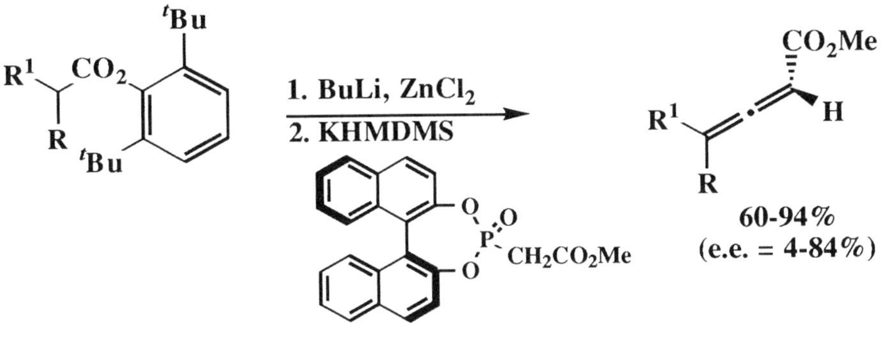

60-94%
(e.e. = 4-84%)

I.B.5-3 Mann, A. et al., *JOC*, **61**, 9631.

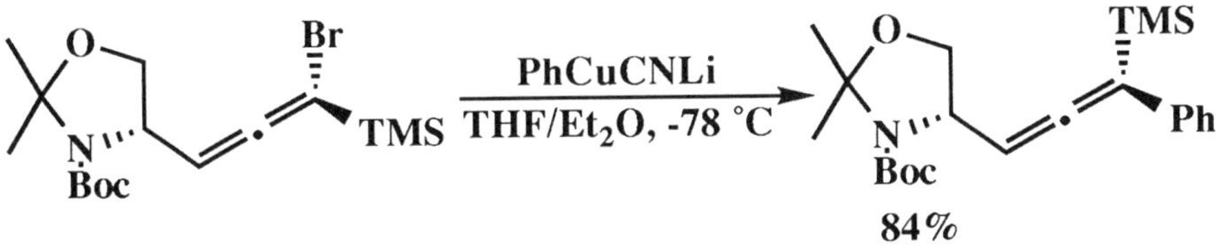

84%

I.B.5-4 Brummond, K.M. et al., *JOC*, **61**, 6096.

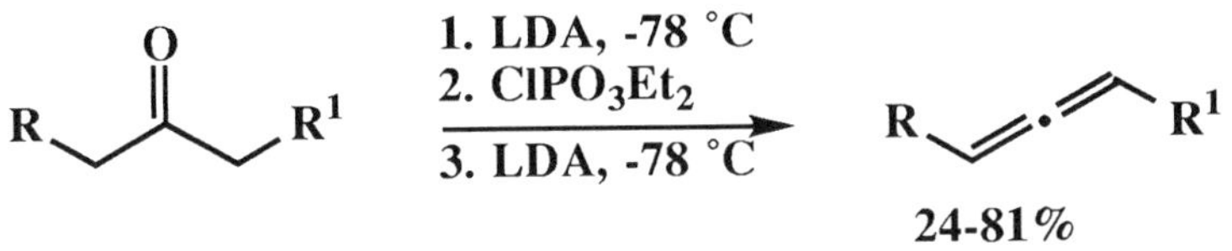

24-81%

I.B.5-5 Meyers, A.G. and Zheng, B., *JACS*, **118**, 4492.

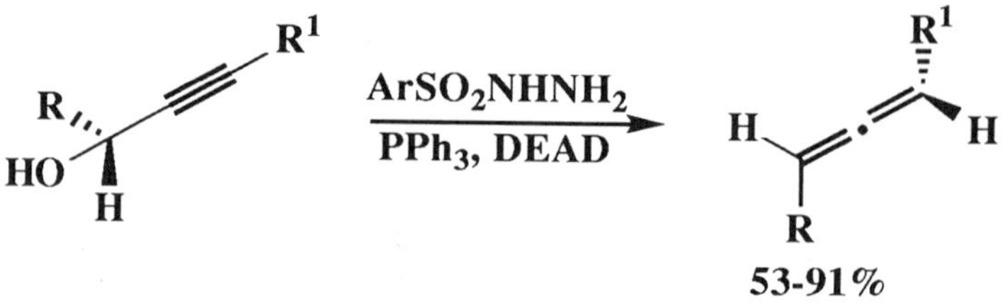

R-C≡C-R¹ with HO and H on carbon bearing R → ArSO₂NHNH₂, PPh₃, DEAD → H₂C=C=CHR¹ allene (R below central carbon)

53-91%

I.B.5-6 Kim, S. et al., *JOC*, **61**, 6018.

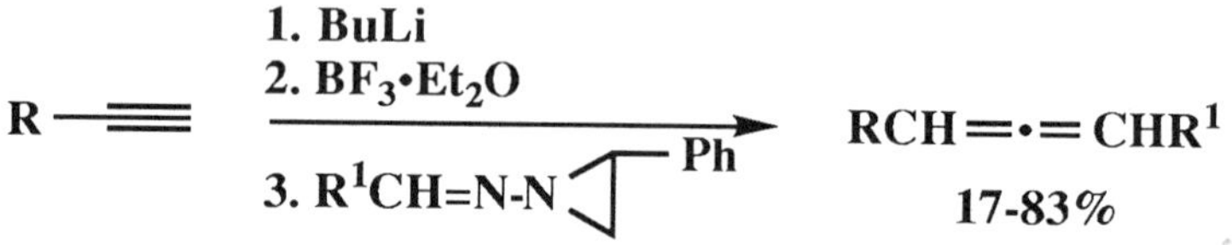

$$R-\!\!\equiv\!\! \xrightarrow[\text{3. R}^1\text{CH=N-NHSO}_2\text{Ph}]{\text{1. BuLi; 2. BF}_3\cdot\text{Et}_2\text{O}} RCH\!=\!\cdot\!=\!CHR^1$$

17-83%

I.B.5-7 Cunico, R.F. and Nair, S.K., *SC*, **26**, 803.

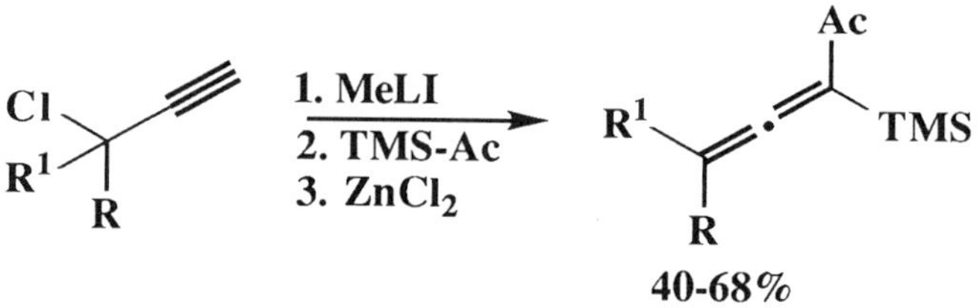

Cl-C(R¹)(R)-C≡CH → 1. MeLi; 2. TMS-Ac; 3. ZnCl₂ → R¹(R)C=C=C(Ac)(TMS)

40-68%

I.B.5-8 Tseng, H.-R. and Luh, T.-Y., *JOC*, **61**, 8685.

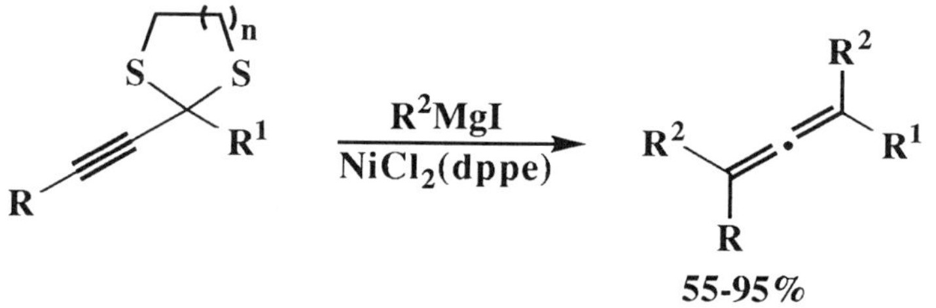

R-C≡C-C(S(CH₂)ₙS)(R¹) → R²MgI / NiCl₂(dppe) → R²(R)C=C=C(R²)(R¹)

55-95%

I.B.5-9 Yamamoto, Y. et al., *CC*, 17; **see also:** Harada, T. et al., *JACS*, **118**, 11377.

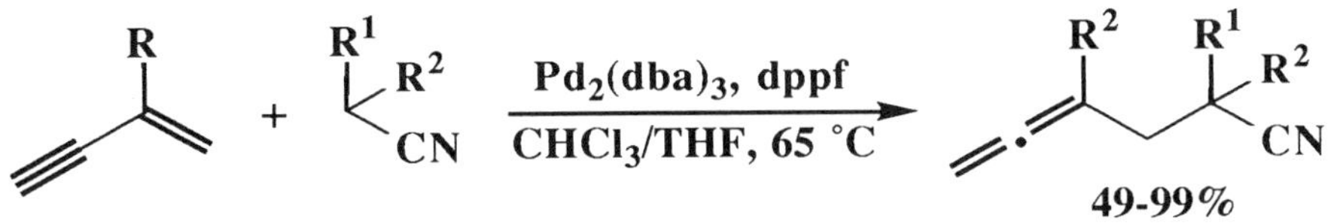

$$\text{R-C≡C-C(R}^1\text{)=CH}_2 + \text{HC(R}^1\text{)(R}^2\text{)CN} \xrightarrow[\text{CHCl}_3/\text{THF, 65 °C}]{\text{Pd}_2(\text{dba})_3, \text{dppf}} \text{product}$$

49-99%

I.B.5-10 Pornet, J. et al., *SC*, **26**, 3351.

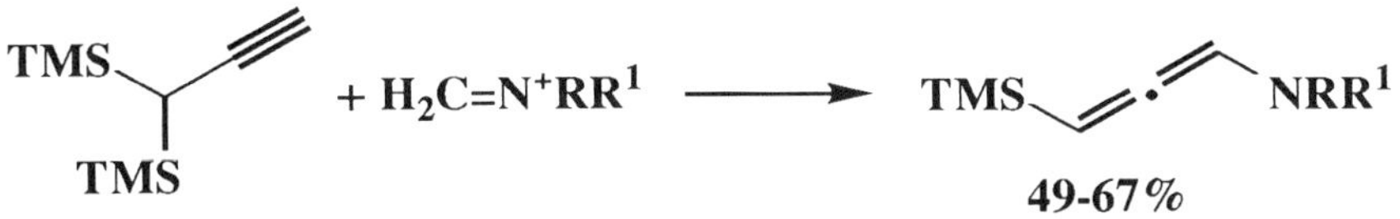

TMS-CH(TMS)-C≡CH + $H_2C=N^+RR^1$ ⟶ TMS-CH=C=CH-NRR^1

49-67%

I.B.5-11 Kulkarni, S.V. and Brown, H.C., *TL*, **37**, 4125.

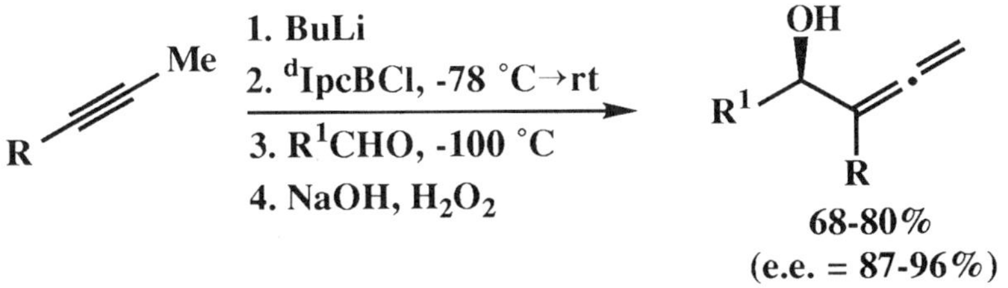

R-C≡C-Me
1. BuLi
2. ^{d}IpcBCl, -78 °C → rt
3. R^{1}CHO, -100 °C
4. NaOH, H$_2$O$_2$

⟶ R^1-CH(OH)-C(R)=C=CH$_2$

68-80%
(e.e. = 87-96%)

I.C. Carbon-Carbon Triple Bonds

I.C-1 Nantz, M.H. et al., *JOC*, **61**, 4014.

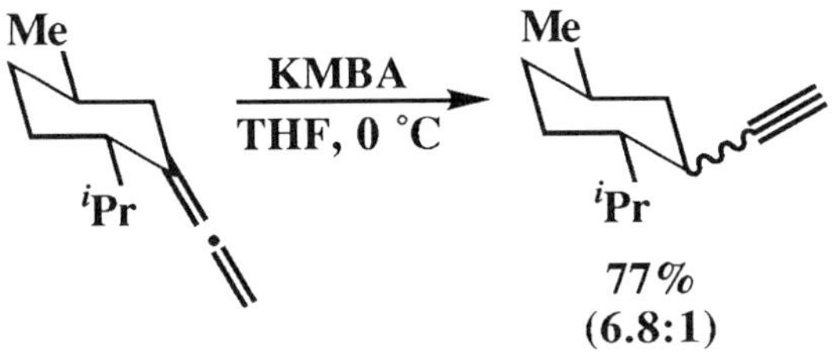

(4-Me, 1-^{i}Pr-cyclohexyl with vinylidene) $\xrightarrow[\text{THF, 0 °C}]{\text{KMBA}}$ (4-Me, 1-^{i}Pr-cyclohexyl with alkyne)

77%
(6.8:1)

KMBA = potassium N-methylbutyramide

I.C-2 Bumagin, N.A., Beletskaya, I.P. et al., *TL*, **37**, 897; Pal, M. and Kundu, N.G., *JCSP1*, 449; Alami, M. et al., *TL*, **37**, 57; Hirama, M. et al., *TL*, **37**, 9335; Hird, M. et al., *CC*, 2719; Sinou, D. et al., *TL*, **37**, 5527; **see also:**, Powell, N.A. and Rychnousky, S.D., *TL*, **37**, 7901.

$$R\!-\!\!\equiv\!\!+ ArI \xrightarrow[K_2CO_3,\ Bu_3N,\ H_2O]{PdCl_2(PPh_3)_2,\ CuI} R\!-\!\!\equiv\!\!-Ar$$
$$70\text{-}98\%$$

I.C-3 Sydnes, L.K. and Bakstad, E., *ACS*, **50**, 446.

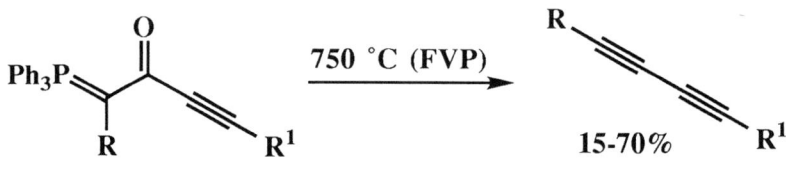

30-80%
(≤40:1)

I.C-4 Aitken, R.A. et al., *JCSP1*, 485.

$$Ph_3P\!\!=\!\!\underset{R}{\overset{O}{\underset{\|}{C}}}\!\!-\!C\!\equiv\!C\!-\!R^1 \xrightarrow{750\ °C\ (FVP)} R\!-\!C\!\equiv\!C\!-\!C\!\equiv\!C\!-\!R^1$$
$$15\text{-}70\%$$

I.C-5 Savignac, P. et al., *S*, 1494; **see also:** Marinetti, T.T. and Savignac, P., *OS*, **74**, 108.

$$(Et)_2PCHCl_2 + RCHO \xrightarrow{LHDMS} R\!-\!\!\equiv\!\!-Cl$$
$$50\text{-}91\%$$

I.C-6 Lermontov, S.A., Rakov, I.M. and Zefirov, N.S., *TL*, **37**, 4051.

$$Ph\!-\!\!\equiv \xrightarrow[Ph\text{-}H,\ reflux]{CuCl} Ph\!-\!\!\equiv\!\!-Ph$$
$$87\%$$

I.C-7 Meyers, A.I. and Novachek, K.A., *TL*, **37**, 1747; Hayashi, T. et al., *TL*, **37**, 3161.

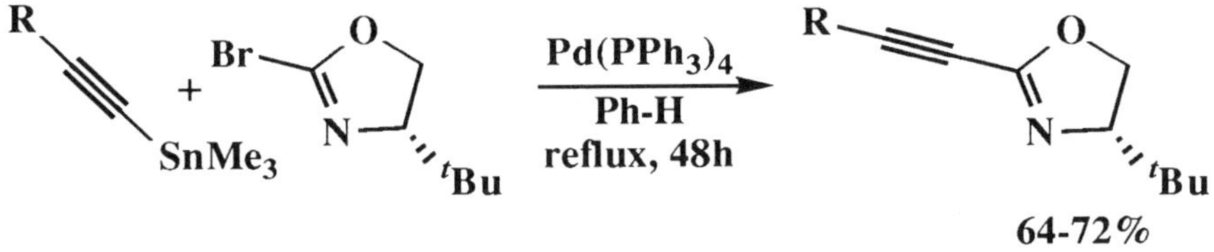

64-72%

I.D. Cyclopropanations

I.D.1. Carbene or Carbenoid Additions to a Multiple Bond

I.D.1-1 Creary, X. et al., *TL*, **37**, 579.

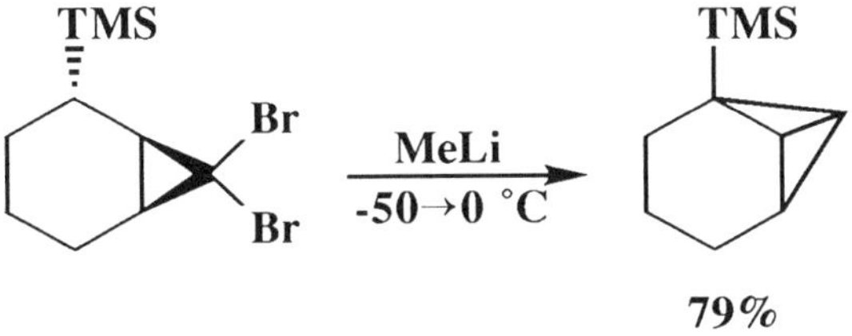

79%

I.D.1-2 Mander, L.N. and Owen, D.J., *TL*, **37**, 723; Shi, G. and Cai, W., *JCSP1*, 2337; Shibasaki, M. et al., *TL*, **37**, 2449.

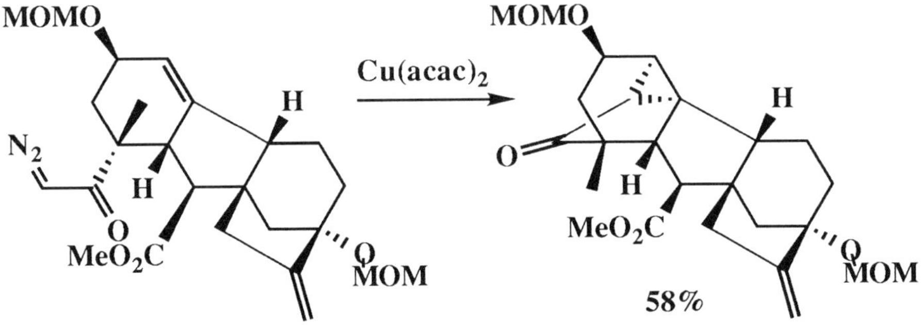

58%

I.D.1-3 Chapleur, Y. et al., *BSF*, **113**, 531; Tanabe, Y. et al., *JCSP1*, 1243.

[Reaction: bicyclic acetal with =CCl₂ exocyclic group + Et₃NBnCl, aq NaOH, CHCl₃ → dichlorocyclopropane-fused product, 70-99%]

I.D.1-4 Batsugan, Y. et al., *T*, **52**, 2803; see also: Breslow, R. and Xu, R., *OS*, **74**, 72: see also: Marchand, A.P., Bott, S.G. et al., *TL*, **37**, 467.

$$\text{CH}_2\text{=CHY} + \text{Br}_2\text{CHZ} \xrightarrow{\text{In}} \text{cyclopropane with Z, Y substituents}$$

15-69%
(cis:trans = 1:0.75-4.88)

I.D.1-5 Bedekar, A.V. and Andersson, P.G., *TL*, **37**, 4073; Davies, H.M.L. and Doan, B.D., *TL*, **37**, 3967; Davies, H.M.L. et al., *TL*, **37**, 4133; Doyle, M.P., McKervey, M.A. et al., *TL*, **37**, 4129; Knight, J.G. et al., *TL*, **37**, 6189; van Boom, J.H. et al., *TA*, **7**, 49.

$$\text{PhCH=CH}_2 + \text{N}_2\text{CHCO}_2\text{R}^1 \xrightarrow[\text{CH}_2\text{Cl}_2]{\text{CuOTf, cat.}} \text{Ph-cyclopropane-CO}_2\text{R (trans)} + \text{Ph-cyclopropane-CO}_2\text{R (cis)}$$

76-86%
(1:2.3-5.7)
(e.e. = 65-91%) (e.e. = 84-96%)

cat. = new, chiral bisoxazolines

I.D.1-6 Iwasaki, S. et al., *T*, **52**, 13327; Barrett, A.G.M. et al., *T*, **52**, 15325; Charette, A.B. et al., *TL*, **37**, 7925; Zercher, C.K. et al., *JOC*, **61**, 8792; Luh, T.-Y. et al., *JOC*, **61**, 3906; **see also:** Uskokovic, M.R. et al., *JOC*, **61**, 118; **see also:** Lautens, M. and Ren, Y., *JOC*, **61**, 2210.

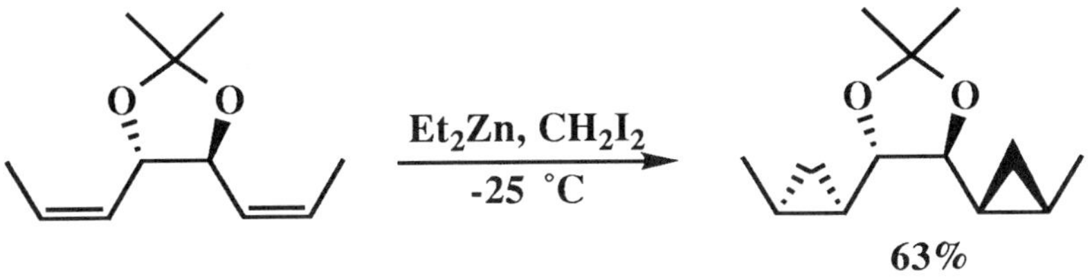

I.D.1-7 Zaitseva, G.S., Lorerth, J. et al., *JOM*, **525**, 175; Mayoral, J.A. et al., *CC*, 1319; Zhu, Z. and Espenson, J.H., *JACS*, **118**, 9901; **see also:** Goodman, J.L. et al., *TL*, **37**, 4927.

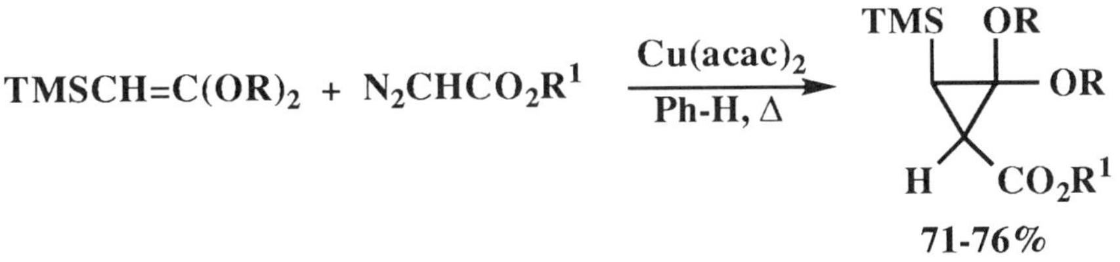

I.D.2. Other Cyclopropanations

I.D.2-1 Muratake, H., Abe, I. and Natsume, M., *CPB*, **44**, 67.

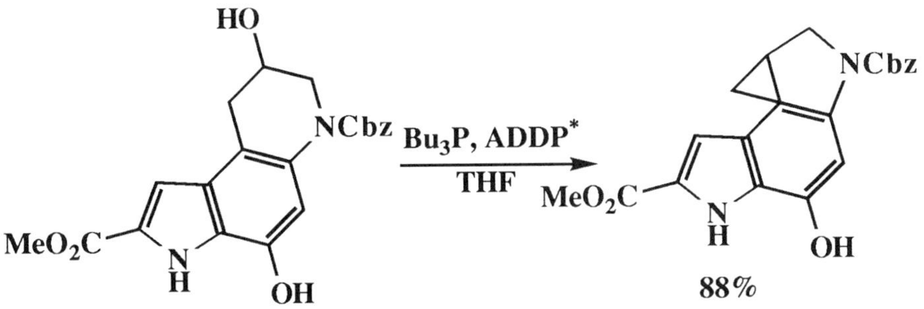

ADDP = 1,1'-(azadicarbonyl)-dipiperidine

I.D.2-2 Julia, M. et al., *BSF*, **133**, 817.

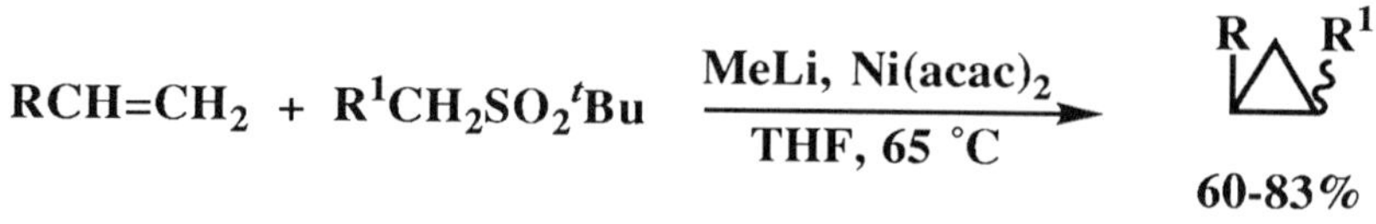

$$RCH=CH_2 + R^1CH_2SO_2{}^tBu \xrightarrow[\text{THF, 65 °C}]{\text{MeLi, Ni(acac)}_2} \text{[cyclopropane with R, R}^1\text{]} \quad 60\text{-}83\%$$

I.D.2-3 Laudisier, T. and Rodriguez, J., *SC*, **26**, 525.

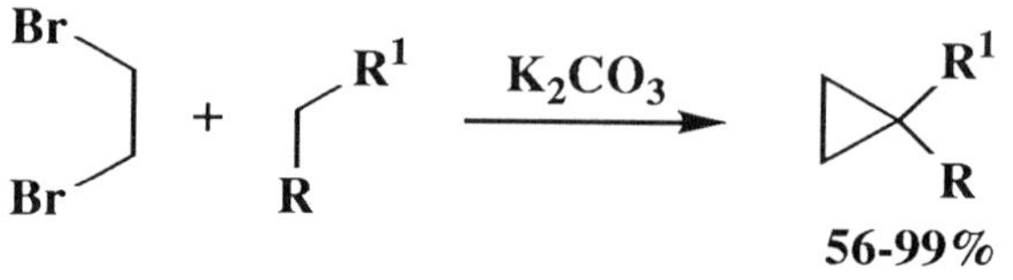

$$\text{CH}_2\text{Br}_2 + \text{RCH}_2\text{R}^1 \xrightarrow{K_2CO_3} \text{cyclopropane} \quad 56\text{-}99\%$$

I.D.2-4 Michelet, V. and Genet, J.-P., *BSF*, **133**, 881; Genet, J.-P. et al., *SL*, 215.

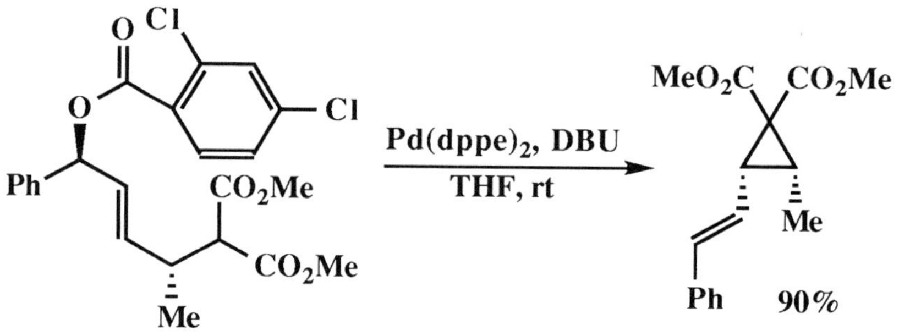

$$\xrightarrow[\text{THF, rt}]{\text{Pd(dppe)}_2, \text{DBU}} \quad 90\%$$

I.D.2-5 Gibson, S.E. et al., *JCSP1*, 1007; Zercher, C.K. et al., *TL*, **37**, 8341.

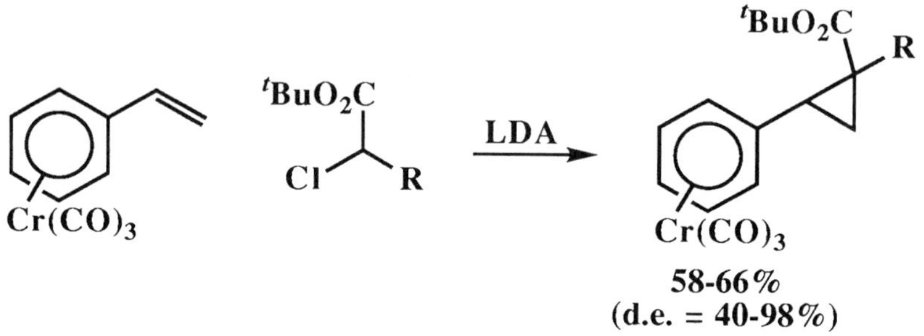

$$\xrightarrow{\text{LDA}}$$

58-66%
(d.e. = 40-98%)

I.D.2-6 Salaun, J. et al., *TL*, **37**, 623.

[Cyclobutane with CO$_2$Me and Br] $\xrightarrow{\text{KOH, H}_2\text{O, rt, 18h}}$ [Cyclopropane with CO$_2$H and CH$_2$OH] 95%

I.D.2-7 Sierra, M.A. et al., *T*, **52**, 13215.

Me$_2$S$^{\oplus}$–CH$^{\ominus}$–CO$_2$Me + (CO)$_9$Co–C(OMe)=CH–CH=CH–Ph $\xrightarrow[\text{2. }\Delta]{\text{1. MeCN, rt}}$ [cyclopropane: Ph, CO$_2$Me, MeO$_2$C] + [cyclopropane: Ph, CO$_2$Me, CH=C(OMe)(CO$_2$Me)]   ≤1.5:1

I.D.2-8 Isono, N. and Mori, M., *JOC*, **61**, 7867.

[Bu$_3$Sn–CH(–)–CH(SnBu$_3$)–CH(Ph)(OH) with CO$_2$Me] $\xrightarrow{\text{SOCl}_2, \text{pyr} \atop \text{CH}_2\text{Cl}_2}$ [cyclopropane: Bu$_3$Sn, Ph, CO$_2$Me] 65%

I.D.2-9 Yamazaki, S. et al., *JOC*, **61**, 4046.

R–C(=O)–CH=CH$_2$ + TMS–CH=CH–SePh $\xrightarrow{\text{TiCl}_4/\text{Ti(O}^i\text{Pr)}_4 \atop \text{(R)-BINOL, 4Å MS}}$ [bicyclic cyclopropane: R–C(=O)–, TMS, SePh]   4-46% (e.e. = 26-57%)

I.D.2-10 Chaplinski, V. and de Meijere, A., *AGE*, **35**, 413.

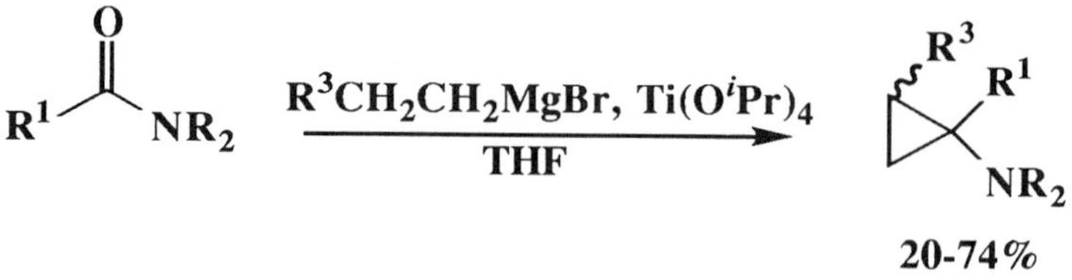

$$R^1-C(=O)-NR_2 \xrightarrow{R^3CH_2CH_2MgBr,\ Ti(O^iPr)_4}{THF} \text{cyclopropane}(R^3, R^1, NR_2)$$

20-74%

I.D.2-11 Cha, J.K. et al., *JOC*, **61**, 4878 and *JACS*, **118**, 291; Sato, F. et al., *TL*, **37**, 1849.

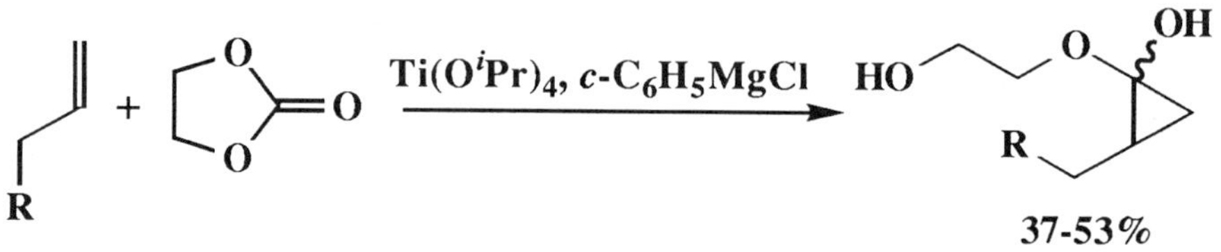

allyl-R + ethylene carbonate $\xrightarrow{Ti(O^iPr)_4,\ c\text{-}C_6H_5MgCl}$ HO-CH$_2$CH$_2$-O-cyclopropane(R, OH)

37-53%

I.E. Thermal and Photochemical Reactions

I.E.1. Cycloadditions

I.E.1-1 Node, M. et al., *CPB*, **44**, 715 and *CC*, 2559; Groundwater, P.W. et al., *H*, **43**, 745; Maddaluno, J. et al., *JOC*, **61**, 5290; Olsen, R.K. and Shao, R., *JOC*, **61**, 5852.

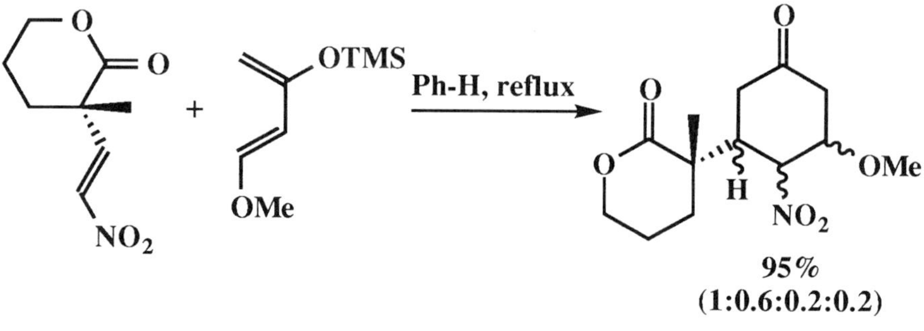

δ-lactone with vinyl-NO$_2$ substituent + CH$_2$=C(OTMS)-CH=CH-OMe $\xrightarrow{\text{Ph-H, reflux}}$ bicyclic product with NO$_2$, OMe, ketone

95%
(1:0.6:0.2:0.2)

I.E.1-2 Banks, M.R. et al., *T*, **52**, 4079; Mayoral, J.A. et al., *JOC*, **61**, 9479; Loupy, A. and Monteux, D., *TL*, **37**, 7023; Arai, Y. et al., *JCSP1*, 759.

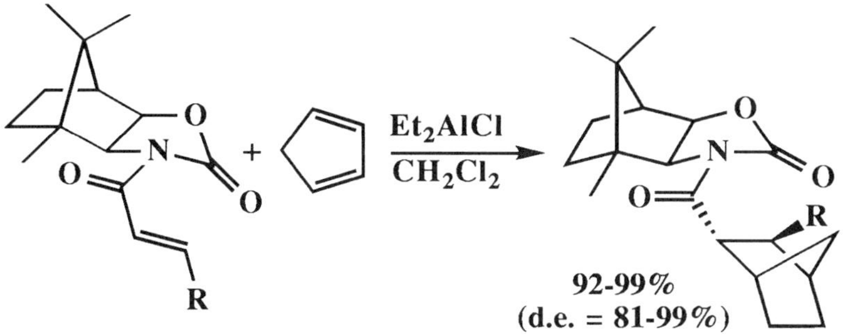

I.E.1-3 Chou, T.C. et al., *T*, **52**, 6325; Gosselin, P., Bonfand, E. and Maignan, C., *JOC*, **61**, 9049; Tsuji, T. et al., *T*, **52**, 9979; **see also:** Cossu, S. and De Lucchi, O., *T*, **52**, 14247.

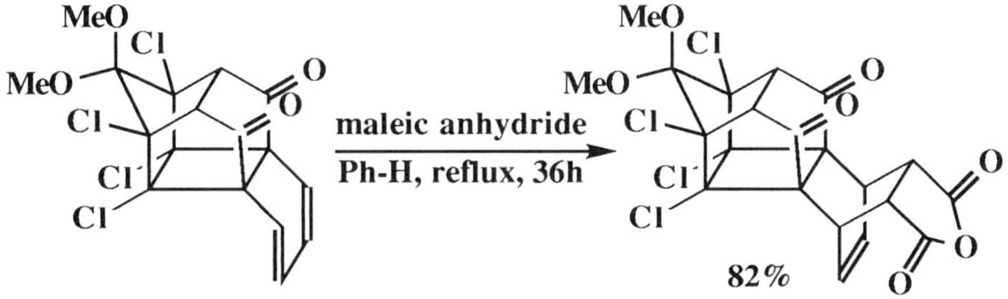

I.E.1-4 Renard, P.-Y. and Lallemand, J.-Y., *BSF*, **133**, 143; **see also:** Back, T.J. et al., *JOC*, **61**, 3806; Carriere, A. and Virgili, A., *TA*, **7**, 227; **see also:** Gree, R.L. et al., *JOC*, **61**, 5063.

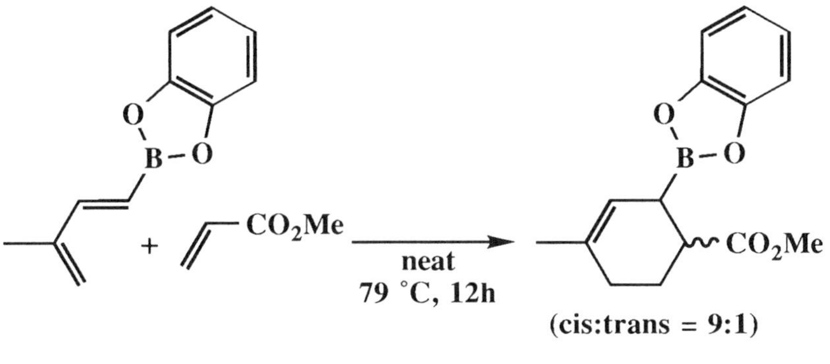

I.E.1-5 Keck, G.E. and Krishnamurthy, D., *SC*, **26**, 367; Ghosh, A.K. et al., *TL*, **37**, 3815; **see also:** Lleva, J.M. et al., *TA*, **7**, 2675; Nakatani, M., Okamura, H. et al., *CL*, 193.

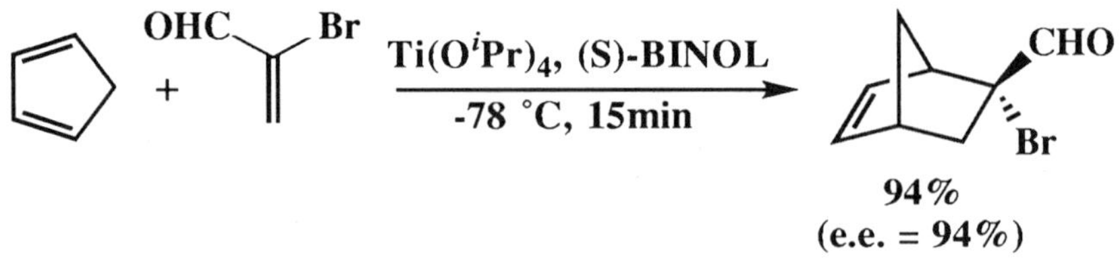

I.E.1-6 Lautens, M. and Fillion, E., *JOC*, **61**, 7994; Kanematsu, K. et al., *T*, **52**, 8169.

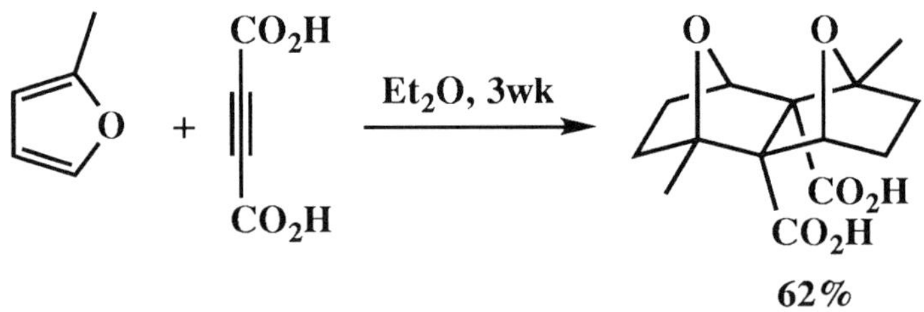

I.E.1-7 Dauben, W.G. et al., *JOC*, **61**, 4816.

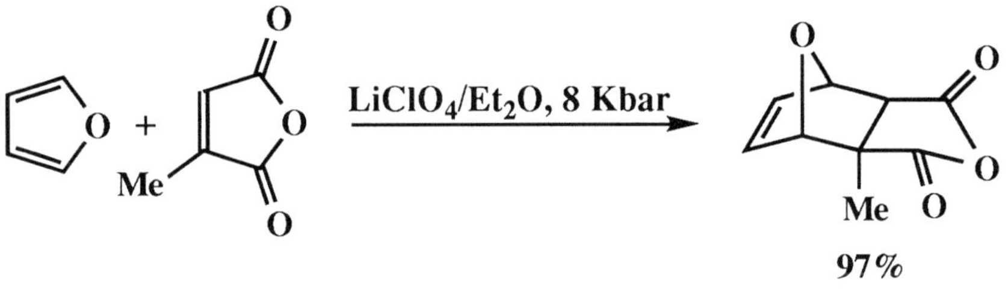

I.E.1-8 Miller, B. et al., *TL*, **37**, 1559.

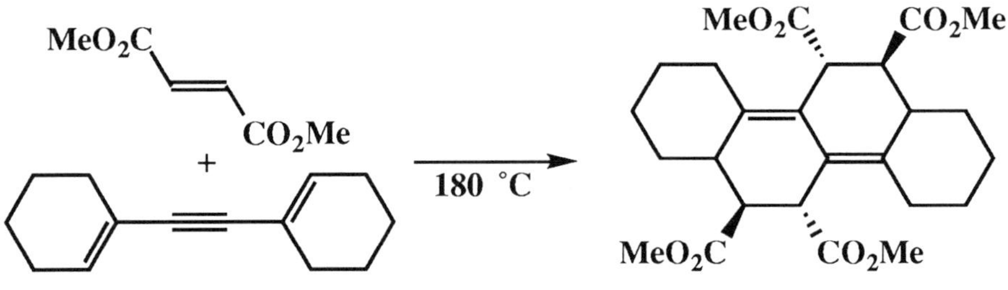

I.E.1-9 Padwa, A. et al., *TL*, **37**, 2903.

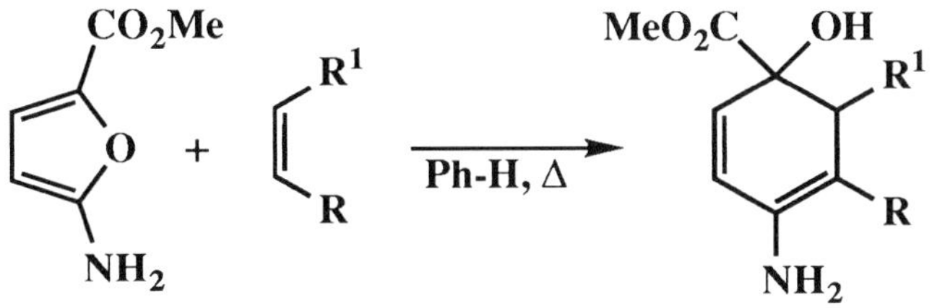

68-99%

I.E.1-10 Storr, R.C. et al., *T*, **52**, 1735, 1723; Tso, H.-H. et al., *SC*, **26**, 569; Tso, H.-H. and Chandrasekharan, M., *TL*, **37**, 4189.

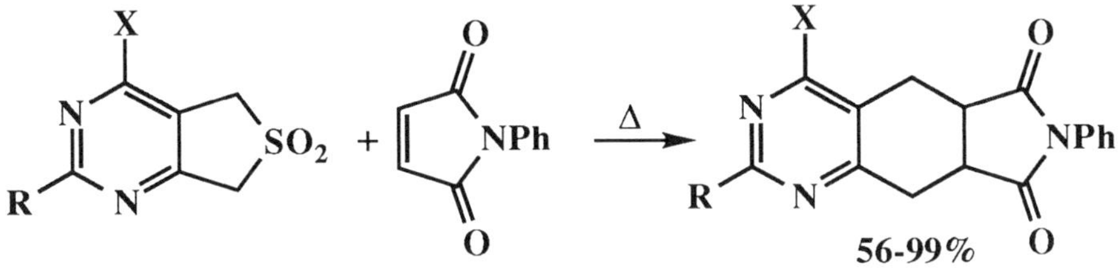

56-99%

I.E.1-11 Keay, B.A. et al., *JOC*, **61**, 2885.

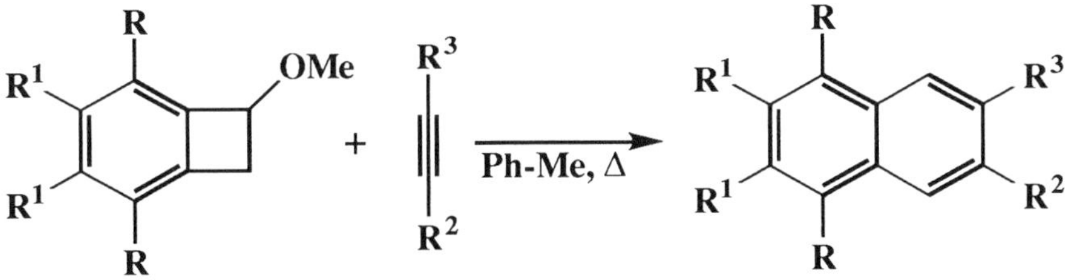

72-95%

I.E.1-12 Knight, D.W. et al., *JCSP1*, 2827.

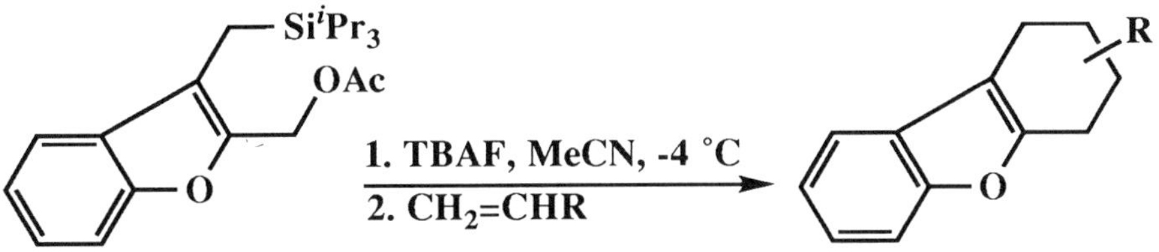

77-93%

I.E.1-13 Iglesias, G.Y.M. et al, *JCSP1, 500.*

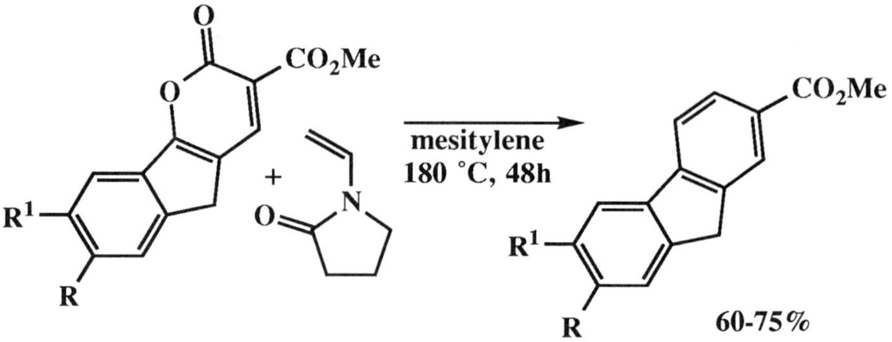
O
CO2Me
O
R1
R
O
N
mesitylene
180 °C, 48h
CO2Me
R1
R
60-75%

I.E.1-14 Noland, W.E. et al., *T*, **52**, 4555.

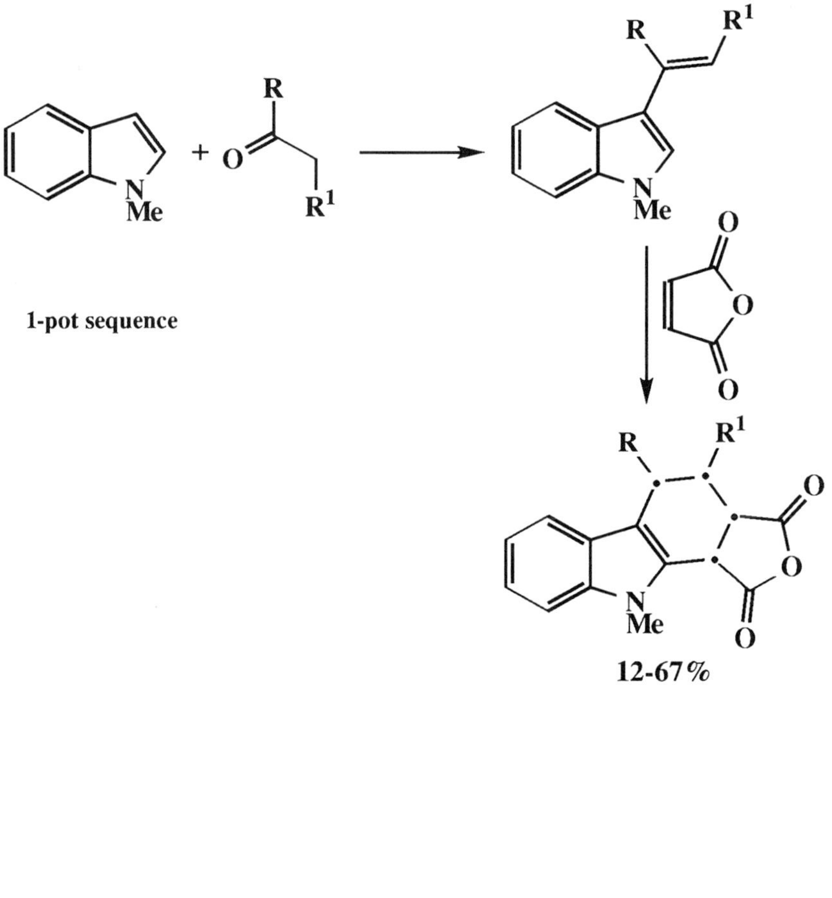
N
Me
R
O
R1
R
R1
N
Me
O
O
O
R
R1
O
O
O
N
Me
12-67%
1-pot sequence

I.E.1-15 Padwa, A. et al., *JOC*, **61**, 3706.

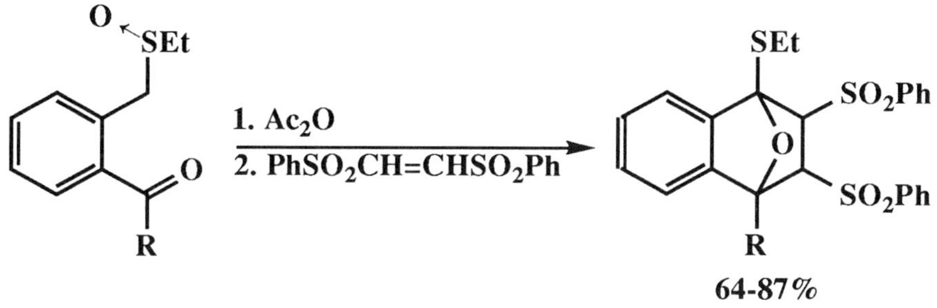

I.E.1-16 Loh, T.-P. et al., *CC*, 2315.

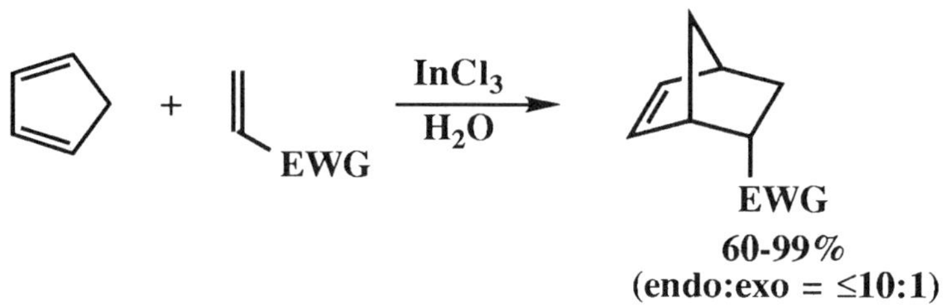

I.E.1-17 Grigg, R. and Xu, L.-H., *TL*, **37**, 4251.

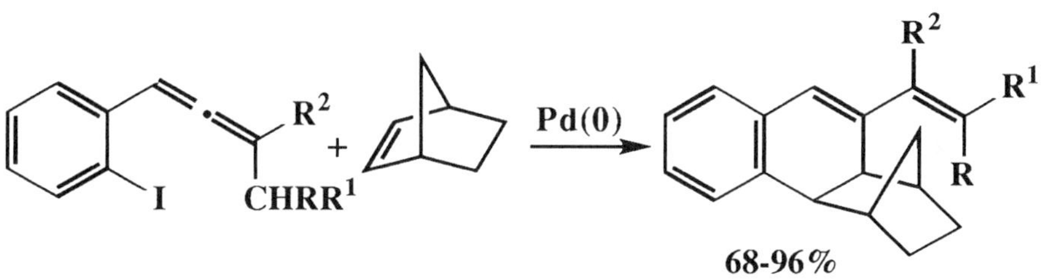

I.E.1-18 Yamabe, S., Machiguchi, T. et al., *JACS*, **118**, 6518.

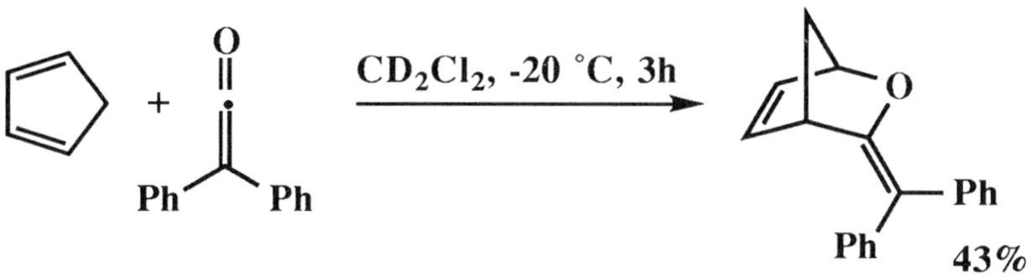

I.E.1-19 Kerr, M.A. et al., *SL*, 897; Levin, J.I., *TL*, **37**, 3079; Cameron, D.W. and Skene, C.E., *AJC*, **49**, 617; Bartolome, J.M. et al., *TL*, **37**, 3187; **see also:** Suryawanshi, S.N., Bhakuni, D.S. et al., *TL*, **37**, 8037; **see also:** Waldemann, H. and Muller, G.H., *TL*, **37**, 3833.

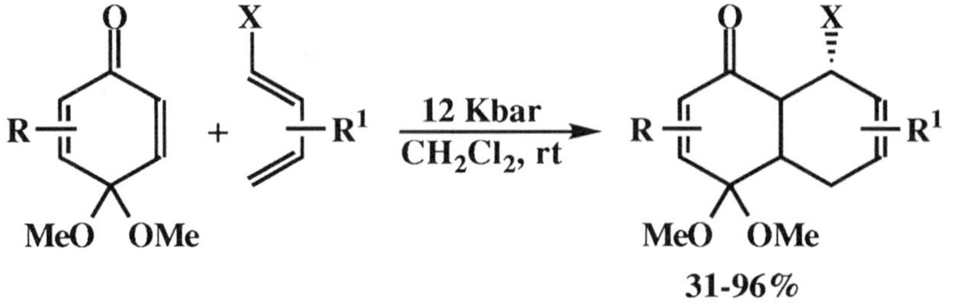

I.E.1-20 Aumann, R. et al., *JACS*, **118**, *10853*.

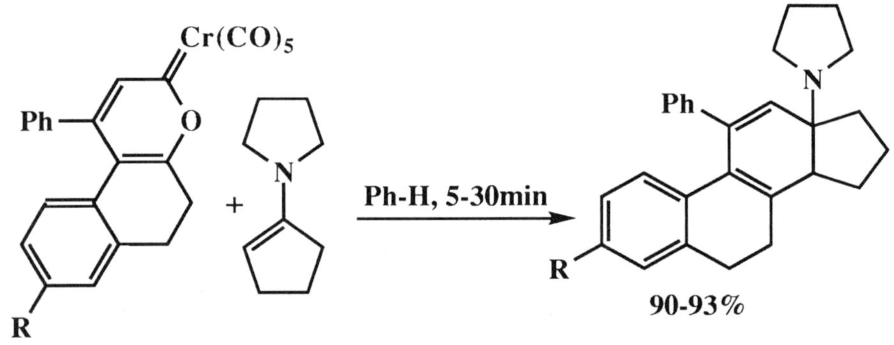

I.E.1-21 Frejd, T. et al., *JCSP1*, 303; Wright, M.W. and Welker, M.E., *JOC*, **61**, 133; **see also:** Sugahara, T. and Ogasawara, K., *TL*, **37**, 205.

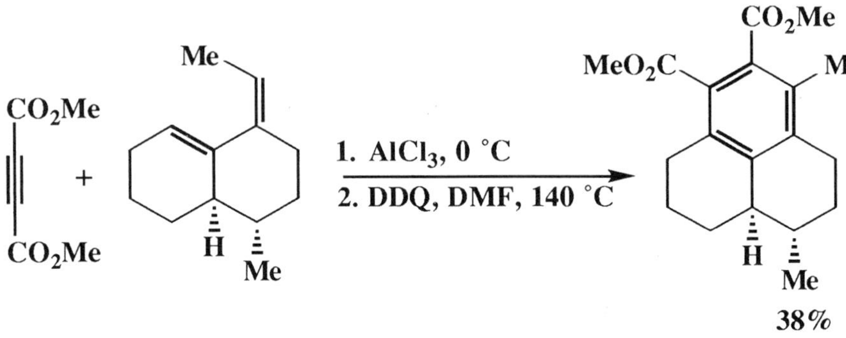

I.E.1-22 Lett, R. et al., *TL*, **37**, 1015, 1023.

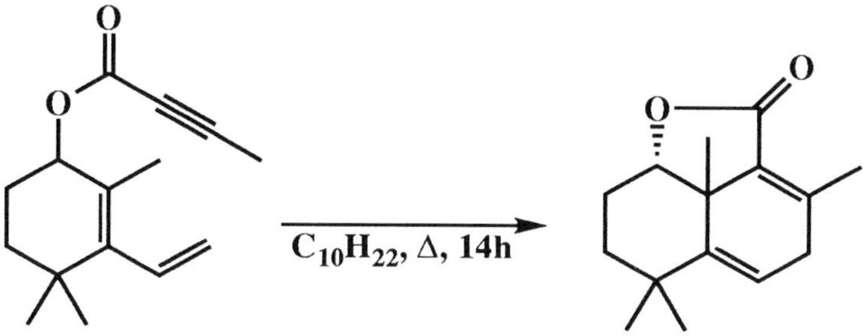

I.E.1-23 Winkler, J.D. et al., *JOC*, **61**, 9074 and *TL*, **37**, 8069; Shea, K.J. et al., *JOC*, **61**, 7438; Gwaltney, S.L., II and Shea, K.J., *TL*, **37**, 949.

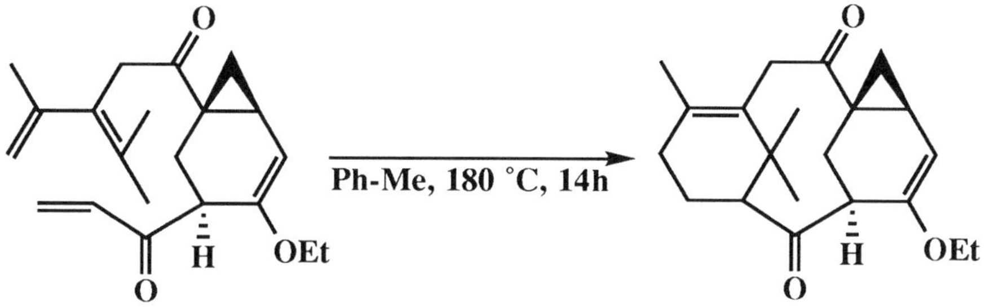

I.E.1-24 Tadano, K. et al., *BCJ*, **69**, 3551; Roush, W.R. et al., *TL*, **37**, 8989; see also: Craig, D. et al., *TL*, **37**, 535.

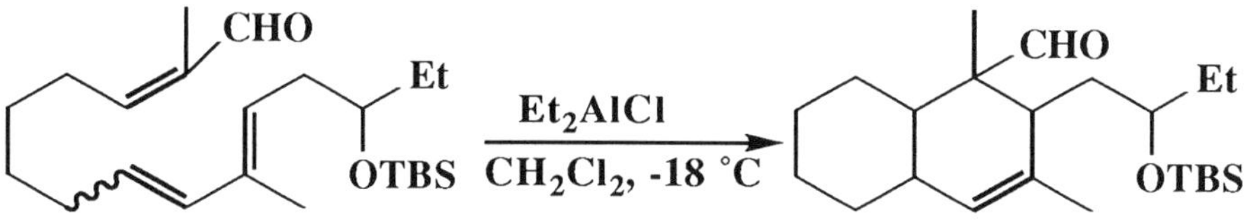

I.E.1-25 Galley, G. and Patzel, M., *JCSP1*, 2297.

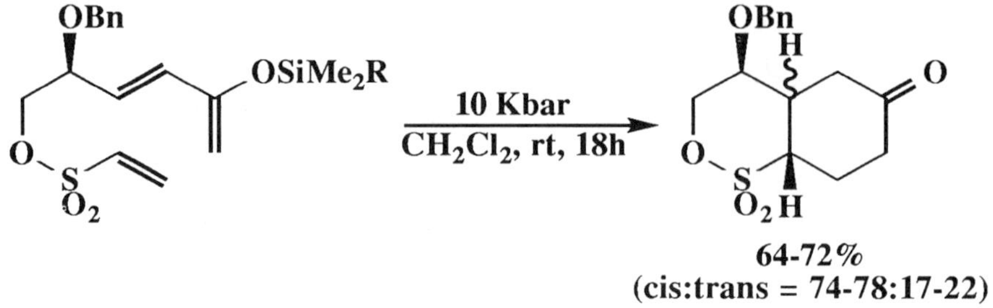

10 Kbar, CH_2Cl_2, rt, 18h

64-72%
(cis:trans = 74-78:17-22)

I.E.1-26 Craig, D. et al., *T*, **52**, 695.

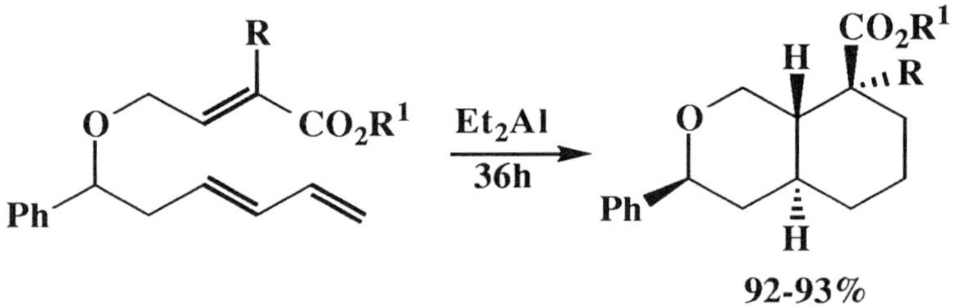

Et_2Al, 36h

92-93%

I.E.1-27 Sano, H. et al., *TL*, **37**, 8891.

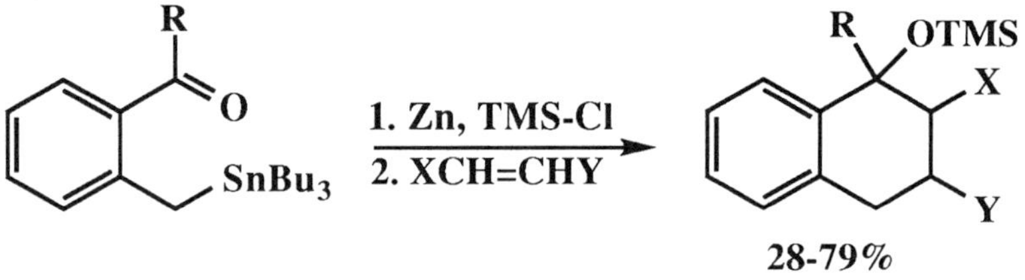

1. Zn, TMS-Cl
2. XCH=CHY

28-79%

I.E.1-28 Metz, P. et al., *SL*, 741.

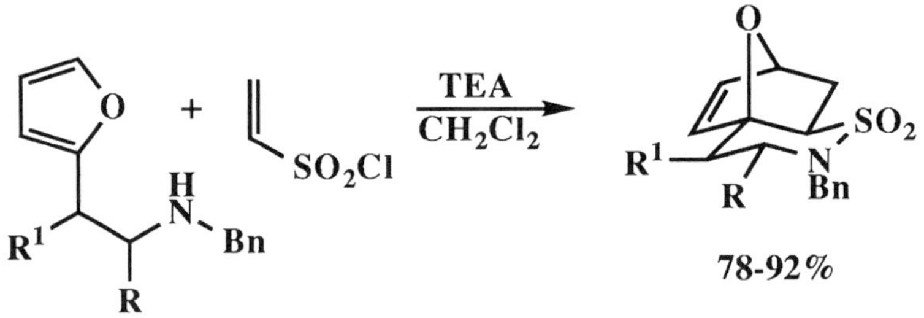

TEA / CH_2Cl_2

78-92%

I.E.1-29 Wender, P.A. and Smith, T.E., *JOC*, **61**, 824.

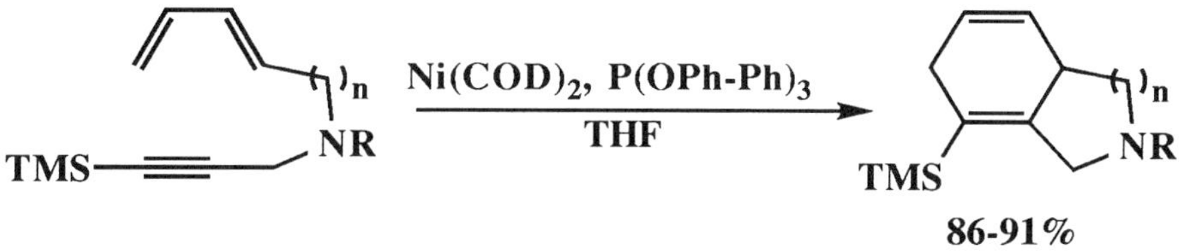

[Reaction: diene-yne with TMS, NR tether → bicyclic TMS-substituted product with NR ring, using Ni(COD)$_2$, P(OPh-Ph)$_3$, THF; **86-91%**]

I.E.1-30 Platzer, N. et al., *BSF*, **133**, 283; Shing, T.K.M. et al., *CC*, 2369.

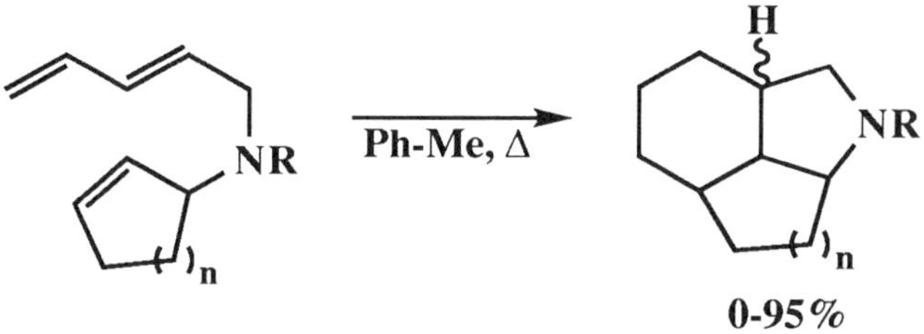

[Reaction: cyclopentenyl amine with pendant diene → tricyclic fused NR-containing product, Ph-Me, Δ; **0-95%**]

I.E.1-31 Vollhardt, K.P.C. et al., *JOC*, **61**, 4798.

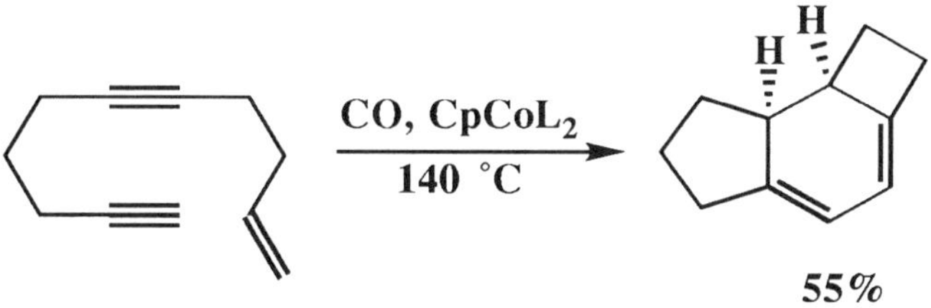

[Reaction: diyne-ene substrate → fused tricyclic product with cyclobutene, CO, CpCoL$_2$, 140 °C; **55%**]

I.E.1-32 Bailey, W.F., Ovaska, T.V. et al., *JOC*, **61**, 8216.

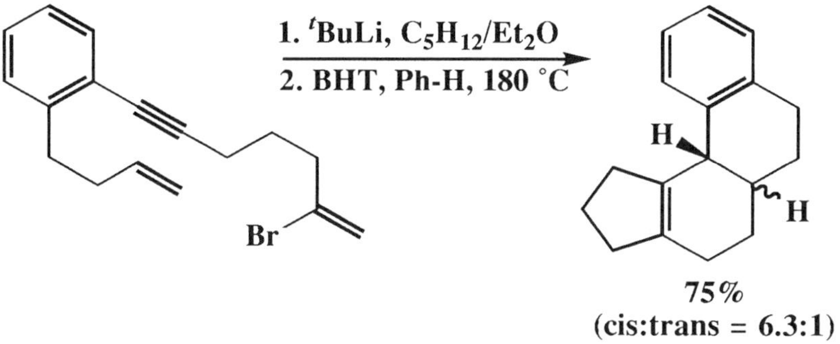

[Reaction: aryl-tethered alkyne with allyl bromide → tetracyclic product; 1. ^{t}BuLi, C$_5$H$_{12}$/Et$_2$O; 2. BHT, Ph-H, 180 °C; **75%** (cis:trans = 6.3:1)]

I.E.1-33 Deslongchamps, P. et al., *CJC*, **74**, 129; Roush, W.R. and Works, A.B., *TL*, **37**, 8065.

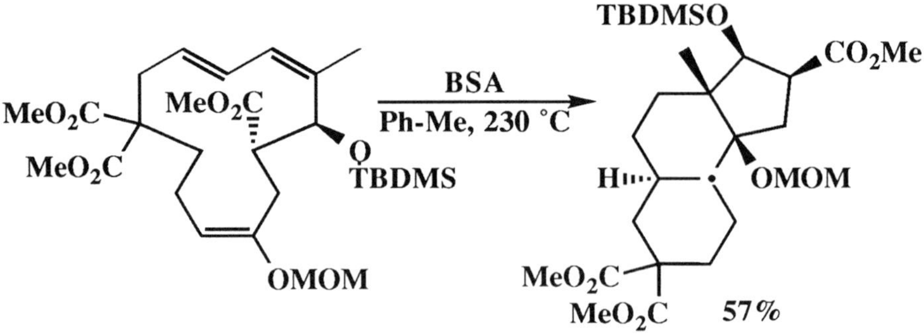

I.E.1-34 Saito, T. et al., *SL*, 72.

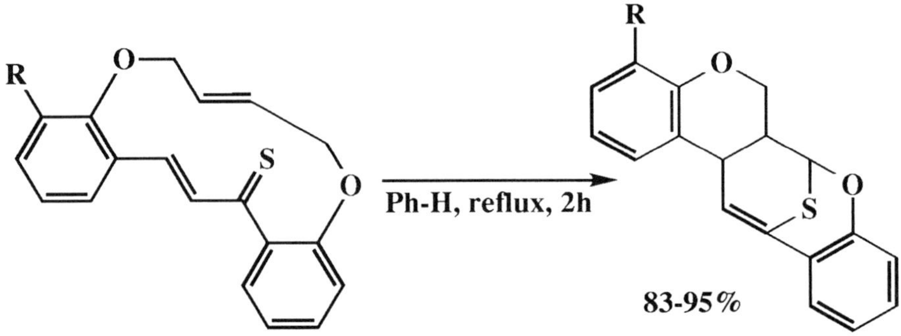

I.E.1-35 Jones, D.W. and Nongrum, F.M., *JCSP1*, 705; **see also:** Castedo, L., Guitian, E. et al., *JOC*, **61**, 1650.

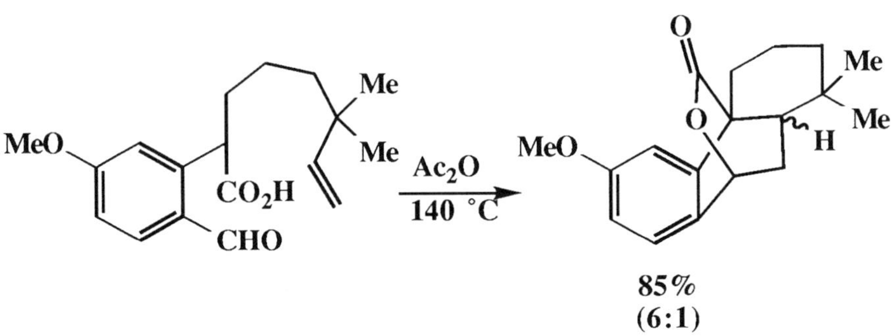

I.E.1-36 Chou, T. and Chen, H.-C., *TL*, **37**, 7823.

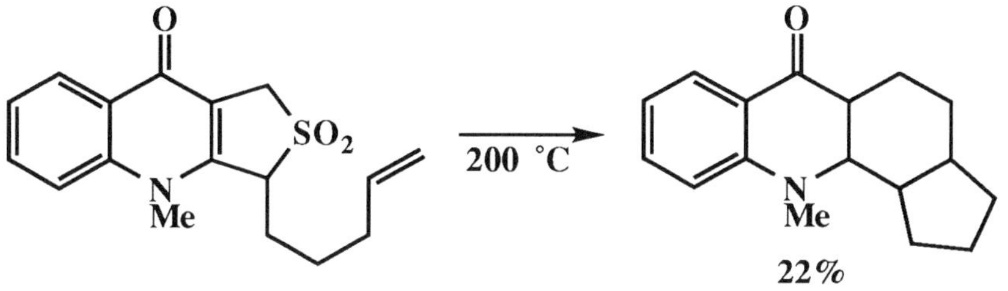

I.E.1-37 Padwa, A. and Semones, M.A., *TL*, **37**, 335.

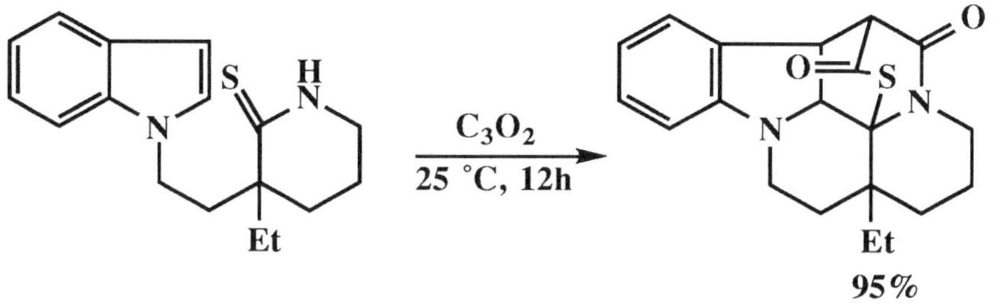

I.E.1-38 Nair, V. and Kumar, S., *SC*, **26**, 217 and *T*, **52**, 4029.

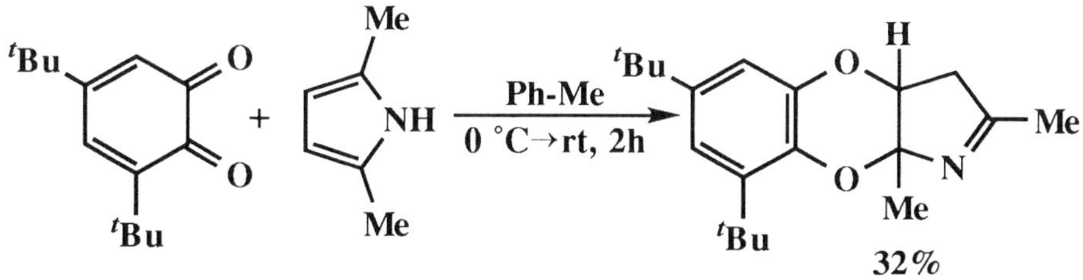

I.E.1-39 Lehmler, H.-J. et al., *S*, 105.

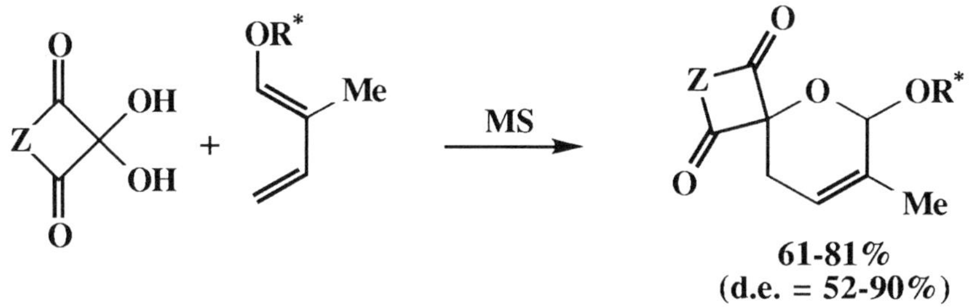

I.E.1-40 Castedo, L. et al., *TL*, **37**, 405.

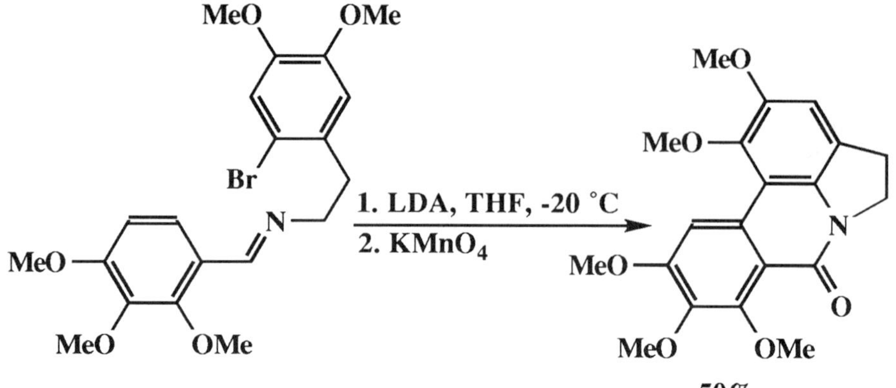

50%

I.E.1-41 A. Davies, I.W. et al., *TL*, **37**, 1725; **B.** Corey, E.J. et al., *JACS*, **118**, 5502; **C.** Duhamel, L. et al., *CC*, 1295; **D.** Cativiela, C., Peregrin, J.M. et al., *T*, **52**, 4839.

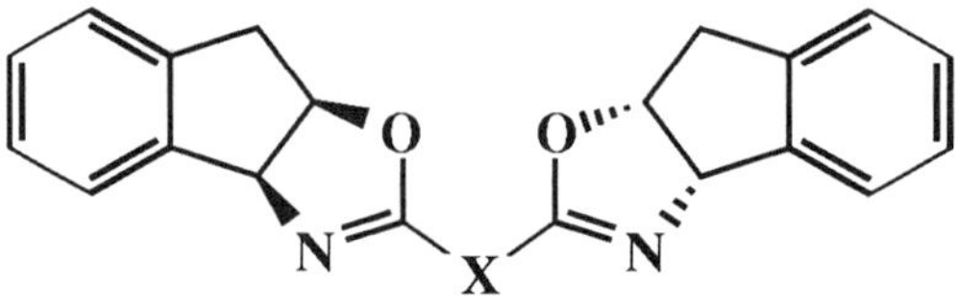

Ligand for Asymmetric D.A. using Cu(SbF$_6$)$_2$

A

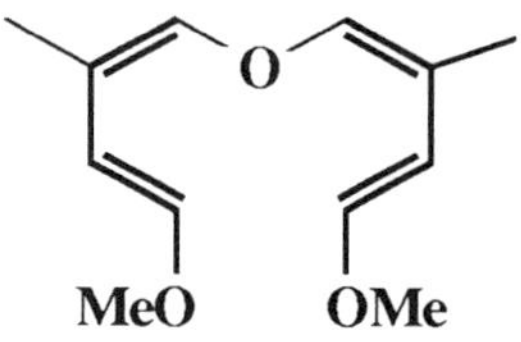

D.A. Diene

C

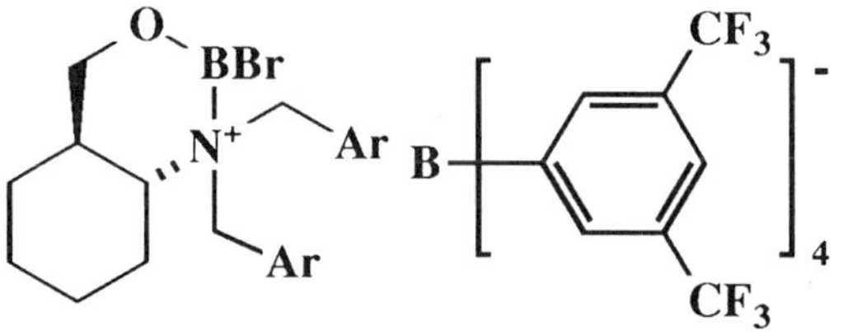

Super Lewis Acid Catalyst

B

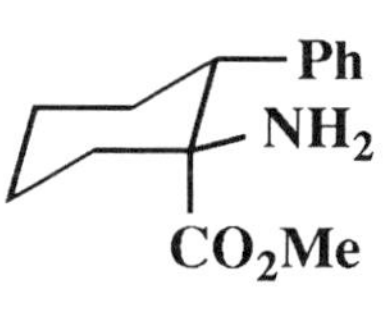

Chiral Auxiliary

D

I.E.1-42 **A.** Ortuno, R.M. et al., *TA*, **7**, 127; **B.** Licini, G. et al., *TA*, **7**, 369; **C.** Percy, J.M. et al., *CC*, 1457; **D.** Kanematsu, K. et al., *JOC*, **61**, 2031; **E.** Yamauchi, M. et al., *JOC*, **61**, 2719; **F.** Yang, T.-K. et al., *TL*, **37**, 4537.

A

B

B

R = NO_2, CO_2Et, SO_2Ph

C

D

D

E

F

I.E.1-43 Tidwell, T.T. et al., *JOC*, **61**, 9522.

67%

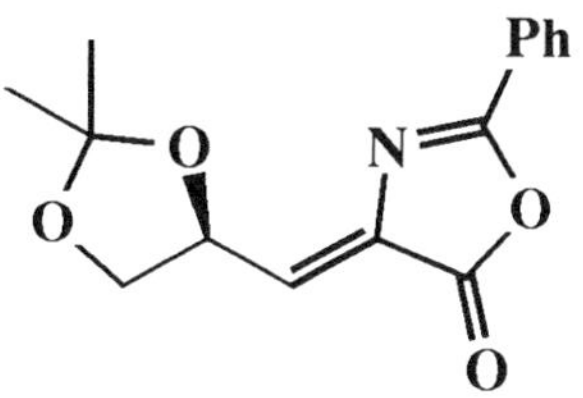

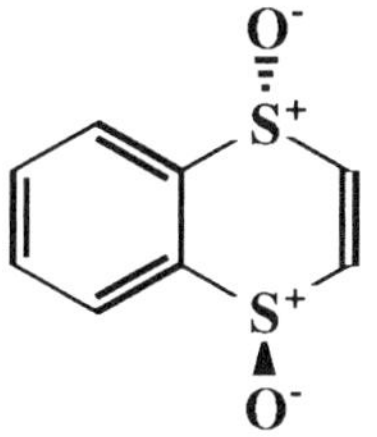

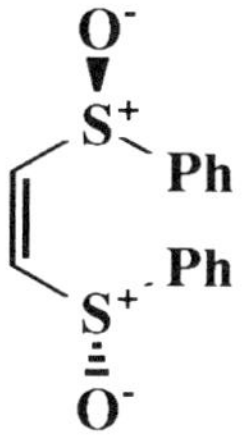

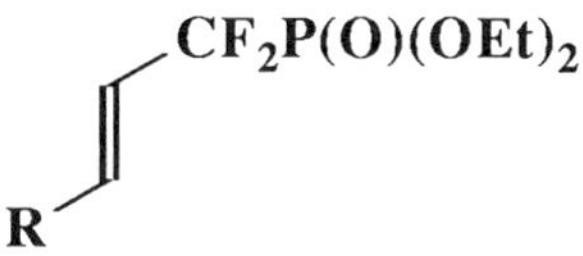

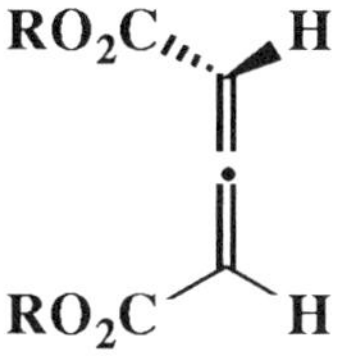

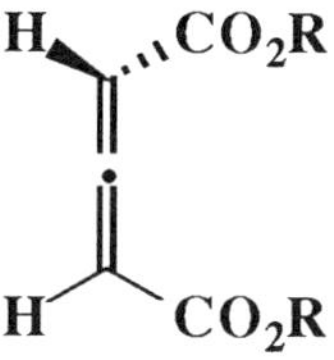

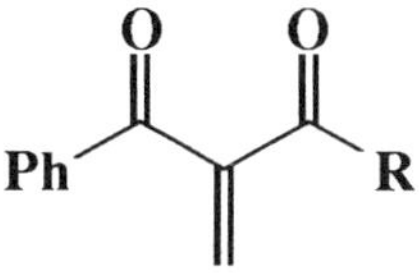

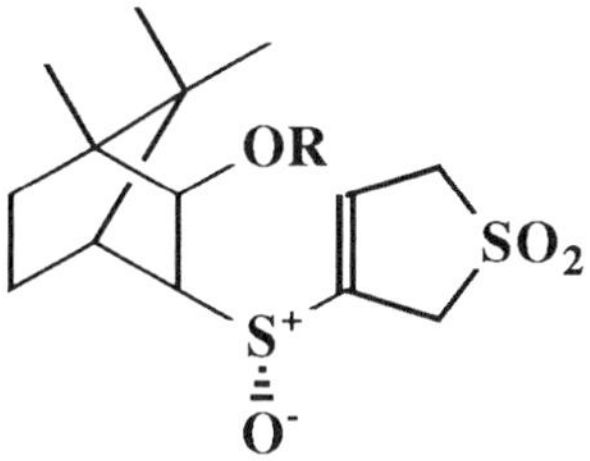

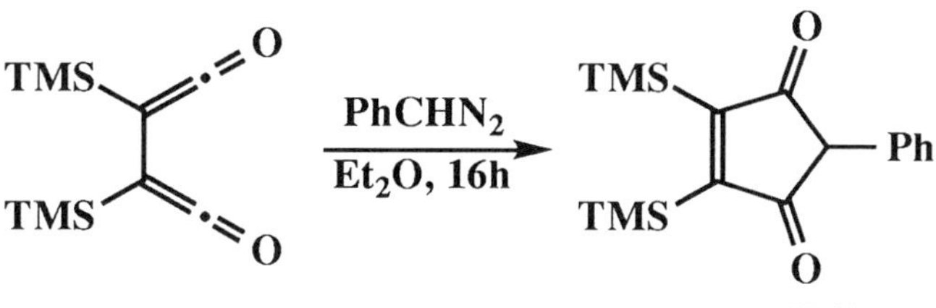

I.E.1-44 Engler, T.A. et al., *TL*, **37**, 327; Murphy, W.S. and Neville, D., *TL*, **37**, 9397; Sutton, P.W. et al., *JCSP1*, 1157.

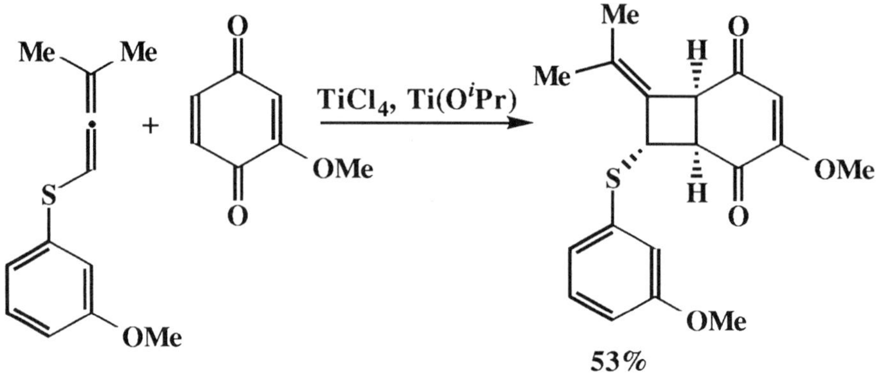

I.E.1-45 Wang, K.K. et al., *JACS*, **118**, 6860.

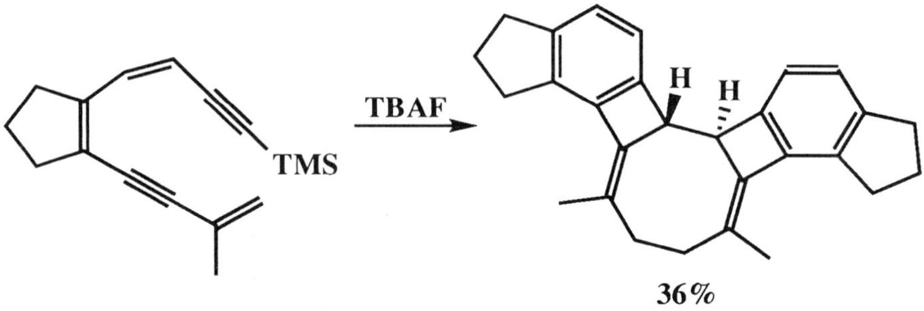

I.E.1-46 Little, R.D. et al., *JOC*, **61**, 1787.

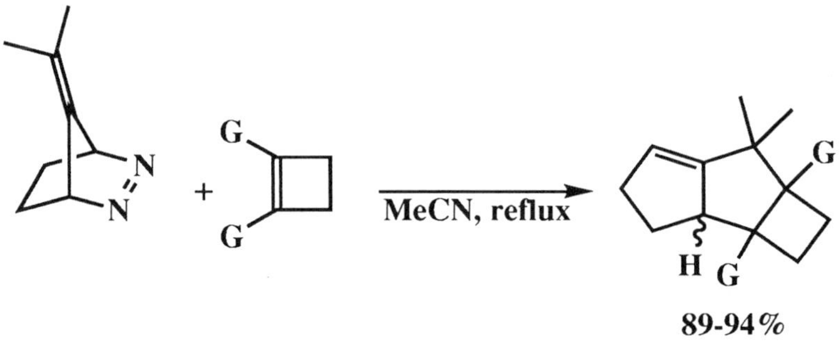

I.E.1-47 Hong, B. and Sun, S., *TL*, **37**, 659;

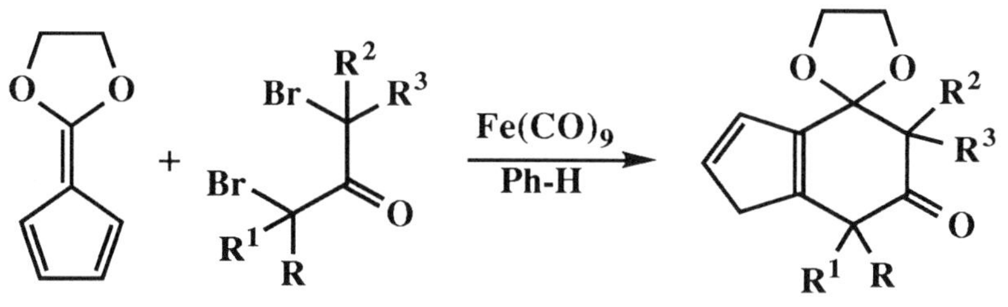

[Scheme: cyclopentadiene-dioxolane ylidene + dibromoketone, Fe(CO)$_9$, Ph-H → bicyclic product, 50-86%]

I.E.1-48 Lautens, M. and Ren, Y., *JACS*, **118**, 10668; Lautens, M. et al., *JACS*, **118**, 10676; Motherwell, W.B. et al., *T*, **52**, 4883.

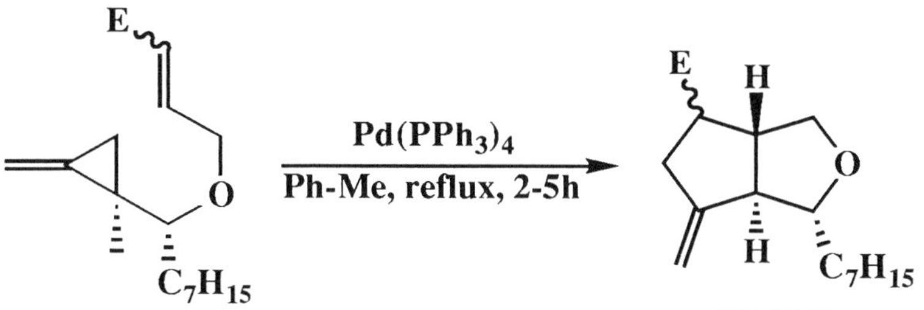

[Scheme: methylenecyclopropane-allyl ether substrate, Pd(PPh$_3$)$_4$, Ph-Me, reflux, 2-5h → bicyclic tetrahydrofuran, 83-91%]

I.E.1-49 Kuwajima, I. et al., *TL*, **37**, 5943; **see also:** Fiandanese, V. et al., *TL*, **37**, 8455; **see also:** Kuwajima, I. et al., *SL*, 157.

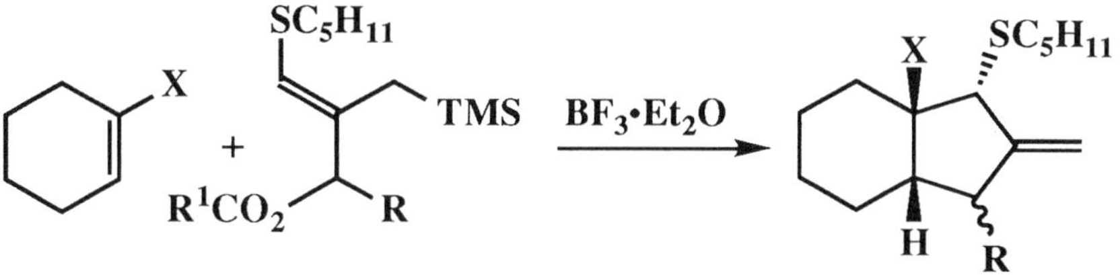

[Scheme: cyclohexenyl-X + allylsilane (SC$_5$H$_{11}$, TMS, R^{1}CO$_2$, R), BF$_3$·Et$_2$O → bicyclic product, 18-81%]

I.E.1-50 Harmata, M. and Jones, J.E., *TL*, **37**, 783; **see also:** Davies, H.M.L. et al., *JACS*, **118**, 10774.

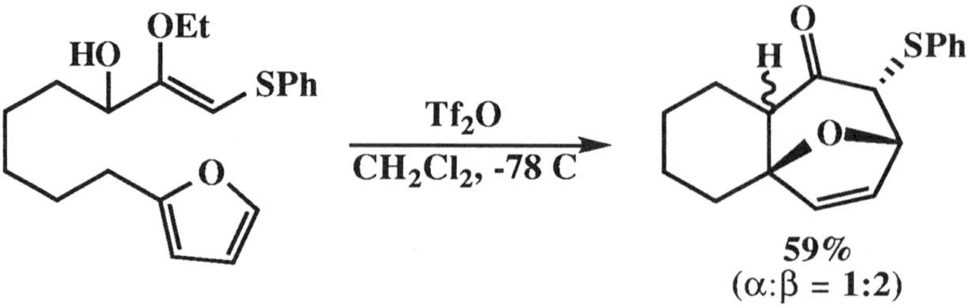

59%
(α:β = 1:2)

I.E.1-51 Rigby, J.H. et al., *JOC*, **61**, 842.

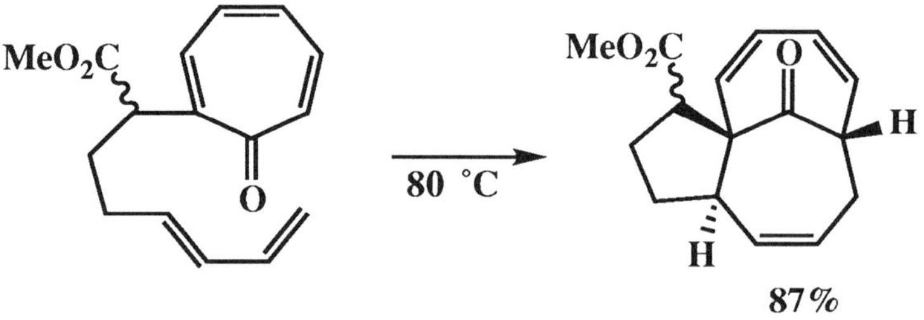

87%

I.E.1-52 Walters, M.A. and Arcand, H.R., *JOC*, **61**, 1478; Mann, J. et al., *S*, 31.

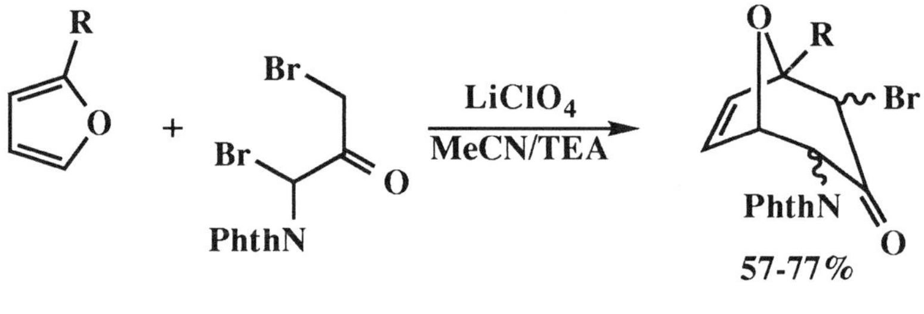

57-77%

I.E.1-53 Hong, B. and Sun, S., *CC*, 937.

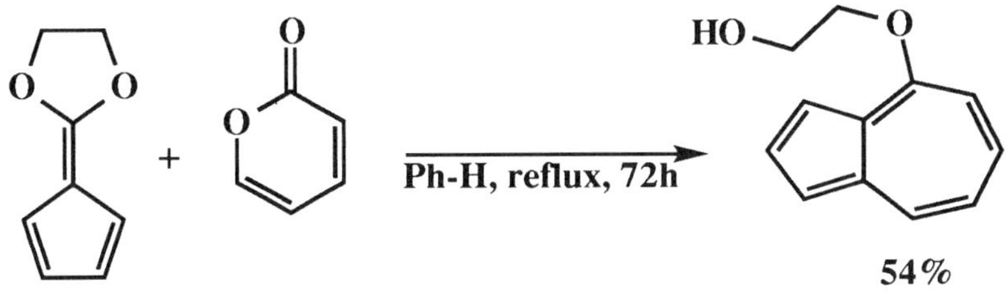

I.E.2. Other Thermal Reactions

I.E.2-1 Gourdel-Martin, M.-E. and Huet, F., *TL*, **37**, 7745.

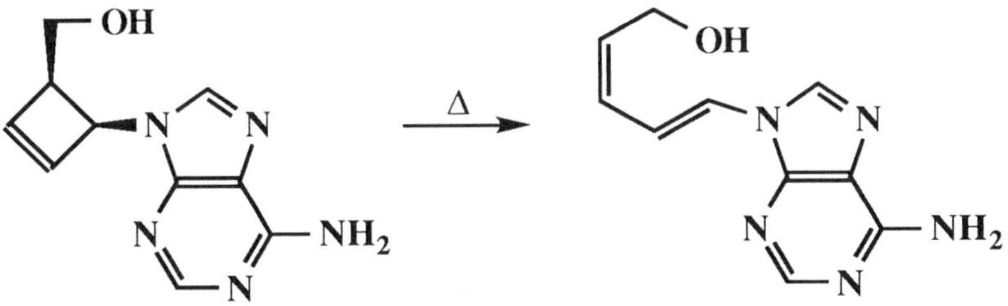

I.E.2-2 Rabideau, P.W. and Liu, C.Z., *TL*, **37**, 3437.

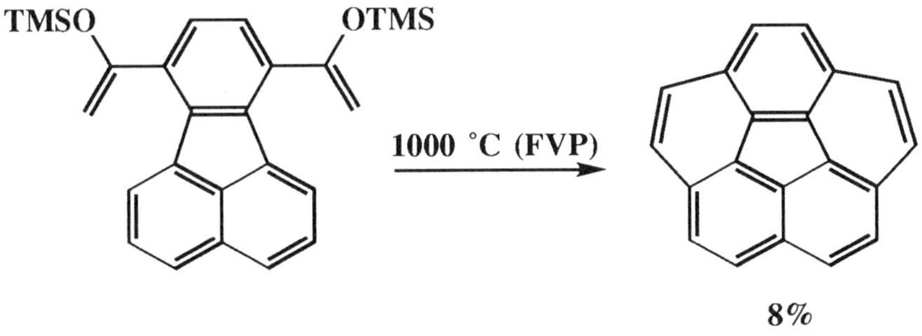

I.E.2-3 Schecter, H. et al., *JOC*, **61**, 4462; **see also:** Golden, A.H. and Jones, M., Jr., *JOC*, **61**, 4460,

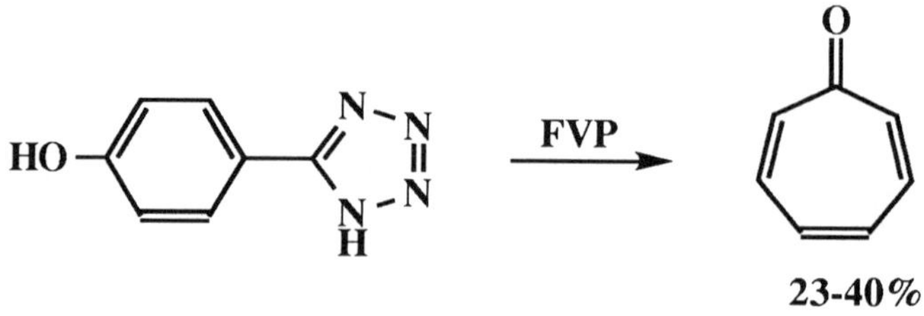

HO—C₆H₄—(tetrazole) —FVP→ tropone

23-40%

I.E.2-4 Lamartine, R. et al., *BSF*, **113**, 477.

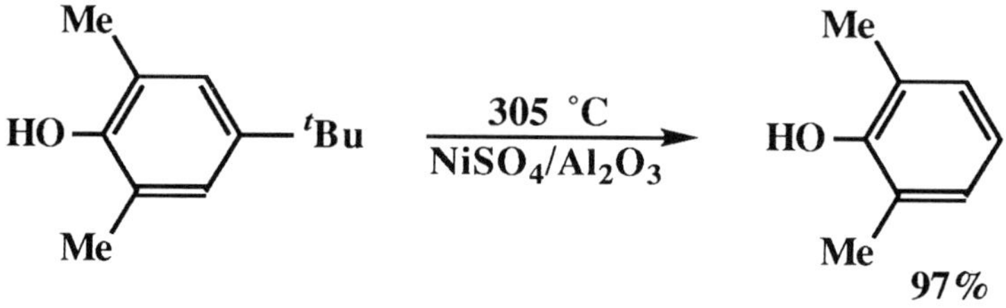

2,6-dimethyl-4-tert-butylphenol $\xrightarrow{305\ °C,\ NiSO_4/Al_2O_3}$ 2,6-dimethylphenol

97%

I.E.3. Photochemical Reactions

I.E.3-1 George, M.V. et al., *JOC*, **61**, 5468.

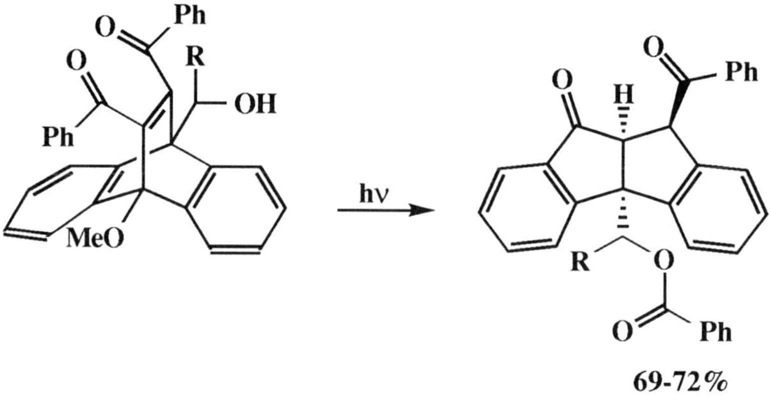

[structure] —hν→ [structure]

69-72%

I.E.3-2 Kobertz, W.R. and Essigmann, J.M., *JACS*, **118**, 7101; Amougay, A., Pete, J.-P. and Piva, O., *BSF*, **133**, 625; Piva, O., Pete, J.-P. et al.,*T*, **52**, 2405; Crimmins, M.T. et al., *TL*, **37**, 8703; Haddad, N. and Kuzmenkov, I., *TL*, **37**, 1663; **see also:** Lange, G.L. and Organ, M.G., *JOC*, **61**, 5358; Tada, M. et al., *JCSP1*, 829; Suginome, H. et al., *T*, **52**, 6125.

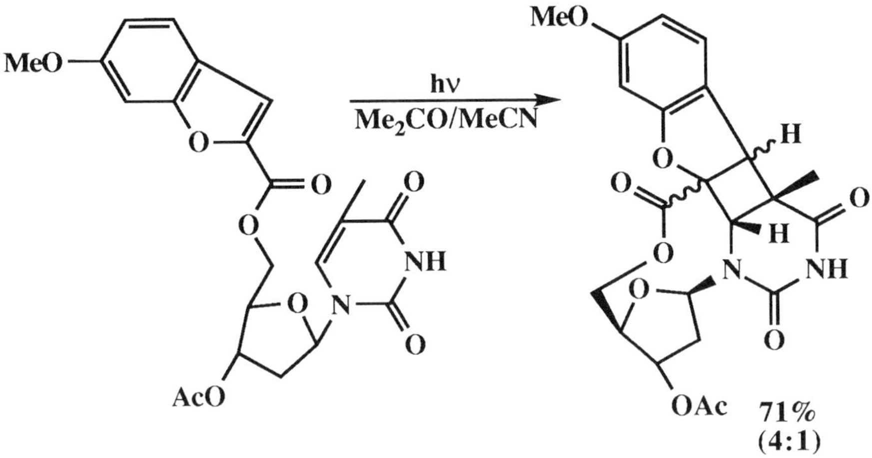

I.E.3-3 Bettolo, M., Lamba, D. et al., *G*, **126**, 223; Booker-Milburn, K.I. et al., *CC*, 249; Quevillon, T.M. and Weedon, A.C., *TL*, **37**, 3939.

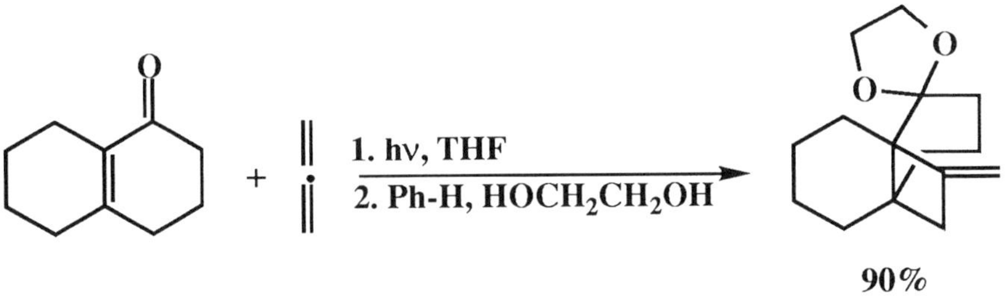

I.E.3-4 Armesto, D. et al., *JOC*, **61**, 1459.

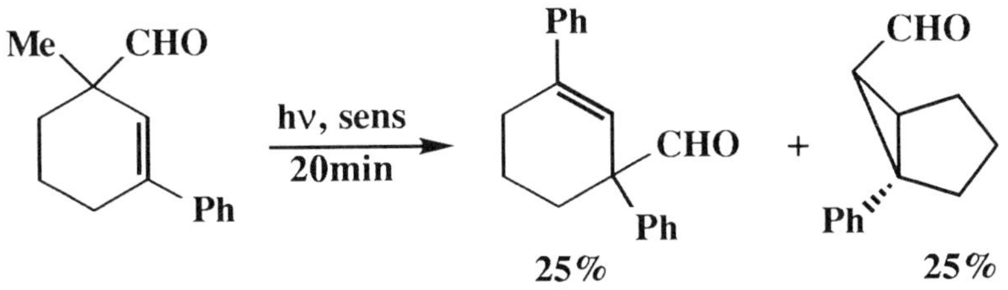

I.E.3-5 Nishio, T. et al., *JCSP1*, 921;

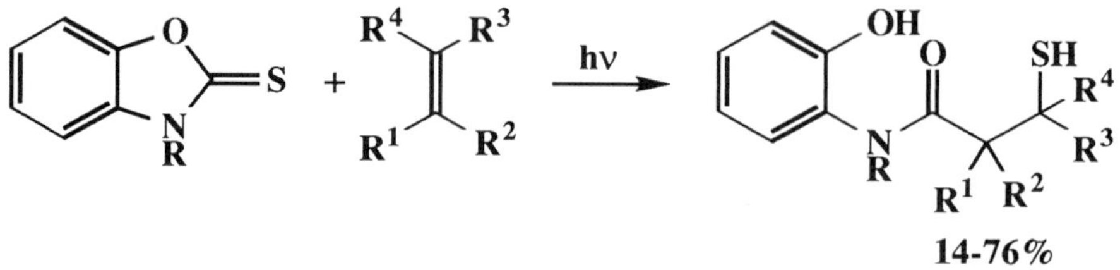

14-76%

I.E.3-6 Mizuno, K. et al., *TL*, **37**, 2975.

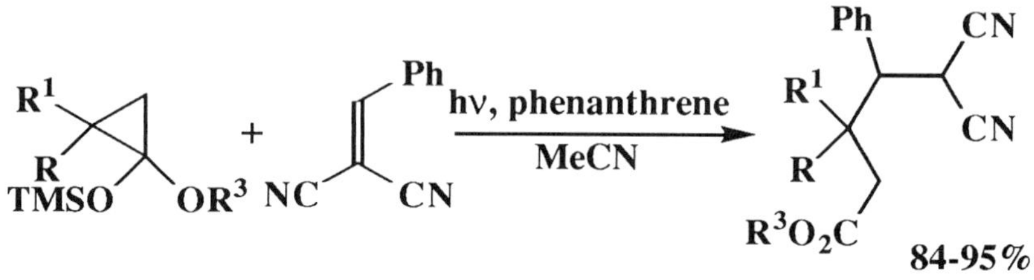

84-95%

I.E.3-7 Rigby, J.H. et al., *JACS*, **118**, 6094.

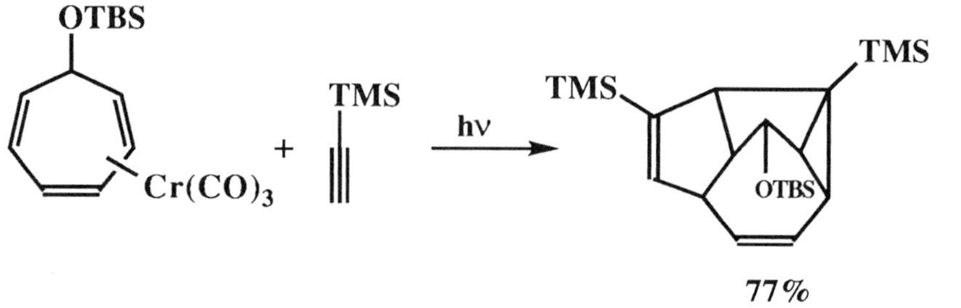

77%

I.E.3-8 Myers, A.G. et al., *TL*, **37**, 587; **see also:** Tojo, G. et al., *JOC*, **61**, 1188.

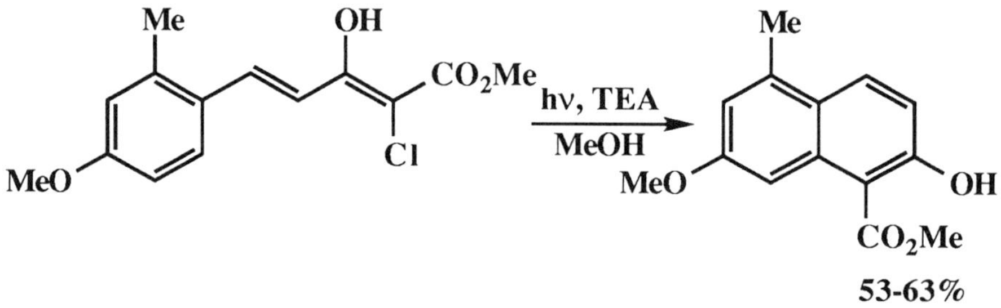

53-63%

I.E.3-9 Ito, Y. and Fujita, H., *JOC*, **61**, 5677.

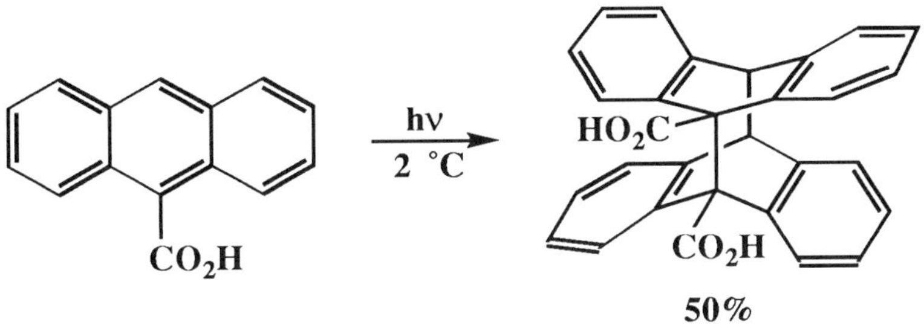

I.E.3-10 Margaretha, P. et al., *CC*, 2065.

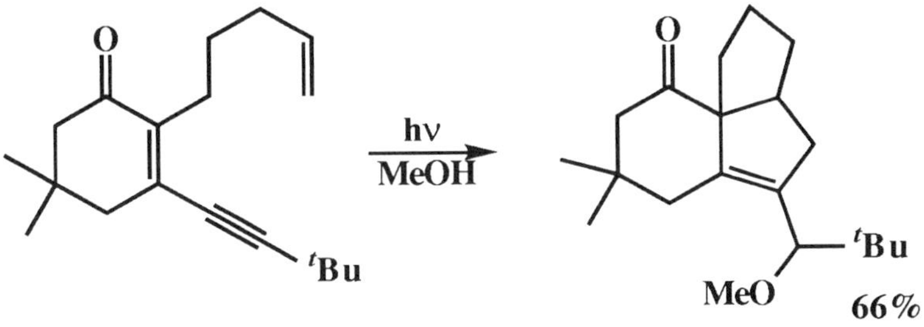

I.E.3-11 Chanon, M. et al., *JOC*, **61**, 3576; Wender, P.A. et al., *TL*, **37**, 7687.

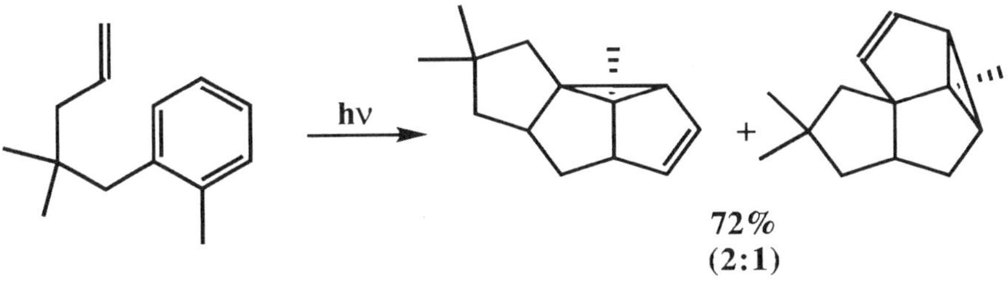

I.E.3-12 Byers, J.H. et al., *TL*, **37**, 2743.

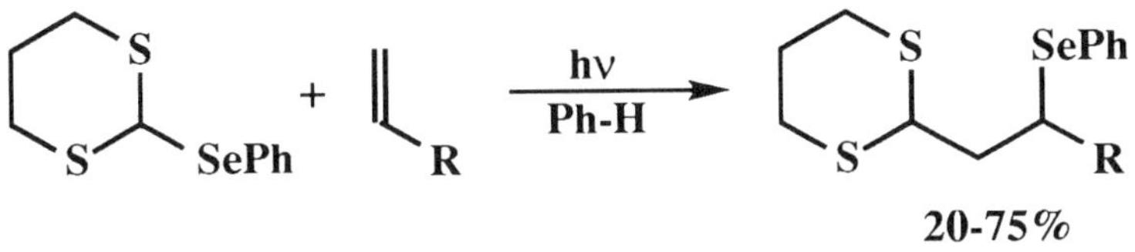

I.E.3-13 Singh, V. and Prethaps, S., *T*, **52**, 14287.

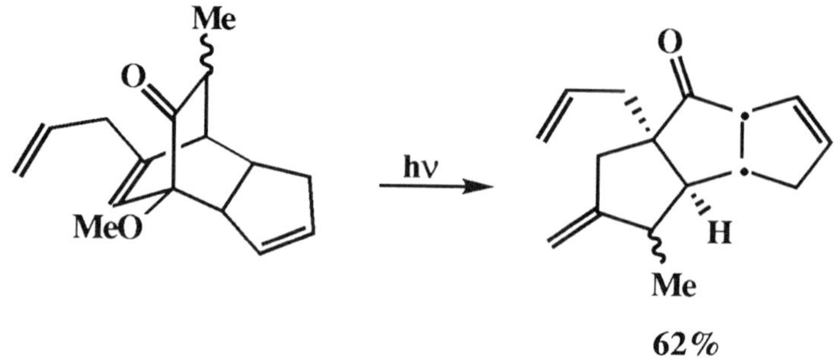

I.E.3-14 Lahiri, S. et al., *JOC*, **61**, 5165.

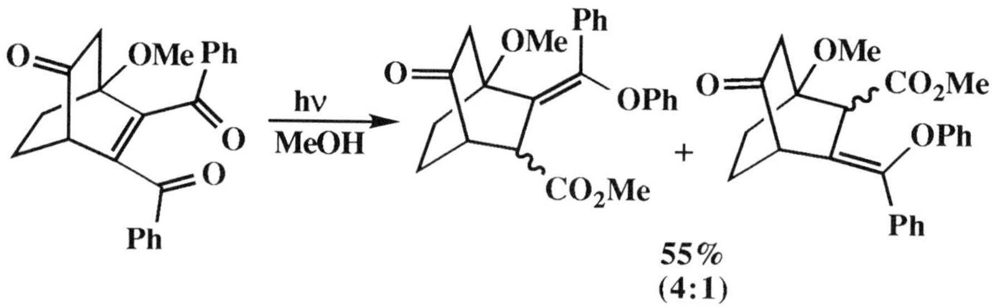

I.E.3-15 Toda, F. et al., *JACS*, **118**, 11315.

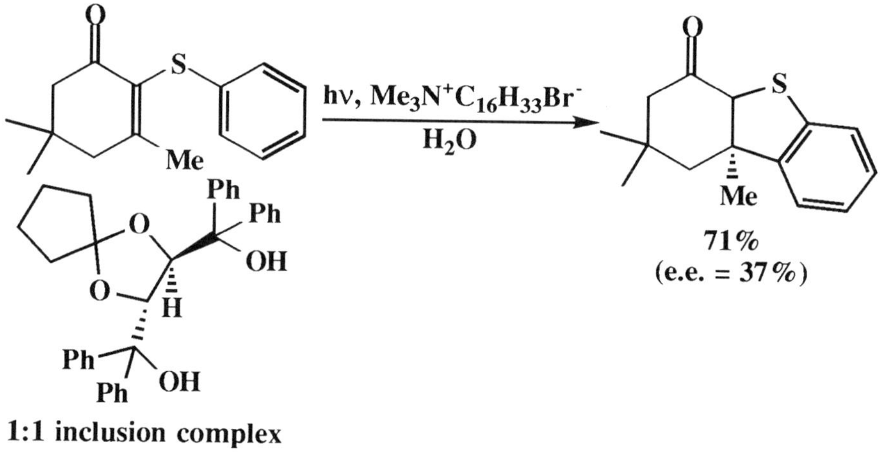

I.E.3-16 Pirrung, M.C. and Nunn, D.S., *T*, **52**, 5707.

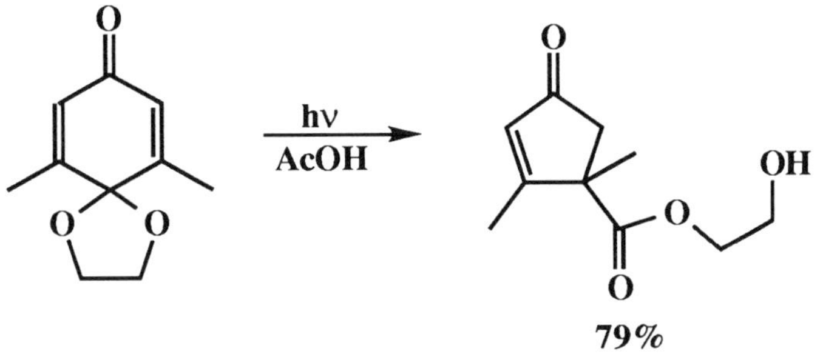

I.E.3-17 Schultz, A.G. and Antoulinakis, E.G., *JOC*, **61**, 4555.

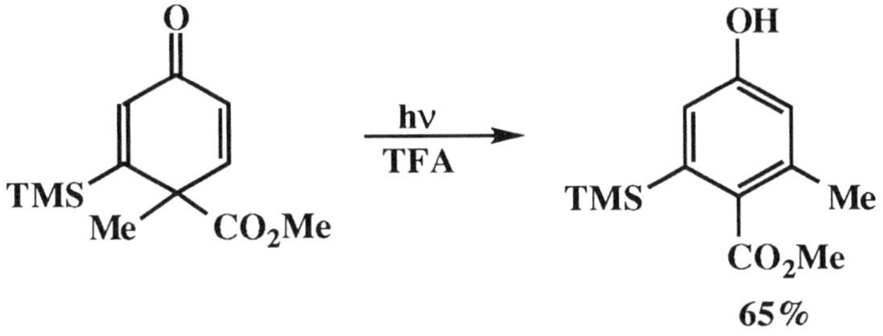

I.E.3-18 Sugimoto, A. et al., *JCR(S)*, 252.

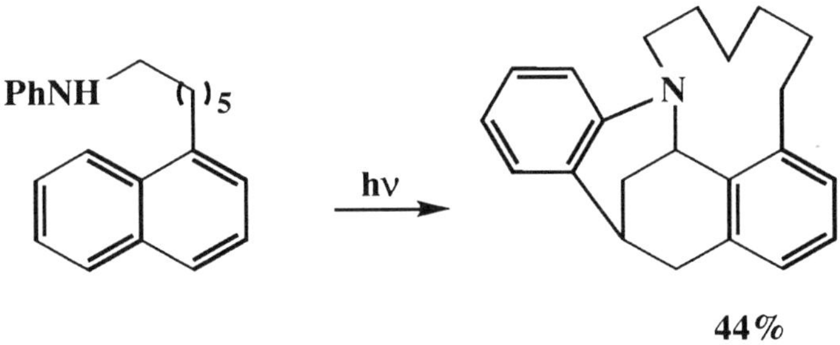

I.E.3-19 Salama, P. et al., *SL*, 823.

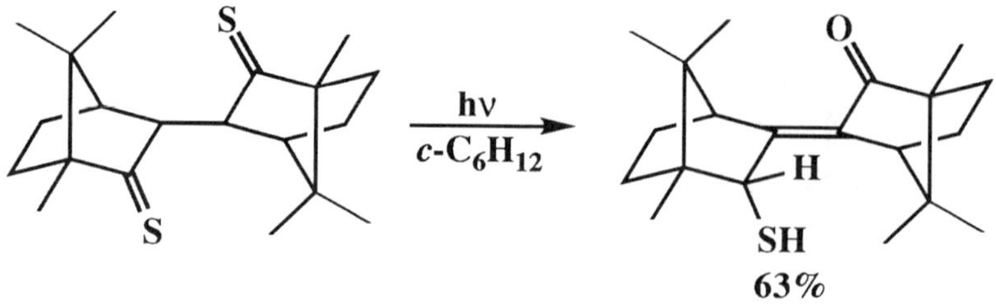

$$\text{reactant} \xrightarrow[c\text{-}C_6H_{12}]{h\nu} \text{product, 63\%}$$

I.E.3-20 ankararaman, S. and Ramkumar, D., *JCSP2*, 939.

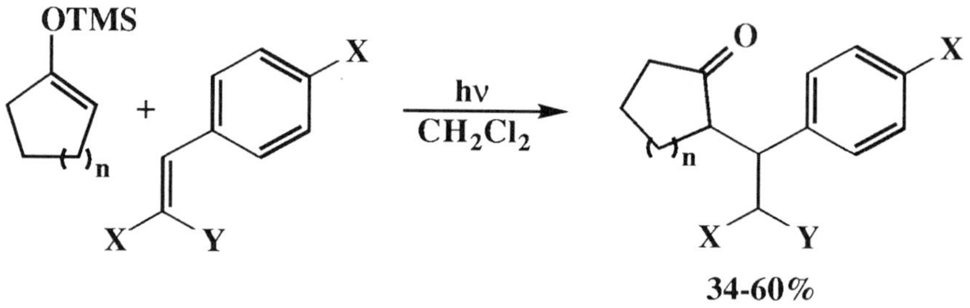

$$\xrightarrow[CH_2Cl_2]{h\nu} \text{34-60\%}$$

I.E.3-21 Pandey, G. et al., *JCSP1*, 219 and *TL*, **37**, 2285.

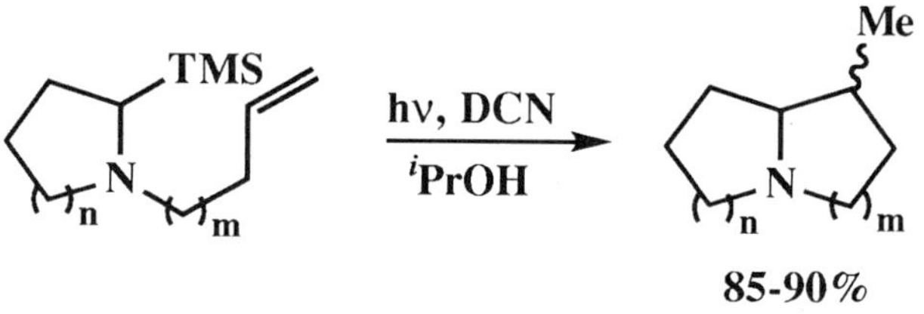

$$\xrightarrow[^iPrOH]{h\nu,\ DCN} \text{85-90\%}$$

I.E.3-22 Durst, T. et al., *CJC*, **74**, 221.

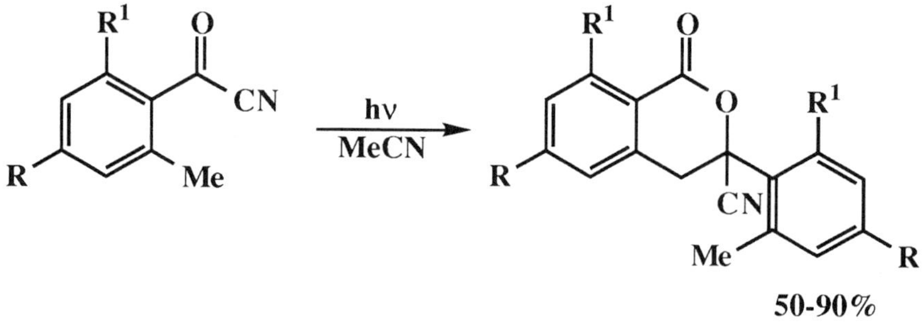

$$\xrightarrow[MeCN]{h\nu} \text{50-90\%}$$

I.E.3-23 Cebulska, Z., Laurent, A.J. and Laurent, E.G., *BSF*, **133**, 209.

[Scheme: photochemical reaction of CF3-enone with diphenylcyclopropane under hν giving a CF3-pyrrole (23%) and a CF3-phenanthro-fused pyrrole (46%)]

I.E.3-24 Malacria, M. et al., *JOC*, **61**, 2699.

[Scheme: substrate with Me-C(O)-, CO2Me, and alkyne-R group reacts with hν, CpCo(CO)2 in Ph-H, Δ to give two cyclopentane products with exocyclic methylene; 52-74% (1.3-24:1)]

I.F. Aromatic Substitutions Forming a New Carbon-Carbon Bond

I.F.1. Friedel-Crafts Type Aromatic Substitution Reactions

I.F.1-1 Kawada, A. et al., *CC*, 183; **see also:** Astruc, D. et al., *TL*, **37**, 4511; Singer, R.D. et al., *CC*, 2753; Mukaiyama, T. and Izumi, J., *CL*, 739; Danielsen, K., *ACS*, **50**, 954; Turnbull, K. and George, J.C., *SC*, **26**, 2757; Ketcha, D.M. et al., *TL*, **37**, 1523.

$$\text{Ar-H} + \text{Ac}_2\text{O} \xrightarrow[\text{MeNO}_2, 50\,°\text{C}, 1\text{h}]{\text{Sc(OTf)}_3, \text{LiClO}_4} \text{Ar-Ac}$$

19-99%

I.F.1-2 Ranu, B.C. et al., *JOC*, **61**, 9546; Yonezawa, N. et al., *JOC*, **61**, 3551; Kobayashi, S. et al., *TL*, **37**, 2053, 4183.

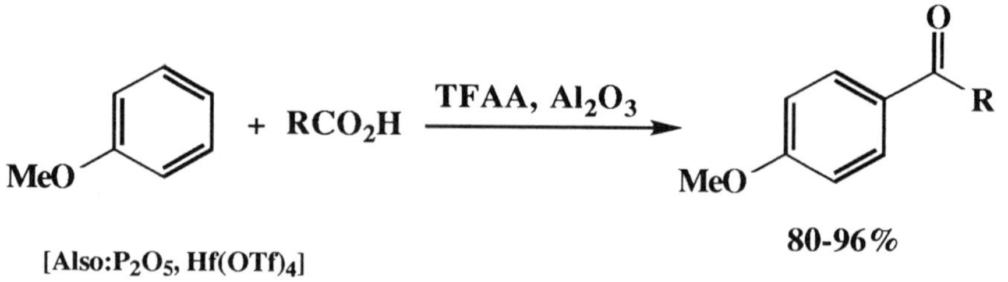

MeO–C$_6$H$_5$ + RCO$_2$H $\xrightarrow{\text{TFAA, Al}_2\text{O}_3}$ 4-MeO-C$_6$H$_4$-C(O)-R   80-96%

[Also: P$_2$O$_5$, Hf(OTf)$_4$]

I.F.1-3 Uemura, S. et al., *CL*, 59.

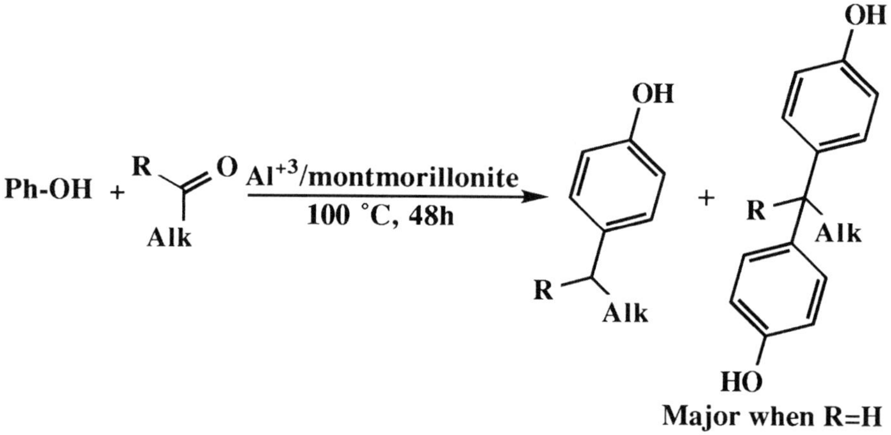

Ph-OH + R-C(O)-Alk $\xrightarrow[\text{100 °C, 48h}]{\text{Al}^{+3}/\text{montmorillonite}}$ 4-HO-C$_6$H$_4$-CHR(Alk) + R(Alk)C(4-HOC$_6$H$_4$)$_2$

Major when R=H

I.F.1-4 Moreau, P. et al., *CC*, 2653.

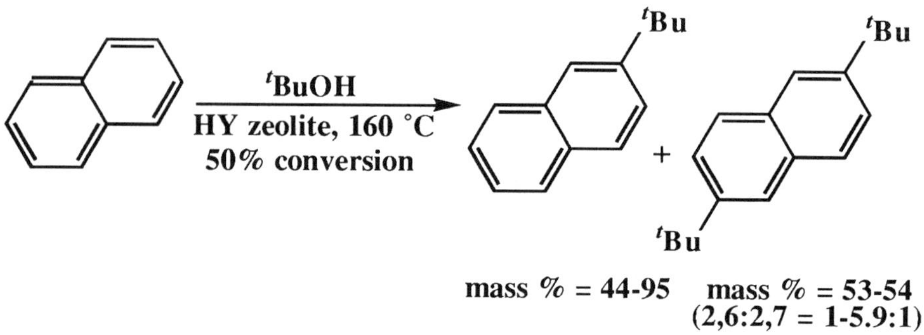

naphthalene $\xrightarrow[\text{HY zeolite, 160 °C}]{\text{\textit{t}BuOH}}$ 2-\textit{t}Bu-naphthalene + 2,6-di-\textit{t}Bu-naphthalene

50% conversion

mass % = 44-95   mass % = 53-54
                  (2,6:2,7 = 1-5.9:1)

I.F.1-5 Fukuzawa, S. et al., *CC*, 2345.

$$\text{Ar-CHO} + \text{Ph-R}_n \xrightarrow[\text{HOCH}_2\text{CH}_2\text{OH, 125 °C}]{\text{Sc(OTf)}_3} \text{Ar-CH}_2\text{-C}_6\text{H}_4\text{-R}_n$$

0-99%

I.F.1-6 El Kaim, L. et al., *TL*, **37**, 375.

[reaction: camphor-derived N-acyl amide with C(OH)(OH)CF$_3$ group → 1. TFAA, Ph-H; 2. TiCl$_4$, 25 °C → product with C(Ph)(OH)CF$_3$ group]

82%
(R:S = 1:4)

I.F.1-7 Ramchandani, R.K., Wakharkar, R.D. and Sudalai, A., *TL*, **37**, 4063.

$$\text{Ph-R} + \text{CF}_3\text{-C}_6\text{H}_4\text{-X} \xrightarrow[\text{EDC, 0 °C}]{\text{AlCl}_3} \text{R-C}_6\text{H}_4\text{-CCl}_2\text{-C}_6\text{H}_4\text{-X}$$

>90%

I.F.1-8 Hallberg, A. et al., *T*, **52**, 15209; Giles, R.G.F. and Joll, C.A., *TL*, **37**, 7851; **see also:** Ke-Qing, L., *SC*, **26**, 149.

[reaction: epoxy cyclohexanone with m-methoxyphenethyl substituent → SnCl$_4$ → tricyclic hydroxy ketone with MeO group]

83%

I.F.1-9 Black, D.St C. et al., *T*, **52**, 4687, 4697; Mendelson, W.L. and Hayden, S., *SC*, **26**, 603; **see also:** Weidner-Wells, M.A. and Fraza-Spano, S.A., *SC*, **26**, 2775.

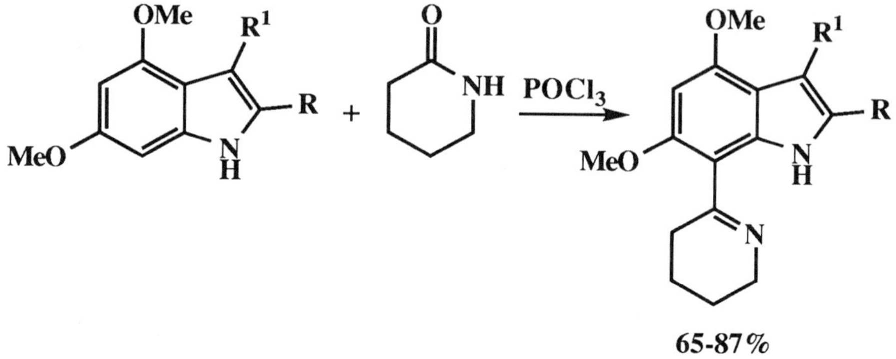

65-87%

I.F.1-10 Ramana, M.M.V. and Potnis, P.V., *JCR(S)*, 175 and *S*, 1090; **see also:** Balenkova, E.S. et al., *TL*, **37**, 4199 and *T*, **52**, 12993.

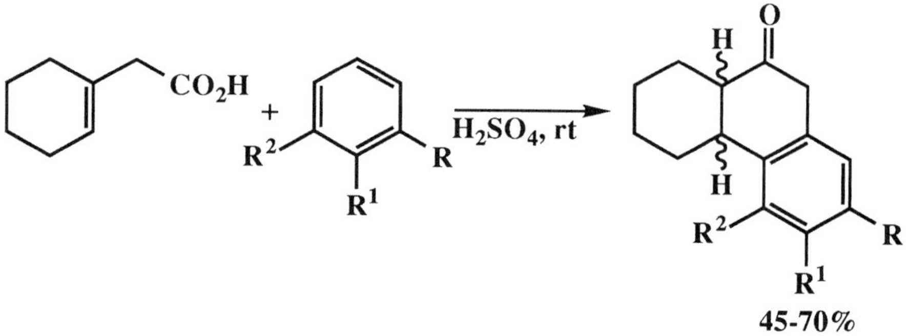

45-70%

I.F.1-11 Orlinkov, A. et al., *TL*, **37**, 3363.

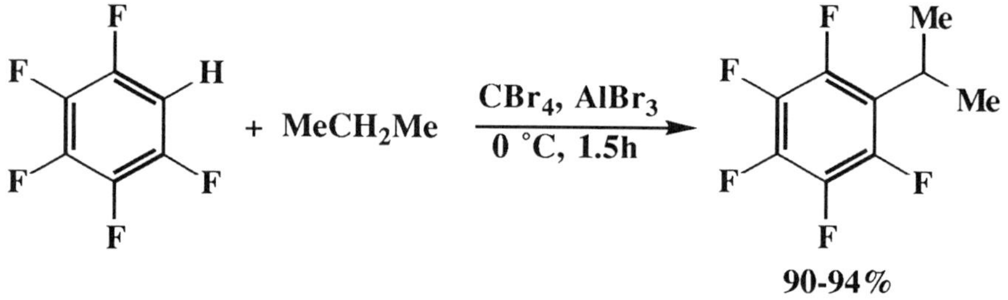

90-94%

I.F.1-12 Majetich, G. et al., *JOC*, **61**, 8169; **see also:** Schmidt, A.H. et al., *JOC*, **61**, 2085.

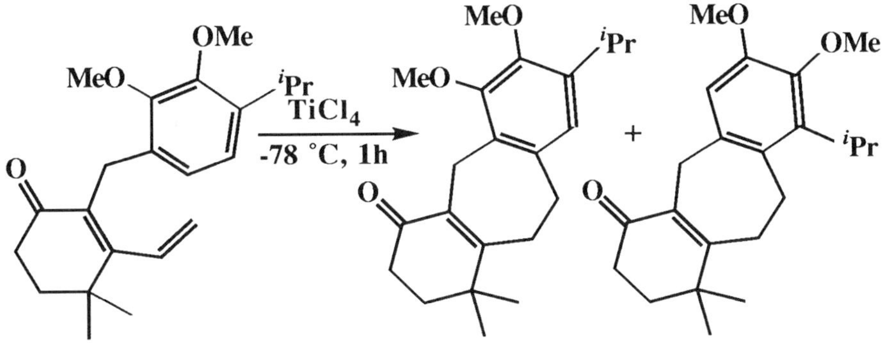

I.F.2. Coupling Reactions to Form an Aromatic Carbon-Aromatic Carbon Bond

I.F.2-1 Meyers, A.I. and Willemsen, J.J., *TL*, **37**, 791.

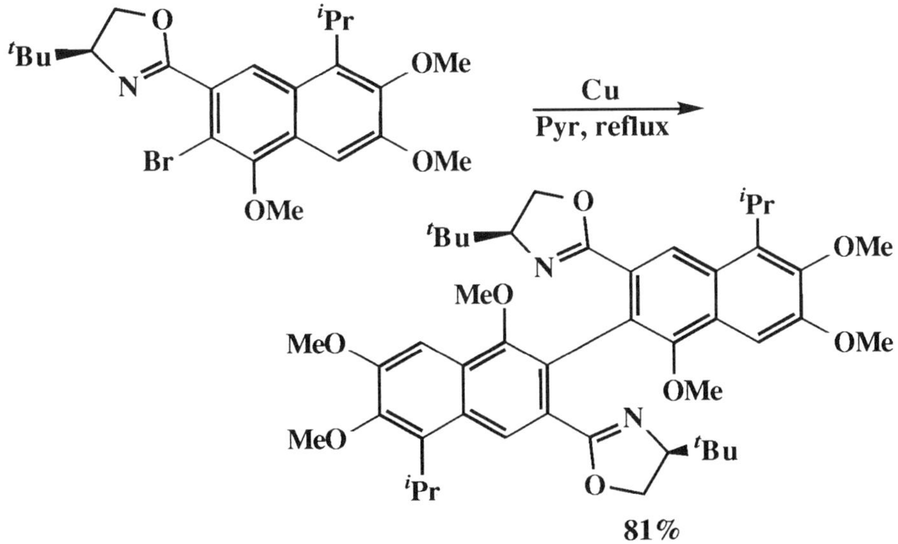

I.F.2-2 Tanaka, M. et al., *JOC*, **61**, 788; Zavada, J. et al., *SC*, **26**, 2597; Kantam, M.L. and Santhi, P.L., *SC*, **26**, 3075; Ding, K. et al., *T*, **52**, 1005.

6-92%

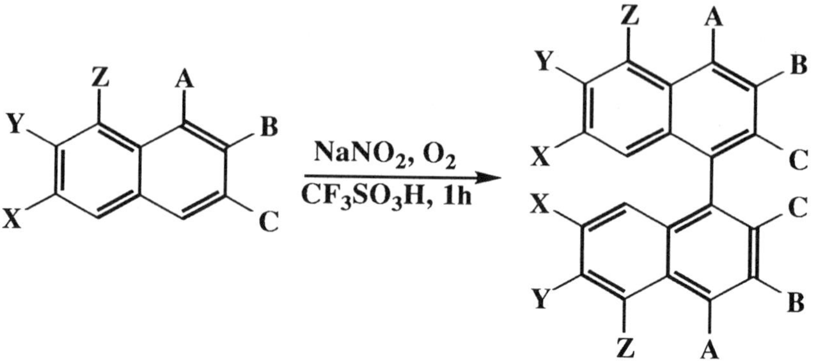

I.F.2-3 Ciufolini, M.A. and Roschangar, F., *JACS*, **118**, 12082; Ohkubo, M. et al., *T*, **52**, 8099.

74%

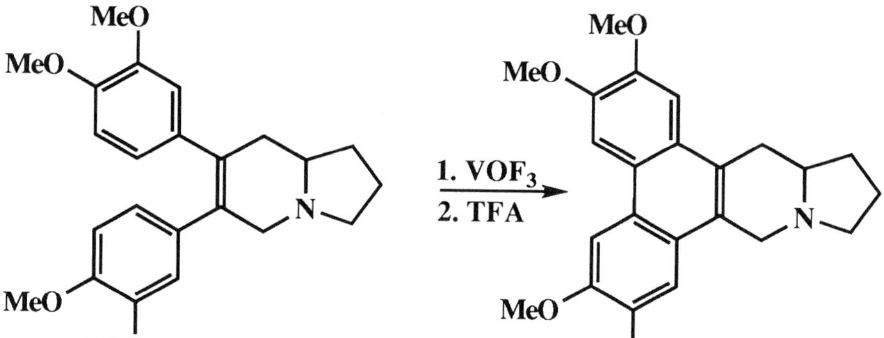

I.F.2-4 Hatanaka, Y. et al., *JOC*, **61**, 7231; Kang, S.-K. et al., *TL*, **37**, 3723.

$$\text{Ar-SiR}_3 + \text{Ar}^1\text{-Cl} \xrightarrow[\text{DMF, 120 °C}]{\text{PdCl}_2(\text{P}^i\text{Pr}_3)_2\text{, KF}} \text{Ar-Ar}^1$$

58-97%

I.F.2-5 Kita, Y. et al., *CC*, 1481; Pelter, A., Ward, R.S. and Abd-el-Ghani, A., *JCSP1*, 1353.

[Scheme: Diarylmethane with R, R¹, R², R³, R⁴ substituents and CH₂-X tether of length n, treated with PIFA, BF$_3$·Et$_2$O in CH$_2$Cl$_2$ at -40 °C to give biaryl cyclization product, 52-99%]

I.F.2-6 Donnelly, D.M.X., Finet, J.-P. et al., *JCSP1*, 2591; Ohta, S. et al., *CPP*, **44**, 1831; Guiles, J.W. et al., *JOC*, **61**, 5169; Zhang, H. and Chan, K.S., *TL*, **37**, 1043; Genet, J.P. et al., *TL*, **37**, 3857; Moreno-Manas, M. et al., *JOC*, **61**, 2346; **see also:** Keay, B.A. et al., *JOC*, **61**, 9556; Srebnik, M. et al., *OM*, **15**, 3323; Kobayashi, Y. and Mizojiri, R., *TL*, **37**, 8531; **see also:** Miyaura, M. et al., *TL*, **37**, 2993; Reetz, M.T. et al., *TL*, **37**, 4499.

[Scheme: 4-OTf coumarin + ArB(OH)$_2$ with Pd(PPh$_3$)$_4$, CuI in Ph-H/EtOH → 4-Ar coumarin, 71-97%]

I.F.2-7 Miura, M. et al., *CL*, 823; **see also:** Bates, R.W., Tamariz, J. et al., *JOM*, **517**, 9.

[Scheme: 2-hydroxybiphenyl + Ph-I with PdCl$_2$, LiCl, Na$_2$CO$_3$ in DMF, 100 °C → 2'-phenyl-2-hydroxybiphenyl, 50%]

I.F.2-8 Anderson, B.A. and Harn, N.K., *S*, 583; Cardenas, D.J. and Sauvage, J.-P., *SL*, 916.

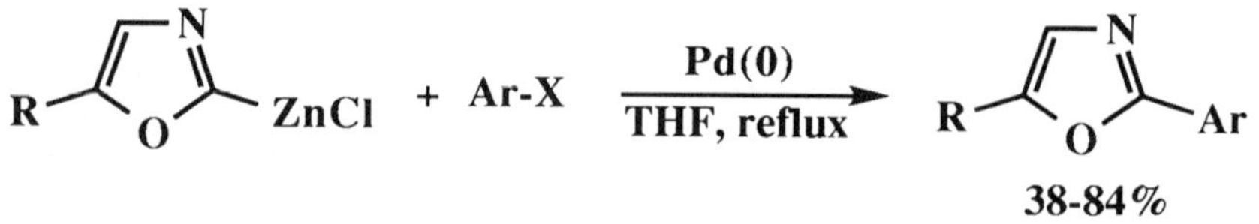

$$\text{R-oxazole-ZnCl} + \text{Ar-X} \xrightarrow[\text{THF, reflux}]{\text{Pd(0)}} \text{R-oxazole-Ar}$$

38-84%

I.F.2-9 Kosugi, M. et al., *JOM*, **508**, 255.

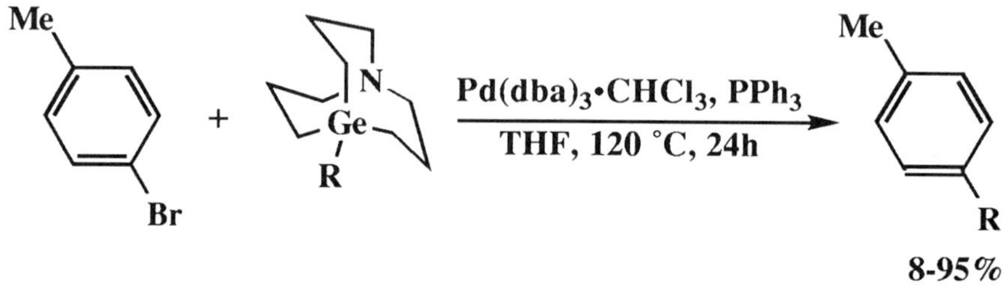

4-bromotoluene + R-azagermatrane $\xrightarrow[\text{THF, 120 °C, 24h}]{\text{Pd(dba)}_3\cdot\text{CHCl}_3,\ \text{PPh}_3}$ 4-R-toluene

8-95%

I.F.2-10 Saednya, A. and Hart, H., *S*, 1455.

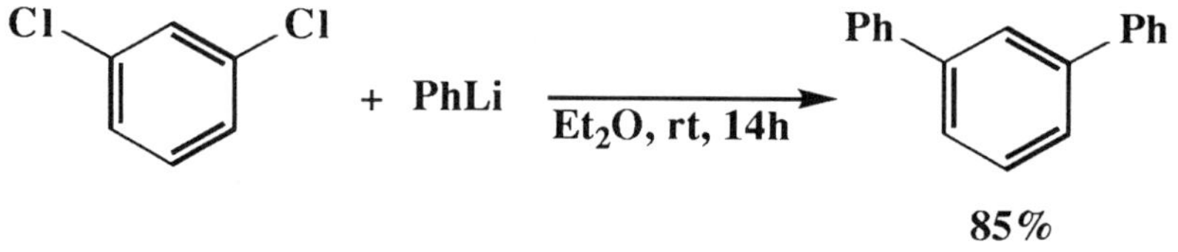

1,3-dichlorobenzene + PhLi $\xrightarrow[\text{Et}_2\text{O, rt, 14h}]{}$ 1,3-diphenylbenzene

85%

I.F.2-11 Meyers, A.I. and Hutchings, R.H., *JOC*, **61**, 1004.

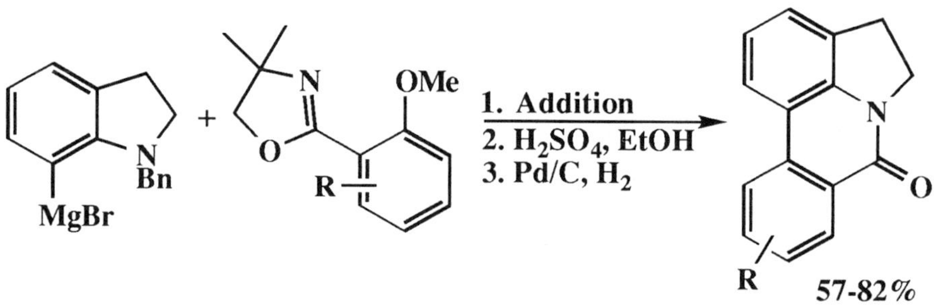

1. Addition
2. H_2SO_4, EtOH
3. Pd/C, H_2

57-82%

I.F.3. Other Aromatic Substitutions and Preparations

I.F.3-1 Grigg, R. et al., *TL*, **37**, 3399.

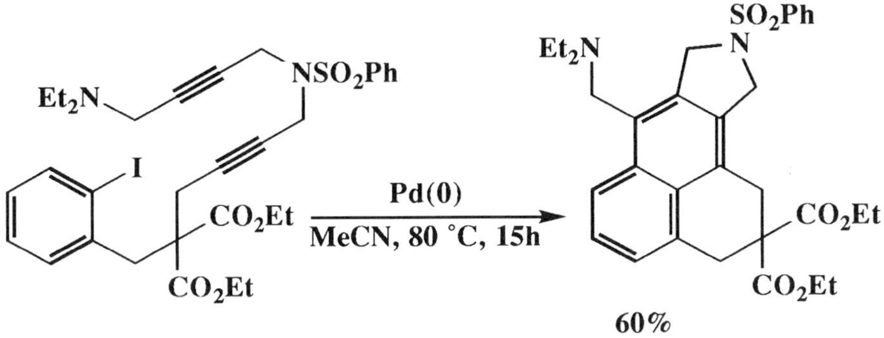

I.F.3-2 Rigby, J.H. and Warshakoon, N.C., *JOC*, **61**, 7644.

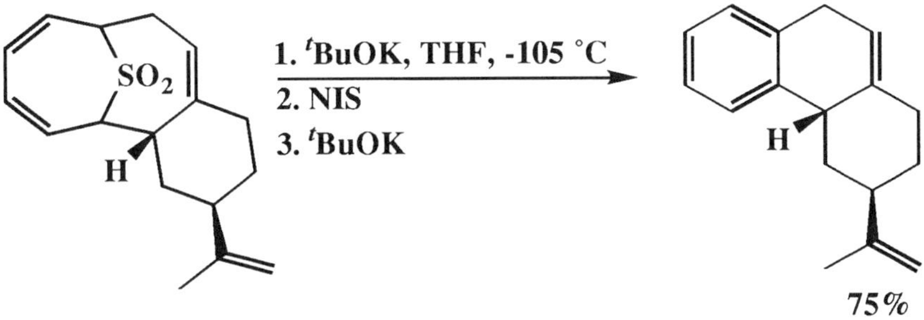

I.F.3-3 Wang, K.K. et al., *JACS*, **118**, 10783.

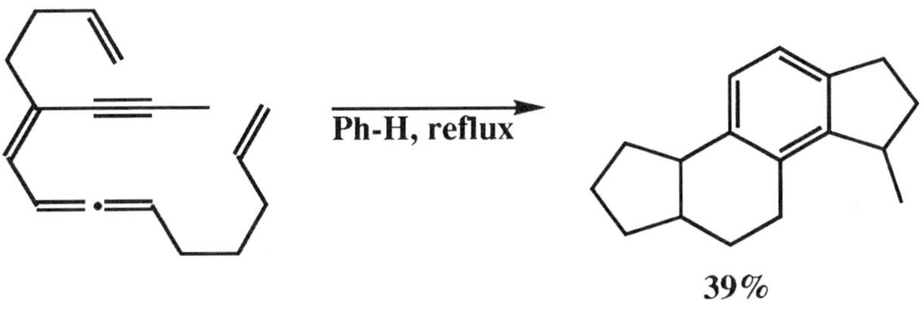

I.F.3-4 Liebeskind, L.S. and Sun, L., *JACS*, **118**, 12473; Moore, H.W. et al., *JOC*, **61**, 6009.

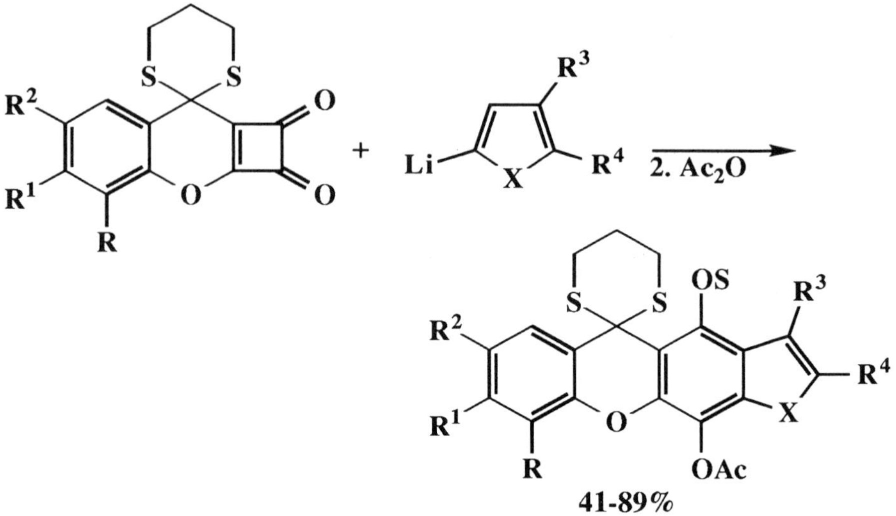

I.F.3-5 Merlic, C.A. and Pauly, M.E., *JACS*, **118**, 11319; Schmittel, M. et al., *TL*, **37**, 7691; **see also:** Ila, H., Junjappa, H. et al., *TL*, **37**, 2817; Hibino, S. et al., *TL*, **37**, 2593.

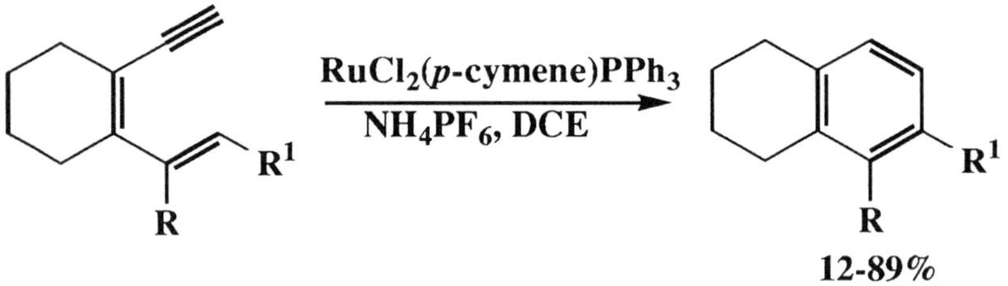

I.F.3-6 Olah, G.A. et al., *S*, 321.

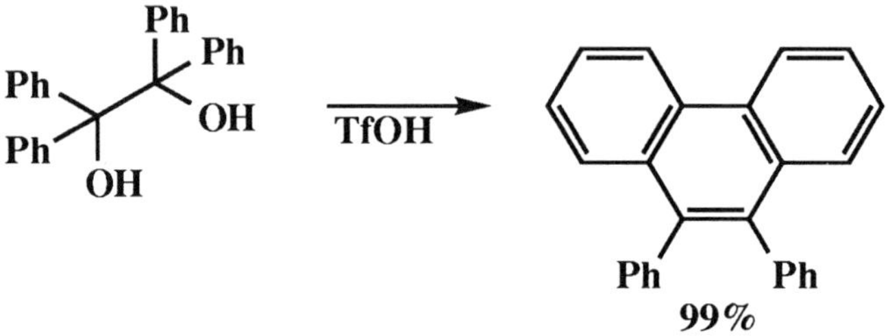

I.F.3-7 Crowe, W.E. and Vu, A.T., *JACS*, **118**, 5508.

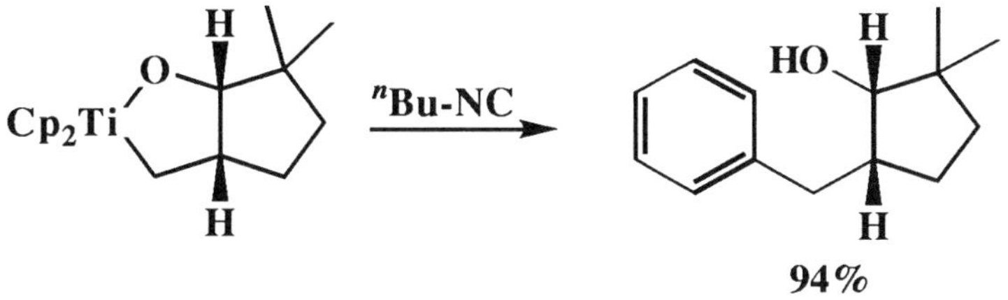

[Cp$_2$Ti-bicyclic oxametallacycle] $\xrightarrow{^n\text{Bu-NC}}$ [benzyl cyclopentanol product] 94%

I.F.3-8 Ku, Y.-Y. et al., *TL*, **37**, 1949.

$$\text{Ar-MgBr} + \text{Ar}^1\text{CH}_2\text{I} \xrightarrow{\text{Li}_2\text{Cl}_4\text{Cu, THF}} \text{Ar-CH}_2\text{-Ar}$$

84-92%

I.F.3-9 Keay, B.A. et al., *JACS*, **118**, 10766.

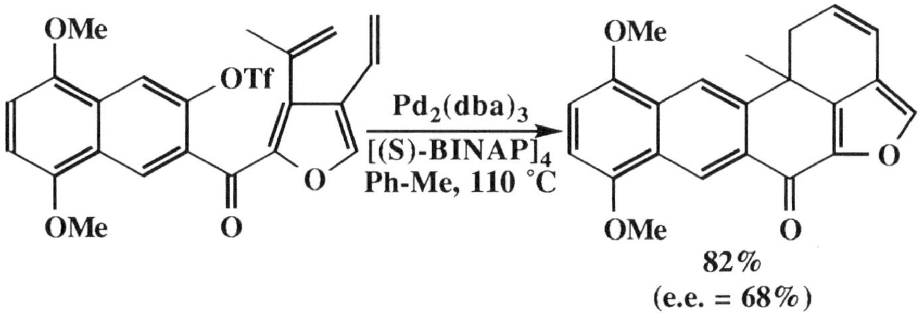

[aryl triflate furan substrate] $\xrightarrow[\text{Ph-Me, 110 °C}]{\text{Pd}_2(\text{dba})_3,\ [(S)\text{-BINAP}]_4}$ [polycyclic product]

82% (e.e. = 68%)

I.F.3-10 Ahn, K.H., Park, J. et al., *JOC*, **61**, 4937; Hua, D.H. et al., *JOC*, **61**, 4508.

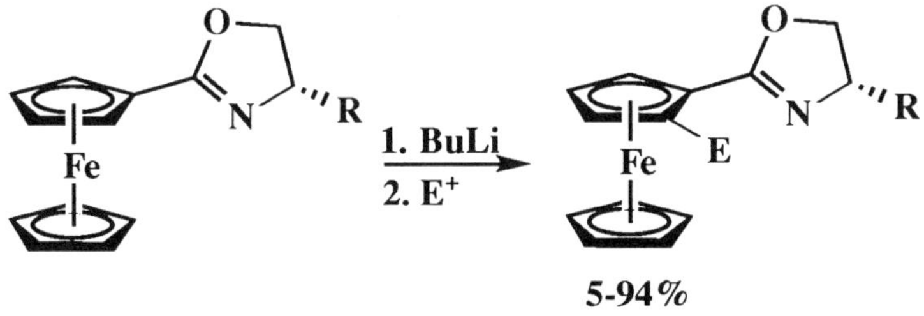

[ferrocenyl oxazoline] $\xrightarrow[\text{2. E}^+]{\text{1. BuLi}}$ [ortho-substituted ferrocenyl oxazoline with E]

5-94%

I.F.3-11 Mortier. J. et al., *BSC*, **133**, 133; **see also:** Spangler. L.A., *TL*, **37**, 3639; **see also:** Maggi, R. and Schlosser, M., *JOC*, **61**, 5430.

$$R\text{-}C_6H_4\text{-}CO_2H \xrightarrow[\text{2. E-X, -78 °C}]{\text{1. }^s\text{BuLi, TMEDA, THF, -90 °C}} R\text{-}C_6H_3(E)\text{-}CO_2H$$

30-70%

I.F.3-12 Katritzky, A.R. and Xie, L., *TL*, **37**, 347; Lawrence, N.J. et al., *SL*, 55; Makoszu, M. et al., *CC*, 837.

$$X\text{-}C_6H_4\text{-}NO_2 + Bt_3CH \xrightarrow[\text{DMSO}]{\text{KOH}} Bt_2CH\text{-}C_6H_3(X)\text{-}NO_2$$

41-86%

I.F.3-13 Holzapfel, C.W. and van der Merwe, T.L., *TL*, **37**, 2307; 2303.

[1-nitronaphthalene] + [CH$_2$=C(CH$_2$TMS)(CH$_2$OAc)] $\xrightarrow[\text{THF, 90 °C}]{\text{Pd(OAc)}_2, \text{P}^i\text{Pr}_3}$ [methylene-cyclopenta-fused naphthalene]

87%

I.F.3-14 Fuchigami, T. and Yamamoto, K., *CL*, 937.

[1,4-X$_2$-C$_6$H$_4$] + [CH$_2$=C(R$_f$)CH$_2$TMS] $\xrightarrow{\text{Tl(O}_2\text{CCF}_3)_3}$ [2,5-X$_2$-C$_6$H$_3$-CH$_2$-C(R$_f$)=CH$_2$]

64-89%

I.F.3-15 Fukumoto, S. et al., *JCSP1*, 1021.

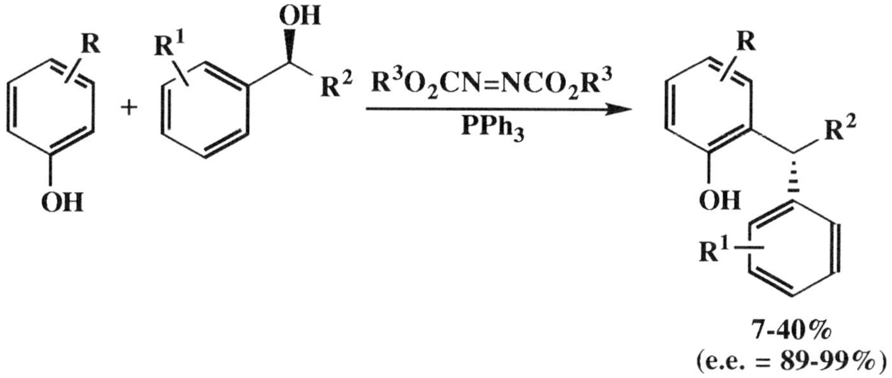

7-40%
(e.e. = 89-99%)

I.F.3-16 Larock, R.C. and Yum, E.K., *T*, **52**, 2743; **see also:** Lopez, L. et al., *T*, **52**, 13971.

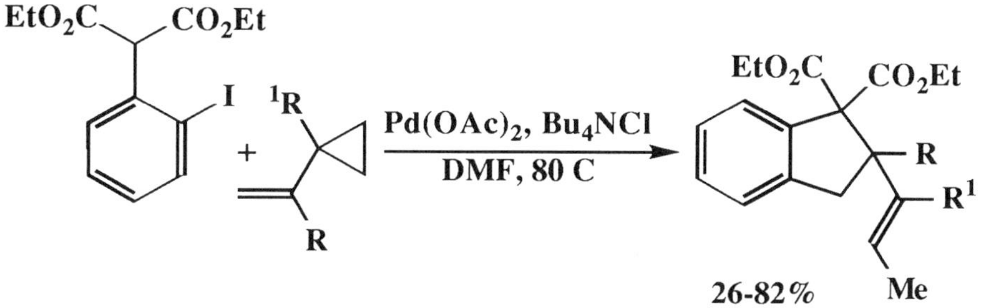

26-82%

I.F.3-17 Harrowven, D.C. and Browne, R., *T*, **52**, 14951.

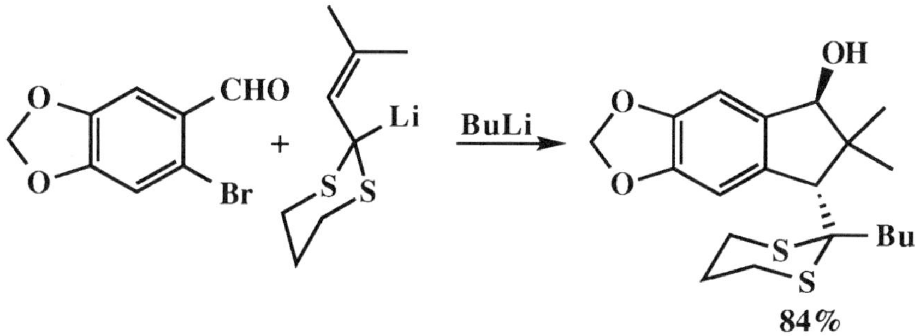

84%

I.F.3-18 Ila, H., Junjappa, H. et al., *T*, **52**, 14049.

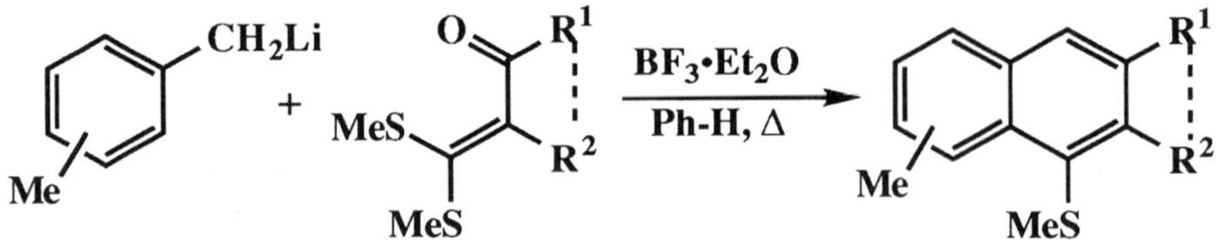

I.F.3-19 Miura, M. et al., *BCJ*, **69**, 2039.

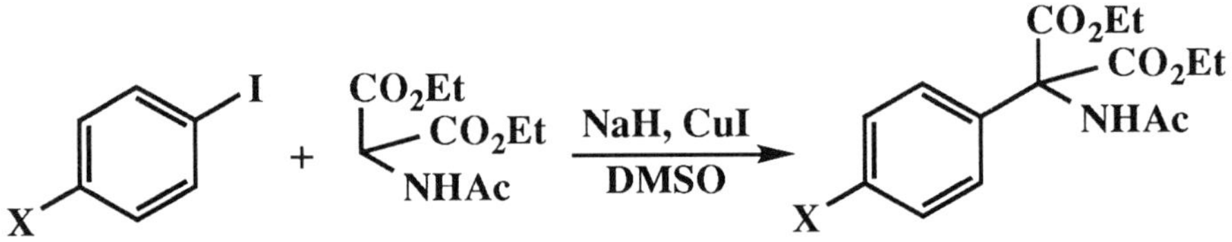

I.F.3-20 Kosugi, M. et al., *CL*, 811.

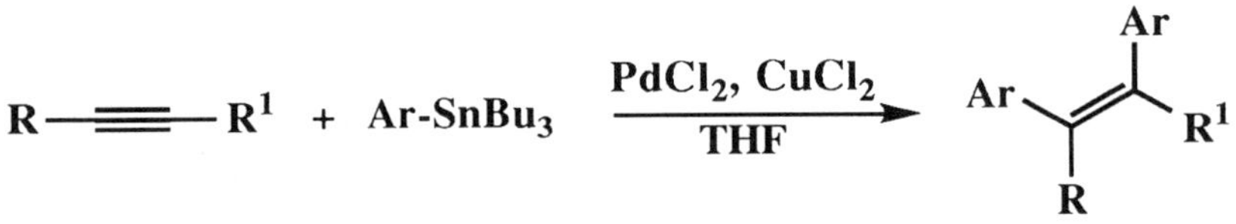

I.F.3-21 Evans, P.A. and Brandt, T.A., *TL*, **37**, 1367.

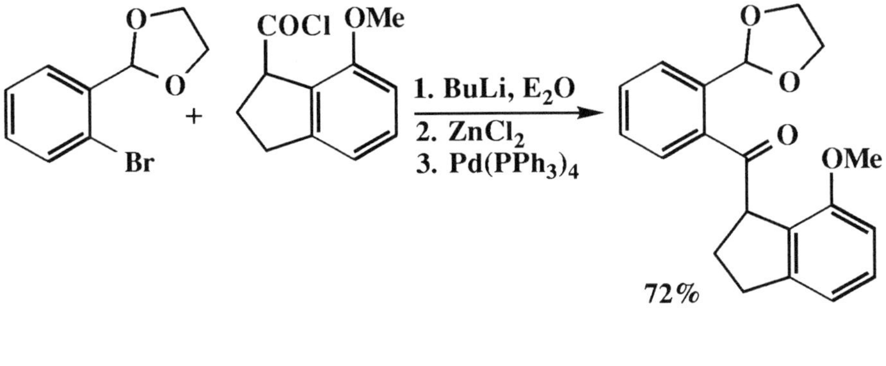

I.F.3-22 Burton, D.J. and Qiu, W., *TL*, **37**, 2745.

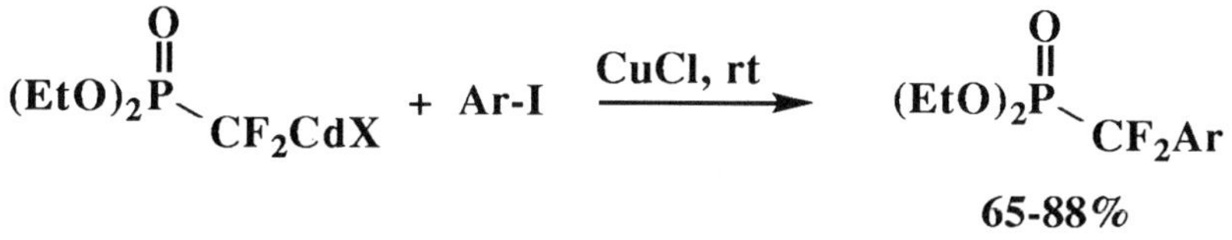

$$(EtO)_2P(O)CF_2CdX + Ar\text{-}I \xrightarrow{CuCl,\ rt} (EtO)_2P(O)CF_2Ar$$

65-88%

I.F.3-23 Miura, M. et al., *CL*, 823.

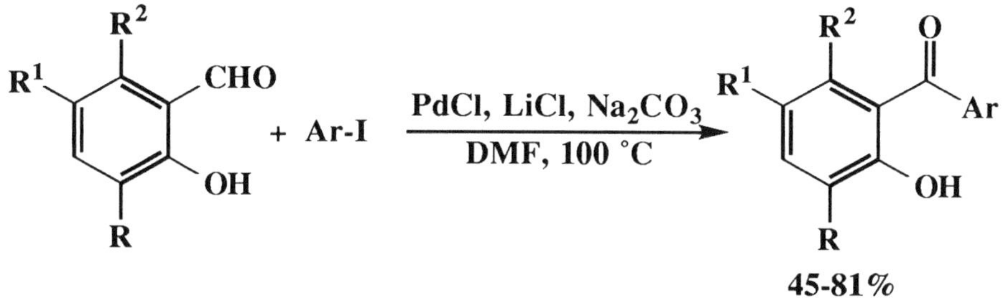

[2-hydroxybenzaldehyde with R^1, R^2, R substituents] + Ar-I $\xrightarrow{\text{PdCl, LiCl, Na}_2\text{CO}_3}{\text{DMF, 100 °C}}$ [2-hydroxyaryl ketone product]

45-81%

I.F.3-24 Kim, Y.H. et al., *JCSP1*, 2201; Murai, S. et al., *CL*, 109, 111;.

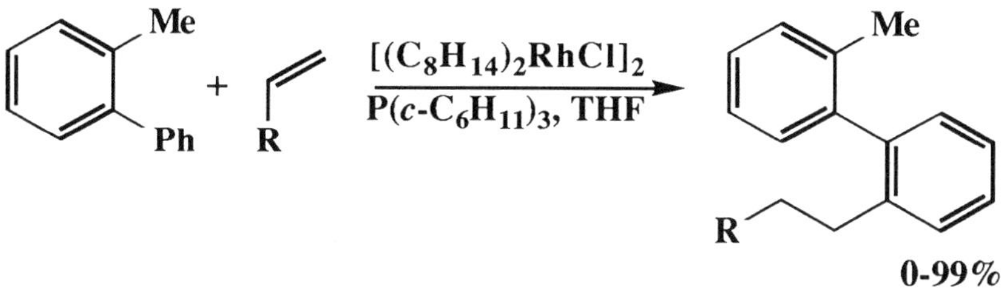

[2-methylbiphenyl] + CH$_2$=CHR $\xrightarrow{[(C_8H_{14})_2RhCl]_2}{P(c\text{-}C_6H_{11})_3,\ THF}$ [2-methyl-2'-(CH$_2$CH$_2$R)biphenyl]

0-99%

I.F.3-25 Hildebrand, J.P. and Marsden, S.P., *SL*, 893; Marko, I.E. et al., *TL*, **37**, 2507; **see also:** Merour, J.-Y. et al., *SC*, **26**, 3289.

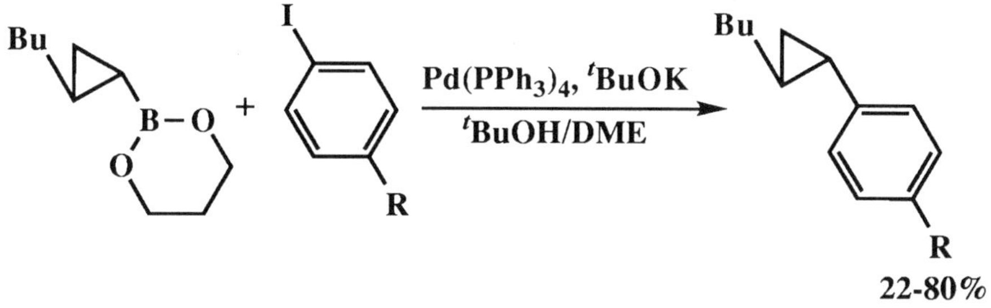

[Bu-cyclopropylmethyl boronate ester] + [4-iodoaryl with R] $\xrightarrow{Pd(PPh_3)_4,\ ^tBuOK}{^tBuOH/DME}$ [Bu-cyclopropylmethyl aryl with R]

22-80%

I.F.3-26 Viaud, M.-C. et al., *TL*, **37**, 2409; Gundersen, L.-L. et al., *T*, **52**, 5625; Katsumura, S., Saika, T. et al., *CL*, 139.

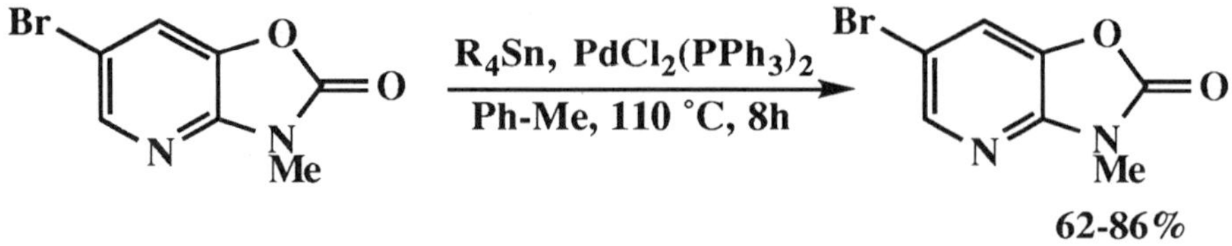

$$\text{Br-[oxazolopyridine]-Me} \xrightarrow[\text{Ph-Me, 110 °C, 8h}]{R_4Sn,\ PdCl_2(PPh_3)_2} \text{Br-[oxazolopyridine]-Me}$$

62-86%

I.F.3-27 Fukuyama, Y. et al., *TL*, **37**, 1261; Tietze, L.F. and Raschke, T., *LA*, 1981.

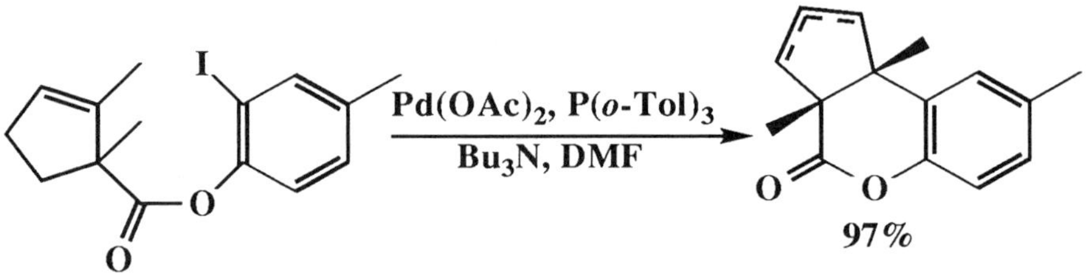

$$\xrightarrow[\text{Bu}_3\text{N, DMF}]{Pd(OAc)_2,\ P(o\text{-Tol})_3}$$

97%

I.F.3-28 Kang, S.-K. et al., *JOC*, **61**, 9082.

$$R^1\text{-BR}_2\ +\ R^2\text{PhI}^+\text{X}^- \xrightarrow[\text{DME/H}_2\text{O}]{\text{CuI, Na}_2\text{CO}_3} R^1\text{-}R^2$$

86-99%

I.F.3-29 Kobayashi, K. et al., *CL*, 25.

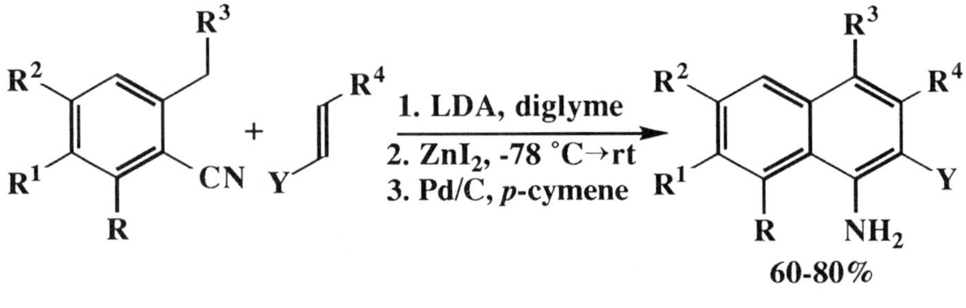

1. LDA, diglyme
2. ZnI_2, -78 °C→rt
3. Pd/C, *p*-cymene

60-80%

I.G. Synthesis via Organometallics

I.G.1. Synthesis via Organoboranes

I.G.1-1 Brown, H.C. et al., *JOC*, **61**, 100; **see also:** Jadhav, P.K. and Man, H.-W., *TL*, **37**, 1153.

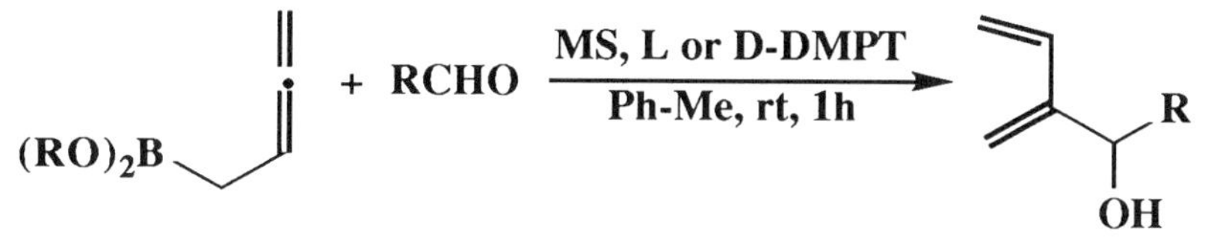

$(RO)_2B$-allenyl + RCHO → (MS, L or D-DMPT, Ph-Me, rt, 1h) → product

DMPT = bis(2,4-dimethyl-3-pentyl) tartrate

29-95%
(e.e. = 36-89%)

I.G.1-2 Kobayashi, Y. et al., *TL*, **37**, 6125.

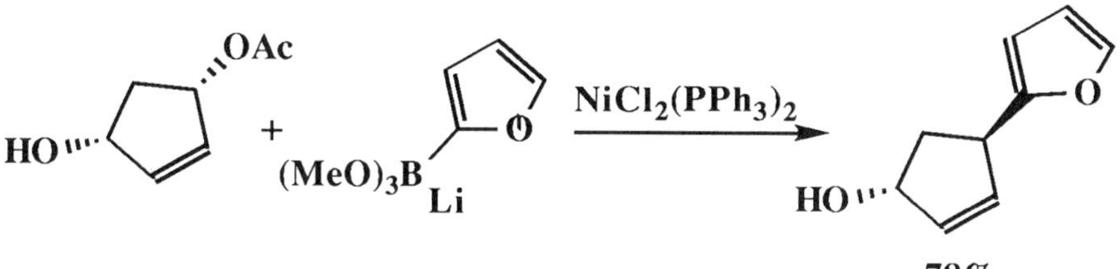

78%

I.G.1-3 Srebnik, M. et al., *JOC*, **61**, 7943.

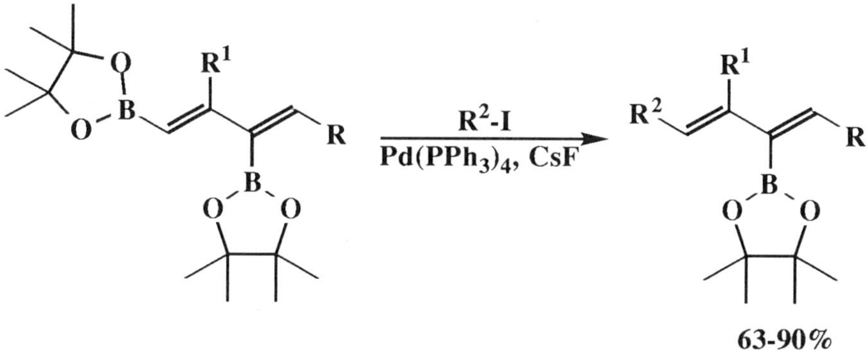

R^2-I, Pd(PPh$_3$)$_4$, CsF

63-90%

I.G.1-4 Harada, T. et al., *JOC*, **61**, 6772.

[Reaction scheme: silyl enol ether $Y-C(R)=C(R)(OTMS)$ + 2-R¹-1,3-dioxolane → with 1. cat. 2. Bu_4NF → product with ketone and 1,3-dioxolane-opened hydroxyethyl ether, 7-90% (e.e. = 16-78%)]

cat. = [tryptophan-derived oxazaborolidine with N-Ts, α-Me, B-Ph]

I.G.1-5 Miyaura, N. et al., *SC*, **26**, 2503.

[Reaction: $R-CH=C(R^1)-B(Sia)_2$ + $CH_2=CH-EWG$ → $Ni(acac)_2$, TEA, DMF → $R-CH=C(R^1)-CH_2CH_2-EWG$, 45-97%]

I.G.2. Carbonylations Reactions

I.G.2-1 Buchwald, S.L. and Hicks, F.A., *JACS*, **118**, 11688; Krafft, M.E. et al., *JACS*, **118**, 6080; Chung, Y.K. and Lee, N.Y., *TL*, **37**, 3145; Keese, R. et al., *HCA*, **79**, 461; Marco-Contelles, J., *JOC*, **61**, 7666; Moyano, A., Pericas, M.A. et al., *JOC*, **61**, 9016; Pericas, M.A. et al., *T*, **52**, 14021.

[Reaction: enyne with E,E quaternary center, R¹ on alkyne, R on alkene → CO, cat., Ph-Me, 90 C, 12h → bicyclopentenone product, 70-94% (e.e. = 72-96%)]

cat. = [chiral Ti complex with two tetrahydroindenyl ligands, Ti(CO)₂]

I.G.2-2 Ojima, I. et al. *OM*, **15**, 5191.

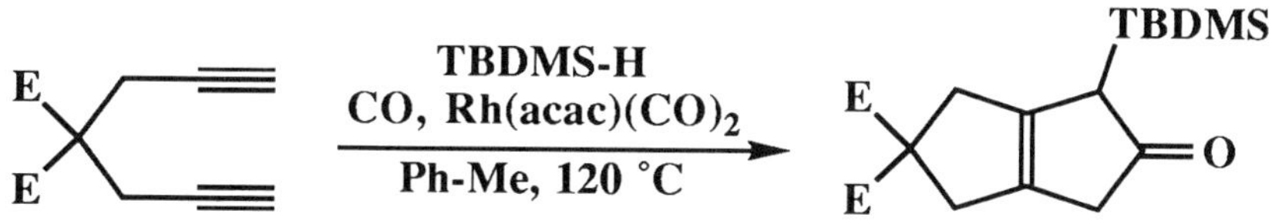

[Reaction: diyne with two E groups + TBDMS-H, CO, Rh(acac)(CO)₂, Ph-Me, 120 °C → bicyclic enone with TBDMS group, 72%]

I.G.2-3 Brinza, I.M. and Fallis, A.G., *JOC*, **61**, 3580.

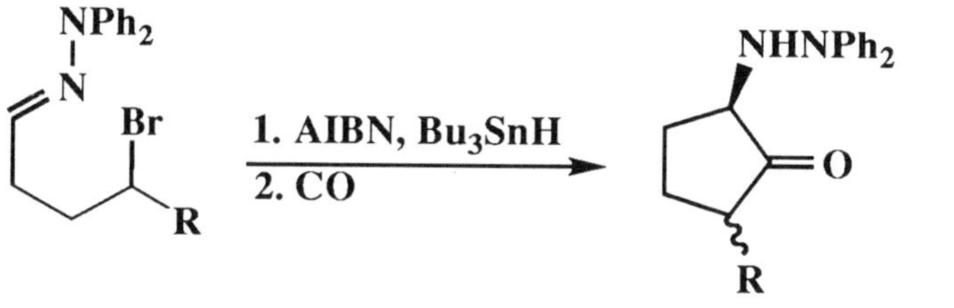

[Reaction: hydrazone with NPh₂ group and alkyl bromide with R substituent, 1. AIBN, Bu₃SnH; 2. CO → cyclopentanone with NHNPh₂ and R substituents, 67-75% (cis:trans = 1:1-1.2)]

I.G.2-4 Murai, S. et al., *JACS*, **118**, 493,

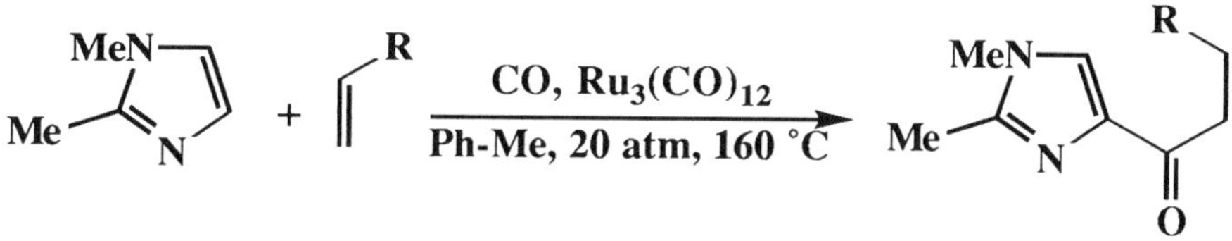

[Reaction: 1,2-dimethylimidazole + alkene with R group, CO, Ru₃(CO)₁₂, Ph-Me, 20 atm, 160 °C → imidazole with ketone side chain bearing R group, 42-88%]

I.G.2-5 Negishi, E. et al., *JACS*, **118**, 5919, 5904 and *AGE*, **35**, 2125.

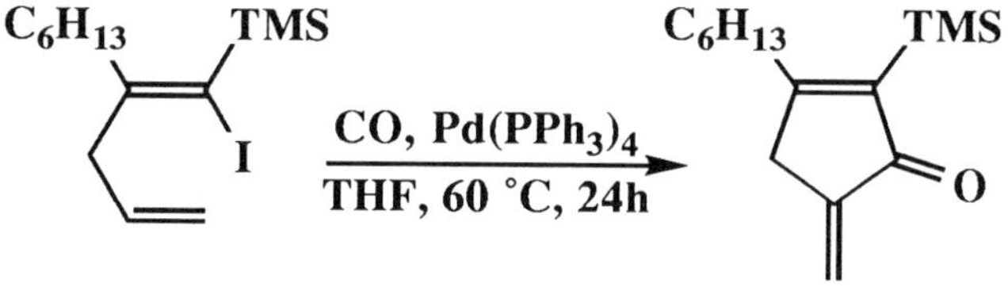

[Reaction: vinyl iodide with C₆H₁₃, TMS, and pendant alkene, CO, Pd(PPh₃)₄, THF, 60 °C, 24h → cyclopentenone with C₆H₁₃, TMS, and exocyclic methylene, 54%]

I.G.2-6 Eilbracht, P. et al., *T*, **52**, 5449.

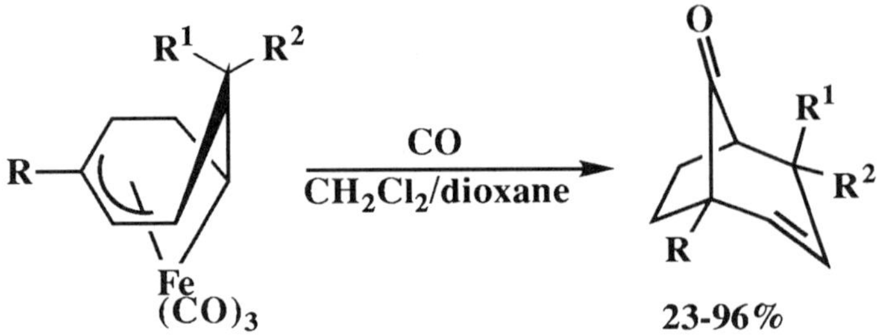

[Diagram: diene-Fe(CO)$_3$ complex with R, R^1, R^2 substituents → bicyclic ketone with R, R^1, R^2, using CO in CH$_2$Cl$_2$/dioxane; 23-96%]

I.G.2-7 Shimizu, R. and Fuchikami, T., *TL*, **37**, 8405; Kiji, J. et al., *BCJ*, **69**, 1029.

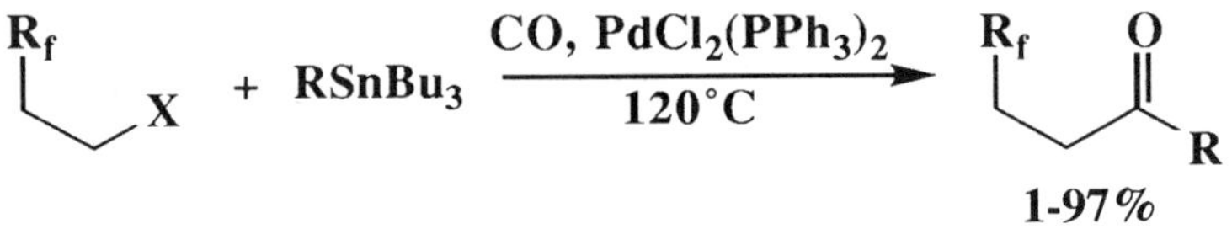

$$R_f\text{-CH}_2\text{-CH}_2\text{-X} + \text{RSnBu}_3 \xrightarrow[120°C]{\text{CO, PdCl}_2(\text{PPh}_3)_2} R_f\text{-CH}_2\text{-CH}_2\text{-C(O)-R}$$

1-97%

I.G.2-8 Murai, S. et al., *OM*, **15**, 5459.

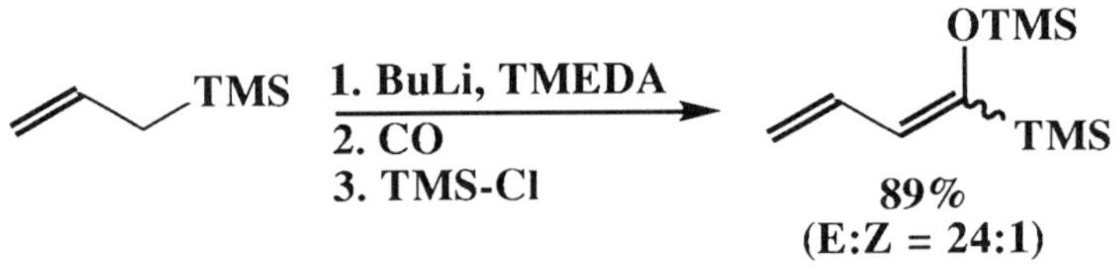

allyl-TMS $\xrightarrow{\text{1. BuLi, TMEDA; 2. CO; 3. TMS-Cl}}$ CH$_2$=CH-CH=C(OTMS)(TMS)

89% (E:Z = 24:1)

I.G.2-9 Breit, B., *CC*, 2071; Claver, C. et al., *TA*, **7**, 1829; **see also:** Andersen, J.-A.M. and Currie, A.W.S., *CC*, 1543; van Leeuwen, P.W.N.M. et al., *JOM*, **507**, 69; **see also:** Serivanti, A., Matteoli, U. et al., *OM*, **15**, 4687; Borner, A. et al., *TA*, **7**, 33; Abu-Gnim, C. and Amer, I., *JOM*, **516**, 235.

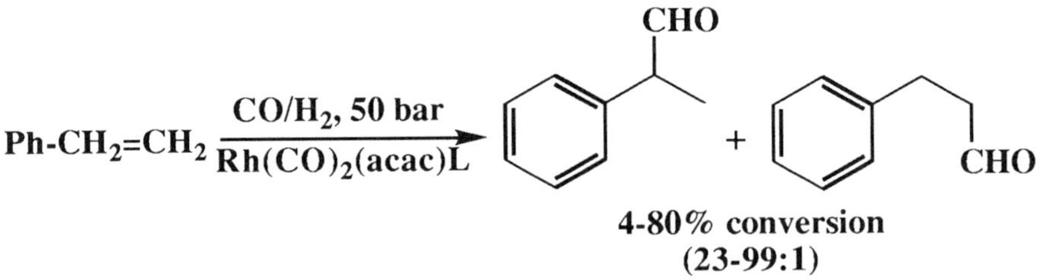

$$\text{Ph-CH=CH}_2 \xrightarrow[\text{Rh(CO)}_2(\text{acac})L]{\text{CO/H}_2,\ 50\ \text{bar}} \text{Ph-CH(CHO)-CH}_3 + \text{Ph-CH}_2\text{-CH}_2\text{-CHO}$$

4-80% conversion
(23-99:1)

I.G.2-10 Barton, D.H.R. and Delanghe, NC., *TL*, **37**, 8137.

$$R_2CH_2 \xrightarrow{Fe(CO)_5/H_2O_2} R_2CH_2CO_2H$$

I.G.3. Other Synthesis via Organometallics

I.G.3-1 Harvey, D.F. and Grenzer, E.M., *JOC*, **61**, 159; **see also:** Aumann, R. et al., *OM*, **15**, 5018; Wulff, W.D. et al., *CC*, 1863.

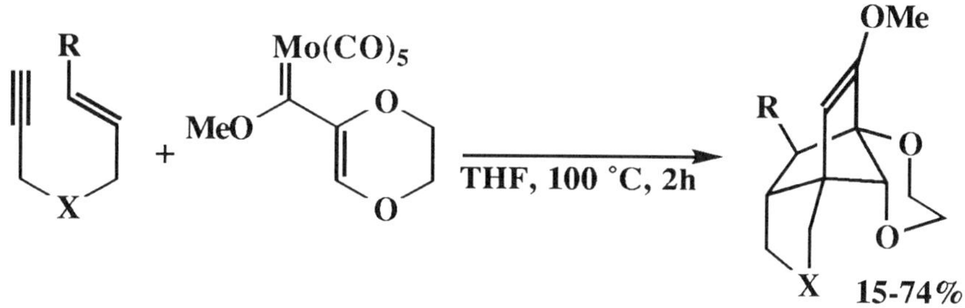

I.G.3-2 Honda, T. and Mori, M., *OM*, **15**, 5464.

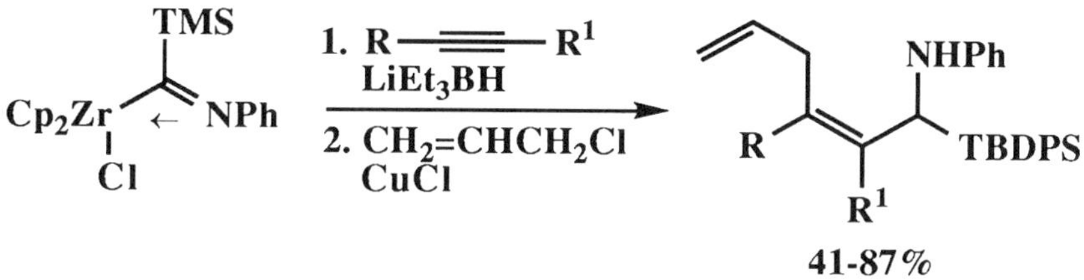

I.G.3-3 Zoretic, P.A. and Wang, M., *SC*, **26**, 2783; Zoretic, P.A. et al., *JOC*, **61**, 1806.

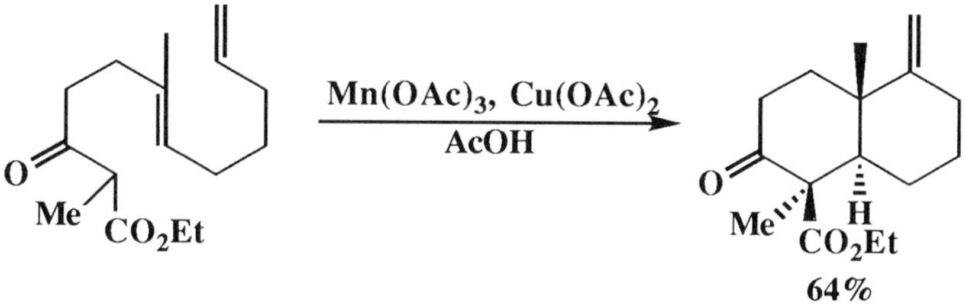

I.G.3-4 Hays, D.S. and Fu, G.C., *JOC*, **61**, 4.

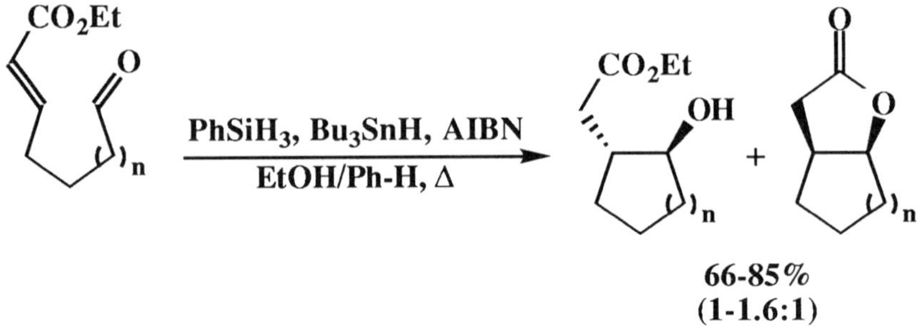

66-85%
(1-1.6:1)

I.G.3-5 Bertus, P. and Pale, P., *TL*, **37**, 2019.

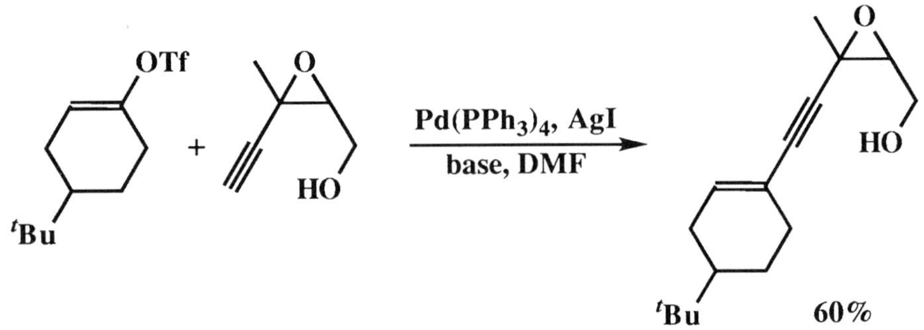

60%

I.H. Rearrangements

I.H.1. Claisen, Cope and Similar Processes

I.H.1-1 Walters, M.A. et al., *JOC*, **61**, 55.

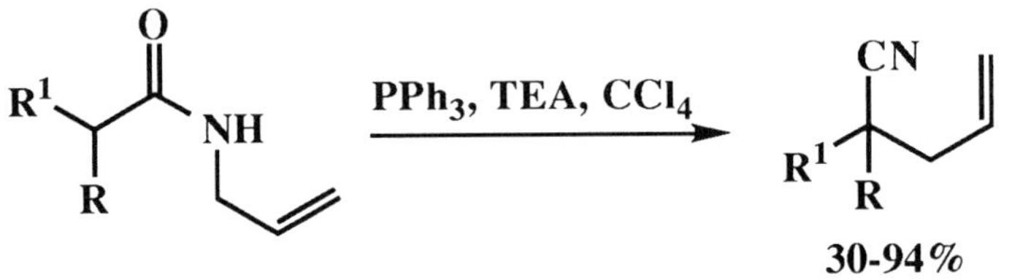

30-94%

I.H.1-2 Chavan, S.P. et al., *TL*, **37**, 7827; Suri, S.C., *TL*, **37**, 2335; Nakai, T. et al., *TL*, **37**, 8895; **see also:** Mal, D. and Hazra, N.K., *CC*, 1181.

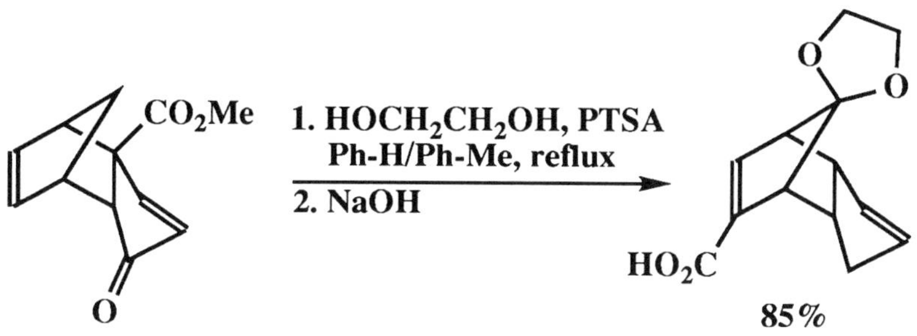

I.H.1-3 Schneider, C. and Rehfeuter, M., *SL*, 212; Black, W.C. et al., *TL*, **37**, 4471; Bienz, S. et al., *HCA*, **79**, 391.

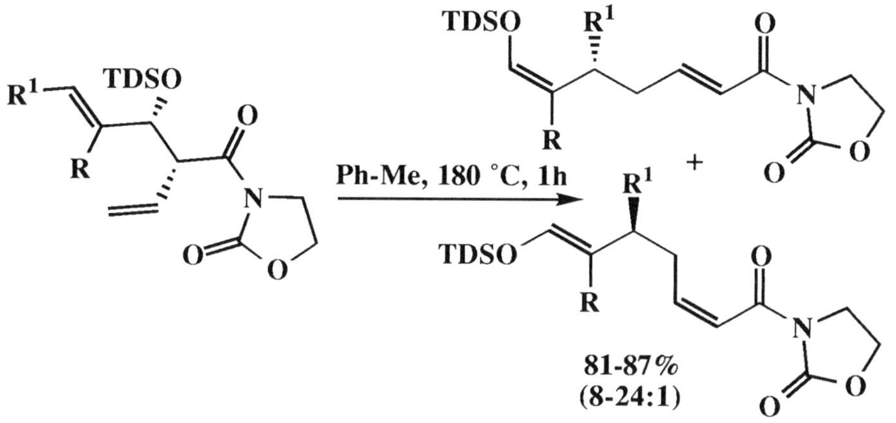

I.H.1-4 Nakai, T. et al., *TL*, **37**, 3005; Corey, E.J. and Kania, R.S., *JACS*, **118**, 1229; Kocienski, P. et al., *SL*, 900; **see also:** Takai, K., *JOC*, **61**, 8728; **see also:** Williams, D.H. and Faulkner, D.J., *T*, **52**, 4245; Srikrishna, A. et al., *TL*, **37**, 1679; 1683.

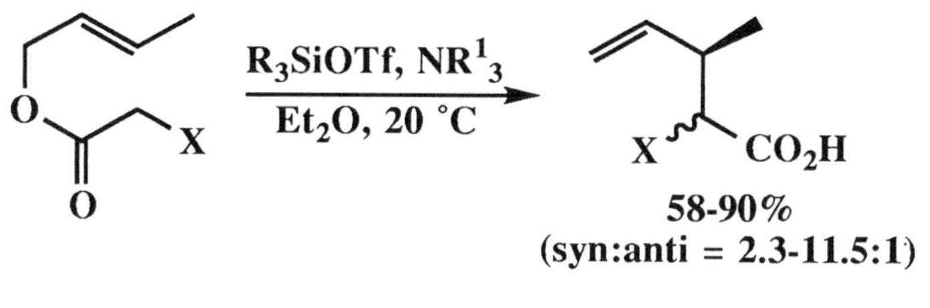

I.H.1-5 Borrelly, S. and Paquette, L.A., *JACS*, **118**, 727; **see also:** Srikrishna, A. et al., *SL*, 67; Guoqing, L. et al., *SC*, **26**, 2569; Shimizu, I. et al., *CL*, 1021; Venkataratnam, R.V. et al., *TL*, **37**, 2829; Belik, A.V. and Arslambekov, R.M., *RJOU*, **31**, 687 (1995).

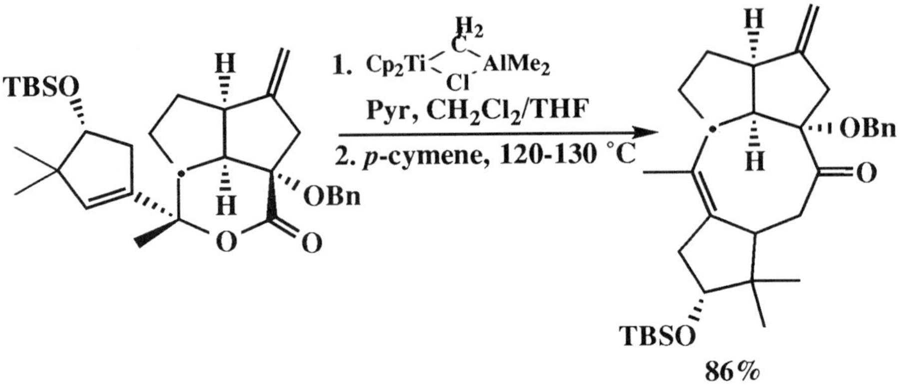

I.H.1-6 Schafer, H.J. et al., *SL*, 283; Ho, T.-L. and Chein, R.-J., *CC*, 1147.

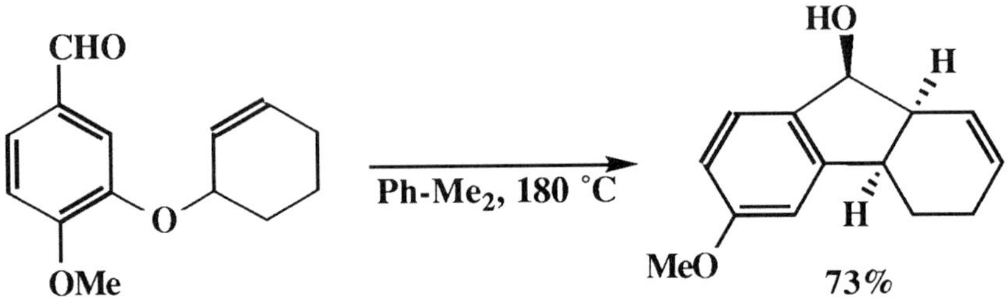

I.H.1-7 Kazmaier, U., *JOC*, **61**, 3694; Krebs, A. and Kazmaier, U., *TL*, **37**, 7945..

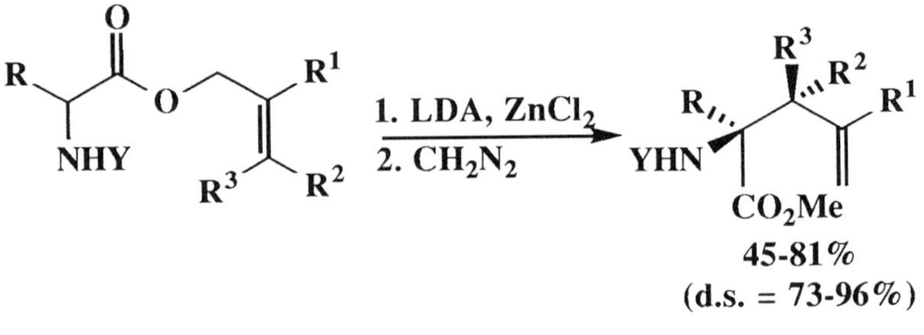

I.H.1-8 Santora, V.J. and Moore, H.W., *JOC*, **61**, 7976; Paquette, L.A. and Wong, H.-L., *JOC*, **61**, 5352; Paquette, L.A. et al., *JOC*, **61**, 3268; Paquette, L.A. and Tsui, H.-C., *SL*, 129; Mehta, G. and Reddy, K.S., *SL*, 625; Nakai, T. et al., *TL*, **37**, 8899; Banwell, M.G. et al., *AJC*, **49**, 639.

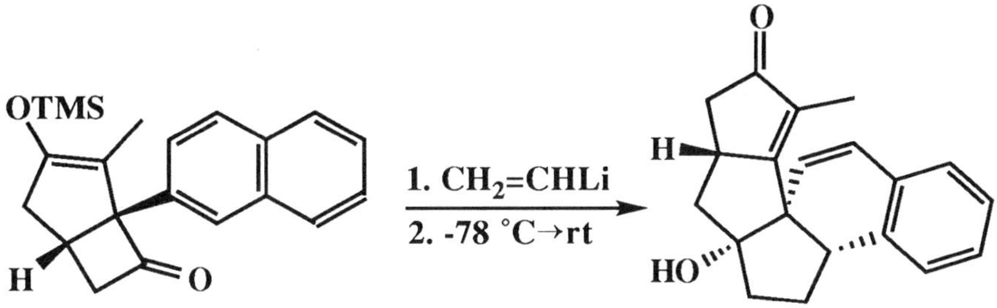

I.H.1-9 Schultz, P.G. et al., *ACS*, **50**, 328.

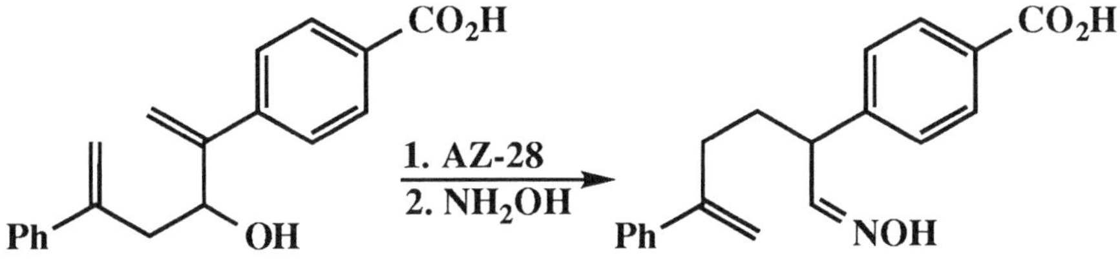

I.H.1-10 Marshall, J.A. et al., *JOC*, **61**, 5729; Takahashi, T. et al., *H*, **43**, 945; Percy, J.M. et al., *JOC*, **61**, 166; Katritzky, A.R. et al., *JOC*, **61**, 4035; Anderson, J.C., Smith, S.C. et al., *JOC*, **61**, 4820; Collignon, N. et al., *T*, **52**, 2075; **see also:** Hara, O. et al., *TL*, **37**, 389.

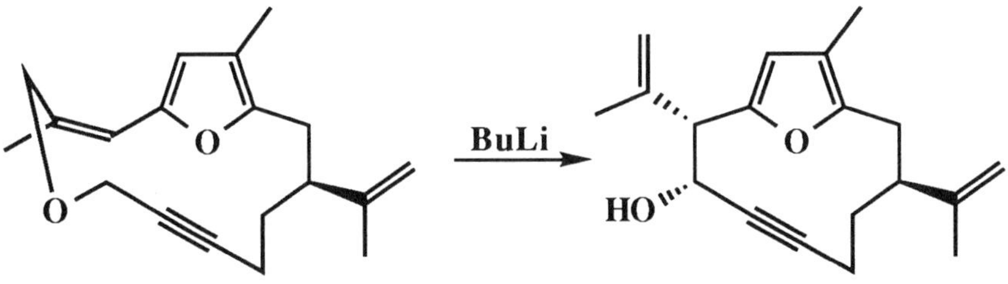

I.H.1-11 Ichikawa, Y. et al., *JCSP1*, 377.

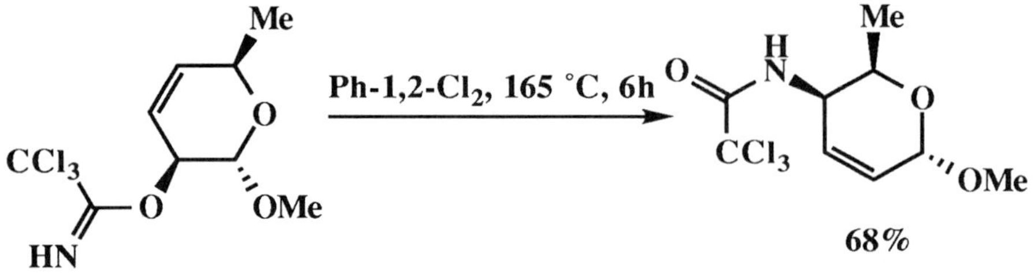

Ph-1,2-Cl$_2$, 165 °C, 6h

68%

I.H.1-12 Yu, C.-M. et al., *JCSP1*, 115.

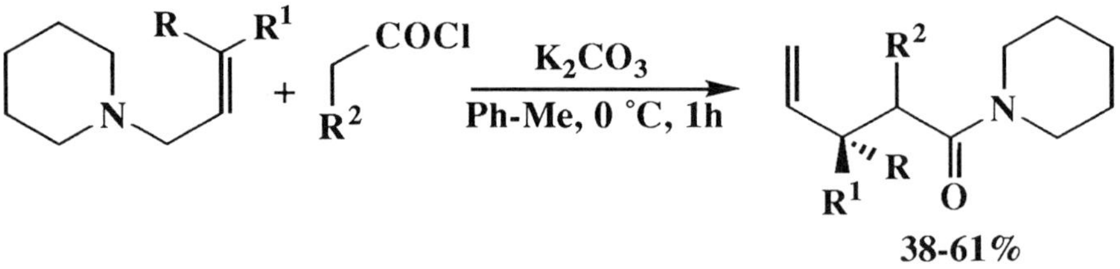

K$_2$CO$_3$, Ph-Me, 0 °C, 1h

38-61%

I.H.1-13 Kiyooka, S. et al., *TL*, **37**, 8903.

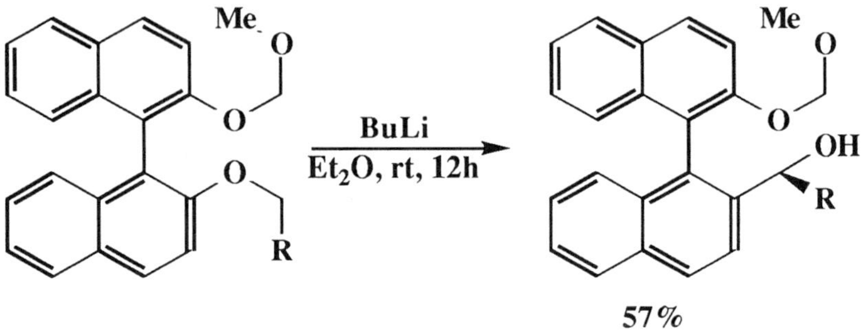

BuLi, Et$_2$O, rt, 12h

57%

I.H.1-14 Naito, T. et al., *JOC*, **61**, 9078.

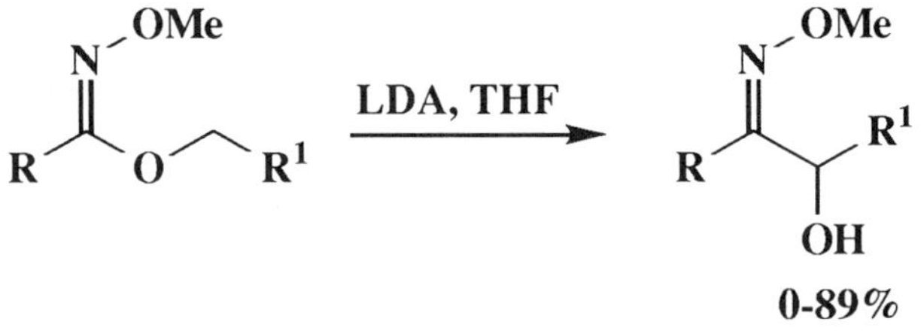

LDA, THF

0-89%

I.H.2. Other Rearrangements

I.H.2-1 Sawaki, Y. et al., *T*, **52**, 4303; de la Fuente, M.C., Castedo, L. and Dominguez, D., *T*, **52**, 4917.

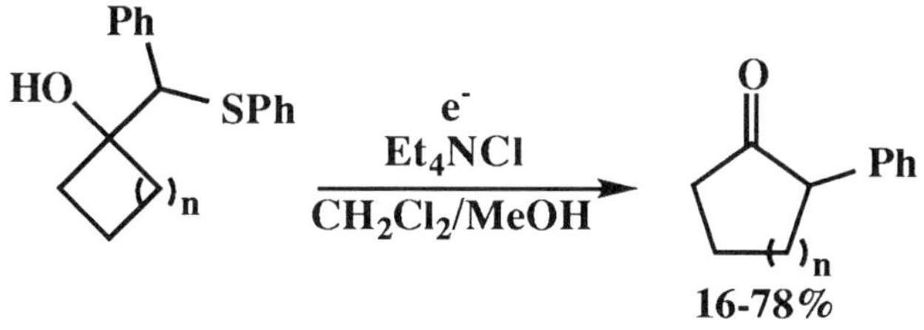

I.H.2-2 Enders, D. and Knopp, M., *T*, **52**, 5805; Enders et al., *LA*, 1095.

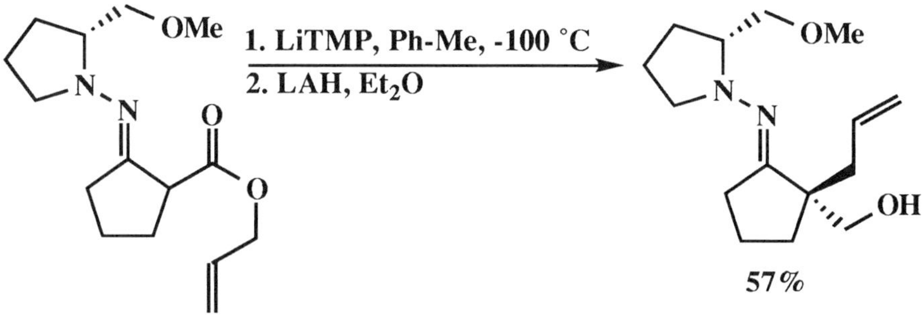

I.H.2-3 Ikegami, S. et al., *TL*, **37**, 649.

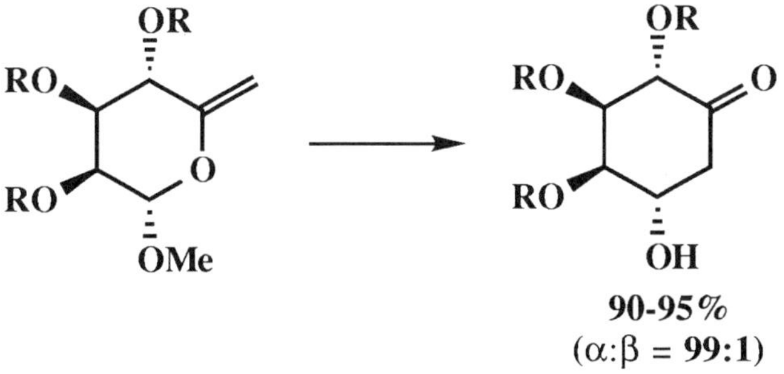

I.H.2-4 Cho, B.P. and Zhou, L., *TL*, **37**, 1535.

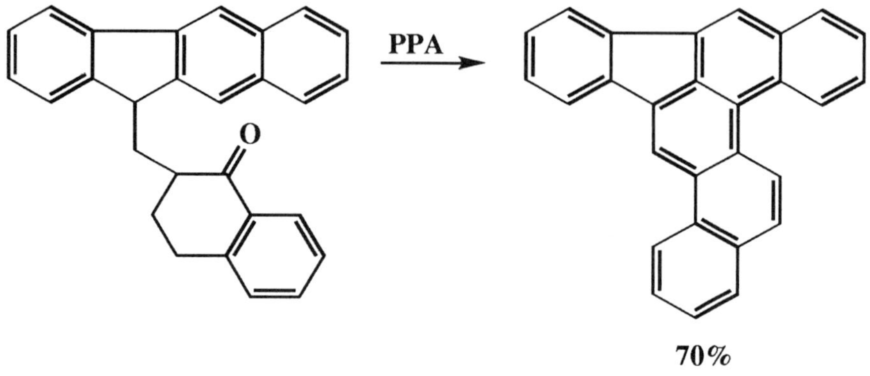

I.H.2-5 Myrboh, B. and Mathew, F., *SC*, **26**, 1097; Bai, D. et al., *TL*, **37**, 1463.

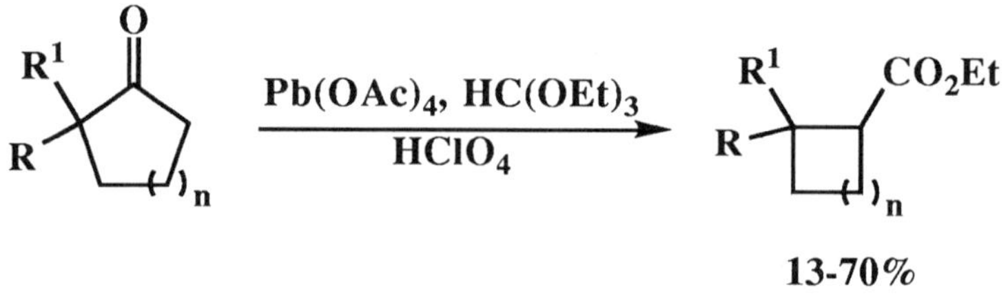

I.H.2-6 Yamamoto, K. et al., *SL*, 145.

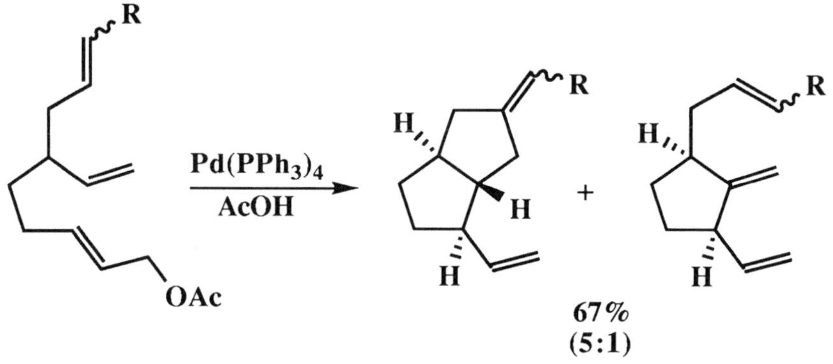

I.H.2-7 Schaumann, E. et al., *LA*, 1811.

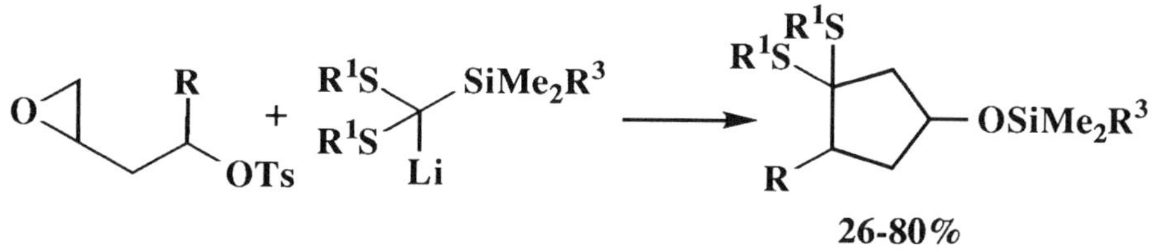

26-80%

I.H.2-8 Krohn, K. and Bernhard, S., *S*, 699.

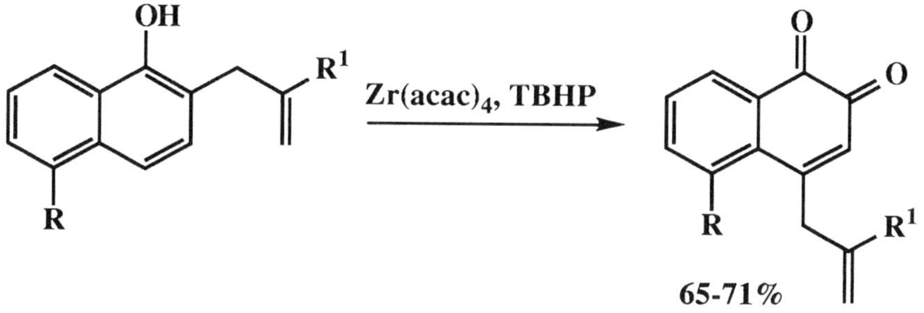

Zr(acac)$_4$, TBHP

65-71%

I.H.2-9 Lorber, C.Y. and Osborn, J.A., *TL*, **37**, 853

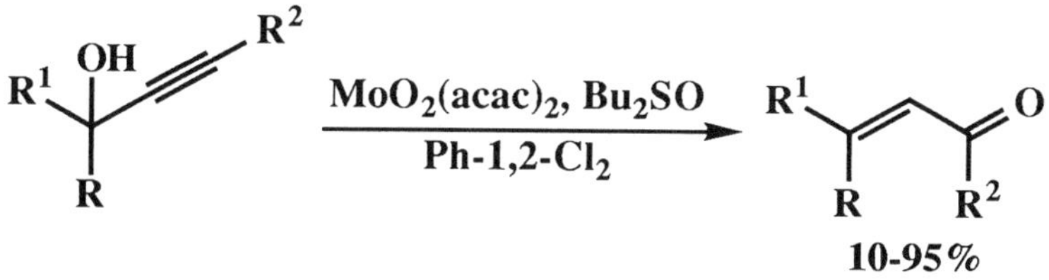

MoO$_2$(acac)$_2$, Bu$_2$SO
Ph-1,2-Cl$_2$

10-95%

I.H.2-10 Fukuyama, T. and Liu, G., *JACS*, **118**, 7426.

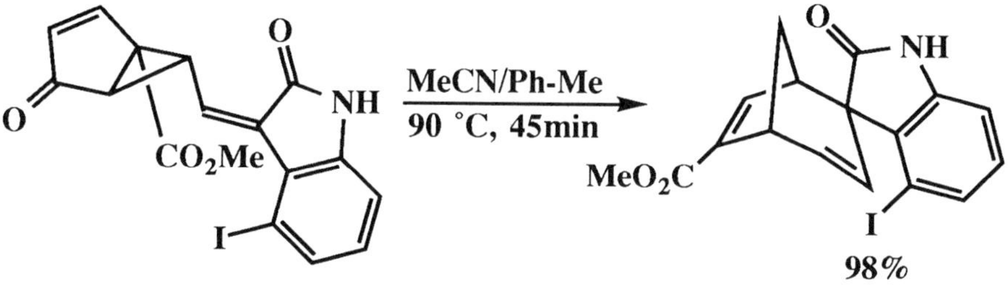

MeCN/Ph-Me
90 °C, 45min

98%

I.H.2-11 Trost, B.M. and Li, Y., *JACS*, **118**, 6625; **see also:** Sarkar, T.K. and Nandy, S.K., *TL*, **37**, 5195.

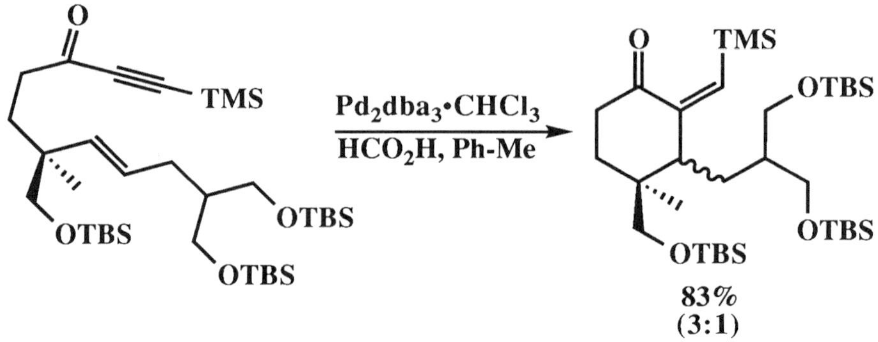

I.H.2-12 Jakupovic, J. et al., *TL*, **37**, 727.

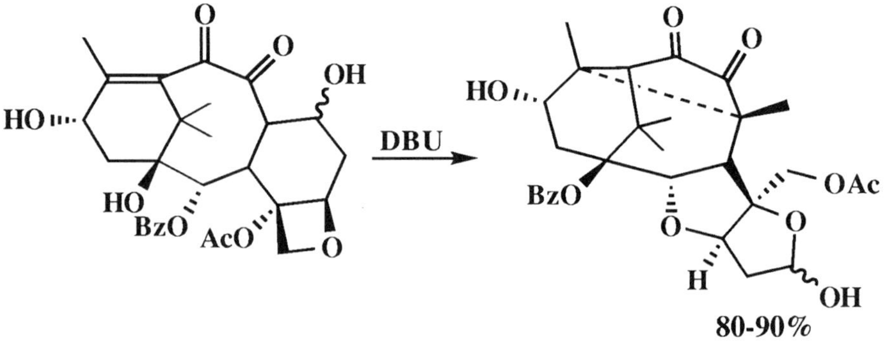

I.H.2-13 Kato, N., Okamoto, H. and Takeshita, H., *T*, **52**, 3921; Robertson, J. and O'Conner, G., *TL*, **37**, 3411.

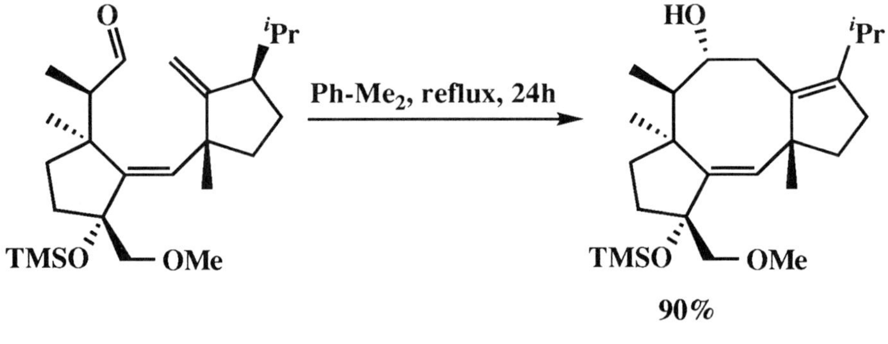

I.H.2-14 Borodkin, V.S. et al., *TL*, **37**, 1489.

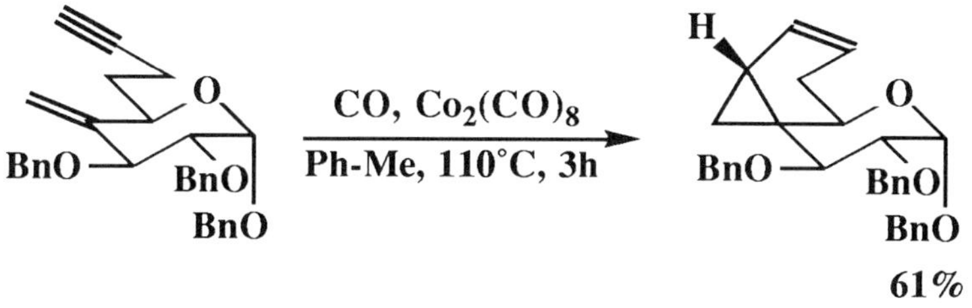

I.H.2-15 Mikami, K. and Kishino, H., *TL*, **37**, 3705.

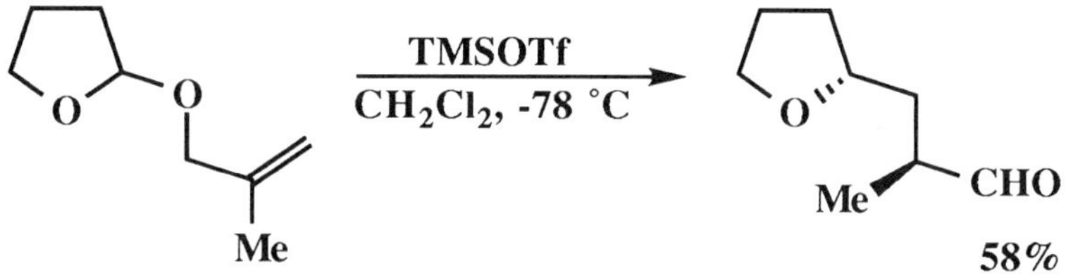

I.H.2-16 Harrowven, D.C. and Dainty, R.F., *TL*, **37**, 3607.

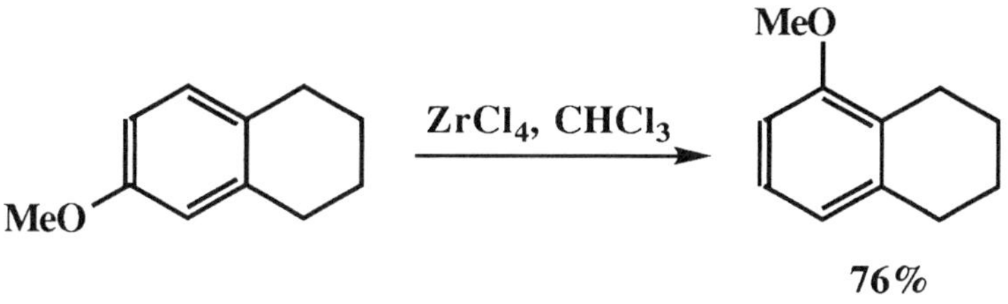

I.H.2-17 Ila, H., Junjappa, H. et al., *TL*, **37**, 3565.

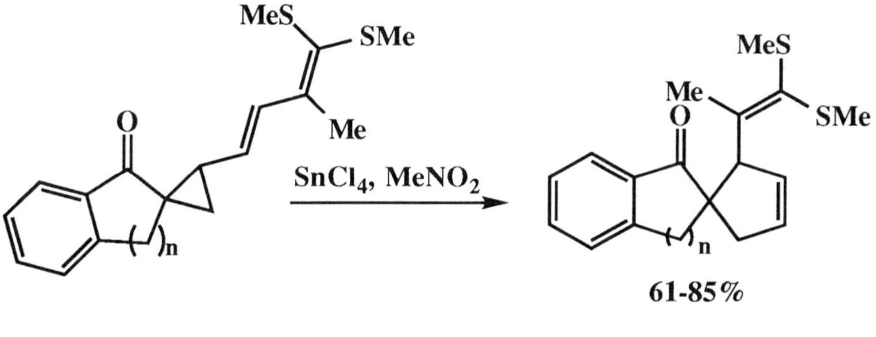

I.H.2-18 Kita, Y. et al., *TL*, **37**, 1817; Abad, A., Arno, M. et al., *JOC*, **61**, 5916.

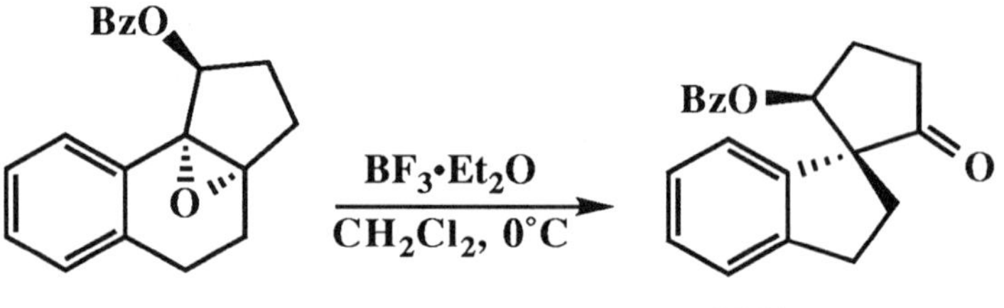

BzO / BF$_3$·Et$_2$O, CH$_2$Cl$_2$, 0°C → BzO product

89% (e.e. = 90%)

I.H.2-19 Nair, V. et al., *TL*, **37**, 8271.

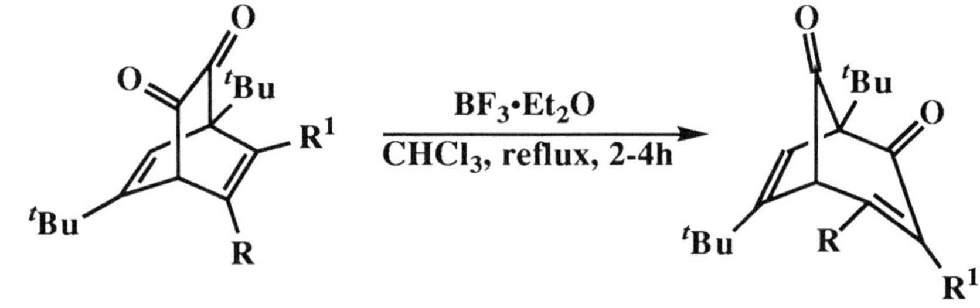

BF$_3$·Et$_2$O, CHCl$_3$, reflux, 2-4h

82-92%

I.H.2-20 Tanabe, Y. et al., *JCSP1*, 2157.

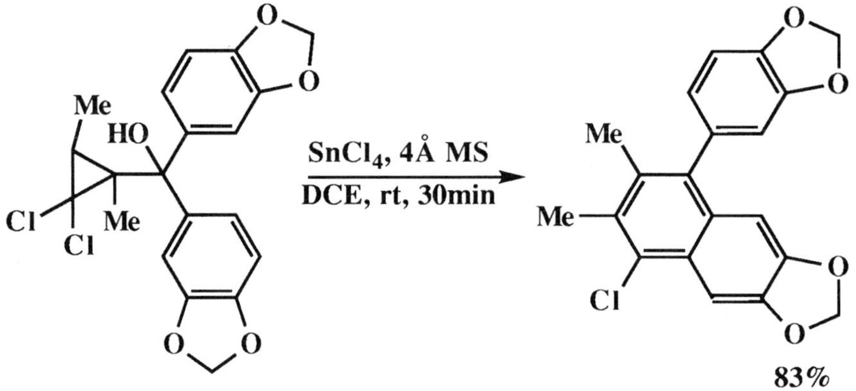

SnCl$_4$, 4Å MS, DCE, rt, 30min

83%

I.H.2-21 Urones, J.G. *TL*, **37**, 1659.

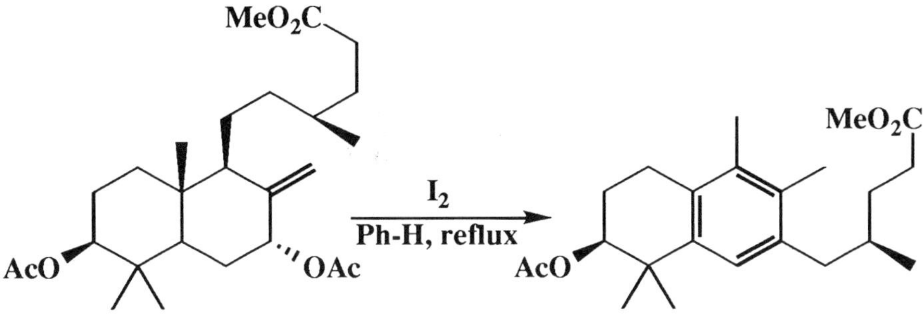

I.H.2-22 Paquette, L.A. et al., *JACS*, **118**, 9456; **see also:** Trost, B.M. and Chen, D.W.C., *JACS*, **118**, 12541.

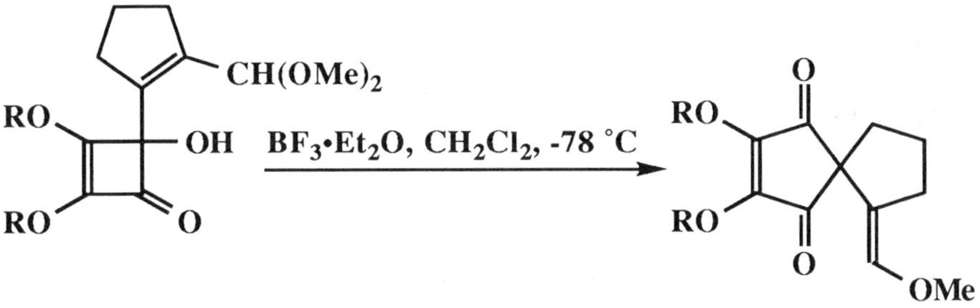

I.H.2-23 Krohn, K. et al., *JPR*, **338**, 349.

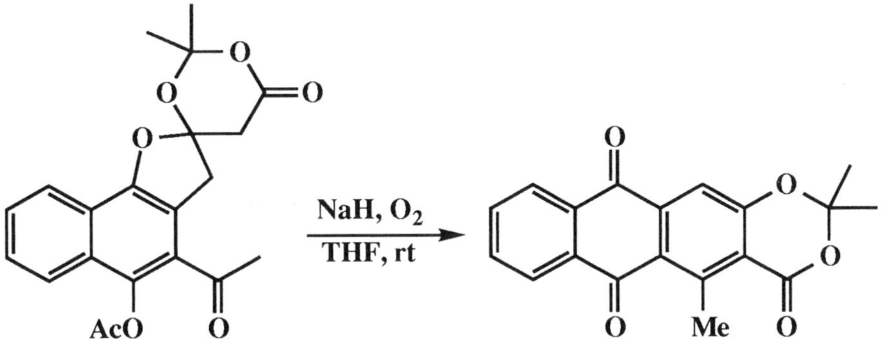

I.H.2-24 Fukumoto, K. et al., *JOC*, **61**, 1347; Kim, S. and Uh, K.H., *TL*, **37**, 3865; **see also:** Helquist, P. and Bradlee, M.J., *OS*, **74**, 137.

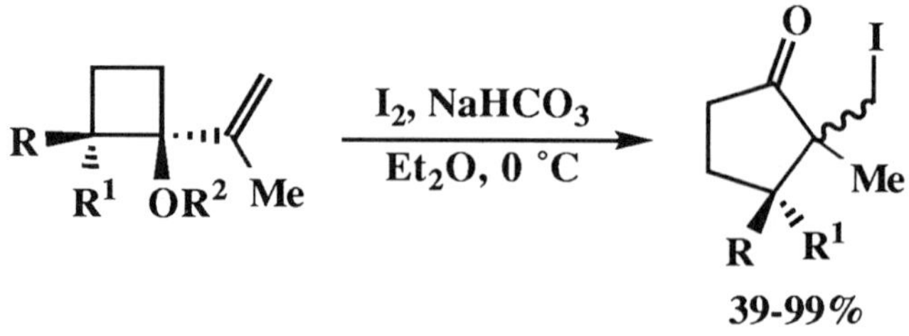
R
R1
OR2
Me
I2, NaHCO3
Et2O, 0 °C
O
I
Me
R
R1
39-99%

I.H.2-25 Wijnberg, J.B.P.A., de Groot, A. et al., *CPB*, **44**, 1400; Koike, T. et al., *CPB*, **44**, 646.

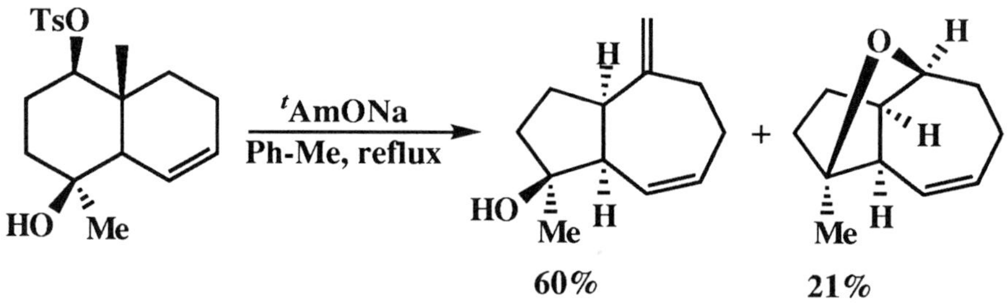
TsO
HO
Me
tAmONa
Ph-Me, reflux
H
HO
Me
H
60%
+
O
H
H
Me
H
21%

I.H.2-26 Hara, S., Yoneda, N. et al., *TL*, **37**, 8511.

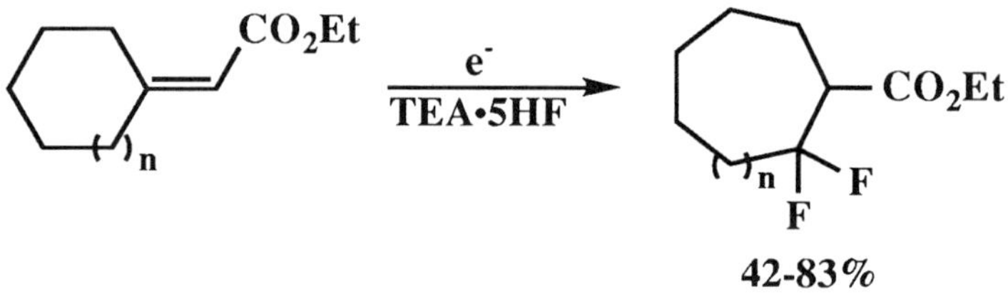
CO2Et
n
e-
TEA•5HF
CO2Et
n
F
F
42-83%

I.H.2-27 Vatele, J.-M. et al., *T*, **52**, 6647.

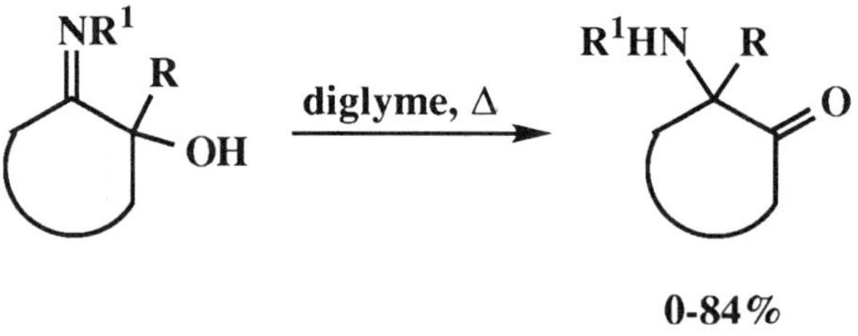
NR1
R
OH
diglyme, Δ
R1HN
R
O
0-84%

I.H.2-28 Honda, K., Inoue, S. et al., *CL*, 385, 671; Maeda, Y. and Sato, Y., *JOC*, **61**, 5188.

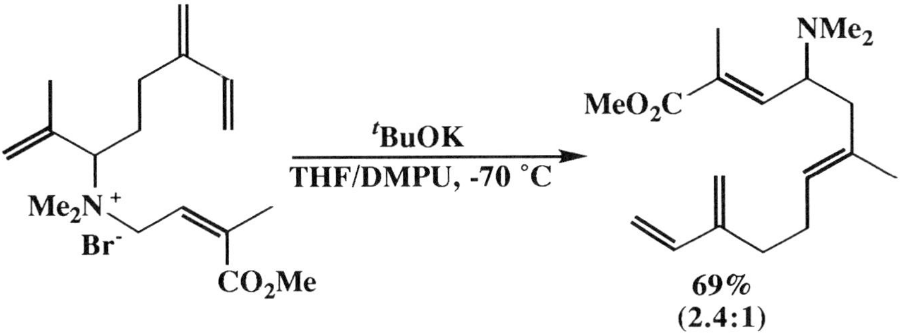

I.H.2-29 Corey, E.J. and Wood, Jr., H.B., *JACS*, **118**, 11982.

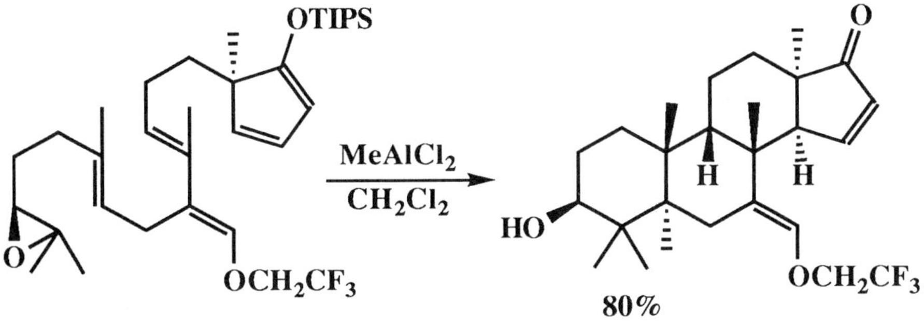

I.H.2-30 Pattenden, G. and Smithies, A.J., *JSCP1*, 57.

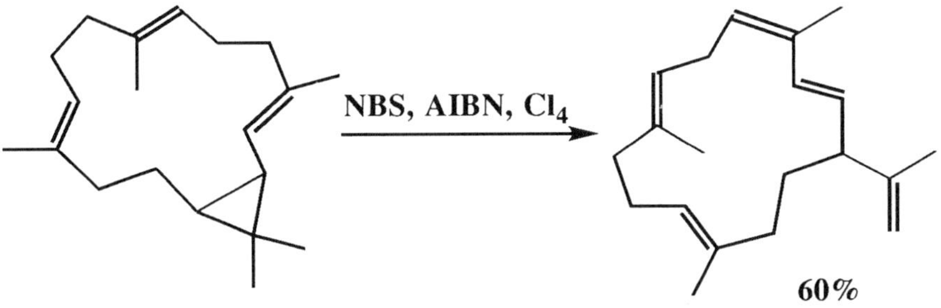

I.H.2-31 Liu, H.-J. et al., *TL*, **37**, 8073

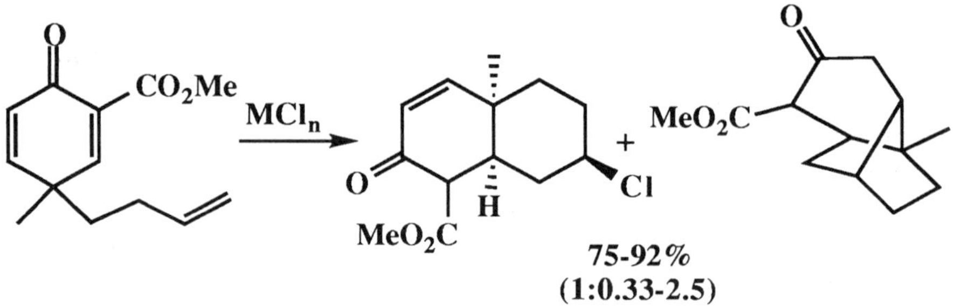
O
CO_2Me
MCl_n
O
MeO_2C
H
Cl
+
O
MeO_2C
75-92%
(1:0.33-2.5)

I.H.2-32 Hanna, I. et al., *JCR(S)*, 32.

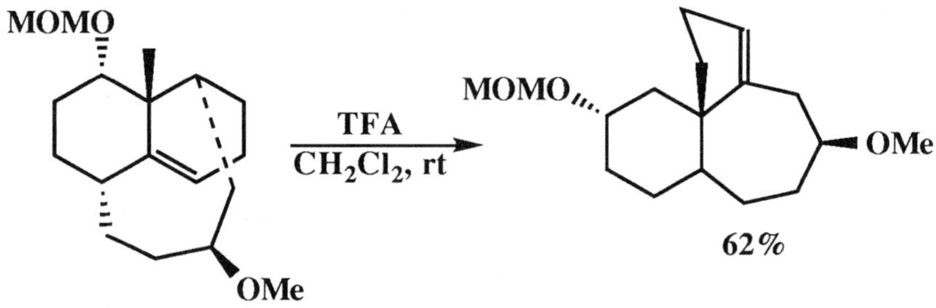
MOMO
OMe
TFA
CH_2Cl_2, rt
MOMO
OMe
62%

I.H.2-33 Ardisson, J., Pancrazi, A. et al., *T*, **52**, 6613.

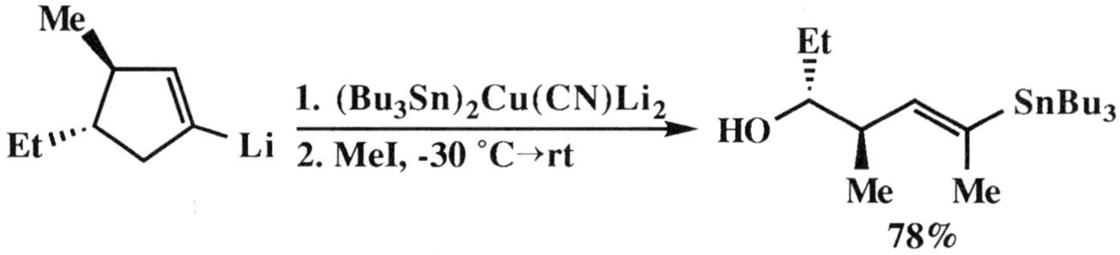
Me
Et
Li
1. $(Bu_3Sn)_2Cu(CN)Li_2$
2. MeI, -30 °C→rt
Et
HO
$SnBu_3$
Me Me
78%

I.H.2-34 Hoberg, J.O. and Jennings, P.W., *JOM*, **15**, 3902.

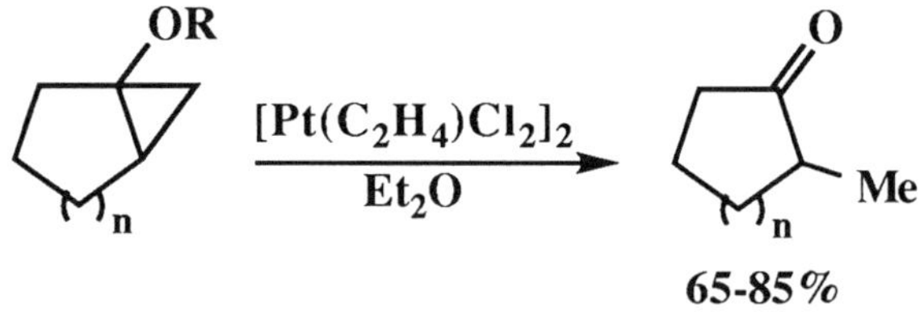
OR
n
$[Pt(C_2H_4)Cl_2]_2$
Et_2O
O
Me
n
65-85%

II
OXIDATIONS

II.A. C-O Oxidations

II.A.1 Alcohols → Ketones, Aldehydes

II.A.1-1 Einhorn, J. et al., *JOC*, **61**, 7452; **see also**: Firouzabadi, H. et al., *BCJ*, **69**, 685.

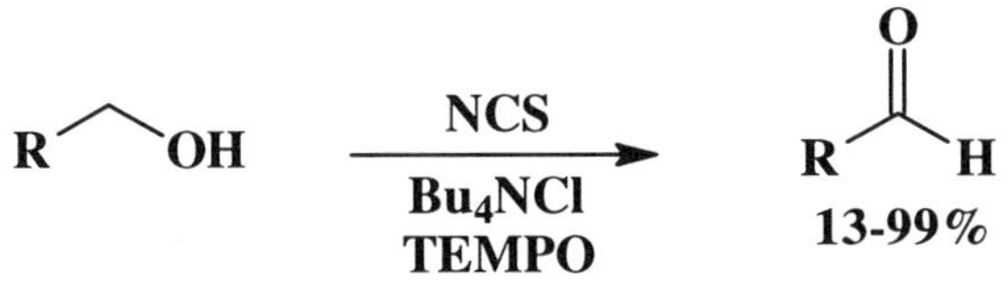

$$R-CH_2-OH \xrightarrow[\text{TEMPO}]{\text{NCS, Bu}_4\text{NCl}} R-CHO \quad 13\text{-}99\%$$

II.A.1-2 Osa, T. et al., *CC*, 2745.

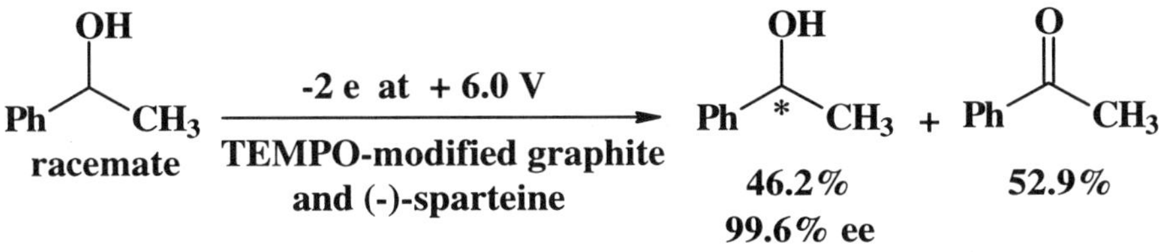

$$\text{Ph-CH(OH)-CH}_3 \text{ (racemate)} \xrightarrow[\text{TEMPO-modified graphite and (-)-sparteine}]{-2e \text{ at } +6.0 \text{ V}} \text{Ph-}\overset{*}{\text{CH}}(\text{OH})\text{-CH}_3 \text{ (46.2\%, 99.6\% ee)} + \text{Ph-CO-CH}_3 \text{ (52.9\%)}$$

II.A.1-3 Scettri, A. et al., *TL*, **37**, 733; **see also**: Wakharkar, R.D., et al., *TL*, **37**, 2067.

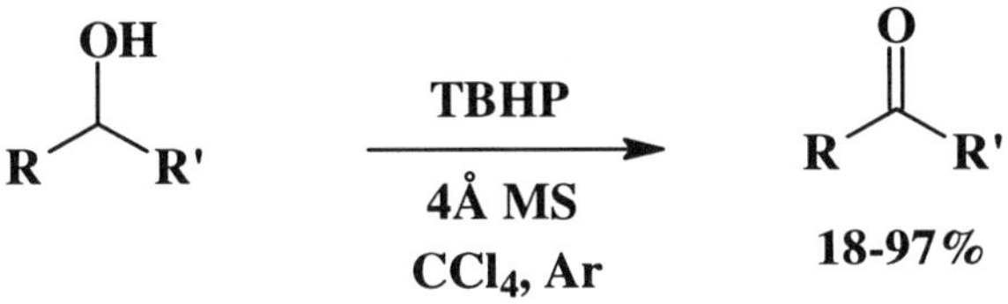

$$R-CH(OH)-R' \xrightarrow[\text{CCl}_4, \text{ Ar}]{\text{TBHP, 4Å MS}} R-CO-R' \quad 18\text{-}97\%$$

II.A.1-4 Rodriquez, J.A.R. et al., *TL*, **37**, 5029.

$$\underset{RR'}{\overset{OH}{\diagdown}} \xrightarrow[\text{2-4 h}]{\text{acetyl nitrate on Montmorillonite K10}} \underset{RR'}{\overset{O}{\diagdown}} \quad 58\text{-}99\%$$

I.A.1-5 Wilson, N.S. and Keay, B.A., *JOC*, **61**, 2918.

$$\underset{PhCH_3}{\overset{OTBDMS}{\diagdown}} \xrightarrow[\substack{\text{2-bromomesitylene}\\110\ ^\circ C,\ 4\ h}]{\substack{PdCl_2\ (MeCN)_2\\(Ph)_3P,\ DMF}} \underset{PhCH_3}{\overset{O}{\diagdown}} \quad 90\%$$

II.A.1-6 Ballini, R. and Papa, F., *TL*, **37**, 3507; **see also:** Bovicelli, P. et al., *T*, **52**, 10969.

Reaction of a dihydroxy nitro compound with DMD (1.5 eq), acetone, 25 °C to give hydroxy nitro ketone, 90%.

II.A.1-7 Kaneda, K. et al., *JOC*, **61**, 4502.

$$\underset{R_2R_3}{\overset{R_1CH_2OH}{\diagdown\!\!/\!\!\diagup}} \xrightarrow[\substack{O_2,\ \text{benzene}\\50\text{-}80\ ^\circ C}]{Pd_4Ph_2(CO)(OAc)_4} \underset{R_2R_3}{\overset{R_1CHO}{\diagdown\!\!/\!\!\diagup}} \quad 13\text{-}100\%$$

II.A.1-8 Besson, M. et al., *RTC*, **115**, 217.

Oxidation of Glucose on Pt, Pt-Bi, and Pt-Au Catalysts.

II.A.1-9 Curci, R. et al., *TL*, **37**, 114.

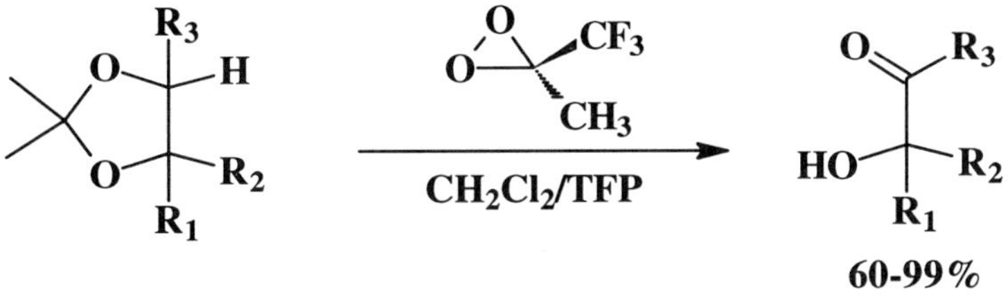

[Reaction: dioxolane with R$_1$, R$_2$, R$_3$, H substituents + CF$_3$(CH$_3$)-dioxirane in CH$_2$Cl$_2$/TFP → α-hydroxy ketone (O=C-R$_3$, HO-C(R$_1$)(R$_2$)), 60-99%]

II.A.1-10 Parish, E.J. and Li, S., *JOC*, **61**, 5665; **see also:** Backvall, J.E., et al., *JOC*, **61**, 6587.

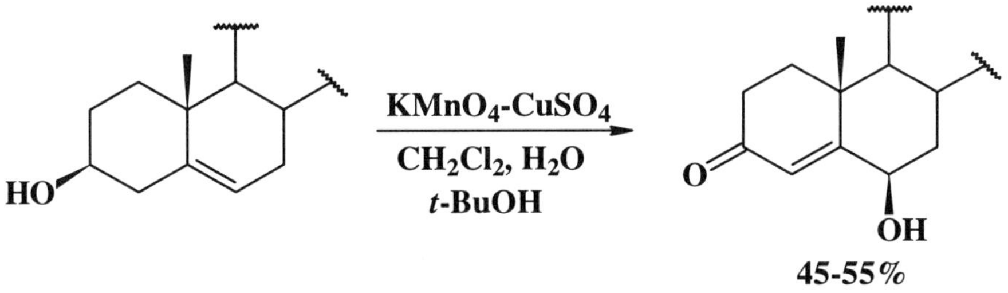

[Reaction: decalin-type allylic alcohol + KMnO$_4$-CuSO$_4$, CH$_2$Cl$_2$, H$_2$O, *t*-BuOH → enone with transposed OH, 45-55%]

II.A.2 Alcohols, Aldehydes → Acids, Esters

II.A.2-1 Degani, I., Fochi, R., *JOC*, **61**, 8762.

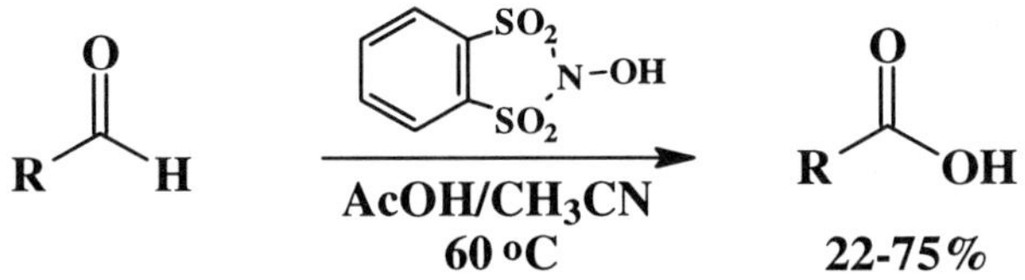

[Reaction: RCHO + benzo-1,2-disulfonyl-N-OH reagent, AcOH/CH$_3$CN, 60 °C → RCOOH, 22-75%]

II.B. C-H Oxidations

II.B.1 C-H → C-O

II.B.1-1 Ishii, Y. et al., *JOC*, **61**, 4520; **see also:** Frei, H. et al., *JACS*, **118**, 6873; Neuman, R. and Khenkin, A.M., *CC*, 2643.

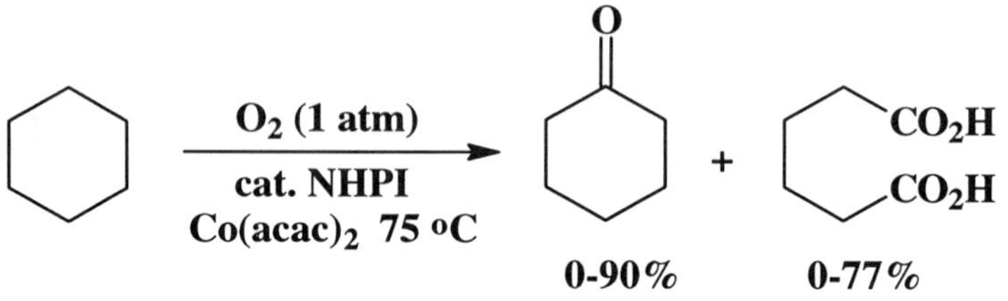

cyclohexane $\xrightarrow{\text{O}_2 \text{ (1 atm)}, \text{ cat. NHPI}, \text{ Co(acac)}_2 \text{ 75 °C}}$ cyclohexanone (0-90%) + adipic acid (0-77%)

II.B.1-2 Waegell, B. et al., *TL*, **37**, 2425.

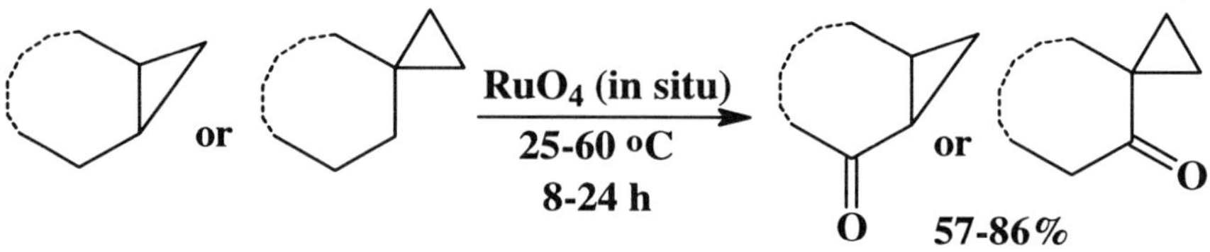

bicyclic substrate or spirocyclic substrate $\xrightarrow{\text{RuO}_4 \text{ (in situ)}, 25\text{-}60 \text{ °C}, 8\text{-}24 \text{ h}}$ ketone products, 57-86%

II.B.1-3 Martin, V.S. et al., *JOC*, **61**, 8448; Hanessian, S. and Sanceau, J.-Y., *CJC*, **74**, 621.

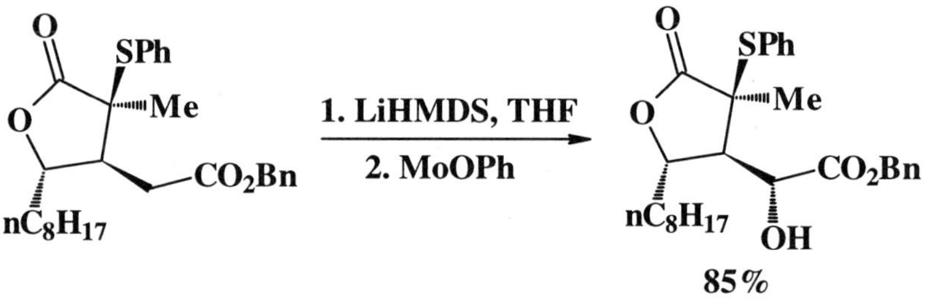

lactone with SPh, Me, nC$_8$H$_{17}$, CH$_2$CO$_2$Bn $\xrightarrow{\text{1. LiHMDS, THF}; \text{ 2. MoOPh}}$ α-hydroxylated product, 85%

II.B.1-4 Julia, M. et al., *BSF*, **133**, 15; **see also:** Rozen, S. and Bareket, Y., *CC*, 627.

$$\underset{R'}{\overset{R}{>}}\text{CHCO}_2\text{H} \xrightarrow[\text{3. CH}_2\text{N}_2]{\text{1. LDA, THF} \atop \text{2. }^t\text{BuOOLi}} \underset{R'}{\overset{R}{>}}\text{C(OH)CO}_2\text{H} \quad 82\text{-}91\%$$

II.B.1-5 Katsuki, T. et al., *TL*, **37**, 4979.

1,1-dimethylindane $\xrightarrow[\text{PhCl, 10 °C}]{\text{PhIO} \atop \text{Mn-Salen cat.}}$ 3-hydroxy-1,1-dimethylindane

29%, 64% ee

II.B.1-6 Griengl, H. et al., *TA*, **7**, 467, 473, 491.

Microbial Hydroxylation of 2-Cycloalkylbenzoxazoles.

II.B.1-7 Sasson, Y. and Feldbergh, L., *TL*, **37**, 2063; **see also:** Shulpin G.B., Guerreiro, M.C. and Schuchardt, U., *T*, **52**, 13051.

tetralin $\xrightarrow[\text{CH}_2\text{Cl}_2,\ 25\ °\text{C, 4 h}]{\text{}^t\text{BuOOH} \atop \text{CuCl}_2\ (1\ \text{mol}\%) \atop \text{TBAB (3 mol}\%)}$ 1-(*tert*-butylperoxy)tetralin

75%

II.B.1-8 Singh, V.K. et al., *TL*, **37**, 2633, 8435; Sodergren, M.J. and Andersson, P.G., *TL*, **37**, 7577.

$$\text{(} \bigcirc \text{)}_n \xrightarrow[\text{2-20 days}]{\text{Cu(OTf)}_2 \atop t\text{butylperbenzoate}} \text{(} \bigcirc \text{)}_n\text{-OCOPh}$$

38-70%

II.B.1-9 Asensio, G. et al., *AGE*, **35**, 217.

$$R\text{-CH}_2\text{-R'} \xrightarrow[\text{2-60 min}]{\underset{\text{O-O}}{\text{CH}_3\text{-C(CF}_3\text{)}} \atop (\text{CF}_3\text{CO})_2\text{O, CH}_2\text{Cl}_2} R\text{-CH(OCOCF}_3\text{)-R'}$$

75-99%

II.B.1-10 Weinreb, S.M. et al., *JOC*, **61**, 9483; **see also:** Thyrann, T. and Lightner, D.A., *TL*, **37**, 315.

[2-aminobenzoyl pyrrolidine with (CH$_2$)$_n$X] $\xrightarrow[\text{MeOH}]{\text{NaNO}_2, \text{CuCl}}$ [benzoyl-2-methoxypyrrolidine with (CH$_2$)$_n$X]

43-82%

II.B.1-11 Le Bozec, H. et al., *TL*, **37**, 7503.

[4,4'-dimethyl-6,6'-disubstituted-2,2'-bipyridine] $\xrightarrow[\text{2. NaIO}_4]{\text{1. (Me}_2\text{N)}_2\text{CH(O}^t\text{Bu)}}$ [4,4'-diformyl-6,6'-disubstituted-2,2'-bipyridine]

52-71%

II.B.1-12 Booker-Milburn, K.I. and Cowell, J.K., *TL*, **37**, 2177.

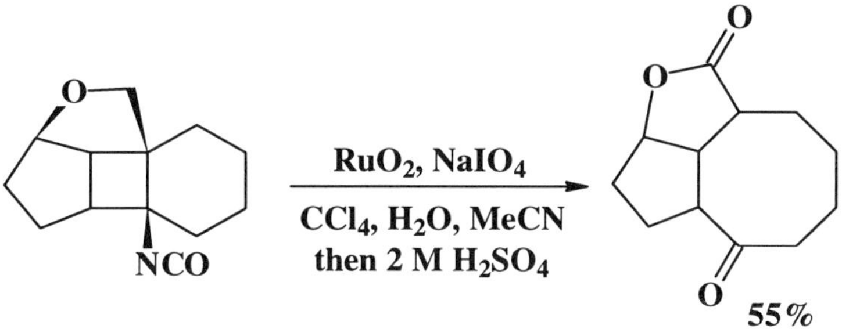

Reagents: RuO$_2$, NaIO$_4$, CCl$_4$, H$_2$O, MeCN, then 2 M H$_2$SO$_4$; 55%

II.B.1-13 Parish, E.J. et al., *JCR(S)*, 544; Miller, R.A. et al., *TL*, **37**, 3429.

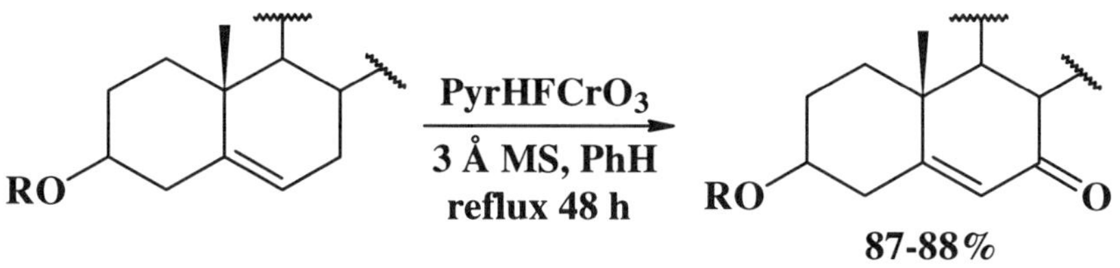

Reagents: PyrHFCrO$_3$, 3 Å MS, PhH, reflux 48 h; 87-88%

[via catalytic RuCl$_3$ and *t*-butylhydroperoxide]

II.B.2 C-H → C-Hal

I.B.2-1 Stavber, S. and Zupan, M., *TL*, **37**, 3591.

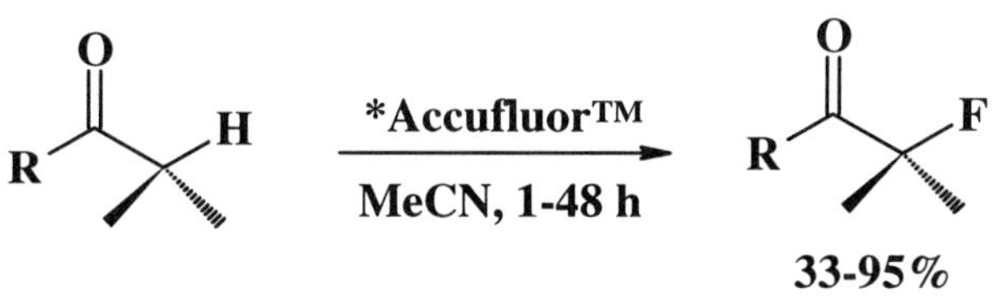

Reagents: *Accufluor™, MeCN, 1-48 h; 33-95%

* 1-fluoro-4-hydroxy-1,4-diazabicyclo[2.2.2]octane bis(tetrafluoroborate)

II.B.2-2 Leroy, J., *OS*, **74**, 212.

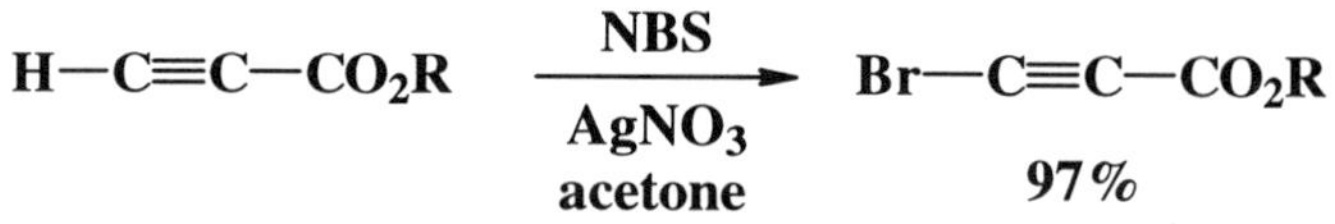

$$H-C\equiv C-CO_2R \xrightarrow[\text{acetone}]{\text{NBS} \atop \text{AgNO}_3} Br-C\equiv C-CO_2R \quad 97\%$$

II.C. C-N Oxidations

II.C-1 Goti, A. and Nannelli, L., *TL*, **37**, 6025; Murray, R.W. et al., *JOC*, **61**, 8099.

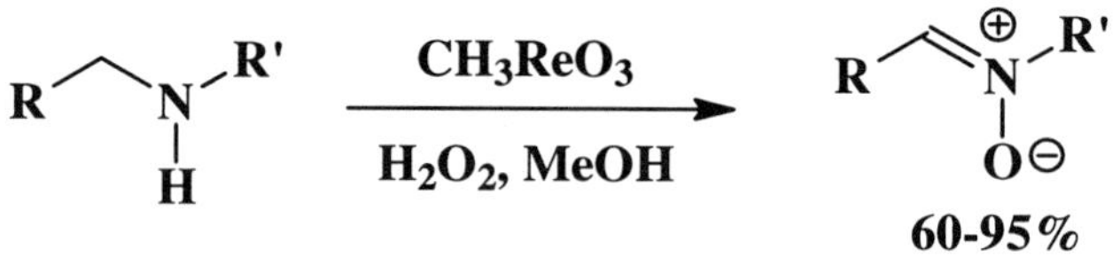

$$R\text{-}CH_2\text{-}N(H)\text{-}R' \xrightarrow[\text{H}_2\text{O}_2, \text{MeOH}]{\text{CH}_3\text{ReO}_3} R\text{-}CH=N^{\oplus}(O^{\ominus})\text{-}R' \quad 60\text{-}95\%$$

II.D. Amine Oxidations

II.D-1 Chen, B.C. and Stark, D.R., *OPP*, **28**, 115.

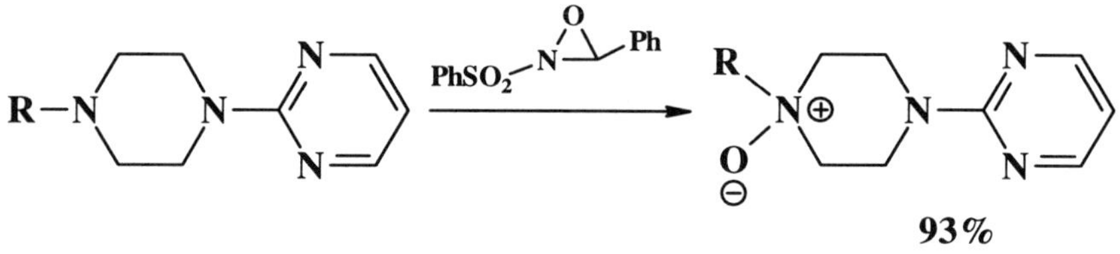

$$R-N\text{(piperazinyl)}N-\text{pyrimidin-2-yl} \xrightarrow{\text{PhSO}_2-N\overset{O}{\triangle}Ph} R-N^{\oplus}(O^{\ominus})\text{(piperazinyl)}N-\text{pyrimidin-2-yl} \quad 93\%$$

II.D-2 Murray, R.W. et al., *TL*, **37**, 805.

4-methoxyaniline $\xrightarrow{\text{CH}_3\text{ReO}_3,\ \text{H}_2\text{O}_2}$ 4-methoxynitrobenzene, 99%

II.D-3 Zaks, A. et al., *JOC*, **61**, 8692.

$$R\text{-}C(=\text{NOH})\text{-}R' \xrightarrow[\text{H}_2\text{O}_2,\ \text{KX}]{\text{chloroperoxidase enzyme,\ phosphate/citrate buffer}} R\text{-}C(\text{NO}_2)(X)\text{-}R'$$

0-82%

II.D-4 Berlin, A. and Canavesi, *T*, **52**, 7947.

Electrooxidation Products of Methylindoles: Mechanisms and Structures.

II.E. Sulfur Oxidations

II.E-1 Arterburn, J.B. and Nelson, S.L., *JOC*, **61**, 2260; **see also:** Hirano, M., Clark, J.H., Morimoto, T., Yakabe, S., *JCS(P1)*, 2693; Drago, R.S. et al., *JOC*, **61**, 5693; Rayner, C.M. et al., *T*, **52**, 1841; Quayle, P. et al., *TL*, **37**, 9385.

$$R\text{-}S\text{-}R' \xrightarrow[\text{Ph}_2\text{SO,\ CDCl}_3]{\text{ReOCl}_3\ (\text{PPh}_3)_2} R\text{-}S(=O)\text{-}R'$$

0-98%

II.E-2 Kokubo, C. and Katsuki, T., *T*, **52**, 13895; **see also:** Kelly, D.R. et al., *TA*, **7**, 365; Bulman Page, P.C. et al., *T*, **52**, 2125; Licini, G. et al., *JOC*, **61**, 5175;

$$Ar-S-R \xrightarrow[\text{Mn-Salen (1 mol\%)}]{\text{PhIO}} Ar-\overset{\overset{O}{\uparrow}}{\underset{*}{S}}-R$$

24-95%
up to 94% ee

II.E-3 Allenmark, S.G. and Andersson, M.A., *TA*, **7**, 1089.

Chloroperoxidase-catalyzed Asymmetric Synthesis of a Series of Aromatic Cyclic Sulfoxides.

II.E-4 Jones, C. W. et al., *RTC*, **115**, 244.

The Oxidation of Penicillin-G-Potassium Salt using Supported Polyoxometalates with Hydrogen Peroxide.

II.E-5 Sawaki, Y. et al., *JACS*, **118**, 7265; **see also:** Clennan, E.L. and Greer, A., *JOC*, **61**, 4793.

Mechanism of Sulfone Formation in the Reaction of Sulfides and Singlet Oxygen: Intermediacy of S-Hydroperoxysulfonium Ylide.

II.E-6 Khurana, J.M. et al., *OPP*, **28**, 234; **see also:** Maikap, G.C. et al., *TL*, **37**, 3367.

$$R-S-R' \xrightarrow[\text{MeCN, 25 °C} \atop \text{5-60 min}]{\text{NaOCl}} R-SO_2-R'$$

55-98%

II.F. Oxidative Additions to C-C Multiple Bonds

II.F.1 Epoxidations

II.F.1-1 Katsuki, T. et al., *TL*, **37**, 3905, 4533; Katsuki, T. et al., *T*, **52**, 515; Zhao, S.-H. et al., *TL*, **37**, 2725; Schulz, M. et al., *T*, **52**, 2957; Brussee, J. et al., *TA*, **7**, 2539; Feringa, B.L. et al., *T*, **52**, 3521; Bosch, E. and Kochi, J.K., *JACS*, **118**, 1319.

Enantioselective or Catalytic Epoxidations of Unfunctionalized Alkenes.

II.F.1-2 Kroutil, W. et al., *CC*, 845; Todd, C.J. et al., *JCS(P1)*, 343, 2837; **see also:** Enders, D. et al., *AGE*, **35**, 1725; Kumar, A and Bhakuni, V. et al., *TL*, **37**, 4751; Lakner, F.J. and Hager, L.P. *JOC*, **61**, 3923; Fernandez de la Pradilla, R. et al., *JOC*, **61**, 3586; Murray, R.W. et al., *JOC*, **61**, 1830.

R–CH=CH–C(O)–R' → [poly-D-leucine, NaOH, H$_2$O$_2$, H$_2$O, CH$_2$Cl$_2$, 18-168 h] → epoxide
52-92%
62-98% ee

II.F.1-3 Yang, D. et al., *JACS*, **118**, 491, 11311; Shi, Y. et al., *JACS*, **118**, 9806; Aggarwal, V.K. and Wang, M.F., *CC*, 191; **see also:** Murray, R.W. et al., *TL*, **37**, 8671.

Ph–CH=CH–Ph → [Oxone®, NaHCO$_3$, MeCN/H$_2$O, chiral catalyst] → Ph-epoxide-Ph
90-95%
47-75% ee

II.F.1-4 Majetich, G. and Hicks, R., *SL*, 649; Ishii, Y. et al., *JOC*, **61**, 5307; Kasch, H., *TL*, **37**, 8349.

Various Alkene Epoxidations with H_2O_2 Systems.

II.F.1-5 Spilling, C.D. and Boehlow, T.R., *TL*, **37**, 2717; see also: Sheldon, R.A. et al., *T*, **52**, 12971.

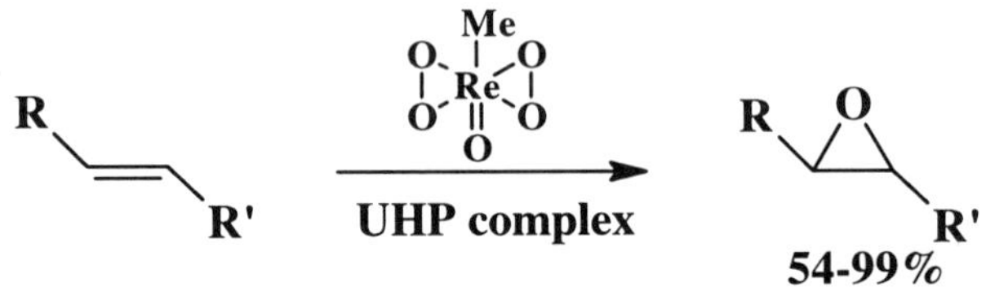

$$R-CH=CH-R' \xrightarrow[\text{UHP complex}]{\text{MeReO}_3} R-\text{epoxide}-R' \quad 54\text{-}99\%$$

II.F.1-6 Saladino, R., Mincione, E. et al., *TL*, **37**, 2647.

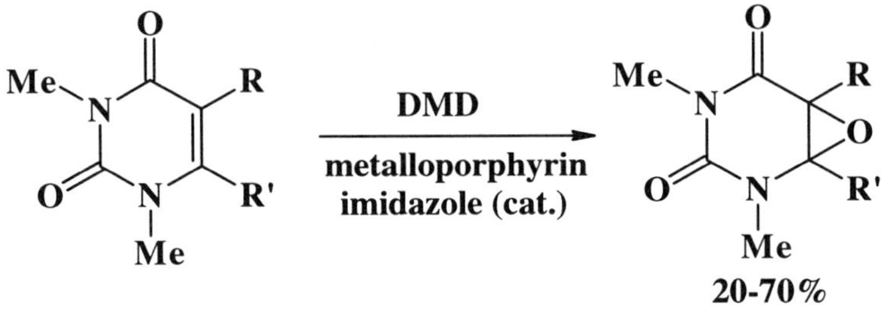

$$\xrightarrow[\substack{\text{metalloporphyrin}\\ \text{imidazole (cat.)}}]{\text{DMD}} \quad 20\text{-}70\%$$

II.F.1-7 Clark, J.H. et al., *CC*, 1859.

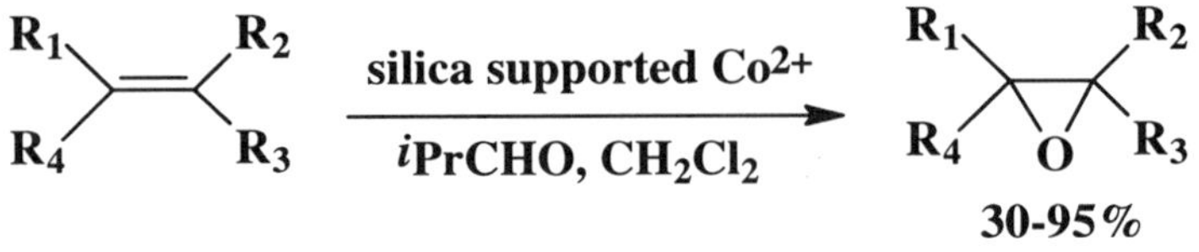

$$\begin{array}{c} R_1 \\ R_4 \end{array}\!\!\!>=<\!\!\!\begin{array}{c} R_2 \\ R_3 \end{array} \xrightarrow[i\text{PrCHO, CH}_2\text{Cl}_2]{\text{silica supported Co}^{2+}} \quad 30\text{-}95\%$$

II.F.1-8 Desmarteau, D.D. et al., *JOC*, **61**, 8805.

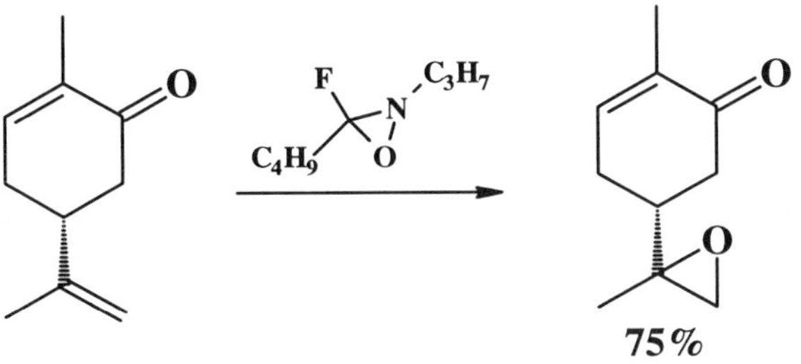

II.F.1-9 Rozen, S. et al., *TL*, **37**, 531.

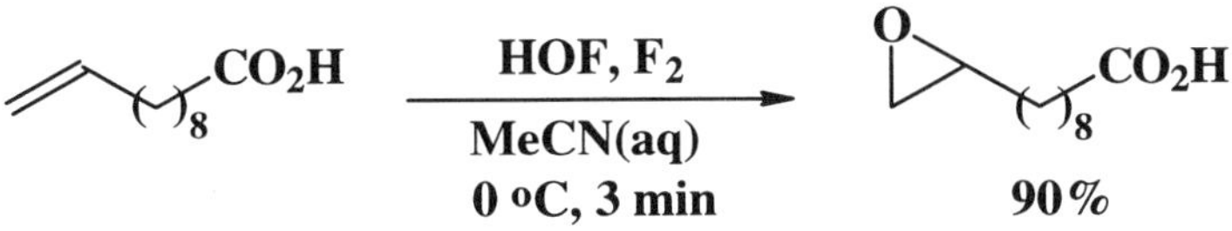

II.F.1-10 Armstrong, A. et al., *JCS(P1)*, 1373.

55-61%   syn only

II.F.1-11 Yadav, V.K. et al., *T*, **52**, 3569;

KF Adsorbed on Alumina Effectively Promotes the Epoxidation of Electron Deficient Alkenes by Anhydrous *t*-Butylhydroperoxide.

II.F.1-12 DeVos, D.E. et al., *TL*, **37**, 8557; **see also:** DeVos, D.E. et al., *JOM*, **520**, 195.

Selective Epoxidation via Anionic Peroxotungsten Compounds on Layered Double Hydroxides with Various Polarities.

II.F.2 Hydroxylations

II.F.2-1 Sharpless, K.B. et al., *JACS*, **118**, 35; Corey, E.J. and Noe, M.C., *JACS*, **118**, 319, 11038; Corey, E.J. et al., *TL*, **37**, 1735; Han, H. and Janda, K.D., *JACS*, **118**, 7632; Andrus, M.B. and Shih, T.L., *JOC*, **61**, 8780; Song, C.E. et al., *TA*, **7**, 645; Lohray, B.B. et al., *TA*, **7**, 2805; Reetz, M.T. et al., *TL*, **37**, 9293.

Mechanistic Analyses, Improved Ligands and Enantioselectivities in the Asymmetric Dihydroxylation of Olefins.

II.F.2-2 Angelaud, R. and Lendais, Y., *JOC*, **61**, 5202.

Desymmetrization of a Silyl-2,5-Cyclohexadiene. Synthesis of (+)-Corduritol and (-)-2-Deoxyalloinositol (via Asymmetric Dihydroxylation).

II.F.2-3 Torii, S. et al., *JOC*, **61**, 3055.

Chemical and Electrochemical Asymmetric Dihydroxylation of Olefins in I_2-K_2CO_3-$K_2OsO_2(OH)_4$ and I_2-K_3PO_4/K_2HPO_4-$K_2OsO_2(OH)_4$ Systems with Sharpless' Ligand.

II.F.2-4 Sibi, M. P. and Christensen, J. W., *TL*, **36**, 6213; **see also:** Schulz, M. et al., *T*, **52**, 13151.

II.F.2-5 Sunderman, B. and Scharf, H.-D., *TA*, **7**, 1995.

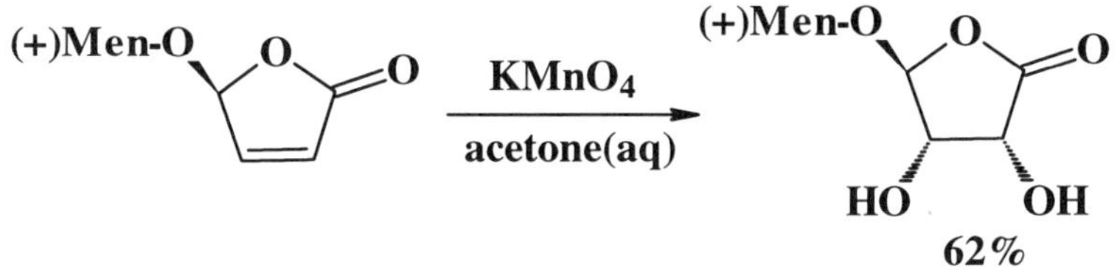

[Reaction: (+)Men-O-substituted furanone + KMnO₄ / acetone(aq) → dihydroxylated (+)Men-O furanone with HO and OH, 62%]

II.F.2-6 Dalton, H. and Boyd, R. et al., *CC*, 2361, 2363.

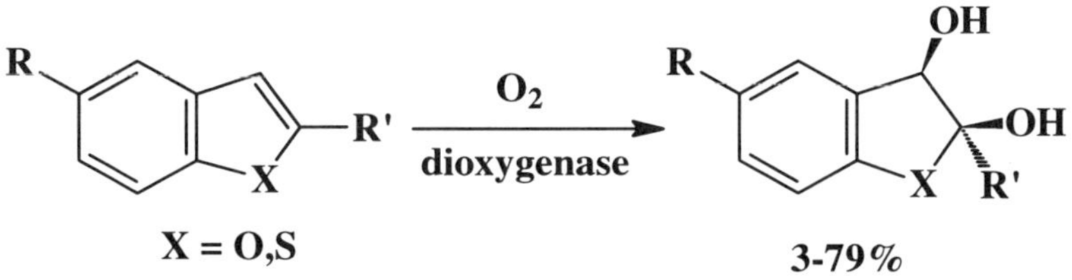

[Reaction: R-substituted benzofuran/benzothiophene-R' (X = O,S) + O₂ / dioxygenase → cis-diol product, 3-79%]

II.F.2-7 Adam, W. et al., *TL*, **37**, 6531.

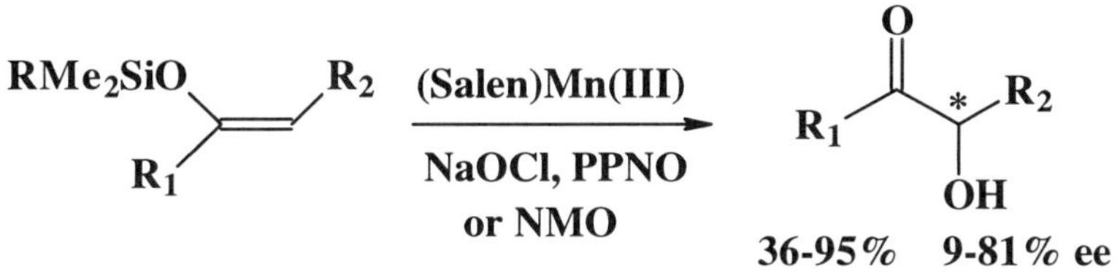

[Reaction: RMe₂SiO-C(R₁)=CH-R₂ + (Salen)Mn(III), NaOCl, PPNO or NMO → R₁-C(=O)-C*H(OH)-R₂, 36-95%, 9-81% ee]

II.F.3 Other Oxidative Additions to C-C Multiple Bonds

II.F.3-1 Ponrathnam, S., Sudalai, A. et al., *CC*, 1969.

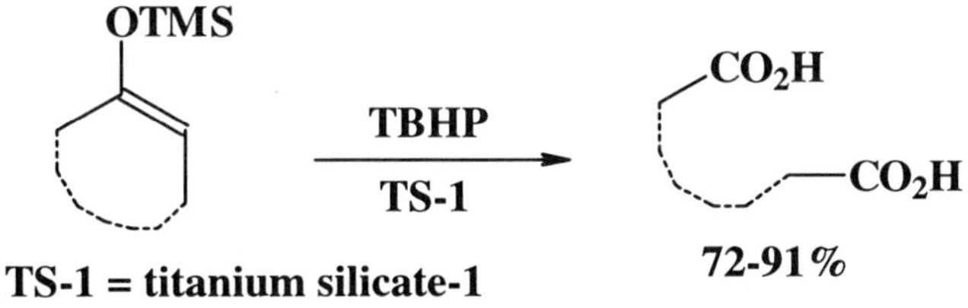

[Reaction: cyclohexenyl OTMS + TBHP / TS-1 → diacid (CO₂H, CO₂H), 72-91%

TS-1 = titanium silicate-1]

II.F.3-2 Fukuda, T. and Katsuki, T., *TL*, **37**, 4389.

cyclohexenyl-OR + PhIO / ROH / (Salen)Mn(III) → cyclohexane with OR, OR, OH (trans)
n = 1-3   31-68%   81-89% ee

II.F.3-3 Li, G. and Sharpless, K.B., *ACS*, **50**, 649.

Catalytic Asymmetric Aminohydroxylation Provides a Short Taxol Side-Chain Synthesis.

II.F.3-4 Cazes, B. et al., *TL*, **37**, 3333, 3335.

$$\underset{R'}{\overset{R}{\diagdown}}C=CH-(CH_2)_n-\underset{Z}{\overset{HNP}{C}}H-CO_2Et \xrightarrow[CH_3CO_3H \ (2 \ equiv)]{1\% \ OsCl_3} \underset{R'}{\overset{R}{\diagdown}}\underset{HO}{C}-\overset{O}{C}-(CH_2)_n-\underset{Z}{\overset{HNP}{C}}H-CO_2Et$$

6-68%

II.F.3-5 Tani, K. et al., *OM*, **15**, 5246.

$$R-\!\!\equiv\!\!-nC_{10}H_{21} \xrightarrow[CH_3CO_3H \ (2 \ equiv)]{1\% \ OsCl_3} \underset{O}{\overset{R}{\underset{\|}{C}}}-\overset{O}{\underset{\|}{C}}-nC_{10}H_{21} \ + \ \underset{\|}{\overset{R}{C}}H_2-\overset{O}{\underset{\|}{C}}-nC_{10}H_{21}$$

89-91%, 67:33 to 0:100

II.F.3-6 Chandrasekaran, S. and Bhat, S., *TL*, **37**, 3581.

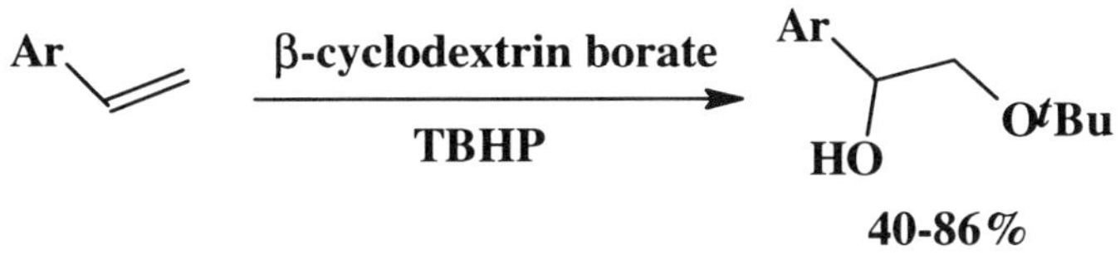

Ar−CH=CH₂ →[β-cyclodextrin borate / TBHP] Ar−CH(OH)−CH₂−O^{t}Bu

40-86%

II.F.3-7 Dhokte, U.P. and Brown, H.C., *TL*, **37**, 9021.

Isopinocampheylbromoborane, A New, Promising Reagent for the Asymmetric Hydroboration of Prochiral Alkenes.

II.G. Phenol-Quinone Oxidations

II.G-1 Abrams, S.R. et al., *CJC*, **74**, 1836.

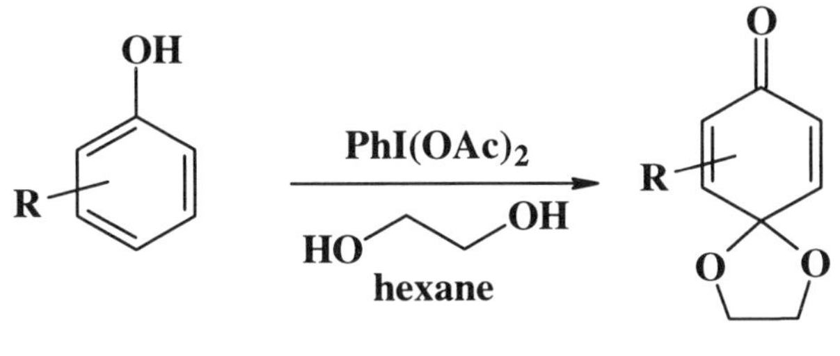

[Reaction: R-substituted phenol + PhI(OAc)₂, HOCH₂CH₂OH, hexane → spirocyclic dienone with 1,3-dioxolane]

II.G-2 Park, S.W. et al., *H*, **43**, 2495.

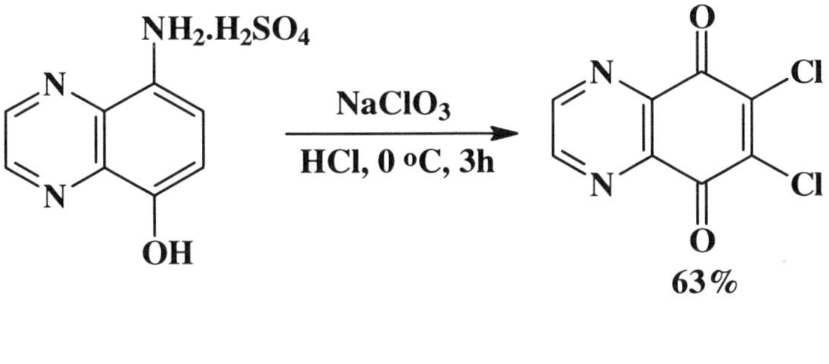

[Reaction: 5-amino-8-hydroxyquinoxaline·H₂SO₄ + NaClO₃, HCl, 0 °C, 3h → 6,7-dichloroquinoxaline-5,8-dione, 63%]

II.G-3 Murahashi, S.-I. et al., *JACS*, **118**, 2509.

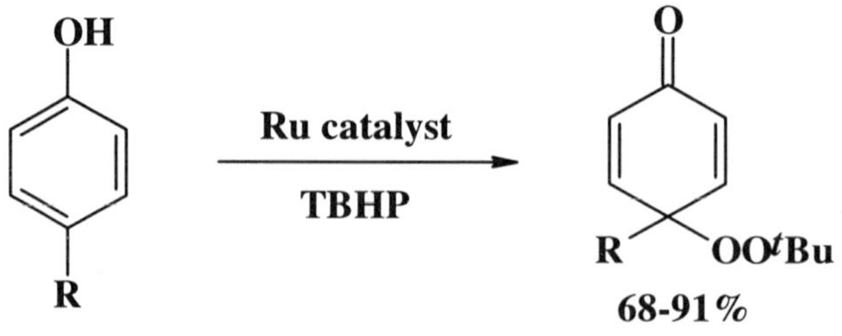

4-R-phenol → (Ru catalyst, TBHP) → 4-R-4-(OO^{t}Bu)-cyclohexa-2,5-dienone, 68-91%

II.G-4 Solaja, B.A., Gasic, M.J. et al., *TL*, **37**, 3765.

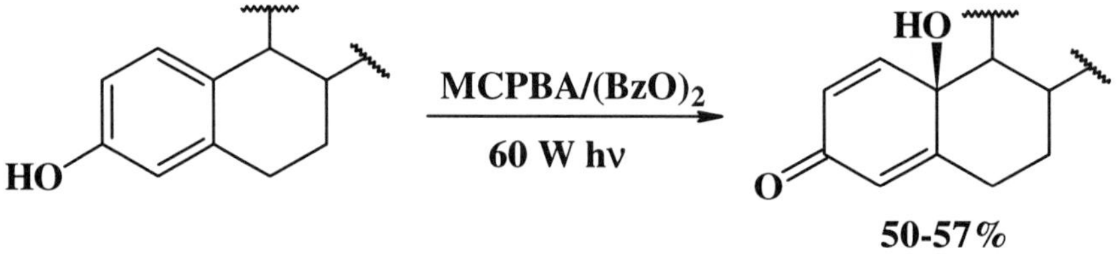

6-hydroxy-tetrahydronaphthalene derivative → (MCPBA/(BzO)$_2$, 60 W hν) → hydroxy-dienone product, 50-57%

II.G-5 Cooksey, C.J. et al., *OPP*, **28**, 463; **see also:** Reinholdt, D.N. et al., *JCS(P1)*, 1415.

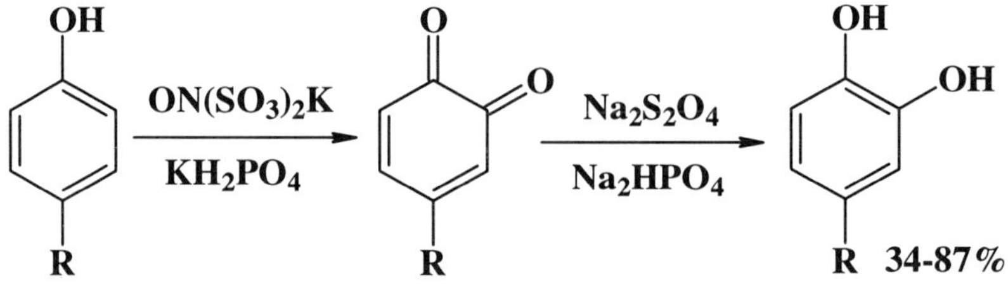

4-R-phenol → (ON(SO$_3$)$_2$K, KH$_2$PO$_4$) → 4-R-ortho-benzoquinone → (Na$_2$S$_2$O$_4$, Na$_2$HPO$_4$) → 4-R-catechol, 34-87%

II.H. Dehydrogenations

II.H-1 Kamal, A. and Rao, N.V., *CC*, 385.

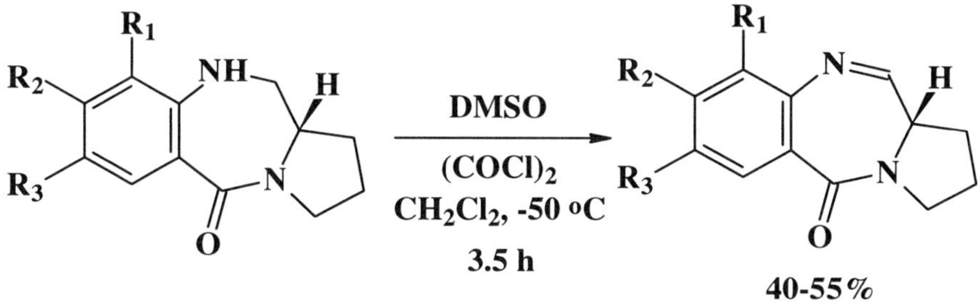

Reagents: DMSO, (COCl)$_2$, CH$_2$Cl$_2$, -50 °C, 3.5 h; 40-55%

II.H-2 Yamamoto, K., Kitaura, K. et al., *AGE*, **35**, 69.

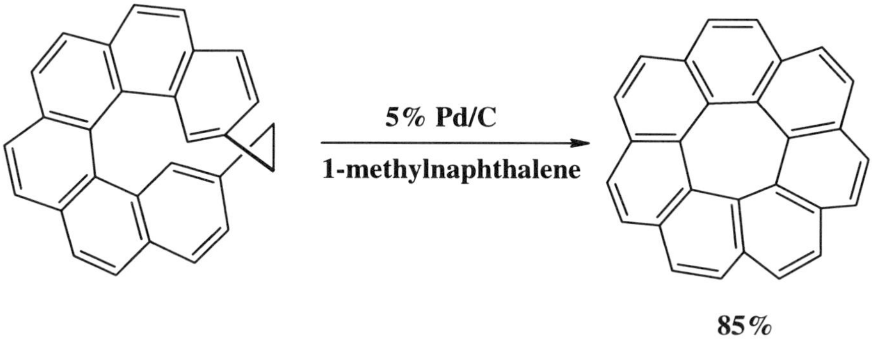

Reagents: 5% Pd/C, 1-methylnaphthalene; 85%

II.H-3 Jouannetaud, M.-P. et al., *TL*, **37**, 7731.

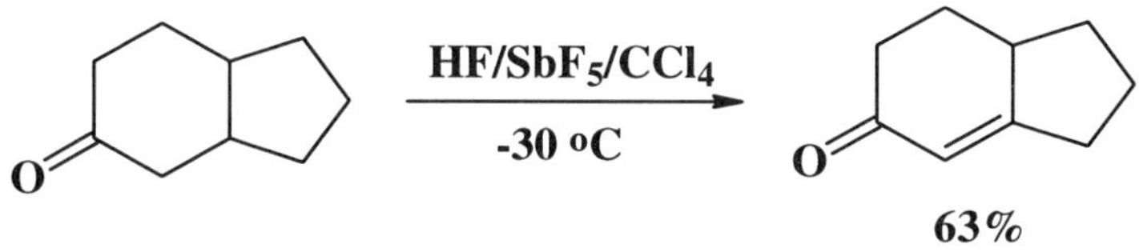

Reagents: HF/SbF$_5$/CCl$_4$, -30 °C; 63%

II.H-4 Meyers, A.I. and Tavares, F.X., *JOC*, **61**, 8207.

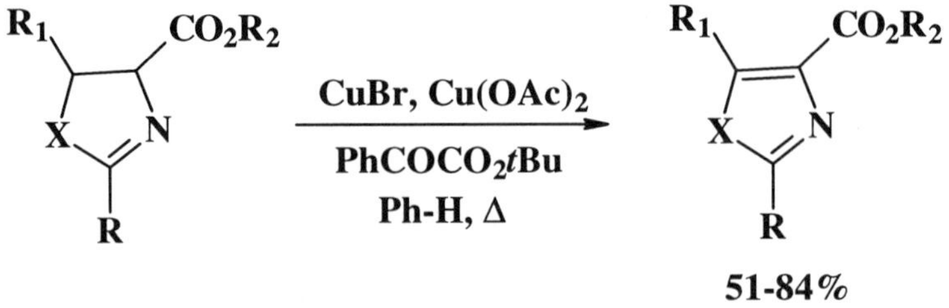

$$\underset{R}{\underset{X\diagdown N}{R_1 \diagup CO_2R_2}} \xrightarrow[\text{Ph-H, }\Delta]{\text{CuBr, Cu(OAc)}_2 \\ \text{PhCOCO}_2t\text{Bu}} \underset{R}{\underset{X\diagdown N}{R_1 \diagup CO_2R_2}}$$

51-84%

II.H-5 Kim, Y.H. and Cho, J.Y., *TL*, **37**, 8771.

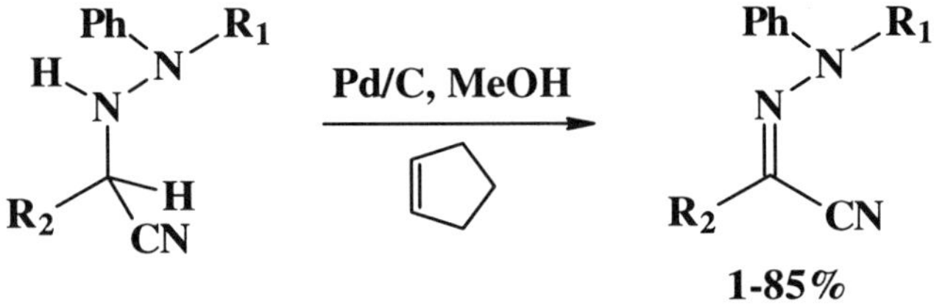

$$\underset{R_2 \diagup \diagdown CN}{\underset{H\diagdown N\diagup N}{Ph\diagdown N\diagup R_1}} \xrightarrow[\text{cyclopentene}]{\text{Pd/C, MeOH}} \underset{R_2 \diagup \diagdown CN}{\underset{N\diagup N}{Ph\diagdown N\diagup R_1}}$$

1-85%

II.I. Other Oxidations

II.I-1 Kobayashi, Y. et al., *TL*, **37**, 4385; Sayama, S. and Inamura, Y., *H*, **43**, 1371.

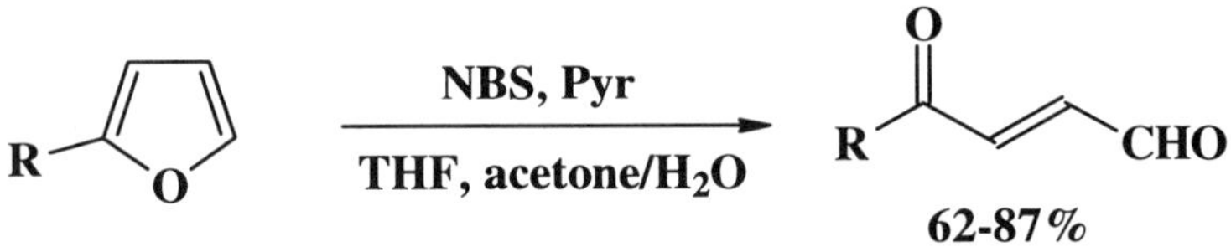

$$R\text{-furan} \xrightarrow[\text{THF, acetone/H}_2\text{O}]{\text{NBS, Pyr}} R\text{-CO-CH=CH-CHO}$$

62-87%

[DDQ as oxidant]

II.I-2 Alcaide, B. et al., *JOC*, **61**, 8819; **see also:** Kaneda, K. et al., *TL*, **37**, 4555;

$$\underset{\text{PMP}}{\underset{O}{\text{R}}\text{−N}}\overset{\text{CHO}}{\underset{}{\bigsqcup}} \xrightarrow[\text{CH}_2\text{Cl}_2,\ 25\ ^\circ\text{C}]{\text{MCPBA}} \underset{\text{PMP}}{\underset{O}{\text{R}}\text{−N}}\overset{\text{OCHO}}{\underset{}{\bigsqcup}} + \underset{\text{PMP}}{\underset{O}{\text{R}}\text{−N}}\overset{\text{CO}_2\text{H}}{\underset{}{\bigsqcup}}$$

57-94% (2-99:1)

II.I-3 Kelly, D.R. et al., *CC*, 2333; Kelly, D.R. et al., *TA*, **7**, 1149; Stewart, J.D., et al., *JCS(P1)*, 755; Ottolina, G. et al., *TA*, **7**, 1123.

Various Enzyme-catalyzed Asymmetric Baeyer-Villiger Oxidations.

II.I-4 Hansen, K.C. et al., *SC*, **26**, 165.

$$R\diagup\!\!\!\diagdown \xrightarrow[\text{sand (cat.)}]{\text{KMnO}_4/\text{NaIO}_4} R-\text{CO}_2\text{H} + \text{CO}_2$$

70-85%

no reaction in the absence of sand

II.I-5 Bosch, E. and Kochi, J.K., *JCS(P1)*, 2731.

$$R-\text{Se}-R' \xrightarrow[(x=1,2)]{\text{NOx}} R-\overset{\overset{O}{\|}}{\text{Se}}-R'$$

82-97%

II.I-6 Nakayama, J. et al., *CL*, 269.

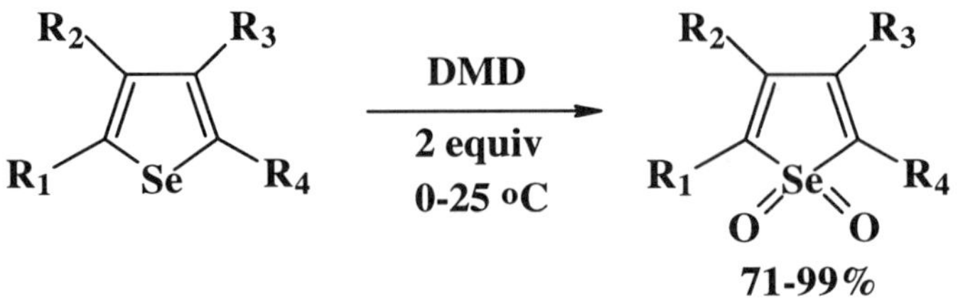

R$_1$-R$_2$-R$_3$-R$_4$ substituted selenophene + DMD (2 equiv, 0-25 °C) → selenophene Se-dioxide, 71-99%

II.I-7 Barby, D., *TL*, **37**, 7725.

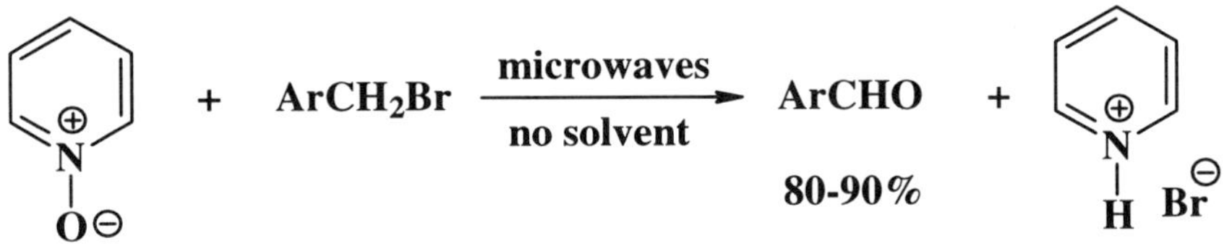

Pyridine N-oxide + ArCH$_2$Br $\xrightarrow[\text{no solvent}]{\text{microwaves}}$ ArCHO + pyridinium·HBr, 80-90%

II.I-8 Abu-Omar, M.M. and Espenson, J.H., *OM*, **15**, 3543.

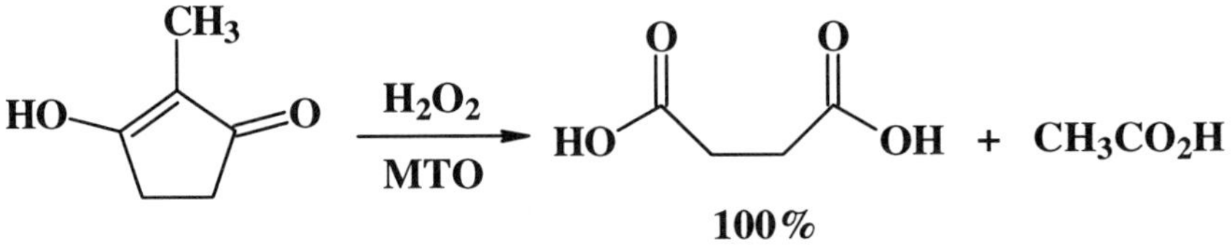

2-methyl-3-hydroxy-2-cyclopentenone $\xrightarrow[\text{MTO}]{\text{H}_2\text{O}_2}$ HOOC-CH$_2$-COOH + CH$_3$CO$_2$H, 100%

similarly for other cyclic β-diketones

I.I-9 Nogradi, M. and Szollosy, A., *LA*, 1651.

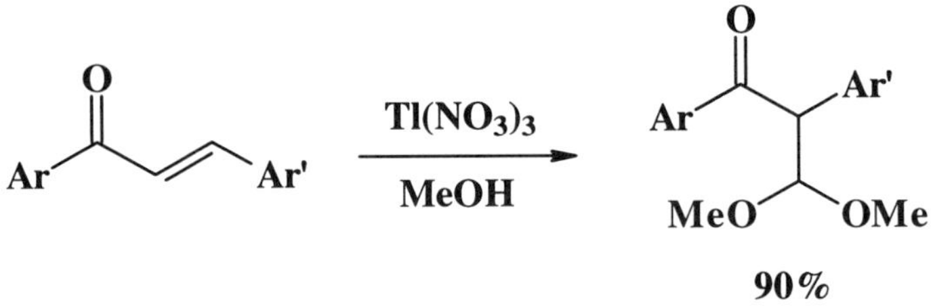

ArCOCH=CHAr' $\xrightarrow[\text{MeOH}]{\text{Tl(NO}_3)_3}$ ArCOCH(Ar')CH(OMe)$_2$, 90%

II.I-10 Andrews, I.P. et al., *H*, **43**, 1151.

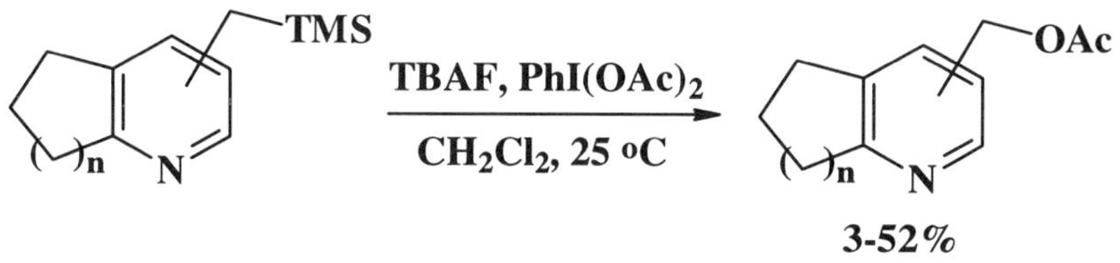

3-52%

II.I-11 Bajpai, L.K. and Bhaduri, A.P., *JCR(S)*, 522.

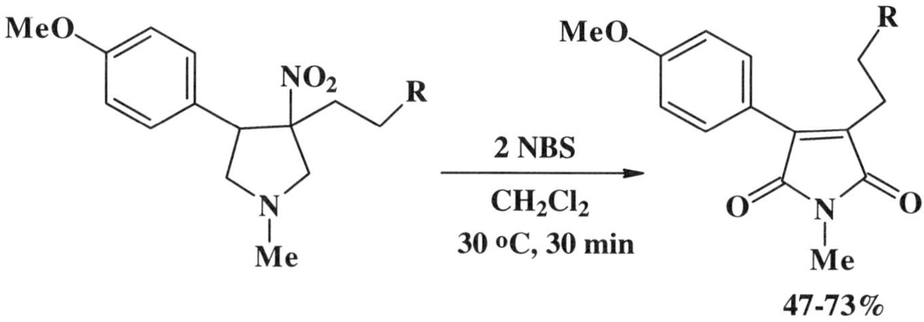

47-73%

II.I-12 Quayle, P. et al., *TL*, **37**, 9115, 9119.

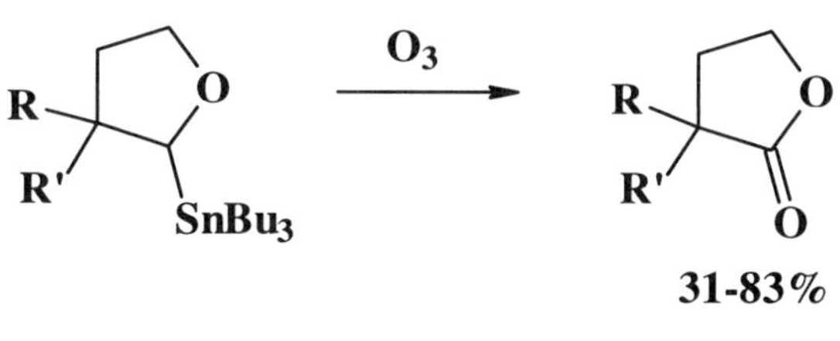

31-83%

III
REDUCTIONS

III.A. C=O Reductions

III.A-1 Ramachandran, P.V. and Wiessman, S.A., *TL*, **37**, 3791; **see also**: Brown, H.C. et al., *TL*, **37**, 3795.

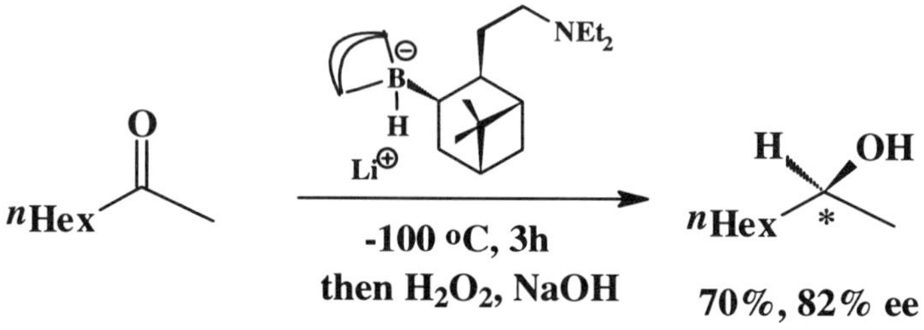

nHex-C(=O)-CH₃ → (with chiral borohydride reagent, Li⁺, -100 °C, 3h, then H_2O_2, NaOH) → nHex-CH(OH)-CH₃ (*)
70%, 82% ee

III.A-2 Brown, H.C. et al., *JOC*, **61**, 88, 95, 341.

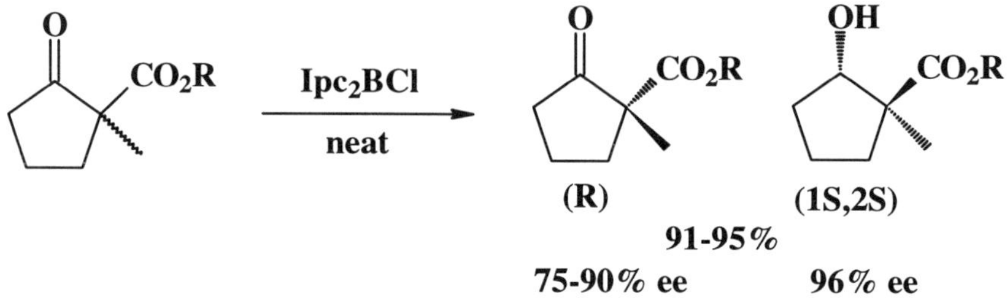

2-methyl-2-(CO₂R)-cyclopentanone → Ipc_2BCl, neat → (R)-ketoester (91-95%, 75-90% ee) + (1S,2S)-hydroxyester (96% ee)

III.A-3 Falorni, M. et al., *TA*, **7**, 2739.

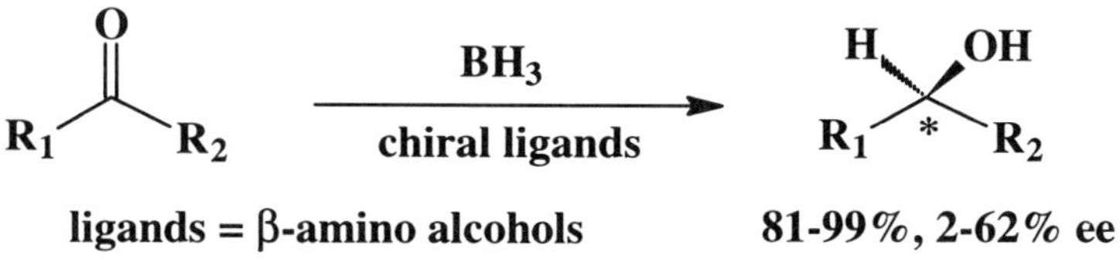

R_1-C(=O)-R_2 → BH_3, chiral ligands → R_1-CH(OH)-R_2 (*)
ligands = β-amino alcohols
81-99%, 2-62% ee

III.A-4 Denmark, S.E., et al., *OS*, **74**, 33; Xavier, L.C. et al., *OS*, **74**, 51; Douglas, A.W., Tschaen, D.M. et al., *TA*, **7**, 1303; Joshi, N.N. et al., *JOC*, **61**, 3888; Corey, E.J. and Helal, C.J., *TL*, **37**, 4837, 5675.

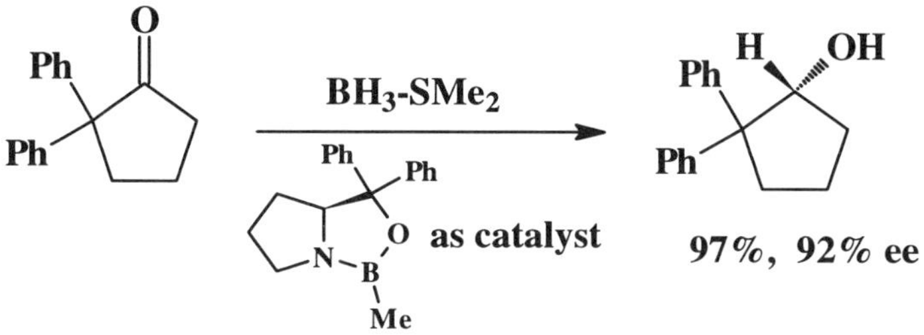

2,2-diphenylcyclopentanone + BH$_3$-SMe$_2$ with oxazaborolidine catalyst (Ph, Ph, N-B-Me) → (S)-2,2-diphenylcyclopentanol, 97%, 92% ee

---

III.A-5 Wills, M. et al., *TL*, **37**, 2853; **see also:** Peper, V. and Martens, J., *TL*, **37**, 8351; Chan, A.S.C. et al., *TA*, **7**, 2463.

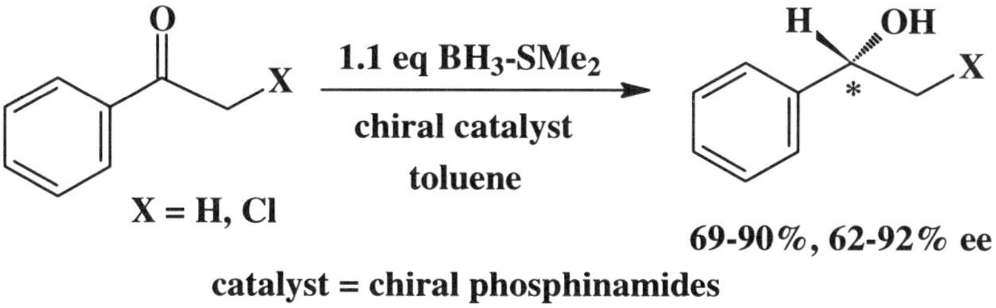

PhCOCH$_2$X (X = H, Cl) + 1.1 eq BH$_3$-SMe$_2$, chiral catalyst, toluene → PhCH(OH)CH$_2$X, 69-90%, 62-92% ee

catalyst = chiral phosphinamides

III.A-6 Corey, E.J. et al., *JACS*, **118**, 10938; Garcia, J. et al., *JOC*, **61**, 9021.

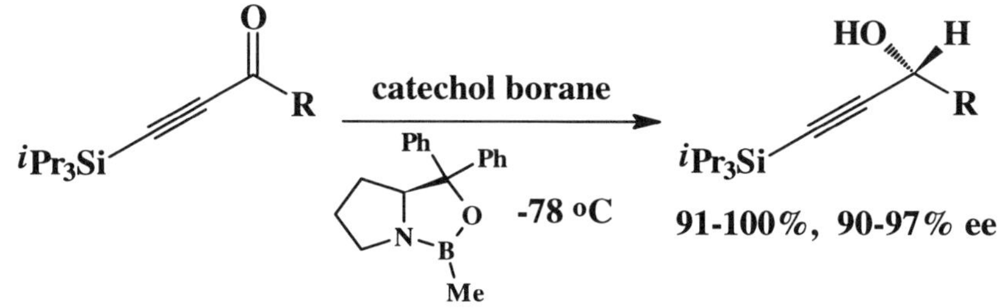

iPr$_3$Si-C≡C-C(O)R + catechol borane with oxazaborolidine catalyst (Ph, Ph, N-B-Me), -78 °C → iPr$_3$Si-C≡C-CH(OH)R, 91-100%, 90-97% ee

III.A-7 Zhang, Y. and Sun, S.P., *TA*, **7**, 3055; **see also**: Mukaiyama, T. et al., *CL*, 737.

$$R_1\text{-CO-}R_2 \xrightarrow[\text{chiral reverse micelle}]{\text{NaBH}_4} R_1\text{-*C(H)(OH)-}R_2$$

70-85%, 8-26% ee

III.A-8 Williams, J.M.J. et al., *TA*, **7**, 1597; **see also**: Lemaire, M. et al., *JOC*, **61**, 5196; Helmchen, G. et al., *TA*, **7**, 1599; Uemura, S. et al., *CC*, 847; Uemura, et al., *OM*, **15**, 370; Knochel, P. et al., *TL*, **37**, 8165.

$$\text{Ar-CO-R} \xrightarrow[\substack{\text{Ph}_2\text{SiH}_2 \text{ (4 eq)} \\ \text{then HCl, MeOH}}]{\substack{1 \text{ mol \%[Rh(COD)Cl]}_2 \\ 10 \text{ mol \% chiral ligand}}} \text{Ar-C(H)(OH)-R}$$

45-90%, 0-86% ee

III.A-9 Kellogg, R.M. et al., *TA*, **7**, 1373.

Synthesis and Application of New Chiral Ligands for the Asymmetric Reduction of Prochiral Ketones.

III.A-10 Noyori, R. et al., *JOC*, **61**, 4872; Noyori, R. et al., *JACS*, **118**, 2521.

2-isopropylcyclohexanone $\xrightarrow[\text{Ru catalyst}]{\text{H}_2}$ cis-2-isopropylcyclohexanol

93% ee
cis:trans = 99.8:0.2

III.A-11 Spino, C. et al., *TL*, **37**, 6503; **see also:** Agbossou, F., Mortreux, A. et al., *TA*, **7**, 379; Kocienski, P. et al., *SL*, 903.

$$\text{Ph}\diagup\!\!\underset{O}{\overset{O}{\diagdown}}\!\!\diagdown\text{CO}_2\text{Me} \xrightarrow[\text{MeOH, 100 atm H}_2]{\text{RuCl}_2(\text{BITIANP})_2} \text{Ph}\diagup\!\!\underset{}{\overset{OH}{\diagdown}}\!\!\diagdown\text{CO}_2\text{Me}$$

93%, >98% ee

III.A-12 Node, M. et al., *JACS*, **118**, 13103; see also: Krohn, K. and Knaver, B., *RTC*, **115**, 140.

$$R_1\diagup\!\!\underset{R_2\;\;O}{\overset{R_3}{\diagdown}} \xrightarrow[\text{then Raney Ni}]{\text{Me}_2\text{AlCl, RT}} R_1\diagup\!\!\underset{R_2\;\;OH}{\overset{R_3}{\diagdown}}$$

(chiral thiol with OH, SH)

60-93%, 92-98% ee

III.A-13 Langer, T. and Helmchen, G., *TL*, **37**, 1381.

$$R_1\overset{O}{\underset{}{\diagdown\!\!/}}R_2 \xrightarrow[\substack{\text{chiral catalyst}\\82\,°C}]{^i\text{PrOH}} R_1\overset{H\;\;OH}{\underset{*}{\diagdown\!\!/}}R_2$$

88%, 78% ee

III.A-14 Resnati, G. et al., *TL*, **37**, 3903; **see also:** Nakamura, K. et al., *TL*, **37**, 5727; Nakamura, K. et al., *TA*, **7**, 409; Medici, A. et al., *T*, **52**, 3457; Medici, A. et al., *TA*, **7**, 277.

$$\underset{O}{\overset{SPh}{R\diagdown\!\!/\!\!\diagdown R}} \xrightarrow[\text{(various)}]{\text{microorganisms}} \underset{OH}{\overset{SPh}{R\diagdown\!\!/\!\!\diagdown R}}$$

40-84% conversion
92-99% de, 84-98% ee

III.A-15 Leclaire, M. and Jean. P., *BSF*, **133**, 801; **see also**: Solladie, G. and Gresso-Kempf, L., *TA*, **7**, 2371.

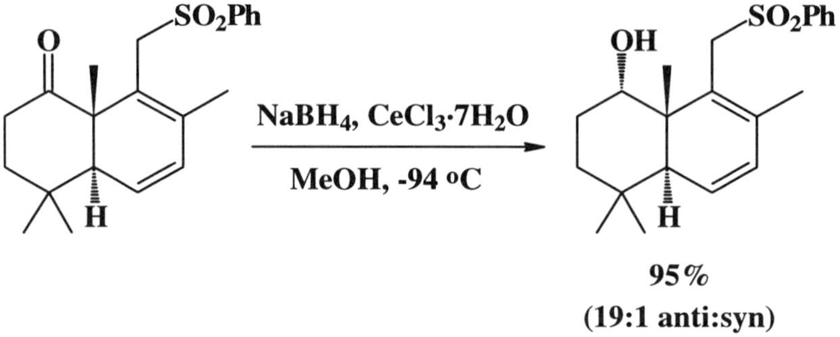

95%
(19:1 anti:syn)

III.A-16 Narasaka, K. and Yamashita, H., *CL*, 539; **see also**: Maryanoff, B.E. et al., *TL*, **37**, 7897; Najera, C. et al., *TA*, **7**, 2475; Tanaka, A. et al., *TA*, **7**, 2923.

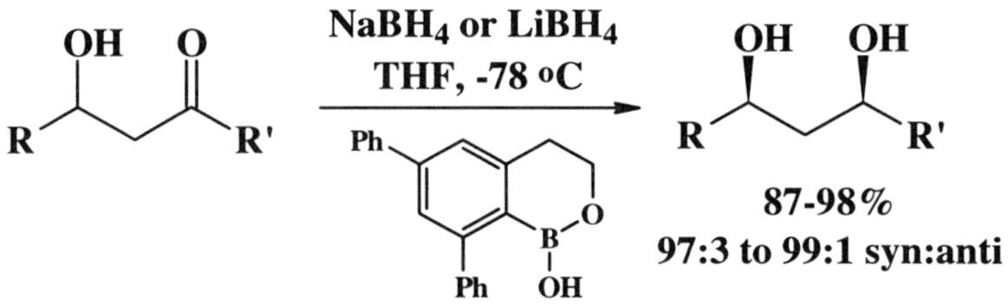

87-98%
97:3 to 99:1 syn:anti

III.A-17 Kobaysashi, S. et al., *CL*, 407; **see also**: Parks, D.J. and Piers, W.E., *JACS*, **118**, 9440.

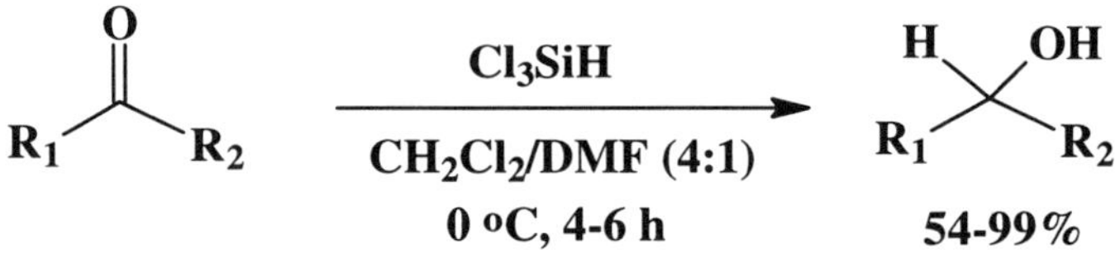

54-99%

similarly for imines

III.A-18 Senda, Y. et al., *BCJ*, **69**, 3297.

The Roles of 2- and 3-Axial Methoxy Groups in Determining the Stereochemistry of the Complex Metal Hydride Reduction of Cyclohexanones: Examination of the Cieplak Model.

III.A-19 Narasimhan, S. et al., *SC*, **26**, 703.

$$R-\underset{NH_2}{\overset{CO_2H}{\underset{|}{C}}}-H \xrightarrow[\text{THF, reflux}]{Zn(BH_4)_2} R-\underset{NH_2}{\overset{CH_2OH}{\underset{|}{C}}}-H$$

70-90%

III.A-20 Chandrasekaran, S. et al., *JOC*, **61**, 826.

$$R-\underset{}{\overset{O}{\underset{\|}{C}}}-X \xrightarrow{(iPrO)_2TiBH_4} R-\underset{H}{\overset{OH}{\underset{|}{C}}}-H$$

X = H, Cl, OH

83-98%

III.A-21 Myers, A.G. et al., *TL*, **37**, 3623.

$$R-\overset{O}{\underset{\|}{C}}-NR'_2 \xrightarrow[\substack{\text{THF, 1.3-10 h} \\ \text{23-66 °C}}]{LiH_2NBH_3} R-\underset{H}{\overset{OH}{\underset{|}{C}}}-H$$

47-94%

III.A-22 Ganem, B. et al., *JOC*, **61**, 4115.

$$R-\overset{O}{\underset{\|}{C}}-NR'H \xrightarrow[\text{2. } Cp_2ZrHCl]{\text{1. } iBu_2AlH} R-CH=NR'$$

25-86%

III.A-23 Kaneda, K. and Mizugaki, T., *OM*, **15**, 3247.

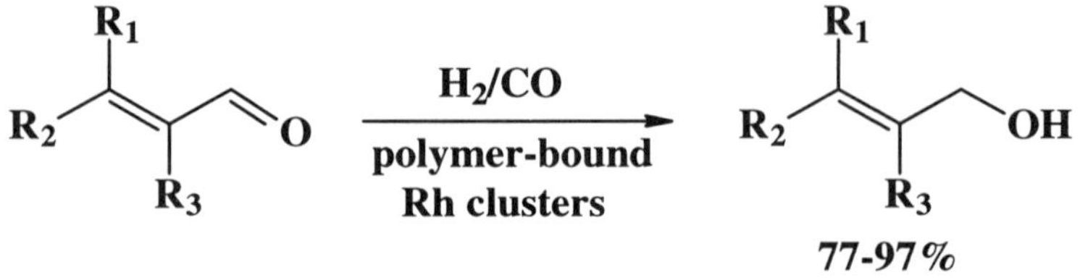

[Reaction: α,β-unsaturated aldehyde with R_1, R_2, R_3 substituents → allylic alcohol, using H_2/CO, polymer-bound Rh clusters, 77-97%]

III.A-24 Vuligonda, V. et al., *TL*, **37**, 1941.

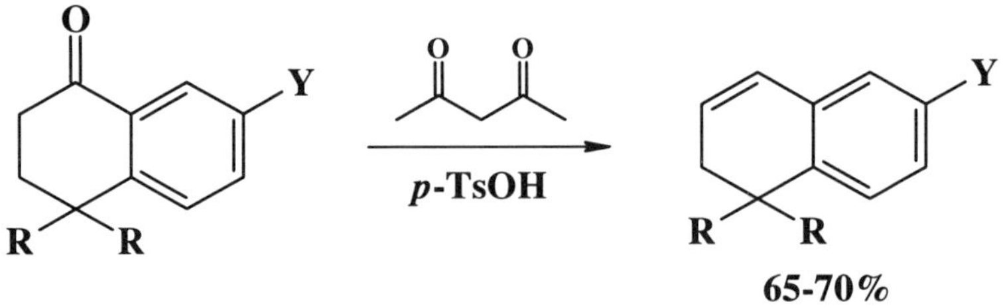

[Reaction: tetralone with R,R at 4-position and Y substituent → dihydronaphthalene, using acetylacetone, *p*-TsOH, 65-70%]

III.B. C-N Multiple Bond Reductions

III.B.1. Imine Reductions

III.B.1-1 Buchwald, S.L. et al., *JACS*, **118**, 6784; **see also**: Sablong, R. and Osborn, J.A., *TA*, **7**, 3059.

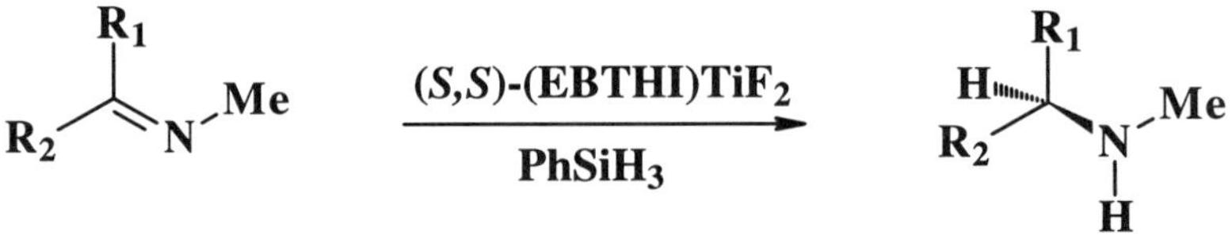

[Reaction: $R_1R_2C=N\text{-Me}$ → chiral $R_1R_2CH\text{-NH-Me}$, using (S,S)-(EBTHI)TiF$_2$, PhSiH$_3$, 64-97%, 86-99% ee]

(EBTHI) = ethylene-bis(n^5-tetrahydroindenyl)

III.B.1-2   Charette, A.B. et al., *TL*, **37**, 6669; see also: Wills, M. et al., *JCS(P1)*, 691.

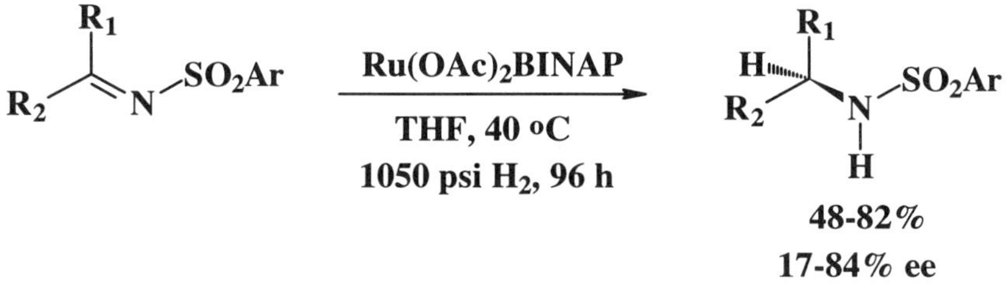

$$R_2(R_1)C=N-SO_2Ar \xrightarrow[\text{THF, 40 °C} \atop \text{1050 psi } H_2\text{, 96 h}]{\text{Ru(OAc)}_2\text{BINAP}} R_2(R_1)CH-NH-SO_2Ar$$

48-82%
17-84% ee

III.B.1-3   Cimarelli, C. and Palmieri, G., *JOC*, **61**, 5557.

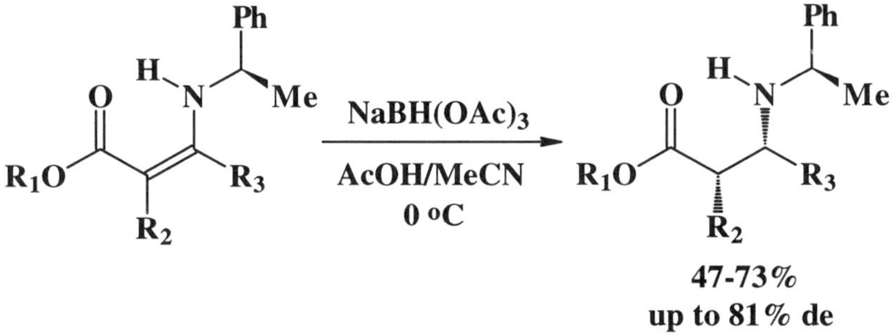

$$\text{(enamine ester)} \xrightarrow[\text{AcOH/MeCN} \atop 0\text{ °C}]{\text{NaBH(OAc)}_3} \text{(β-amino ester)}$$

47-73%
up to 81% de

III.B.1-4   Sablong, R. and Osborn, J.A., *TL*, **37**, 4937.

The Asymmetric Hydrogenation of Imines Using Tridentate C2 Diphosphine Complexes of Iridium(I) and Rhodium(I).

III.B.1-5   Wu, P.L. et al., *S*, 249.

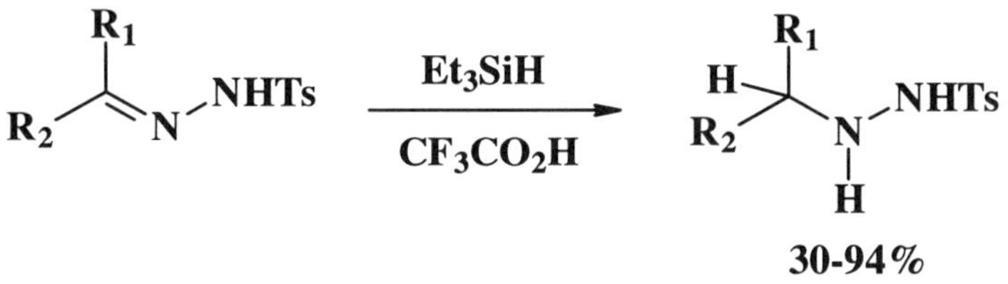

$$R_2(R_1)C=N-NHTs \xrightarrow[\text{CF}_3\text{CO}_2\text{H}]{\text{Et}_3\text{SiH}} R_2(R_1)CH-NH-NHTs$$

30-94%

III.B.1-6 Micovic, I.V. et al., *JCS(P1)*, 265; Abdel-Magid, A.F. et al., *JOC*, **61**, 3849.

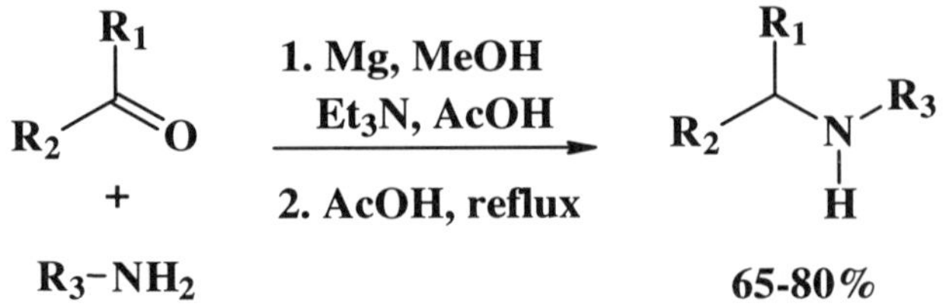

R₂(C=O)R₁ + R₃-NH₂ →[1. Mg, MeOH, Et₃N, AcOH][2. AcOH, reflux] R₂-CH(R₁)-NH-R₃   65-80%

[reductive amination via $NaBH(OAc)_3$; many examples, good yields]

III.B.2. Reductions of Heterocycles

III.B.2-1 Castagnoli, Jr., N. and Mabic, S., *JOC*, **61**, 309.

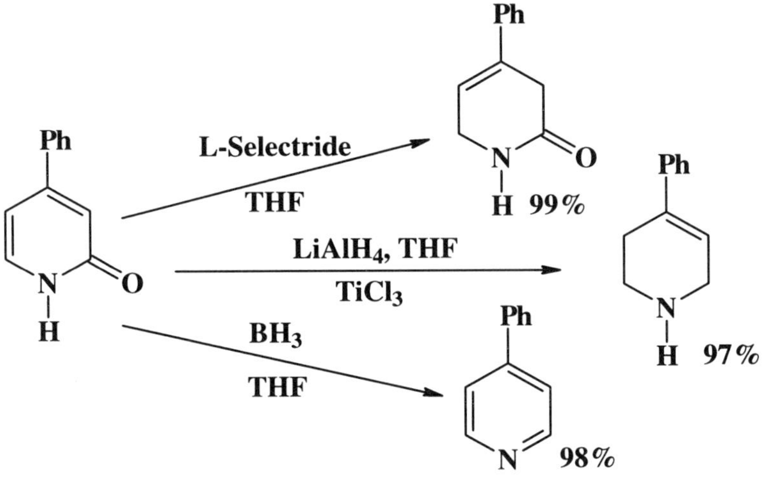

4-Ph-2-pyridone
- L-Selectride, THF → 4-Ph-3,6-dihydro-2-pyridone, 99%
- $LiAlH_4$, THF / $TiCl_3$ → 4-Ph-1,2,3,6-tetrahydropyridine, 97%
- BH_3, THF → 4-Ph-pyridine, 98%

III.B.2-2 Srikrishna, A. et al., *T*, **52**, 1631.

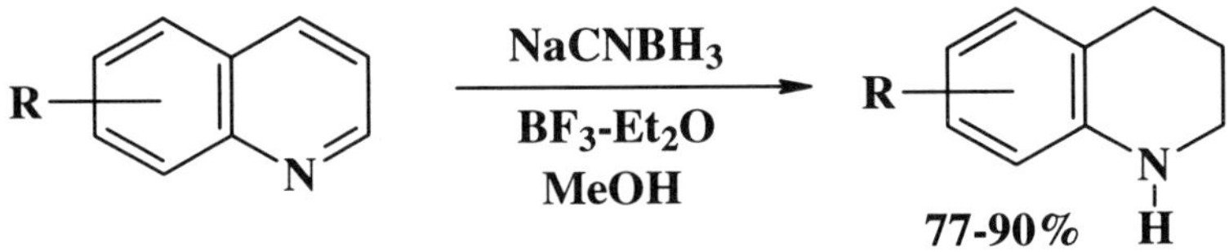

R-quinoline →[$NaCNBH_3$, BF_3-Et_2O, MeOH] R-1,2,3,4-tetrahydroquinoline   77-90%

III.B.2-3 Ogasawara, K. et al., *CC*, 1433.

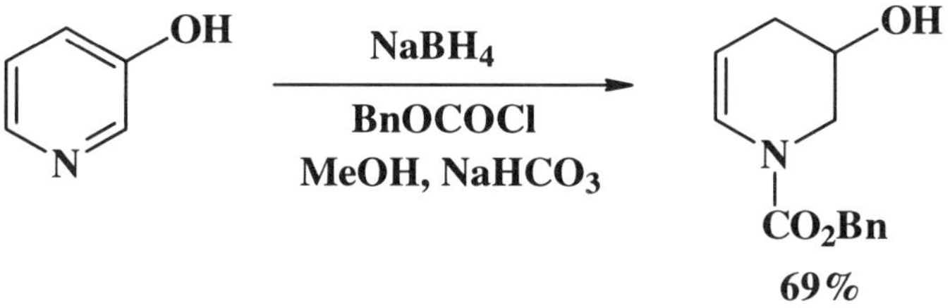

3-hydroxypyridine + NaBH₄, BnOCOCl, MeOH, NaHCO₃ → N-Cbz-3-hydroxy-1,2,3,6-tetrahydropyridine, 69%

III.C. Reduction of Sulfur Compounds

III.C-1 DeLucchi, O. et al., *SC*, **26**, 211.

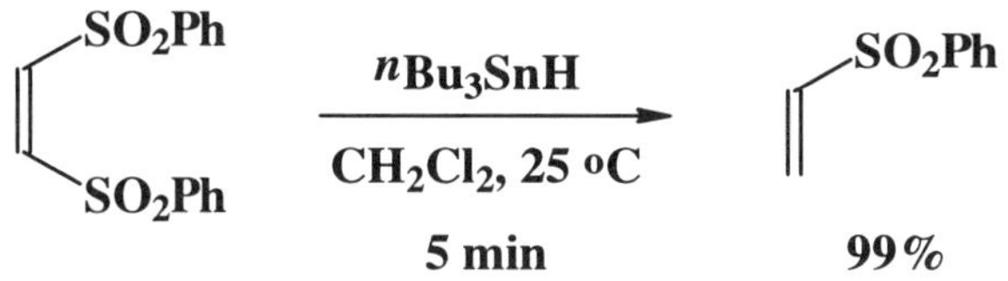

(Z)-1,2-bis(phenylsulfonyl)ethylene + nBu$_3$SnH, CH$_2$Cl$_2$, 25 °C, 5 min → phenylvinyl sulfone (SO$_2$Ph), 99%

III.C-2 Wang, Y. and Koreeda, M., *SL*, 885; Arterburn, J.B. and Perry, M.C., *TL*, **37**, 7941.

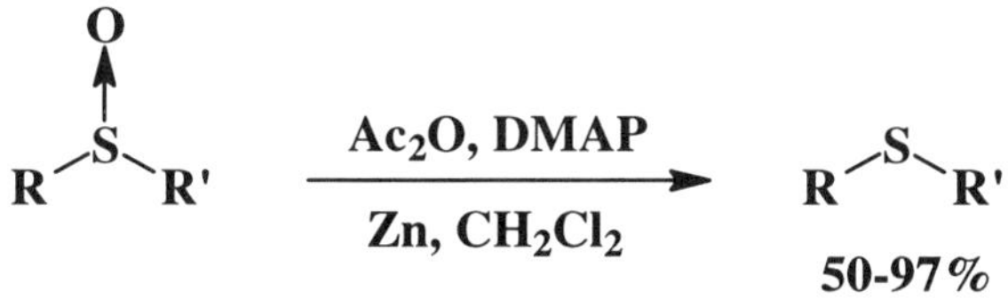

R–S(O)–R' + Ac$_2$O, DMAP, Zn, CH$_2$Cl$_2$ → R–S–R', 50-97%
[via catalytic ReOCl$_3$(PPh$_3$)$_2$ and PPh$_3$]

III.D. N-O Reductions

III.D-1 Zard, S.Z. et al., *TL*, **37**, 1605.

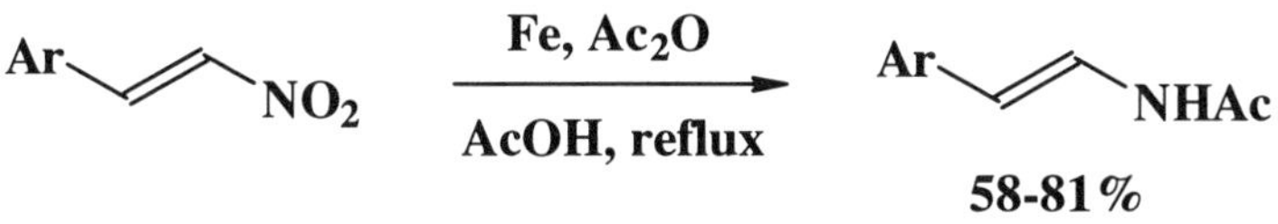

Ar–CH=CH–NO$_2$ + Fe, Ac$_2$O, AcOH, reflux → Ar–CH=CH–NHAc, 58-81%

III.E. C-C Multiple Bond Reductions

III.E.1. C=C Reductions

III.E.1-1 Ohta, T., Nozaki K. et al., *JOC*, **61**, 5510; Noyori, R. et al., *TL*, **37**, 2813; **see also:** Yamagishi, T. et al., *TA*, **7**, 3339; Muzart, J. et al., *TA*, **7**, 975; Kreutzfeld, H.-J. et al., *TA*, **7**, 1011.

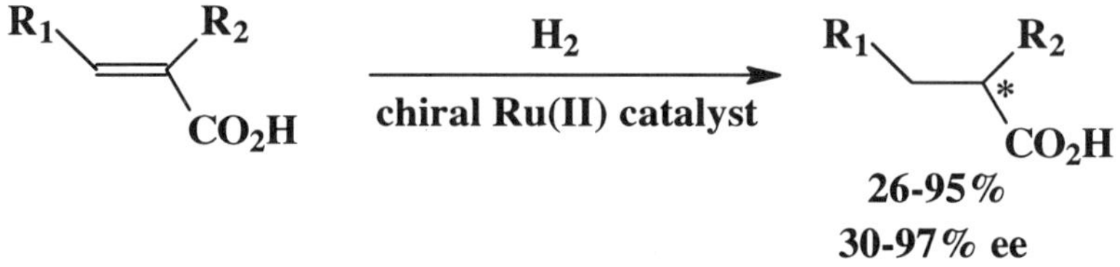

$$R_1R_2C=C(CO_2H) \xrightarrow{H_2, \text{ chiral Ru(II) catalyst}} R_1R_2CH-C^*H(CO_2H)$$

26-95%
30-97% ee

III.E.1-2 Bruneau, C., Dixeuf, P.H. et al., *JOC*, **61**, 8453.

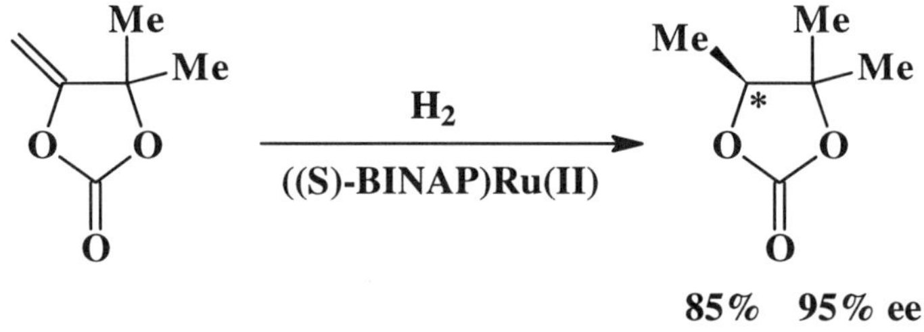

$$\xrightarrow{H_2, ((S)\text{-BINAP})Ru(II)}$$

85% 95% ee

III.E.1-3 Selke, R. et al., *T*, **52**, 15079.

Asymmetric Hydrogenation: Influence of the Structure of Carbohydrate-derived Catalysts on Relative Enantioselectivity.

III.E.1-4 Fu, G.C. et al., *JOC*, **61**, 6571.

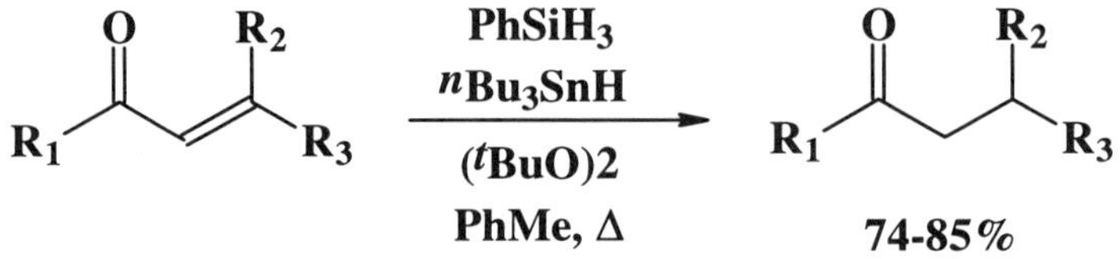

$$R_1C(O)CR_2=CR_3 \xrightarrow[\substack{^nBu_3SnH \\ (^tBuO)_2 \\ PhMe, \Delta}]{PhSiH_3} R_1C(O)CH(R_2)CH(R_3)$$

74-85%

III.E.1-5 Schwarz, S. et al., *ST*, **61**, 48.

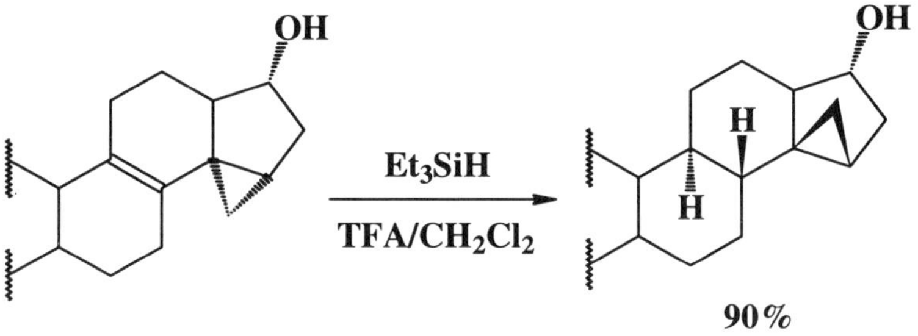

[Steroid structure with OH] → (Et₃SiH, TFA/CH₂Cl₂) → [Reduced steroid with OH, H, H] 90%

III.E.1-6 Elmorsy, S.S. et al., *TL*, **37**, 2297; Zarechi, A. and Wicha, J., *S*, 455.

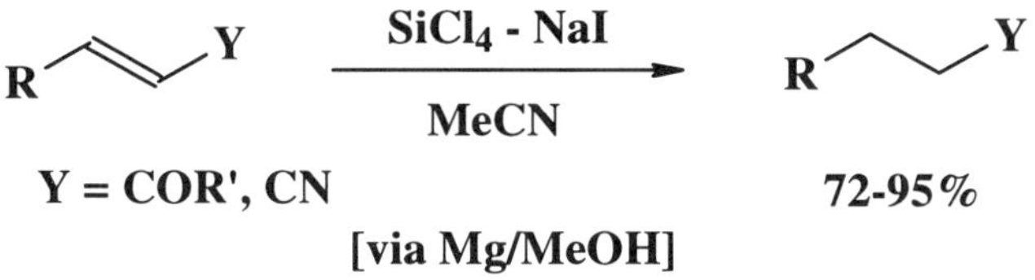

R–CH=CH–Y → (SiCl₄ – NaI, MeCN) → R–CH₂–CH₂–Y   72–95%

Y = COR', CN

[via Mg/MeOH]

III.E.1-7 Saito, S. and Yamamoto, H., *JOC*, **61**, 2928; see also: Pfaltz, A. and Misun, M., *HCA*, **79**, 961; Snyder, B.B. et al., *TL*, **37**, 6977;

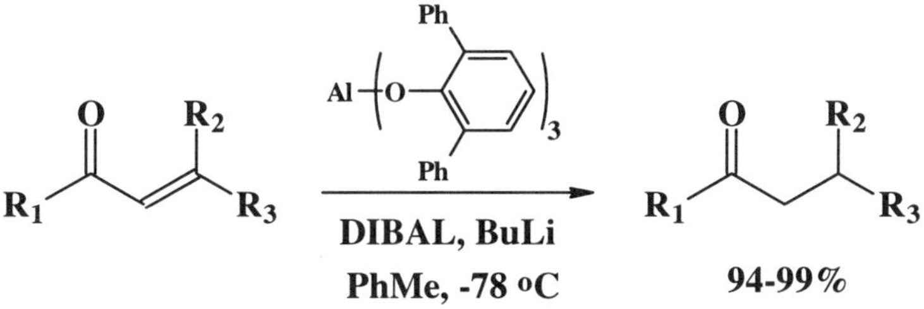

R_1–CO–CH=C(R_2)(R_3) → (Al(O-2,6-Ph₂C₆H₃)₃, DIBAL, BuLi, PhMe, –78 °C) → R_1–CO–CH₂–CH(R_2)(R_3)   94–99%

III.E.1-8 Vankar, Y.D. et al., *CC*, 1653.

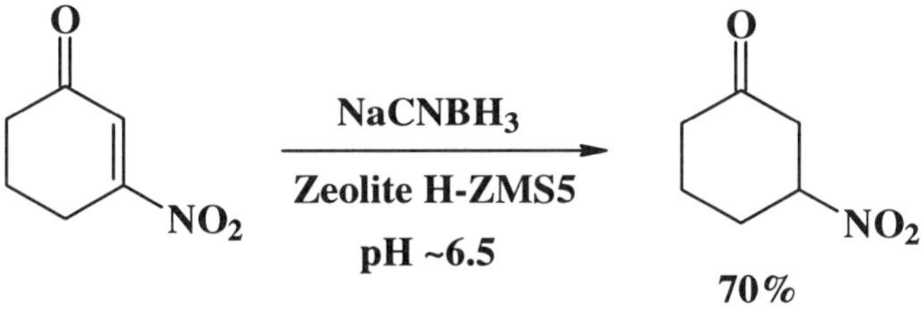

3-nitrocyclohex-2-enone → (NaCNBH₃, Zeolite H-ZMS5, pH ~6.5) → 3-nitrocyclohexanone   70%

III.E.1-9 Kawai, Y. et al., *BCJ*, **69**, 2633; **see also**: Smallridge, A.J. et al., *AJC*, **49**, 1257.

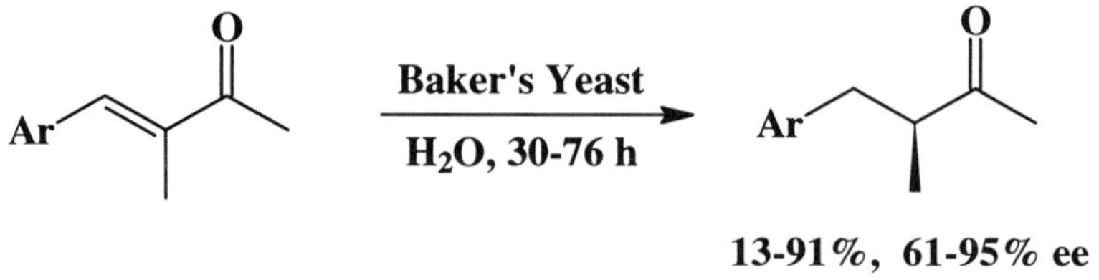
O
Ar
Baker's Yeast
H_2O, 30-76 h
O
Ar
13-91%, 61-95% ee

III.E.1-10 Schultz, A.G. et al., *JOC*, **61**, 5631; **see also:** Donohog, T.J. and Guyo, P.M., *JOC*, **61**, 7664; Hwu, J.R. et al., *JOC*, **61**, 1493.

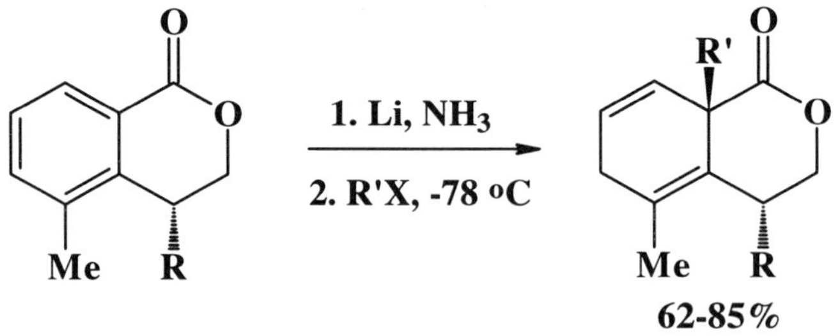
O
O
Me
R
1. Li, NH_3
2. R'X, -78 °C
O
R'
O
Me
R
62-85%

III.E.1-11 Nagashima, H. et al., *JACS*, **118**, 687.

Selective Hydrogenation of Aromatic Hydrocarbons Using a Triruthenium Carbonyl Cluster as a Template to Control the Hydrogenation Site.

III.E.1-12 Schlessinger, R.H. and Gillman K.W., *TL*, **37**, 1331.

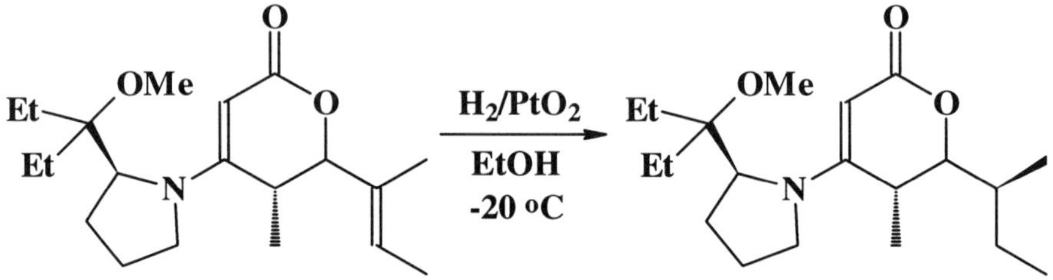
O
OMe
Et
Et
N
O
H_2/PtO_2
EtOH
-20 °C
O
OMe
Et
Et
N
O

III.E.1-13 Yoon, N.M. and Choi, Y., *S*, 597; **see also:** Yus, M. and Alonso, F., *TL*, **37**, 6925.

$$R_1\text{-CH}_2\text{-CH=CH}_2 + R_2\text{-CH=CH-}R_3 \xrightarrow[\text{MeOH, 0 °C, 1h}]{\text{BER - Ni}_2\text{B}} R_1\text{-CH}_2\text{-CH}_2\text{-CH}_3 + R_2\text{-CH=CH-}R_3$$

BER = borohydride exchange resin   100%

III.E.2. C≡C Reductions

III.E.2-1 Yoon, N.M. et al., *TL*, **37**, 8527; **see also:** Hungerford, N.L. and Kitching, W., *CC*, 1697.

$$R\text{-}C\equiv C\text{-}R' \xrightarrow[\substack{\text{CsI/EtOH, 25 °C} \\ \text{0.5 - 3h}}]{\text{H}_2/\text{Pd - BER}} \underset{H\quad\quad H}{R\diagup\!\!=\!\!\diagdown R'}$$

100%

III.E.2-2 Mladenova, M. et al., *SC*, **26**, 2831.

$$\underset{\substack{| \\ \text{OH}}}{R}\text{-}C\equiv C\text{-CH=CH-}C\equiv C\text{-}\underset{\substack{| \\ \text{OH}}}{R} \xrightarrow{\text{Red-Al}} \underset{\substack{| \\ \text{OH}}}{R}\text{-CH=CH-CH=CH-CH=CH-}\underset{\substack{| \\ \text{OH}}}{R}$$

76-83%

III.F. Hetero Bond Reductions

III.F.1.   C-O → C-H

III.F.1-1   Yadav, J.S. and Barma, D.K., *T*, **52**, 4457.

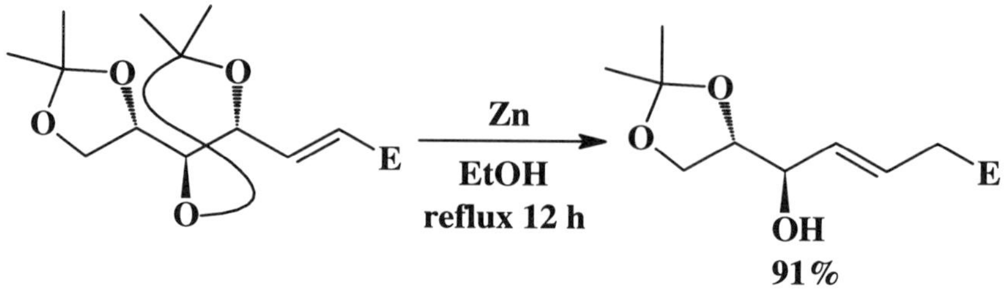

III.F.1-2   Bhattacharyya, S., *JCS(P1)*, 1381; Bhattacharyya, S., *OM*, **15**, 909.

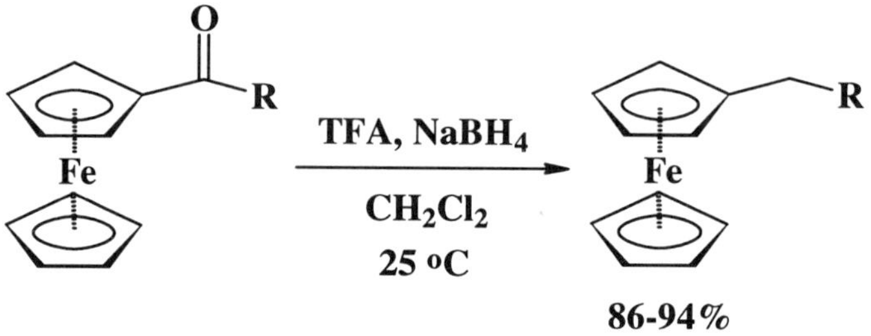

III.F.1-3   Kokotos, G., and Noula, C., *JOC*, **61**, 6994.

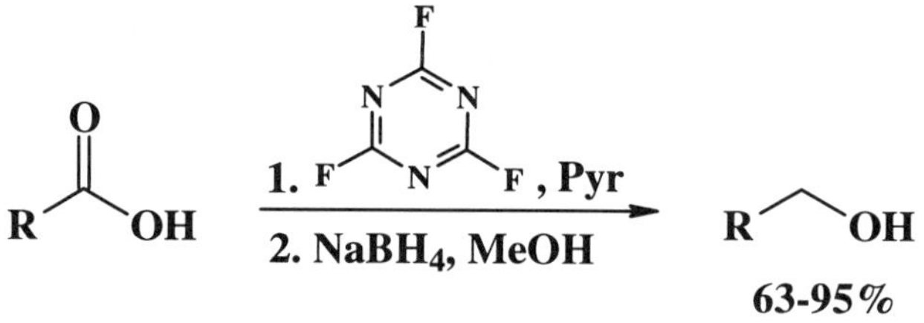

compatible with amino & peptide alcohols

III.F.1-4 Johnstone, R.A.W. et al., *JCS(P1)*, 1453.

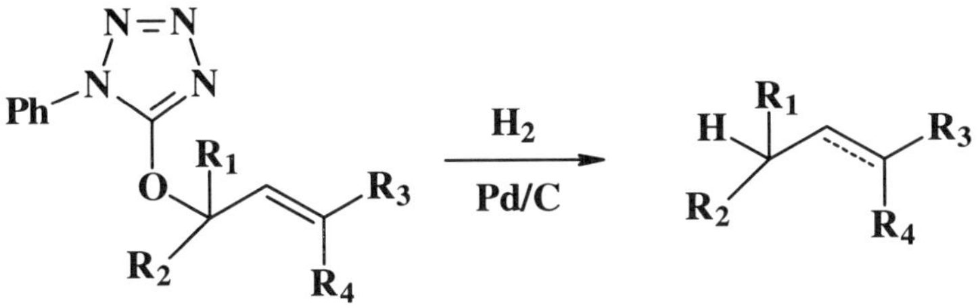
N=N
Ph
N
N
O
R1
R2
R3
R4
H2
Pd/C
H
R1
R3
R2
R4

III.F.1-5 Hayashi, T. et al., *CC*, 1767.

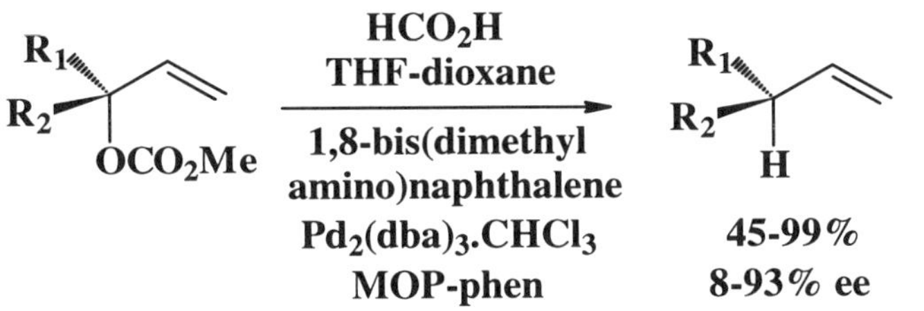
R1
R2
OCO2Me
HCO2H
THF-dioxane
1,8-bis(dimethyl
amino)naphthalene
Pd2(dba)3.CHCl3
MOP-phen
R1
R2
H
45-99%
8-93% ee

MOP-phen = 3-Ph_2P-3'-methoxy-4,4'-biphenanthryl

III.F.1-6 Bach, T. and Lange, C., *TL*, **37**, 4363.

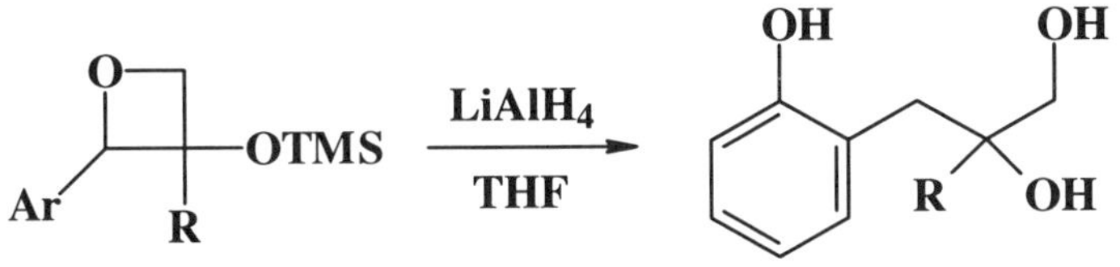
O
OTMS
Ar
R
LiAlH4
THF
OH
OH
R
OH

Ar = 2-tBu$CO_2C_6H_4$

61-85%

III.F.1-7 Hiegel, G.A. et al., *SC*, **26**, 2625.

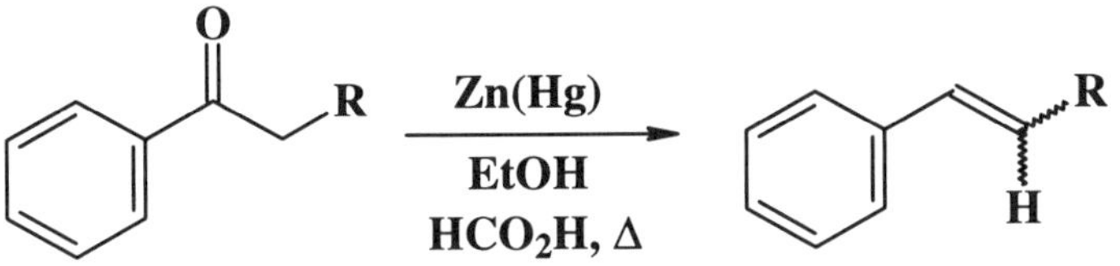
O
R
Zn(Hg)
EtOH
HCO2H, Δ
R
H

69-83%

III.F.1-8 Perry, P.J. et al., *SC*, **26**, 101.

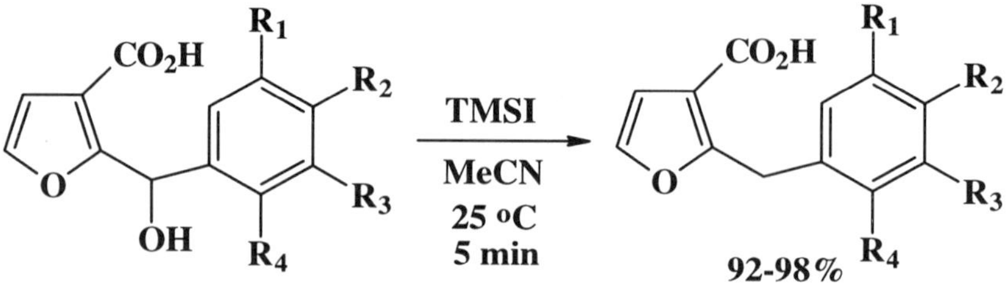

III.F.1-9 Fuchikami, T. et al., *TL*, **37**, 6749.

$$R^1CONR^2R^3 \xrightarrow[\text{Rh}_6(CO)_{16}]{\text{H}_2,\ \text{DME}} R^1CH_2NR^2R^3$$
$$\text{Re(CO)}_{10} \qquad 62\text{-}92\%$$

III.F.2. C-Hal → C-H

III.F.2-1 Vankar, Y.D. et al., *T*, **52**, 12291.

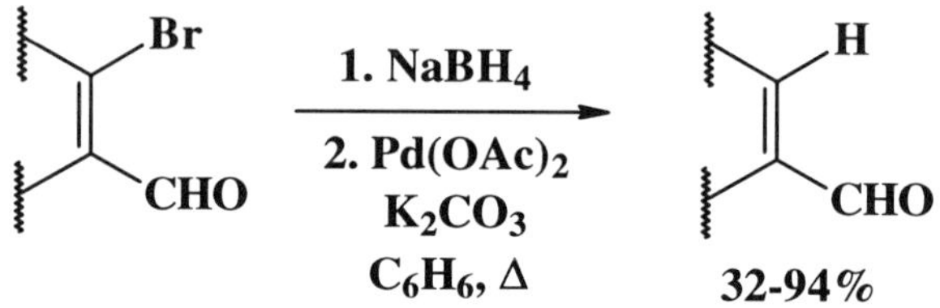

III.F.2-2 Sayama, S. and Inamura, Y., *CL*, 633.

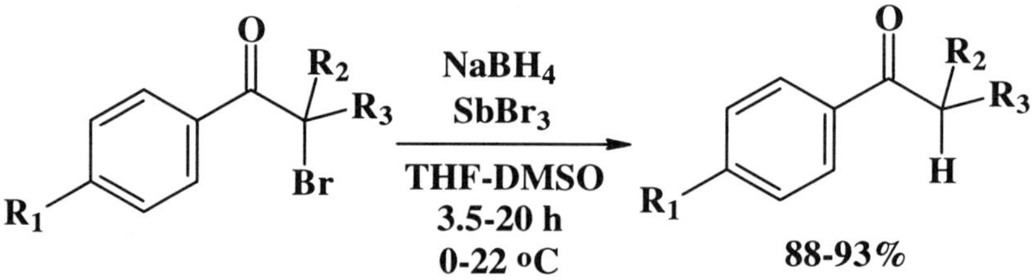

III.F.2-3 Cavallaro, C.L. and Schwartz, J., *JOC*, **61**, 3863.

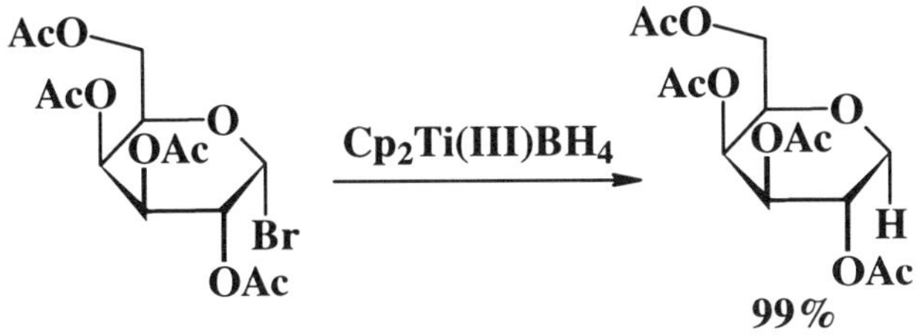

[Reaction: acetylated sugar with Br substituent → reduced product using Cp$_2$Ti(III)BH$_4$, 99%]

III.F.2-4 Kang, H.-Y., Koh, H.Y. et al., *H*, **43**, 2337.

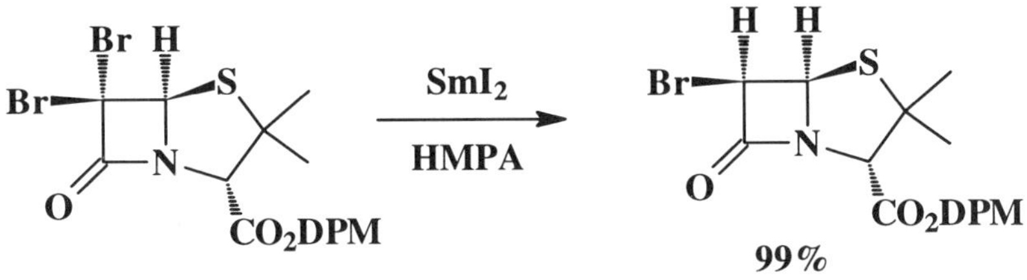

[Reaction: dibromo β-lactam (penem) with CO$_2$DPM → monobromo product using SmI$_2$, HMPA, 99%]

III.F.2-5 Murakami, Y. et al., *SL*, 931.

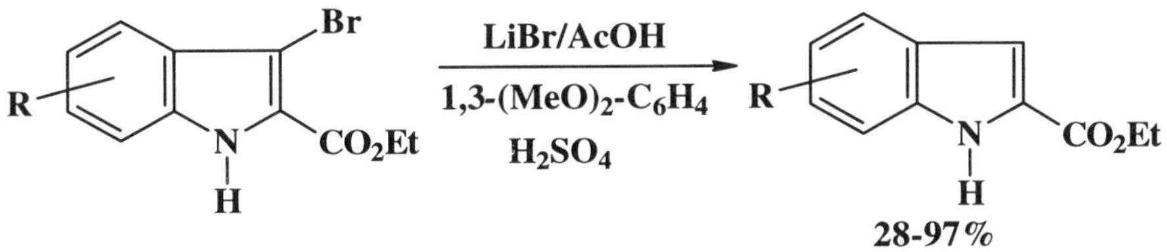

[Reaction: 3-bromoindole-2-carboxylate → indole-2-carboxylate using LiBr/AcOH, 1,3-(MeO)$_2$-C$_6$H$_4$, H$_2$SO$_4$, 28-97%]

III.F.2-6 Chatgilialoglu, C. et al., *OM*, **15**, 1508.

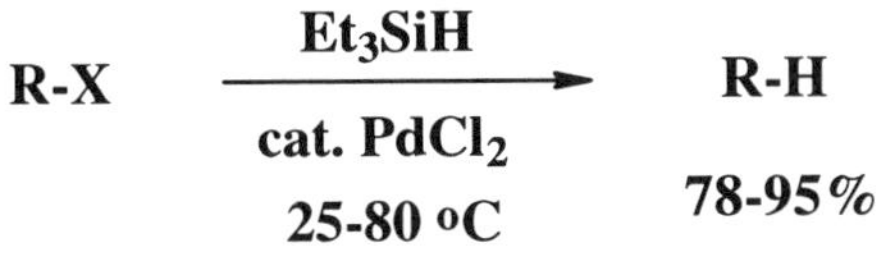

$$R\text{-}X \xrightarrow[\substack{\text{cat. PdCl}_2 \\ 25\text{-}80\ ^\circ\text{C}}]{\text{Et}_3\text{SiH}} R\text{-}H$$

78-95%

III.F.2-7 Kiplinger, J.L and Richmond, T.G., *CC*, 1115.

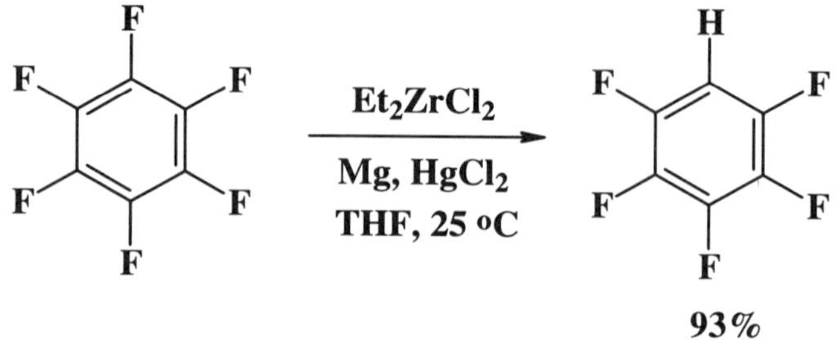

C₆F₆ → pentafluorobenzene (C₆F₅H)
Et₂ZrCl₂, Mg, HgCl₂, THF, 25 °C
93%

III.F.2-8 Jang, D.O., *TL*, **37**, 5367.

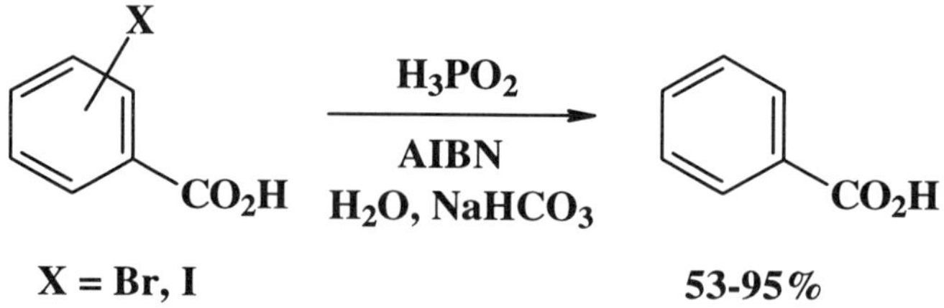

2-(halomethyl/halo)benzoic acid (X = Br, I) → benzoic acid
H₃PO₂, AIBN, H₂O, NaHCO₃
53-95%

III.F.2-9 Andersson, P.G., *JOC*, **61**, 4145.

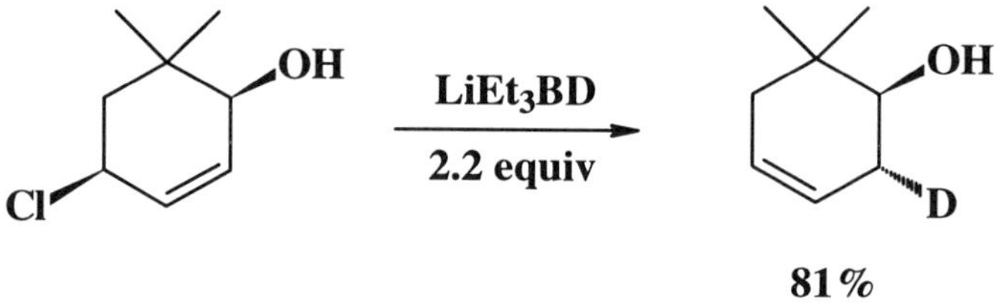

LiEt₃BD, 2.2 equiv
81%

III.F.3. C-S → C-H

III.F.3-1 Floro, S., Cohen, T. et al., *G*, **126**, 351.

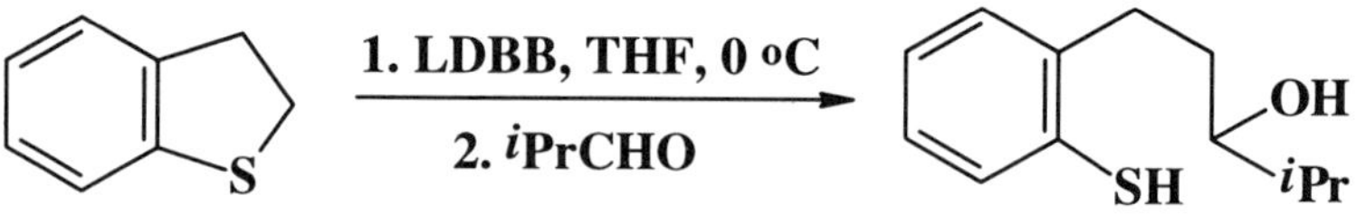

2,3-dihydrobenzothiophene → 2-(2-mercaptophenyl)-1-isopropyl...
1. LDBB, THF, 0 °C
2. ⁱPrCHO

LDDB = lithium-4,4'-di*t*butylbiphenylide
86%

III.F.3-2 Zard, S.Z. et al., *TL*, **37**, 5877.

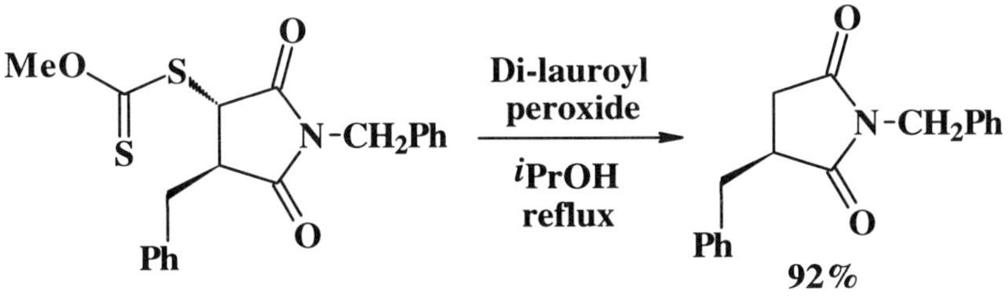

MeO-C(=S)-S attached to a pyrrolidine-2,5-dione (N-CH$_2$Ph) bearing a CH$_2$Ph group → Di-lauroyl peroxide, ^{i}PrOH reflux → pyrrolidine-2,5-dione (N-CH$_2$Ph) with CH$_2$Ph substituent, 92%

III.F.3-3 Node, M. et al., *TL*, **37**, 2271. **see also:** Connolly, T.J. and Durst, T., *SL*, 663.

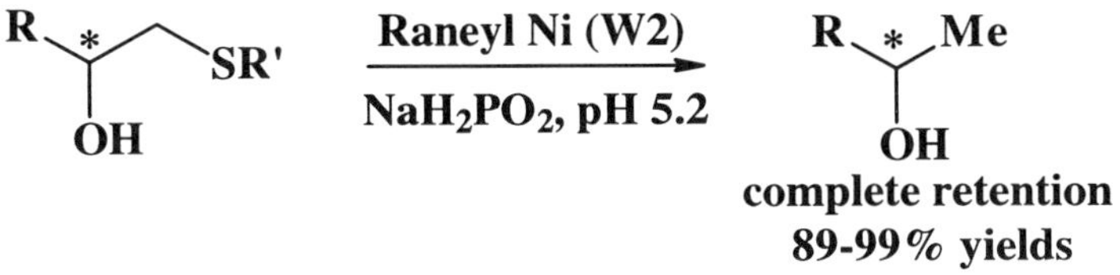

R–*CH(OH)–CH$_2$–SR' → (Raneyl Ni (W2), NaH$_2$PO$_2$, pH 5.2) → R–*CH(OH)–Me

complete retention
89-99% yields

loss of optical purity without buffer

III.G. Reductive Cleavages

III.G.1. Oxiranes

III.G.1-1 Nagasawa, K. et al., *TL*, **37**, 6881.

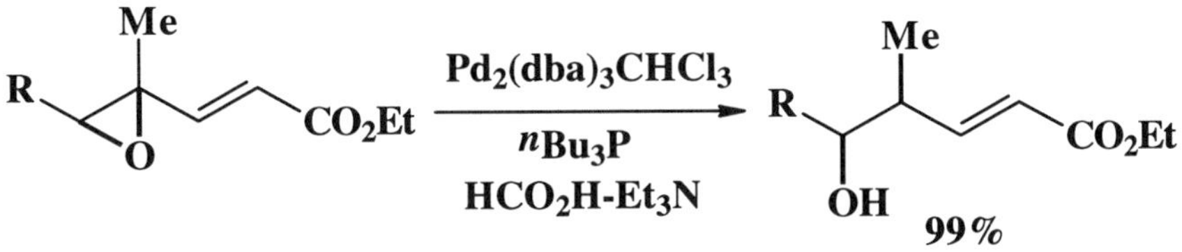

R-(epoxide with Me)-CH=CH-CO$_2$Et → Pd$_2$(dba)$_3$CHCl$_3$, nBu$_3$P, HCO$_2$H-Et$_3$N → R-CH(OH)-CH(Me)-CH=CH-CO$_2$Et, 99%

III.G.2. N-O Cleavages

III.G.3. Other Reductive Cleavages

III.G.3-1 Sassaman, M.B., *T*, **52**, 10835.

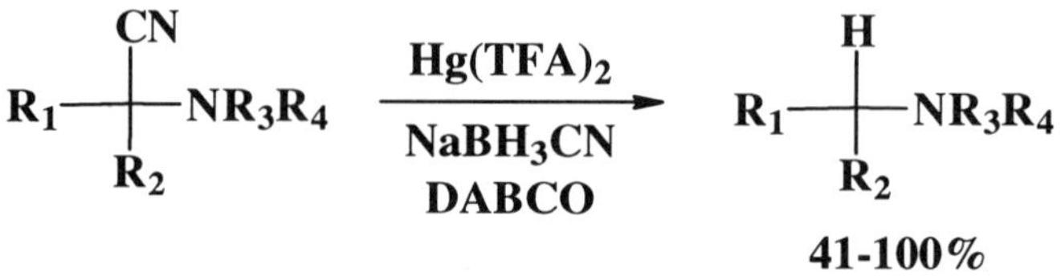

$$R_1\underset{R_2}{\overset{CN}{-}}NR_3R_4 \xrightarrow[\text{DABCO}]{\text{Hg(TFA)}_2 \atop \text{NaBH}_3\text{CN}} R_1\underset{R_2}{\overset{H}{-}}NR_3R_4$$

41-100%

III.G.3-2 Schwartz, J. et al., *JOC*, **61**, 4886.

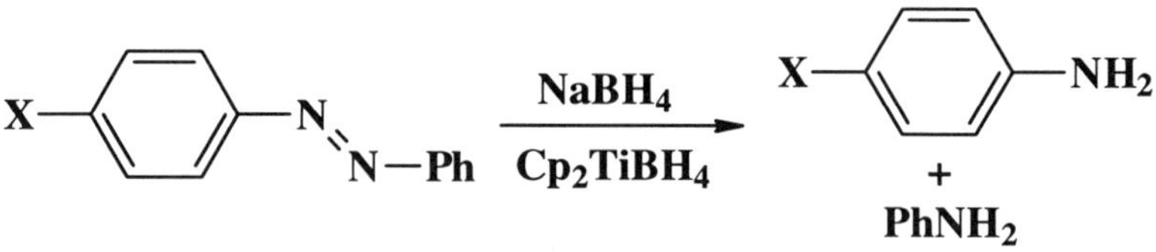

$$X\text{-}C_6H_4\text{-}N=N\text{-}Ph \xrightarrow[\text{Cp}_2\text{TiBH}_4]{\text{NaBH}_4} X\text{-}C_6H_4\text{-}NH_2 + PhNH_2$$

III.H. Reduction of Azides

III.H-1 Sandhu, J. et al., *TL*, **37**, 4559.

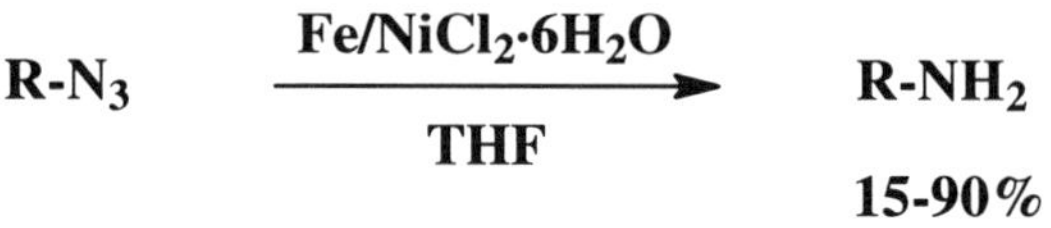

$$R\text{-}N_3 \xrightarrow[\text{THF}]{\text{Fe/NiCl}_2\cdot 6\text{H}_2\text{O}} R\text{-}NH_2$$

15-90%

III.I. Other Reductions

III.I-1 Cossy, J. and Bouzbouz, S., *TL*, **37**, 5091.

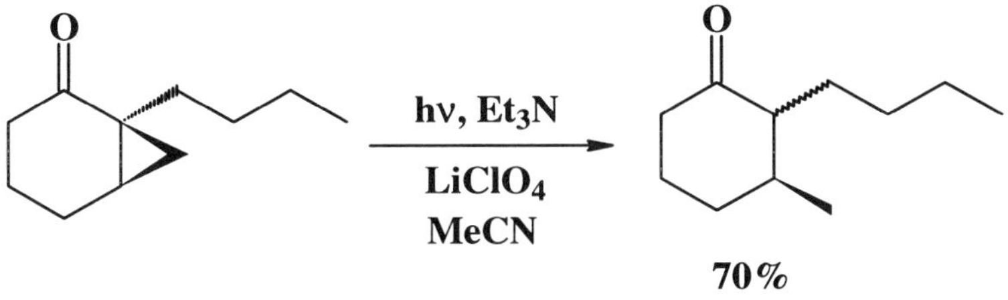

bicyclic cyclopropane-fused cyclohexanone + hv, Et$_3$N, LiClO$_4$, MeCN → 2-butyl-3-methylcyclohexanone, 70%

III.I-2 Murakami, M., Ito, Y. et al., *JACS*, **118**, 8285.

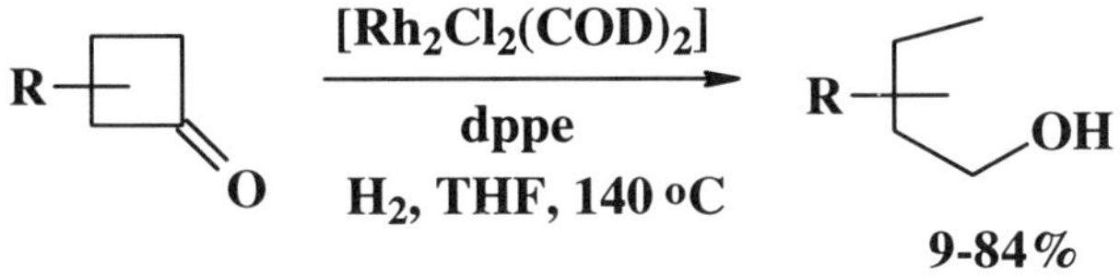

R-cyclobutanone + [Rh$_2$Cl$_2$(COD)$_2$], dppe, H$_2$, THF, 140 °C → R-substituted alcohol, 9-84%

III.I-3 Oh, D.Y. et al., *JOC*, **61**, 2199.

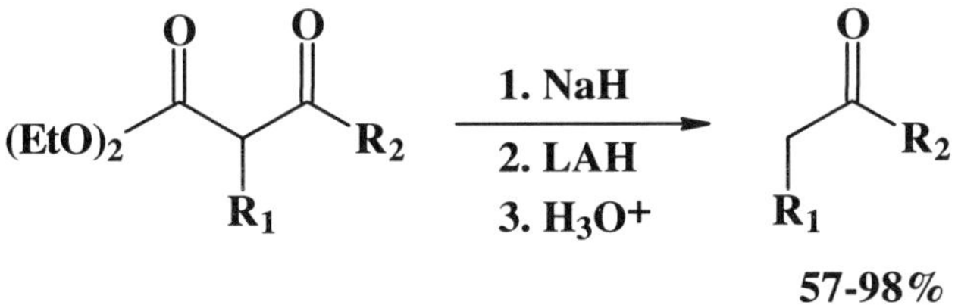

(EtO)$_2$P(O)-C(R$_1$)(C(O)R$_2$) — 1. NaH; 2. LAH; 3. H$_3$O$^+$ → R$_1$CH$_2$C(O)R$_2$, 57-98%

III.I-4 Banerji, A. and Talukdar, S., *SC*, **26**, 1051.

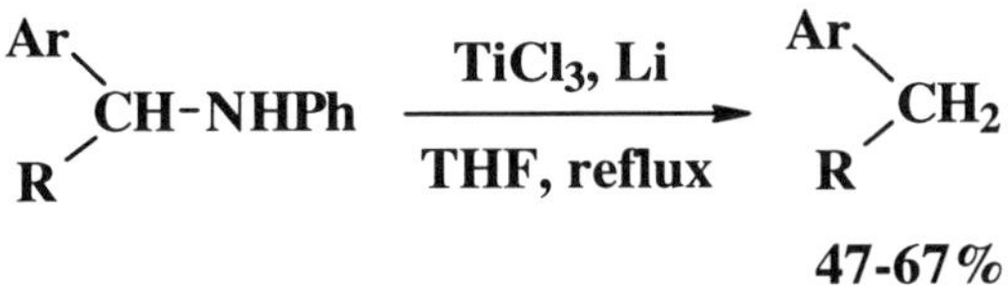

Ar(R)CH-NHPh + TiCl$_3$, Li, THF, reflux → Ar(R)CH$_2$, 47-67%

III.I-5 Sandhu, J. et al., *JCR(S)*, 464.

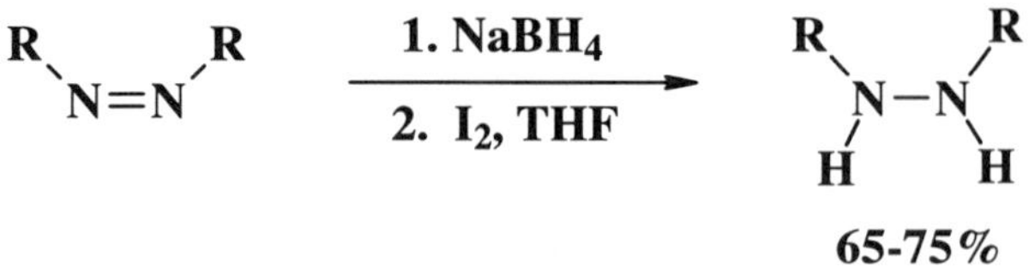

$$R-N=N-R \xrightarrow[\text{2. I}_2\text{, THF}]{\text{1. NaBH}_4} R-NH-NH-R \quad 65\text{-}75\%$$

III.I-6 Ohsawa, A. et al., *TL*, **37**, 4165.

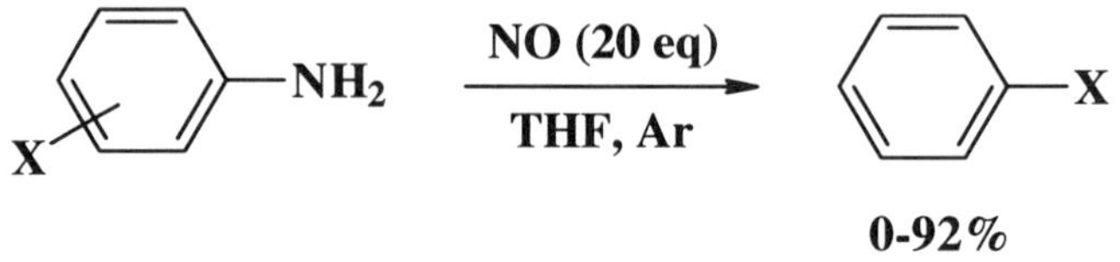

$$X-C_6H_4-NH_2 \xrightarrow[\text{THF, Ar}]{\text{NO (20 eq)}} X-C_6H_5 \quad 0\text{-}92\%$$

III.I-7 Kim, Y.H. et al., *CC*, 1805.

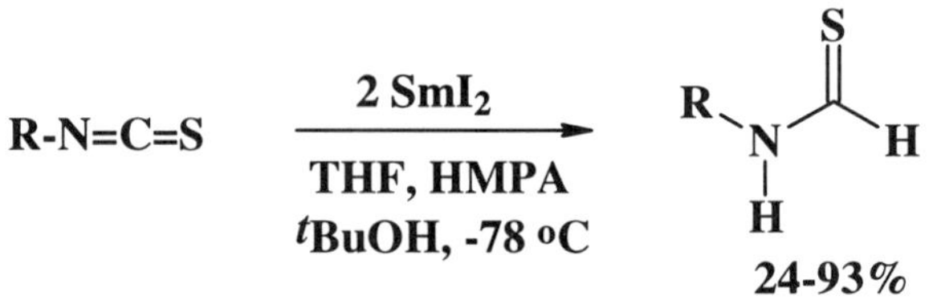

$$R-N=C=S \xrightarrow[\substack{\text{THF, HMPA} \\ t\text{BuOH, -78 °C}}]{2\ \text{SmI}_2} R-NH-C(=S)-H \quad 24\text{-}93\%$$

III.I-8 Spivey, A.C. et al., *JCS(P1)*, 2103.

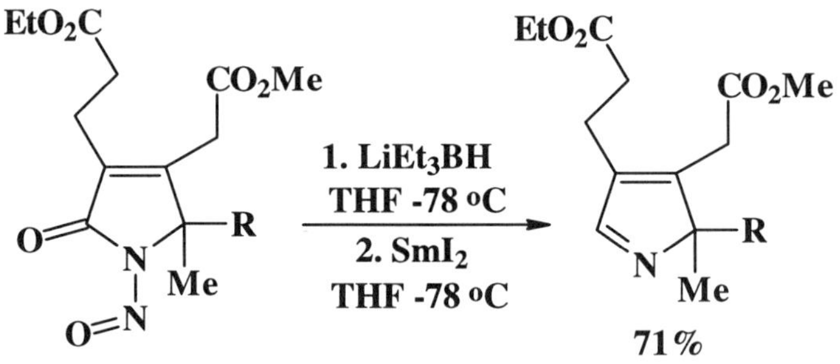

$$\xrightarrow[\substack{\text{2. SmI}_2 \\ \text{THF -78 °C}}]{\substack{\text{1. LiEt}_3\text{BH} \\ \text{THF -78 °C}}} \quad 71\%$$

IV
SYNTHESIS OF HETEROCYCLES

IV.A.   Oxiranes, Aziridines and Thiiranes

IV.A-1 Carducci, M. et al., *TL*, **37**, 3777.

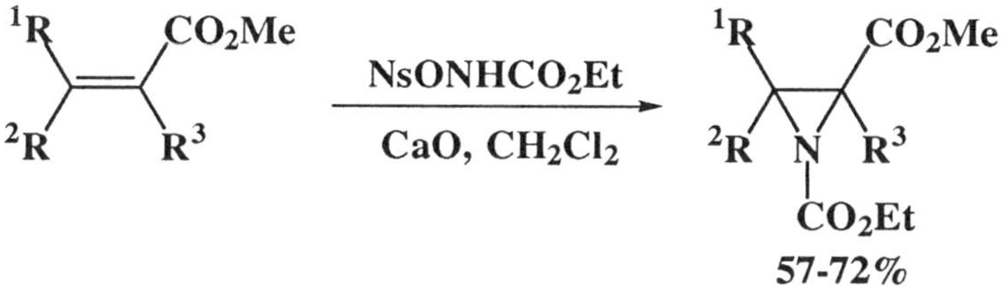

$$\underset{^2R}{\overset{^1R}{\diagdown}}C=C\underset{R^3}{\overset{CO_2Me}{\diagup}} \xrightarrow[\text{CaO, CH}_2\text{Cl}_2]{\text{NsONHCO}_2\text{Et}} \underset{^2R}{\overset{^1R}{\diagdown}}\underset{\underset{CO_2Et}{N}}{\triangle}\underset{R^3}{\overset{CO_2Me}{\diagup}}$$

57-72%

IV.A-2 Aires-de Sousa, J. et al., *TL*, **37**, 3183.

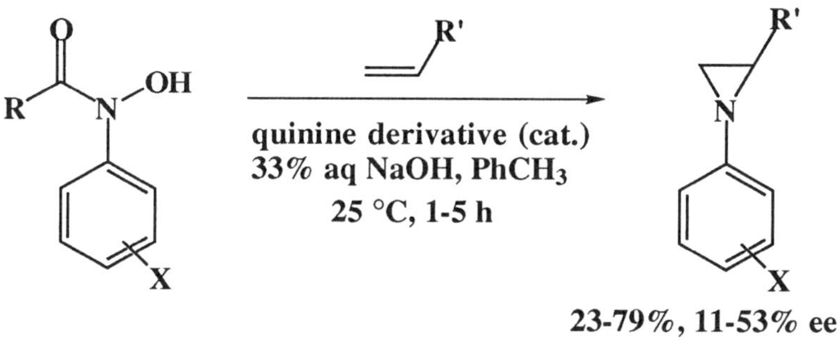

$$\text{R-C(O)-N(OH)-Ar(X)} \xrightarrow[\substack{\text{quinine derivative (cat.)} \\ 33\%\text{ aq NaOH, PhCH}_3 \\ 25\,°\text{C, 1-5 h}}]{\overset{R'}{=\!=}} \text{Aziridine-N-Ar(X), R'}$$

23-79%, 11-53% ee

IV.A-3 Muller, P. et al., *T*, **52**, 1543; Nishikori, H.; Katsuki, T., *TL*, **37**, 9245.

$$\underset{^1R}{\overset{H}{\diagdown}}C=C\underset{R^2}{\overset{R^3}{\diagup}} \xrightarrow[\text{Rh}_2(\text{OAc})_4]{\text{NsN=IPh}} \underset{^1R\ \ N\ \ R^2}{\overset{H\ \ \ \ \ R^3}{\triangle}}$$
$$\underset{\text{18-85\%}}{\overset{|}{\text{CO}_2\text{Et}}}$$

IV.A-4 Brookhart, M., Templeton, J.L. et al., *JOC*, **61**, 8358; Ha, H.-J. et al., *TL*, **37**, 7069.

$$^1R\diagdown\!\!=\!\!N\diagdown_R + N_2\text{CHCO}_2\text{Et} \xrightarrow[\text{Et}_2\text{O, 24 h}]{\text{BF}_3\cdot\text{Et}_2\text{O}} \underset{\underset{R}{|}}{\overset{^1R\ \ \ \ \ \text{CO}_2\text{Et}}{\underset{N}{\triangle}}}$$

0-93%
(*cis:trans* up to 99:1)

IV.A-5 Aggarwal, V.K. et al., *JOC*, **61**, 8369 and *JACS*, **118**, 7004.

$$R\diagdown\!\!=\!\!N\diagdown_{\text{SES}} + \underset{N_2}{\overset{\diagup\text{Ph}}{=}} \xrightarrow[\text{Rh}_2(\text{OAc})_4]{\text{[camphor sulfide]}} \underset{\underset{\text{SES}}{|}}{\overset{R\ \ \ \ \ \text{Ph}}{\underset{N}{\triangle}}}$$

55-88%
(*trans:cis* = 3:1)

[similarly for chiral epoxides]

IV.A-6 McMills, M.C. et al., *TL*, **37**, 7205.

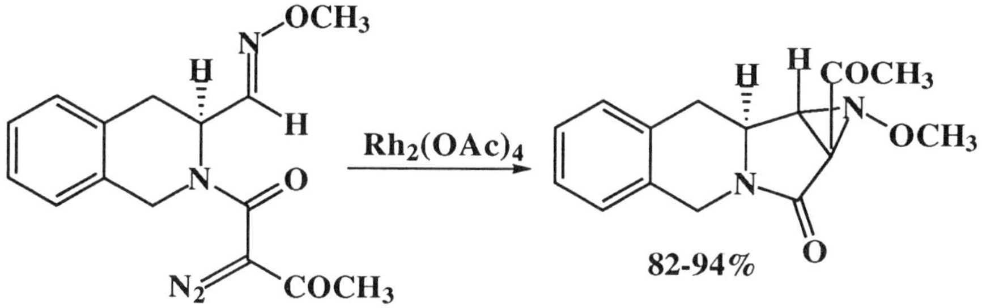

[Scheme: tetrahydroisoquinoline with N-OCH₃ imine and diazo COCH₃ group → Rh₂(OAc)₄ → fused aziridine-pyrrolidinone product, 82-94%]

IV.A-7 Dai, L.-X. et al., *JCS(P1)*, 2725, 867 and *CC*, 1353, 491 and *JOC*, **61**, 4641.

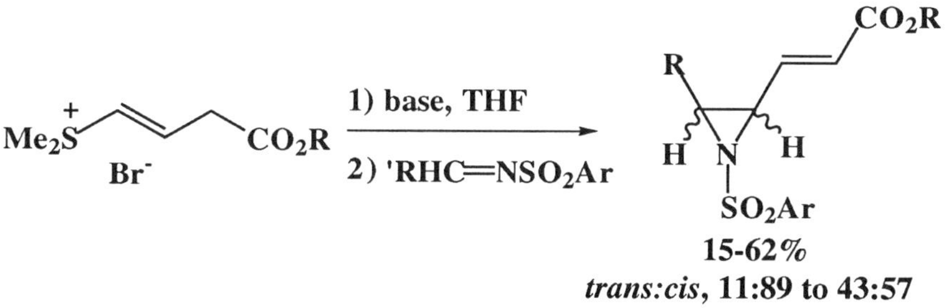

[Scheme: Me₂S⁺–CH=CH–CH₂–CO₂R Br⁻ + 1) base, THF; 2) 'RHC=NSO₂Ar → N-sulfonyl aziridine bearing CH=CH–CO₂R and R substituents, 15-62%, *trans:cis*, 11:89 to 43:57]

IV.A-8 Rich, D.H. et al., *SC*, **26**, 2723.

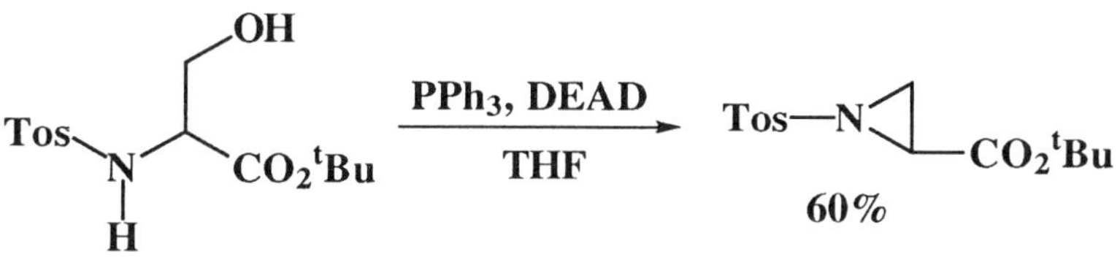

[Scheme: Tos-NH-CH(CH₂OH)(CO₂ᵗBu) → PPh₃, DEAD, THF → Tos-N-aziridine-CO₂ᵗBu, 60%]

IV.A-9 Sweeney, J.B. et al., *CC*, 2631 and *SL*, 847; Florio, S. and Troisi, LK. *JOC*, **61**, 4148.

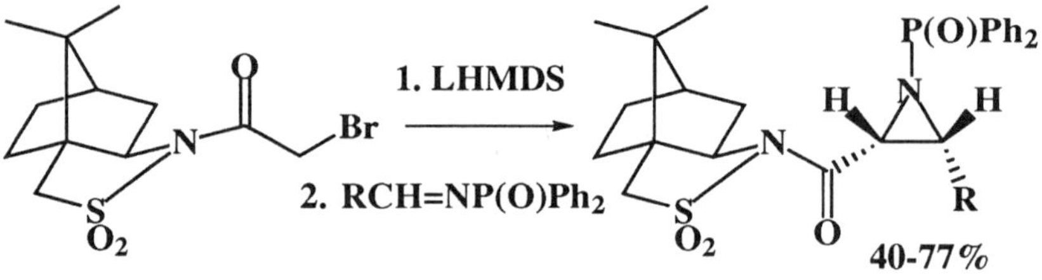

1. LHMDS
2. RCH=NP(O)Ph$_2$

40-77%

IV.A-10 Fernandez, I., Garcia Ruano, J.L. et al., *TA*, **7**,. 3407.

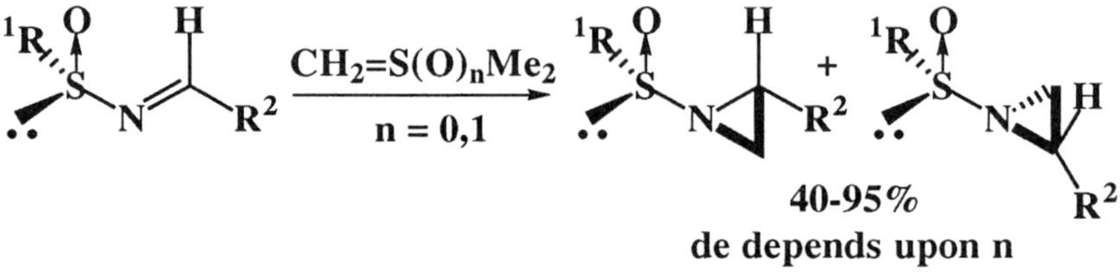

$CH_2=S(O)_nMe_2$
n = 0,1

40-95%
de depends upon n

IV.A-11 Ohkata, K. et al., *CC*, 2411; Beaulieu, P.L. and Wernic, D., *JOC*, **61**, 3635.

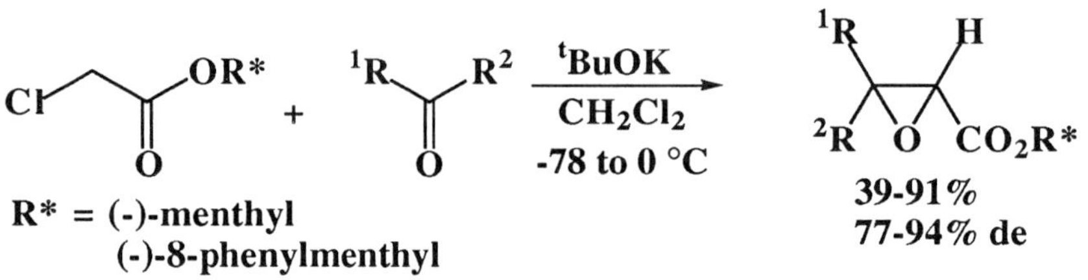

^{t}BuOK
CH$_2$Cl$_2$
-78 to 0 °C

R* = (-)-menthyl
(-)-8-phenylmenthyl

39-91%
77-94% de

IV.A-12 Luu, B. et al., *T*, **52**, 5525; Matano, Y. and Suzuki, H., *CC*, 2697.

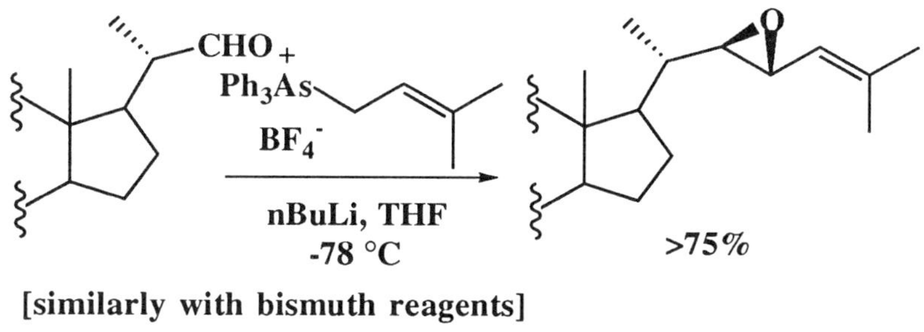

[similarly with bismuth reagents]

IV.A-13 Iranpoor, N. and Kazemi, F., *S*, 821.

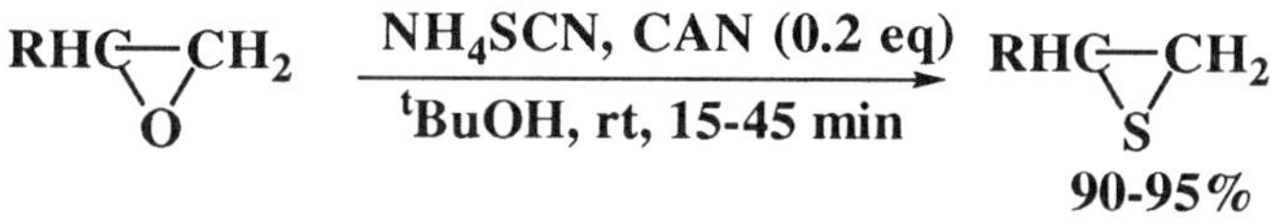

IV.B. Oxetanes, Azetidines and Thietanes

IV.B-1 Barluenga, J. et al., *JOC*, **61**, 5659; Kozlowski, M.C. and Bartlett, P.A., *JOC*, **61**, 7681.

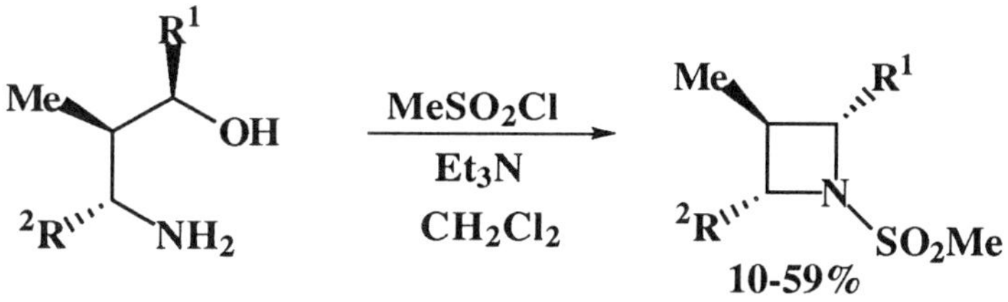

IV.B-2 Mordini, A. et al., *JOC*, **61**, 4466 and 4374.

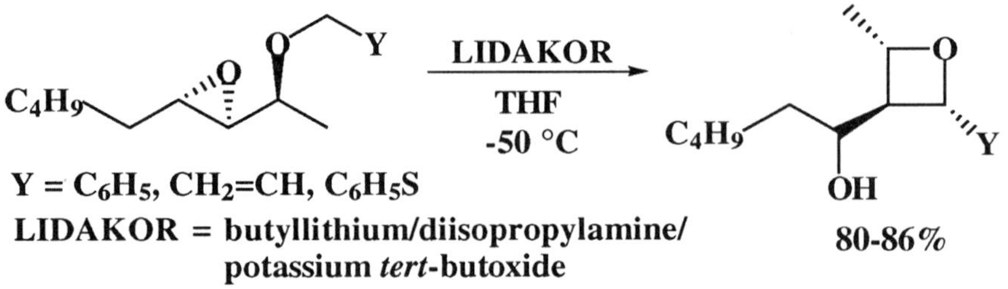
C4H9
O
Y
LIDAKOR
THF
-50 °C
C4H9
O
Y
OH
80-86%
Y = C6H5, CH2=CH, C6H5S
LIDAKOR = butyllithium/diisopropylamine/
potassium tert-butoxide

IV.B-3 Jung, M.E. and Nichols, C.J., *TL*, **37**, 7667.

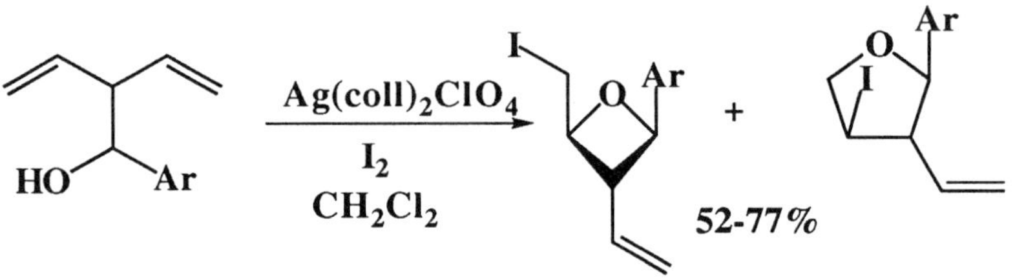
HO
Ar
Ag(coll)2ClO4
I2
CH2Cl2
I
O
Ar
+
Ar
O
I
52-77%

IV.B-4 Bach, T. et al., *T*, **52**, 10861; Venkateswaran, R.V. et al., *JOC*, **61**, 4391; Howell, A.R. et al., *TL*, **37**, 8651.

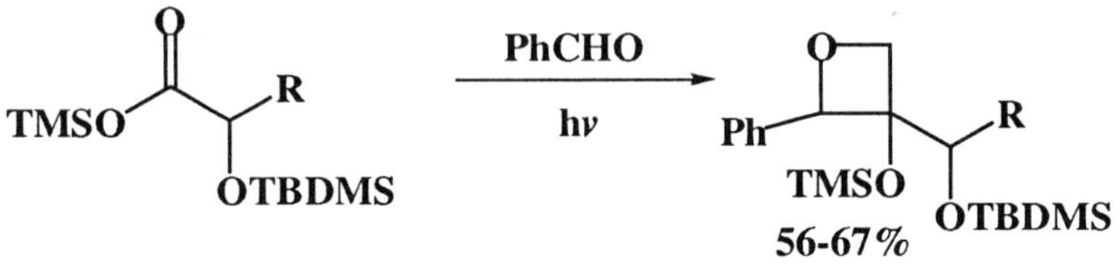
O
TMSO
R
OTBDMS
PhCHO
hν
O
Ph
TMSO
R
OTBDMS
56-67%

IV.C. Lactams

IV.C-1 Piotti, M.E. and Alper, H. *JACS*, **118**, 111.

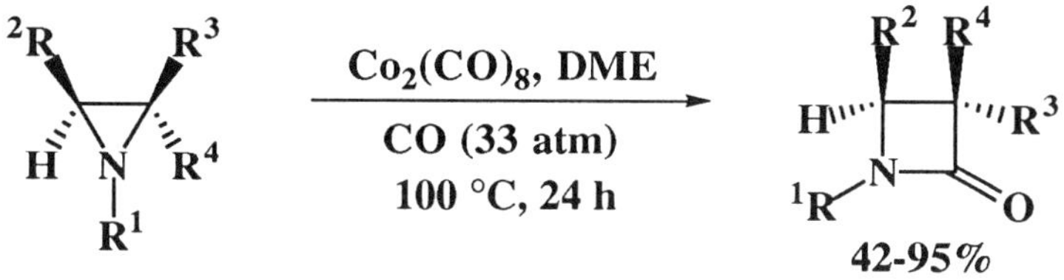

[Reaction: aziridine with R^2, R^3, R^4, R^1 substituents + $Co_2(CO)_8$, DME, CO (33 atm), 100 °C, 24 h → β-lactam, 42-95%]

IV.C-2 Cinquini, M, Cozzi, F. et al., *T*, **52**, 2573, 2583 and *JOC*, **61**, 8292; **see also:** Braun, M. and Galle, D., *S*, 819.

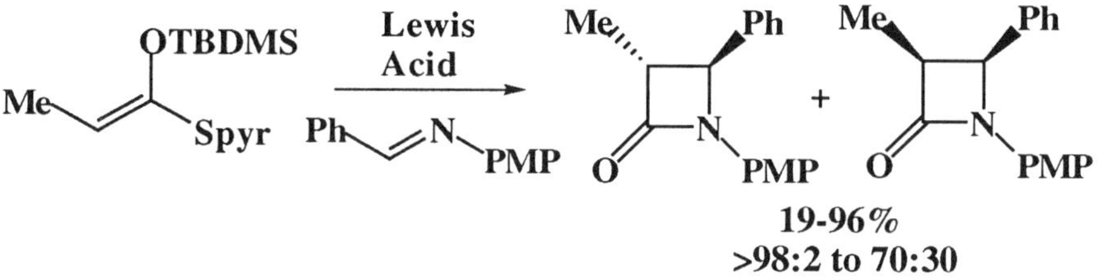

[Reaction: Me-C(OTBDMS)=CH-Spyr + Ph-CH=N-PMP, Lewis Acid → two β-lactam diastereomers, 19-96%, >98:2 to 70:30]

IV.C-3 Bhawal, B.M. et al., *T*, **52**, 5579, 5585; Palomo, C. et al., *AG(E)*, **35**, 1239 and *JOC*, **61**, 9186; Mahajan, M.P. et al., *JOC*, **61**, 5506.

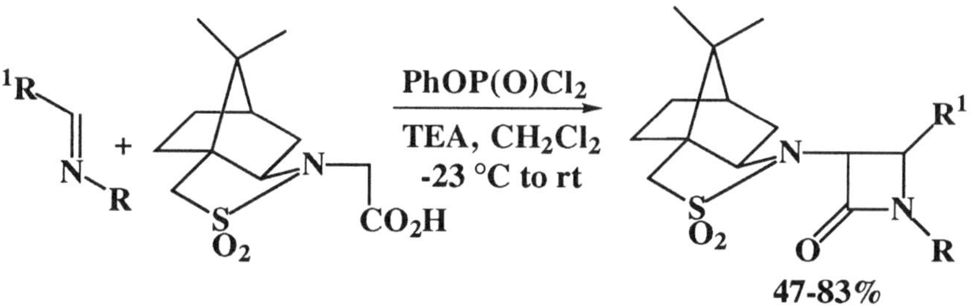

[Reaction: R^1CH=N-R + camphorsultam-N-CH$_2$-CO$_2$H, PhOP(O)Cl$_2$, TEA, CH$_2$Cl$_2$, -23 °C to rt → β-lactam, 47-83%]

IV.C-4 Moloney, M.G. et al., *JCS(P1)*, 227.

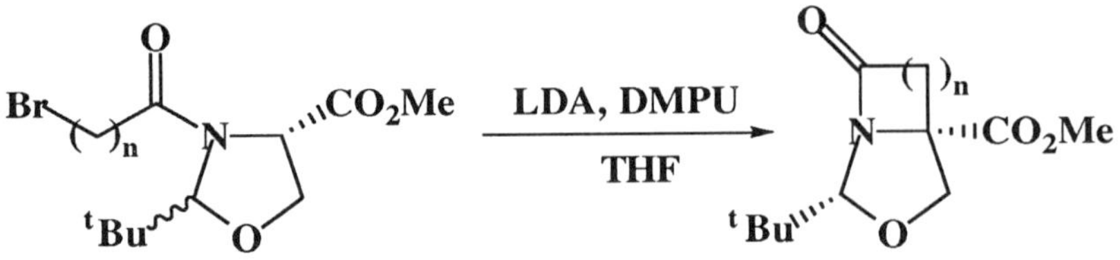

IV.C-5 Zard, S.Z. et al., *TL*, **37**, 1397.

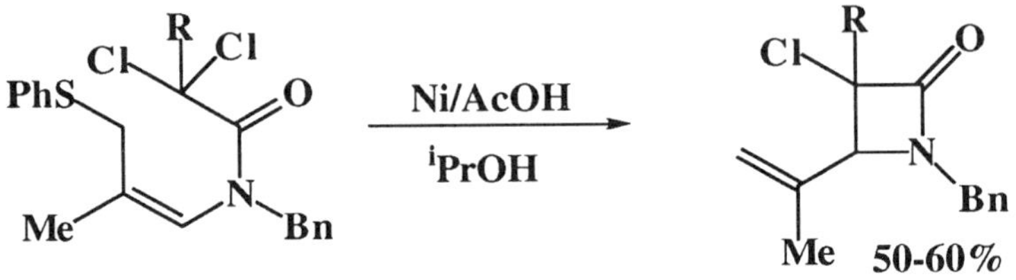

IV.C-6 Ishibashi, H., Ikeda, M. et al., *T*, **52**, 13867 and 489; Ishibashi, H. et al., *TA*, **7**, 2531.

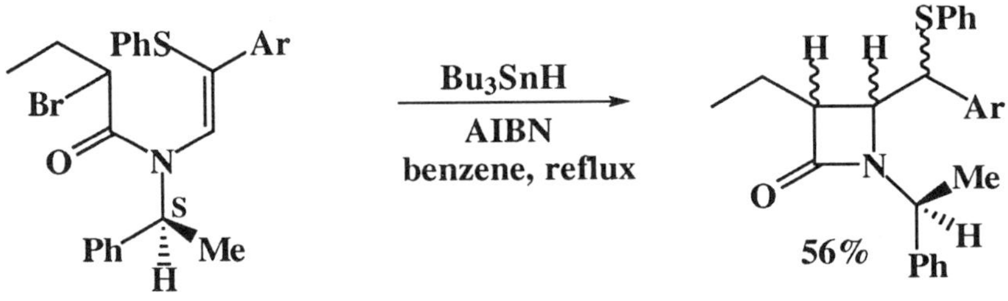

IV.C-7 Hegedus, L.S. et al., *JOC*, **61**, 2871.

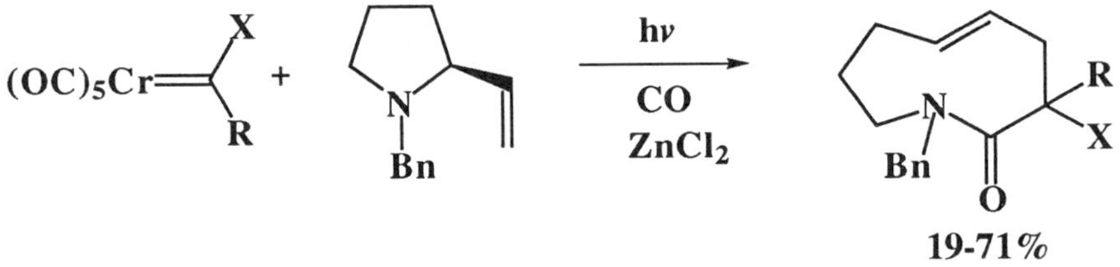

IV.C-8 Orena, M. et al., *T*, **52**, 1069; **see also:** Nishino, H. et al., *S*, 888.

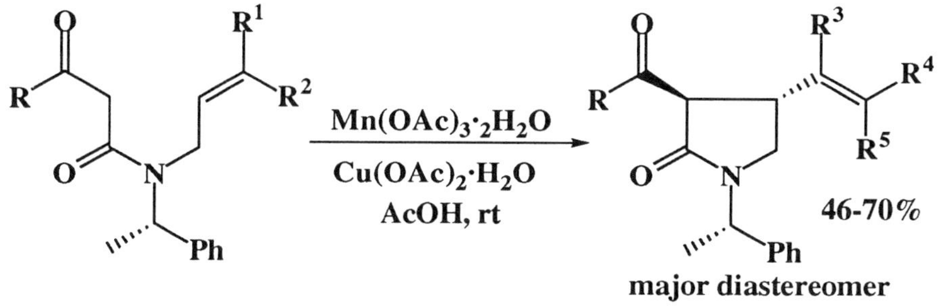

[Scheme: N-allyl β-ketoamide with Mn(OAc)₃·2H₂O, Cu(OAc)₂·H₂O, AcOH, rt → 3,4-disubstituted pyrrolidinone, 46-70%, major diastereomer]

IV.C-9 Lu, X. et al., *T*, **52**, 10945.

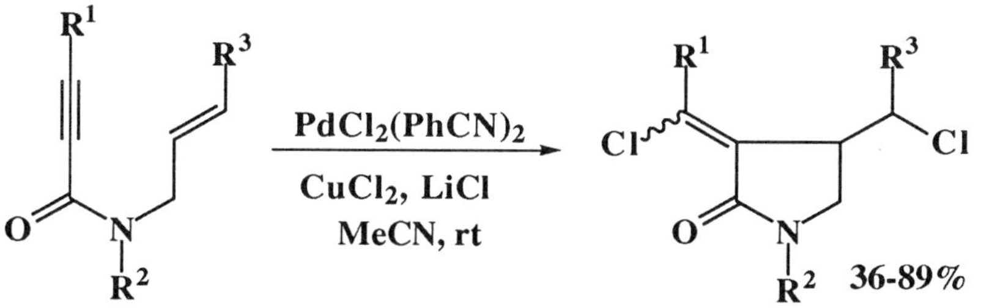

[Scheme: N-allyl propiolamide with PdCl₂(PhCN)₂, CuCl₂, LiCl, MeCN, rt → 3-chloromethylene-4-(chloromethyl)pyrrolidinone, 36-89%]

IV.C-10 Jacobi, P.A. et al., *JOC*, **61**, 5013.

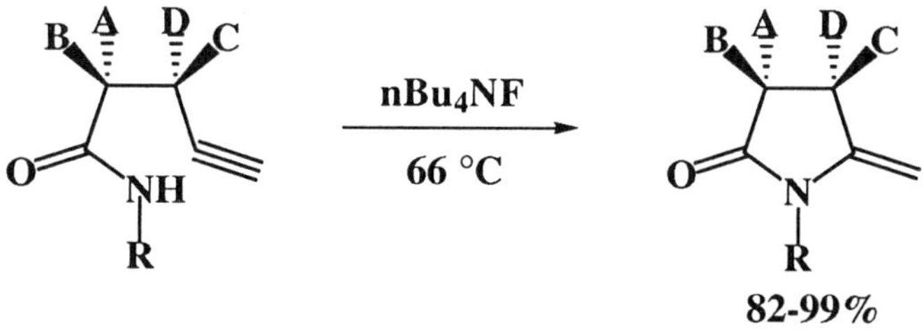

[Scheme: α-propargyl amide with nBu₄NF, 66 °C → 5-methylenepyrrolidinone, 82-99%]

IV.C-11 Allin, S.M. et al., *SL*, 781; Takahashi, I. et al., *H*, **43**, 2343, 71 and *SL*, 353.

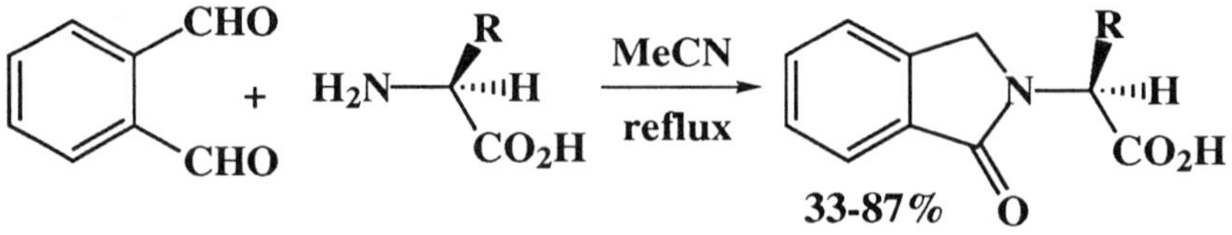

[Scheme: benzene-1,2-dicarbaldehyde + H$_2$N–C*H(R)(CO$_2$H) → isoindolin-1-one with N-CH(R)CO$_2$H, MeCN reflux, 33-87%]

IV.C-12 Nujevu C. and Cuturia, F., *TL*, **37**, 2833.

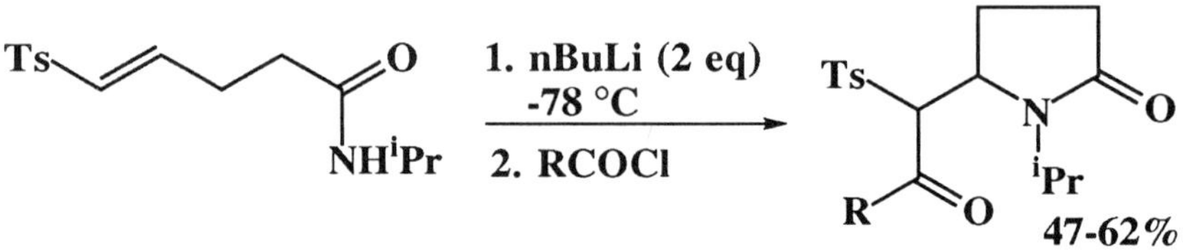

[Scheme: Ts-CH=CH-CH$_2$-CH$_2$-C(=O)-NH^{i}Pr, 1. nBuLi (2 eq) -78 °C, 2. RCOCl → Ts-substituted pyrrolidinone with CH(C(=O)R), N-^{i}Pr, 47-62%]

IV.C-13 Heinz, L.J. et al., *JOC*, **61**, 4838.

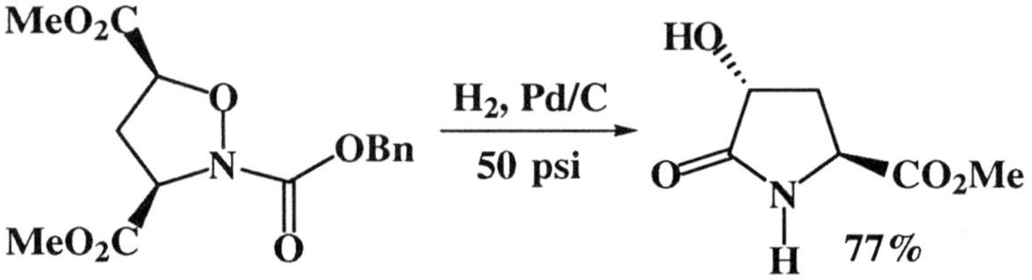

[Scheme: isoxazolidine with MeO$_2$C groups and N-C(=O)-OBn, H$_2$, Pd/C, 50 psi → 4-hydroxy-5-CO$_2$Me pyrrolidin-2-one (NH), 77%]

IV.C-14 Rigby, J.R. et al., *SL*, 631; see also: *JACS*, **118**, 12848; Taguchi, Y. et al., *BCJ*, **69**, 1667.

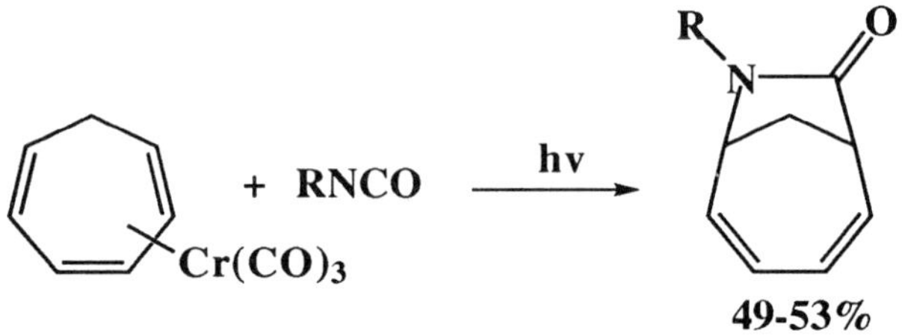

[Scheme: cycloheptatriene-Cr(CO)$_3$ + RNCO, hv → bicyclic lactam, 49-53%]

IV.C-15 Aube, J. et al., *TL*, **37**, 1530; see also: *JOC*, **61**, 10; Nebois, P. and Greene, A.E., *JOC*, **61**, 5210; Krow, G.R. et al., *JOC*, **61**, 5574.

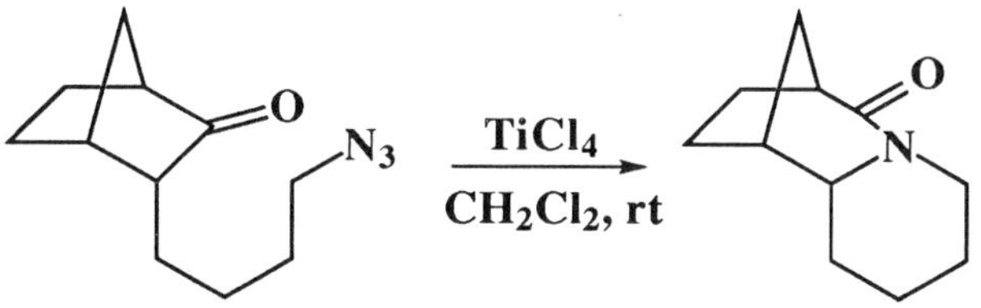

[Reaction: norbornyl ketone with azidoalkyl side chain → TiCl$_4$, CH$_2$Cl$_2$, rt → bicyclic lactam]

IV.C-16 Doyle, M.P. and Kalinin, A.V., *JOC*, **61**, 2179 and *TL*, **37**, 1371; McMills, M.C. et al., *TL*, **37**, 6523.

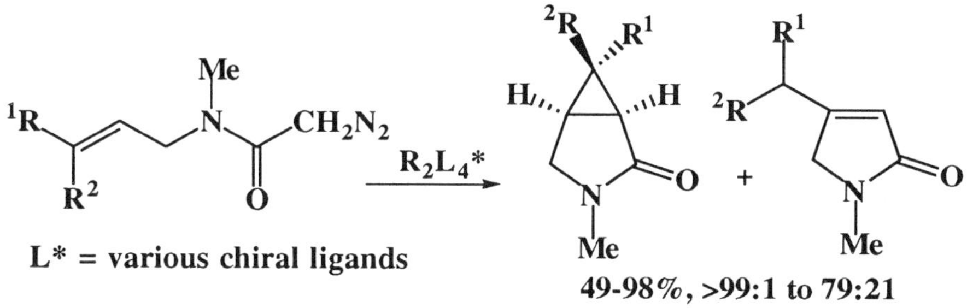

L* = various chiral ligands

R$_2$L$_4$*

49-98%, >99:1 to 79:21

IV.C-17 Smith, K. and Bahzad, D., *JCS(P1)*, 2793; Moody, C.J., Padwa, A. et al., *T*, **52**, 2489.

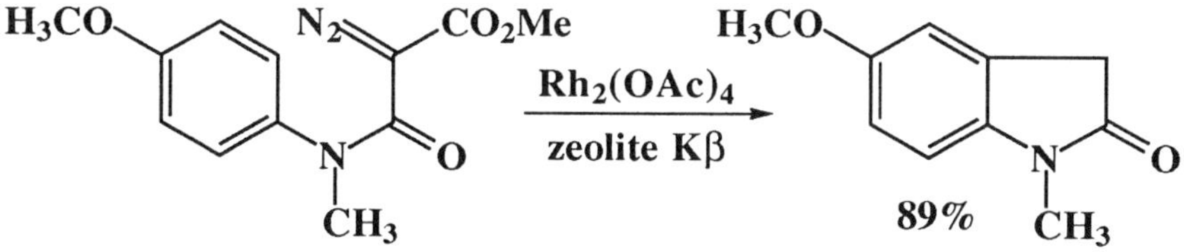

[Reaction: aryl diazo compound → Rh$_2$(OAc)$_4$, zeolite Kβ → oxindole, 89%]

IV.C-18 Wright, S.W. et al., *TL*, **37**, 4631.

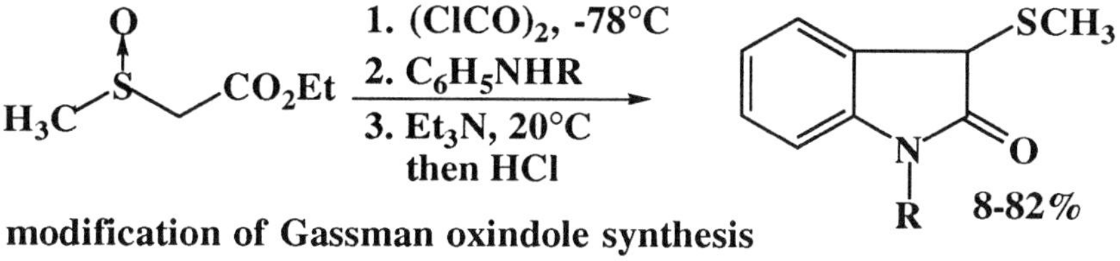

1. (ClCO)$_2$, -78°C
2. C$_6$H$_5$NHR
3. Et$_3$N, 20°C then HCl

8-82%

modification of Gassman oxindole synthesis

IV.C-19 Couture, A. et al., *T*, **52**, 4433.

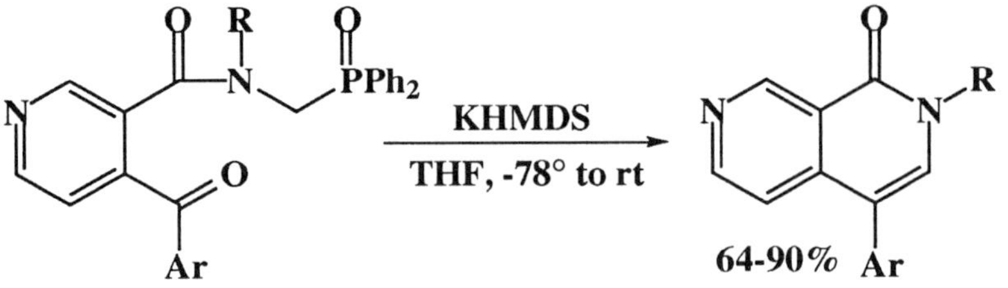

IV.C-20 Negishi, E. et al., *T*, **52**, 11529.

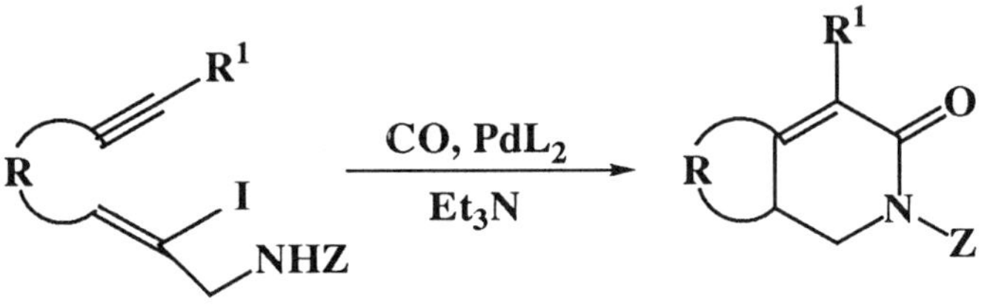

IV.C-21 Elnagdi, M.H. et al., *JCR(S)*, 296.

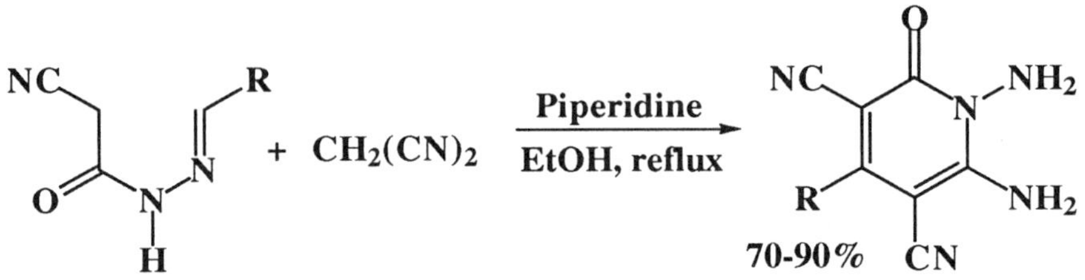

IV.C-22 Cho, H. and Matsuki, S., *H*, **43**, 127.

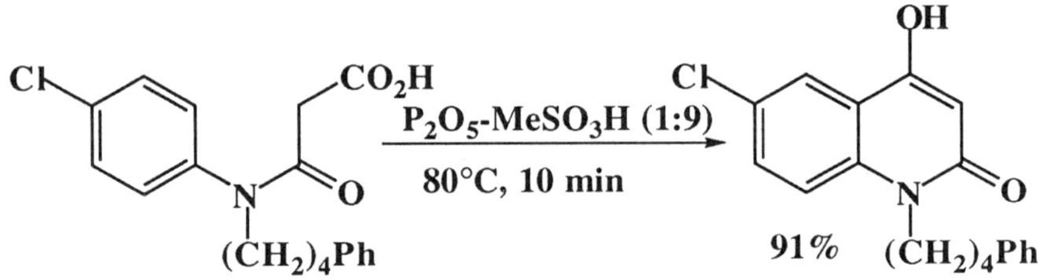

IV.C-23 Holmes, A.B. et al., *JCS(P1)*, 123.

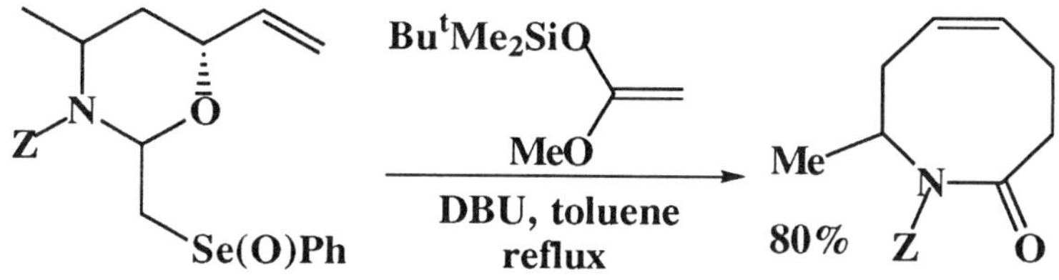

IV.C-24 Hesse, M. et al., *T*, **52**, 4363.

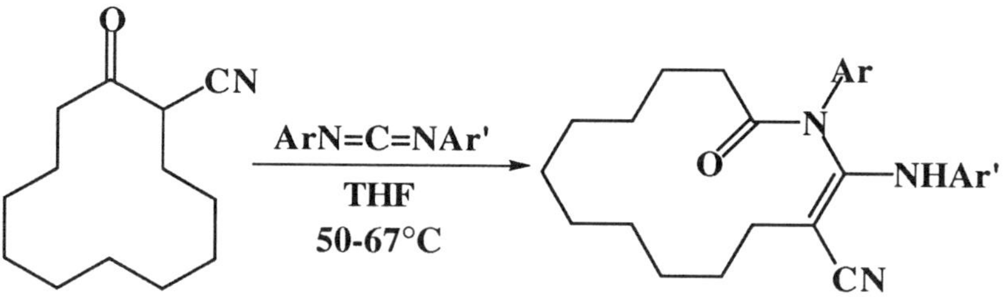

IV.D. Lactones

IV.D-1 Kocienski, P.J. et al., *CC*, 1053.

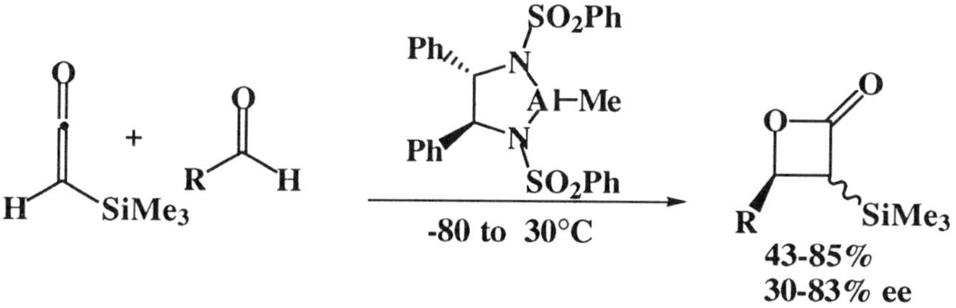

43-85%
30-83% ee

IV.D-2 Crowe, W.E., and Vu, A.T., *JACS*, **118**, 1557; Buchwald, S.L. et al., *JACS*, **118**, 5818.

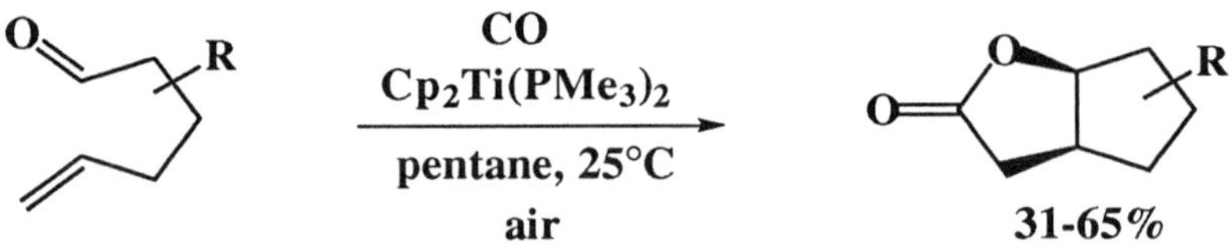

O
R
CO
$Cp_2Ti(PMe_3)_2$
pentane, 25°C
air
O
O
R
31-65%

IV.D-3 Murai, S. et al., *JACS*, **118**, 7634.

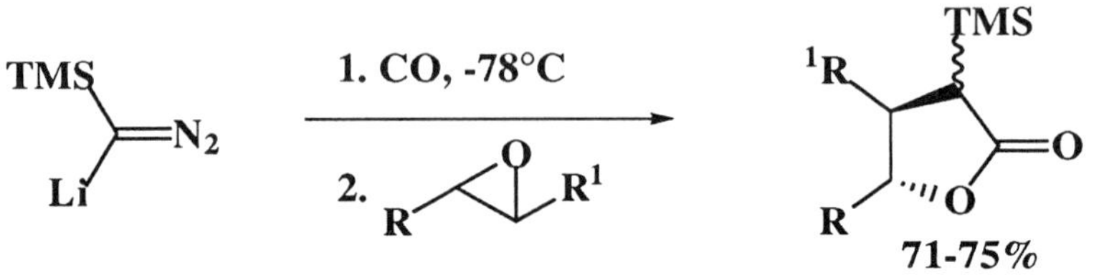

TMS
N_2
Li
1. CO, -78°C
2.
O
R
R^1
TMS
^1R
O
R
O
71-75%

IV.D-4 Doyle, M.P. et al., *JOC*, **61**, 9146.

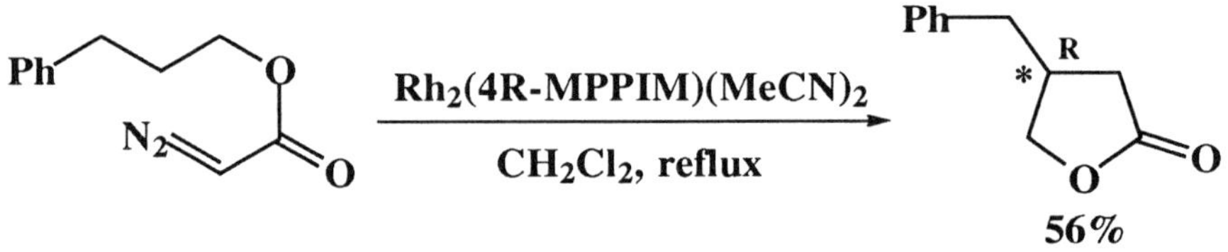

Ph
O
N_2
O
$Rh_2(4R\text{-}MPPIM)(MeCN)_2$
CH_2Cl_2, reflux
Ph
R
*
O
O
56%

IV.D-5 Eaton, B.E., Kubiak, C.P. et al., *OM*, **15**, 2829.

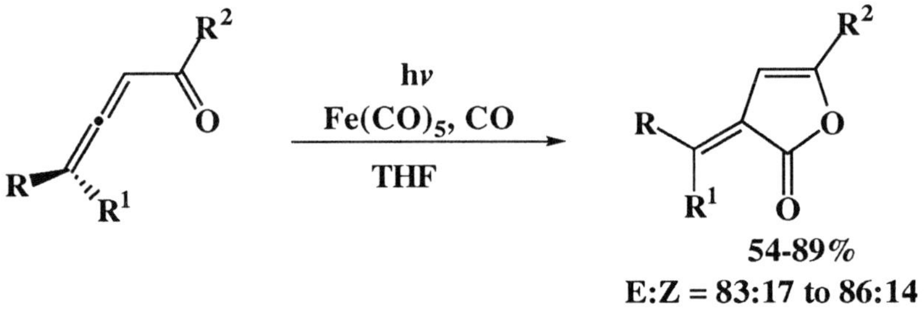

R^2
O
R
R^1
hν
$Fe(CO)_5$, CO
THF
R^2
R
O
R^1
O
54-89%
E:Z = 83:17 to 86:14

IV.D-6 Gelmi, M.L. et al., *JOC*, **61**, 1854.

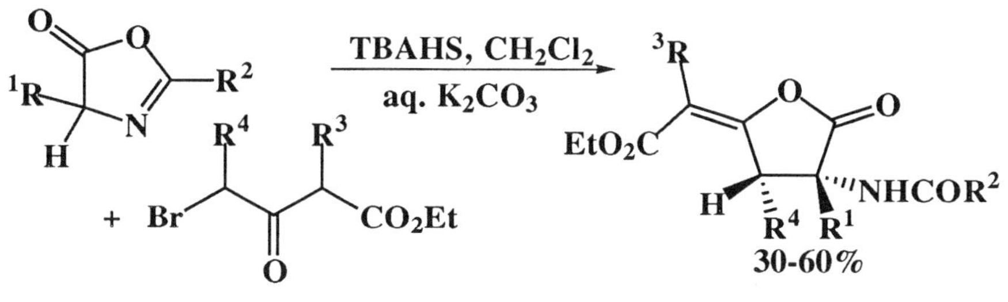

IV.D-7 Balme, G. et al., *TL*, **37**, 1429 and *T*, **52**, 11463; **see also:** Hidai, M. et al., *AG(E)*, **35**, 2123.

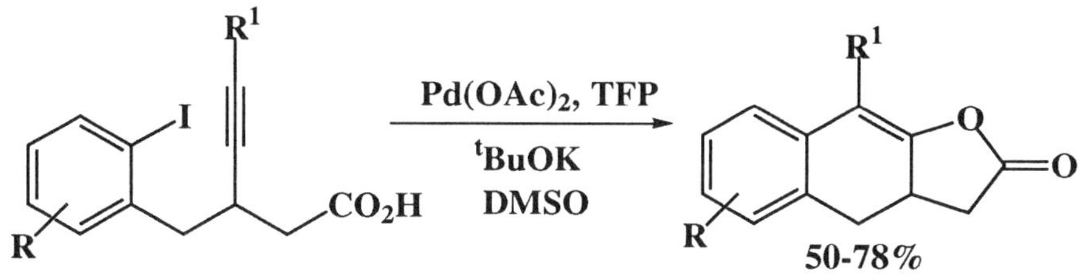

IV.D-8 Vatele, J.M. et al., *T*, **52**, 10405.

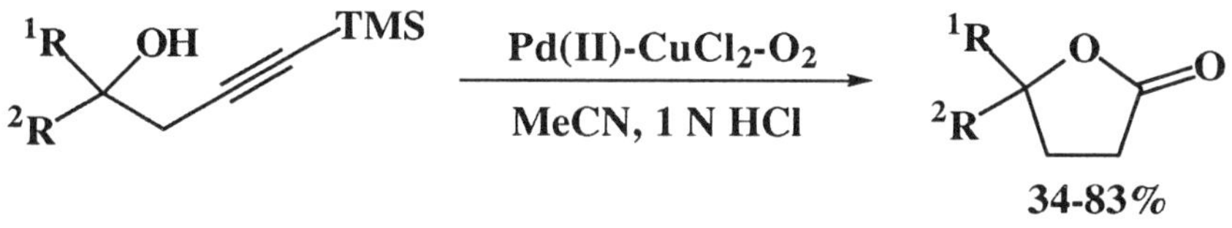

IV.D-9 Luo, F.-T. et al., *H*, 2725.

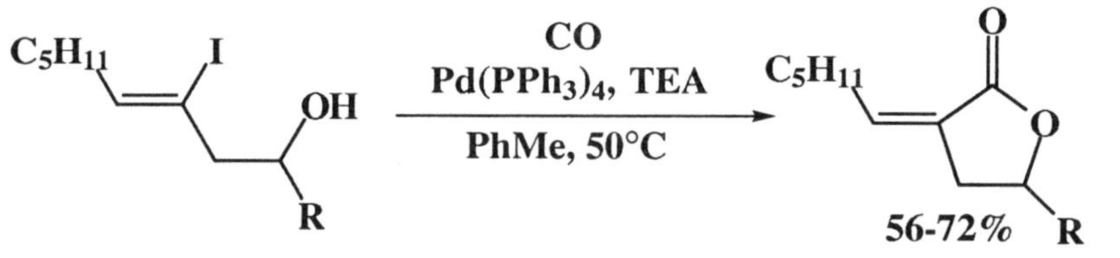

IV.D-10 Taguchi, T. et al., *JOC*, **61**, 8256.

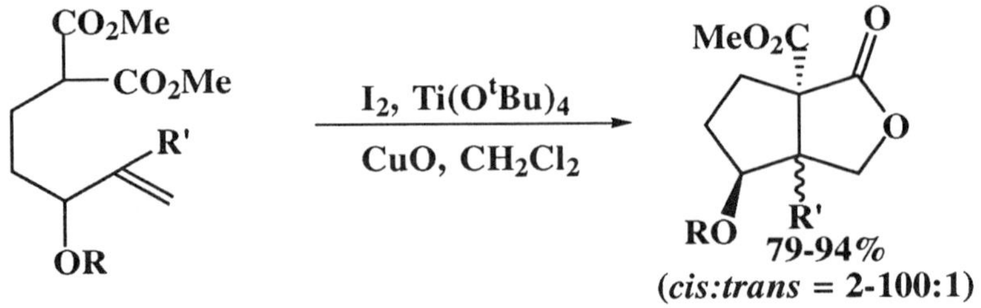
CO2Me
CO2Me
R'
OR
I2, Ti(OtBu)4
CuO, CH2Cl2
MeO2C
O
O
RO
R'
79-94%
(cis:trans = 2-100:1)

IV.D-11 Lu, X. et al., *TA*, **7**, 1923 and *OM*, **15**, 2821.

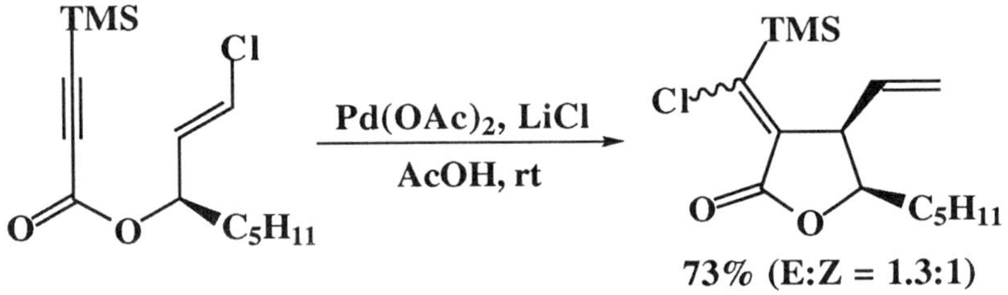
TMS
Cl
O
O
C5H11
Pd(OAc)2, LiCl
AcOH, rt
TMS
Cl
O
O
C5H11
73% (E:Z = 1.3:1)

IV.D-12 Hanessian, S. and Ninkovic, S., *CJC*, **74**, 1880.

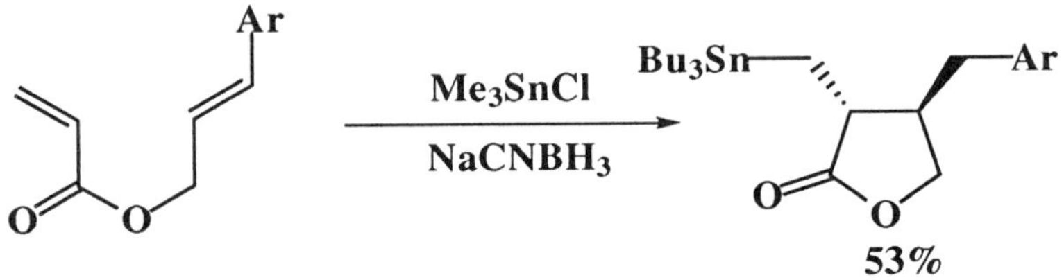
Ar
O
O
Me3SnCl
NaCNBH3
Bu3Sn
Ar
O
O
53%

IV.D-13 Kim, K.M. and Ryu, E., *TL*, **37**, 1441; Kato, T. et al., *H*, **43**, 601; Duchene, A., *TL*, **37**, 7507.

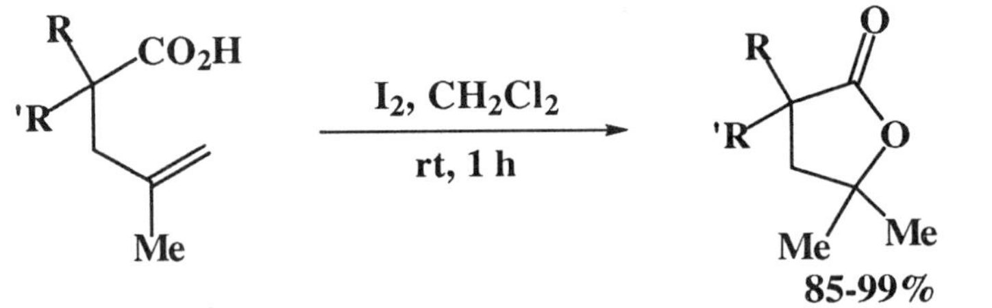
R
CO2H
'R
Me
I2, CH2Cl2
rt, 1 h
O
R
'R
O
Me
Me
85-99%

IV.D-14 Takagi, K. et al., *CL*, 1069.

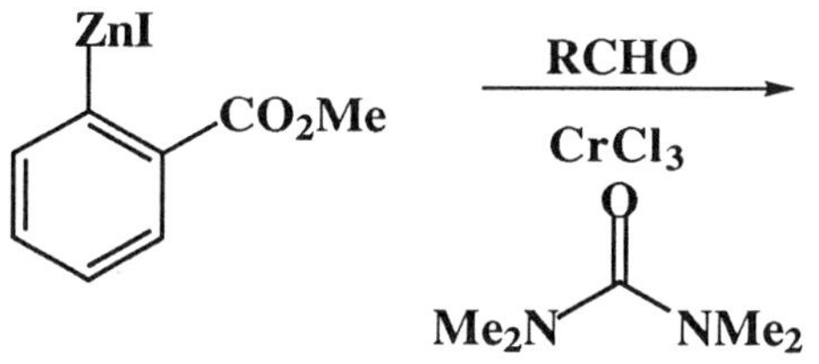

IV.D-15 Brown, H.C. et al., *TL*, **37**, 2205; Coltart, D.M. and Charton, J.L., *CJC*, **74**, 88.

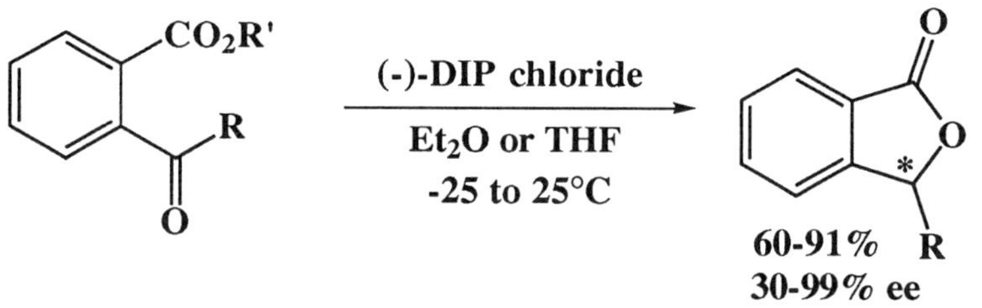

IV.D-16 Napolitano, E. et al., *JOC*, **61**, 5371; see also: Yoshikawa, M. et al., *CPB*, **44**, 1890; Salvadori, P. et al., *JOC*, **61**, 4190.

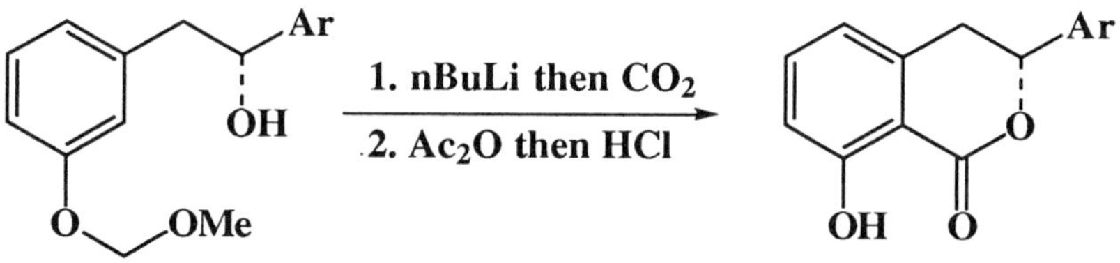

IV.D-17 Miura, M. et al., *JOC*, **61**, 6476.

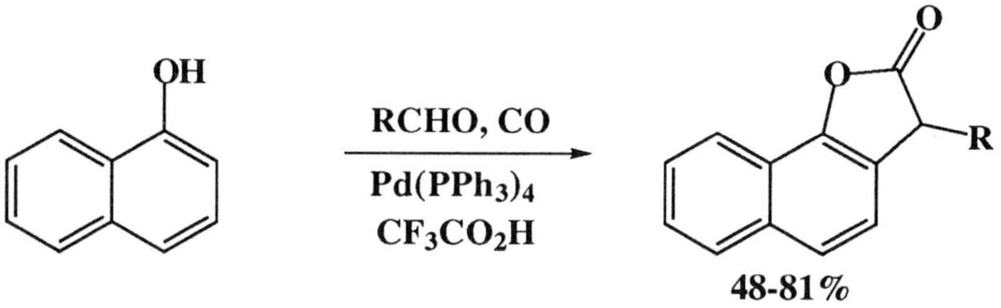

IV.D-18 Trost, B.M. and Toste, F.D., *JACS*, **118**, 6305.

$$\text{methylenedioxybenzene-OH} + \text{HC≡C-CO}_2\text{Et} \xrightarrow[\text{HCO}_2\text{H, 25°C}]{\text{Pd}_2(\text{dba})_3 \cdot \text{CHCl}_3, \text{NaOAc}} \text{coumarin product} \quad 67\%$$

IV.D-19 Gunnewegh, E.A. et al., *RTC*, **115**, 226; Adamczyk, M. et al., *OPP*, **28**, 627.

$$\text{resorcinol} + \text{R-CO-CH}_2\text{-CO}_2\text{Et} \xrightarrow{\text{Zeolite-H}\beta} \text{7-hydroxycoumarin} \quad 11\text{-}78\%$$

Pechmann reaction

IV.D-20 Fringuelli, F., Pizzo, F. et al., *H*, **43**, 1257; Brion, J.-D. et al., *H*, **43**, 2169; **see also:** Babu, K.N. et al., *OPP*, **28**, 217.

$$\text{salicylaldehyde} + \text{CH}_2(\text{CN})_2 \xrightarrow[\text{2. aq. HCl, 90°C}]{\text{1. aq. NaHCO}_3} \text{3-cyanocoumarin} \quad 75\text{-}92\%$$

IV.D-21 Russell, G.A. and Li, C., *TL*, **37**, 2557.

$$\xrightarrow[\text{2. h}\nu, \text{Ph}_2\text{S}_2, 6\text{-}10\text{ h}]{\text{1. }^t\text{BuHgI, KI, DMSO, 25°C, 30 min}} \quad 35\text{-}65\%$$

IV.D-22 Furstner, A. and Kindler, N., *TL*, **37**, 7005.

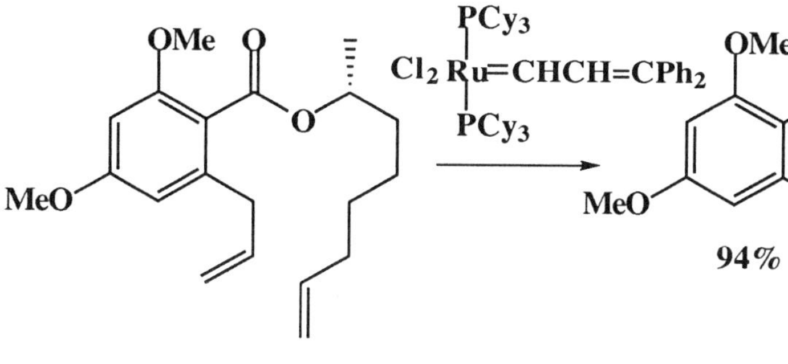

IV.D-23 Gribble, G.W. and Silva, R.A., *TL*, **37**, 2145.

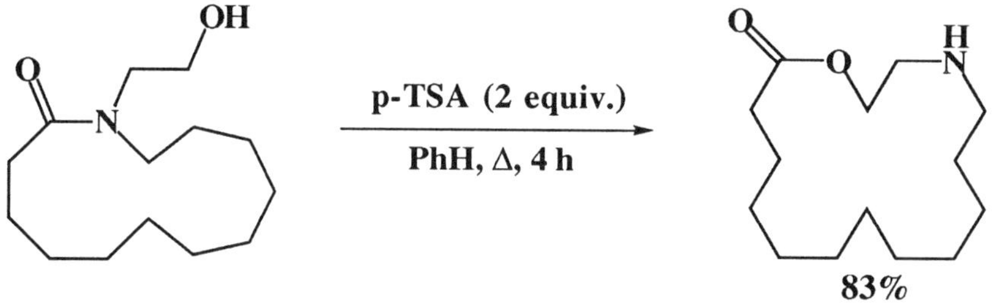

IV.D-24 Pattenden, G. et al., *SL*, 643; Lee, E. and Yoon, C.H., *TL*, **37**, 5929.

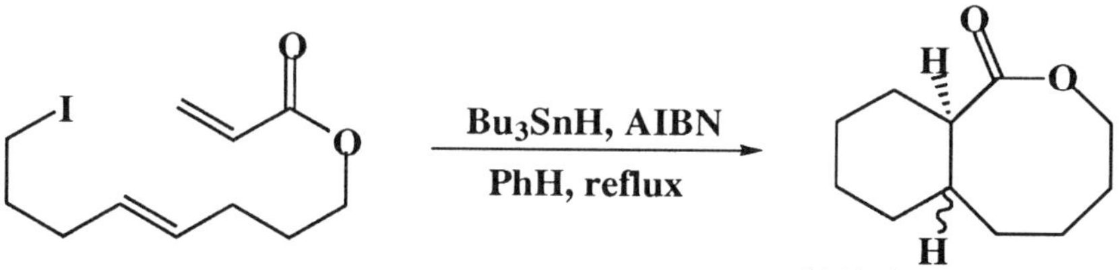

IV.E. Furans and Thiophenes

IV.E-1 Pohmakotr, M. et al., *TL*, **37**, 4585; **see also:** *T*, **52**, 7149; Tanabe, Y. et al., *S*, 388.

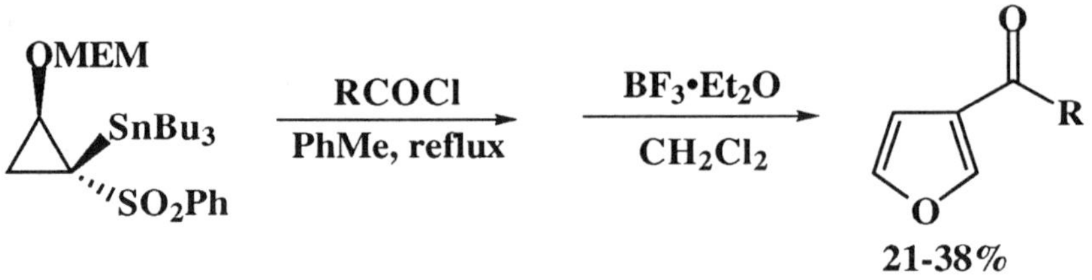

[Cyclopropane with OMEM, SnBu$_3$, SO$_2$Ph] → (RCOCl, PhMe, reflux) → (BF$_3$·Et$_2$O, CH$_2$Cl$_2$) → 3-acylfuran

21-38%

IV.E-2 Lautens, M. and Ren, Y., *JACS*, **118**, 9597.

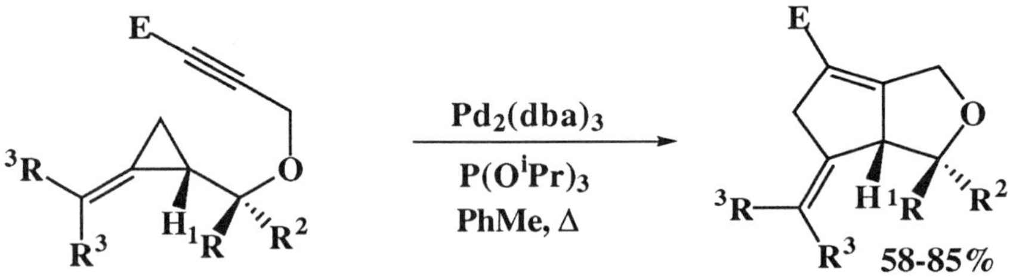

[alkynyl cyclopropane substrate] → Pd$_2$(dba)$_3$, P(O^{i}Pr)$_3$, PhMe, Δ → [bicyclic furan product]

58-85%

IV.E-3 Knight, D.W. and Bew, S.P., *CC*, 1007; **see also:** Yoshimatsu, M. et al., *JOC*, **61**, 8200 and *TL*, **37**, 7381.

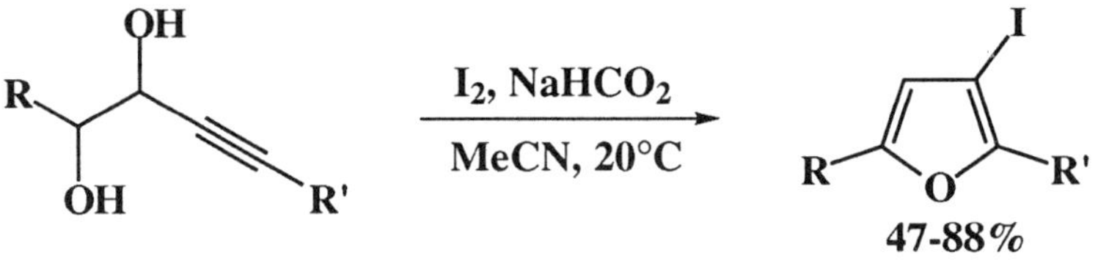

[diol alkyne] → I$_2$, NaHCO$_2$, MeCN, 20°C → [3-iodofuran]

47-88%

IV.E-4 Rossi, E., Arcadi, A. et al., *TL*, **37**, 3387 and 6811.

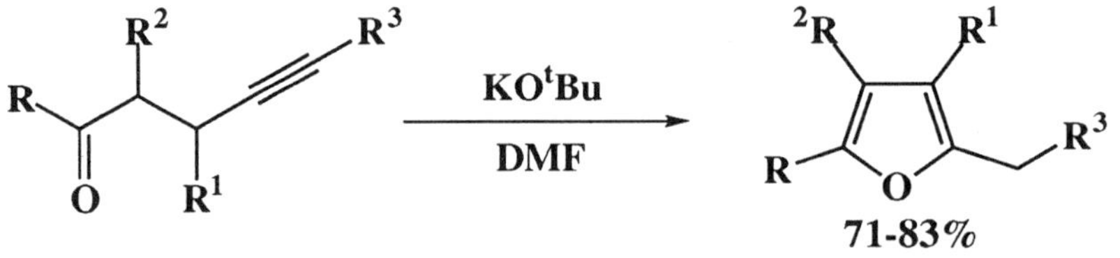

[ketone alkyne substrate] → KO^{t}Bu, DMF → [substituted furan]

71-83%

SYNTHESIS OF HETEROCYCLES

IV.E-5 Molander, G.A. and Siedern, C.S., *JOC*, **61**, 1140; see also: Sammond, D.M. and Sammakia, T., *TL*, **37**, 6065.

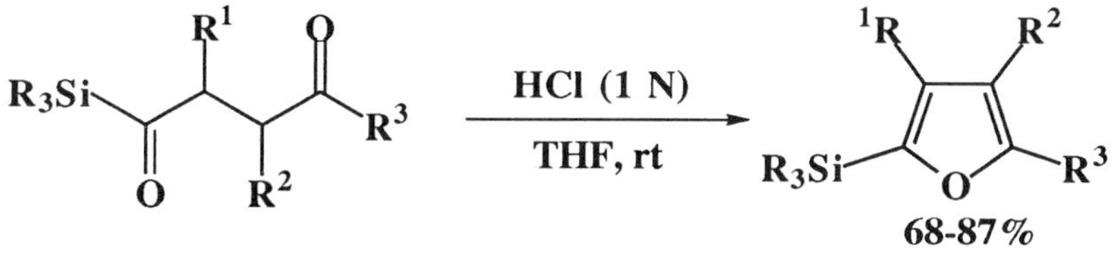

IV.E-6 Lee, C.-W. and Oh, D.Y., *H*, **43**, 1171.

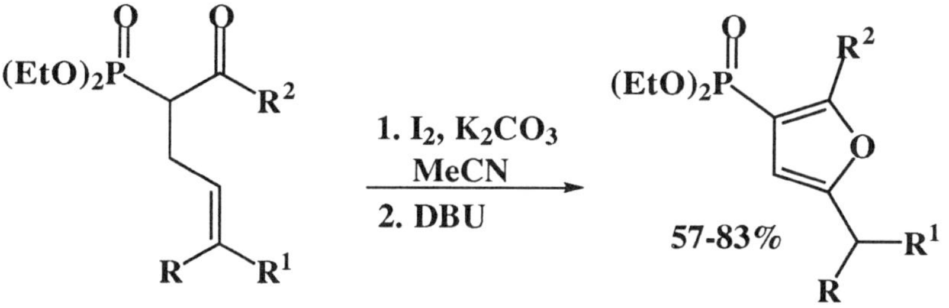

IV.E-7 Craig, D. and Etheridge, C.J., *T*, **52**, 15289, 15267.

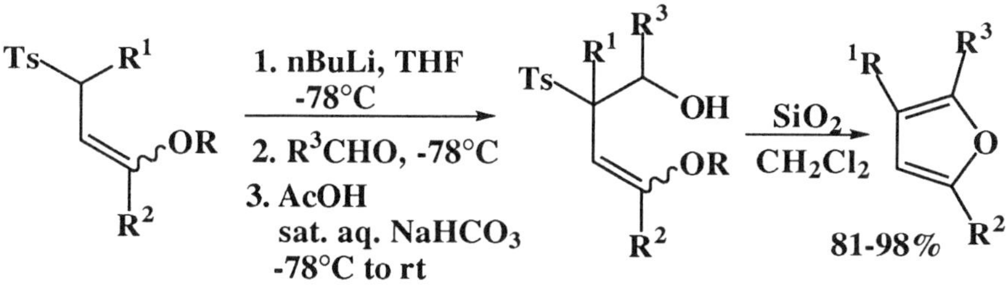

IV.E-8 Kabat, M.M., *TL*, **37**, 7437.

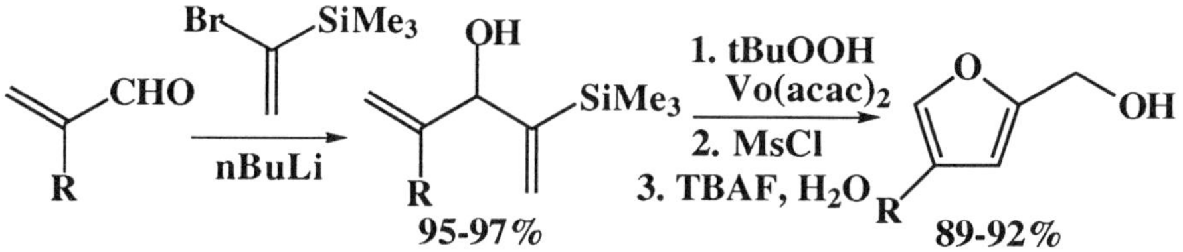

IV.E-9 Hosomi, A. et al., *SL*, 234.

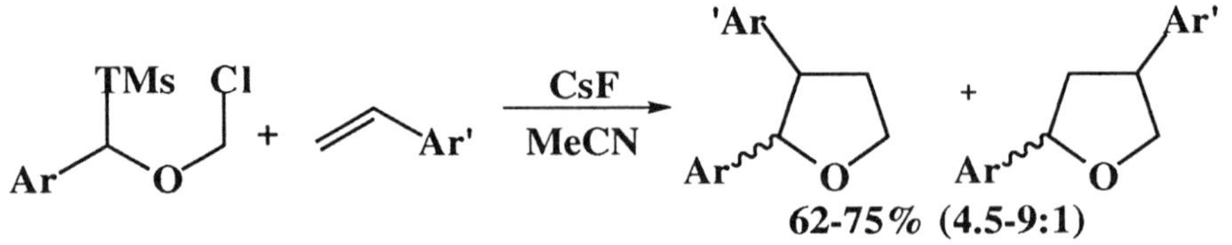

62-75% (4.5-9:1)

IV.E-10 Evans, P.A. and Roseman, J.D., *JOC*, **61**, 2252.

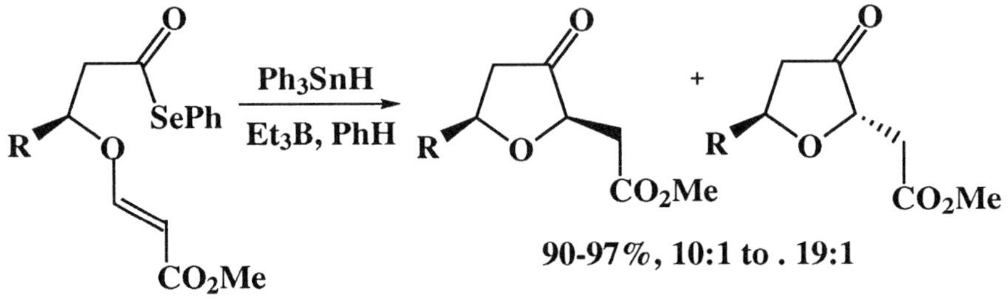

90-97%, 10:1 to .19:1

IV.E-11 Wirth, T. et al., *JOC*, **61**, 2686.

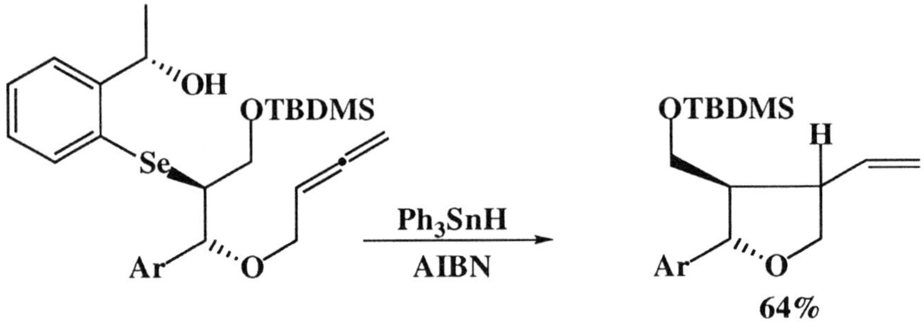

64%

IV.E-12 Bamhaoud, T. and Prandi, J., *CC*, 1229; Pattenden, R. et al., *JCSP(1)*, 1081.

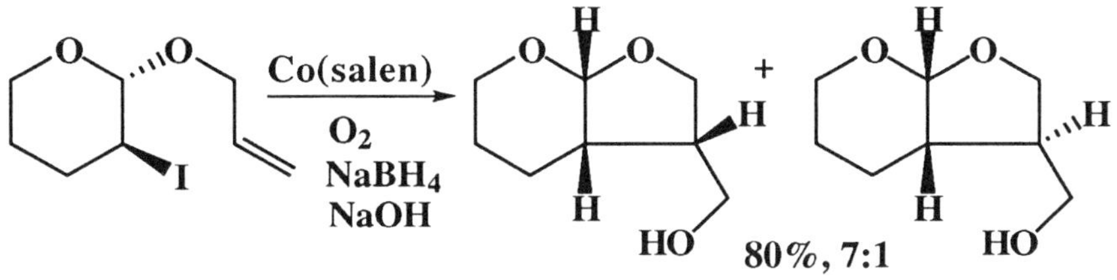

IV.E-13 Naito, T. et al., *TL*, **37**, 229 and *CPB*, **44**, 1285.

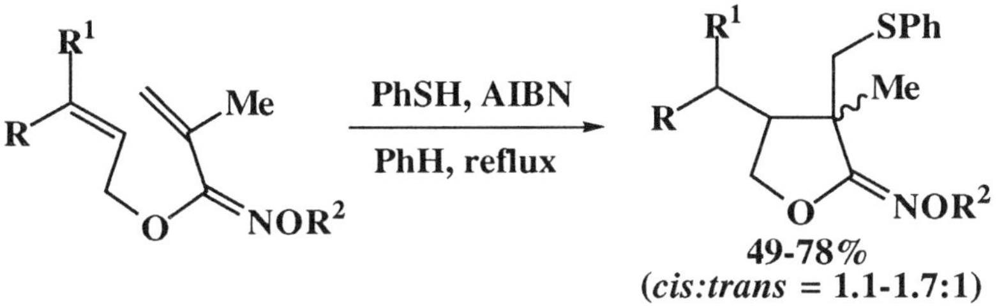

IV.E-14 Nishino, H. et al., *TL*, **37**, 4949.

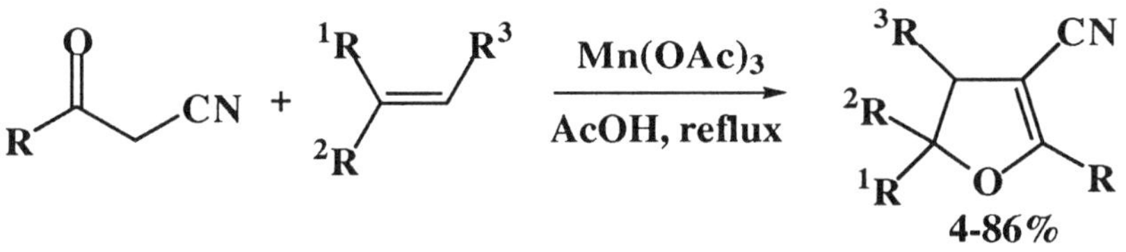

IV.E-15 Hosomi, A. et al., *TL*, **37**, 487, 9059, 9241 and *JACS*, **118**, 3533.

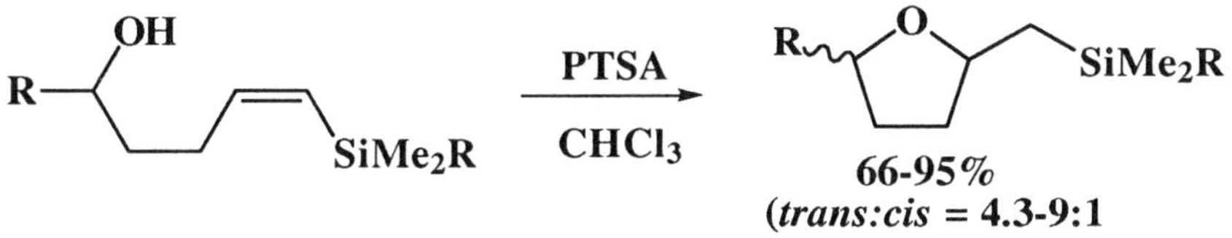

IV.E-16 Maynard, D.F. et al., *JOC*, **61**, 6031.

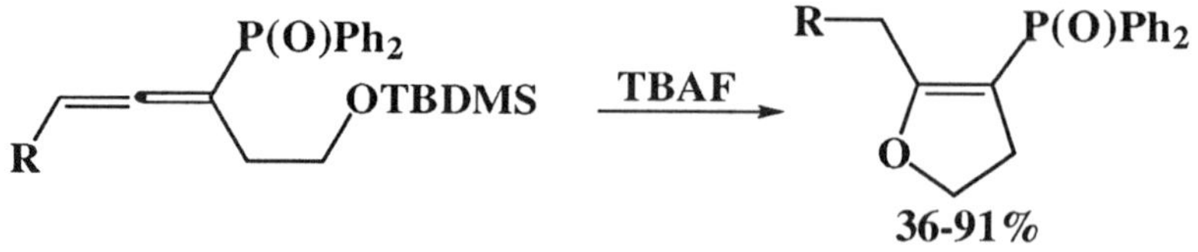

IV.E-17 McDonald, F.E. and Gleason, M.M., *JACS*, **118**, 6648.

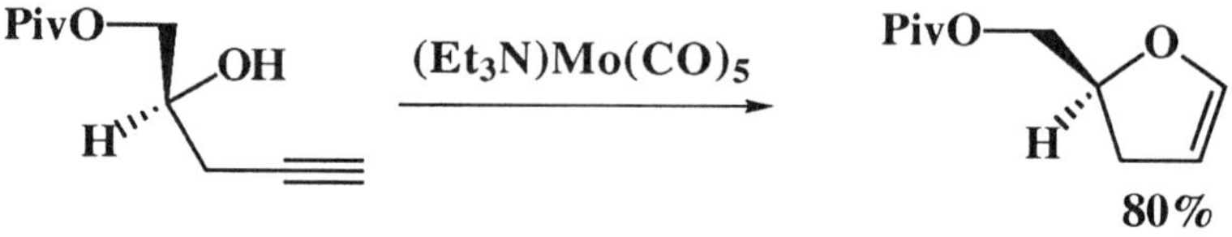

IV.E-18 Buchwald, S.L. et al., *JACS*, **118**, 10333.

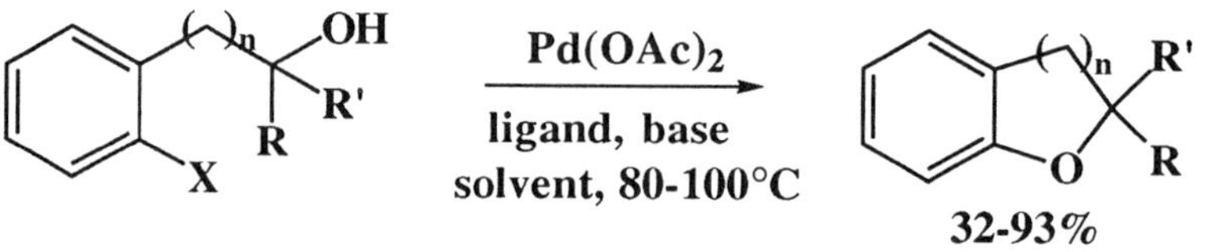

IV.E-19 Yum, E.K. et al., *H*, **43**, 1641.

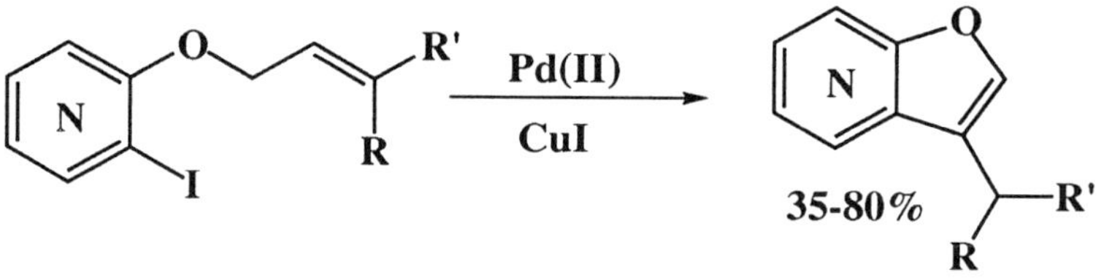

IV.E-20 Arcadi, A. et al., *JOC*, **61**, 9280.

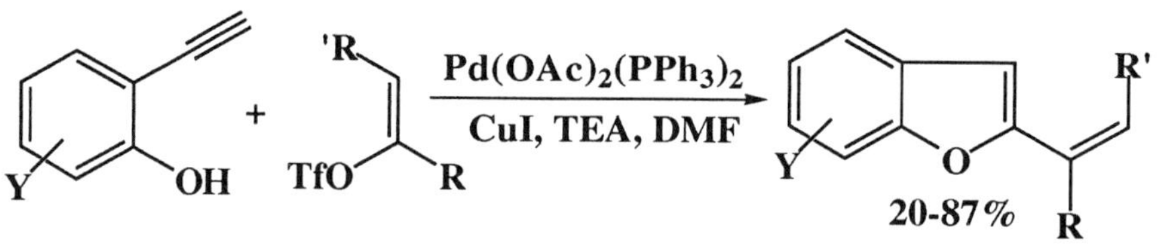

IV.E-21 Antus, S. et al., *SC*, **26**, 3601.

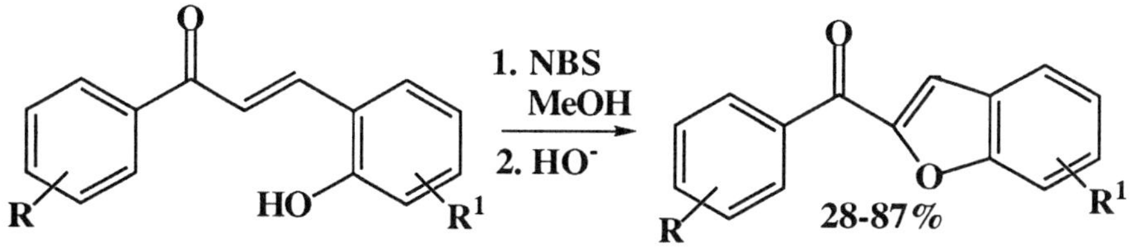

1. NBS MeOH
2. HO⁻

28-87%

IV.E-22 Tsukayama, M. et al., *H*, **43**, 101.

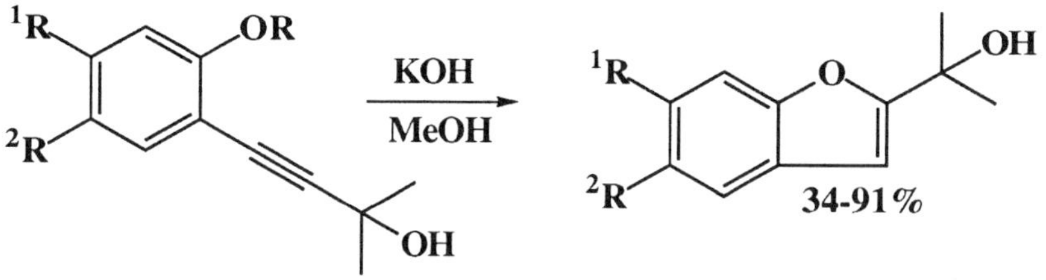

KOH / MeOH

34-91%

IV.E-23 Moore, H.W. and Taing, M., *JOC*, **61**, 329.

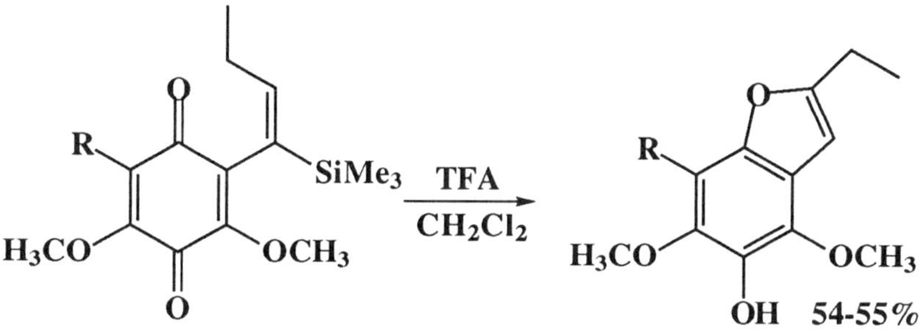

TFA, CH_2Cl_2

54-55%

IV.E-24 Appendino, G., Palmisano, G. et al., *SC*, **26**, 3359; Kobayashi, K. et al., *CL*, 451; Nair, V. et al., *JCSP(1)*, 1487.

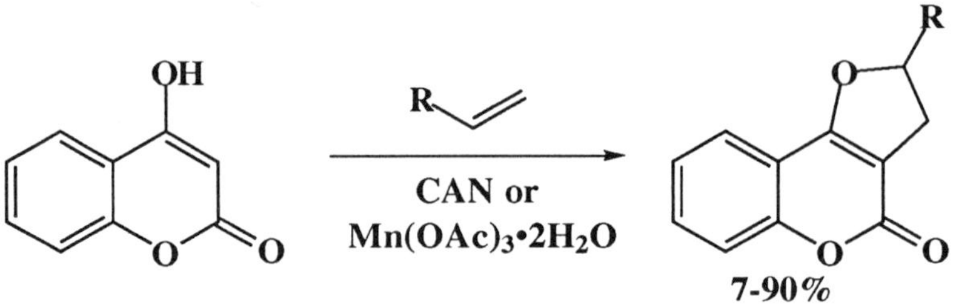

IV.E-25 Lissavetzky, J. and Manzanares, I., *H*, **43**, 775.

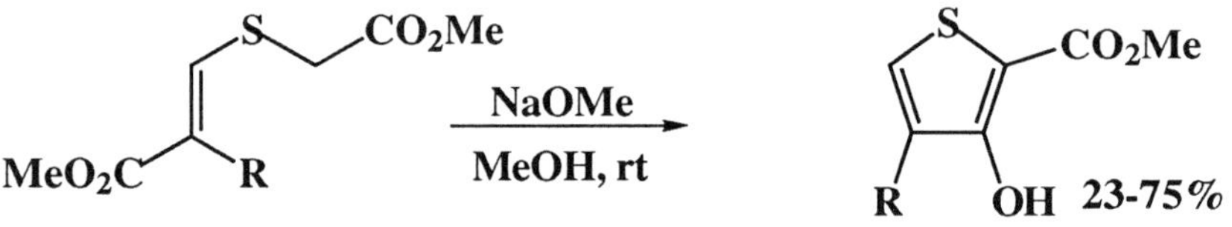

IV.E-26 Kita, Y. et al., *CC*, 2225.

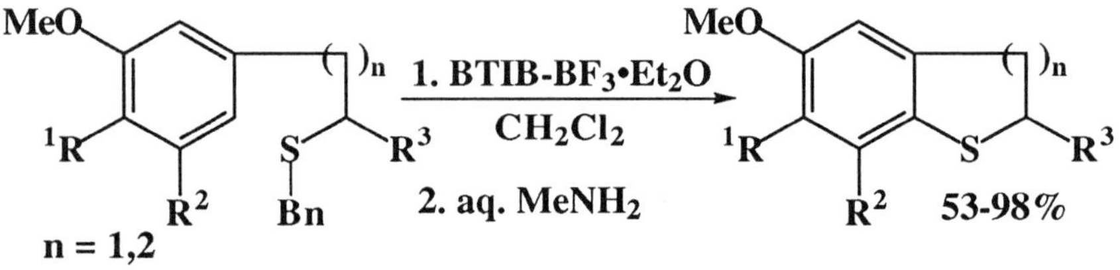

IV.E-27 Miller, R.B. et al., *CC*, 2711.

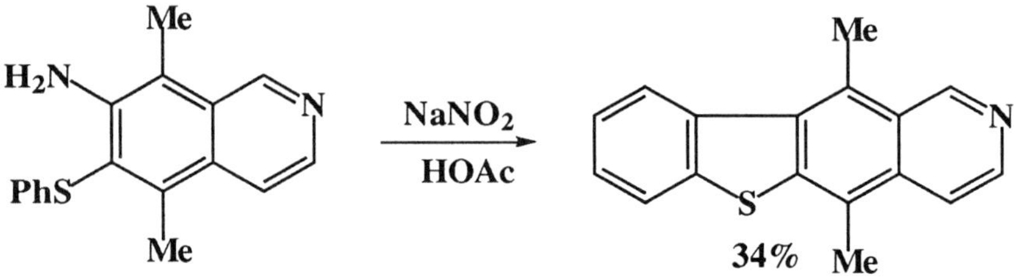

IV.F. Pyrroles, Indoles, etc.

IV.F-1 Zhang, R.-Y. and Zhao, C.-G., *CC*, 511.

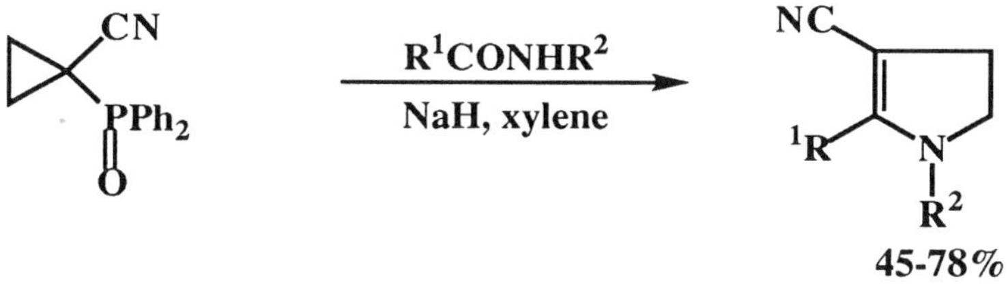

IV.F-2 Busacca, C.A. and Dong, Y., *TL*, **37**, 3947.

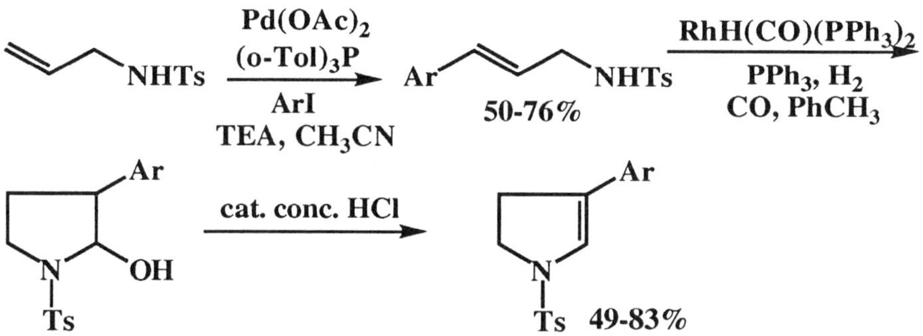

IV.F-3 Aurrecoechea, J.M. and Fernandez-Acebes, A., *SL*, 39.

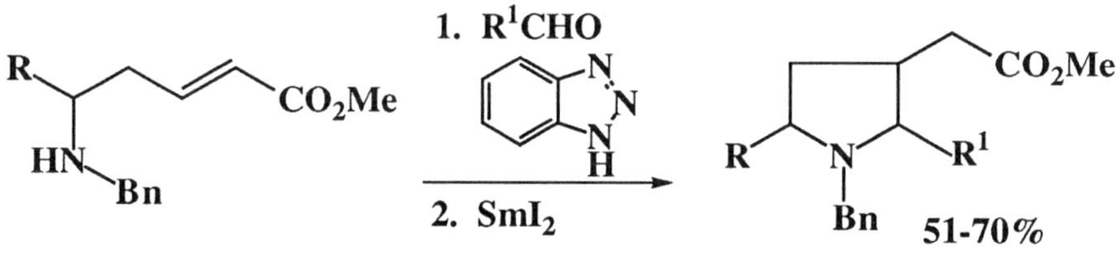

IV.F-4 Clive, D.L.J. and Yang, W., *CC*, 1605.

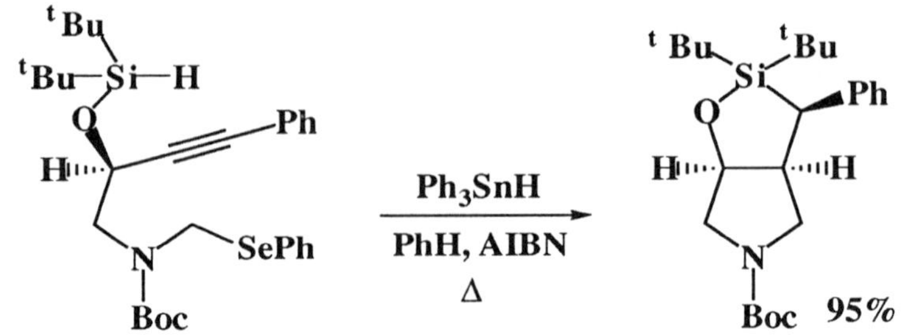

furan types also examined

IV.F-5 Coldham, I. and Hufton, R., *T*, **52**, 12541 and *JACS*, **118**, 5322.

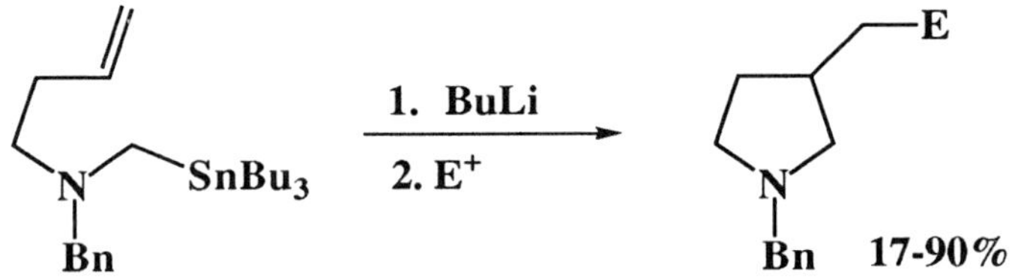

IV.F-6 Tokuda, M. et al., *H*, **42**, 385.

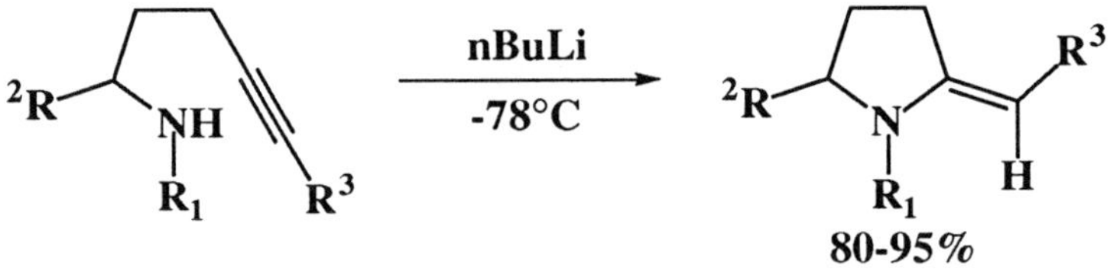

IV.F-7 Balasubramanian, T. and Hassner, A., *TL*, **37**, 5755.

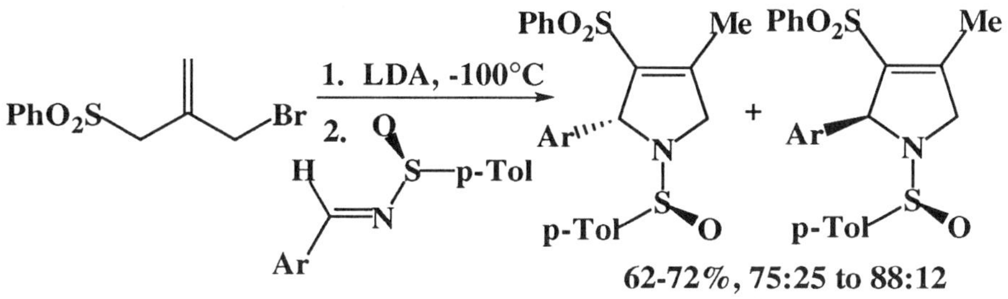

62-72%, 75:25 to 88:12

IV.F-8 De Kimpe, N. et al., *SC*, **26**, 3097; Fry, D.F., Dieter, R.K. et al., *TL*, **37**, 6227.

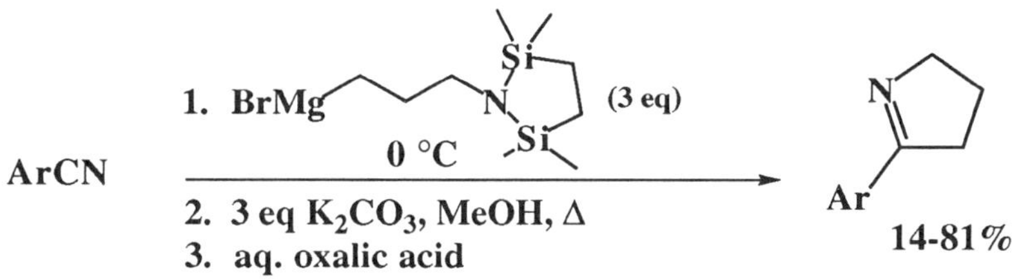

14-81%

IV.F-9 Li, Y and Marks, T.J., *JACS*, **118**, 9295 and 707; **see also:** Buchwald, S.L. et al., *JACS*, **118**, 9450.

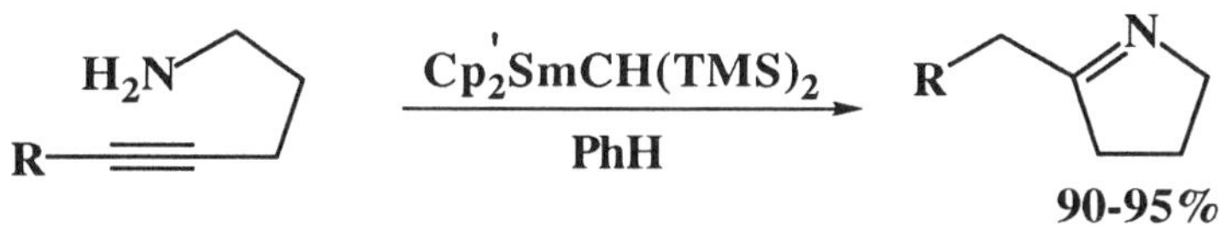

90-95%

IV.F-10 Bertrand, M.-P., Gastaldi, S. and Nouguier, R., *TL*, **37**, 1229.

94%

IV.F-11 Ito, Y. et al., *AG(E)*, **35**, 662; **see also:** Boger, D.L. et al., *JACS*, **118**, 2109; Wender, P.A. and Smith, T.E., *JOC*, **61**, 824; Smith, E.H. et al., *JCS(P1)*, 815.

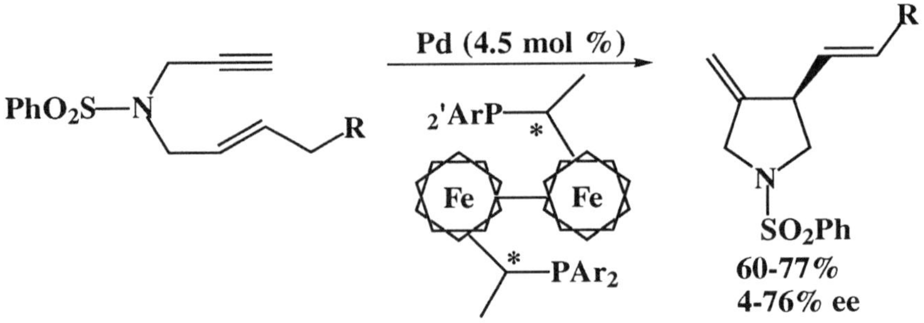

IV.F-12 Overman, L.E. and Tellew, J.E., *JOC*, **61**, 8338; **see also:** Torii, S. et al., *CL*, 747; Butler, R.N. et al., *JCR(S)*, 418; Risch, N. et al., *S*, 367; Grigg, R. et al., *T*, **52**, 13455; Wilson, S.R. et al., *TL*, **37**, 775; Nogami, T. et al., *TL*, **37**, 4031; Fishwick, C.W.G. et al, *TL*, **37**, 3915 and 5163; Daubie, C. and Mutti, S., *TL*, **37**, 7743; Mann, A., *TL*, **37**, 8493.

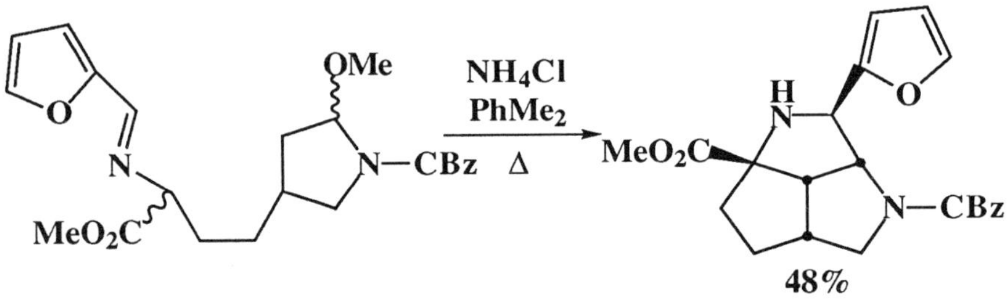

IV.F-13 Sato, F. et al., *TL*, **37**, 7787.

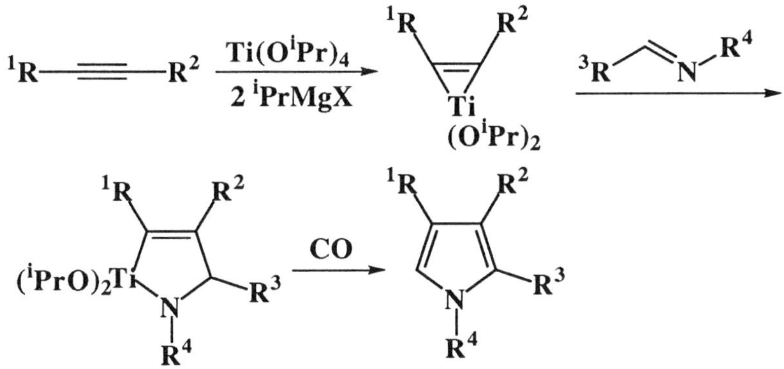

IV.F-14 Nagafuji, P. and Cushman, M., *JOC*, **61**, 4999.

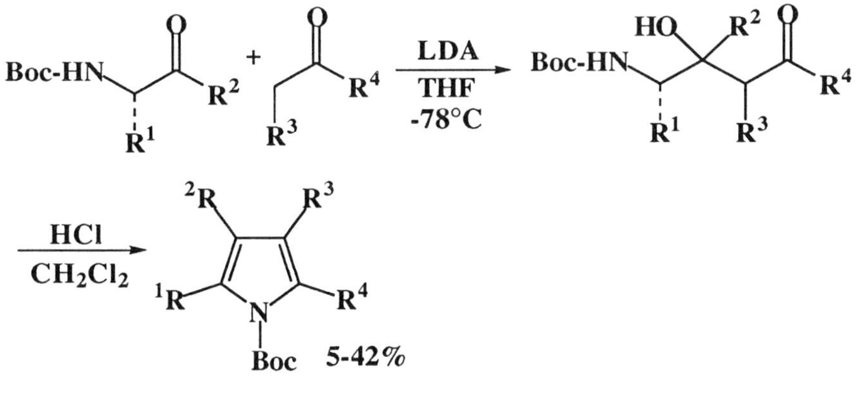

IV.F-15 Ohta, A. et al., *TL*, **37**, 9203.

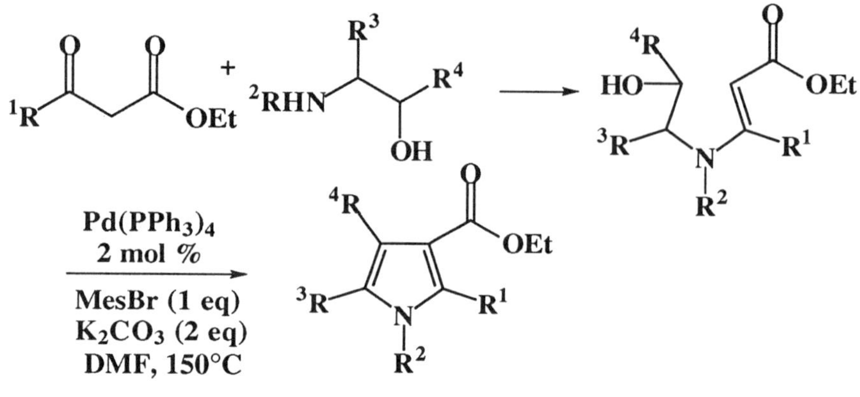

IV.F-16 Barluenga, J. et al., *JOC*, **61**, 2185.

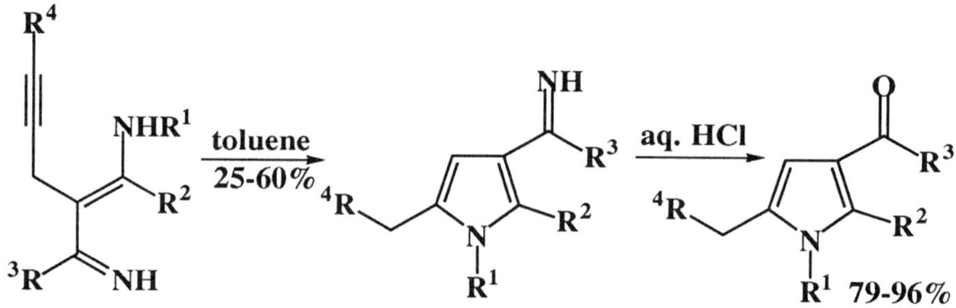

IV.F-17 Katritzky, A.R. et al., *JOC*, **61**, 1624 and *TL*, **37**, 5641.

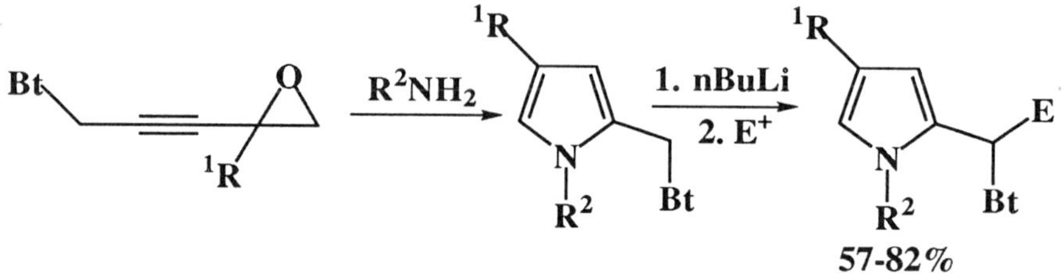

IV.F-18 Gossauer, A. et al., *S*, 1336; Leblanc, Y. et al., *JOC*, **61**, 1180; Mendez, J.M. et al., *TL*, **37**, 4099; Jefford, C.W. et al., *TA*, **7**, 1069.

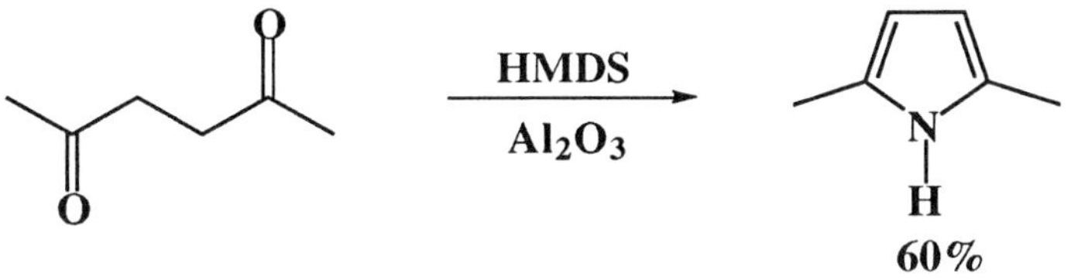

IV.F-19 Adamczyk, M. and Reddy, R.E., *TL*, **37**, 2325; De Leon, C.Y. and Ganem, B.; *JOC*, **61**, 8730; Gribble, G.W. et al., *CC*, 1909; Van Leusen, A.M. et al., *S*, 871; Aida, T. et al., *JSC(P1)*, 183; Ono, N. et al., *JCS(P1)*, 417.

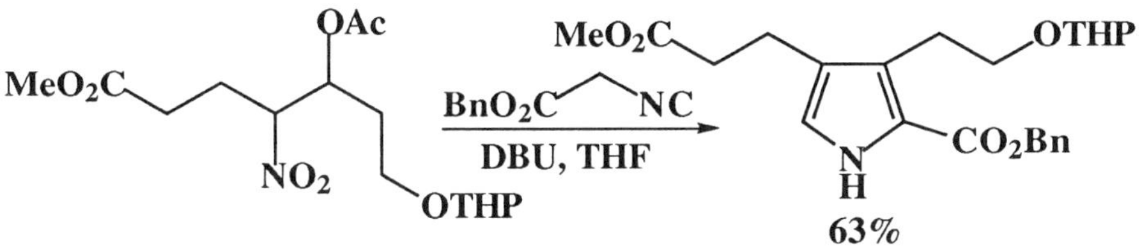

IV.F-20 Martinelli, M.J. et al., *TL*, **37**, 2887.

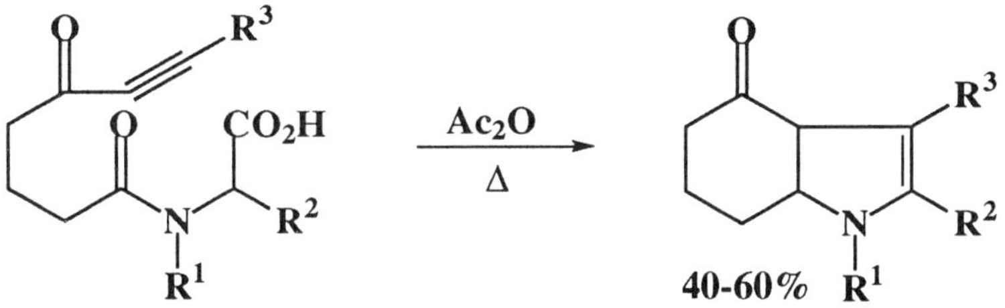

IV.F-21 Koo, K. and Hillhouse, G.L., *OM*, **15**, 2669.

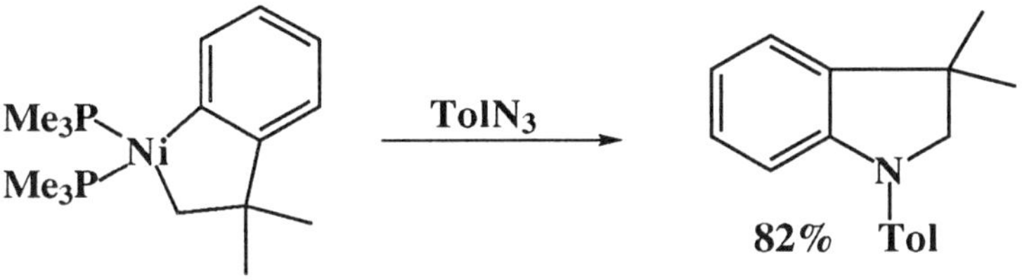

IV.F-22 Feldman, K.S. et al., *JOC*, **61**, 5440.

[Scheme: R-substituted N-Ts aniline + 1. nBuLi; 2. H₃C—≡—IPhOTf → two regioisomeric N-Ts indoles (6-R and 4-R), 46-66%, 1:1 to 1.4:1]

IV.F-23 Shim, S.C. et al., *SC*, **26**, 1349.

[Scheme: N-R aniline + N(CH₂CH₂OH)₃, cat. RuCl₂(PPh₃)₃, dioxane, 180°C → N-R indole, 13-78%]

IV.F-24 Buchwald, S.L. et al., *T*, **52**, 7525 and *JACS*, **118**, 1028.

[Scheme: 2-X-C₆H₄-(CH₂)ₙ-NHBn (n = 1-3) + Pd(PPh₃)₄ 10 mol %, base, toluene, 100°C → N-Bn cyclic amine, 62-96%]

IV.F-25 Larock, R.C. et al., *JOC*, **61**, 3584 and *T*, **52**, 2743.

[Scheme: 2-(CH=CHR)-C₆H₄-NHTs + Pd(OAc)₂ 5 mol %, O₂ (1 atm), DMSO, NaOAc (2 eq) → 2-R-N-Ts indole, 7-48%]

IV.F-26 Zhang, D. and Liebeskind, L.S., *JOC*, **61**, 2594; Bailey, W.F. and Jiang, X.-L., *JOC*, **61**, 2596.

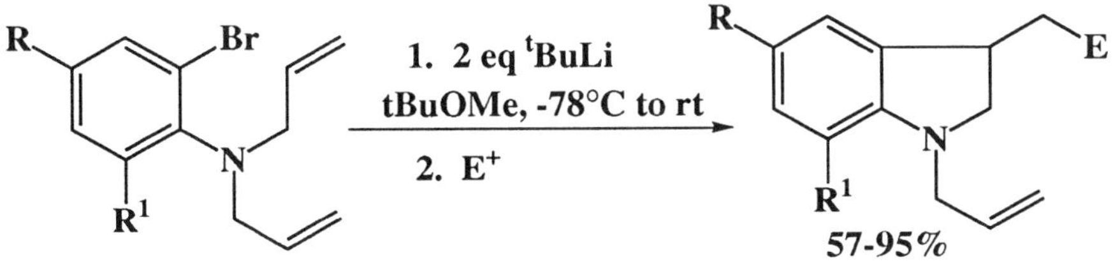

57-95%

IV.F-27 Kondo, Y., Kojima, S. and Sakamoto, T., *H*, **43**, 2741; Lamas, C., Barluenga, J. et al., *JOC*, **61**, 5804; Botta, M. et al., *TA*, **7**, 1263.

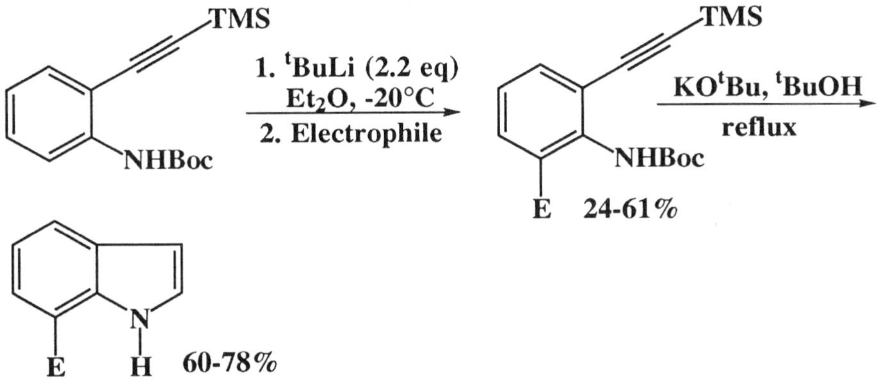

E 24-61%

60-78%

IV.F-28 Kondo, Y., Sakamoto, T. et al., *JACS*, **118**, 8733 and *AG(E)*, **35**, 736.

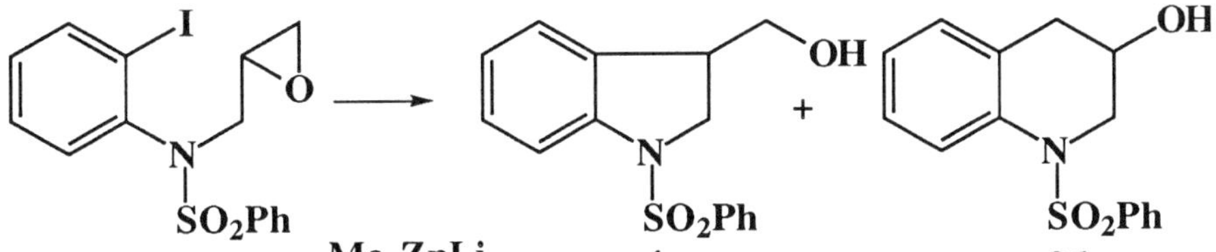

Me$_3$ZnLi	4 :	96
Me$_3$Zn(SCN)Li$_2$	97 :	3

IV.F-29 Imanishi, T. et al., *H*, **42**, 513 and *JCS(P1)*, 1261.

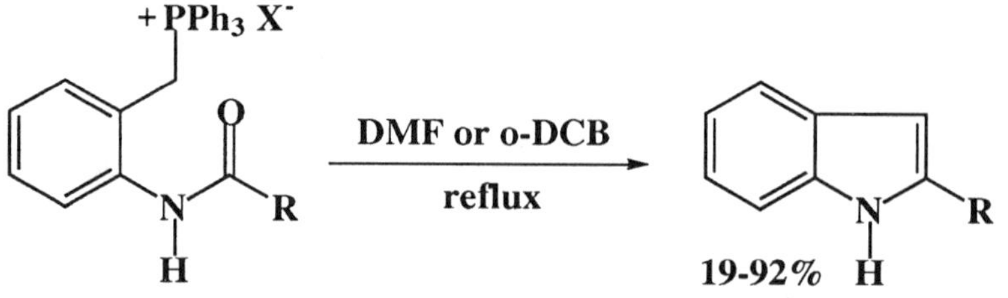

IV.F-30 Nakajima, T. et al., *TL*, **37**, 7099.

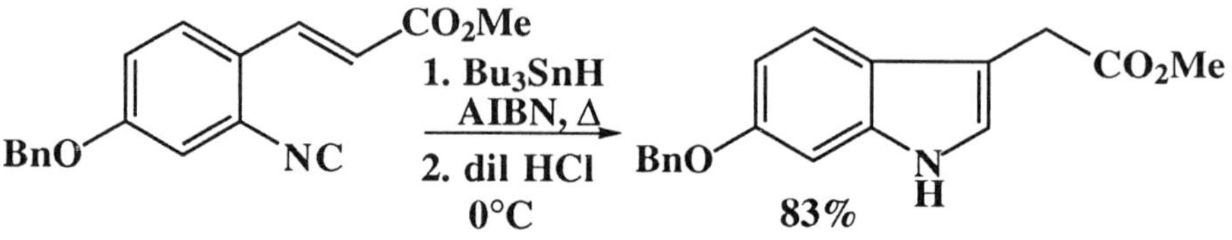

IV.F-31 Grigg, R. et al., *T*, **52**, 13441 and *TL*, **37**, 3399, 4221, 4413, 6565; **see also:** Persons, P.J. et al., *T*, **52**, 647; Boger, D.L. et al., *JOC*, **61**, 1710.

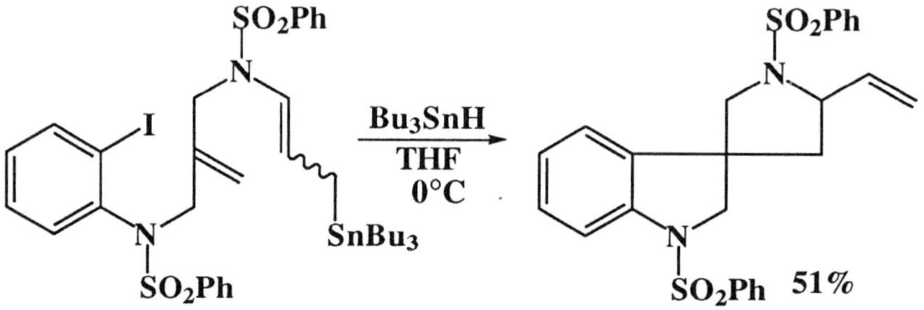

IV.F-32 Dubovitskii, S.V., *TL*, **37**, 5207; **see also:** Taylor, E.C. and Hu, B., *H*, **43**, 323; Kirsch, G. et al., *H*, **43**, 367.

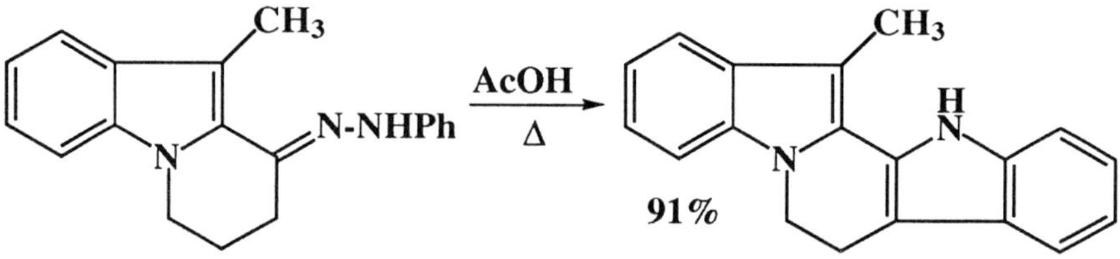

IV.F-33 Coe, J.W. et al., *TL*, **37**, 6045; **see also:** Witty, D.R. et al., *TL*, **37**, 3067; Showalter, H.D.H. et al., *JOC*, **61**, 1155.

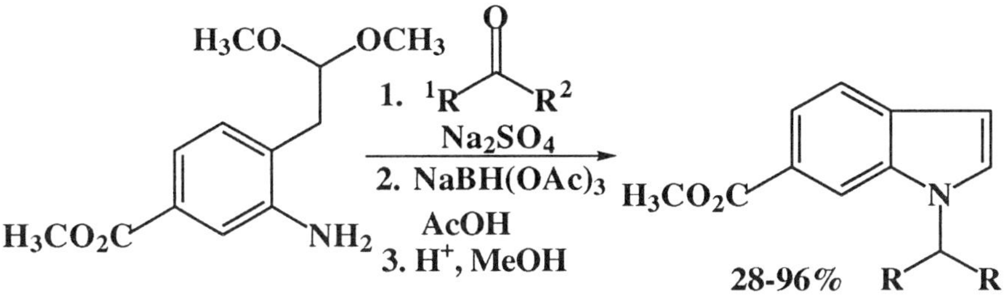

IV.F-34 Engler, T.A. et al., *JOC*, **61**, 9297; Martinelli, M.J. et al., *JOC*, **61**, 9055.

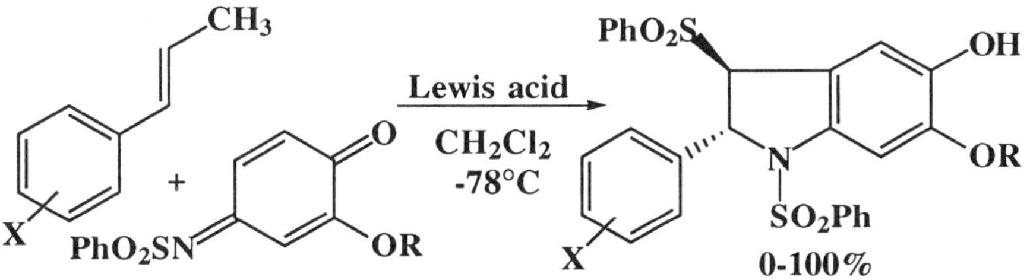

IV.F-35 Sinibaldi, M.-E. et al., *TL*, **37**, 37 and *SC*, **26**, 657; **see also:** Groundwater, P.W. et al., *JCS(P1)*, 669.

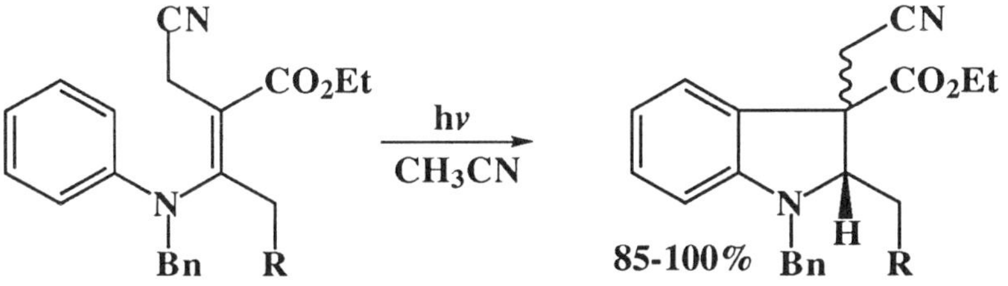

IV.F-36 Grigg, R. et al., *TL*, **37**, 695.

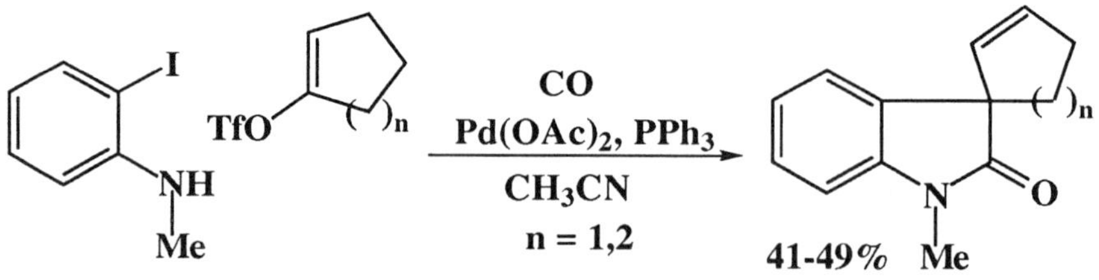

IV.F-37 Meth-Cohn, O. and Goon, S., *TL*, **37**, 9381 and *CC*, 1395.

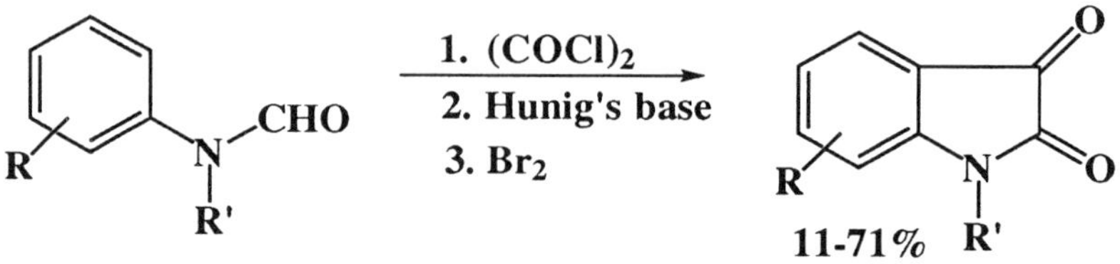

IV.F-38 Bosch, J. et al., *JOC*, **61**, 4194.

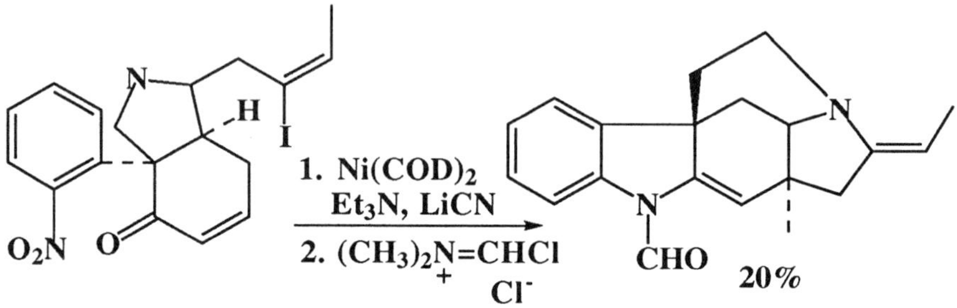

IV.F-39 Murphy, J.A. et al, *CC*, 739 and *TL*, **37**, 2511.

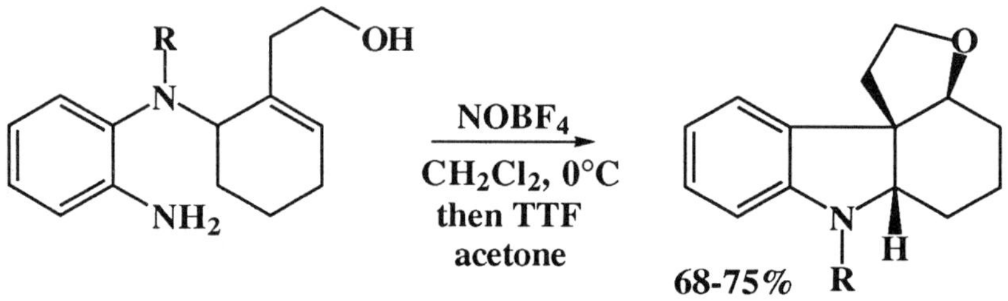

IV.G. Pyridines, Quinolines, etc.

IV.G-1 Somfai, P. et al., *JOC*, **61**, 8148.

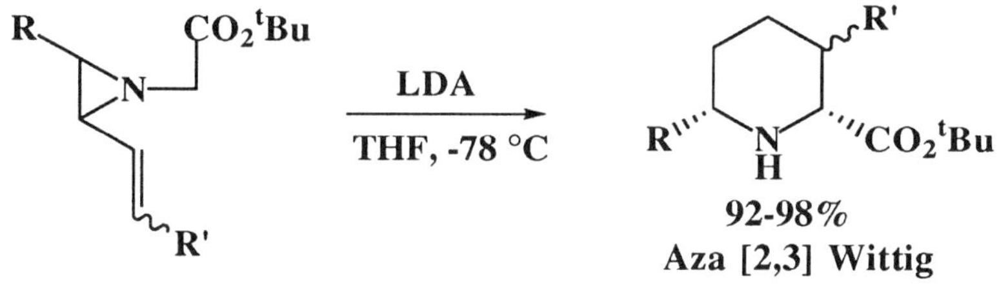

92-98%
Aza [2,3] Wittig

IV.G-2 Brandi, A. et al., *TL*, **37**, 4205.

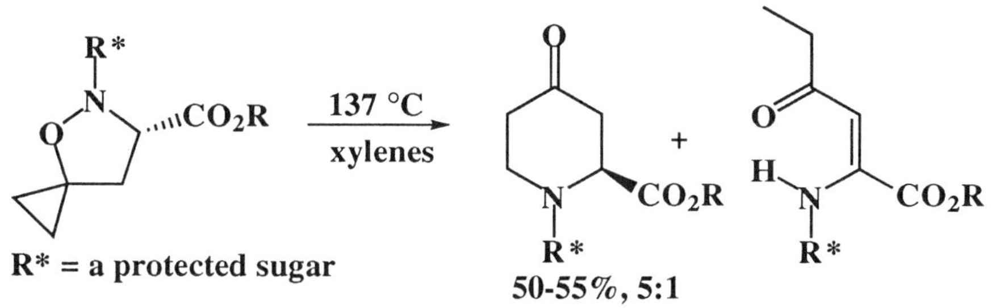

R* = a protected sugar

50-55%, 5:1

IV.G-3 De Kimpe, N. et al., *TL*, **37**, 3171; Kim, D.-K. et al., *JCSP(1)*, 803.

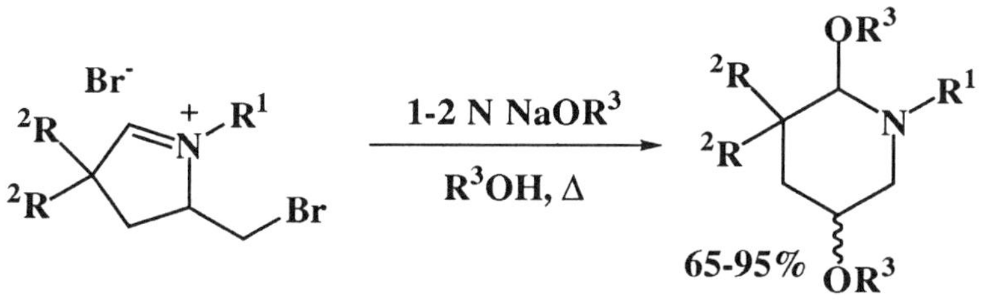

65-95%

IV.G-4 LeMerrer, Y. et al., *TL*, **37**, 1613, 1609.

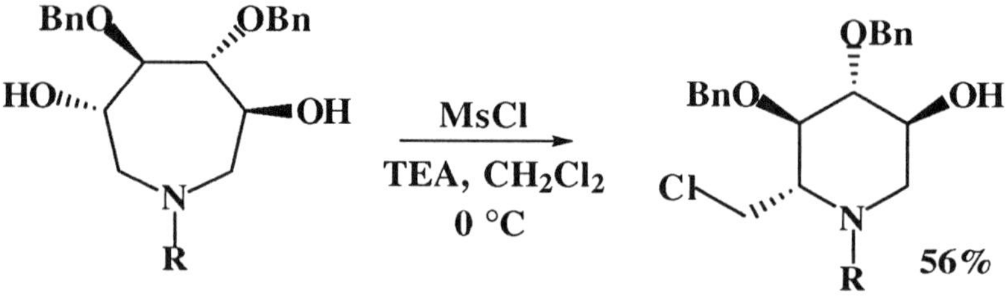

IV.G-5 Blechert, S. et al., *SL*, 65.

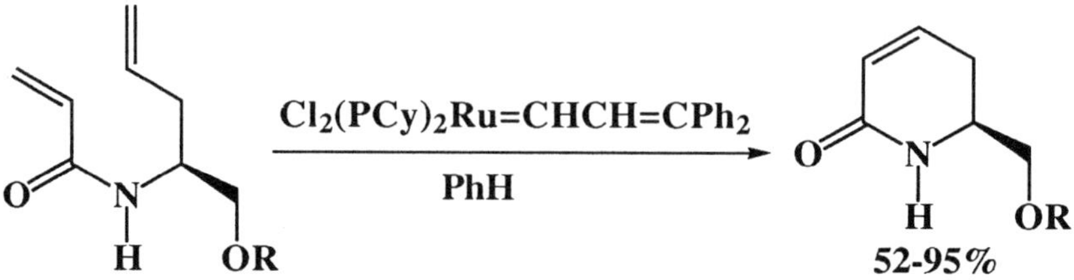

IV.G-6 Yamamoto, Y. et al., *TL*, **37**, 2109.

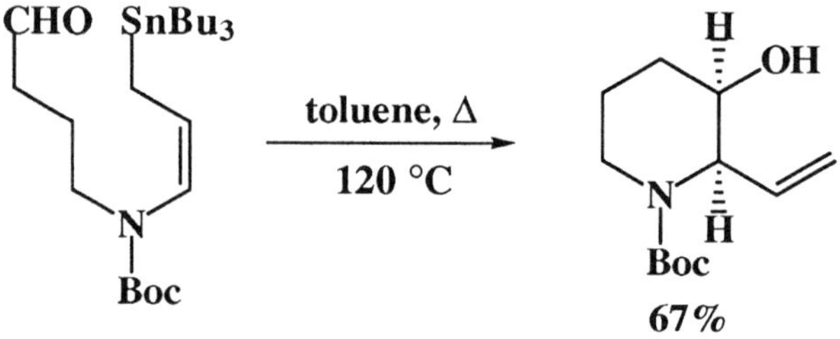

IV.G-7 Mariano, P.S. et al., *TL*, **37**, 571.

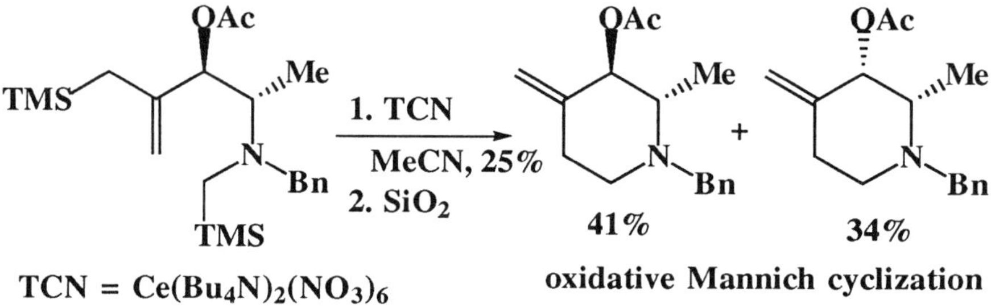

TCN = Ce(Bu$_4$N)$_2$(NO$_3$)$_6$

oxidative Mannich cyclization

IV.G-8 Genet, J.-P. et al., *TL*, **37**, 2003.

[Scheme: Bn-N(allyl)(CH2-C(=CH2)-I) → PdCl2/TPPTS, 10 mol % H2O → Bn-N-tetrahydropyridine with exocyclic =CH2 + Bn-N-pyrrolidine with two =CH2 groups; 61%, 96:4 endo:exo]

IV.G-9 Bayquen, A.V. and Read, R.W., *T*, **52**, 13467.

[Scheme: allyl-substituted acetonide with NHBoc → 1. Hg(OCOCF3)2, THF; 2. NaHCO3, KBr; 3. O2, NaBH4, DMF → piperidine with HOCH2 and acetonide, N-Boc; 40%]

IV.G-10 Weinreb, S.M. et al., *JOC*, **61**, 4594; Maiorana, S. et al., *SL*, 258; Kundig, E.P. et al., *SL*, 270.

[Scheme: Me-substituted diene with BnOCH2 + EtO2C-CH=N-Ts → ZnCl2, PhMe, rt → tetrahydropyridine with CO2Et, Me, BnOCH2, N-Ts]

IV.G-11 Solladie, G. and Chu, G.-H., *TL*, **37**, 111.

[Scheme: dioxolane-protected ketone with chain bearing N3 and CH2OMEM → 1. TsOH, acetone (98%); 2. H2, 10% Pd/C; 3. CbzCl, 20% K2CO3, CH2Cl2, 0°C (74%) → 2,6-disubstituted piperidine, N-Cbz, CH2OMEM]

IV.G-12 Fowler, F.W., Grierson, D.S. et al., *JOC*, **61**, 3715.

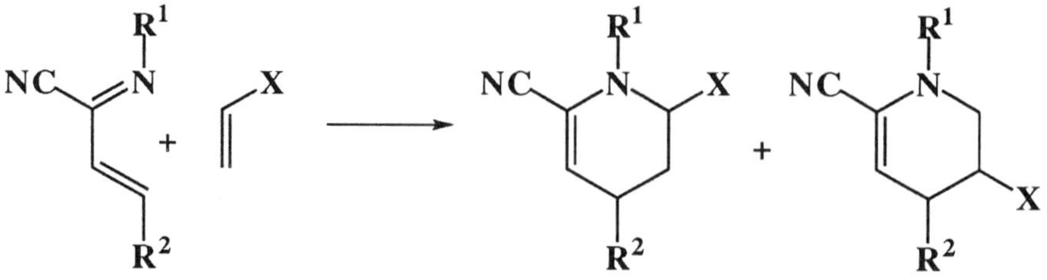
R1
NC
N
X
+
R2
NC
N
X
+
X
R2

X = COR, CO_2R, OEt, Ph **25-91% up to 8:1**

IV.G-13 Molina, P. et al., *JOC*, **61**, 8094 and *T*, **52**, 5833 and *S*, 1199.

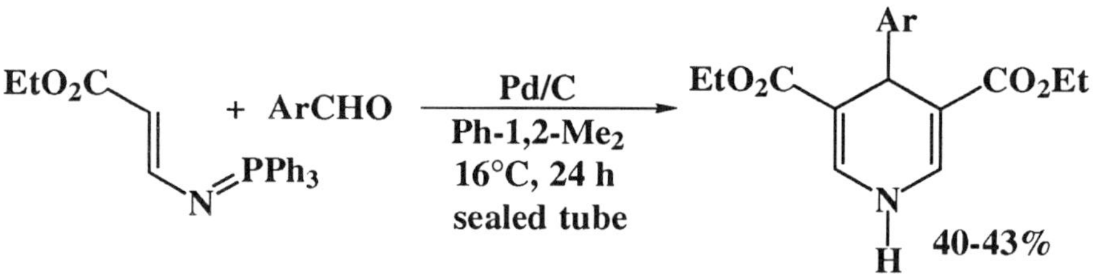
EtO2C
+ ArCHO
N
PPh3
Pd/C
Ph-1,2-Me2
16°C, 24 h
sealed tube
Ar
EtO2C
CO2Et
N
H
40-43%

IV.G-14 Palacios, F. et al., *TL*, **37**, 4577.

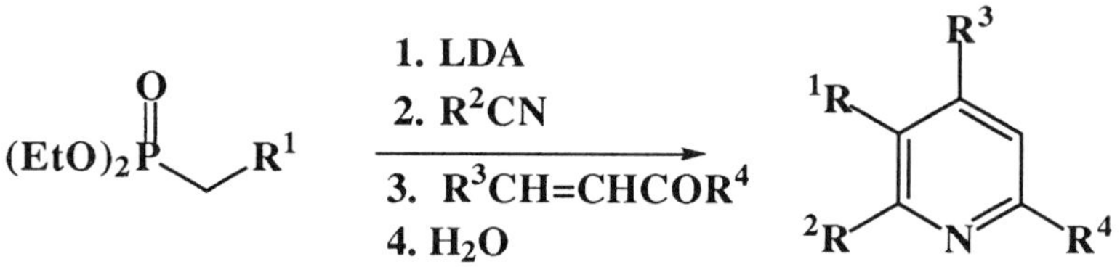
O
(EtO)2P
R1
1. LDA
2. R2CN
3. R3CH=CHCOR4
4. H2O
R3
1R
2R
N
R4

55-91% "one pot"

IV.G-15 Geirsson, J.K.F. and Johannesdottir, J.F., *JOC*, **61**, 7321.

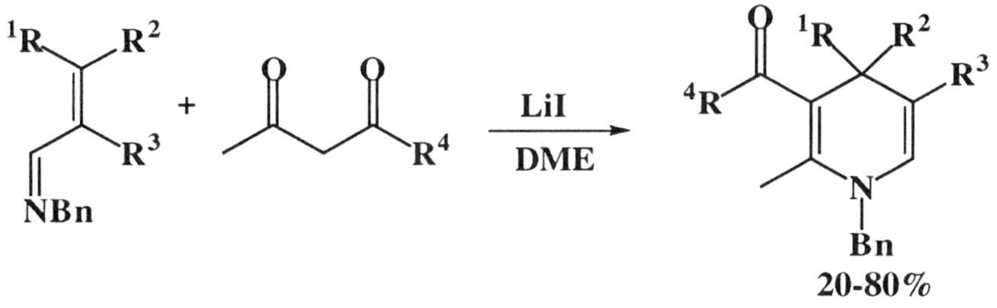

IV.G-16 Lau, C.K. et al., *SL*, 669.

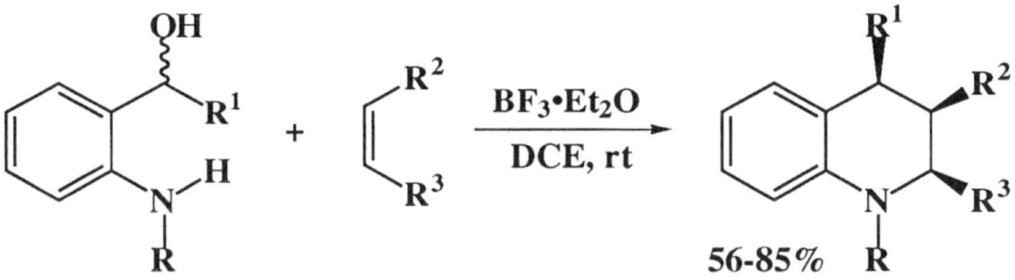

IV.G-17 Ishitani, H. and Kobayashi, S., *TL*, **37**, 7357.

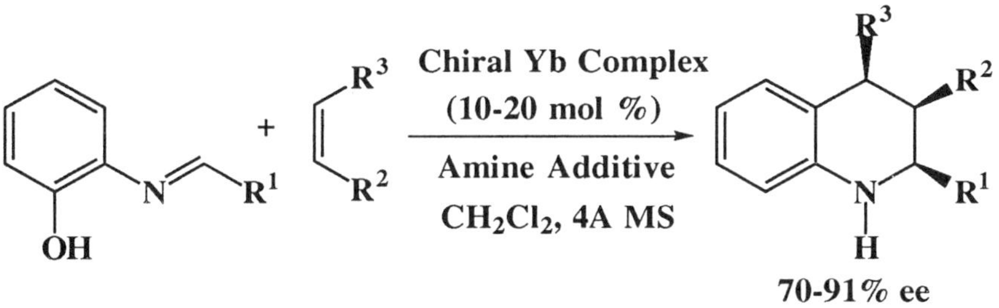

IV.G-18 Beifuss, U. et al., *SL*, 34.

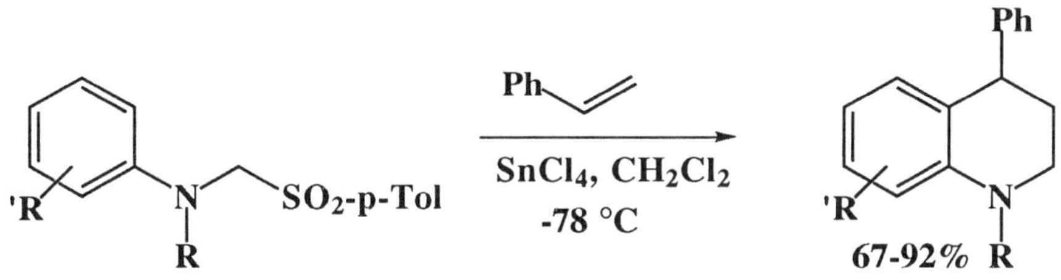

IV.G-19 Laschat, S. et al., *H*, **43**, 2713; Beifuss, U. et al., *JPR*, **338**, 468.

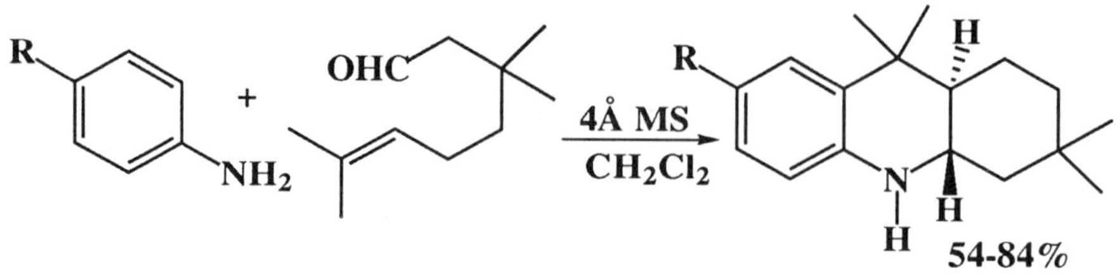

[Reaction: p-R-aniline + citronellal-type aldehyde, 4Å MS, CH₂Cl₂ → octahydroacridine, 54-84%]

IV.G-20 Kaufman, T.S., *JCSP(1)*, 2497.

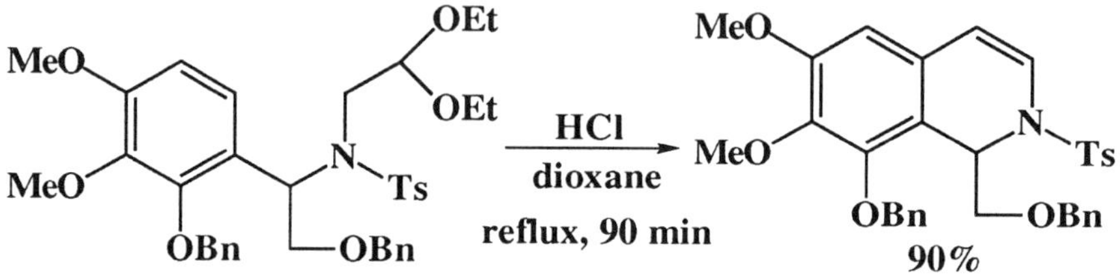

[Reaction: N-Ts aminoacetal with dimethoxy/OBn arene substrate, HCl, dioxane, reflux, 90 min → 1,2-dihydroisoquinoline, 90%]

IV.G-21 Kita, Y. et al., *CC*, 1491 and *JOC*, **61**, 223; Togo, H., Hoshina, Y. and Yokoyama, M., *TL*, **37**, 6129.

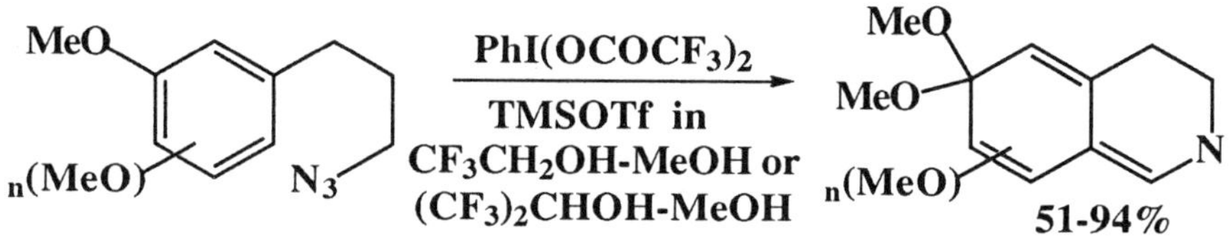

[Reaction: aryl azidoethyl substrate, PhI(OCOCF₃)₂, TMSOTf in CF₃CH₂OH-MeOH or (CF₃)₂CHOH-MeOH → dihydroisoquinoline, 51-94%]

IV.G-22 Schlosser, M. et al., *T*, **52**, 3223.

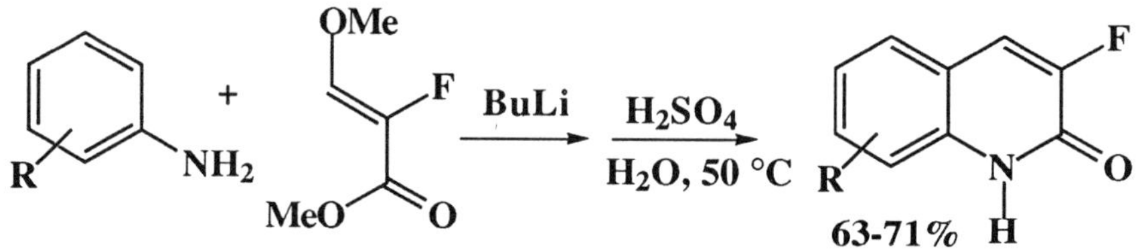

[Reaction: R-aniline + methyl 2-fluoro-3-methoxyacrylate, BuLi; H₂SO₄, H₂O, 50 °C → 3-fluoro-2-quinolone, 63-71%]

IV.G-23 Annunziata, R. et al., *SC*, **26**, 495.

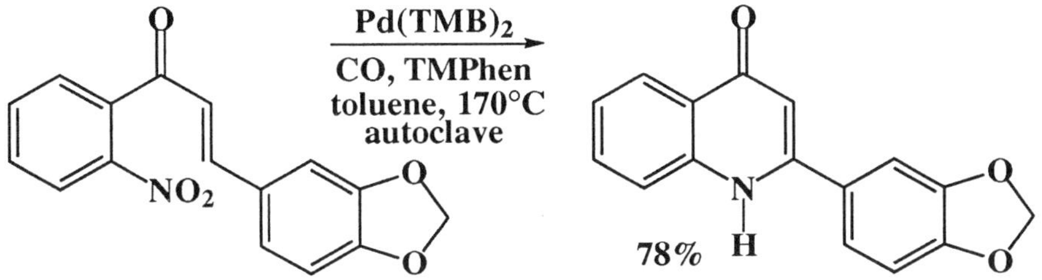

IV.G-24 Venkov, A. et al., *SC*, **26**, 3217.

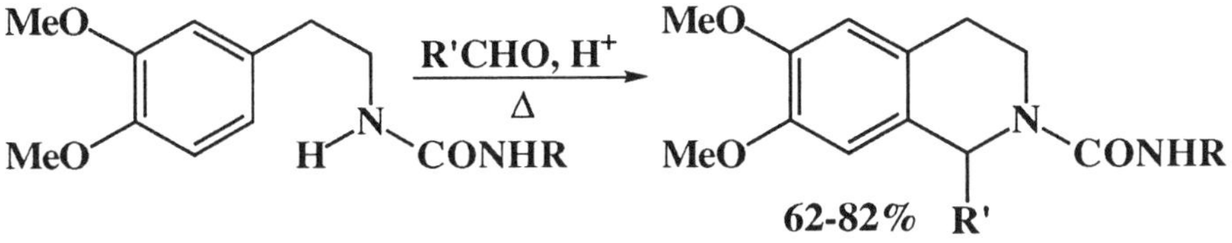

IV.G-25 Wentrup, C. and Fulloon, B.E., *JOC*, **61**, 1363.

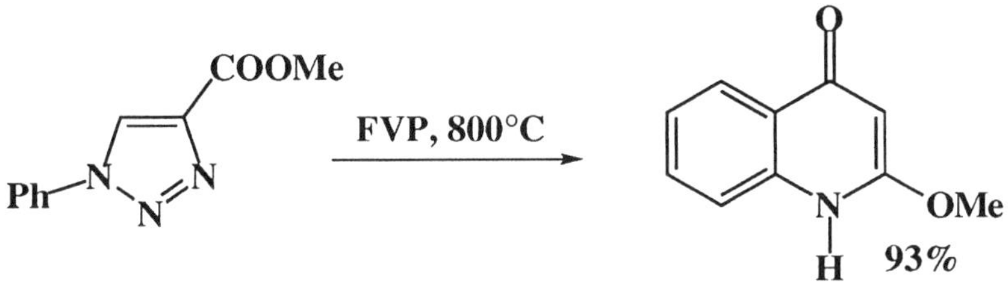

IV.G-26 Trahanovsky, W.S. and Lee, S.-K., *S*, 1085.

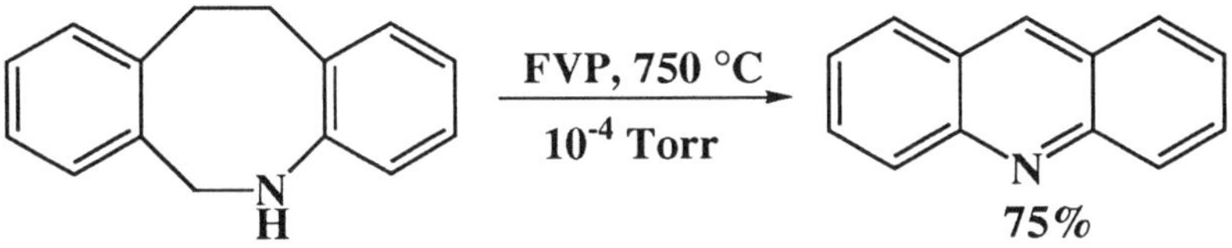

IV.G-27 Srinivasan, P.C. et al., *TL*, **37**, 2659.

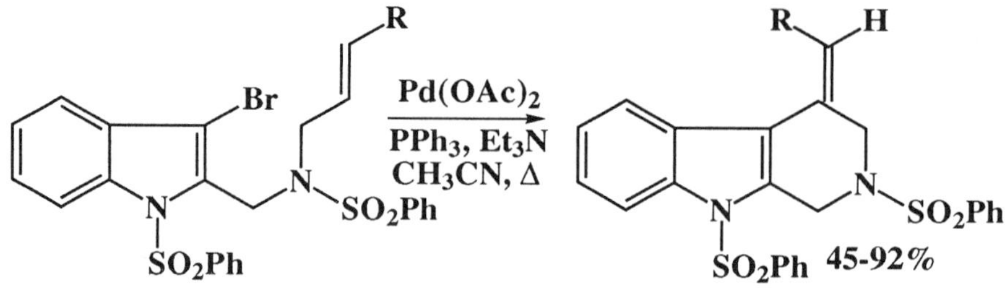

IV.G-28 Audia, J.E. et al., *JOC*, **61**, 7937; Lamas, C. et al., *TL*, **37**, 5813; Bailey, P.D. and Morgan, K.M., *CC*, 1479; Dai, W.-M., Zhu, H.J., Hao, X.-J., *TL*, **37**, 5971; Nakagawa, M. et al., *H*, **42**, 347 and *TA*, **7**, 1249.

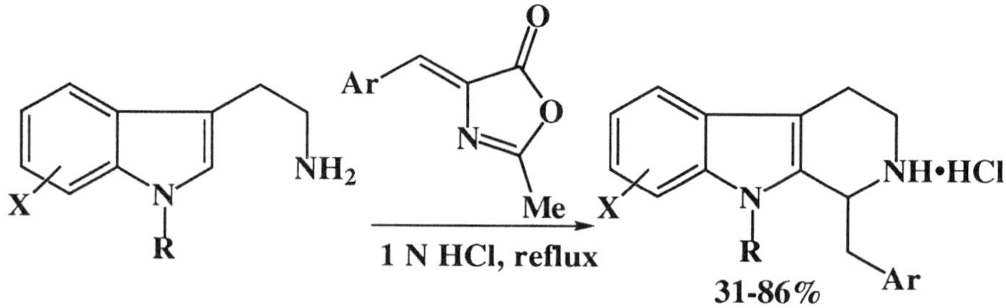

IV.G-29 Snyder, J.K. et al., *TL*, **37**, 5061.

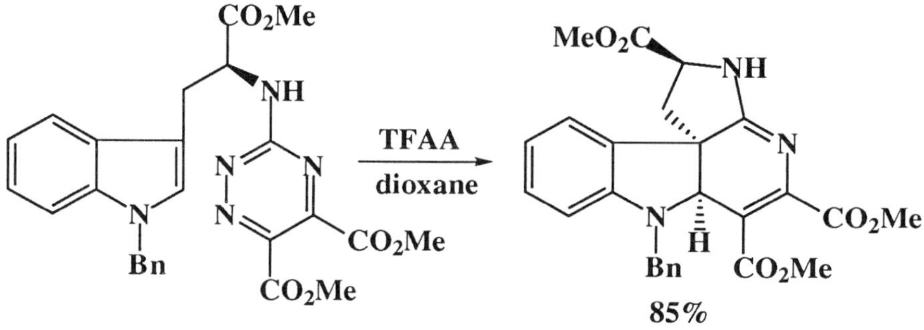

IV.G-30 Ihle, N.C. and Krause, A.E., *JOC*, **61**, 4810.

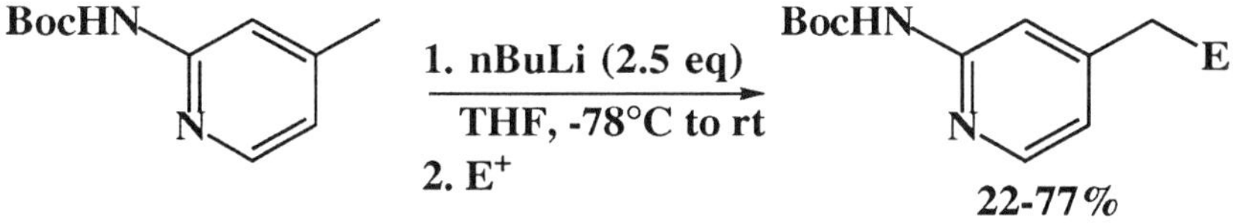

[Reaction: 2-BocHN-4-methylpyridine → 2-BocHN-4-(CH₂E)pyridine]
1. nBuLi (2.5 eq), THF, -78°C to rt
2. E^+
22-77%

IV.G-31 Zoltewicz, J.A. and Dill, C.D., *T*, **52**, 14469.

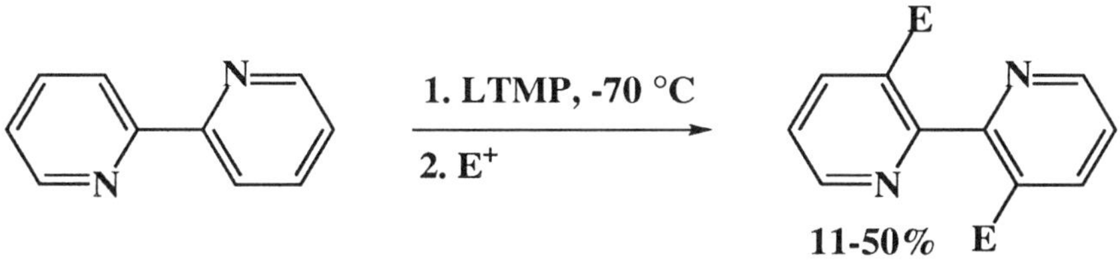

[Reaction: 2,2'-bipyridine → 3,3'-disubstituted-2,2'-bipyridine with E groups]
1. LTMP, -70 °C
2. E^+
11-50%

IV.G-32 Bai, D. et al, *JOC*, **61**, 4600; Malpass, J.R. et al., *TL*, **37**, 3911.

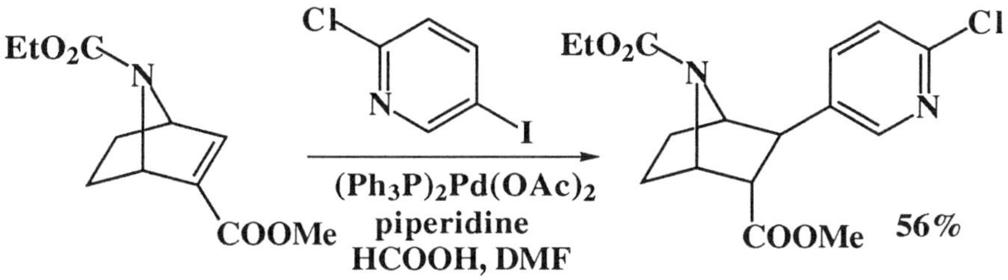

[Heck-type coupling of an azanorbornene with 2-chloro-5-iodopyridine]
$(Ph_3P)_2Pd(OAc)_2$
piperidine
HCOOH, DMF
56%

IV.H   Pyrans, Pyrones and Sulfur Analogues

IV.H-1 Fukumoto, K. et al., *JOC*, **61**, 677.

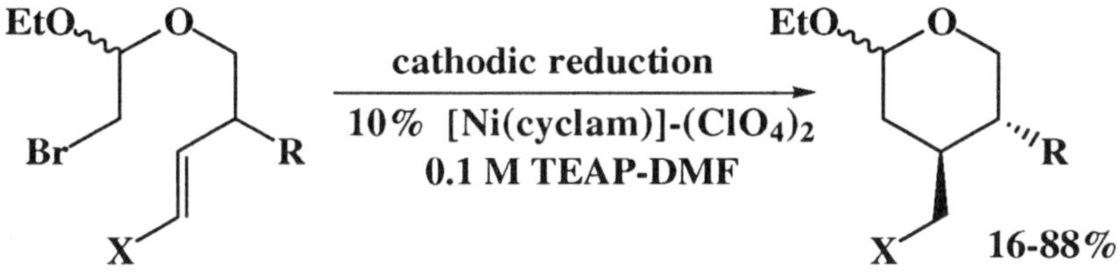

cathodic reduction
10% [Ni(cyclam)]-$(ClO_4)_2$
0.1 M TEAP-DMF
16-88%

IV.H-2 Yamamoto, Y. et al., *CC*, 841.

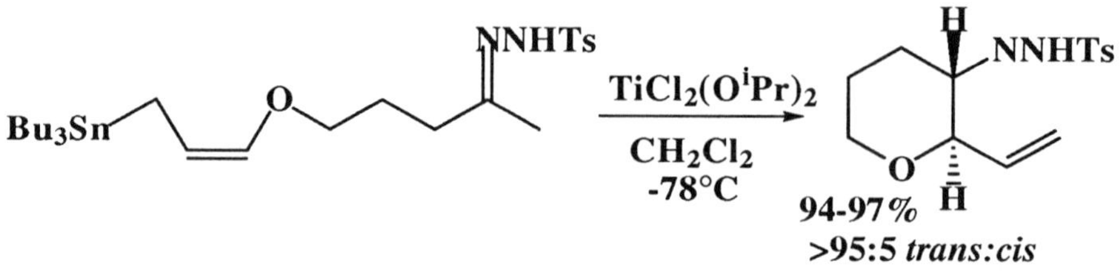

94-97%
>95:5 *trans:cis*

IV.H-3 Oku, A. et al., *JCSP(1)*, 413.

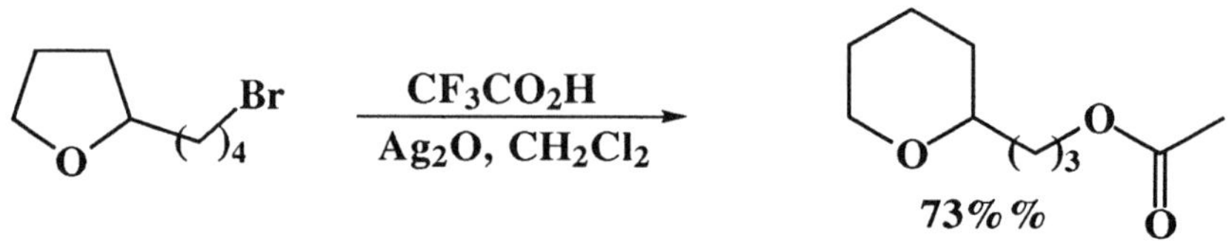

73%

IV.H-4 Maignan, C. et al., *TL*, **37**, 3687; Horiguchi, Y. et al., *CPB*, **44**, 670 and 681.

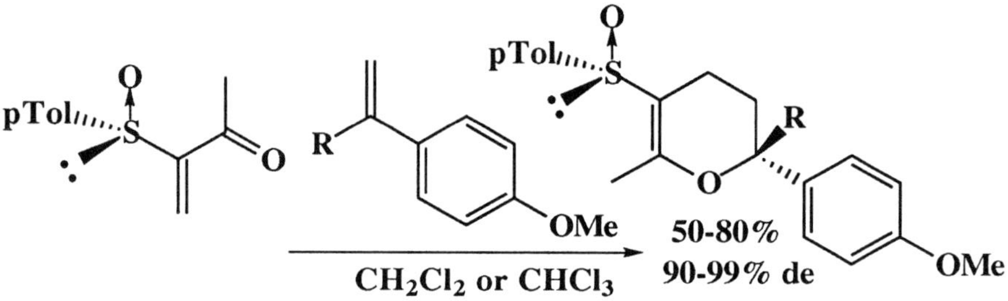

50-80%
90-99% de

IV.H-5 Dujardin, G. et al., *TL*, **37**, 4007; Zawacki, F.J.; Crimmins, M.T. et al., *TL*, **37**, 6499.

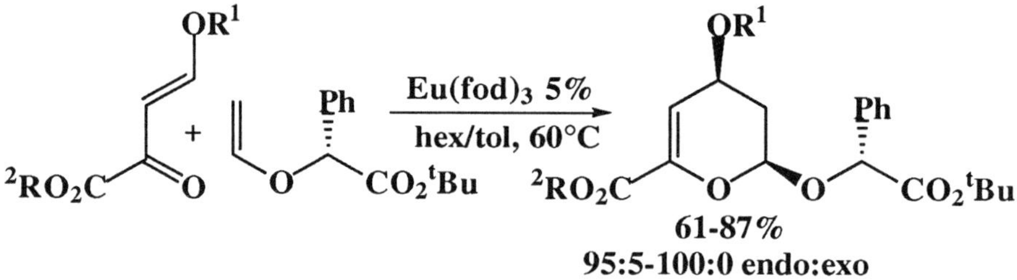

61-87%
95:5-100:0 endo:exo

IV.H-6 Jorgensen, K.A. et al., *CC*, 2373; Oi, S. et al., *TL*, **37**, 6351; Danishefsky, S. et al., *JOC*, **61**, 8000, 7998; Arai, Y. et al., *TA*, **7**, 1199; Jurczak, J. et al., *TA*, **7**, 1391, 1405, 1413.

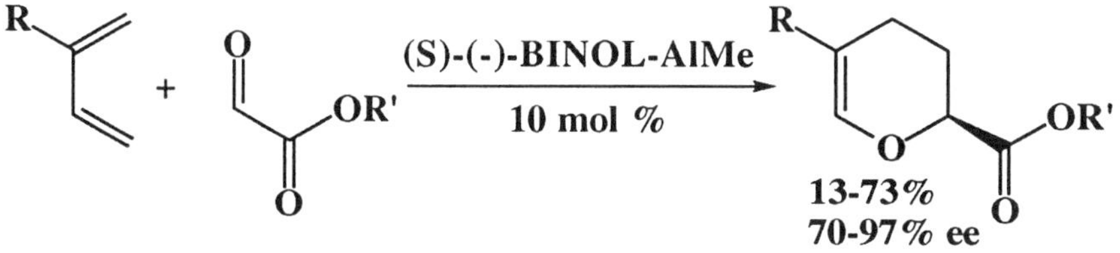

diene + glyoxylate $\xrightarrow{\text{(S)-(-)-BINOL-AlMe, 10 mol \%}}$ dihydropyran carboxylate

13-73%
70-97% ee

IV.H-7 Tsunoda, T. et al., *TL*, **37**, 2463; see also: *TL*, **37**, 2457, 2459.

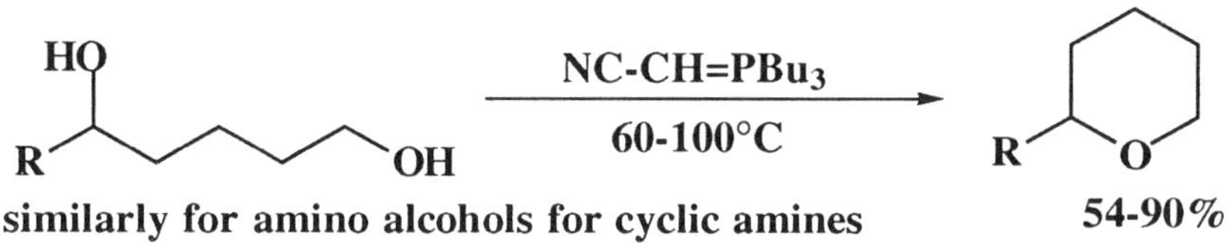

diol $\xrightarrow{\text{NC-CH=PBu}_3,\ 60\text{-}100°C}$ tetrahydropyran

similarly for amino alcohols for cyclic amines   54-90%

IV.H-8 Nicolaou, K.C. et al., *JACS*, **118**, 10335, 1565.

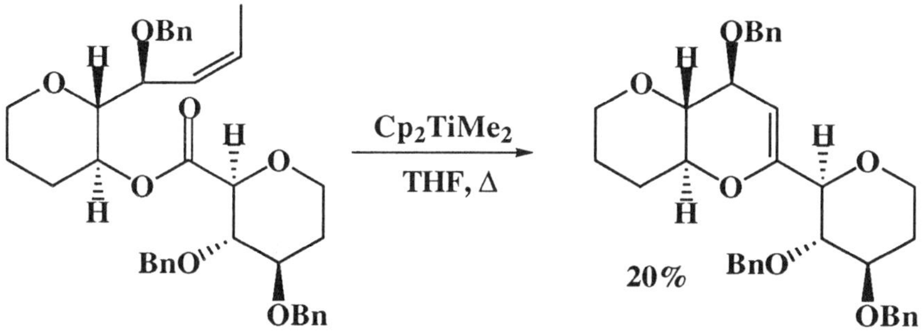

$\xrightarrow{\text{Cp}_2\text{TiMe}_2,\ \text{THF},\ \Delta}$

20%

IV.H-9 Togo, H., Yokoyama, M. et al., *TL*, **37**, 2441.

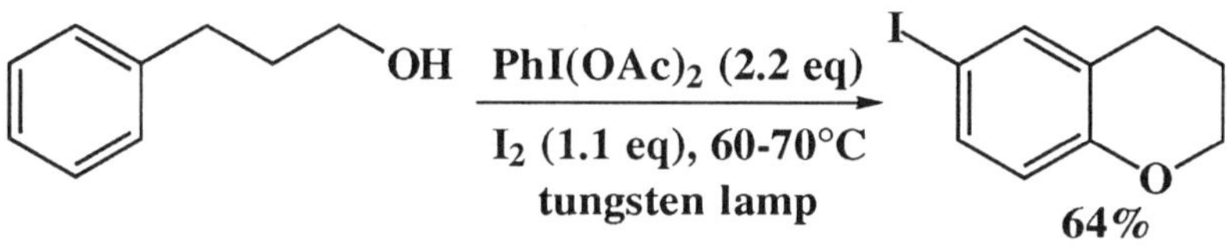

3-phenylpropanol $\xrightarrow{\text{PhI(OAc)}_2\ (2.2\ \text{eq}),\ \text{I}_2\ (1.1\ \text{eq}),\ 60\text{-}70°C,\ \text{tungsten lamp}}$ 6-iodochroman

64%

IV.H-10 Aukrust, I.R. and Skattebol, L., *ACS*, **50**, 132.

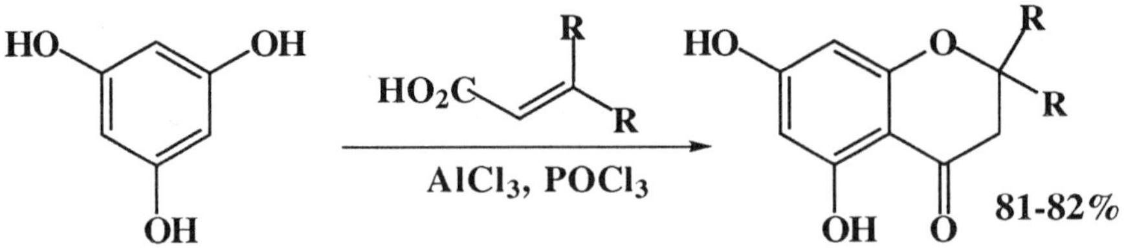

IV.H-11 Matsui, M. and Yamamoto, H., *BCJ*, **69**, 137.

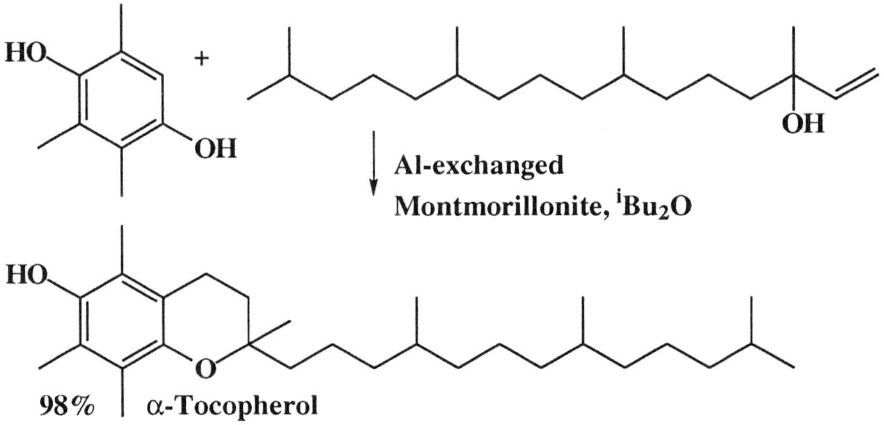

α-Tocopherol, 98%

IV.H-12 Evans, P.A. et al., *JOC*, **61**, 4880.

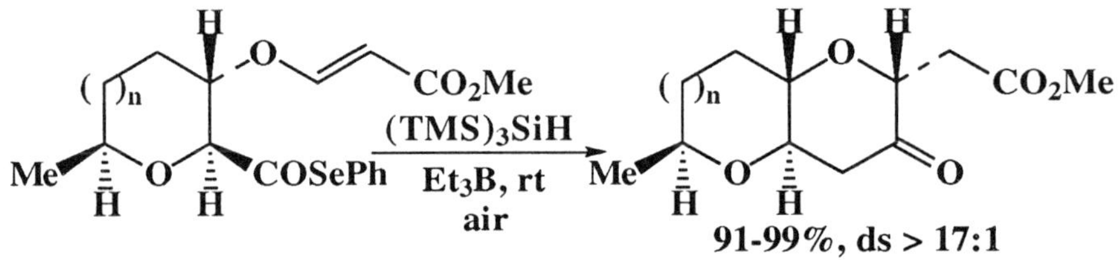

91-99%, ds > 17:1

IV.H-13 Endus, D. et al., *HCA*, **79**, 1899.

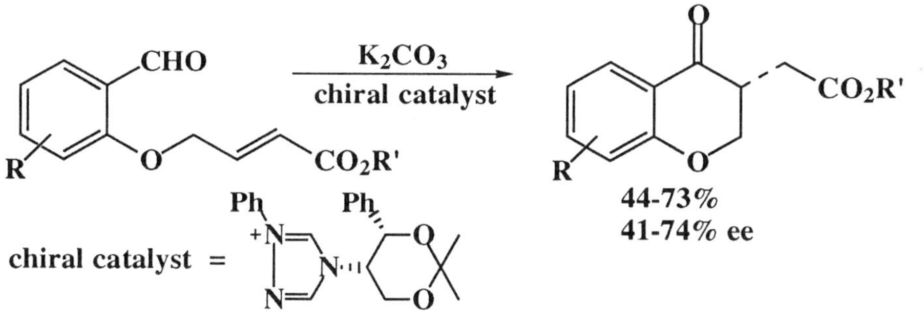

44-73%
41-74% ee

IV.H-14 Inoue, S. et al., *CL*, 889.

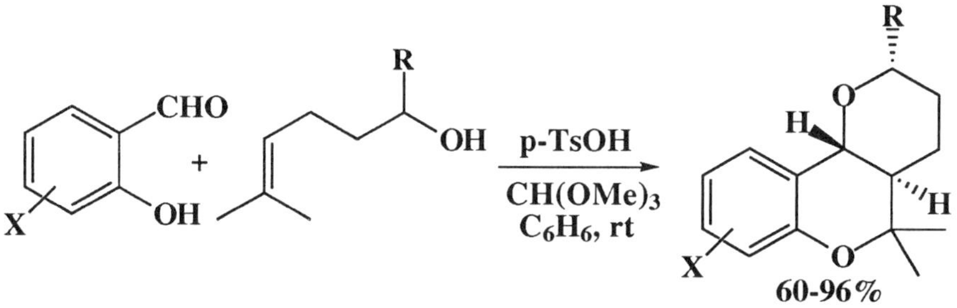

60-96%

IV.H-15 Patonay, T., Adam, W. et al., *JOC*, **61**, 5375; Ferreira, D. et al., *CC*, 2747.

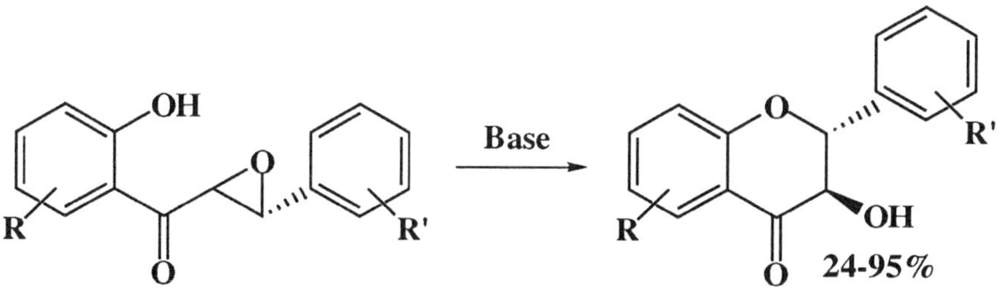

24-95%

IV.H-16 Kirby, G.W. et al., *JCSP(1)*, 977; Barone, V. et al., *JOC*, **61**, 5121.

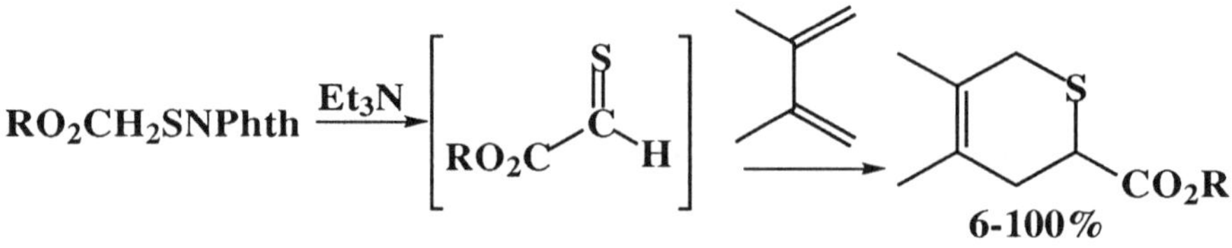

IV.H-17 Okuma, K. et al., *TL*, **37**, 8883.

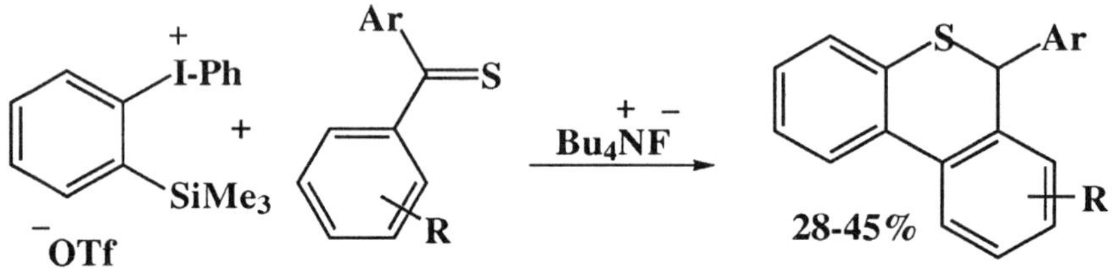

IV.H-18 Gauthier, S. and Labrie, F., *TL*, **37**, 5077.

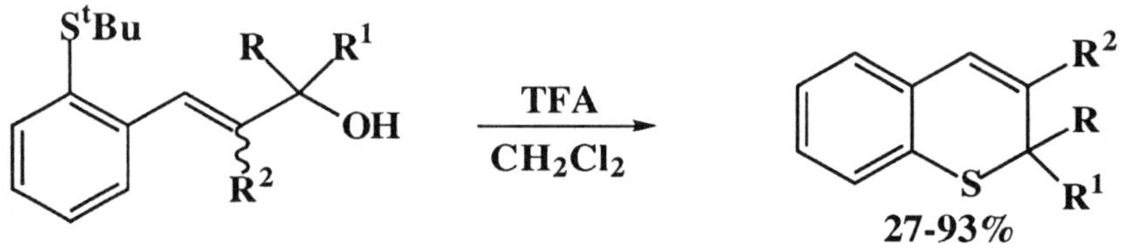

IV.H-19 Majumdar, K.C. and Jana, G.H., *H*, **43**, 767.

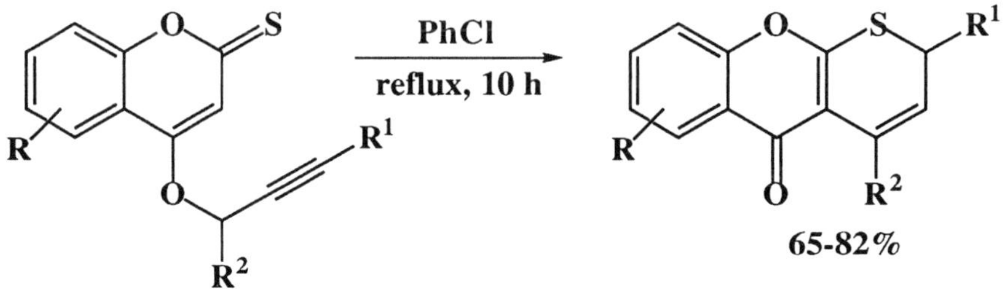

IV.H-20 Chuang C.-P. and Wang, S.-F., *H*, **43**, 2215.

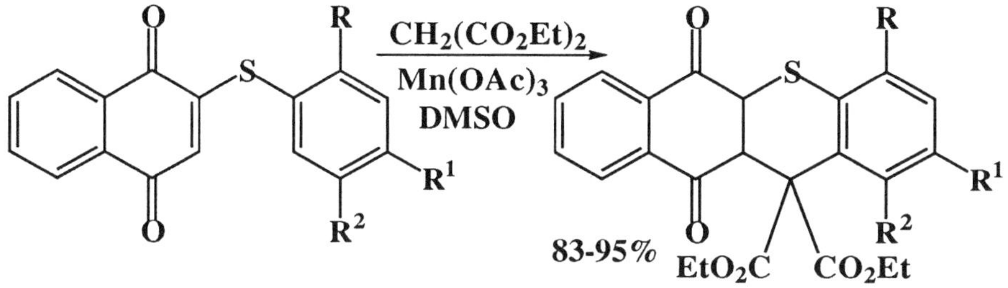

83-95%

IV.I. Other Heterocycles with One Heteroatom

IV.I-1 Wurthwein, E.U. et al., *T*, **52**, 14801.

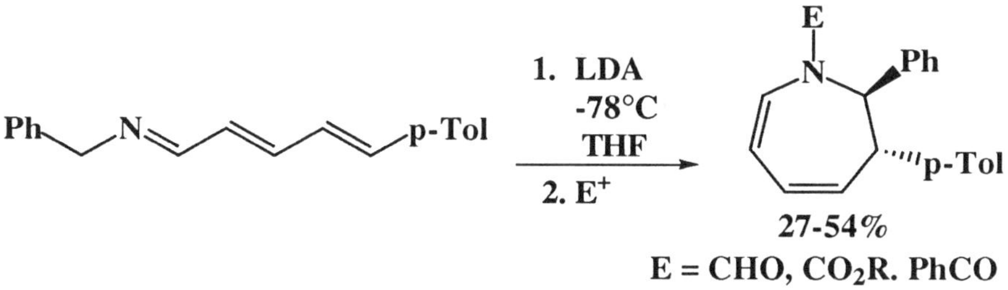

1. LDA -78°C THF
2. E^+

27-54%
$E = CHO, CO_2R, PhCO$

IV.I-2 Barluenga, J. et al., *JACS*, **118**, 695.

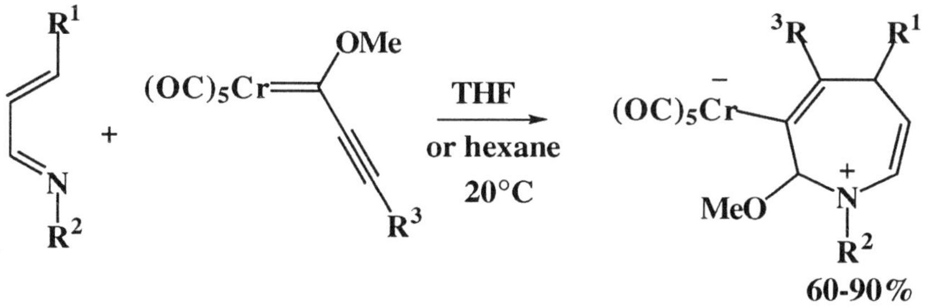

THF or hexane 20°C

60-90%

IV.I-3 Kita, Y., Zenk, H. et al., *JOC*, **61**, 5857.

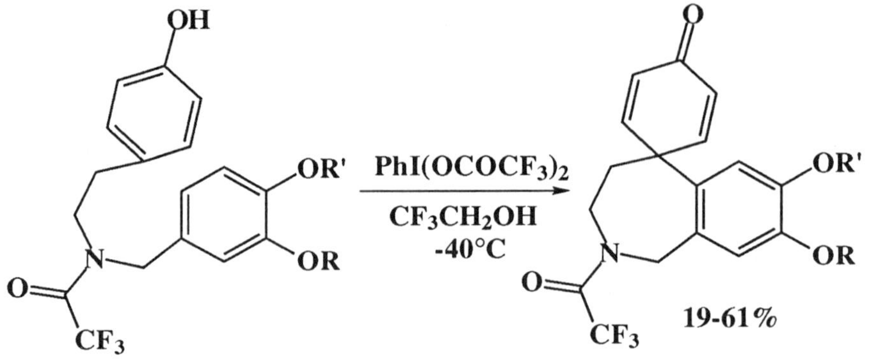

IV.I-4 Bernotas, R.C. et al., *T*, **52**, 6519.

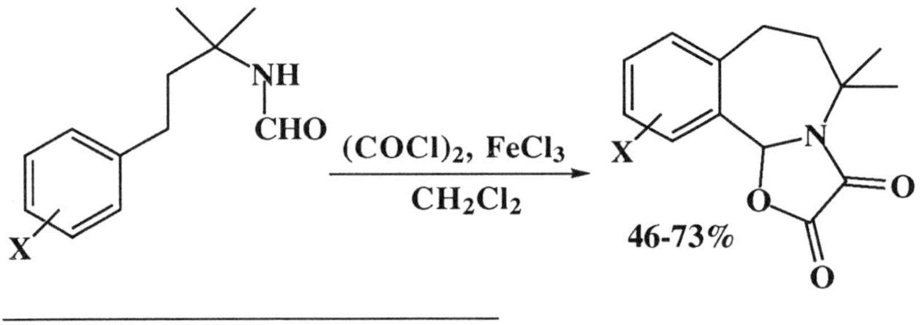

IV.I-5 Najera, C. et al., *JOC*, **61**, 5004.

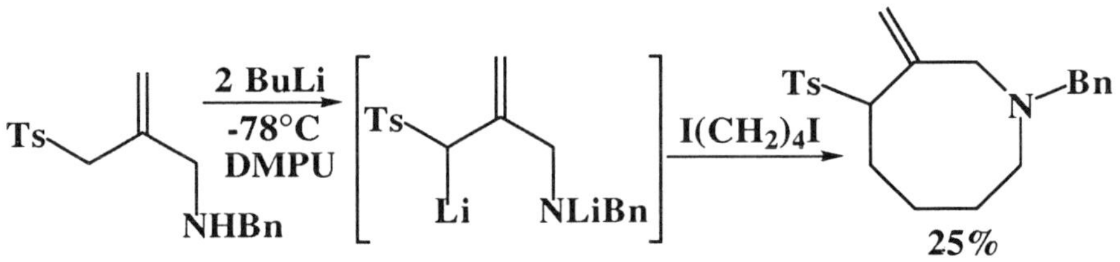

IV.I-6 Noguchi, M. et al., *T*, **52**, 13081, 13097, 13111.

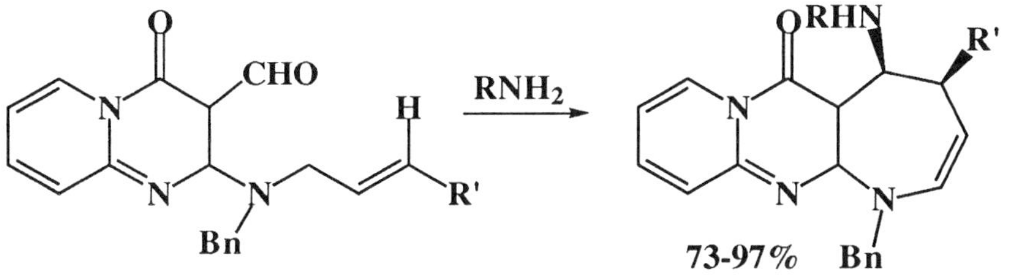

IV.I-7 Brunel, Y. and Rousseau, G., *JOC*, **61**, 5793.

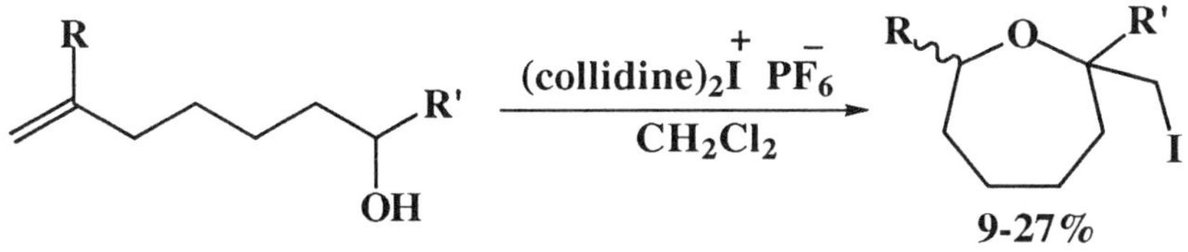

IV.I-8 Yamamoto, Y. et al., *TL*, **37**, 3059.

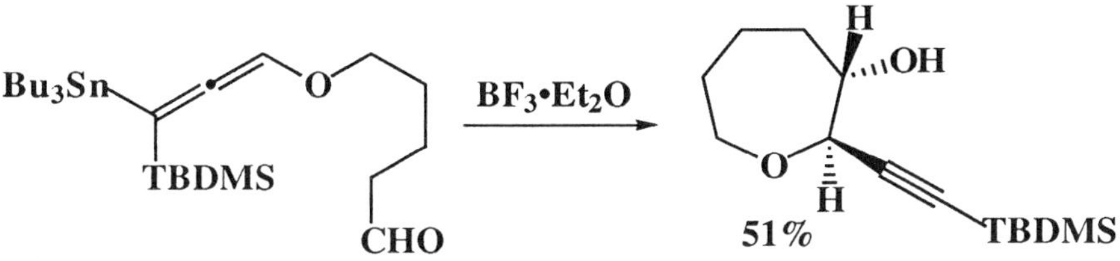

IV.I-9 Nagata, T. et al., *TL*, **37**, 213, 217.

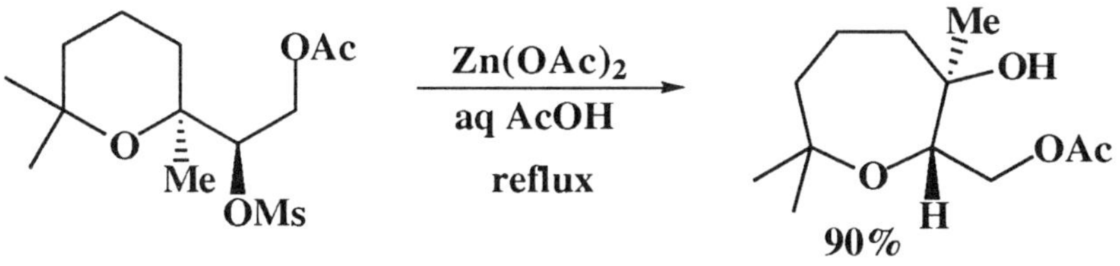

IV.I-10 Rychnovsky, S.D. and Dahanukar, V.H., *TL*, **37**, 339.

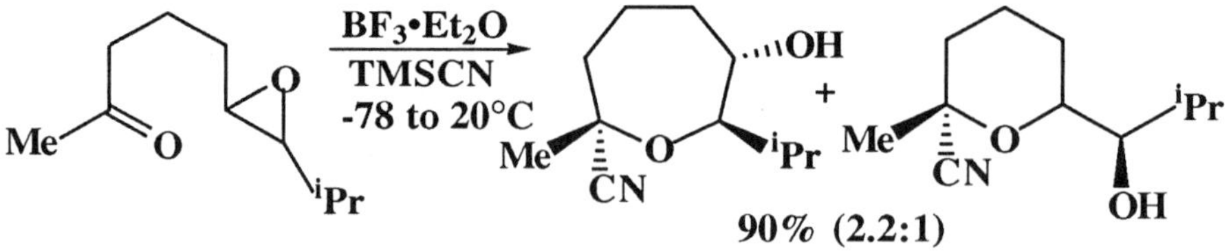

IV.I-11 Grigg, R. and Savic, V., *TL*, **37**, 6565.

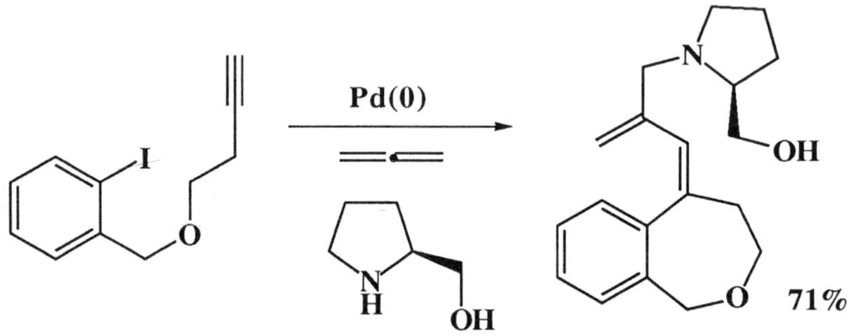

IV.I-12 Nagao, Y. et al., *CC*, 19.

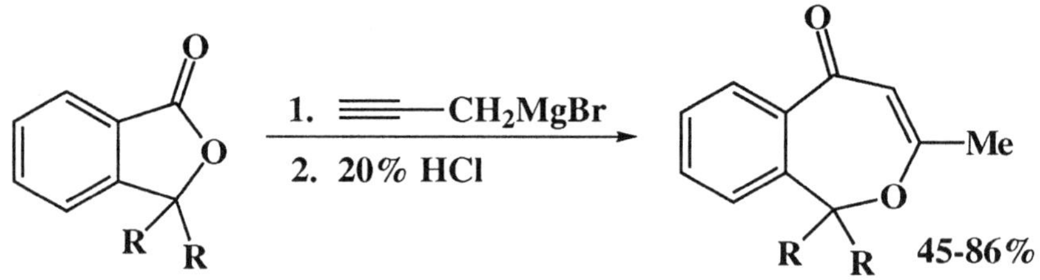

IV.J. Heterocycles with a Bridgehead Heteroatom

IV.J-1 Della, E.W. et al., *CC*, 1637 and *TL*, **37**, 5805.

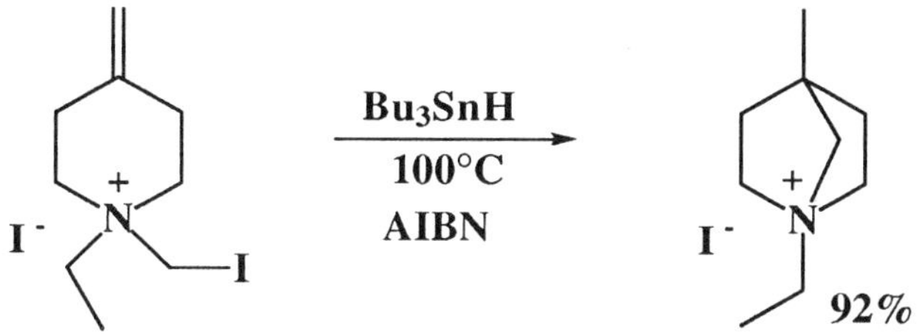

$$\text{Bu}_3\text{SnH}, 100°\text{C}, \text{AIBN} \quad 92\%$$

IV.J-2 Robertson, J. et al., *TL*, **37**, 5825.

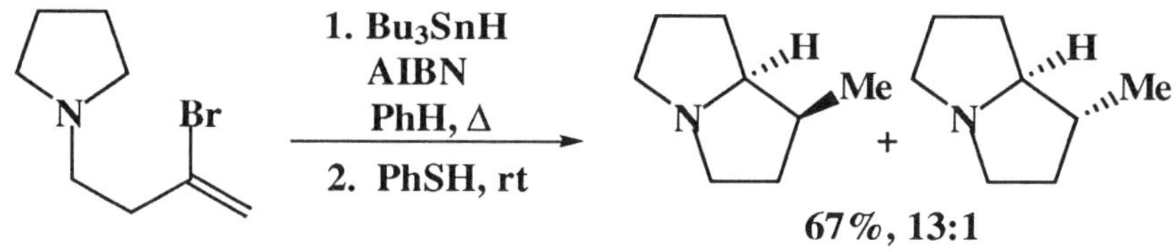

1. Bu$_3$SnH, AIBN, PhH, Δ
2. PhSH, rt

67%, 13:1

IV.J-3 Ohta, A. et al., *T*, **52**, 869; see also: Cossy, J. et al., *SL*, 909.

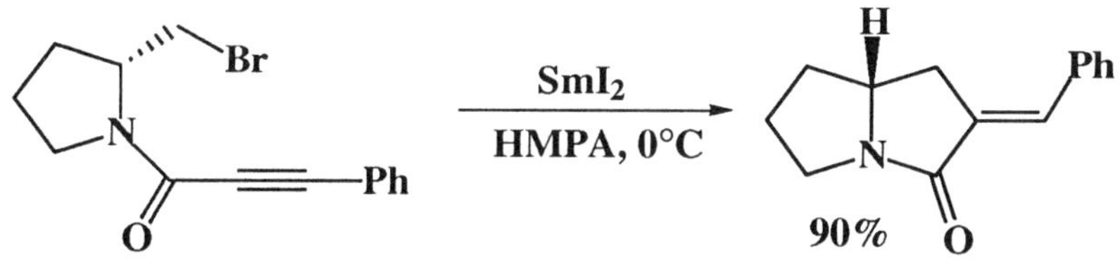

SmI$_2$, HMPA, 0°C   90%

IV.J-4 Mascal, M. et al., *TL*, **37**, 131.

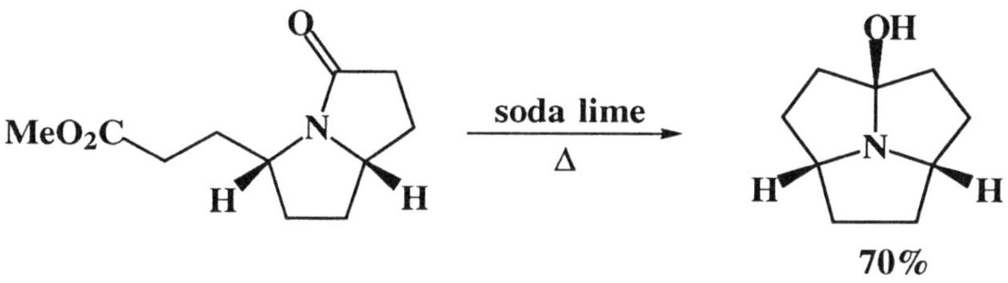

soda lime, Δ   70%

IV.J-5 Pearson, W.H. et al., *JOC*, **61**, 5546, 5537 and *T*, **52**, 12039.

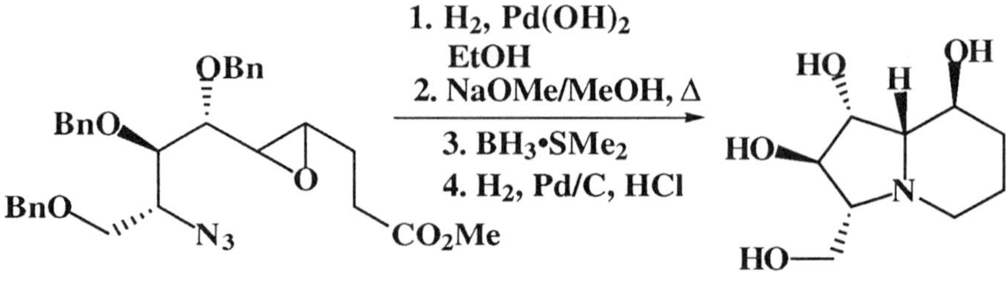

1. H_2, $Pd(OH)_2$
   EtOH
2. NaOMe/MeOH, Δ
3. $BH_3 \cdot SMe_2$
4. H_2, Pd/C, HCl

IV.J-6 Overkleeft, H.S. and Pandit, U.K., *TL*, **37**, 547.

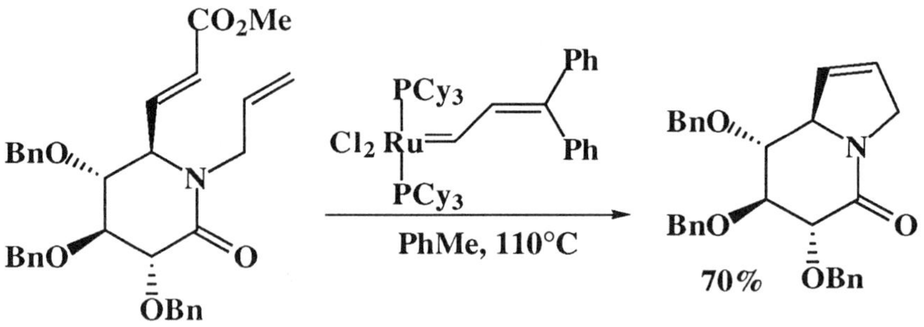

Cl_2Ru with PCy_3 ligands and =CH-CPh=CHPh
PhMe, 110°C

70%

IV.J-7 Molander, G.A. and Nichols, P.J., *JOC*, **61**, 6040.

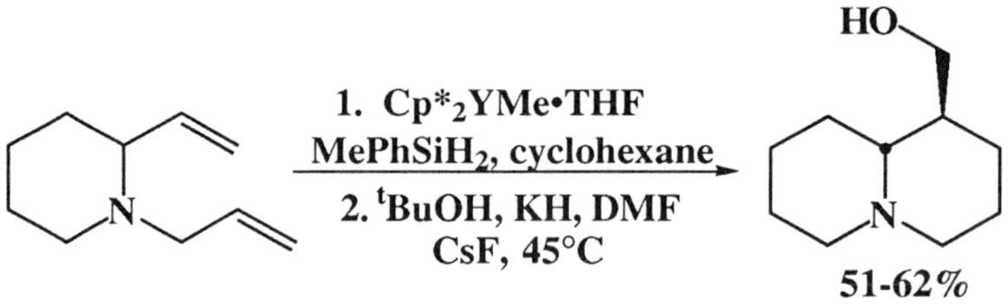

1. Cp*$_2$YMe•THF
   MePhSiH$_2$, cyclohexane
2. ^{t}BuOH, KH, DMF
   CsF, 45°C

51-62%

IV.J-8 Comins, D.L. et al., *TL*, **37**, 793 and *JACS*, **118**, 12248.

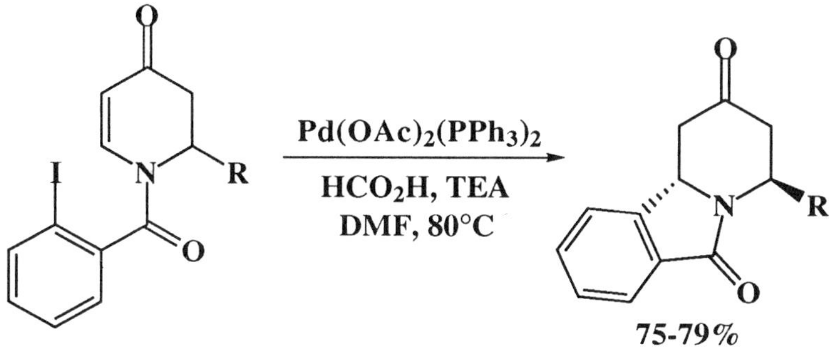

Pd(OAc)$_2$(PPh$_3$)$_2$
HCO$_2$H, TEA
DMF, 80°C

75-79%

IV.J-9 Rigby, J.H. and Mateo, M.E., *T*, **52**, 10569; **see also:** Castedo, L., Dominguez, D. et al., *JOC*, **61**, 2780.

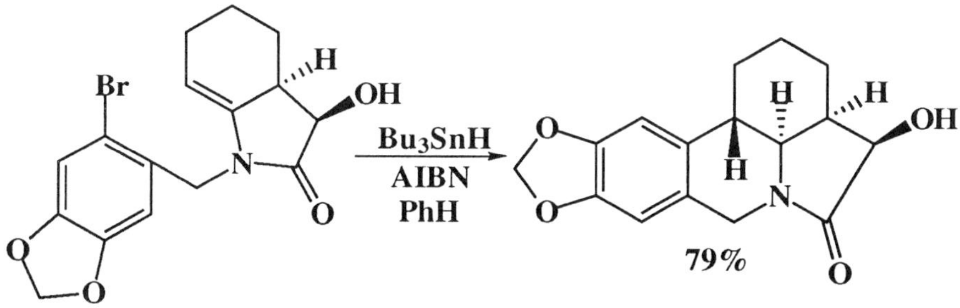

Bu$_3$SnH
AIBN
PhH

79%

IV.J-10 Scheiber, P. et al., *SL*, 623; **see also:** Algharib, M.S. *JCR(S)*, 384.

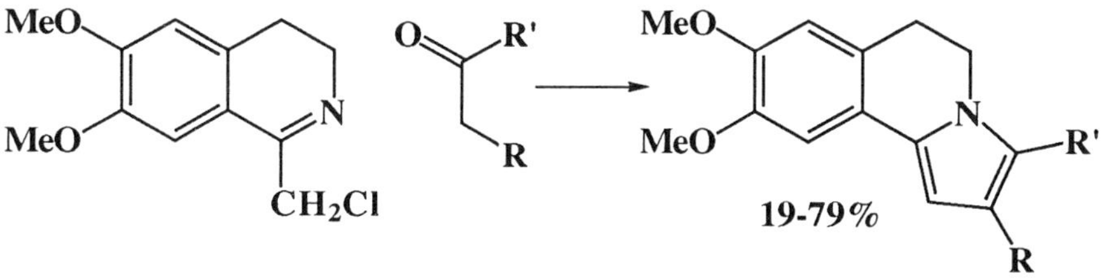

19-79%

IV.J-11 Caddick, S. et al., *JCS(P1)*, 675.

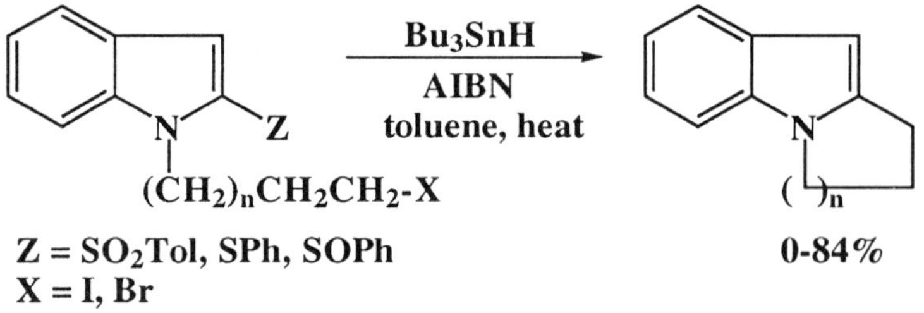

Z = SO₂Tol, SPh, SOPh
X = I, Br

0-84%

IV.J-12 Wang, L. and Jimenez, L.S., *JOC*, **61**, 816; see also: *TL*, **37**, 6049.

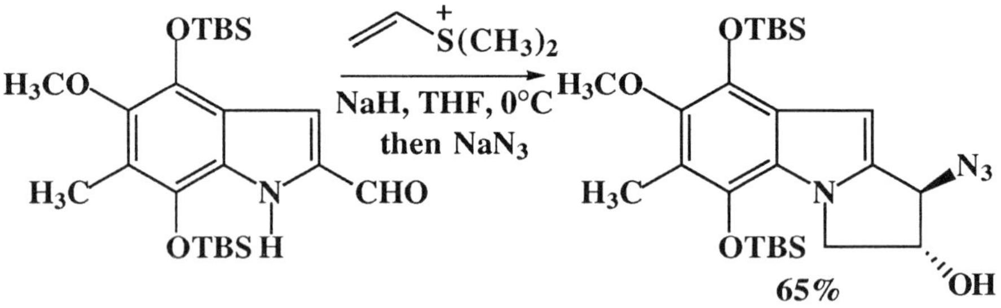

65%

IV.J-13 Heaney, H. et al., *SL*, 871; Lete, E. et al., *TL*, **37**, 7841.

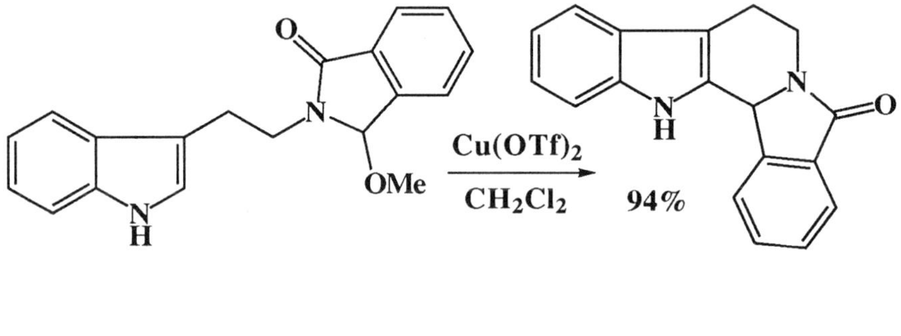

94%

IV.J-14 Bonjoch, J. et al., *JOC*, **61**, 7106.

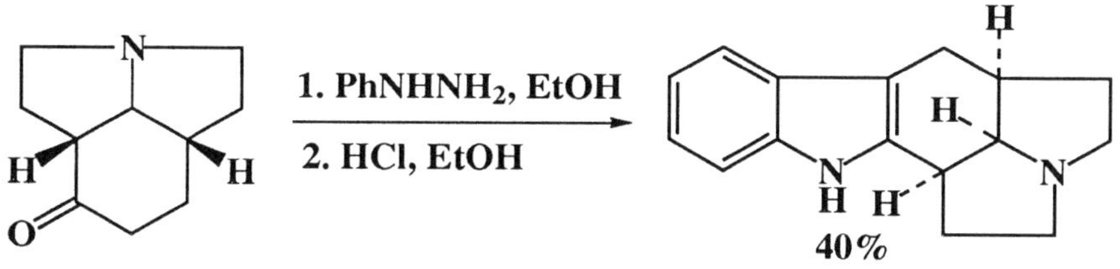

IV.J-15 Amat, M. et al., *TL*, **37**, 3071.

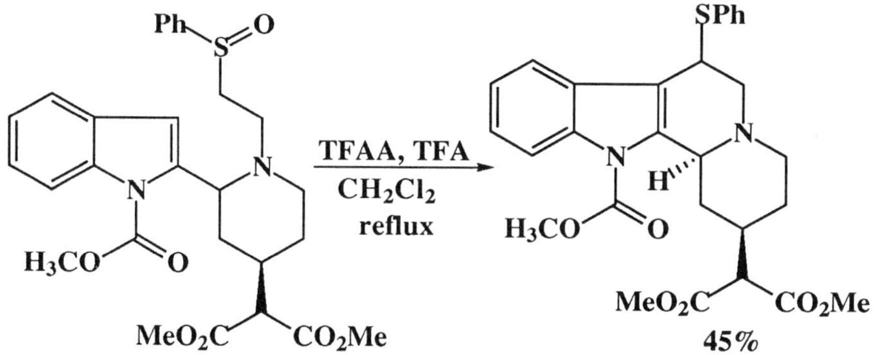

IV.J-16 Waldmann, H. and Lock, R., *TL*, **37**, 2753.

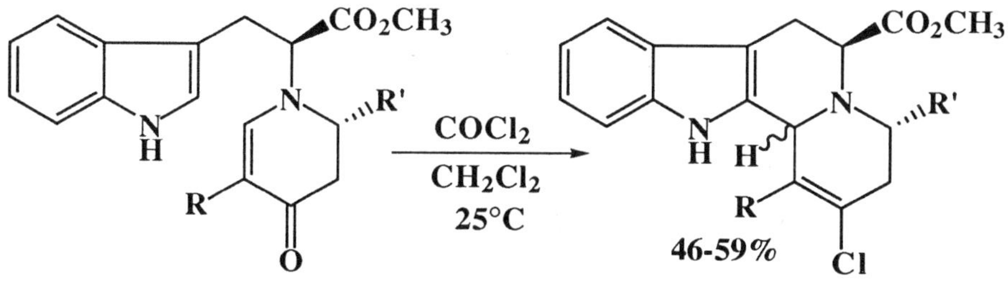

IV.K. Heterocycles with Two or More Heteroatoms

IV.K.1a. 5-Membered Heterocycles with 2 N's

IV.K.1a-1 Filippone, P. et al., *T*, **52**, 1579.

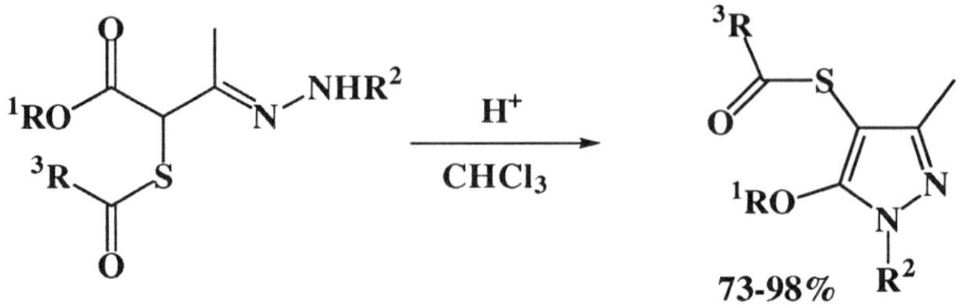

IV.K.1a-2 Beam, C.F. et al., *SC*, **26**, 2603.

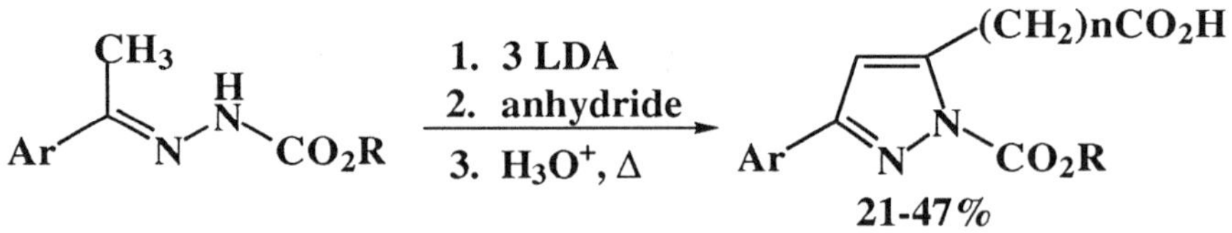

IV.K.1a-3 Rykowski, A. and Banowska, D., *H*, **43**, 2095.

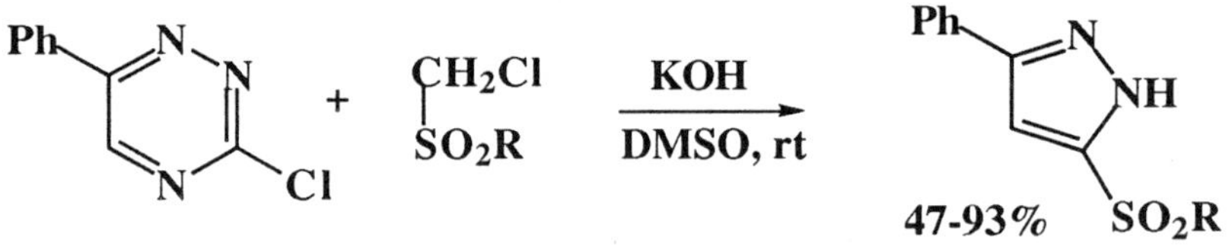

IV.K.1a-4 Trivedi, G.K. et al., *T*, **52**, 4515.

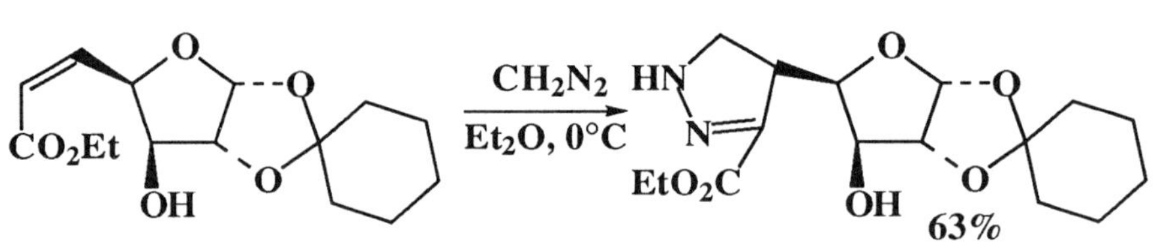

SYNTHESIS OF HETEROCYCLES

IV.K.1a-5 Patzel, M. et al., *TA*, **7**, 1137; Garanti, L. et al., *OPP*, **28**, 699.

$$\text{R} \diagdown \diagdown \text{R}^1 + \text{Cl-C(}^2\text{R)=N-NH-Ph} \xrightarrow{\text{Et}_3\text{N}} \text{pyrazoline} \quad 14\text{-}82\%$$

IV.K.1a-6 Leblanc, Y. and Boudreault, N., *OS*, **74**, 241.

$$\text{3,5-(H}_3\text{CO)}_2\text{C}_6\text{H}_3\text{-COCH}_3 \xrightarrow[\text{2. Zn dust, AcOH}]{\text{1. Cl}_3\text{CCH}_2\text{O}_2\text{CN=NCO}_2\text{CH}_2\text{CCl}_3, \text{CF}_3\text{SO}_3\text{H, CH}_2\text{Cl}_2} \text{3-methyl-5,7-dimethoxyindazole} \quad 67\%$$

IV.K.1a-7 Yoshida, T. et al., *H*, **43**, 2701.

$$\text{2-(AcNH)C}_6\text{H}_4\text{CH}_2\text{CO}_2\text{Et} \xrightarrow[\text{AcOH, 95°C}]{^t\text{BuONO}} \text{1H-indazole-3-carboxylic acid ethyl ester} \quad 75\%$$

IV.K.1a-8 Periasmy, M. et al., *TL*, **37**, 4767.

$$\text{Ph-CH=NR} \xrightarrow[\substack{\text{BrCH}_2\text{CH}_2\text{Br} \\ 0°\text{C, THF}}]{\text{TiCl}_4, \text{Mg}} \text{4,5-diphenyl-2-methylimidazolidine} \quad 54\text{-}74\%$$

IV.K.1a-9 Molina, P. et al., *S*, 1459.

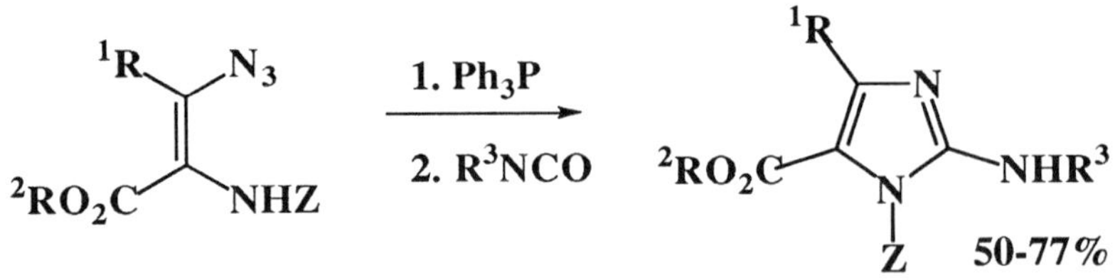

IV.K.1a-10 Marcaccini, S. et al., *JOC*, **61**, 2202.

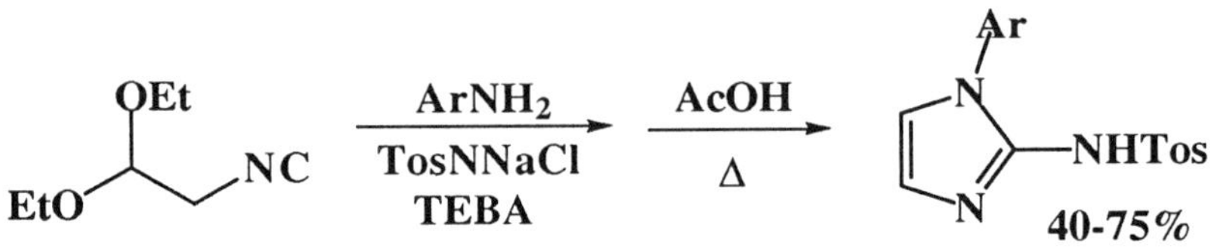

IV.K.1a-11 McAlpine, I.J. and Armstrong, R.W., *JOC*, **61**, 5674.

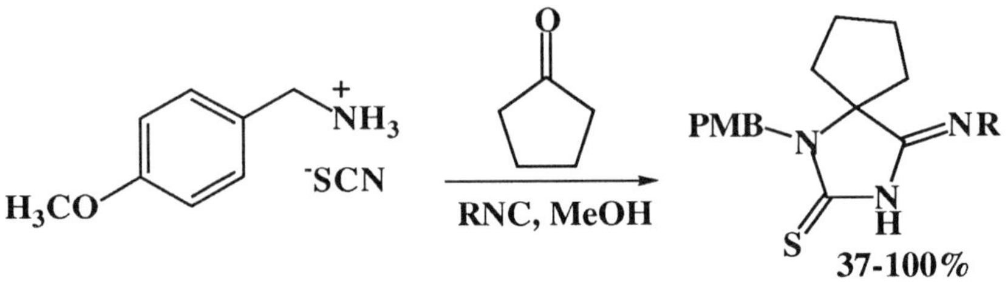

IV.K.1a-12 Zou, J.P. et al., *H*, **43**, 49.

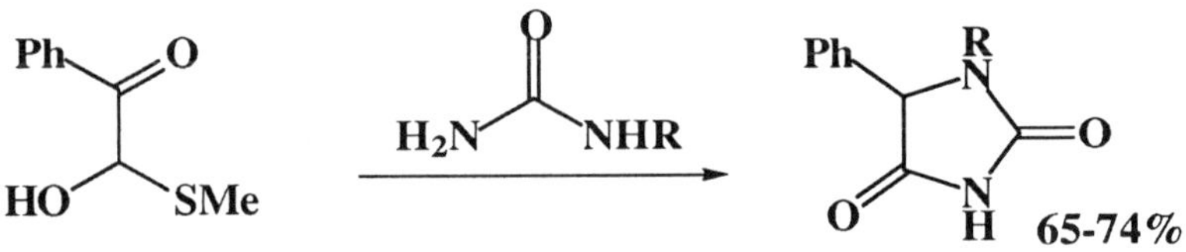

IV.K.1a-13 Romero, A.G. et al., *TL*, **37**, 2361.

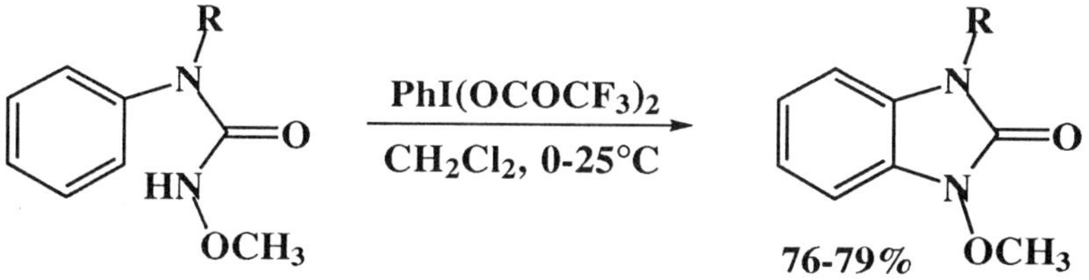

IV.K.1a-14 Kobayashi, M. and Uneyama, K., *JOC*, **61**, 3902.

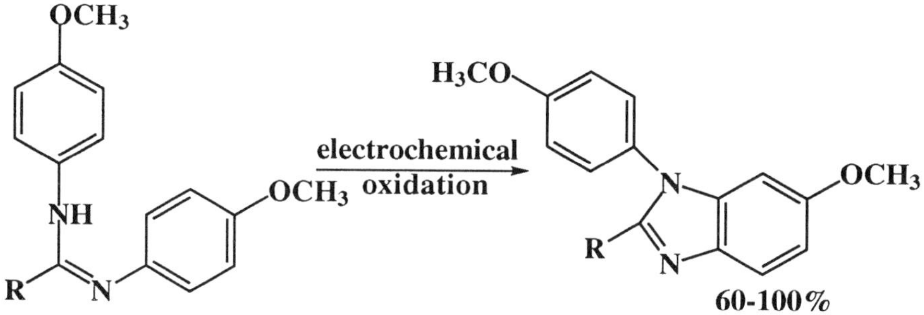

IV.K.1a-15 Thompson, M. et al., *SC*, **26**, 745.

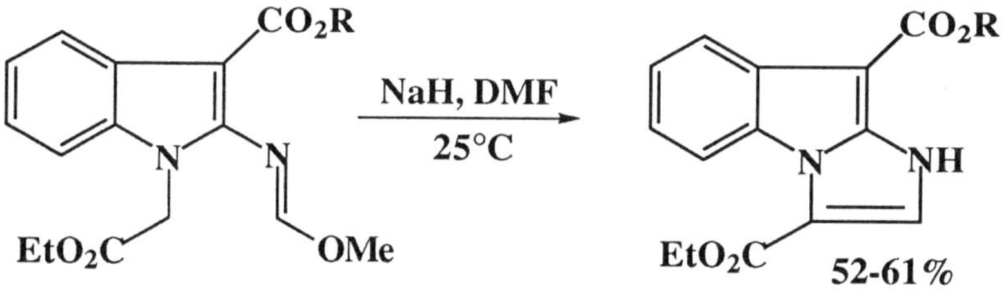

IV.K.1b 6 Membered Heterocycles with 2 N's

IV.K.1b-1 South, M.S. et al., *JOC*, **61**, 8921.

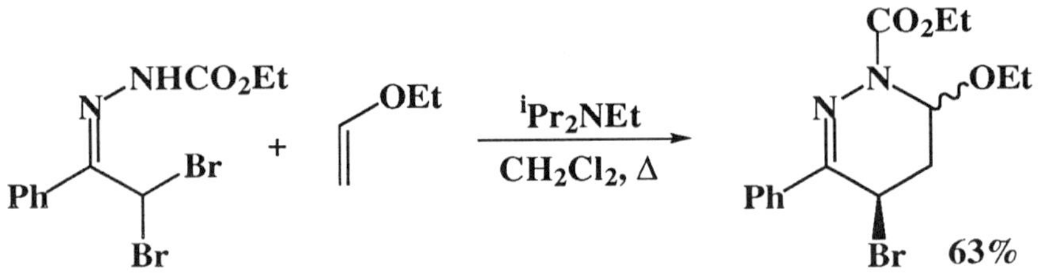

[Reaction: Ph-C(=N-NHCO$_2$Et)-CHBr-CH$_2$Br + CH$_2$=CH-OEt → (with ^{i}Pr$_2$NEt, CH$_2$Cl$_2$, Δ) tetrahydropyridazine with N-CO$_2$Et, OEt, Ph, Br substituents, 63%]

IV.K.1b-2 Melnyk, P. et al., *TL*, **37**, 4145.

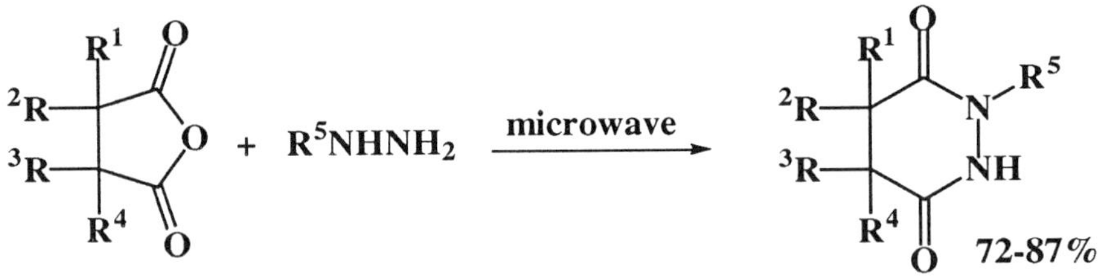

[Reaction: succinic anhydride derivative with R^1, R^2, R^3, R^4 + R^{5}NHNH$_2$ → (microwave) 6-membered dihydropyridazine-3,6-dione, 72-87%]

IV.K.1b-3 Muchowski, J.M. et al., *JOC*, **61**, 2470.

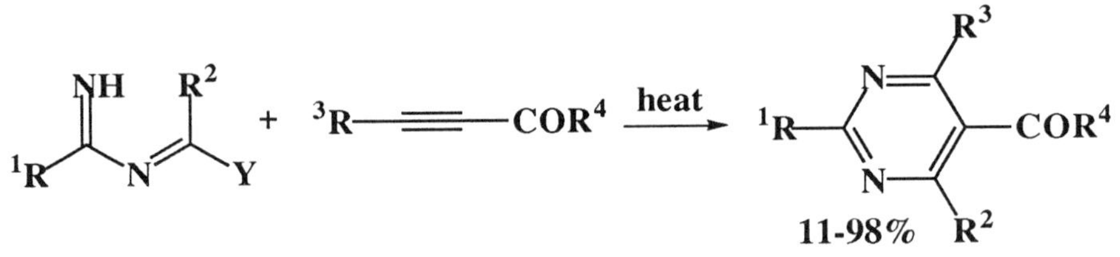

[Reaction: ^{1}R-C(=NH)-N=C(R^2)-Y + ^{3}R-C≡C-COR^4 → (heat) pyrimidine with ^{1}R, R^2, R^3, COR^4 substituents, 11-98%]

IV.K.1b-4 Saito, T. et al., *TL*, **37**, 9071 and 209; **see also:** Alajarin, M. et al., *TL*, **37**, 8945.

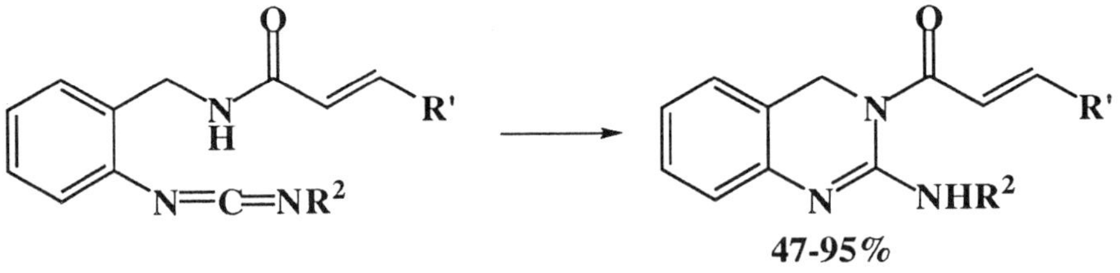

[Reaction: 2-(N=C=NR^2)benzyl-NH-C(=O)-CH=CH-R' → dihydroquinazoline with N-C(=O)-CH=CH-R' and =N-NHR^2, 47-95%]

IV.K.1b-5 Gewald, K. et al., *JPR*, **338**, 206.

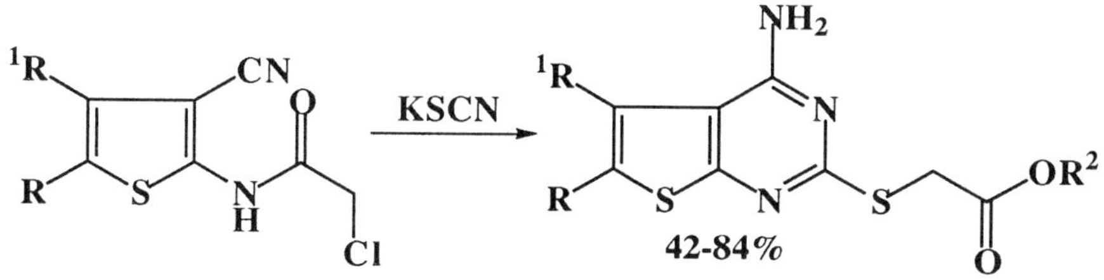

[Reaction: 2-(chloroacetamido)-3-cyanothiophene + KSCN → 4-amino-2-(alkylthioacetate)thieno[2,3-d]pyrimidine, 42-84%]

IV.K.1b-6 Dang, Q. et al., *JOC*, **61**, 5204.

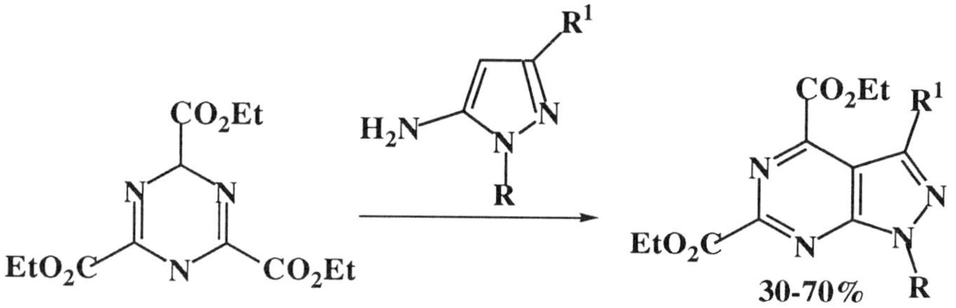

[Reaction: 1,3,5-triazine tricarboxylate + 5-aminopyrazole → pyrazolo[3,4-d]pyrimidine dicarboxylate, 30-70%]

IV.K.1c. 7-Membered Heterocycles with 2 N's

IV.K.1c-1 Wentrup, C. and Resinger, A., *CC*, 813.

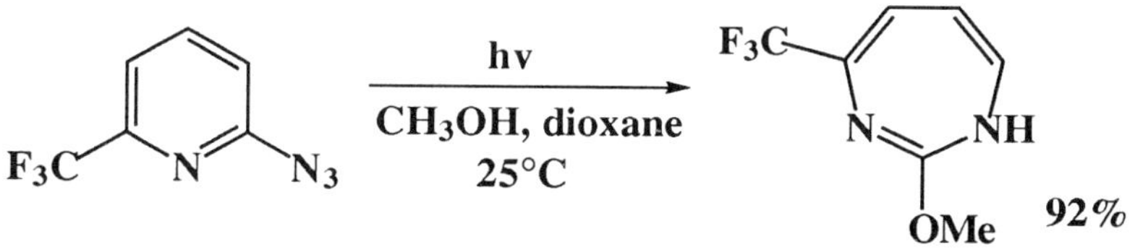

[Reaction: 2-azido-6-(trifluoromethyl)pyridine, hv, CH₃OH, dioxane, 25°C → 1,3-diazepine with F₃C, OMe, NH, 92%]

IV.K.1c-2 Venkataratnum, R.V. et al., *TL*, **37**, 2845; Bonacorso, H.G. et al., *TL*, **37**, 9155.

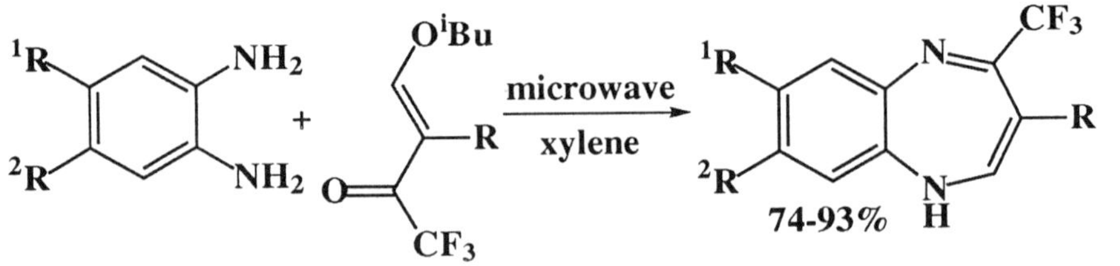

IV.K.1c-3 Keating, T.A. and Armstrong, R.W., *JOC*, **61**, 8935.

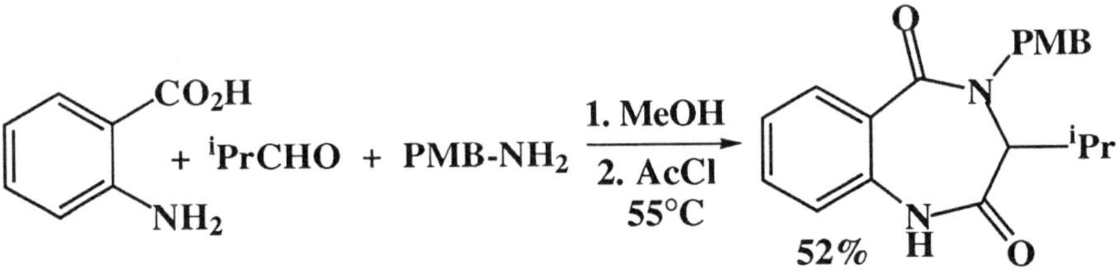

IV.K.1c-4 Okawa, T. and Eguchi, S., *TL*, **37**, 81.

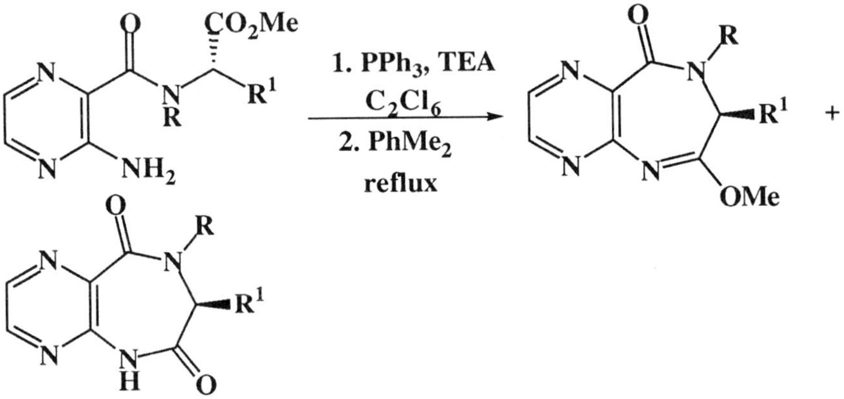

IV.K.2. Heterocycles with 2 O's or 2 S's

IV.K.2-1 Uemura, S. et al., *BCJ*, **69**, 2361.

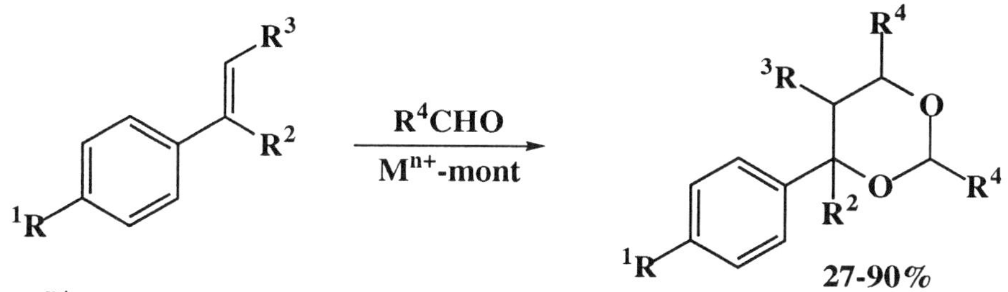

M^{n+}-mont = cation exchanged montmorillonite

27-90%

IV.K.2-2 Fujioka, H. et al., *TL*, **37**, 2245.

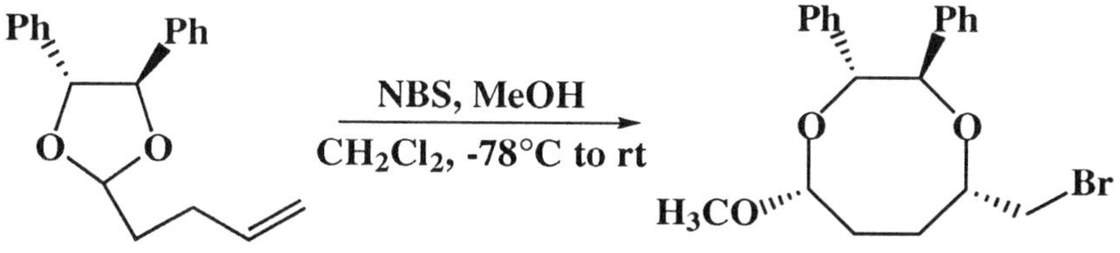

95%

IV.K.2-3 Mulzer, J. et al., *AG(E)*, **35**, 1970.

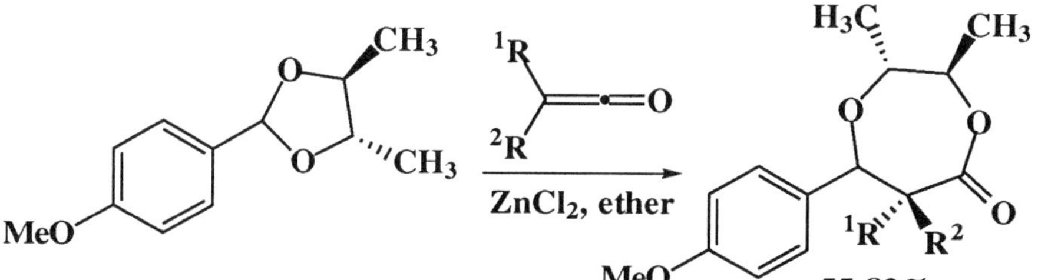

55-82%
91-95% ee

IV.K.2-4 Takahashi, M. and Yoshizawa, S., *H*, **43**, 2733.

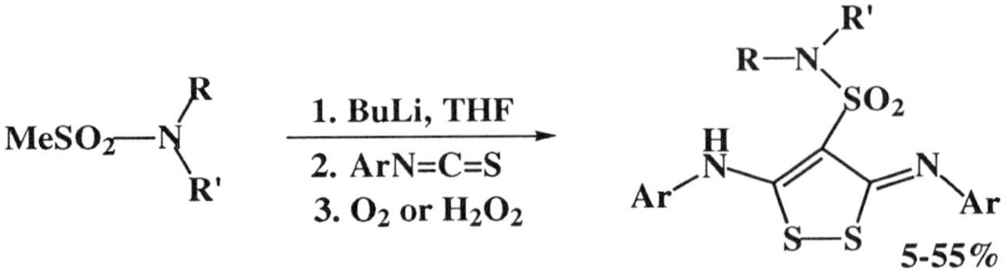
MeSO2—N
R
R'
1. BuLi, THF
2. ArN=C=S
3. O2 or H2O2
R—N
R'
SO2
H
N
Ar
N
Ar
S—S
5-55%

IV.K.2-5 Rossi, R.H. and Aimur, M.L., *TL*, **37**, 2137.

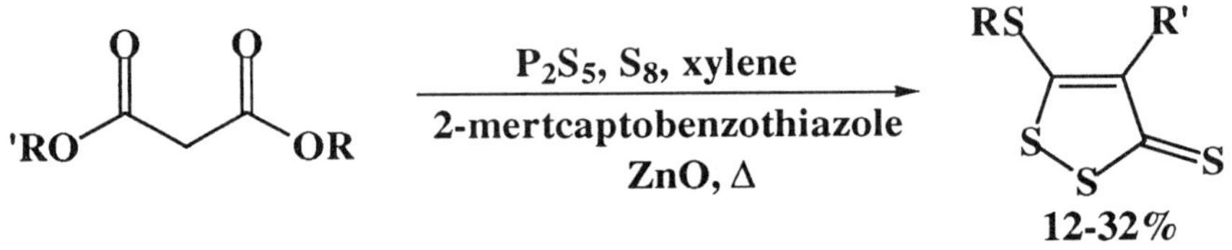
O
O
'RO
OR
P2S5, S8, xylene
2-mertcaptobenzothiazole
ZnO, Δ
RS
R'
S
S
S
12-32%

IV.K.2-6 Solomon, D.H. et al., *AJC*, **49**, 1261.

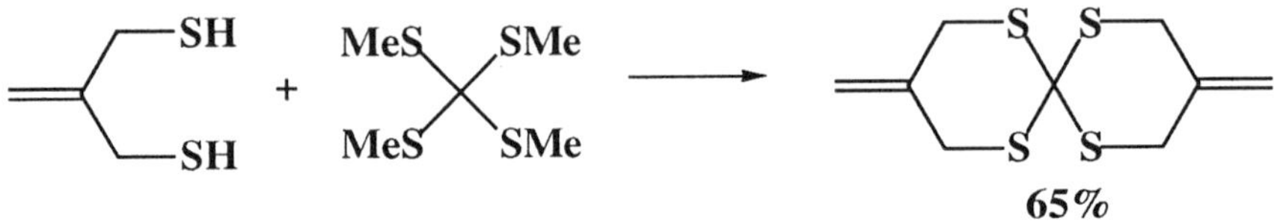
SH
SH
+
MeS
SMe
MeS
SMe
S
S
S
S
65%

IV.K.2-7 Bryce, M.R. et al., *JCS(P1)*, 2451.

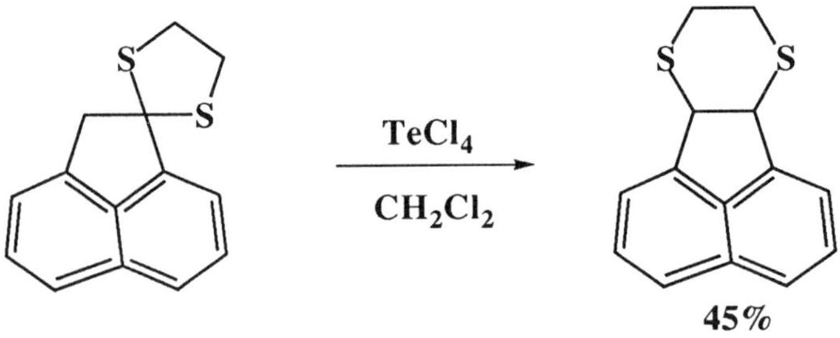
S
S
TeCl4
CH2Cl2
S
S
45%

IV.K.3. Heterocycles with 1 N and 1 O

IV.K.3-1 Costa, M. et al., *CC*, 1699.

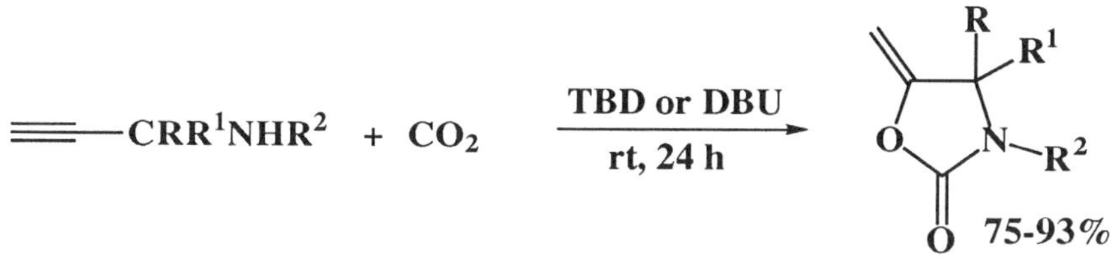

$\equiv\!\!-\!CRR^1NHR^2 + CO_2 \xrightarrow[\text{rt, 24 h}]{\text{TBD or DBU}}$ oxazolidinone product, 75-93%

IV.K.3-2 Badiang, J.G. and Aube, J., *JOC*, **61**, 2484.

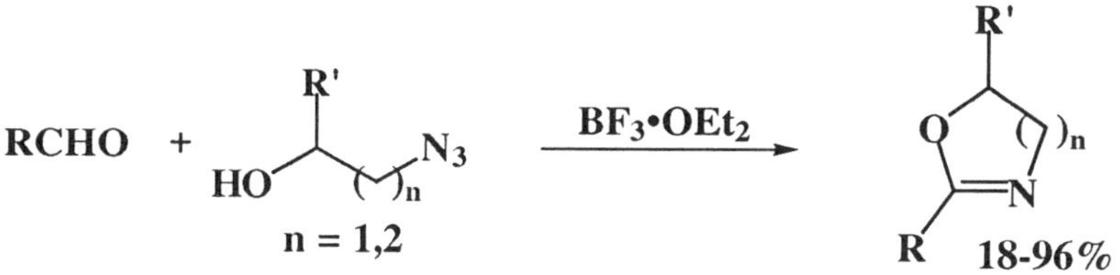

$RCHO +$ HO-CR'(CH$_2$)$_n$-N$_3$, n = 1,2 $\xrightarrow{BF_3\cdot OEt_2}$ oxazoline product, 18-96%

IV.K.3-3 Sandhu, J.S. et al., *TL*, **37**, 4203.

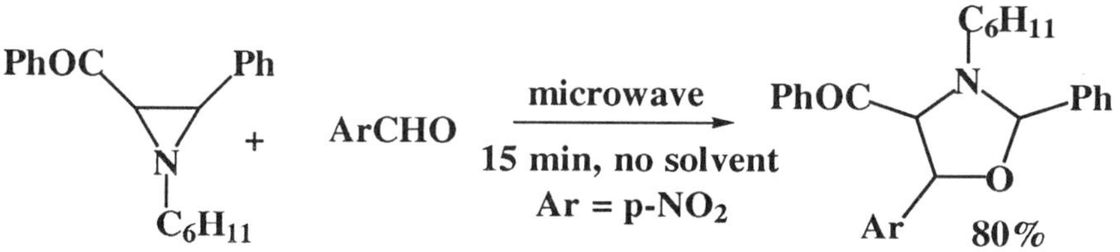

PhOC-Ph aziridine (N-C$_6$H$_{11}$) + ArCHO $\xrightarrow[\text{Ar = p-NO}_2]{\text{microwave, 15 min, no solvent}}$ oxazolidine product, 80%

IV.K.3-4 Helquist, P. and Tullis, J.S., *OS*, **74**, 229; Ibata, T. et al., *BCJ*, **69**, 3289.

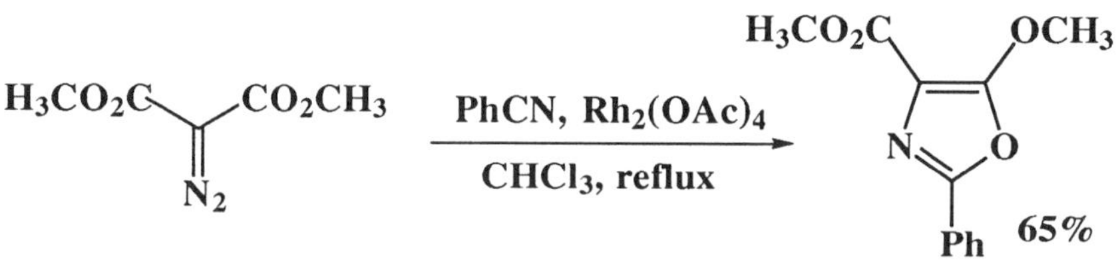

H$_3$CO$_2$C-C(N$_2$)-CO$_2$CH$_3$ $\xrightarrow[\text{CHCl}_3\text{, reflux}]{PhCN, Rh_2(OAc)_4}$ oxazole product (4-CO$_2$CH$_3$, 5-OCH$_3$, 2-Ph), 65%

IV.K.3-5 Inomata, K., Ukaji, Y. et al., *CL*, 455; Fukumoto, K. et al., *H*, **43**, 1771.

$$\text{CH}_2=\text{CHCH}_2\text{OH} \xrightarrow[\substack{\text{2. (R,R)-DIPT} \\ \text{3. RC(Cl)=NOH} \\ 0°\text{C, CHCl}_3, \text{18-20 h}}]{\text{1. Et}_2\text{Zn}} \text{[isoxazoline-CH}_2\text{OH]}$$

62-98%
38-93% ee

IV.K.3-6 Yuan, C.-Y. et al., *SC*, **26**, 1149; **see also:** Soloshonok, V.A., Hayashi, T. et al., *TL*, **37**, 7845.

$$\text{RC(O)Cl} + \text{CN-CH}_2\text{CO}_2\text{Et} \xrightarrow[\text{2. Et}_3\text{N}]{\text{1. CH}_2\text{Cl}_2, \text{reflux}} \text{[oxazole]}$$

44-75%

IV.K.3-7 Navarro-Ocana, A. et al., *SL*, 695.

$$\underset{\text{O}_2\text{N}}{\overset{\text{R}}{>}}=\underset{\text{CN}}{\overset{\text{Ph}}{<}} \xrightarrow{\text{Baker's yeast}} \text{[isoxazole-NH}_2\text{]}$$

50-82%

IV.K.3-8 Huang, W. et al., *T*, **52**, 10131.

$$\text{[aryl ester]} \xrightarrow[\substack{\text{BF}_3\cdot\text{Et}_2\text{O} \\ \text{xylene}}]{\text{CH}_3\text{C(O)NH}_2} \text{[oxazole product]}$$

75-89%

IV.K.3-9 Dominguez, E. et al., *JOC*, **61**, 5435.

[Scheme: Me₂N-substituted enaminone with 'Ar and Ar groups reacts with H₂NOH·HCl in MeOH, AcOH, Na₂CO₃ to give 4-'Ar, 5-Ar isoxazole, 88-99%]

IV.K.3-10 Fukumoto, K. et al., *TL*, **37**, 6157; Baskaran, S. and Trivedi, G.K., *JCR(S)*, 542; van den Broek, L.A.G.M. *T*, **52**, 4467; Naito, T. et al., *RTC*, **115**, 13; Goti, A.; Brandi, A.; deMeijere, A. et al., *JOC*, **61**, 1665; de March, P. et al., *JOC*, **61**, 8579.

[Scheme: Bn nitrone of glyoxylic acid + styrene (PhCH=CH₂) with additive gives two diastereomeric isoxazolidines, 73-75%]

	ratio
non additive	93 : 7
Et₃N	12 : 88

IV.K.3-11 Jorgensen, K.A. et al., *JACS*, **118**, 59; Furukawa, I. et al., *TL*, **37**, 5947.

[Scheme: ^1R-substituted acryloyl pyrrolidinone + nitrone (^2R, ^3R) with TADDOL-TiX₂ catalyst gives endo and exo isoxazolidine products]

0-93%, 10:90 to .95:5 *endo:exo*

IV.K.3-12 Jung, M.E. and Vu, B.T., *JOC*, **61**, 4427; **see also:** Chiacchio, U. et al., *T*, **52**, 14323 and 14311; Miller, M.L. and Ray, P.S., *T*, **52**, 5739; Kim, B.Y. et al., *SC*, **26**, 3201.

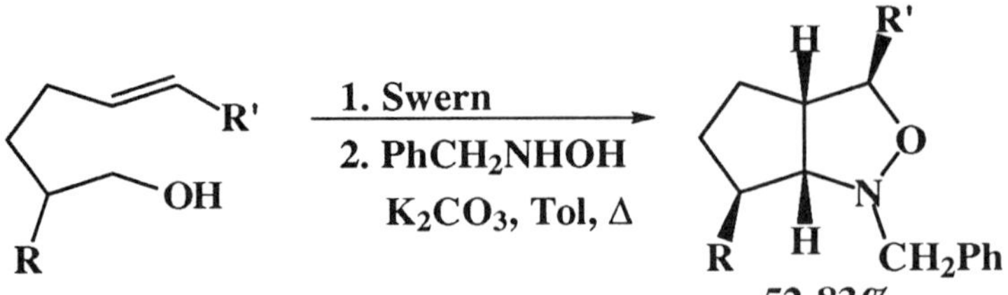
R'
OH
R
1. Swern
2. PhCH₂NHOH
K₂CO₃, Tol, Δ
H
R'
O
N
R
H
CH₂Ph

52-83%

IV.K.3-13 Fink, D.M. and Kurys, B.E., *TL*, **37**, 995; Palermo, M.G., *TL*, **37**, 2885.

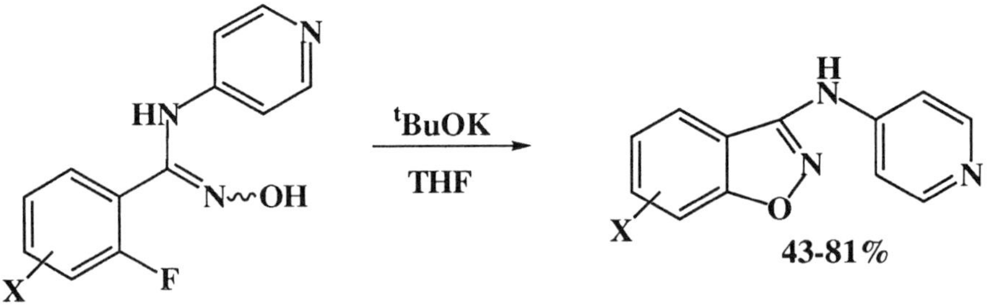
N
HN
N~OH
X
F
ᵗBuOK
THF
H
N
N
O
N
X

43-81%

IV.K.3-14 Armesto, D. et al., *CC*, 2715.

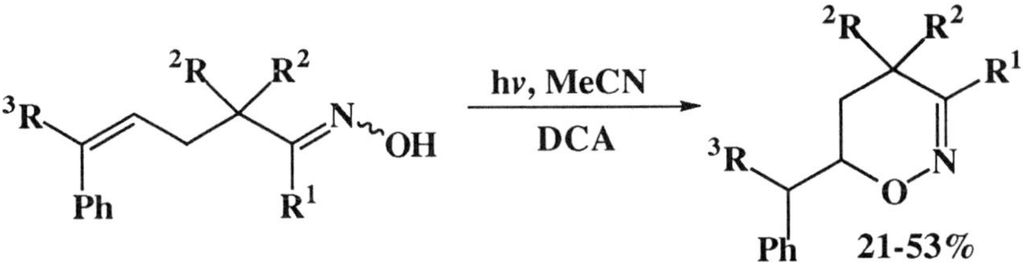
²R
R²
³R
N~OH
Ph
R¹
hν, MeCN
DCA
²R
R²
R¹
³R
N
O
Ph

21-53%

IV.K.3-15 Caramella, P. et al., *TL*, **37**, 1909.

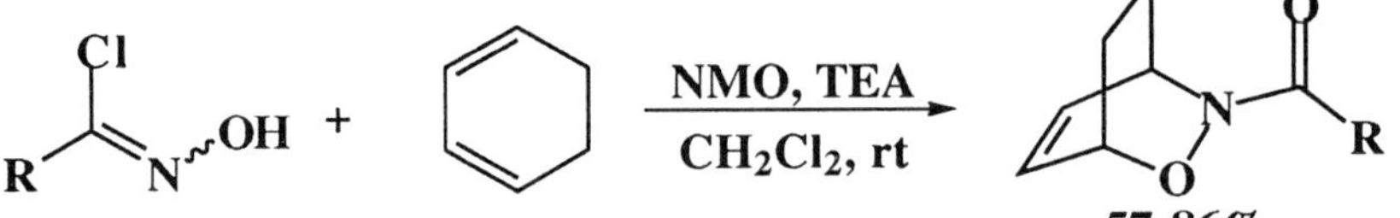
Cl
R
N
OH
+
NMO, TEA
CH₂Cl₂, rt
O
N
R
O

57-86%

IV.K.3-16 Molinski, T.F. et al., *T*, **52**, 14475 and *JOC*, **61**, 2044.

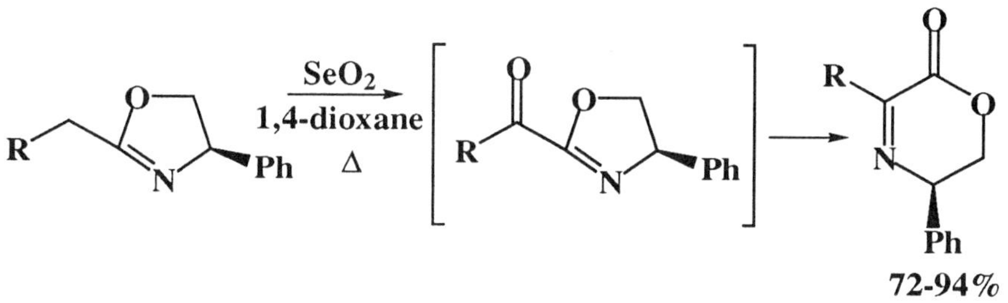

IV.K.3-17 Tiecco, M. et al., *T*, **52**, 6811; Aurich, H.G. et al., *TL*, **37**, 841.

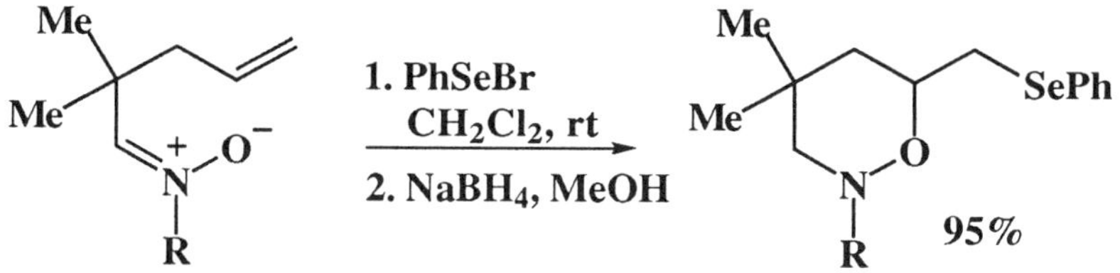

IV.K.3-18 Weinreb, S.M. et al., *T*, **52**, 3135.

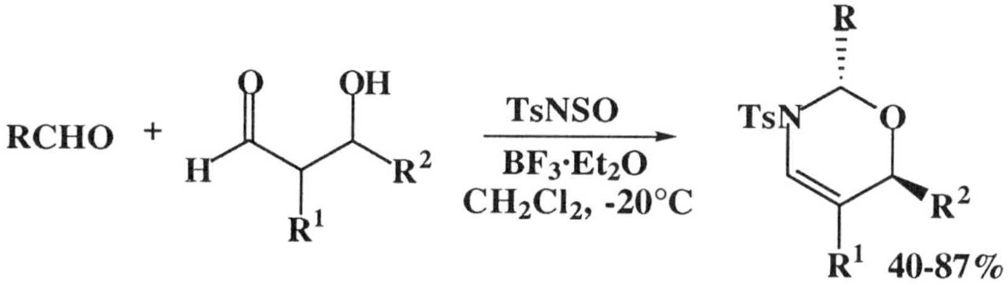

IV.K.3-19 McNab, H. and Withell, K., *T*, **52**, 3163.

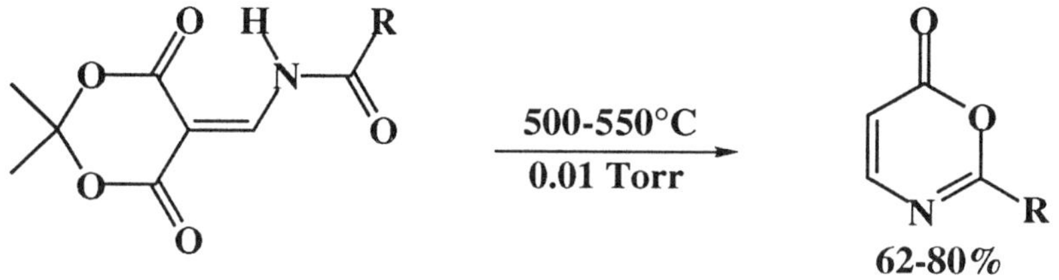

IV.K.3-20 Kurihara, T. et al., *CPB*, **44**, 900.

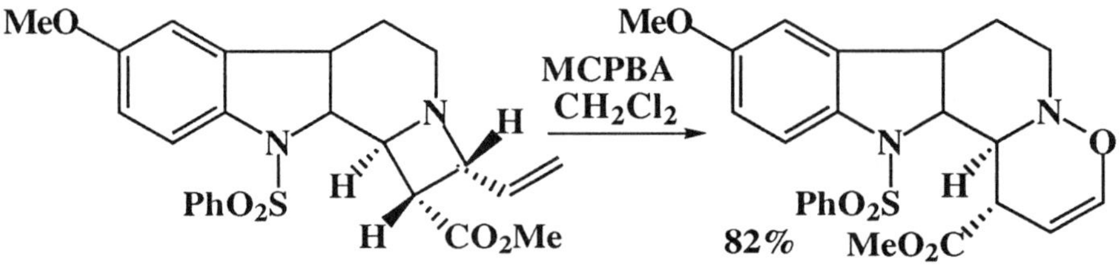

IV.K.3-21 Alper, H. et al., *TL*, **37**, 2713.

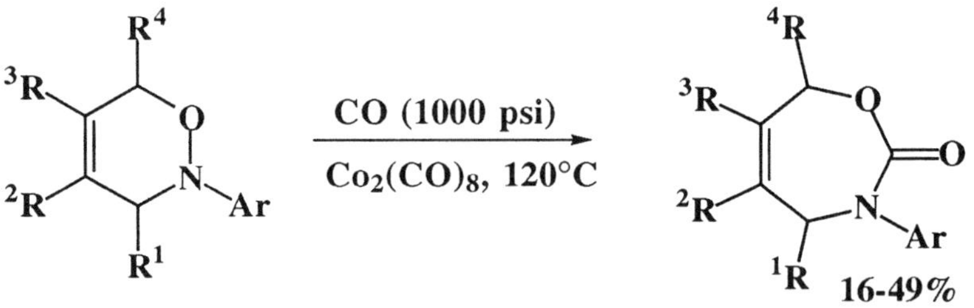

IV.K.3-22 McMills, M.C. et al., *TL*, **37**, 2165.

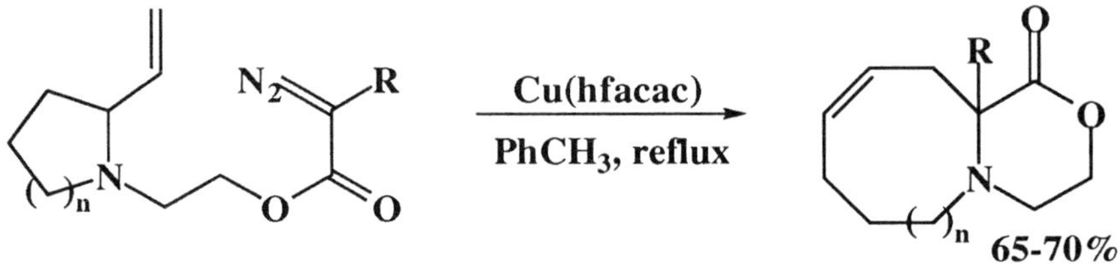

IV.K.4. Heterocycles with 1 N and 1 S

IV.K.4-1 Wipf, P. and Venkatraman, S., *JOC*, **61**, 8004.

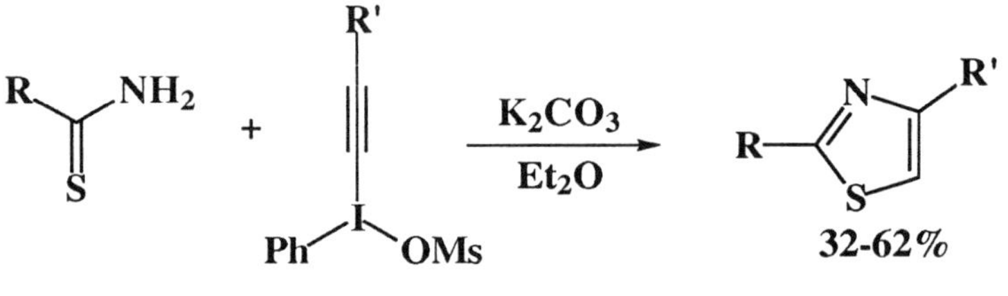

IV.K.4-2 Busacca, C.A. et al., *TL*, **37**, 2935.

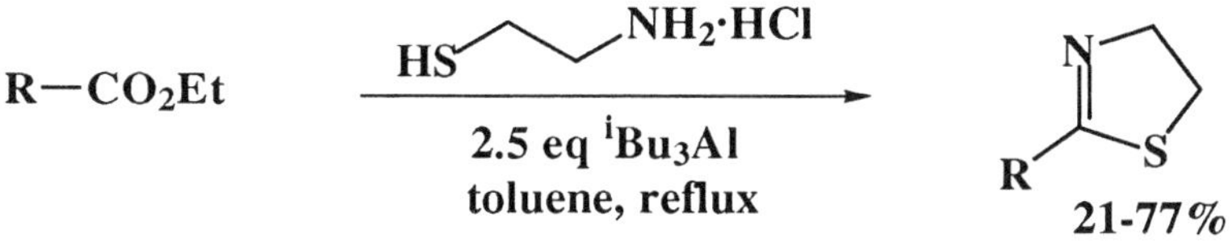

R—CO$_2$Et → [HS–CH$_2$CH$_2$–NH$_2$·HCl, 2.5 eq ^{i}Bu$_3$Al, toluene, reflux] → 2-R-4,5-dihydrothiazole   21-77%

IV.K.4-3 Kristian, P. et al., *CCC*, **61**, 432.

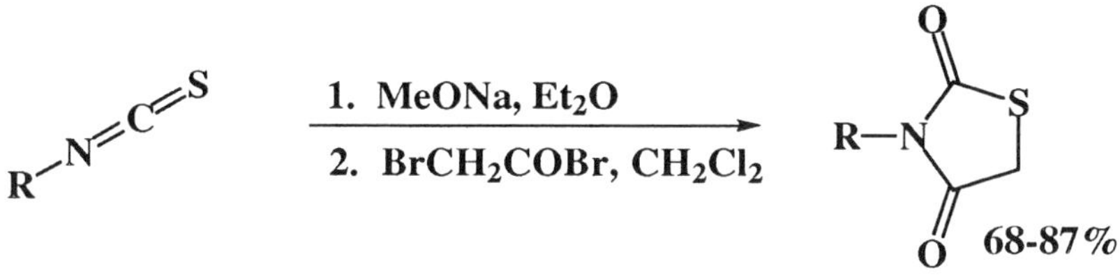

R–N=C=S → 1. MeONa, Et$_2$O; 2. BrCH$_2$COBr, CH$_2$Cl$_2$ → R–N-thiazolidine-2,4-dione   68-87%

IV.K.4-4 Stanetty, P.; Krumpak, B., *JOC*, **61**, 5130.

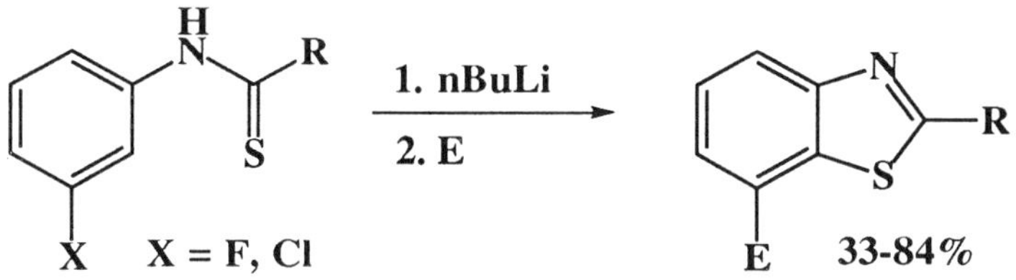

[3-X-C$_6$H$_4$-NH-C(=S)-R, X = F, Cl] → 1. nBuLi; 2. E → 7-E-2-R-benzothiazole   33-84%

IV.K.4-5 Stolcova, M. and Hronec, M., *RTC*, **115**, 222.

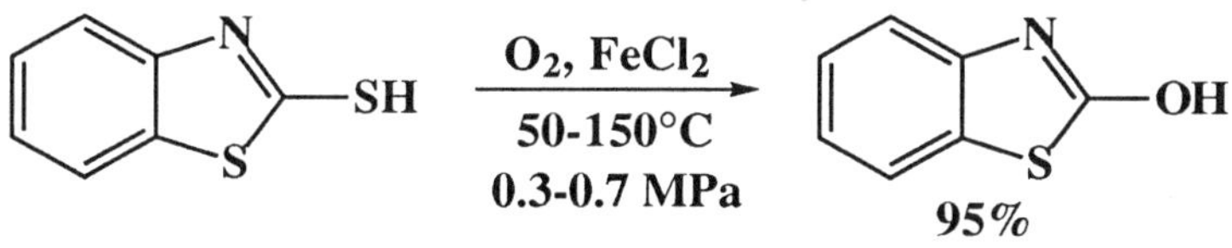

benzothiazole-2-SH → O$_2$, FeCl$_2$, 50-150°C, 0.3-0.7 MPa → benzothiazol-2-OH   95%

IV.K.4-6 Torii, S. et al., *CC*, 2705.

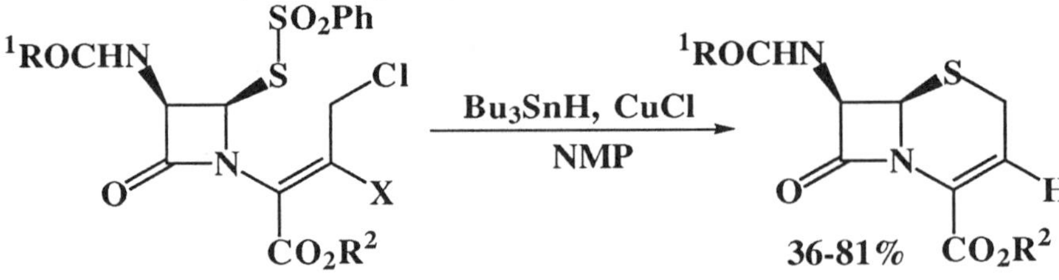

IV.K.4-7 Hahn, H.-G. et al., *JOC*, **61**, 3894.

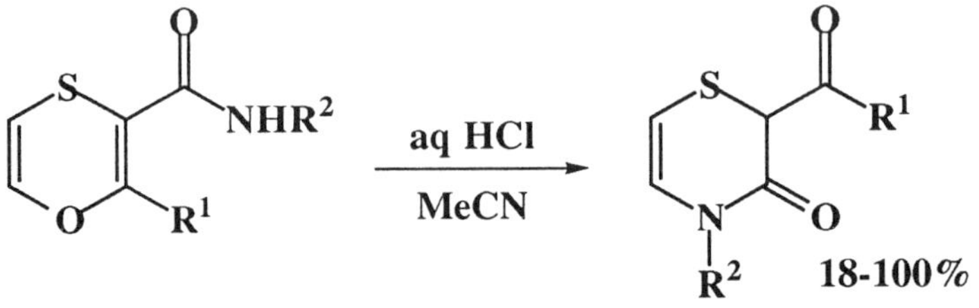

IV.K.5.   Heterocycles with 1 O and 1 S

IV.K.5-1 Walkup, R.D. et al., *OPP*, **28**, 103

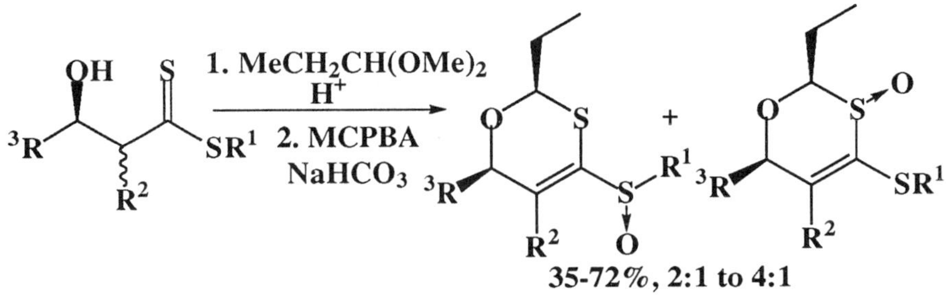

IV.K.6. Heterocycles with 3 or more N's

IV.K.6-1 Carrie, R. et al., *BSB*, **105**, 33, 45; Horton, D. et al., *H*, **43**, 2643.

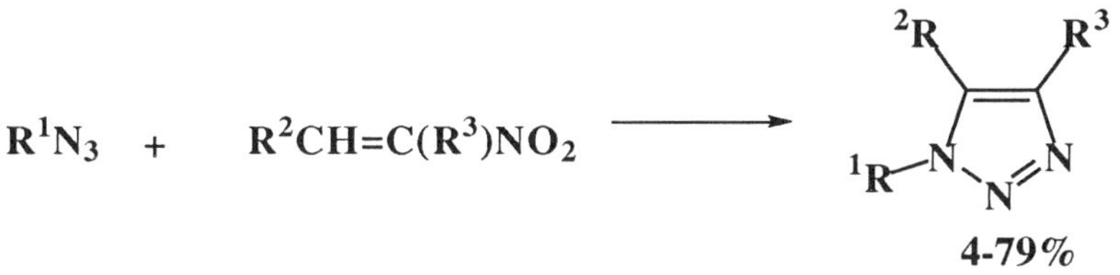

R^1N_3 + $R^2CH=C(R^3)NO_2$ ⟶ [1,2,3-triazole with R^1, R^2, R^3 substituents]

4-79%

IV.K.6-2 Moderhack, D. and Hoppe-Tichy, T., *JPR*, **338**, 169.

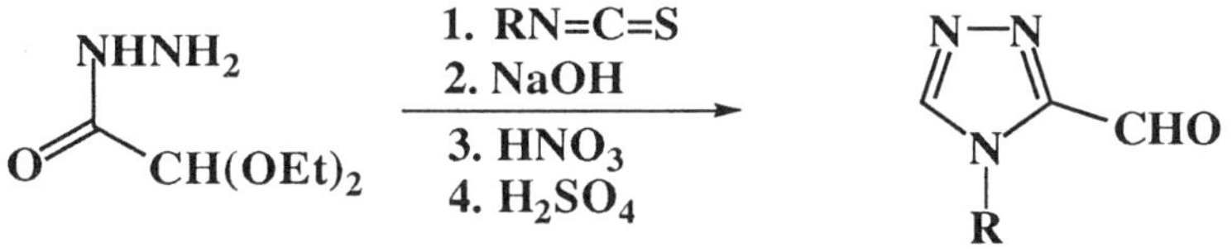

[hydrazide of O=C–CH(OEt)$_2$ with NHNH$_2$]
1. RN=C=S
2. NaOH
3. HNO$_3$
4. H$_2$SO$_4$
⟶ [1,2,4-triazole-N(R)-CHO]

IV.K.6-3 Takahashi, M. and Ohnishi, S., *H*, **43**, 2465.

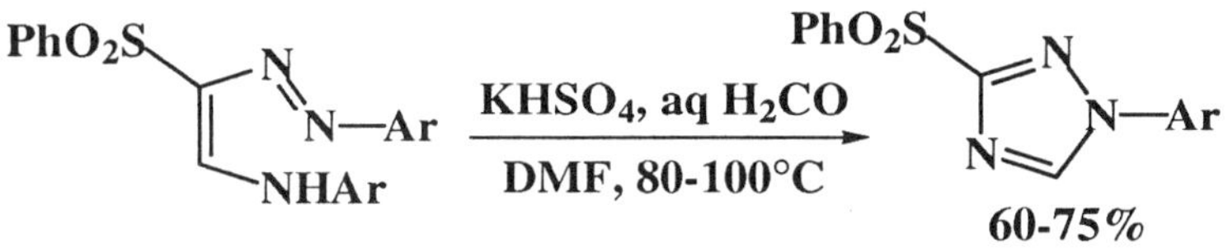

[PhO$_2$S-substituted precursor with N=N–Ar and NHAr] $\xrightarrow[\text{DMF, 80-100°C}]{\text{KHSO}_4\text{, aq H}_2\text{CO}}$ [PhO$_2$S-substituted 1,2,4-triazole N–Ar]

60-75%

IV.K.6-4 Koldobskii, G.I. et al., *S*, 1428.

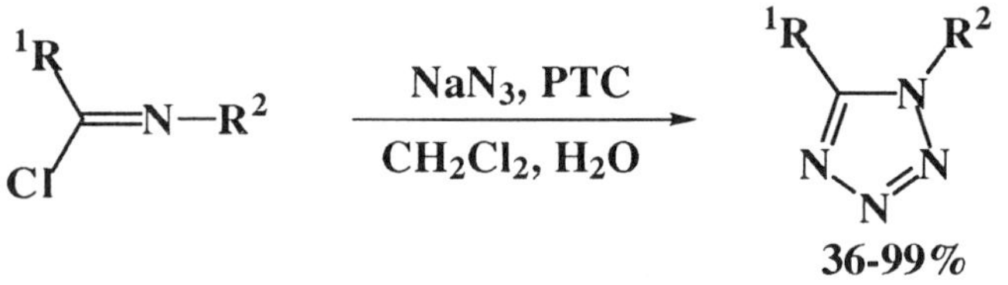

[R^1C(Cl)=N–R^2] $\xrightarrow[\text{CH}_2\text{Cl}_2\text{, H}_2\text{O}]{\text{NaN}_3\text{, PTC}}$ [tetrazole with R^1, R^2]

36-99%

IV.K.6-5 Dahl, O. et al., *ACS*, **50**, 1171.

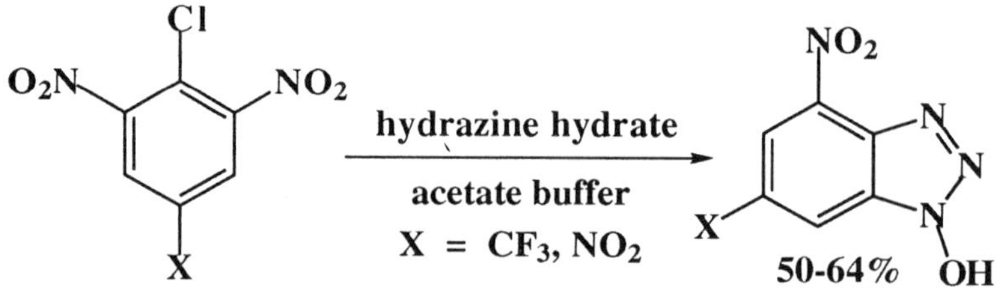

IV.K.6-6 Yusoff, M.M. and Talaty, E.R., *TL*, **37**, 8695.

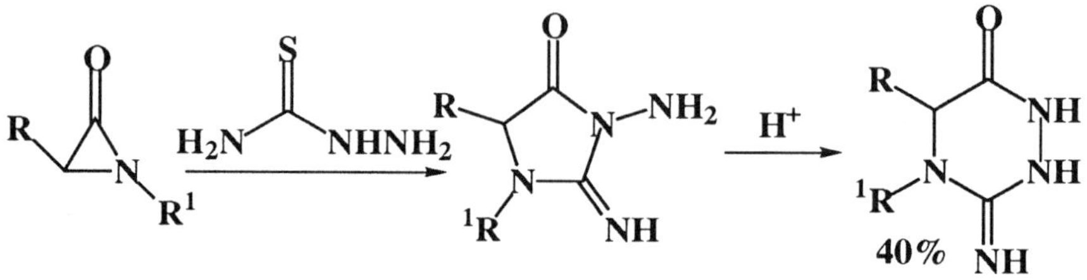

IV.K.6-7 Hussein, A.Q., *JCR(S)*, 174.

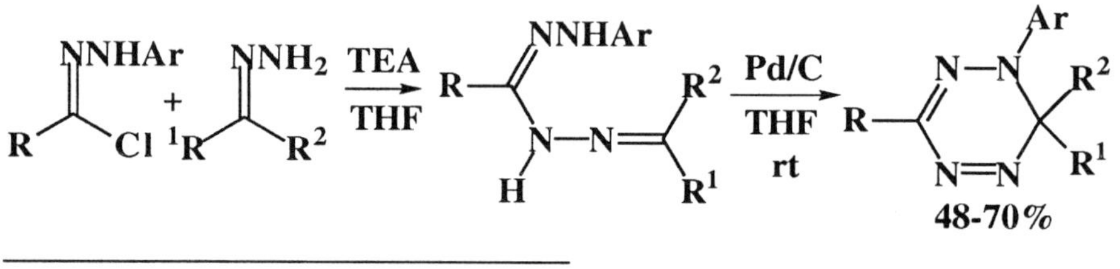

IV.K.6-8 Frohberg, P. and Nuhn, P., *H*, **43**, 2549.

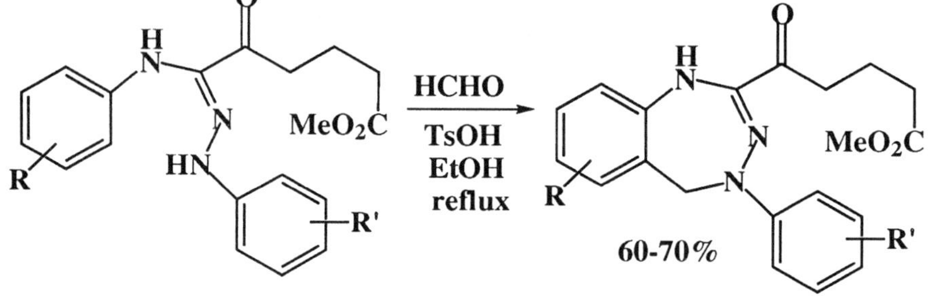

IV.K.7. Heterocycles with 2 N's and 1 O

IV.K.7-1 Liang, G.B. and Feng, D.D., *TL*, **37**, 6627.

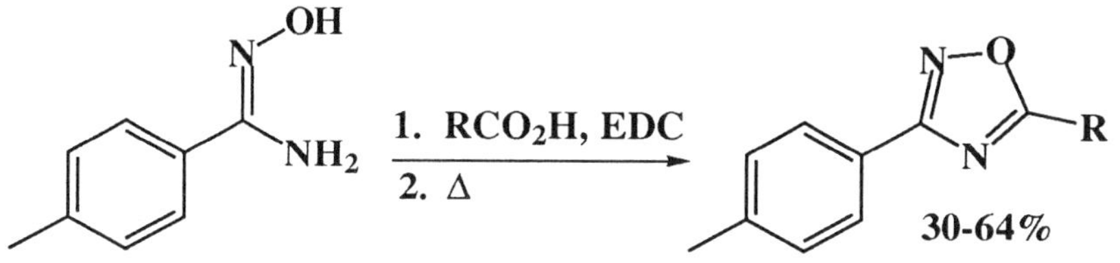

30-64%

IV.K.7-2 Diaz-Ortiz, A. et al., *H*, **43**, 1021.

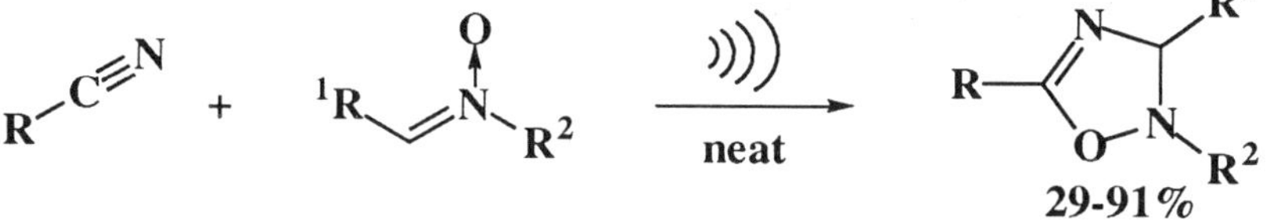

29-91%

IV.K.7-3 Turnbull, K.T. and Krein, D.M., *S*, 1183.

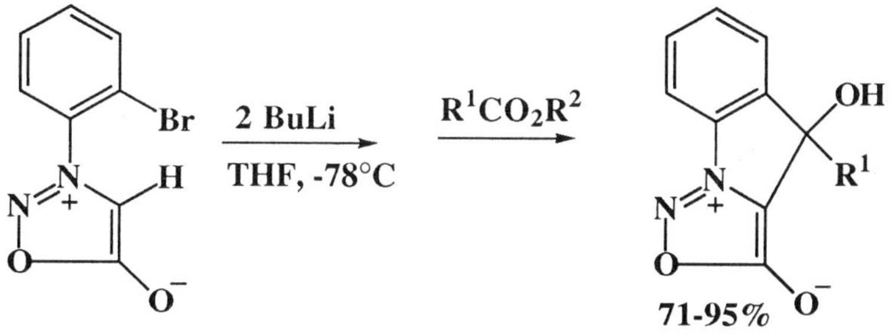

71-95%

IV.K.8. Heterocycles with 2 N's and 1 S

IV.K.8-1 L'abbe, G. et al., *JCS(P1)*, 225.

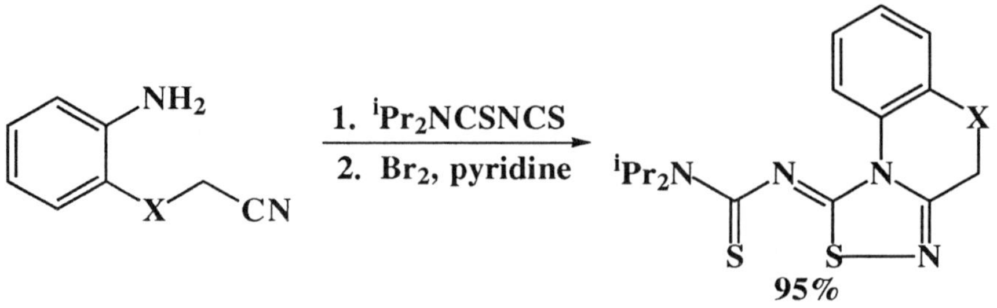

1. $^{i}Pr_2NCSNCS$
2. Br_2, pyridine

95%

IV.K.8-2 Akiba, K.-Y. et al., *JACS*, **118**, 6355.

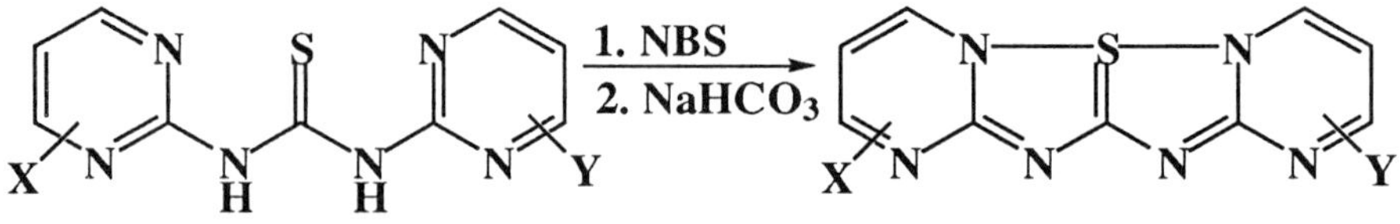

1. NBS
2. $NaHCO_3$

IV.K.8-3 Heimgartner, H. et al., *HCA*, **79**, 2067.

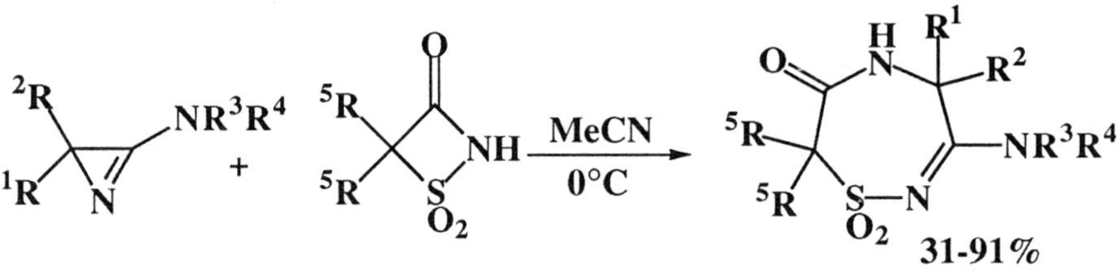

MeCN
0°C

31-91%

IV.L.   Other Heterocycles

IV.L-1 Dave, P.R. et al., *JOC*, **61**, 8897.

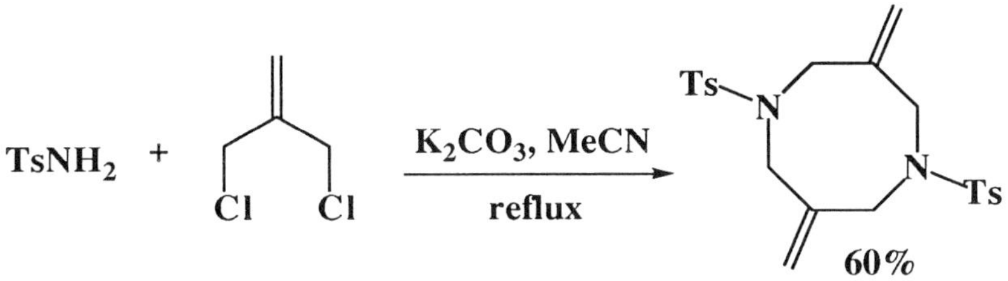

TsNH$_2$ + [2-methylene-1,3-dichloropropane] $\xrightarrow{\text{K}_2\text{CO}_3,\text{ MeCN}}_{\text{reflux}}$ [bis-Ts diazocane product] **60%**

IV.L-2 Kashimura, S., Shono, T. et al., *CL*, 309.

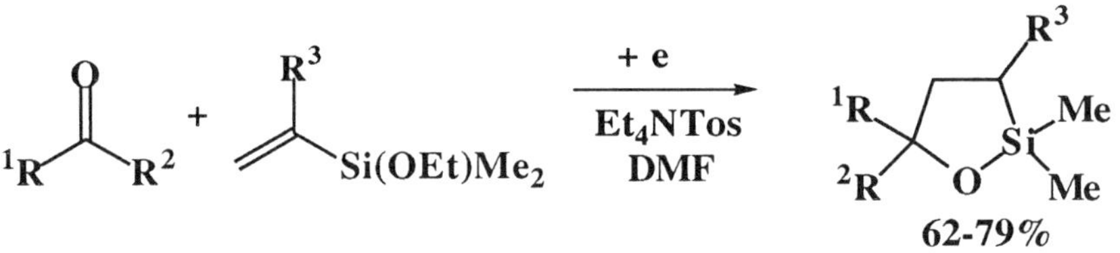

^{1}R-C(=O)-R^2 + CH$_2$=C(R^3)-Si(OEt)Me$_2$ $\xrightarrow[\text{DMF}]{\text{+ e, Et}_4\text{NTos}}$ [oxasilolane product] **62-79%**

IV.L-3 Tanaka, M. et al., *CC*, 1207.

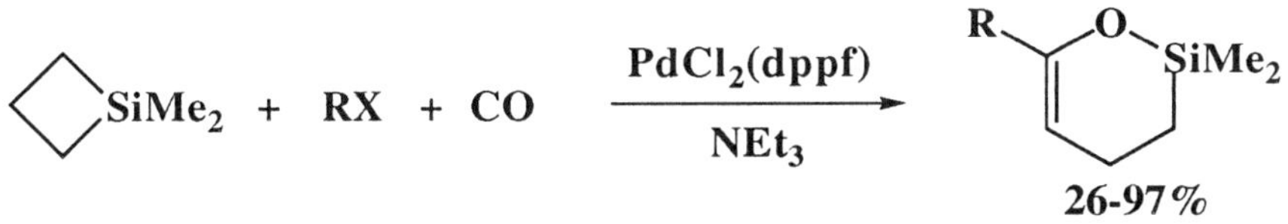

[cyclobutane]SiMe$_2$ + RX + CO $\xrightarrow[\text{NEt}_3]{\text{PdCl}_2(\text{dppf})}$ [6-membered O-SiMe$_2$ ring product] **26-97%**

IV.L-4 Nakayama, J. et al., *CC*, 2681.

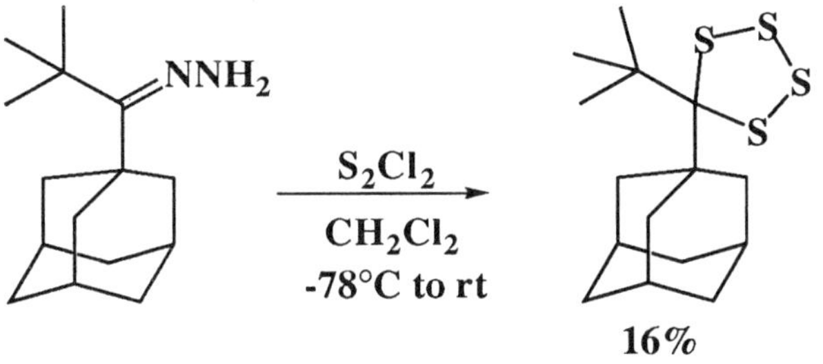

[1-adamantyl ketone hydrazone] $\xrightarrow[\text{CH}_2\text{Cl}_2, -78°\text{C to rt}]{\text{S}_2\text{Cl}_2}$ [1-adamantyl-CS$_4$ ring product] **16%**

IV.L-5 Najima, M. et al., *JCS(P1)*, 871; **see also:** Mann, J. et al., *JCS(P1)*, 1101.

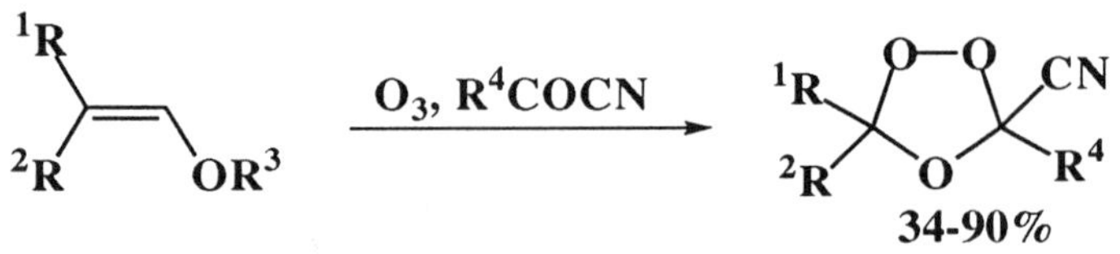

^1R, ^2R, OR^3 alkene $\xrightarrow{O_3, R^4COCN}$ 1,2,4-trioxolane with ^1R, ^2R, OR^3, R^4, CN substituents, 34-90%

IV.L-6 Keglevich, G. et al., *JCR(S)*, 528.

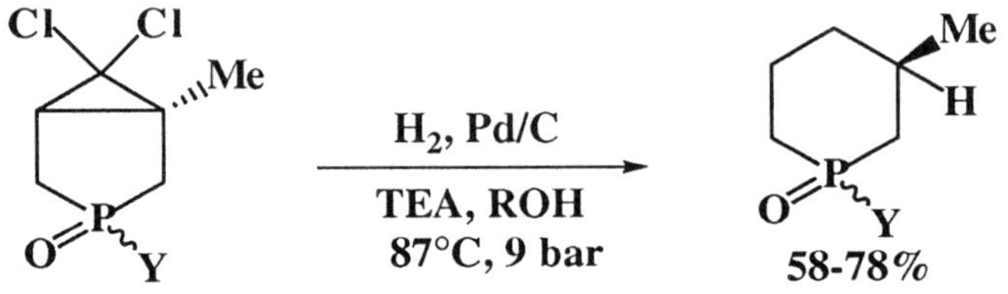

$\xrightarrow[\text{87°C, 9 bar}]{\text{H}_2\text{, Pd/C}, \text{TEA, ROH}}$ 58-78%

IV.L-7 Royer, J. et al., *JOC*, **61**, 3687.

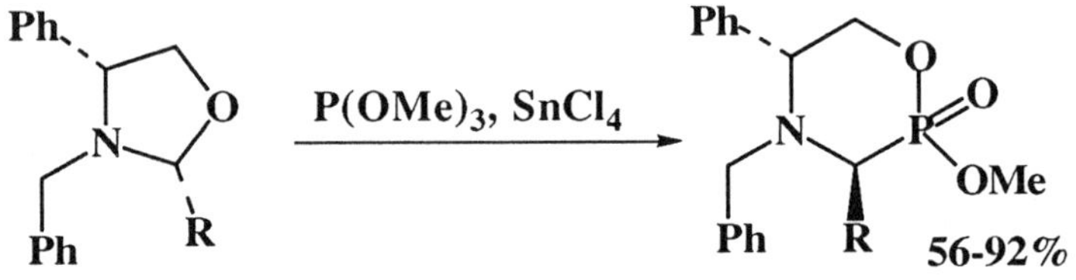

$\xrightarrow{P(OMe)_3, SnCl_4}$ 56-92%

IV.M. Reviews

IV.M-1 Doyle, M.P., *AA*, **29**, 3.

Review: "Chiral Dirhodium Carboxamidates: Catalysts for Highly Enantioselective Syntheses of Lactones and Lactams"

IV.M-2 Sabitha, G., *AA*, **29**, 15

Review: "3-Formylchromone as a Versatile Synthon in Heterocyclic Chemistry"

IV.M-3 Ganem, B., *ACR*, **29**, 340

Review: "Inhibitors of Carbohydrate-Processing Enzymes: Design and Synthesis of Sugar-Shaped Heterocycles"

IV.M-4 Adam, W. and Prein, M., *ACR*, **29**, 275.

Review: "π-Facial Diastereoselectivity in the [4 + 2] Cycloaddition of Singlet Oxygen as a Mechanistic Probe"

IV.M-5 Beak, P. et al., *ACR*, **29**, 552.

Review: "Regioselective, Diastereoselective, and Enantioselective Lithiation-Substitution Sequences: Reaction Pathways and Synthetic Applications"

IV.M-6 Schelhaas, M. and Waldmann, H., *AG(E)*, **35**, 2056.

Review: "Protecting Group Strategies in Organic Synthesis"

IV.M-7 Brossi, A. et al., *AJC*, **49**, 171.

Review: "Phenserine, a Novel Anticholinesterase Related to Physostigamine: Total Synthesis and Biological Properties"

IV.M-8 Adam, W. and Smerz, A.K., *BSB*, **105**, 581.

Lecture: "Chemistry of Dioxiranes - Selective Oxidations""

IV.M-9 Bringmann, G., *BSB*, **105**, 601.

Lecture: "Mono- and Dimeric Naphthylisoquinoline Alkaloids. Pharmaceutically and Structurally Exciting Natural Heterocycles with Axial Chirality"

IV.M-10 Frohlich, J., *BSB*, **105**, 615.

Lecture: "Halogen Dance Reactions at Thiophenes and Furans: Selective Access to a Variety of New Trisubstituted Derivatives"

IV.M-11 Katritzky, A.R. and Oniciu, D.C., *BSB*, **105**, 635.

Lecture: "Recent Progress in Benzotriazole-Assisted Synthetic Methodology"

IV.M-12 Langlois, Y. et al., *BSB*, **105**, 639.

Lecture: "New Uses of Oxazolines, Oxazoline-N-Oxides and Dioxolanyliums in Asymmetric Synthesis"

IV.M-13 Nixon, J.F. et al., *BSB*, **105**, 675.

Lecture: "Novel Compounds Derived from the 1,2,4-Triphosphacyclopentadienyl Anion $P_3C_2Bu^t_2$-"

IV.M-14 Petersen, U. et al., *BSB*, **105**, 683.

Lecture: "The Synthesis and Biological Properties of 6-Fluoroquinoline Carboxylic Acids"

IV.M-15 Queguiner, G. et al., *BSB*, **105**, 701.

Lecture: "Efficient Synthesis of Organometallics of Pyridines, Quinolines and Diazines. New Synthetic Methodologies for Azaaromatic Biomolecules"

IV.M-16 Hidai, M. and Ishii, Y., *BCSJ*, **69**, 819.

Account: "Toward Direct Synthesis of Organonitrogen Compounds from Dinitrogen: The Chemistry of Diazoalkane Complexes Derived from Dinitrogen Complexes"

IV.M-17 Lehn, J.-M. et al., *CC*, 1527.

Article: "Self-Complementary Hydrogen Bonding Heterocycles Designed for the Enforced Self-Assembly into Supramolecular Macrocycles"

IV.M-18 van Nostrum, C.F. and Nolte, R.J.M., *CC*, 2385

Review: "Functional Supramolecular Materials: Self-Assembly of Phthalocyanines and Porphyrazines"

IV.M-19 Chmielewski, M. et al., *CC*, 2689.

Feature: "Stereocontrolled Synthesis of 1-Oxabicyclic β-Lactam Antibiotics via [2 + 2] Cycloaddition of Isocyanates to Sugar Vinyl Ethers"

IV.M-20 Burns, C.J. and Middleton, D.S., *COS*, **3**, 229.

Review: "Saturated Oxygen Heterocycles"

IV.M-21 Harrison, T., *COS*, **3**, 259.

Review: "Saturated Nitrogen Heterocycles"

IV.M-22 Collins, I., *COS*, **3**, 295.

Review: "Saturated and Unsaturated Lactones"

IV.M-23 Chen, Z. and Trudell, M.L., *CRV*, **96**, 1179.

Review: "Chemistry of 7-Azabicyclo[2.2.1]hepta-2,5-dienes, 7-Azabicyclo[2.2.1]hept-2-enes and 7-Azabicyclo[2.2.1]heptanes"

IV.M-24 Petrov, V.A. and Resnati, G., *CRV*, **96**, 1809.

Review: "Polyfluorinated Oxaziridines: Synthesis and Reactivity"

IV.M-25 Sardina, F.J. and Rapoport, H., *CRV*, **96**, 1825.

Review: "Enantiospecific Synthesis of Heterocycles from α-Amino Acids"

IV.M-26 Boyd, D.R. and Sharma, N.D., *CSR*, 289.

Review: "The Changing Face of Arene Oxide-Oxepine Chemistry"

IV.M-27 Broggini, G. and Zecchi, G., *G*, **126**, 479.

Review: "1,3-Dipolar Cycloadditions to Allenes"

IV.M-28 Billimoria, A.D. and Cava, M.P., *H*, **42**, 453.

Review: "Indoloquinazolines: A Century in Review"

IV.M-29 D'Auria, M., *H*, **43**, 1305.

Review: "Photochemical Reactions Involving Pyrroles. Part I."

IV.M-30 D'Auria, M., *H*, **43**, 1529.

Review: "Photochemical Reactions Involving Pyrroles. Part II."

IV.M-31 Sliwa, W., *H*, **43**, 2005.

Review: "Cycloaddition Reactions of Pyridinium Ylides and Oxidopyridiniums"

IV.M-32 Yasuda, M. et al., *H*, **43**, 2513.

Review: "Photoamination Directed Toward the Synthesis of Heterocyclic Compounds"

IV.M-33 Sherif, S.M. and Erian, A.W., *H*, **43**, 1083.

Review: "The Chemistry of Trichloroacetonitrile"

IV.M-34 Meier, H., *JPR*, **338**, 383.

Review: "Benzothiete, a Versatile Reagent in Heterocyclic Synthesis"

IV.M-35 Love, B.E., *OPP*, **28**, 1.

Review: "Synthesis of β-Carbolines"

IV.M-36 Casiraghi, G. et al., *OPP*, **28**, 641.

Review: "Recent Advances in the Stereoselective Synthesis of Hydroxylated Pyrrolizidines"

IV.M-37 Kunzevich, A.D. et al., *RCR*, **65**, 27.

Review: "Dibenzo-p-dioxins. Methods of Synthesis, Chemical Properties, and Hazard Assessment"

IV.M-38 Shvekhgeimer, M.-G.A., *RCR*, **65**, 41.

Feature: "Heterylferrocenes. Synthesis and Use"

IV.M-39 Shtefan, E.D. and Vvedenskii, V. Yu., *RCR*, **65**, 307.

Review: "The Tautomerism of Heterocyclic Thiols. Five-Membered Heterocycles"

IV.M-40 Schvekhgeimer, M.-G.A., *RCR*, **65**, 555.

Review: "Adamantane Derivatives Containing Heterocyclic Substituents in the Bridgehead Positions. Synthesis and Properties"

IV.M-41 Shifrina, Z.B. and Rusanov, A.L., *RCR*, **65**, 599.

Review: "Aromatic Polyimides with Flexible and Rigid Chains"

IV.M-42 Sigalov, M.V. and Trofimov, B.A., *RJOC*, **31**, 741 (1995).

Review: "1-Vinylpyrrolium Ions"

IV.M-43 Litvinov, V.P., *RJOC*, **31**, 1301 (1995)

Review: "Pyridinium Ylides in Organic Synthesis. Part 3. Pyridinium Ylides as Dipoles in Cycloaddition Reactions"

IV.M-44 Wynberg, H., *RTC*, **115**, 119.

Review: "The Unsolicited Biography of α-Terthienyl"

IV.M-45 Hanack, M., Torres, T. et al., *S*, 1139.

Review: "Subphthalocyanines: Preparation, Reactivity and Physical Properties"

IV.M-46 Streith, J. and Defoin, A., *SL*, 189.

Review: "Azasugar Synthesis and Multustep Cascade Rearrangements via Hetero Diels-Alder Cycloadditions with Nitroso Dienophiles"

IV.M-47 Schiesser, C.H. and Wild, L.M., *T*, **52**, 13265.

Review: "Free-Radical Homolytic Substitution: New Methods for Formation of Bonds to Heteroatoms"

IV.M-48 Remuzon, P., *T*, **52**, 13803

Review: "Trans-4-Hydroxy-L-Proline, a Useful and Versatile Chiral Starting Block"

IV.M-49 Katritzky, A.R. et al., *T*, **52**, 15031.

Review: "Recent Progress in the Synthesis of 1,2,3,4-Tetrahydroquinolines"

IV.M-50 Pichon, M. and Figadere, B., *TA*, **7**, 927

Review: "Synthesis of 2,5-Disubstituted Pyrrolidines"

V PROTECTING GROUPS

V.A. Aldehyde and Ketone Protecting Groups

V.A-1 Molander, G.A. and McWilliams, J.C., *TL*, **37**, 7197.

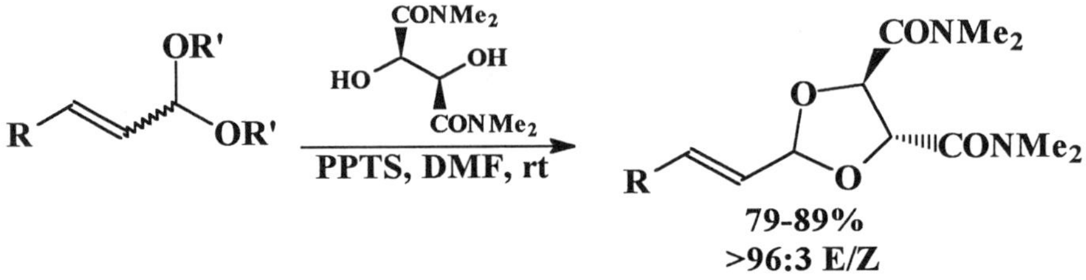

V.A-2 Fukase, K. et al., *TL*, **37**, 3343; Welzel, P. et al., *TL*, **37**, 367.

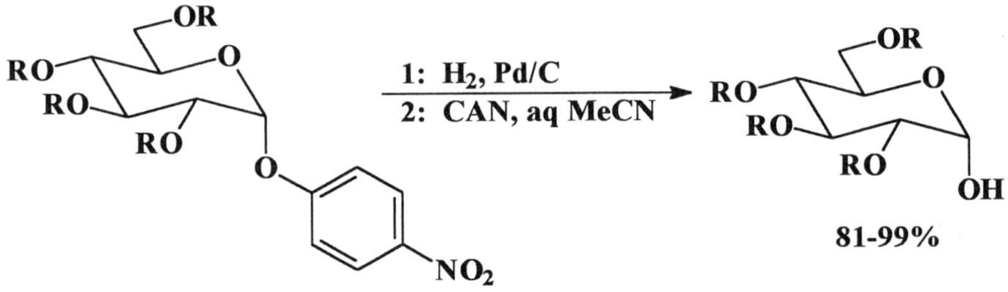

V.A-3 Kumar, P. et al., *JCR*, 426; Yamamoto, H. et al., *SL*, 839; **see also:** Shibuya, I. et al., *H*, **43**, 851.

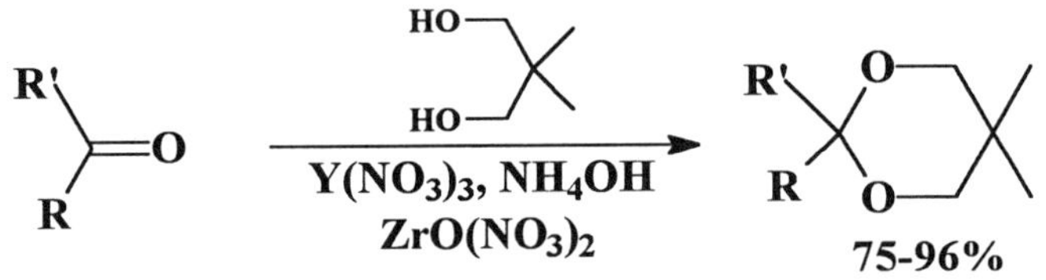

V.A-4 Kerr, W.J. et al., *CC*, 341; Hui, Y. and Xia, J., *SC*, **26**, 881.

$$\underset{R \quad R'}{\overset{O \diagup O}{\diagdown \diagup}} \xrightarrow{\text{PPh}_3, \text{CBr}_4, \text{THF, rt}} \underset{R \quad R'}{\overset{O}{\diagdown \diagup}}$$

62-99%

V.A-5 Raju, S.V.N., *JCR(S)*, 68.

$$\underset{R \quad H(R')}{\overset{O}{\diagdown \diagup}} \xrightarrow[\text{Ac}_2\text{O, 110°C}]{\text{sulfated zirconia}} \underset{R \quad H(R')}{\overset{AcO \quad OAc}{\diagdown \diagup}}$$

82-96%

V.A-6 Patney, H.K. and Margan, S. *TL*, **37**, 4621; Sudalai, A., Deshpande, V.H. et al., *TL*, **37**, 4605.

$$\underset{R \quad R'}{\overset{O}{\diagdown \diagup}} \xrightarrow[\text{ZrCl}_4\text{-SiO}_2, \text{CH}_2\text{Cl}_2]{\text{HS} \diagdown \diagup \text{SH}} \underset{R \quad R'}{\overset{S \diagup S}{\diagdown \diagup}}$$

96-99%

V.A-7 Mehta, G. and Uma, R., *TL*, **37**, 1897; Tanemura, K., Horuguchi, T. et al., *JCS(P1)*, 453; Rokach, J. et al., *TL*, **37**, 4331; Komatsu, N., Suzuki, H. et al., *CC*, 1847.

$$\underset{R \quad R'}{\overset{S \diagup S}{\diagdown \diagup}} \xrightarrow[\text{CH}_2\text{Cl}_2]{\text{As}_2\text{O}_3 + \text{HNO}_3} \underset{R \quad R'}{\overset{O}{\diagdown \diagup}}$$

40-97%

V.A-8   Khurana, J.M. et al., *JCR(S)*, 532.

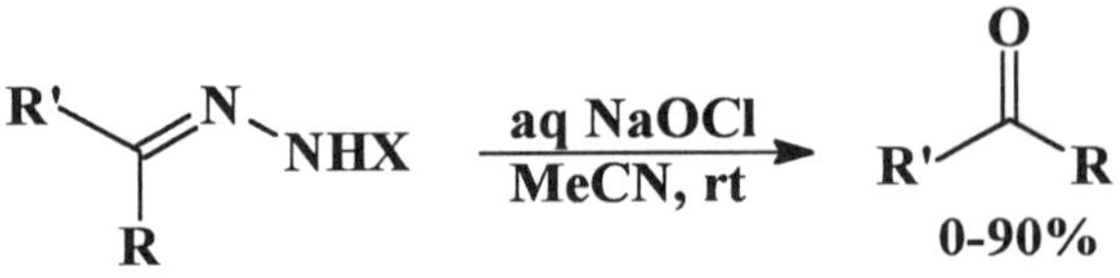

$$R'(R)C=N-NHX \xrightarrow[\text{MeCN, rt}]{\text{aq NaOCl}} R'C(O)R \quad 0\text{-}90\%$$

V.A-9   Koga, K. et al., *TL*, **37**, 7377.

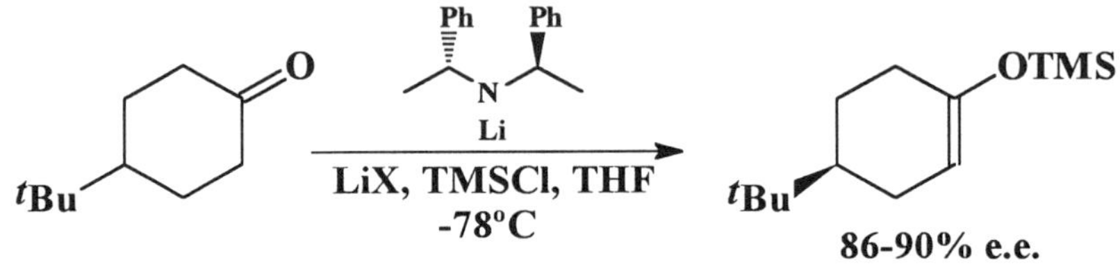

4-tBu-cyclohexanone $\xrightarrow[\text{-78°C}]{\text{(S,S)-bis(α-methylbenzyl)amide Li, LiX, TMSCl, THF}}$ 4-tBu-1-(OTMS)cyclohexene   86-90% e.e.

V.B.   Amino Acid Protecting Groups

V.B-1   Gayo, L.M. and Suto, M.J., *TL*, **37**, 4915,

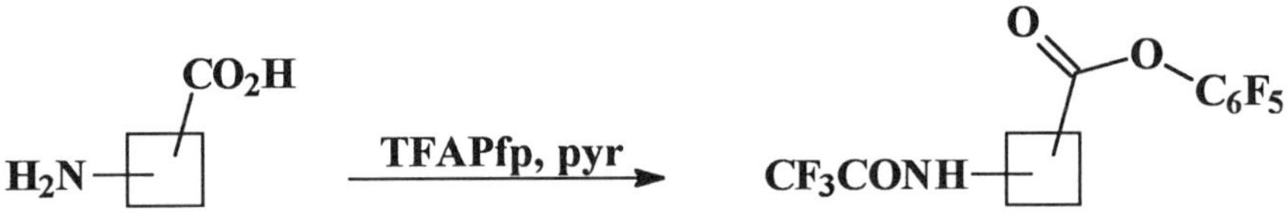

$$H_2N\text{-[AA]-}CO_2H \xrightarrow{\text{TFAPfp, pyr}} CF_3CONH\text{-[AA]-}C(O)O\text{-}C_6F_5$$

TFAPfp = pentafluorophenyl trifluoroacetate

V.B-2   Sivanandaiah, K.M. et al., *TL*, **37**, 5989.

Silicon Tetrachloride and Phenol as N^{α}-t-Butoxycarbonyl Group Deprotecting Agent in Solid Phase Peptide Synthesis.

V.B-3 Smith, A.B. III et al., *TL*, **37**, 5637.

The First Synthesis of a Tricyclic Homodetic Peptide Employing Coordinated Orthogonal Protection.

V.B-4 Karlstrom, A. and Unden, A., *CC*, 1471.

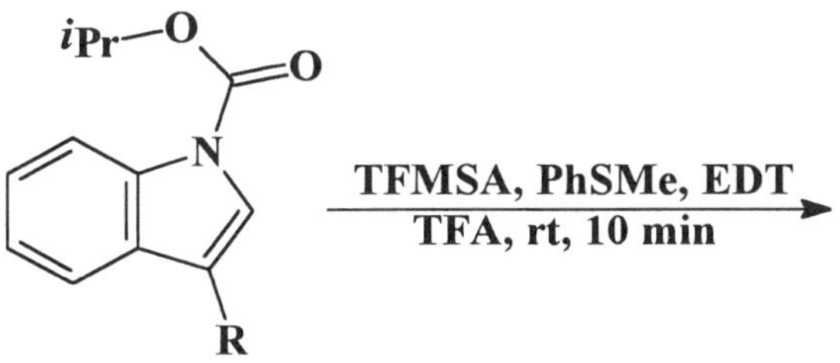

[indole with N-C(O)O-iPr and 3-R substituent] → TFMSA, PhSMe, EDT / TFA, rt, 10 min → [N-H indole with 3-R substituent]

V.B-5 Kimura, T. et al., *TL*, **37**, 7529.

N^{in} - Cyclohexyloxycarbonyl Group as a New Protecting Group for Ttyptophan.

V.B-6 Johnson, R.L. et al., *TL*, **37**, 3441.

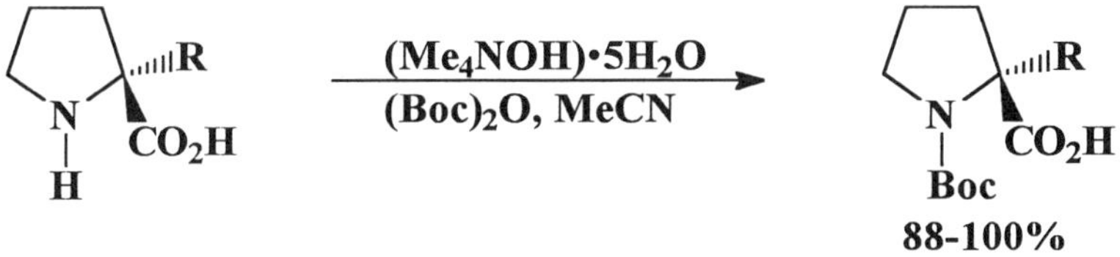

[pyrrolidine N-H with R and CO_2H] → $(Me_4NOH) \cdot 5H_2O$, $(Boc)_2O$, MeCN → [pyrrolidine N-Boc with R and CO_2H] 88-100%

V.B-7 Karlstrom, A. and Unden, A., *TL*, **37**, 4243.

A New Protecting Group for Aspartic Acid that Minimizes Piperidine - Catalyzed Aspartimide Formation in Fmoc Solid Phase Peptide Synthesis.

V.B-8 Kunz, H. et al., *JOC*, **61**, 2638; Woldmann, H. et al., *TL*, **37**, 8725.

Chemoselective Removal of Protecting Groups from O-Glycosyl Amino Acid and Peptide (Methoxyethoxy) Ethyl Esters Using Lipases and Papain.

V.C. Amine Protecting Groups

V.C-1 Zmijewski, M.J. et al., *TL*, **37**, 7469.

Selective Deprotection of Phthalyl Protected Amines.

V.C-2 Apelquist, T. and Wensbo, D., *TL*, **37**, 1471; Cavelier, F. and Enjalbal, C., *TL*, **37**, 5131.

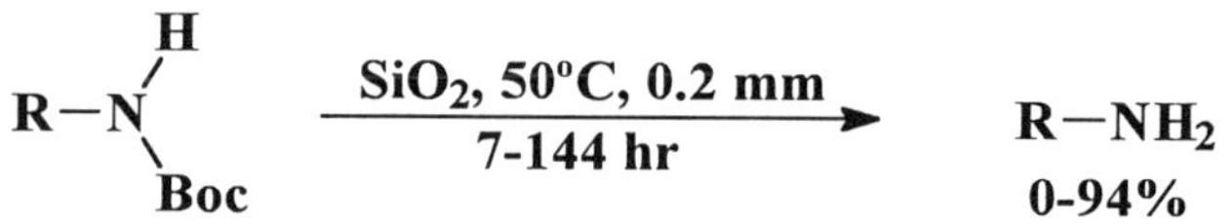

$$R-N\overset{H}{\underset{Boc}{\diagup}} \quad \xrightarrow[\text{7-144 hr}]{SiO_2,\ 50°C,\ 0.2\ mm} \quad R-NH_2 \quad 0\text{-}94\%$$

Selective removal of N-Boc

PROTECTING GROUPS

V.C-3 Parsons, A.F. and Pettifer, R.M., *TL*, **37**, 1667.

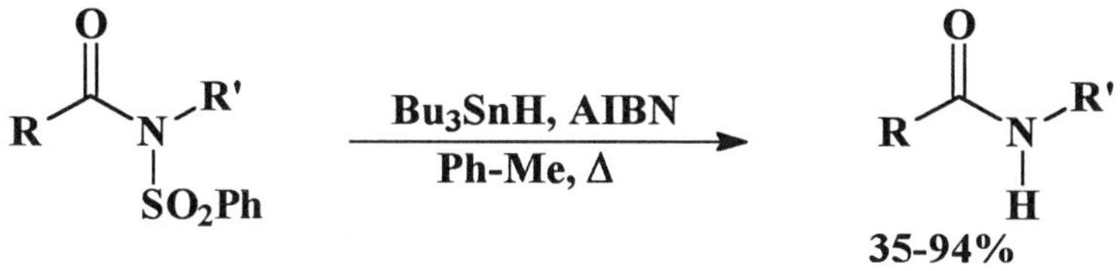

$$\underset{\underset{SO_2Ph}{\overset{R'}{N}}}{\overset{O}{R}} \xrightarrow[\text{Ph-Me, }\Delta]{\text{Bu}_3\text{SnH, AIBN}} \underset{\underset{H}{\overset{R'}{N}}}{\overset{O}{R}}$$

35-94%

V.C-4 Chiara, J.L., Marco-Contelles, J. et al., *JOC*, **61**, 359.

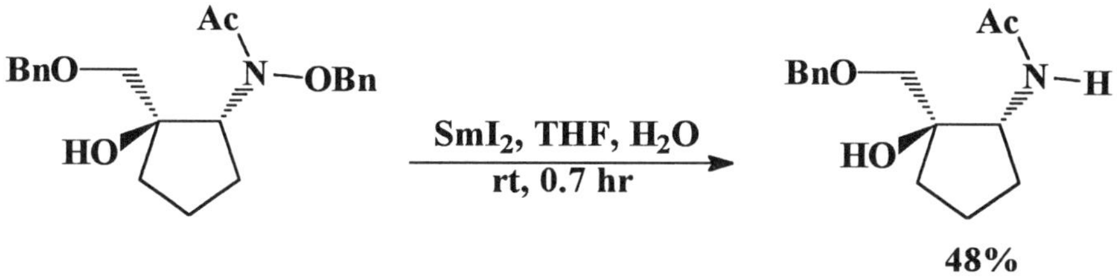

SmI$_2$, THF, H$_2$O
rt, 0.7 hr

48%

V.C-5 Hamada, Y. et al., *JOM*, **510**, 1.

$$\underset{\underset{H}{\overset{TMS}{N}}}{R-N} \xrightarrow[\text{2: TMSCl}]{\text{1: RLi}} \underset{\underset{TMS}{\overset{TMS}{N}}}{R-N}$$

70-99%

V.D. Carboxyl Protecting Groups

V.D-1 Mascaretti, O.A. et al., *TL*, **37**, 5229; Ghavan, S.P., Ravindranathan, T. et al., *TL*, **37**, 237.

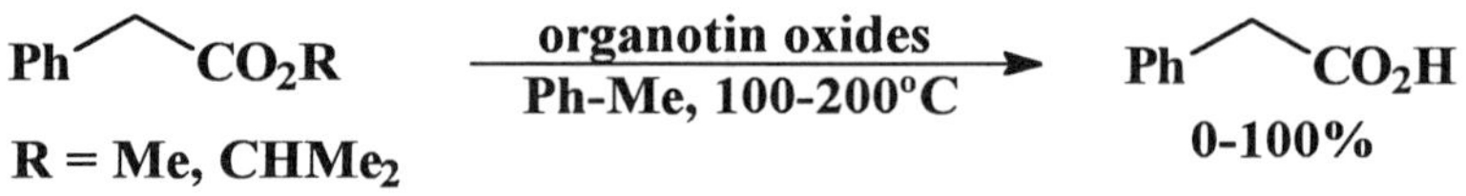

Ph-CH$_2$-CO$_2$R $\xrightarrow[\text{Ph-Me, 100-200°C}]{\text{organotin oxides}}$ Ph-CH$_2$-CO$_2$H

R = Me, CHMe$_2$ 0-100%

V.D-2 Chandrasekaran, S. et al., *CC*, 1957.

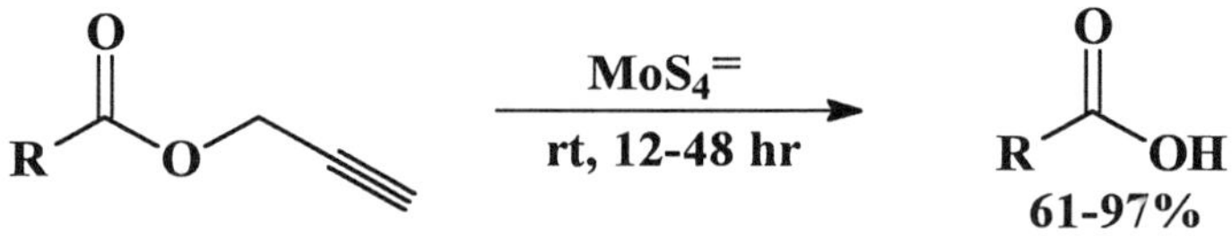

R-C(O)-O-CH$_2$-C≡CH $\xrightarrow[\text{rt, 12-48 hr}]{\text{MoS}_4^=}$ R-C(O)-OH

61-97%

V.D-3 Bornsheuer, U.T. et al., *TA*, **7**, 2017.

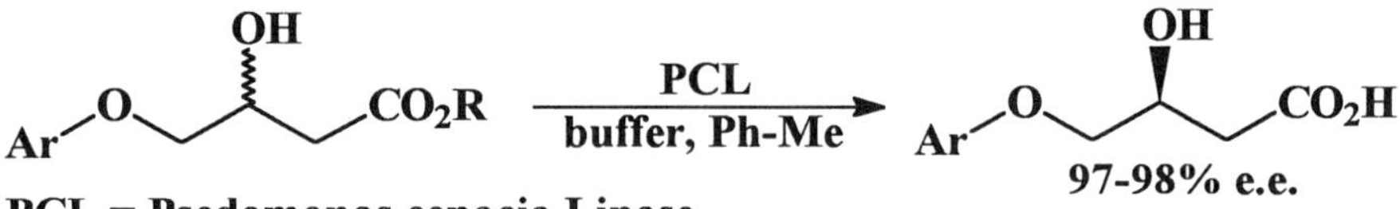

Ar-O-CH$_2$-CH(OH)-CH$_2$-CO$_2$R $\xrightarrow[\text{buffer, Ph-Me}]{\text{PCL}}$ Ar-O-CH$_2$-CH(OH)-CH$_2$-CO$_2$H

PCL = Psedomonas cepacia Lipase   97-98% e.e.

V.D-4 Xu, Y.C. et al., *TL*, **37**, 455.

R-C(O)-O-CH$_2$-C$_6$H$_4$-CH$_2$-O-C(O)-R' $\xrightarrow[\text{MeOH}]{\text{Mg}}$ HO-CH$_2$-C$_6$H$_4$-CH$_2$-O-C(O)-R'

68-99%

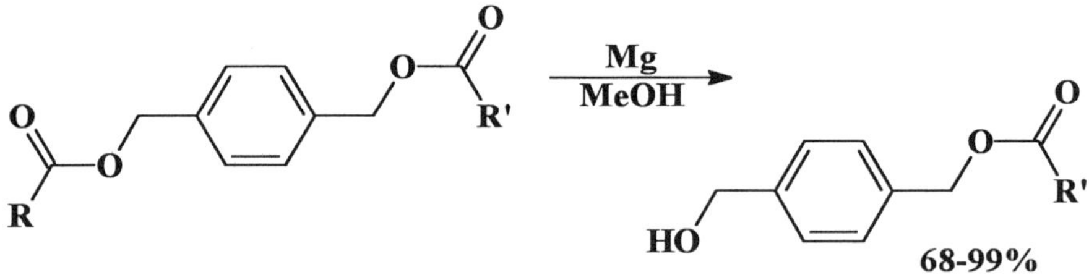

V.D-5 Puredes, R. et al., *TL*, **37**, 1965.

$$\text{RCO}_2\text{H} \underset{\text{TsOH, Ph-Me, }\Delta}{\overset{\text{Ph}_2\text{CHOH, TsOH}}{\rightleftarrows}} \text{RCO}_2\text{CHPh}_2$$

83-95% ⟶ 78-83%

V.D-6 Nishiguchi, T. et al., *TL*, **37**, 6733; **see also:** Hosangadi, B.D. et al., *TL*, **37**, 6375.

$$\text{HO}_2\text{C-R-CO}_2\text{H} \xrightarrow[\text{RCO}_2\text{R', alkane}]{\text{Ion-exchange resin}} \text{R'O}_2\text{C-R-CO}_2\text{H}$$

85-95%

V.D-7 Ishii, Y. et al., *JOC*, **61**, 3088.

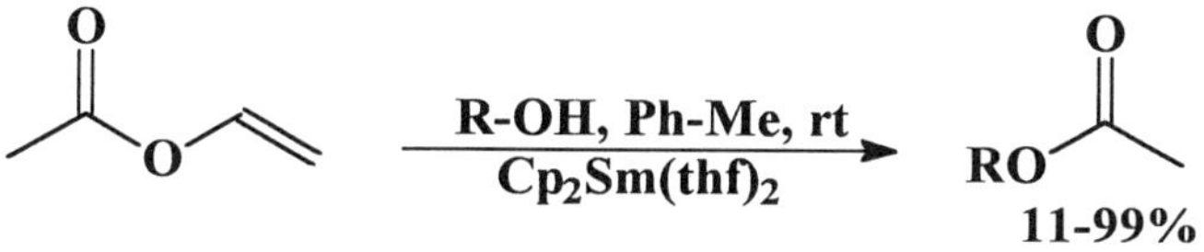

$$\text{CH}_3\text{CO-O-CH=CH}_2 \xrightarrow[\text{Cp}_2\text{Sm(thf)}_2]{\text{R-OH, Ph-Me, rt}} \text{RO-COCH}_3$$

11-99%

V.D-8 Lee, J.C. et al., *OPP*, **28**, 480; Rezende, C. et al., *SC*, **26**, 2715.

$$\text{RCO}_2\text{H + R'X} \xrightarrow[\text{MeCN, }\Delta]{\text{Cs}_2\text{CO}_3} \text{RCO}_2\text{R'}$$

90-99%

V.E. Hydroxyl Protecting Groups

V.E-1 Gough, G.R. et al., *TL*, **37**, 981; Karl, R.M. et al., *T*, **52**, 1493.

p-Nitrobenzyloxymethyl: New Fluoride Removable Protecting Group for Ribonucleoside 2'-Hydroxyls.

V.E-2 Johnson, D.A. and Taubner, L.M., *TL*, **37**, 605; Liu, A. et al., *TL*, **37**, 3785.

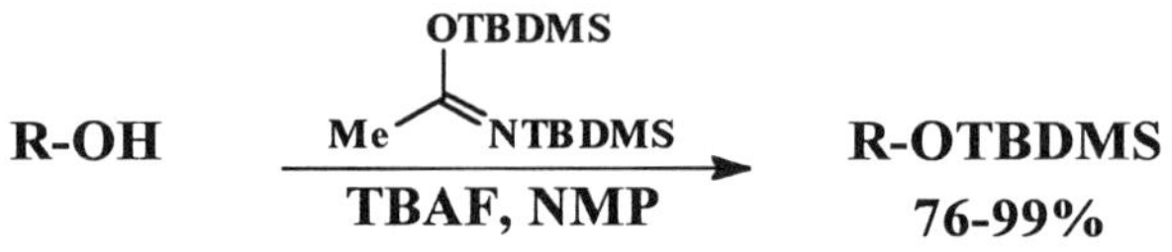

$$\text{R-OH} \xrightarrow[\text{TBAF, NMP}]{\text{Me}\overset{\text{OTBDMS}}{\underset{}{\diagup\hspace{-0.5em}\diagdown}}\text{NTBDMS}} \text{R-OTBDMS} \quad 76\text{-}99\%$$

V.E-3 Wilson, N.S. and Keay, B.A., *TL*, **37**, 153; Singh, V.K. et al., *SL*, 69.

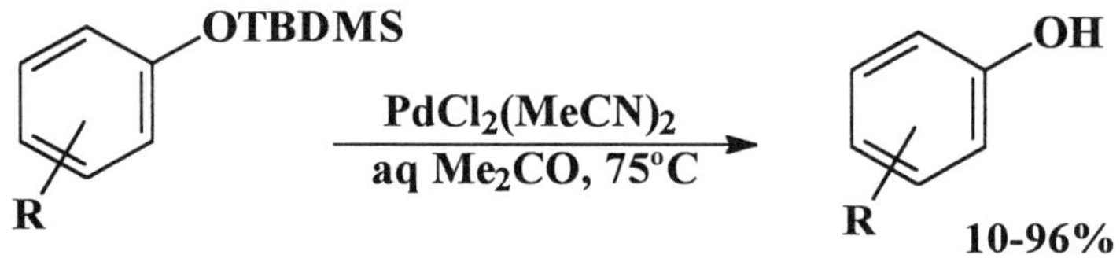

Ar-OTBDMS (with R substituent) $\xrightarrow[\text{aq Me}_2\text{CO, 75°C}]{\text{PdCl}_2(\text{MeCN})_2}$ Ar-OH   10-96%

V.E-4 Mendelson, W.L. et al., *SC*, **26**, 593.

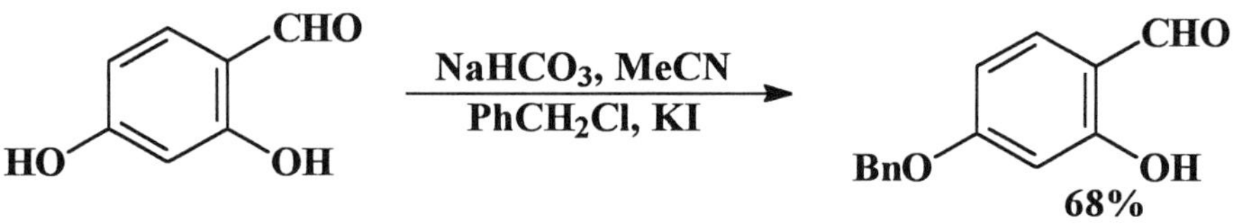

2,4-dihydroxybenzaldehyde $\xrightarrow[\text{PhCH}_2\text{Cl, KI}]{\text{NaHCO}_3, \text{MeCN}}$ 4-BnO-2-hydroxybenzaldehyde   68%

V.E-5 Fraser-Reid, B. et al., *TL*, **37**, 5477.

Debenylation of Complex Oligosaccharides Using Ferric Chloride.

V.E-6 Chandrasekhar, S. et al., *TL*, **37**, 1645.

$$\text{R-OMPM} \xrightarrow{\text{DDQ, FeCl}_3} \text{R-OH}$$

FeCl$_3$ used to regenerate DDQ

V.E-7 Yadav, J.S. et al., *TL*, **37**, 6603; Chu, J.K. and Lee, J., *TL*, **37**, 3663.

$$\text{R-O-CH}_2\text{-CH=CH}_2 \xrightarrow{\text{DDQ}} \text{RCH}_2\text{OH}$$
68-92%

V.E-8 Bandgar, B.P. et al., *JCR(S)*, 90; Wadgaonkar, P.P. et al., *OPP*, **28**, 613.

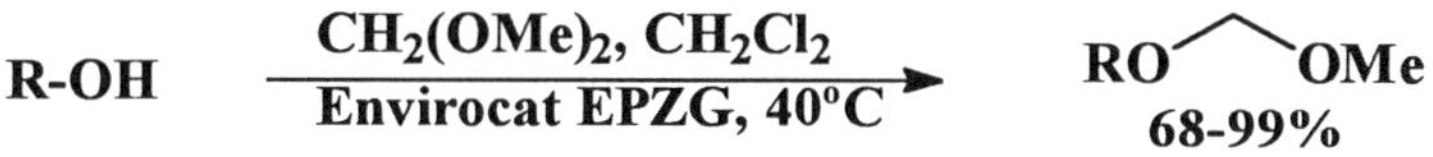

$$\text{R-OH} \xrightarrow[\text{Envirocat EPZG, 40°C}]{\text{CH}_2(\text{OMe})_2,\ \text{CH}_2\text{Cl}_2} \text{RO-CH}_2\text{-OMe}$$
68-99%

V.E-9 Maiti, G. and Roy, S., *JOC*, **61**, 6038.

$$\text{R-OTHP} \xrightarrow{\text{LiCl, aq DMSO, 90°C}} \text{R-OH}$$
80-92%

V.E-10 Koreeda, M. et al., *TL*, **37**, 3647.

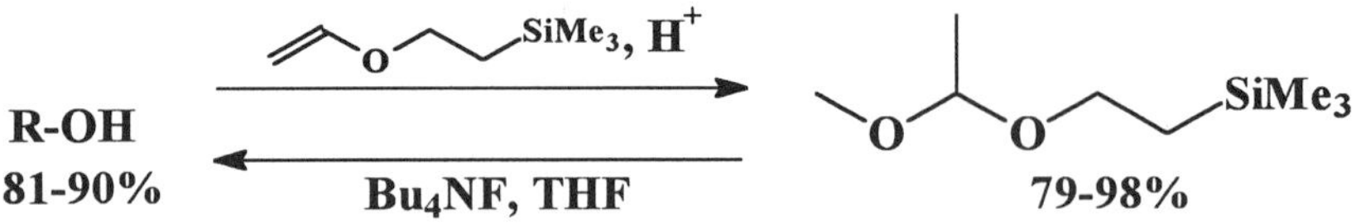

V.E-11 Vedejs, E. and Daugulis, O., *JOC*, **61**, 5702.

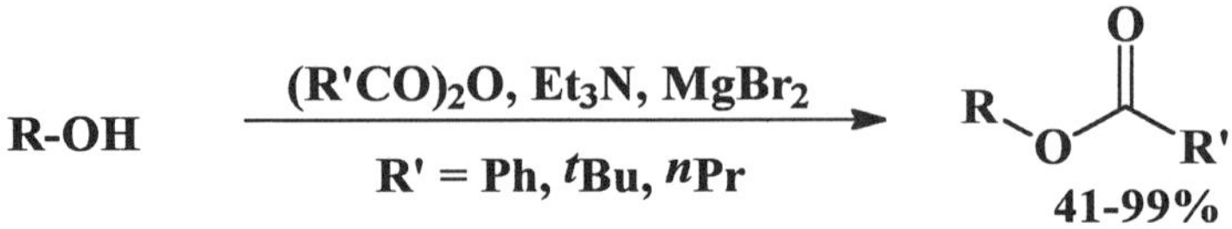

Rate accelerated acetylation

V.E-12 Saito, S. et al., *SL*, 231.

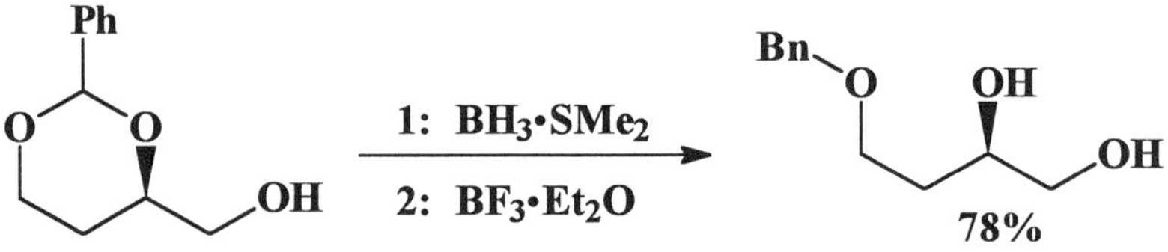

V.E-13 Ley, S.V. et al., *SL*, 789, 787, 791, 793.

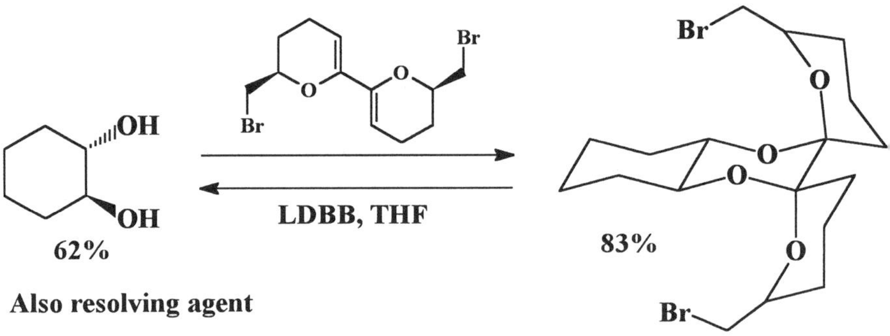

Also resolving agent

V.E-14 Asakura, J. et al., *JOC*, **61**, 9026.

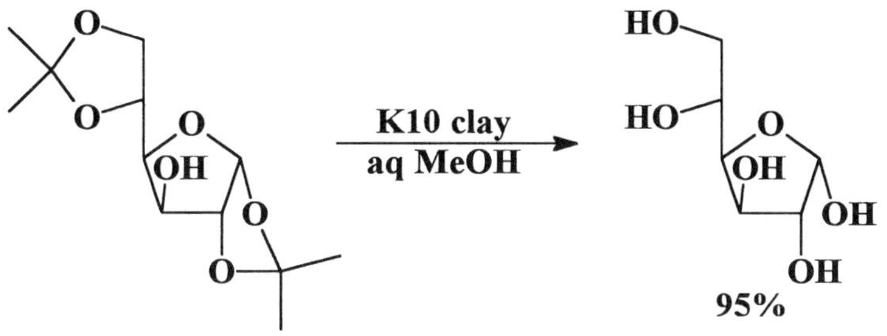

[Reaction: diacetone sugar → tetraol, K10 clay, aq MeOH, 95%]

V.E-15 Yamada, S. et al., *JOC*, **61**, 5932.

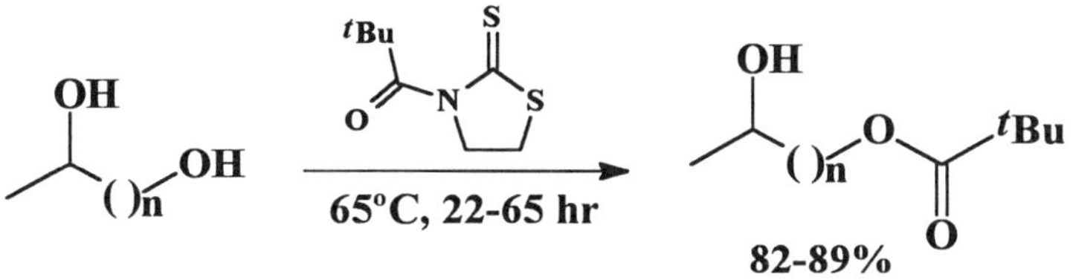

[Reaction: diol + tBu-C(O)-N(C=S)-thiazolidine → mono-pivaloyl carbonate, 65°C, 22-65 hr, 82-89%]

V.E-16 Uguen, D. et al., *TL*, **37**, 625; Xu, Y.C. et al., *JOC*, **61**, 9086.

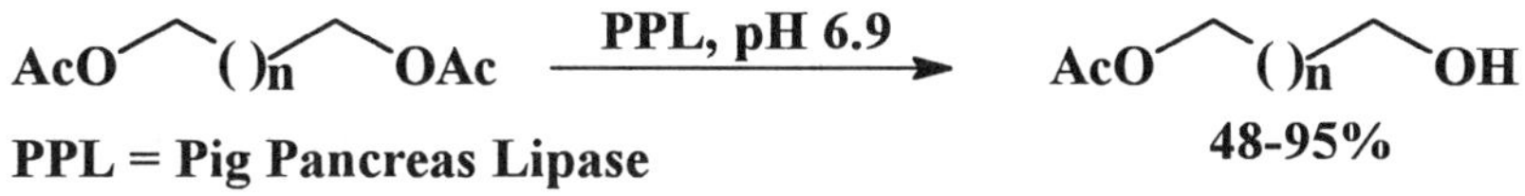

AcO–( )$_n$–OAc →[PPL, pH 6.9] AcO–( )$_n$–OH   48-95%

PPL = Pig Pancreas Lipase

V.F. Other Protecting Groups

V.F-1 Hwu, J.R., Hakimelahi, G.H. et al., *TL*, **37**, 2035.

$$R-X-C(=O)-O^tBu \xrightarrow{\text{CAN, MeCN}} R-XH \quad 90\text{-}99\%$$

V.F-2 Morin, C. et al., *TL*, **37**, 6705.

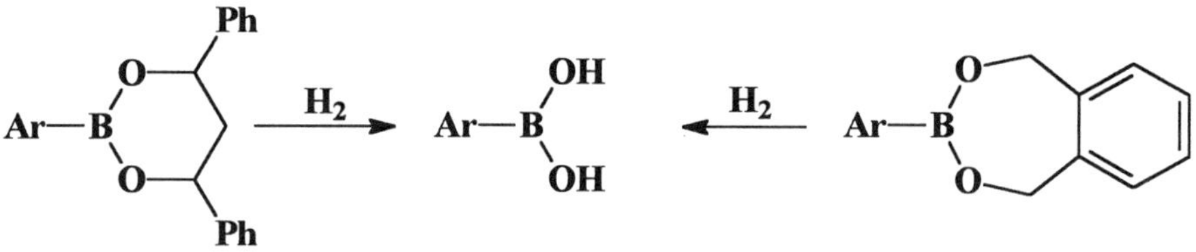

Ar—B(OCHPh-CHPh-O) $\xrightarrow{H_2}$ Ar—B(OH)$_2$ $\xleftarrow{H_2}$ Ar—B(OCH$_2$-C$_6$H$_4$-CH$_2$O)

V.F-3 Okada, Y. et al., *JCS(P1)*, 2139.

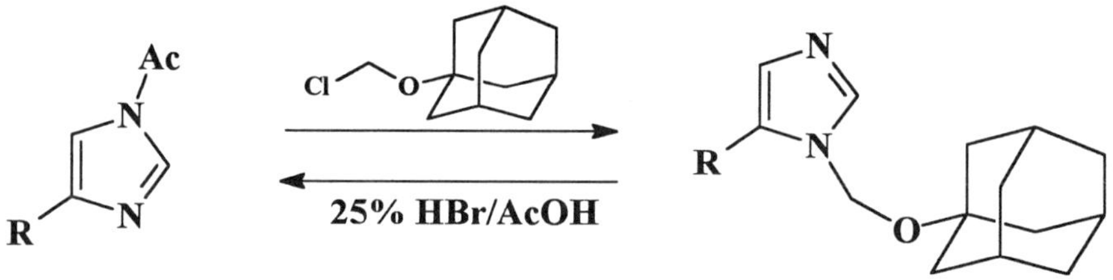

N-Ac imidazole-R + Cl-CH$_2$-O-Adamantyl $\underset{25\% \text{ HBr/AcOH}}{\rightleftarrows}$ R-imidazole-N-CH$_2$-O-Adamantyl

VI
USEFUL SYNTHETIC PREPARATIONS

VI.A. Functional Group Preparations

VI.A.I. Acetals and Ketals

VI.A.1-1   Carretero, J.C. et al., *TL*, **37**, 3179.

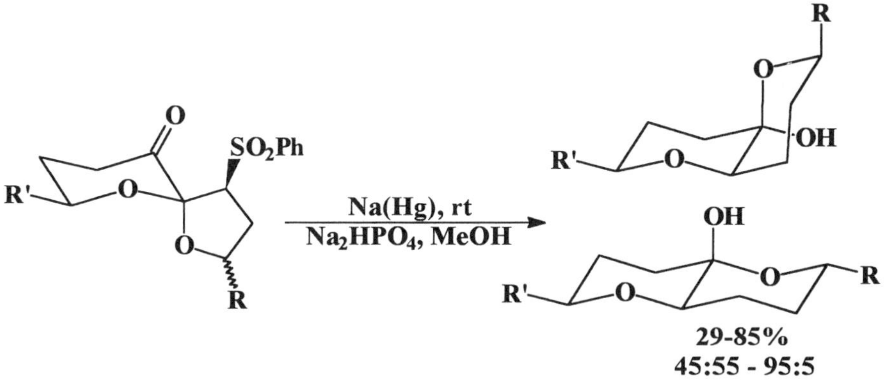

29-85%
45:55 - 95:5

VI.A.1-2   Iadonisi, A. et al., *TL*, **37**, 5987.

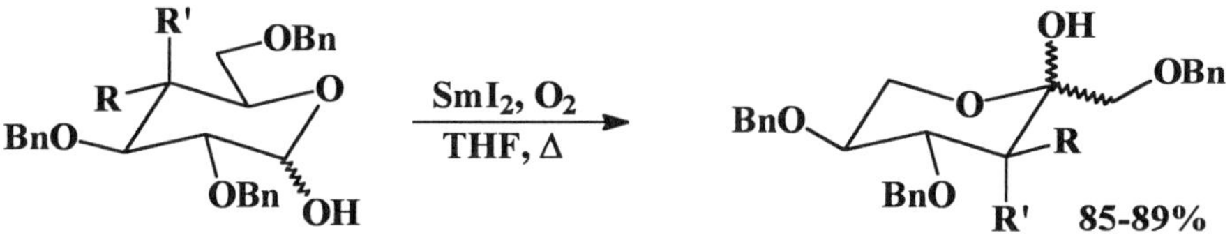

85-89%

VI.A.1-3 Oberdorfer, F. et al., *SL*, 21.

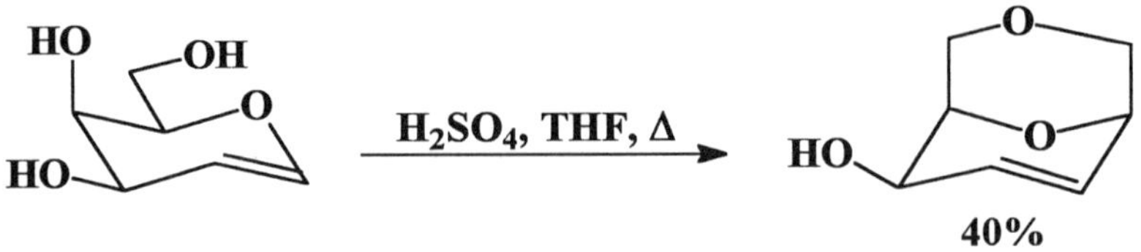

[Reaction: diol-enol ether sugar + H$_2$SO$_4$, THF, Δ → bicyclic acetal, 40%]

VI.A.1-4 Becker, D.P. and Flynn, D.L., *SL*, 57.

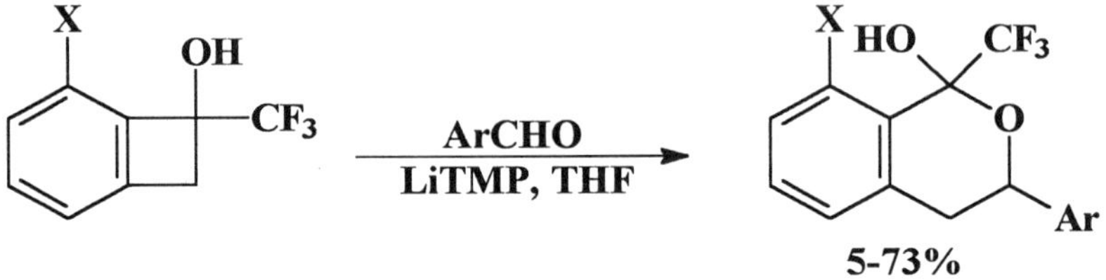

[Reaction: benzocyclobutenol with CF$_3$ and X substituent + ArCHO, LiTMP, THF → isochroman product, 5-73%]

VI.A.1-5 Kim, M.J. and Lim, I.T., *SL*, 138.

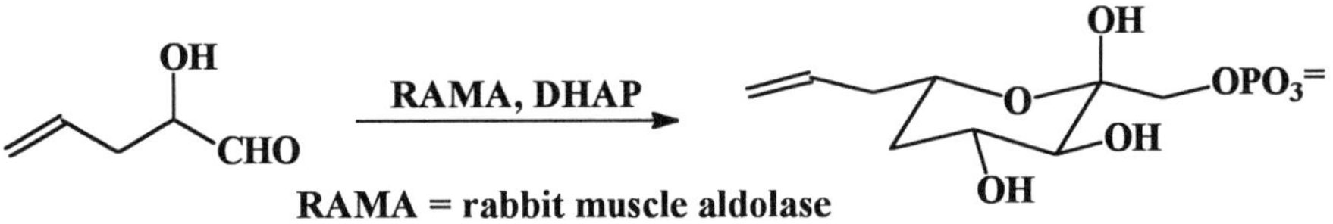

[Reaction: 4-penten-1-ol-2-al + RAMA, DHAP → phosphorylated sugar]

RAMA = rabbit muscle aldolase
DHAP = dihydroxyacetone phosphate
enzymatic chain elongation

VI.A.1-6 Cossu, S. et al., *S*, 1481.

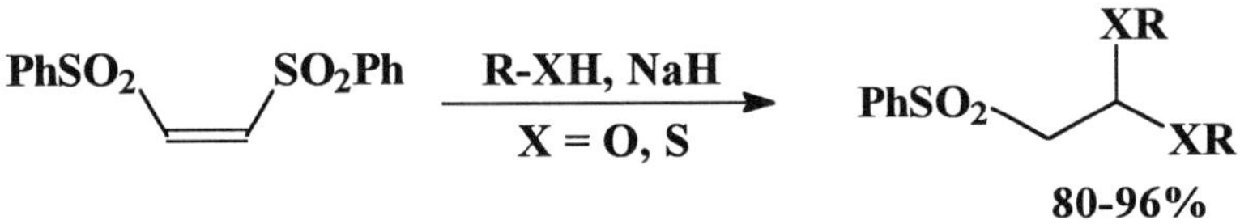

[Reaction: cis-1,2-bis(phenylsulfonyl)ethylene + R-XH, NaH, X = O, S → PhSO$_2$CH$_2$CH(XR)$_2$... 80-96%]

VI.A.1-7 Whitesides, G.M. and Martichonok, V., *JOC*, **61**, 1702.

[Reaction scheme: sialic acid derivative with xanthate (S-C(=S)-OEt) leaving group, bearing R, AcNH, OAc, CO$_2$Me substituents on pyranose ring, treated with R'-OH, PhSCl, AgOTf in MeCN, CH$_2$Cl$_2$ at -70°C - 40°C, giving glycoside with OR' group, 31-78%, 83:17 to 96:4 α:β]

VI.A.1-8 van Doren, H.A. et al., *JCS(P1)*, 2873; Uchiro, H. and Mukaiyama, T., *CL*, 79; Okahata, Y. and Mori, T., *JCS(P1)*, 2861.

[Reaction scheme: per-acetylated glucopyranose (AcO, AcO, OAc, OAc, OAc) + Ph-OH, BF$_3$OEt$_2$, CH$_2$Cl$_2$, rt → phenyl glycoside with OPh at anomeric position, 17-85%]

VI.A.1-9 Field, R.A. et al., *TL*, **37**, 5175; Fukase, K., Kusumoto, S. et al., *T*, **52**, 3897; Martin-Lomas, M. et al., *TL*, **37**, 1476.

[Reaction scheme: thiomethyl glycoside (SMe at anomeric position) with OR groups (R = H, Bn) + I$_2$, R'-OH → OR' glycoside, >90%, 1:0 to 1.8:1 α:β]

VI.A.1-10 Hirao, T. et al., *JOC*, **61**, 366.

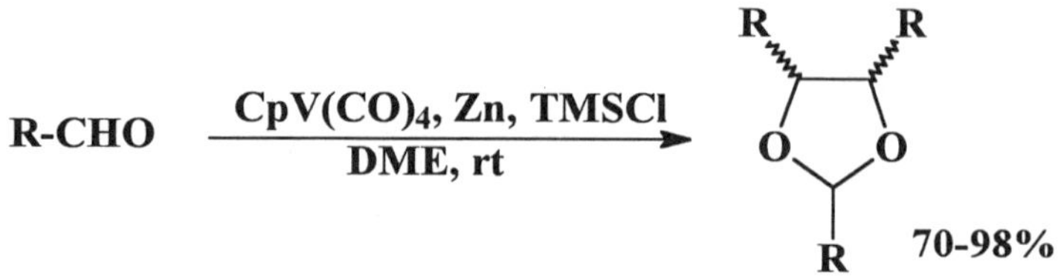

R-CHO $\xrightarrow[\text{DME, rt}]{\text{CpV(CO)}_4, \text{Zn, TMSCl}}$ [1,3-dioxolane product] 70-98%

VI.A.1-11 Perlmutter, P. and Puniani, E., *TL*, **37**, 3755.

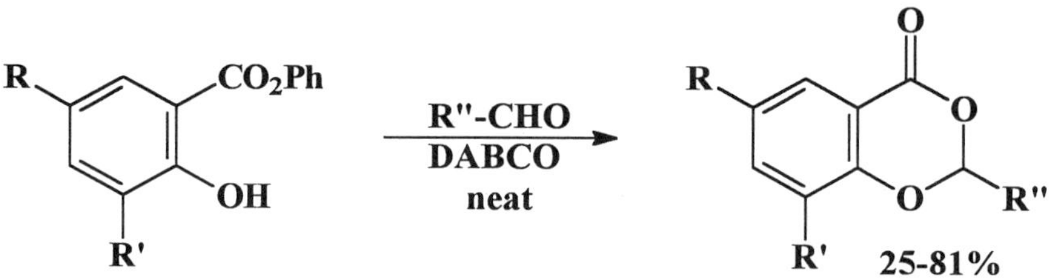

[salicylate starting material] $\xrightarrow[\text{neat}]{\text{R''-CHO} \atop \text{DABCO}}$ [benzodioxinone product] 25-81%

VI.A.2. Acids and Anhydrides

(see also I.G.2)

VI.A.2-1 Turner, N.J. et al., *TL*, **37**, 6001.

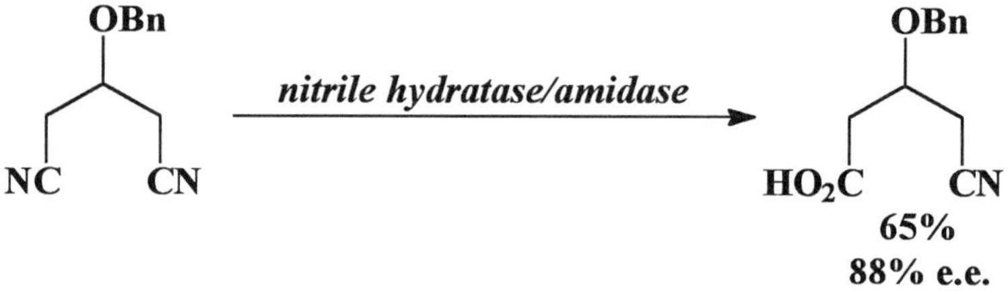

[dinitrile with OBn] $\xrightarrow{\textit{nitrile hydratase/amidase}}$ [mono-acid product] 65% 88% e.e.

VI.A.2-2 Kingery-Wood, J. and Johnson, J.S., *TL*, **37**, 3975.

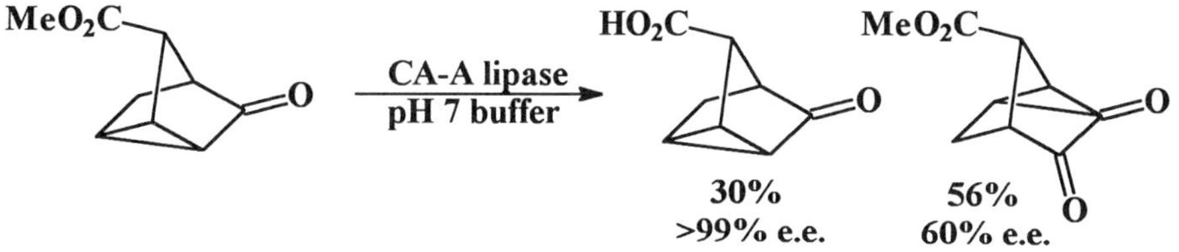

MeO₂C-[structure]=O →(CA-A lipase, pH 7 buffer)→ HO₂C-[structure]=O (30%, >99% e.e.) + MeO₂C-[structure]=O with =O (56%, 60% e.e.)

VI.A.2-3 Yamamoto, H. et al., *JACS*, **118**, 12854.

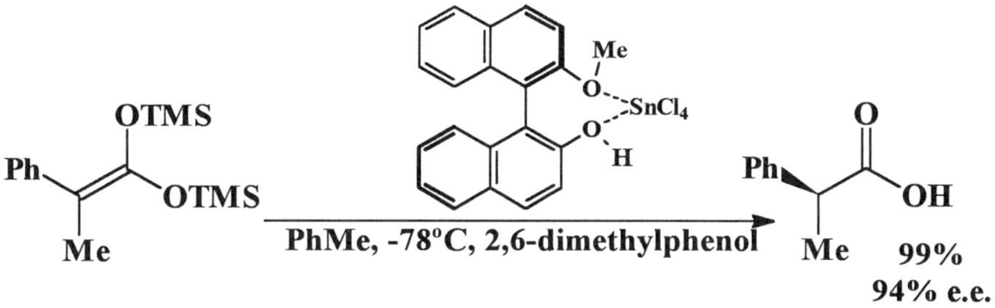

Ph-C(OTMS)(OTMS)=C(Me) + [BINOL-Me/H·SnCl₄ catalyst] →(PhMe, -78°C, 2,6-dimethylphenol)→ Ph-CH(Me)-C(=O)OH 99%, 94% e.e.

VI.A.2-4 Katritzky, A.R. et al., *S*, 1425.

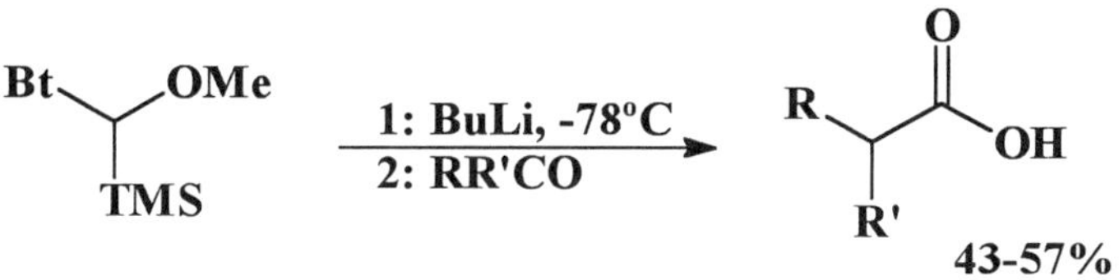

Bt-CH(OMe)(TMS) →(1: BuLi, -78°C; 2: RR'CO)→ R-C(R')H-C(=O)OH 43-57%

VI.A.2-5 Yamamoto, H. et al., *OS*, **74**, 178

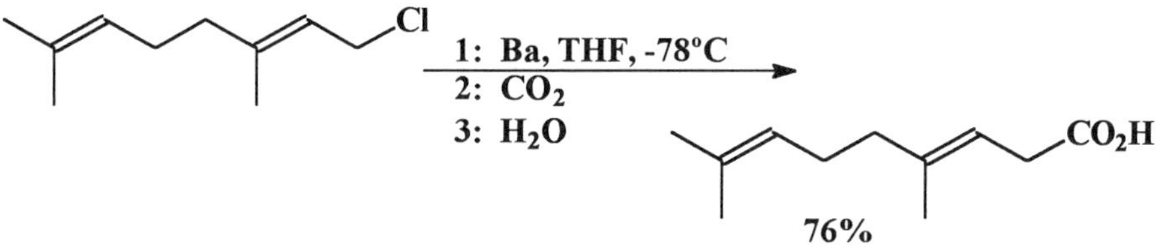

geranyl chloride →(1: Ba, THF, -78°C; 2: CO₂; 3: H₂O)→ geranyl-CO₂H 76%

VI.A.2-6   Schlossei, M. et al., *TL*, **37**, 2767.

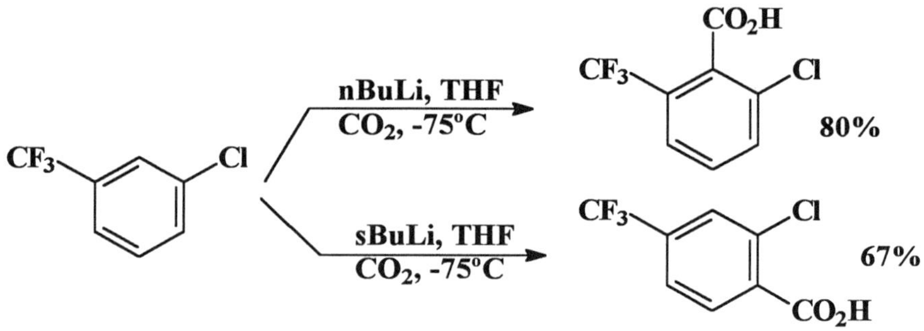

Reagents for top pathway: nBuLi, THF, CO$_2$, -75°C → product with CF$_3$, Cl, CO$_2$H (80%)

Reagents for bottom pathway: sBuLi, THF, CO$_2$, -75°C → product with CF$_3$, Cl, CO$_2$H (67%)

Starting material: 3-chloro(trifluoromethyl)benzene (CF$_3$, Cl)

VI.A.3. Alcohols and Related Species

(see also II.B.1 and III.A)

VI.A.3-1   Forsyth, C.J. et al., *JOC*, **61**, 9617.

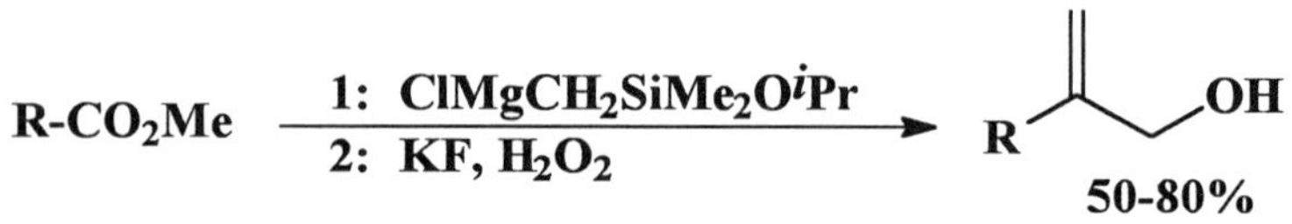

R-CO$_2$Me → 1: ClMgCH$_2$SiMe$_2$O^{i}Pr; 2: KF, H$_2$O$_2$ → R–C(=CH$_2$)–CH$_2$OH   50-80%

VI.A.3-2   Negishi, E.i. et al., *TL*, **37**, 3803; Kondakov, D.Y. and Negishi, E.i., *JACS*, **118**, 1577; Bell, L. and Whitby, R.J., *TL*, **37**, 7139.

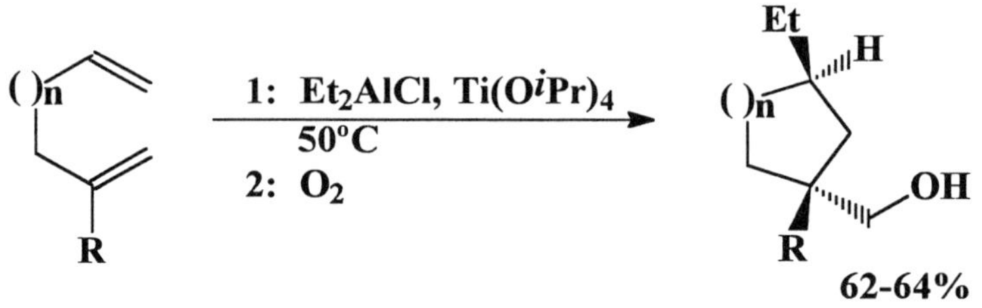

Reagents: 1: Et$_2$AlCl, Ti(O^{i}Pr)$_4$, 50°C; 2: O$_2$

Product: cyclopentane with Et, H, R, CH$_2$OH substituents (62-64%)

VI.A.3-3   Lauteus, M. and Klute, W., *AGE*, **35**, 442.

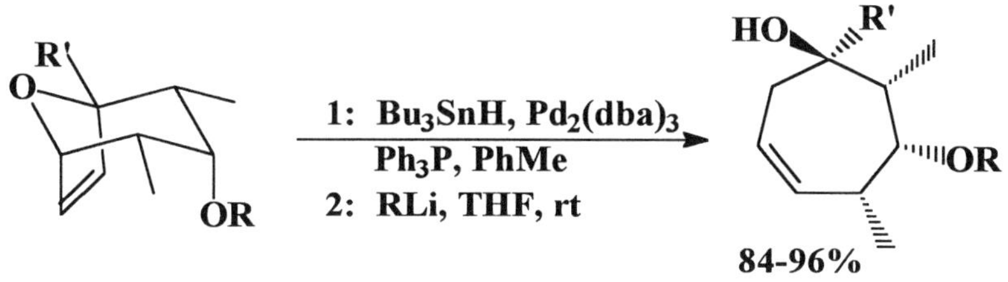

1: Bu₃SnH, Pd₂(dba)₃, Ph₃P, PhMe
2: RLi, THF, rt

84-96%

VI.A.3-4   Nakai, T. et al., *JACS*, **118**, 3317.

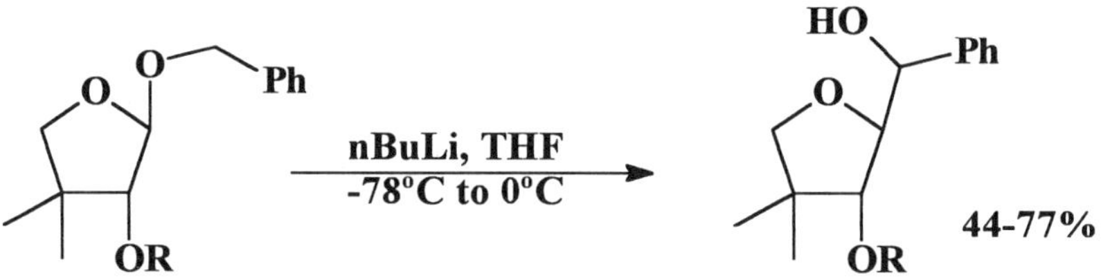

nBuLi, THF
-78°C to 0°C

44-77%

VI.A.3-5   Andrews, D.R., Sudhakar, A.R. et al., *TL*, **37**, 3417.

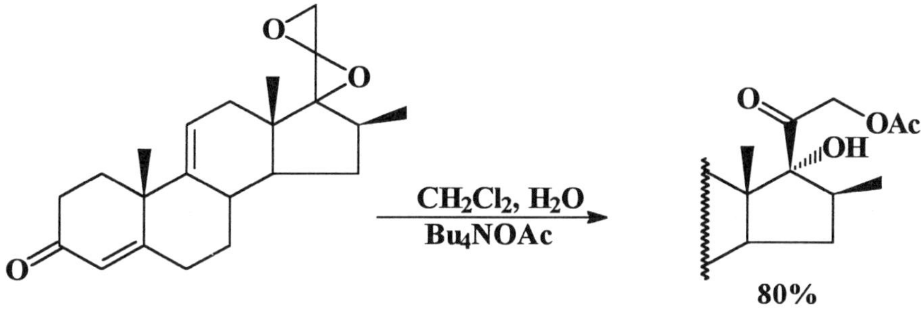

CH₂Cl₂, H₂O
Bu₄NOAc

80%

VI.A.3-6 Hasegawa, E. et al., *TL*, **37**, 7079.

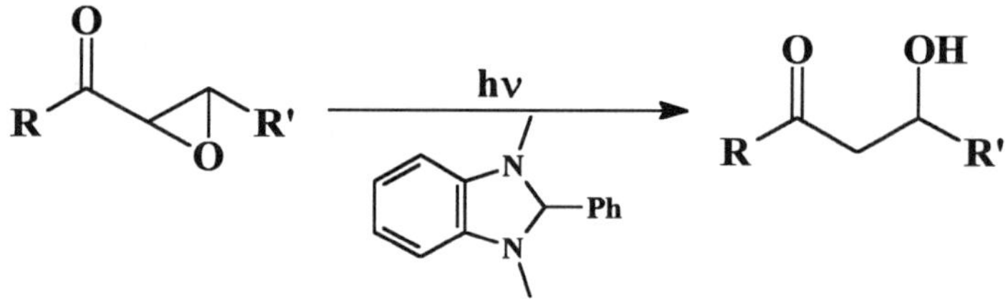

$$\underset{R}{\overset{O}{\|}}\!\!\!\bigtriangleup\!\!\!R' \xrightarrow[\text{benzimidazoline-Ph}]{h\nu} \underset{R}{\overset{O}{\|}}\!\!\!\underset{}{\overset{OH}{|}}\!\!\!R'$$

VI.A.3-7 Hodge, P. et al., *S*, 1359.

$$RCH_2X \xrightarrow[\text{2: } H_3O^+]{\text{1: } PS^+HCO_2^-} RCH_2OH \quad 47\text{-}80\%$$

VI.A.3-8 Smitrovich, J.H. and Woerpel, K.A., *JOC*, **61**, 6044.

$$R'\text{-}SiR_3 \xrightarrow[\text{DMF, CsF, 45°C}]{{}^tBuOH,\ KH} R'\text{-}OH \quad 37\text{-}94\%$$

VI.A.3-9 Shimizu, T. et al., *TL*, **37**, 6145.

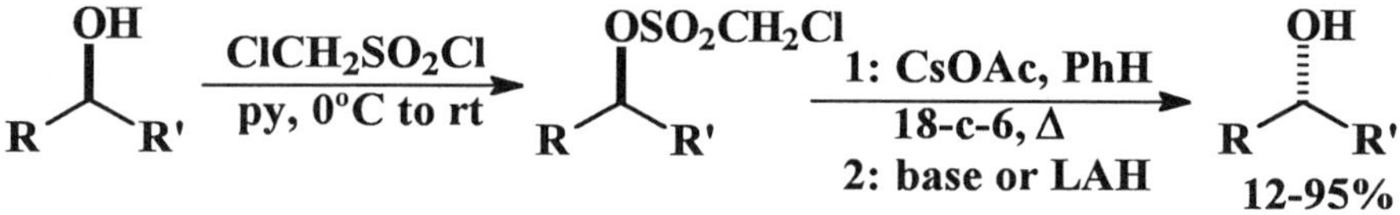

$$\underset{R}{\overset{OH}{|}}\!\!\!R' \xrightarrow[\text{py, 0°C to rt}]{ClCH_2SO_2Cl} \underset{R}{\overset{OSO_2CH_2Cl}{|}}\!\!\!R' \xrightarrow[\text{2: base or LAH}]{\text{1: CsOAc, PhH, 18-c-6, }\Delta} \underset{R}{\overset{OH}{\vdots}}\!\!\!R' \quad 12\text{-}95\%$$

USEFUL SYNTHETIC PREPARATIONS

VI.A.3-10 Rychnovsky, S.D. et al., *JOC*, **61**, 1194; Fujisawa, T. et al., *TL*, **37**, 7533.

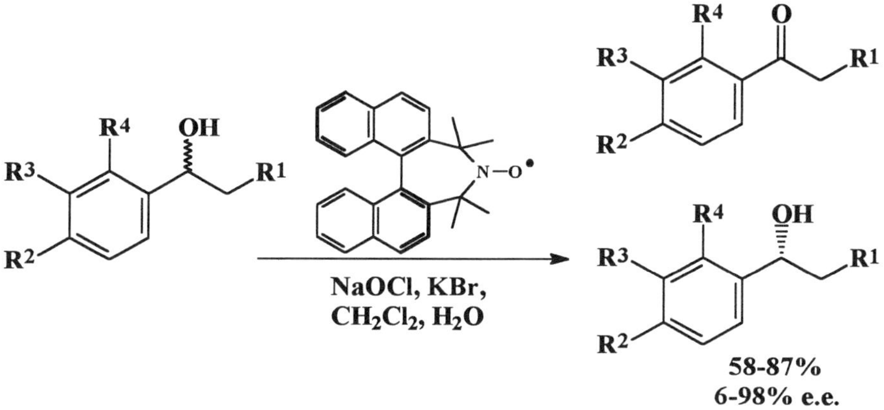

[Reaction scheme: racemic benzylic alcohol with R1, R2, R3, R4 substituents treated with chiral bis-naphthyl nitroxide catalyst, NaOCl, KBr, CH₂Cl₂, H₂O, giving ketone and chiral alcohol, 58-87%, 6-98% e.e.]

VI.A.3-11 Furstoss, R. et al., *TL*, **37**, 3319.

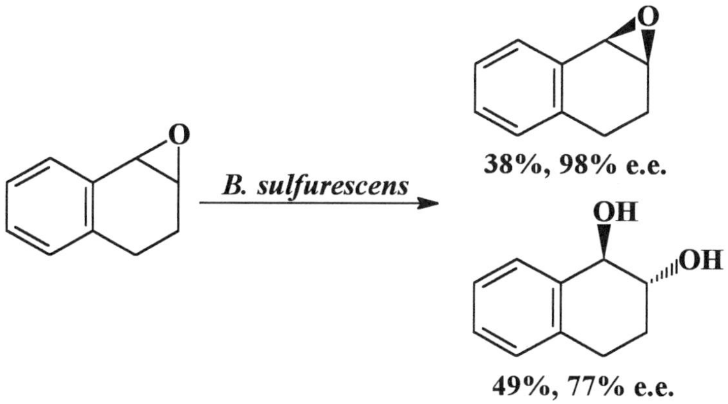

[Reaction scheme: naphthalene epoxide treated with *B. sulfurescens* gives enantioenriched epoxide (38%, 98% e.e.) and trans-diol (49%, 77% e.e.)]

VI.A.3-12 Fujioka, H., Kita, Y. et al., *JOC*, **61**, 7309.

Asymmetric Induction via an Intramolecular Haloetherification Reaction of Chiral Ene Acetals: A Novel Approach to Optically Active 1,4- and 1,5-Diols.

VI.A.3-13 Tanaka, M. et al., *JOC*, **61**, 6952; Margolin, A.L. et al., *TL*, **37**, 6507; Ito, T. et al., *JOC*, **61**, 2158; Williams, J.M.J. et al., *TL*, **37**, 7623; Shau, X. et al., *TA*, **7**, 2847; Periasamy, M. et al., *TA*, **7**, 2471.

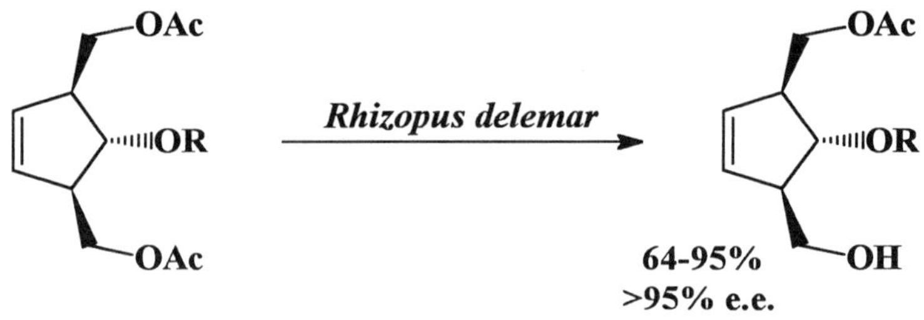

VI.A.3-14 Furstner, A. and Shi, N., *JACS*, **118**, 12349.

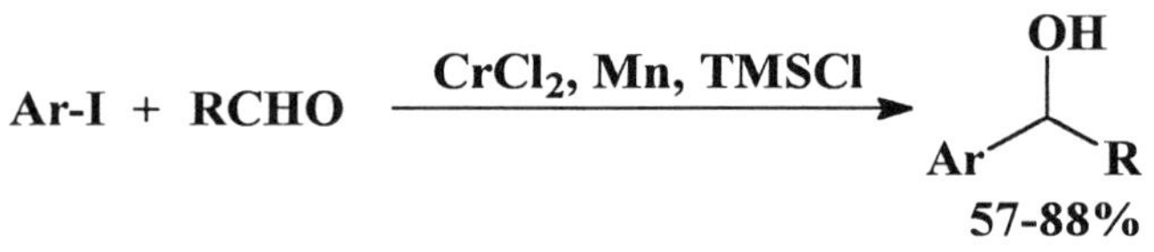

VI.A.4. Aldehydes and Ketones

(see also I.A.1, II.A.1, V.E.)

VI.A.4-1 Zhang, Y. et al., *TL*, **37**, 3885 and *SC*, **26**, 2905; Alvarez-Builla, J. et al., *JOC*, **61**, 9009; Rieke, R.D. et al., *TL*, **37**, 2197; Kobayashi, K. et al., *TL*, **37**, 2437; Schwindt, M.A. et al., *JOC*, **61**, 9564; Narasaka, K. et al., *BCJ*, **69**, 157.

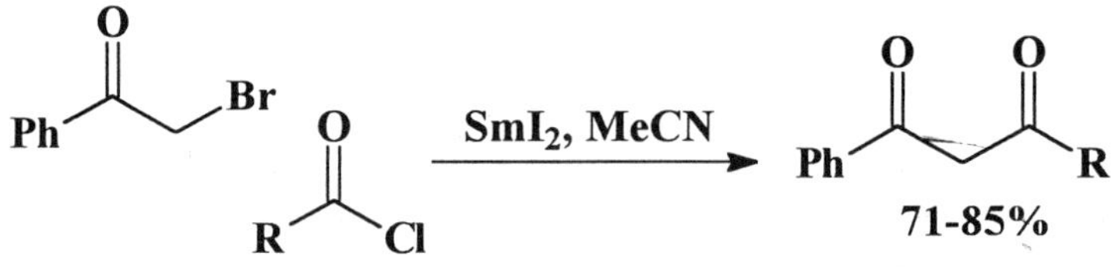

VI.A.4-2 Sarkar, A. et al., *OM*, **15**, 2881.

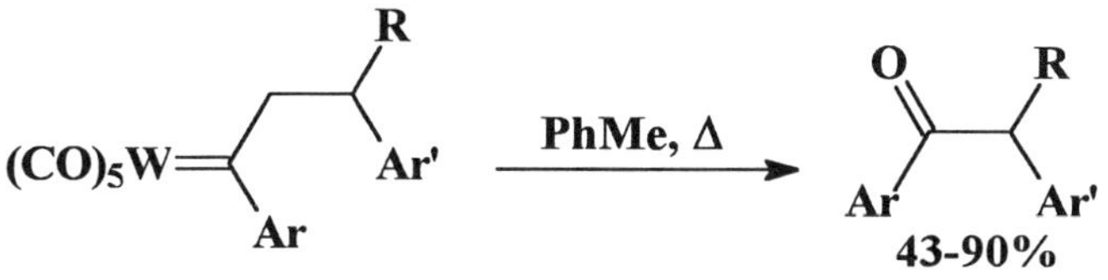

$$(CO)_5W=\underset{Ar}{C}-CH_2-\underset{Ar'}{CHR} \xrightarrow{PhMe, \Delta} Ar-CO-CHR-Ar' \quad 43\text{-}90\%$$

VI.A.4-3 Dixneuf, J.P.H. et al., *T*, **52**, 5511.

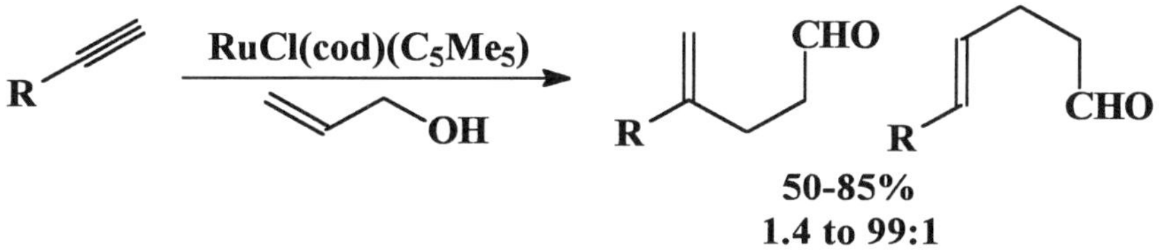

R—C≡CH + allyl alcohol $\xrightarrow{RuCl(cod)(C_5Me_5)}$ branched aldehyde + linear (E)-aldehyde

50-85%
1.4 to 99:1

VI.A.4-4 Uguen, D. et al., *TL*, **37**, 5893.

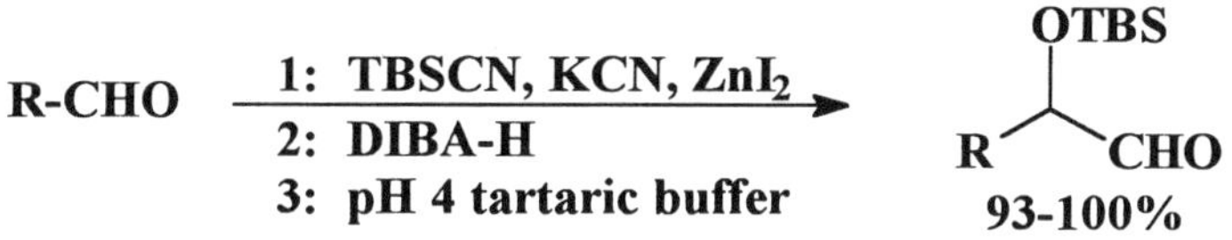

R-CHO $\xrightarrow[\text{2: DIBA-H}]{\text{1: TBSCN, KCN, ZnI}_2}$ R-CH(OTBS)-CHO   93-100%
3: pH 4 tartaric buffer

VI.A.4-5 Snieckus, V. et al., *TL*, **37**, 2915.

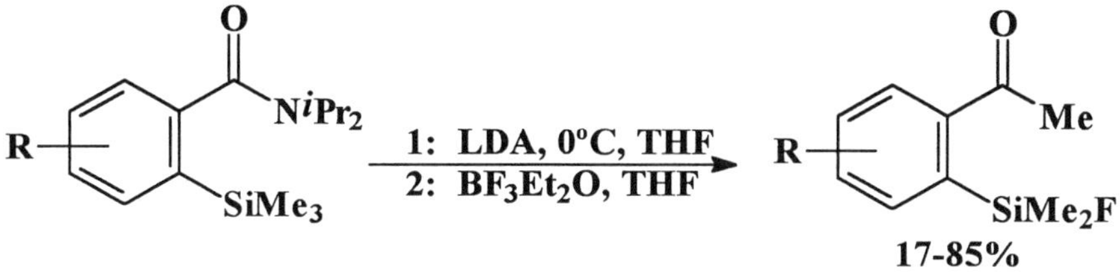

Ar(R)-C(O)N^{i}Pr$_2$, ortho-SiMe$_3$ $\xrightarrow[\text{2: BF}_3\text{Et}_2\text{O, THF}]{\text{1: LDA, 0°C, THF}}$ Ar(R)-C(O)Me, ortho-SiMe$_2$F   17-85%

VI.A.4-6 Majo, V.J. and Perumal, P.T., *JOC*, **61**, 6523.

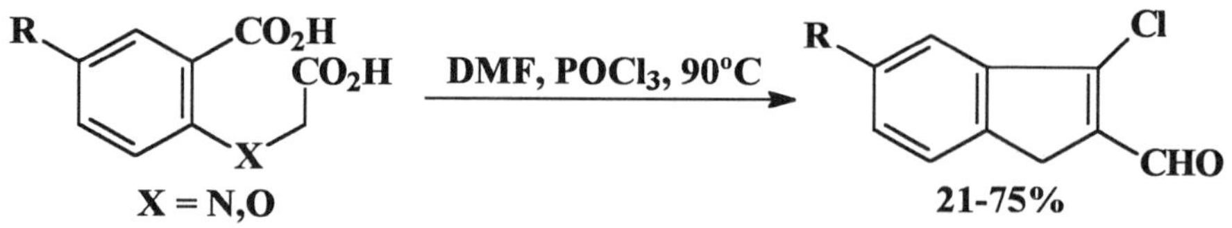

R—[benzene with CO₂H, CO₂H, and X-CH₂ ring, X = N,O] $\xrightarrow{\text{DMF, POCl}_3, 90°C}$ R—[indene with Cl and CHO] 21-75%

VI.A.4-7 Sankaraman, S. et al., *JOC*, **61**, 1877; Voelter, W. et al., *AGE*, **35**, 523; Myers, A.G. et al., *TL*, **37**, 3083.

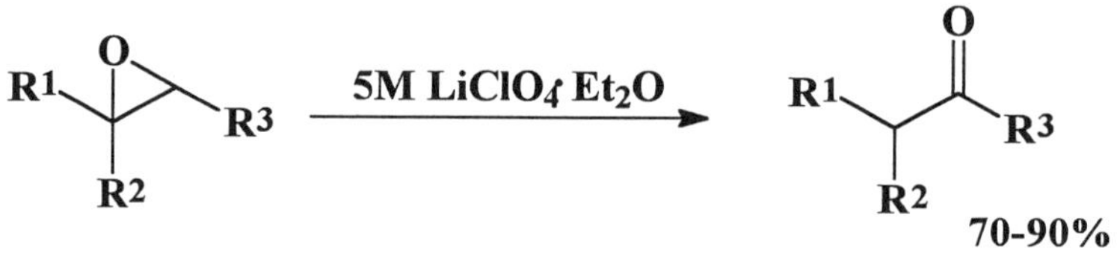

Epoxide with R¹, R², R³ $\xrightarrow{\text{5M LiClO}_4\ \text{Et}_2\text{O}}$ ketone with R¹, R², R³   70-90%

VI.A.4-8 Sato, K.i. et al., *TL*, **37**, 2799.

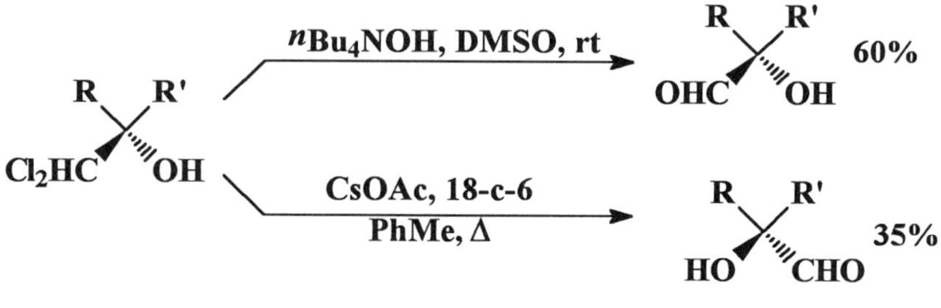

Cl₂HC–C(R)(R')–OH

$\xrightarrow{n\text{Bu}_4\text{NOH, DMSO, rt}}$ OHC–C(R)(R')–OH   60%

$\xrightarrow[\text{PhMe, }\Delta]{\text{CsOAc, 18-c-6}}$ HO–C(R)(R')–CHO   35%

VI.A.4-9 Nozaki, K. et al., *CC*, 155; Yamamoto, K. et al., *TL*, **37**, 6877; Kotsuki, H. et al., *S*, 470.

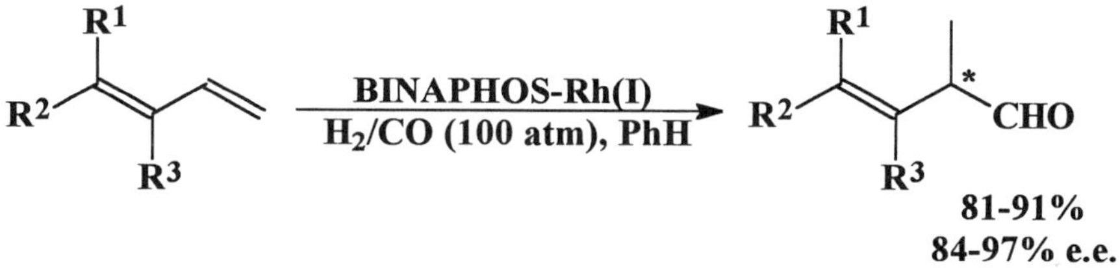

R¹R²C=C(R³)–CH=CH₂ $\xrightarrow[\text{H}_2/\text{CO (100 atm), PhH}]{\text{BINAPHOS-Rh(I)}}$ R¹R²C=C(R³)–C*H(CH₃)–CHO

81-91%
84-97% e.e.

VI.A.4-10 Mittelbach, M. et al., *M*, **127**, 167.

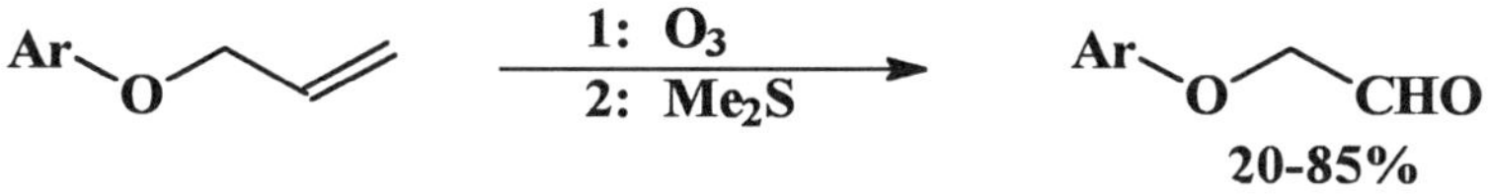

Ar–O–CH₂–CH=CH₂ →[1: O₃][2: Me₂S] Ar–O–CH₂–CHO

20-85%

VI.A.4-11 Nieduzak, T.R. and Boyer, F.E., *SC*, **26**, 3443.

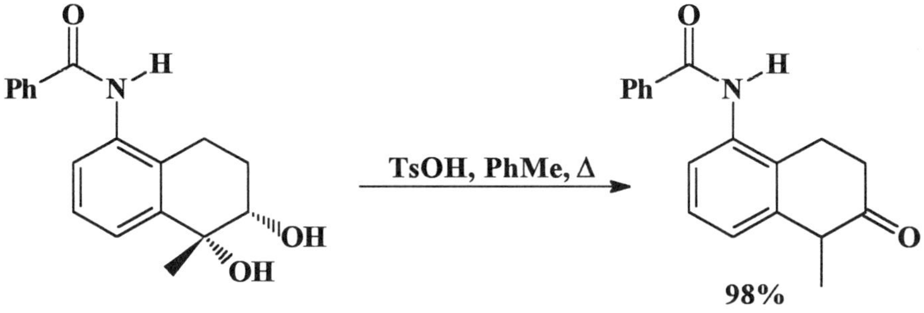

→ TsOH, PhMe, Δ

98%

VI.A.4-12 Rosini, G. et al., *OS*, **74**, 158.

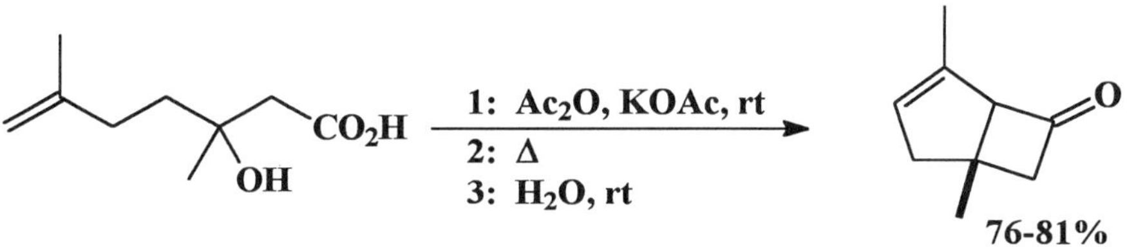

→ 1: Ac₂O, KOAc, rt; 2: Δ; 3: H₂O, rt

76-81%

VI.A.4-13 Paquette, L.A. et al., *JOC*, **61**, 1119; Ghosh, S. et al., *TL*, **37**, 2073.

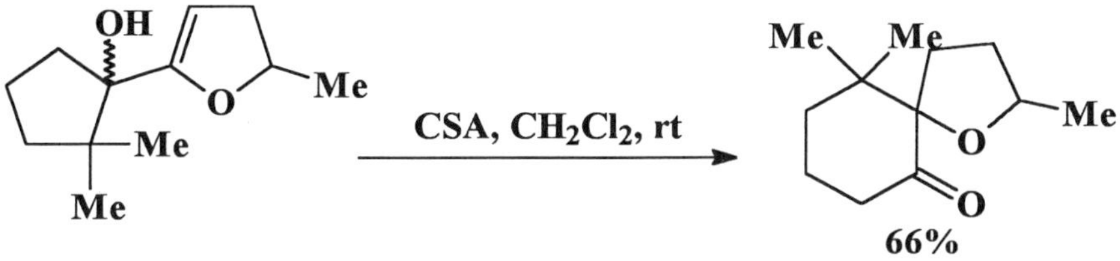

→ CSA, CH₂Cl₂, rt

66%

VI.A.4-14 Dominguez, D. et al., *JOC*, **61**, 5818.

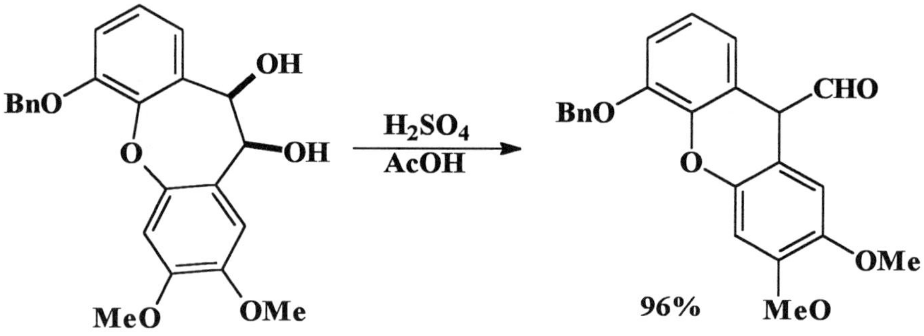

VI.A.5 Amides

VI.A.5-1 Szymoniak, J. et al., *TL*, **37**, 33.

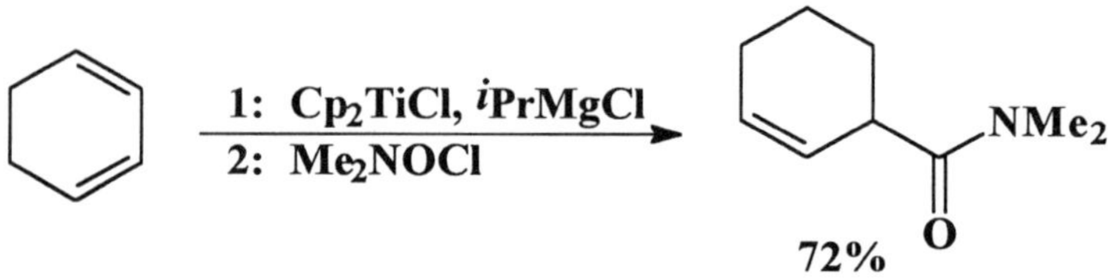

VI.A.5-2 Gotor, V. et al., *JOC*, **61**, 6024.

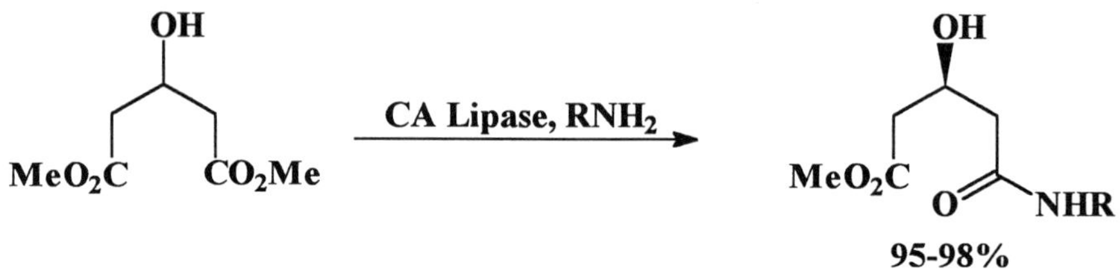

VI.A.5-3 Shih, H. and Rankin, G.O., *SC*, **26**, 833.

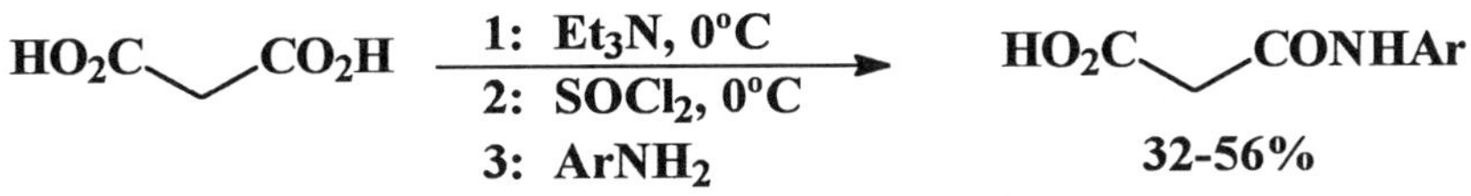

HO₂C–CH₂–CO₂H → HO₂C–CH₂–CONHAr

1: Et₃N, 0°C
2: SOCl₂, 0°C
3: ArNH₂

32-56%

VI.A.5-4 King, S.B. et al., *TL*, **37**, 9287.

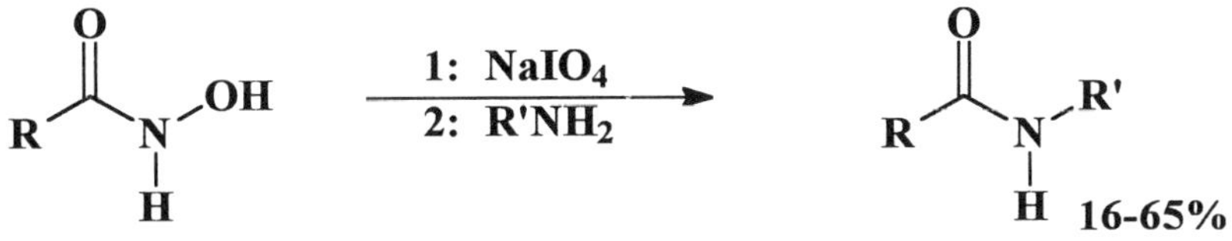

R-C(=O)-N(H)-OH → R-C(=O)-N(H)-R'

1: NaIO₄
2: R'NH₂

16-65%

VI.A.5-5 D'Annibale, A. et al., *TL*, **37**, 7429.

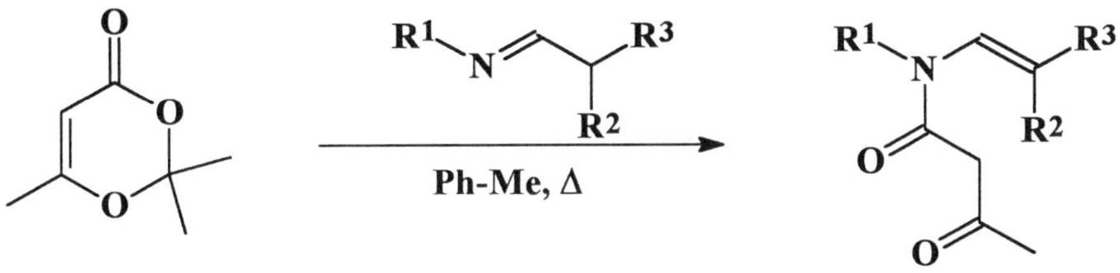

[2,2-dimethyl-6-methyl-4H-1,3-dioxin-4-one] + R¹-N=CH-CHR²R³ → R¹-N(C(=O)CH₂C(=O)CH₃)-CH=CR²R³

Ph-Me, Δ

VI.A.5-6 Niclas, H.J. et al., *S*, 37.

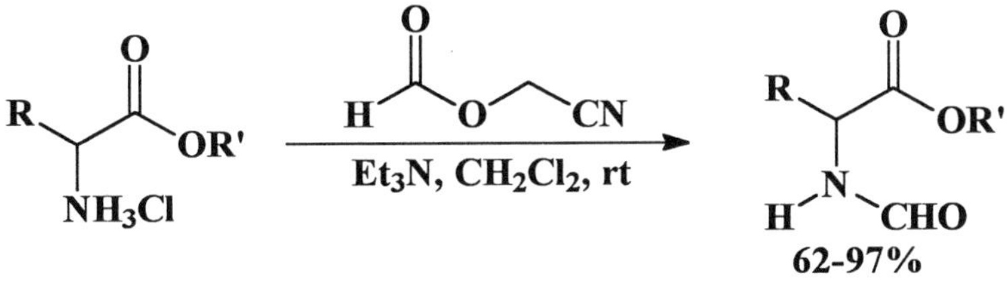

R-CH(NH₃Cl)-C(=O)-OR' + H-C(=O)-O-CH₂-CN → R-CH(NHCHO)-C(=O)-OR'

Et₃N, CH₂Cl₂, rt

62-97%

VI.A.5-7 Barton, D.H.R. et al., *TL*, **37**, 3631

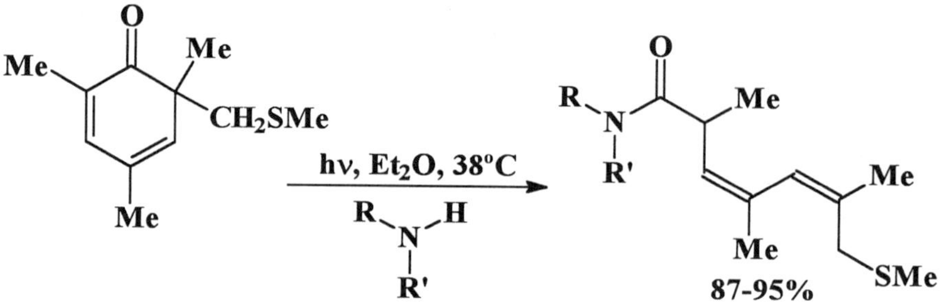

VI.A.5-8 Alper, H. et al., *JOC*, **61**, 7982 and 6766.

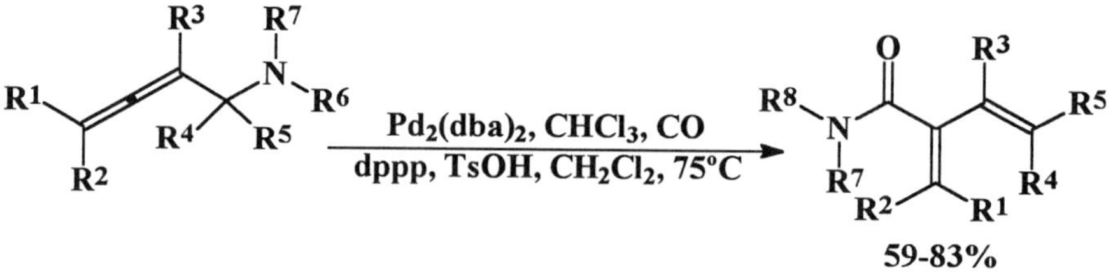

VI.A.5-9 Paterson, I. et al., *SL*, 209.

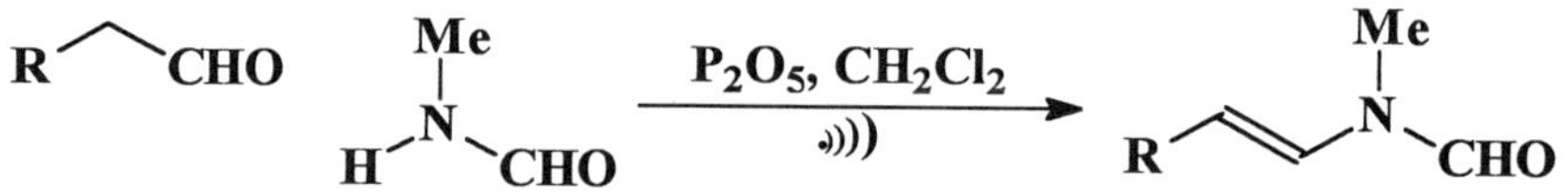

VI.A.6. Amine and Carbamates

VI.A.6-1   Dumas, F., d'Angelo, J. et al., *JOC*, **61**, 2293

Investigating the p-Facial Discrimination Phenomenon in the Conjugate Addition of Amines to Chiral Crotonates: A Convenient Basis for the Rational Design of Chiral Auxiliaries.

VI.A.6-2   Mukaiyama, T. et al., *CL*, 291.

$$\underset{R'}{\overset{R}{\diagup}}\!\!=\!\!\underset{}{\overset{NO_2}{\diagdown}} \quad \xrightarrow[\text{2: } H_2, \text{Pd/C, EtOH}]{\text{1: EtONH}_3\text{Cl, NaHCO}_3, \text{THF}} \quad \underset{R'}{\overset{R}{\diagup}}\!\!=\!\!\underset{}{\overset{NH_2}{\diagdown}}NH_2$$

48-90%

VI.A.6-3   Alberti, A. et al., *JOC*, **61**, 1677; Dieter, R.K. et al., *JOC*, **61**, 2930.

$$\underset{R'}{\overset{R}{\diagdown}}N-Li \quad \xrightarrow{R''Cu(CN)Li,\ O_2,\ THF,\ -78°C} \quad \underset{R'}{\overset{R}{\diagdown}}N-R''$$

25-62%

VI.A.6-4   Chan, D.M.T., *TL*, **37**, 9013.

$$\underset{R'}{\overset{R}{\diagdown}}N-H \quad \xrightarrow[\text{Et}_3\text{N or pyr}]{Ar_3BI,\ Cu(OAc)_2,\ CH_2Cl_2,\ rt} \quad \underset{R'}{\overset{R}{\diagdown}}N-Ar$$

0-100%

R, R' = COR, CO$_2$R, CONR$_2$, SO$_2$R

VI.A.6-5 Croce, P.D. et al., *G*, **126**, 107; Desmaele, D., *TL*, **37**, 1233.

$$R-N(H)(Me) \xrightarrow{R'CH_2Br, K_2CO_3, Bu_4NBr}_{PhMe, H_2O, rt} R-N(R')(Me)$$
82-88%

VI.A.6-6 Zwierzak, A. et al., *S*, 333.

$$\triangleright N-P(OEt)_2(=O) \xrightarrow[\substack{\text{2: aq NH}_4\text{Cl, 10 to 15°C} \\ \text{3: TsOH, aq EtOH, }\Delta}]{\substack{\text{1: RMgBr, THF, CuI} \\ -30 \text{ to } 0°C}} R\text{-CH}_2\text{CH}_2\text{-NH}_3^+ \, \text{}^-\text{OTs}$$
52-90%

VI.A.6-7 Buchwald, S.L. et al., *JACS*, **118**, 7215 and *JOC*, **61**, 7240; Driver, M.S. and Hartwig, J.F., *JACS*, **118**, 7217; Zhao, S.H. et al., *TL*, **37**, 4463; Pagoria, F.F. et al., *JOC*, **61**, 2934; Smith III, W.J. and Sawyer, J.S., *TL*, **37**, 299.

$$R(R')N-H \xrightarrow{ArBr, Pd_2(dba)_3, BINAP}_{^tBuONa, PhMe, 80°C} R(R')N-Ar$$
61-98%

VI.A.6-8 Li, Y. and Marks, T.J., *OM*, **15**, 3770.

$$R-CH=CH_2 \xrightarrow{Me_2SiCp_2, NdCH(TMS)_2}_{PrNH_2} R\text{-CH}_2\text{CH}_2\text{-N(H)-Pr}$$
90-93%

VI.A.6-9 Ofial, A.R. and Mayr, H., *JOC*, **61**, 5823; Sato. F. et al., *CC*, 533.

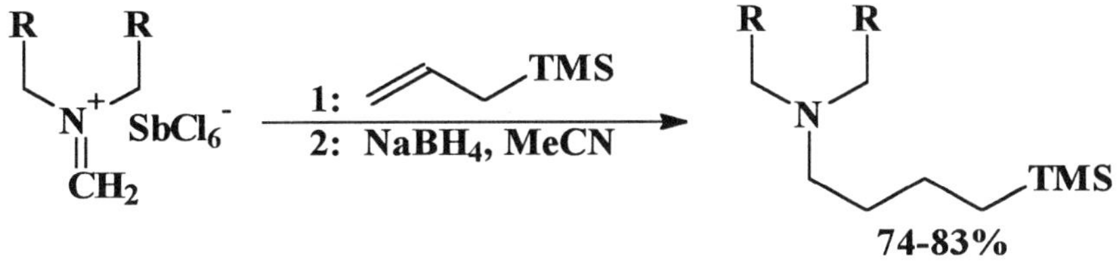

$$\underset{CH_2}{\overset{R\quad R}{\underset{\|}{N^+}}}SbCl_6^- \xrightarrow[\text{2: NaBH}_4\text{, MeCN}]{\text{1: } \diagup\!\!\!\diagdown\text{TMS}} \underset{}{\overset{R\quad R}{N}}\diagdown\!\!\!\diagup\!\!\!\diagdown\text{TMS}$$

74-83%

VI.A.6-10 Barton, D.H.R. and Doris, E., *TL*, **37**, 3295.

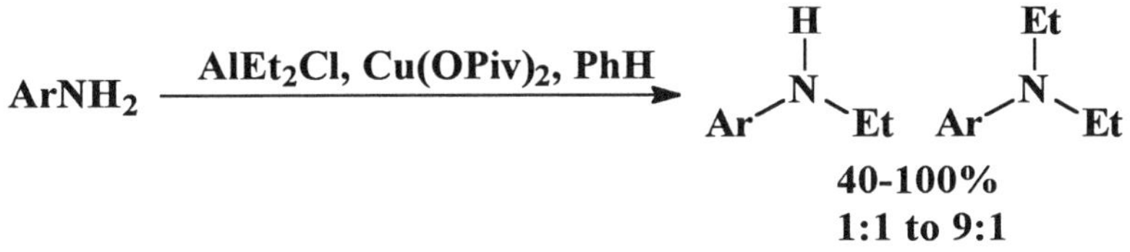

ArNH$_2$ $\xrightarrow{\text{AlEt}_2\text{Cl, Cu(OPiv)}_2\text{, PhH}}$ Ar–N(H)–Et   Ar–N(Et)–Et

40-100%
1:1 to 9:1

VI.A.6-11 Iqbal, J. et al., *TL*, **37**, 7311; O'Brien, P. and Poumellec, P., *TL*, **37**, 5619.

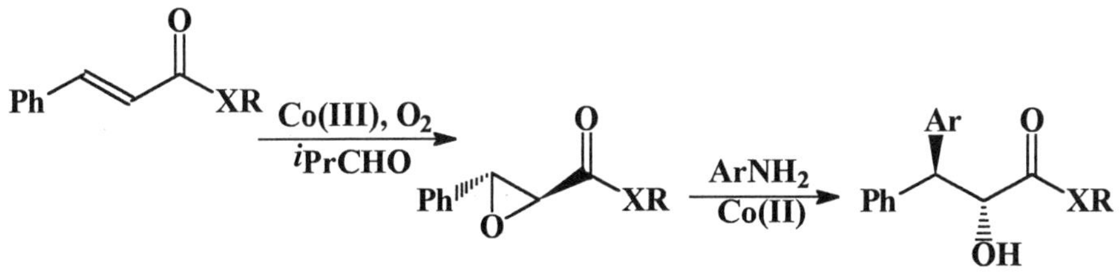

Ph–CH=CH–C(O)–XR $\xrightarrow[i\text{PrCHO}]{\text{Co(III), O}_2}$ Ph-epoxide-C(O)-XR $\xrightarrow{\text{ArNH}_2, \text{Co(II)}}$ Ph–CH(Ar)–CH(OH)–C(O)–XR

VI.A.6-12 Huang, Z.Z. and Zu, L.S., *OPP*, **28**, 121; Jiang, Y.L. et al., *SC*, **26**, 161.

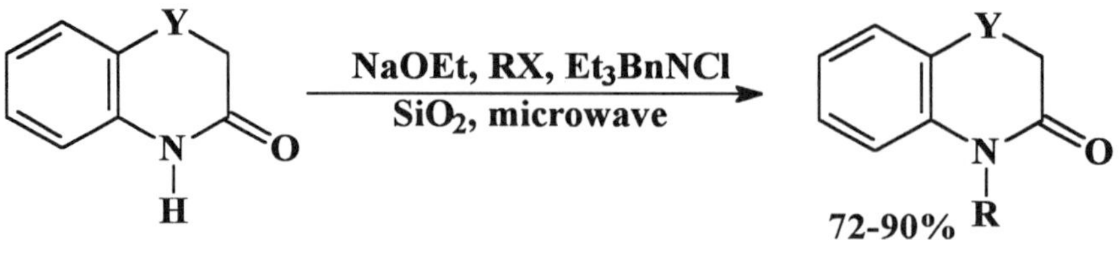

$$\text{benzoxazinone-NH} \xrightarrow[\text{SiO}_2,\text{ microwave}]{\text{NaOEt, RX, Et}_3\text{BnNCl}} \text{benzoxazinone-NR} \quad 72\text{-}90\%$$

VI.A.6-13 Ibuka, T. et al., *T*, **52**, 11739; Joullie, M.M. et al., *T*, **52**, 11673; Wong, C.H. et al., *TL*, **37**, 6287; Taylor, R.J.K. et al., *TL*, **37**, 7457.

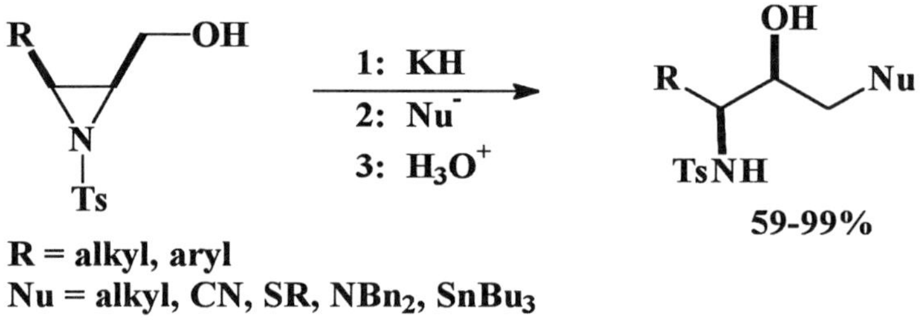

$$\text{N-Ts aziridine-CH}_2\text{OH} \xrightarrow[\text{3: H}_3\text{O}^+]{\text{1: KH; 2: Nu}^-} \text{R-CH(NHTs)-CH(OH)-CH}_2\text{Nu} \quad 59\text{-}99\%$$

R = alkyl, aryl
Nu = alkyl, CN, SR, NBn$_2$, SnBu$_3$

VI.A.6-14 Knolker, H.J. and Braxmeier, T., *TL*, **37**, 5861.

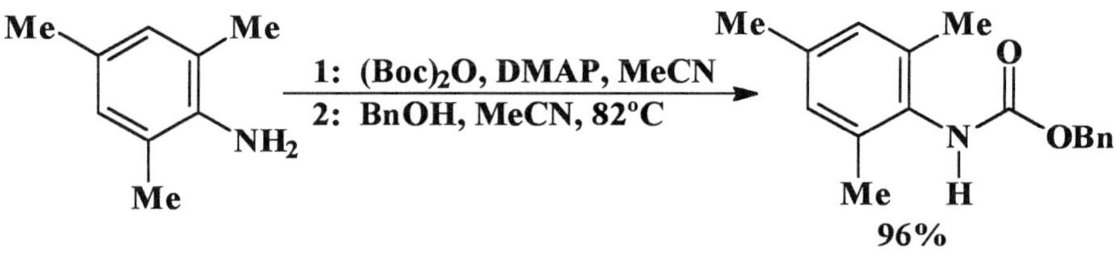

$$\text{2,4,6-trimethylaniline} \xrightarrow[\text{2: BnOH, MeCN, 82°C}]{\text{1: (Boc)}_2\text{O, DMAP, MeCN}} \text{2,4,6-Me}_3\text{C}_6\text{H}_2\text{NHC(O)OBn} \quad 96\%$$

VI.A.6-15 Coe, J.W. et al., *TL*, **37**, 6045; D'Silva, C. and Iqbal, R., *S*, 457; McGill, J.M. et al., *TL*, **37**, 3977; Lemaire, M. et al., *T*, **52**, 9777.

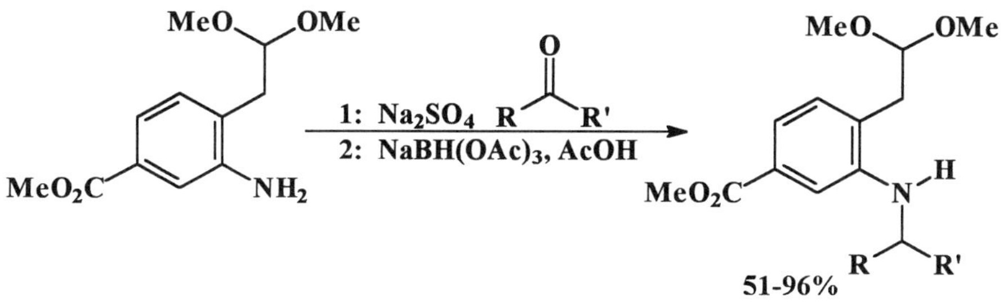

[Reaction scheme: aryl amine with MeO₂C and CH(OMe)₂ substituents + R(C=O)R' under 1: Na₂SO₄; 2: NaBH(OAc)₃, AcOH → N-alkylated product, 51-96%]

VI.A.6-16 Heimgartner, H. et al., *HCA*, **79**, 213.

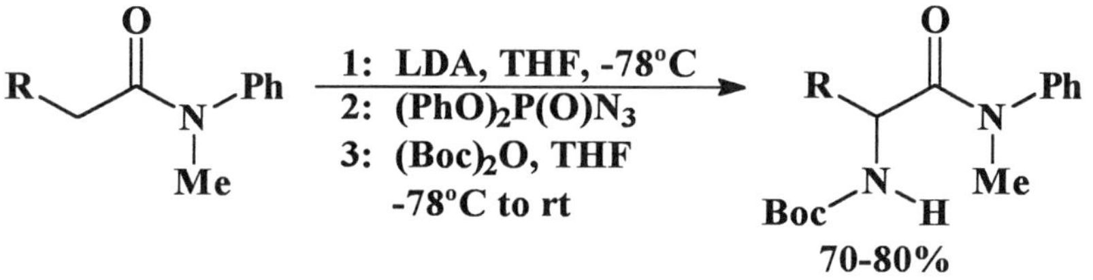

[Reaction scheme: RCH₂C(O)N(Me)Ph under 1: LDA, THF, -78°C; 2: (PhO)₂P(O)N₃; 3: (Boc)₂O, THF, -78°C to rt → α-NHBoc amide, 70-80%]

VI.A.6-17 Trost, B.M. and Cook, G.R., *TL*, **37**, 7485.

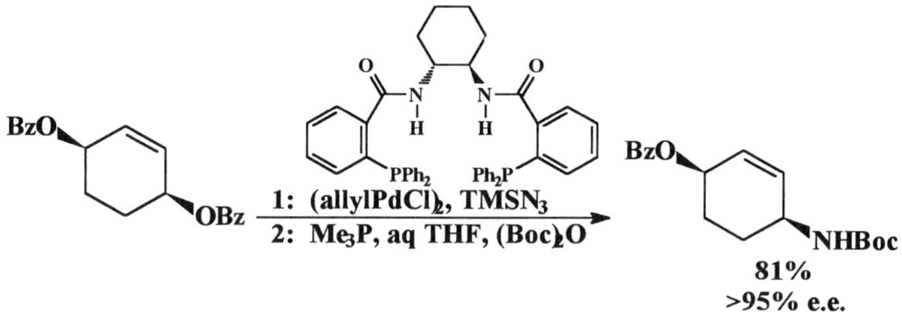

[Reaction scheme: cis-1,4-bis(OBz)cyclohex-2-ene with chiral bis(2-diphenylphosphinobenzamide)cyclohexane ligand, 1: (allylPdCl)₂, TMSN₃; 2: Me₃P, aq THF, (Boc)₂O → BzO-cyclohexene-NHBoc, 81%, >95% e.e.]

VI.A.6-18 Kim, S.C., Yoon, H. et al., *OPP*, **28**, 173; DiGrandi, M.J. and Tilley, J.W., *TL*, **37**, 4327.

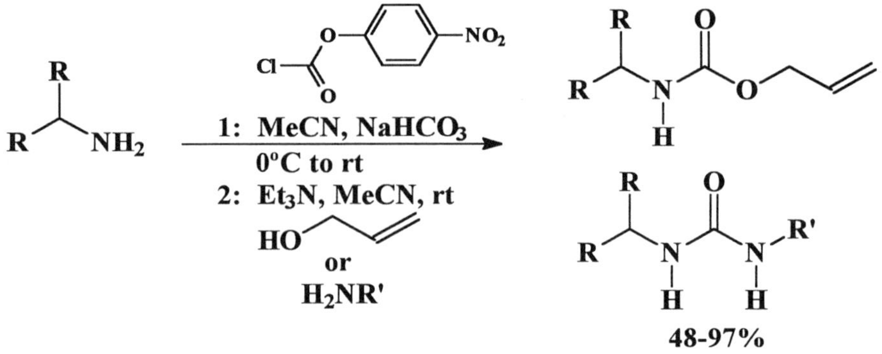

VI.A.6-19 Lakshman, M.K. and Zajc, B., *TL*, **37**, 2529.

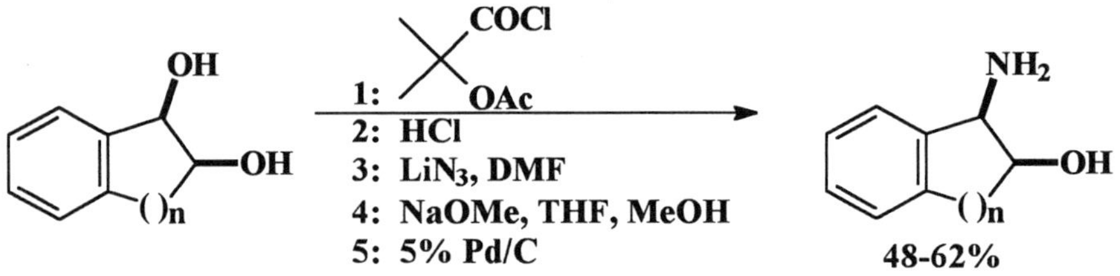

VI.A.7. Amino Acid Derivatives

VI.A.7-1 Baldwin, J.E. et al., *TL*, **37**, 3761.

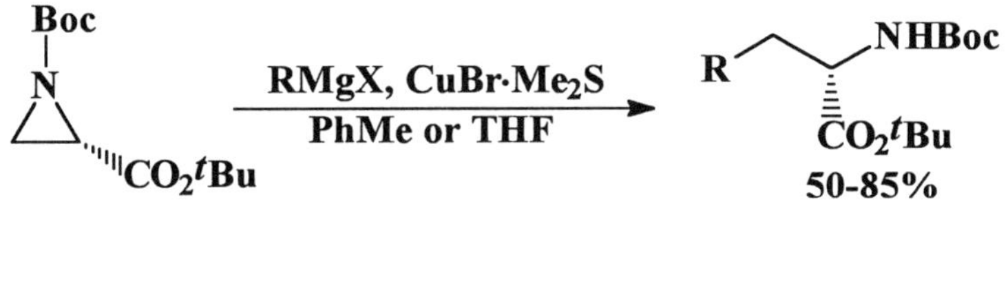

VI.A.7-2   Mioskowski, C. et al., *AGE*, **35**, 430.

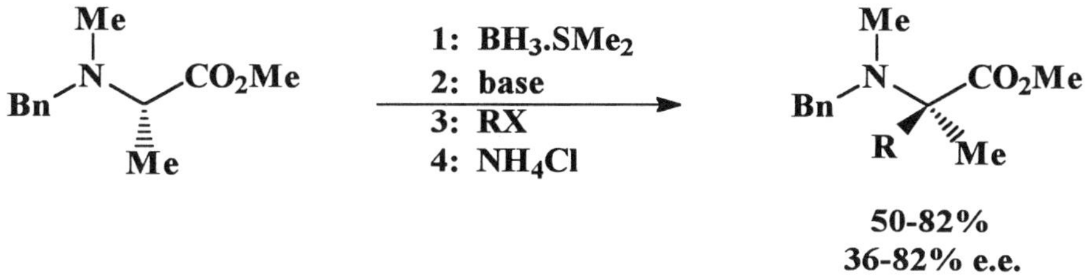

1: BH$_3$·SMe$_2$
2: base
3: RX
4: NH$_4$Cl

50-82%
36-82% e.e.

VI.A.7-3   Sardina, J. and Paleo, M.R., *TL*, **37**, 3403.

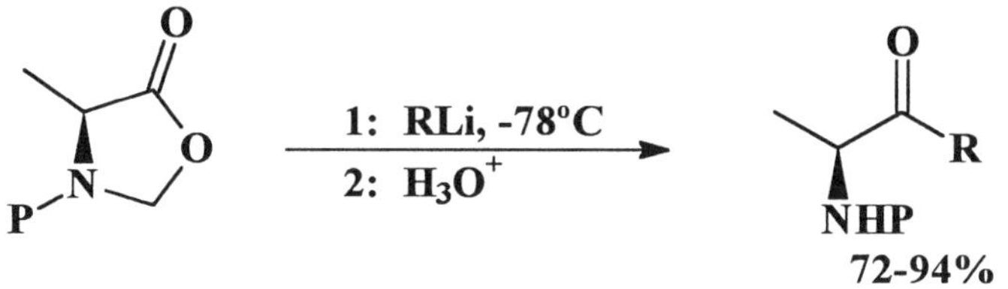

1: RLi, -78°C
2: H$_3$O$^+$

72-94%

VI.A.7-4   Mellor, J.M. et al., *T*, **52**, 1343, 1361 and 1379.

Synthesis of Peptides Related to Valinomycins.

VI.A.7-5   Krysan, D.J., *TL*, **37**, 3303.

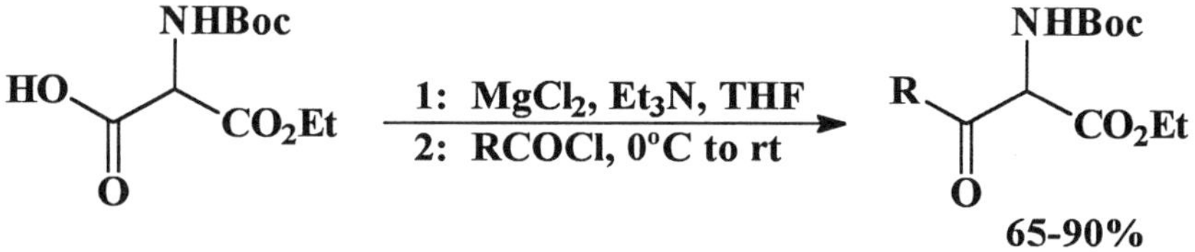

1: MgCl$_2$, Et$_3$N, THF
2: RCOCl, 0°C to rt

65-90%

VI.A.7-6 Imanishi, T. et al., *CC*, 1073; Luke, R.W.A. et al., *TL*, 37, 263.

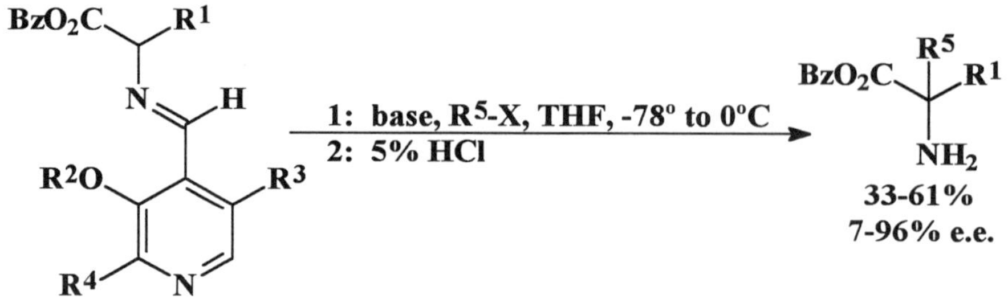

$BzO_2C-CH(R^1)-N=CH-$ (pyridine with R^2O, R^3, R^4 substituents)

1: base, R^5-X, THF, -78° to 0°C
2: 5% HCl

→ $BzO_2C-C(R^5)(R^1)-NH_2$

33-61%
7-96% e.e.

VI.A.7-7 Burger, K. et al., *TL*, 37, 615; Moody, C.J. et al., *JCS(P1)*, 2879 and 2885.

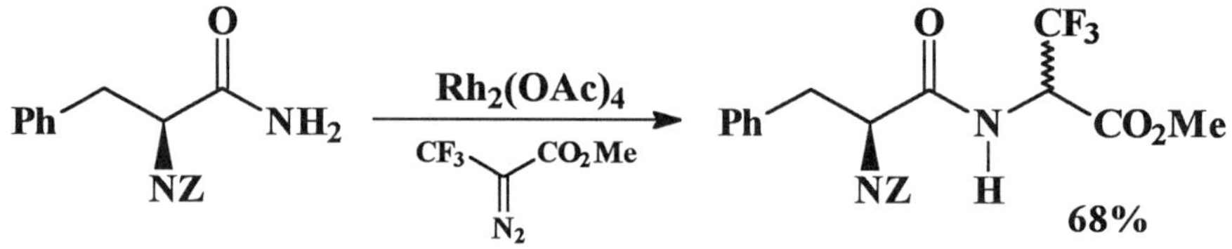

Ph-CH(NZ)-C(O)-NH$_2$ + $CF_3-C(=N_2)-CO_2Me$ $\xrightarrow{Rh_2(OAc)_4}$ Ph-CH(NZ)-C(O)-N(H)-C(CF_3)(CO_2Me)

68%

VI.A.7-8 Kundu, B. and Agarwal, K.C., *JCR(S)*, 200.

Use of 1-(2-Naphthylsulfonyloxy)-6-Nitrobenzotriazole as a Coupling Reagent in Solid Phase Synthesis.

VI.A.7-9 van Boom, J.H. et al., *T*, 52, 2103.

Solid Phase Synthesis of Alkylphosphonopeptides.

VI.A.7-10 Undheim, K. et al., *T*, 52, 7761

Asymmetric Synthesis of Phenylbis(glycines).

VI.A.7-11 Jefford, C.W. et al., *HCA*, **79**, 1203.

The Enantioselective Synthesis of β-Amino Acids, Their α-Hydroxy Derivatives, and the N-Terminal Components of Bestatin and Microginiu.

VI.A.7-12 O'Donnell, M.J. et al., *JACS*, **118**, 6070.

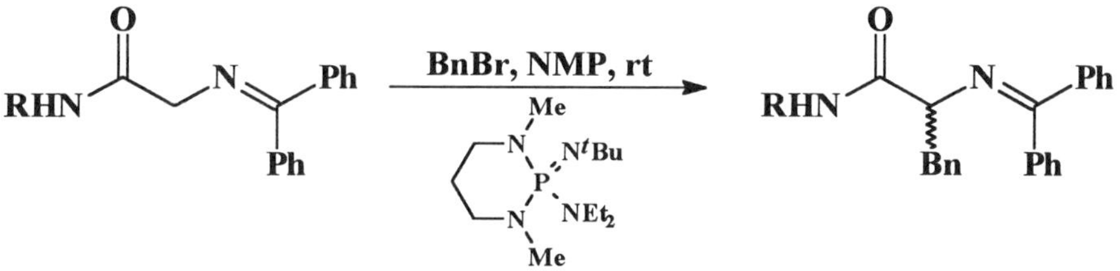

RHN-C(O)-CH₂-N=C(Ph)(Ph) → [BnBr, NMP, rt; phosphazene base with Me, N'Bu, NEt₂] → RHN-C(O)-CH(Bn)-N=C(Ph)(Ph)

VI.A.7-13 Ghosh, S.K. et al., *BCJ*, **69**, 1705.

Bz-Leu → 1: Ph₂Se₂, Bu₃P   2: N₃CH₂CO₂Et, CH₂Cl₂ → Bz-Leu-Gly-OEt 93%

VI.A.7-14 Miyazawa, T. et al., *JCS(P1)*, 2867.

Z-L-Phe-OR → 1: α-Chymotrypsin   2: L-Leu-NH₂ → Z-L-Phe-L-Leu-NH₂ 17-99%

VI.A.7-15 Okai, H. et al., *BCJ*, **69**, 1099.

Peptide Synthesis in Aqueous Solution. V. Properties and Reactivities of (p-Hydroxyphenyl)benzylmethylsulfonium Salts for Direct Benzyl Esterification of N-Acylpeptides.

VI.A.7-16 Node, M. et al., *TL*, **37**, 2791.

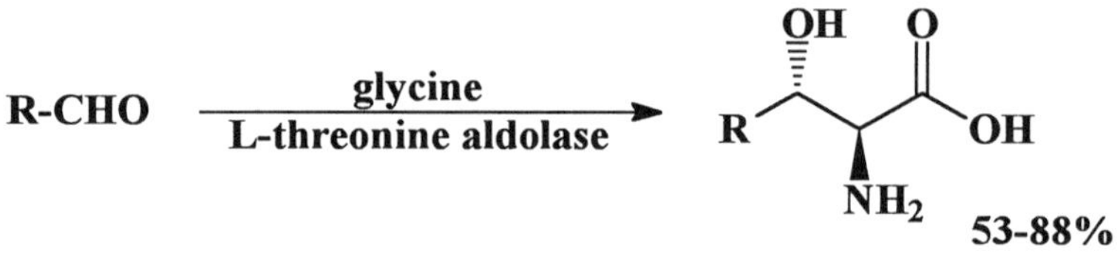

R-CHO $\xrightarrow{\text{glycine}}{\text{L-threonine aldolase}}$ product, 53-88%

VI.A.7-17 Daunis, J. et al., *TL*, **37**, 379.

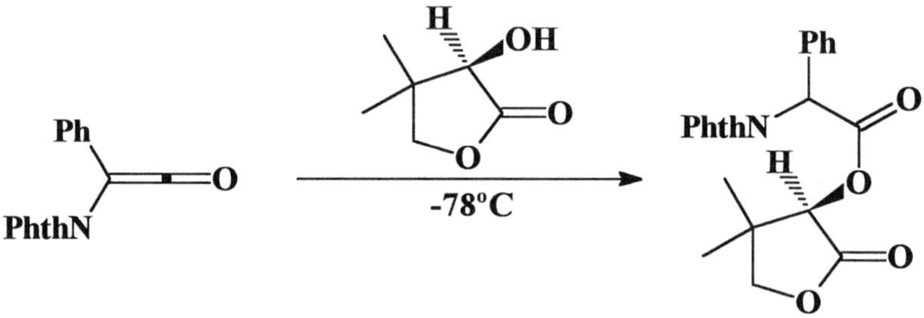

reaction at −78°C

VI.A.7-18 Ajayaghosh, A. and Pillai, V.N.R., *TL*, **37**, 6421.

Photo-Triggered Selective C-Terminal N-Methylamidative Cleavage of Polyethyleneglycol-Bound Peptides.

VI.A.7-19 Palomo, C. et al., *JOC*, **61**, 9196.

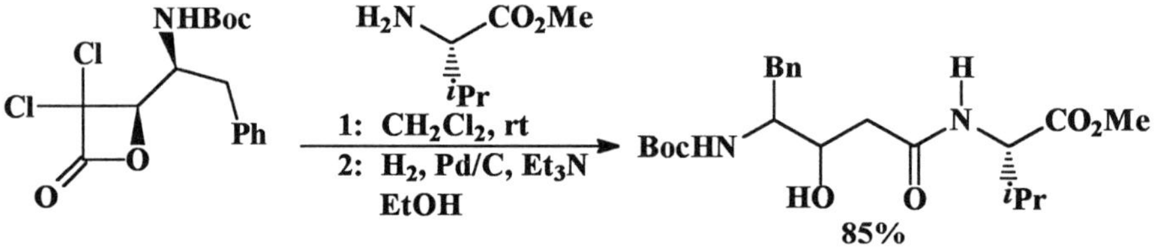

1: CH_2Cl_2, rt
2: H_2, Pd/C, Et_3N, EtOH

85%

VI.A.7-20 Murakami, M., Ito, Y. et al., *TL*, **37**, 7541.

A New Water Compatible Dehydrating Agent DPTF.

VI.A.8. Azides

VI.A.8-1 Magnus, P. and Roe, M.B., *TL*, **37**, 303.

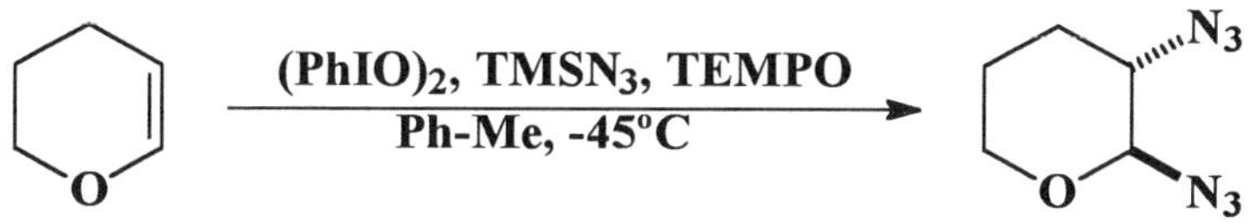

$$\text{dihydropyran} \xrightarrow[\text{Ph-Me, -45°C}]{(PhIO)_2,\ TMSN_3,\ TEMPO} \text{trans-2,3-diazido-tetrahydropyran}$$

VI.A.8-2 Marquez, V.E. and Jeong, L.S., *TL*, **37**, 2353.

Reagents: 1: $SOCl_2$, Et_3N, 0°C; 2: NaN_3, DMF, 105°C — 80%

VI.A.8-3 Crotti, P. et al., *TL*, **37**, 1674; Jacobsen, E.N. et al., *JACS*, **118**, 7420.

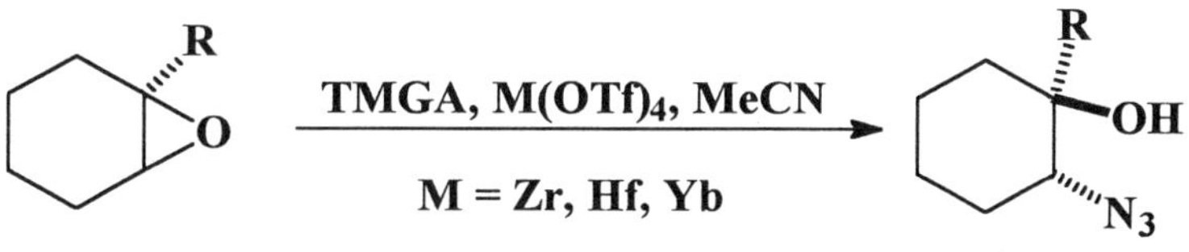

Reagents: TMGA, $M(OTf)_4$, MeCN; M = Zr, Hf, Yb

TMGA = 1,1,3,3-tetramethylguanidinium azide   51-84%

VI.A.8-4 Butcher, J.W. et al., *TL*, **37**, 6685.

[Reaction: 1,4-benzodiazepin-2-one with R on N and R' on C=N]
1: KHMDS, THF
2: Trisyl azide
3: Acetic Acid
→ 3-azido-1,4-benzodiazepin-2-one, 50-98%

VI.A.8-5 Magnus, P. et al., *JACS*, **118**, 3406.

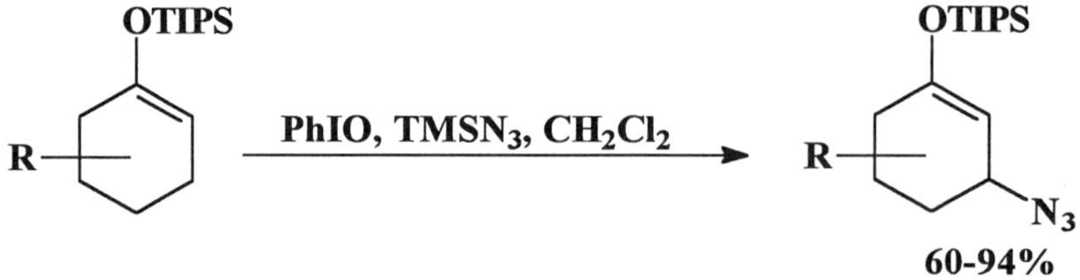

R-substituted 1-OTIPS-cyclohexene —PhIO, TMSN$_3$, CH$_2$Cl$_2$→ allylic azide, 60-94%

VI.A.8-6 Praly, J.P. et al., *S*, 577.

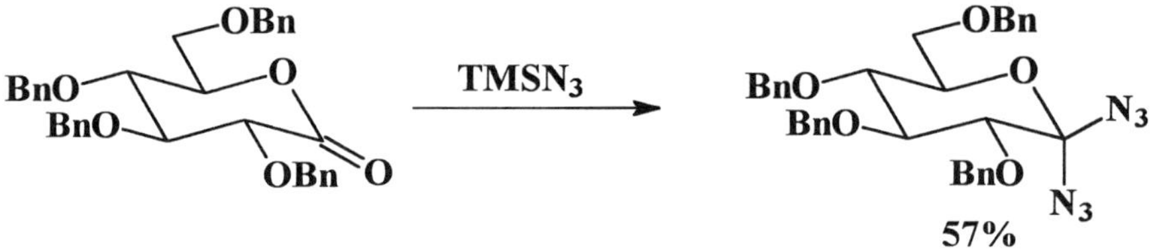

Tetra-O-benzyl gluconolactone —TMSN$_3$→ geminal diazide product, 57%

VI.A.9. Esters

(see also: I.A.1., I.G.2, II.A.1)

VI.A.9-1 Kita, A. et al., *TL*, **37**, 7369; Naemura, K. et al., *TA*, **7**, 3285; Anthonsen, T. et al., *TL*, **7**, 3181; Yamada, S. and Ohe, T., *TL*, **37**, 6777; Nakamura, K. et al., *JOC*, **61**, 2332 and *BCJ*, **69**, 1079; Takagi, Y. et al., *TL*, **37**, 4991; Zwanenburg, B. et al., *TL*, **37**, 4759; Colombo, D. et al., *TA*, **7**, 771; Ogura, K. et al., *BCJ*, **69**, 207; Ema, T., Utaka, M. et al., *TA*, **7**, 625; Gelo-Pujic, M. et al., *JCS(P1)*, 2777.

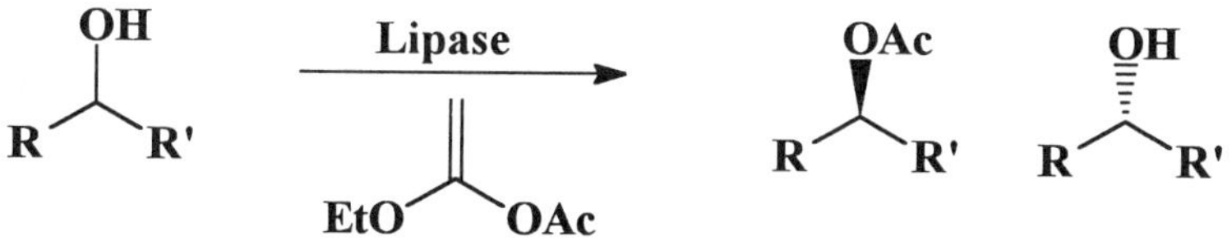

VI.A.9-2 Bigg, D.C.H. et al., *S*, 1286.

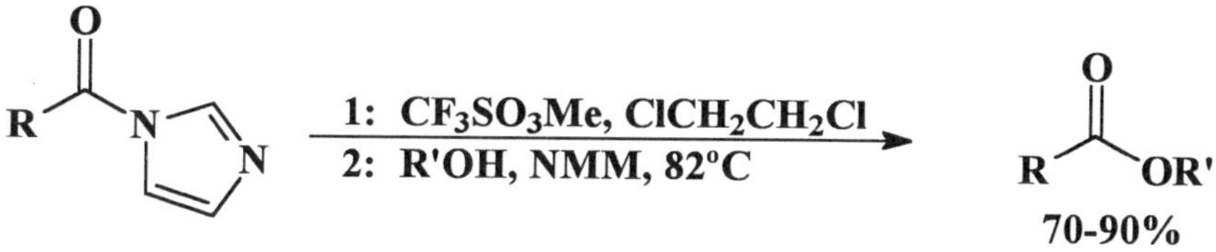

VI.A.9-3 Waddell, S.T. and Santorelli, G.M., *TL*, **37**, 1971.

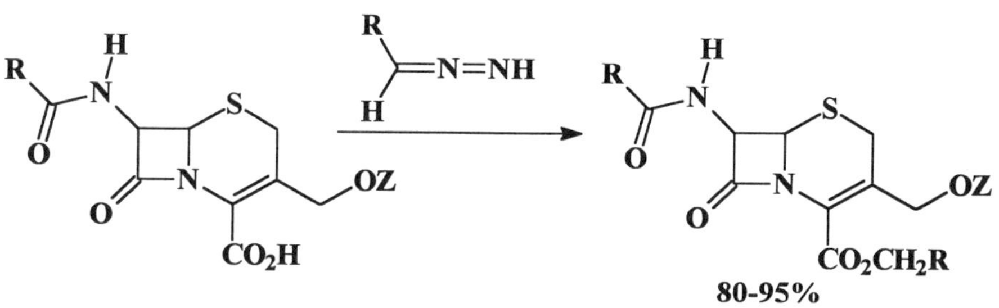

VI.A.9-4 Hughes, D.L. and Reamer, R.A., *JOC*, **61**, 2967.

The Effect of Acid Strength on the Mitsunobu Esterification Reaction: Carboxyl vs. Hydroxyl Reactivity.

VI.A.9-5 LeDrian, C. and Chaumeil, H., *HCA*, **79**, 1075.

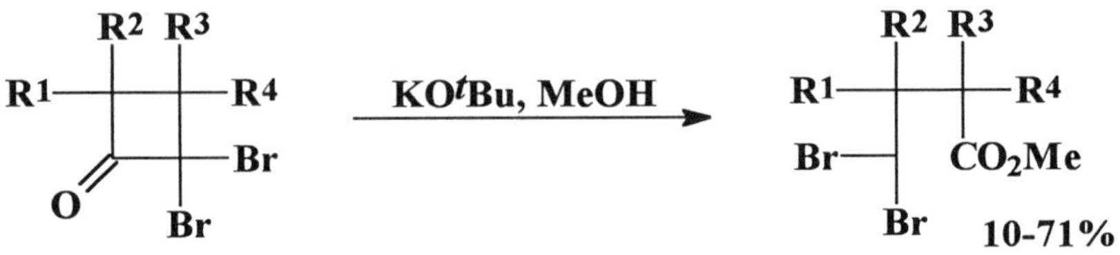

$$\text{R}^1-\underset{\underset{\text{Br}}{\overset{\text{O}}{\|}}}{\overset{\text{R}^2 \;\; \text{R}^3}{|}}-\overset{-\text{R}^4}{\underset{-\text{Br}}{|}} \xrightarrow{\text{KO}^t\text{Bu, MeOH}} \text{R}^1-\underset{\text{Br}}{\overset{\text{R}^2 \;\; \text{R}^3}{|}}-\underset{\text{CO}_2\text{Me}}{\overset{-\text{R}^4}{|}} \quad 10\text{-}71\%$$

VI.A.9-6 Mann, A. et al., *H*, **43**, 1459.

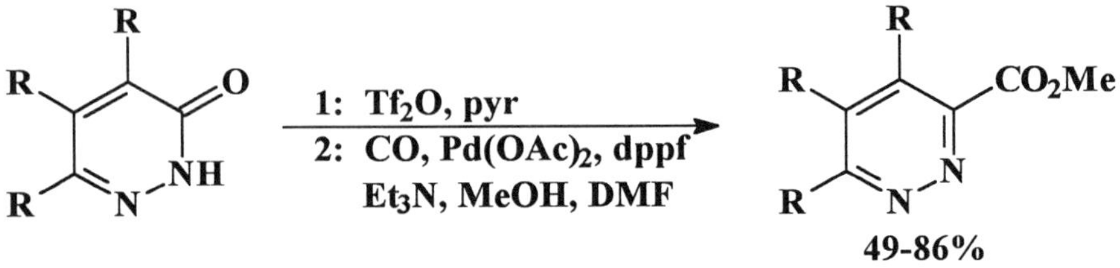

pyridazinone-NH → 1: Tf$_2$O, pyr; 2: CO, Pd(OAc)$_2$, dppf, Et$_3$N, MeOH, DMF → pyridazine-CO$_2$Me, 49-86%

VI.A.9-7 Mladenova, M. et al., *TL*, **37**, 6547.

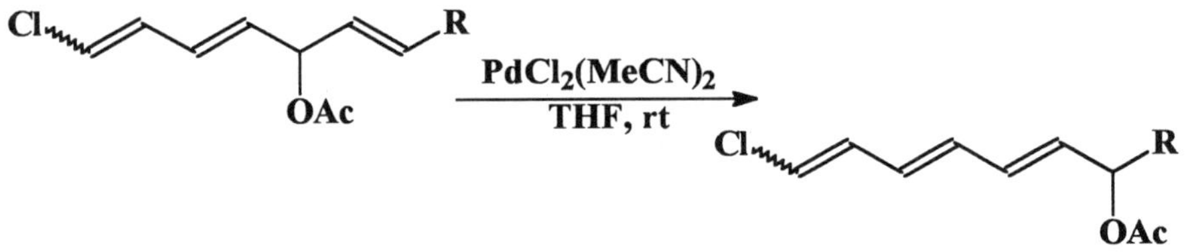

Cl—CH=CH—CH=CH—CH(OAc)—CH=CH—R $\xrightarrow{\text{PdCl}_2(\text{MeCN})_2, \text{THF, rt}}$ Cl—CH=CH—CH=CH—CH=CH—CH(OAc)—R

VI.A.9-8 Kita, Y. et al., *TL*, **37**, 7545.

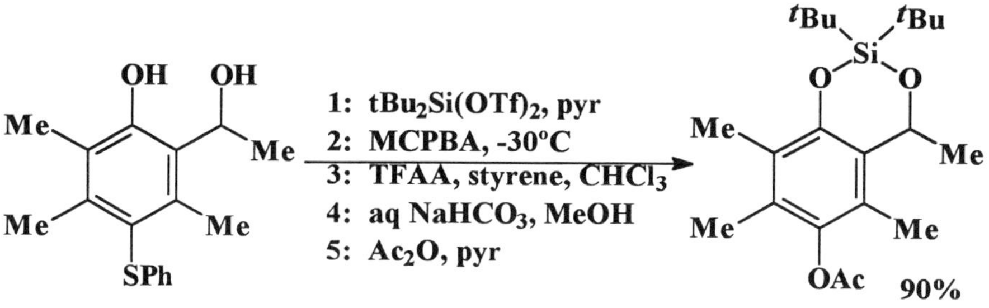

VI.A.9-9 Mehta, G. and Reddy, D.S., *SL*, 229.

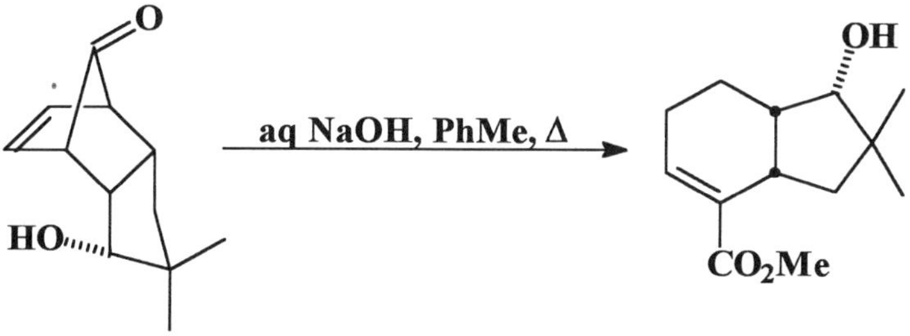

VI.A.9-10 Tanaka, M. et al., *T*, **52**, 4291; Hiegel, G.A. et al., *SC*, **26**, 2633.

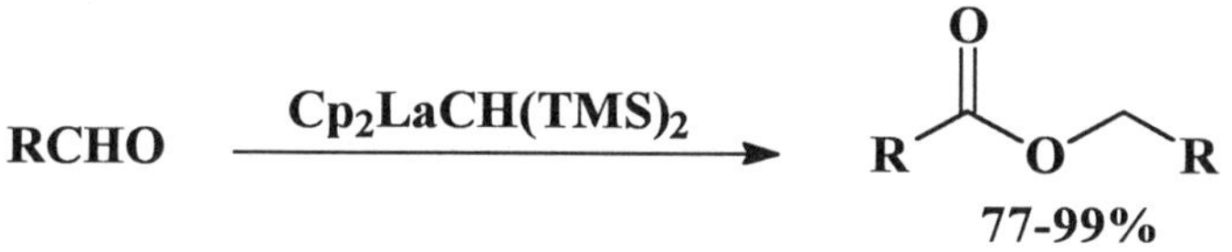

RCHO $\xrightarrow{\text{Cp}_2\text{LaCH(TMS)}_2}$ R–C(O)–O–CH$_2$–R 77-99%

VI.A.9-11 Seto, H. et al., *TL*, **37**, 4179.

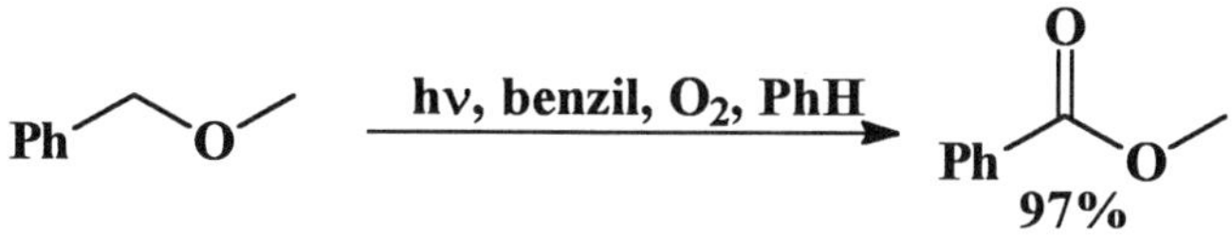

Ph–CH$_2$–O–Me $\xrightarrow{h\nu,\ \text{benzil},\ O_2,\ \text{PhH}}$ Ph–C(O)–O–Me 97%

VI.A.9-12 Copp, J.D. et al., *SC*, **26**, 3491.

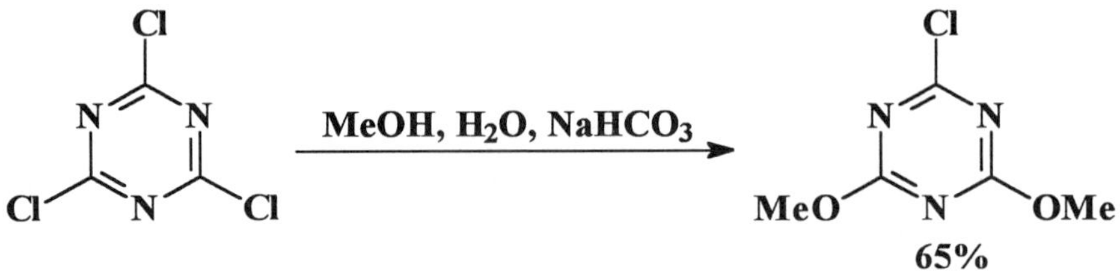

2,4,6-trichloro-1,3,5-triazine → 2-chloro-4,6-dimethoxy-1,3,5-triazine

Reagents: MeOH, H₂O, NaHCO₃
Yield: 65%

VI.A.10. Ethers

VI.A.10-1 Devine, P.N. et al., *TL*, **37**, 2683; Zhu, J. et al., *JOC*, **61**, 771; Pearson, A.J. and Bignan, G., *TL*, **37**, 735.

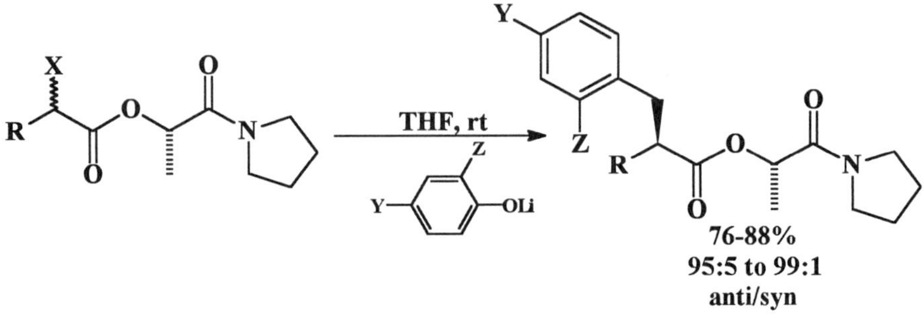

Conditions: THF, rt
Yield: 76–88%, 95:5 to 99:1 anti/syn

VI.A.10-2 Hartwig, J.F. and Mann, G., *JACS*, **118**, 13109; Aida, T. et al, *JCS(P1)*, 183; Pang, J. et al., *SC*, **26**, 3425; Takechi, N. et al., *CL*, 23; Otera, J. et al., *BCJ*, **69**, 1107.

$$\text{Ar-Br} \xrightarrow[\text{PhMe, 100°C}]{\text{R-ONa, Pd(dba)}_2} \text{Ar-OR}$$

58–69%

VI.A.10-3 Lin, J.M. et al., *TL*, **37**, 5159.

$$\text{R-OH} \xrightarrow[\text{2: R'X}]{\text{1: Mg, I}_2} \text{R-O-R'} \quad 72\text{-}95\%$$

VI.A.10-4 Sebesta, D.P. et al., *JOC*, **61**, 361.

$$\text{R-OH} \xrightarrow{\text{PPh}_3,\ \text{DEAD},\ (\text{CF}_3)_3\text{COH}} \text{R-O-C(CF}_3)_3 \quad 59\text{-}84\%$$

VI.A.10-5 Kann, N. et al., *OS*, **74**, 13.

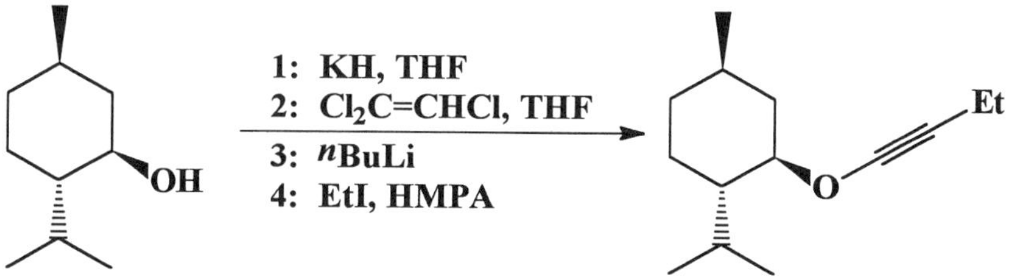

Reagents: 1: KH, THF; 2: Cl$_2$C=CHCl, THF; 3: ^{n}BuLi; 4: EtI, HMPA

(menthol → menthyl O-C≡C-Et)

VI.A.10-6 Taguchi, T. et al., *T*, **52**, 8135.

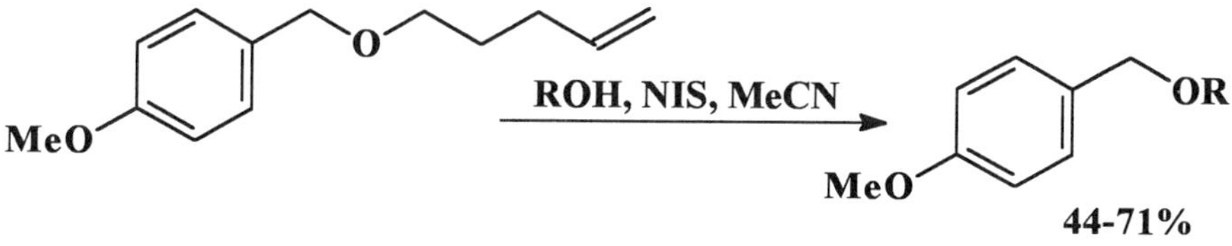

(4-MeO-C$_6$H$_4$-CH$_2$-O-CH$_2$CH$_2$CH$_2$CH=CH$_2$) — ROH, NIS, MeCN → 4-MeO-C$_6$H$_4$-CH$_2$-OR, 44-71%

VI.A.10-7 Sengupta, S. et al., *TL*, **37**, 8815.

RuCl$_2$(PPh$_3$)$_3$: A New Catalyst for Diazocarbonyl Insertions into Heteroatom Hydrogen Bonds.

VI.A.10-8 Steckhau, E. et al., *T*, **52**, 9743.

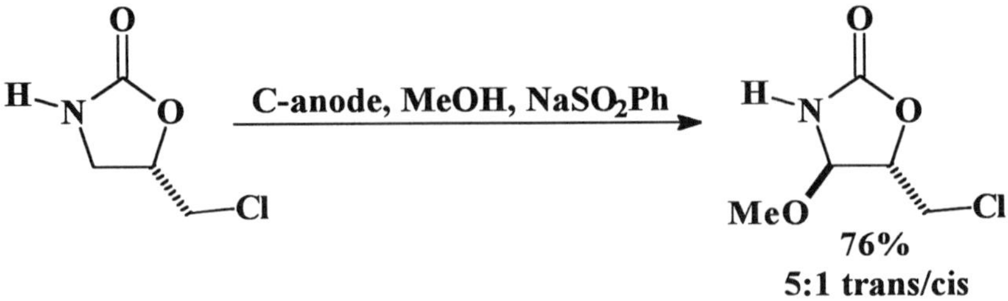

[Reaction: 5-(chloromethyl)oxazolidin-2-one + C-anode, MeOH, NaSO₂Ph → 4-methoxy-5-(chloromethyl)oxazolidin-2-one, 76%, 5:1 trans/cis]

VI.A.11. Halides

(see also: II.B.2.)

VI.A.11-1 Hara, S., Yoneda, N. et al., *CC*, 1899; Davis, F.A. and Qi, H., *TL*, **37**, 4345; Borah, P. and Chowdhury, P. *JCR(S)*, 502.

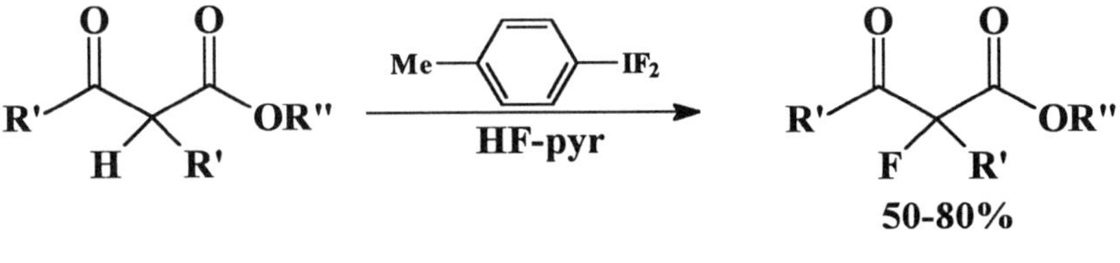

[Reaction: β-ketoester with α-H → α-fluoro-β-ketoester, using p-MeC₆H₄IF₂, HF-pyr, 50-80%]

VI.A.11-2 Tillyer, R., Frey, L.F. et al., *SL*, 225; see also: Szeimies, G. et al., *LA*, 1705; Kodra, J.T. et al., *SC*, **26**, 3345.

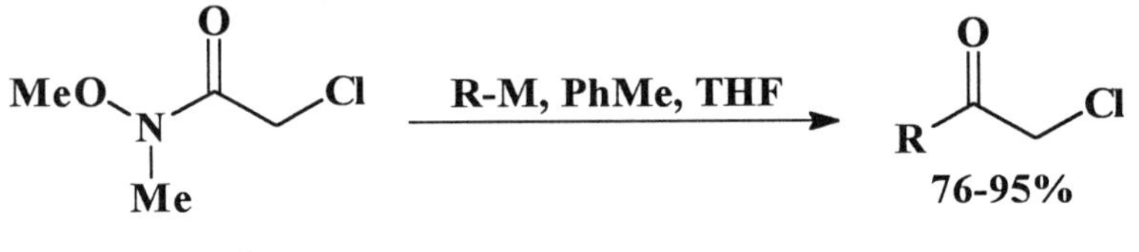

[Reaction: MeO-N(Me)-C(O)-CH₂Cl + R-M, PhMe, THF → R-C(O)-CH₂Cl, 76-95%]

VI.A.11-3 Hodgson, D.M. and Cominu, P.J., *CC*, 755.

$$R\text{-epoxide(SiMe}_3\text{)(SiMe}_3\text{)} \xrightarrow{\text{HX, THF, }\Delta} R\text{-CH=C(SiMe}_3\text{)(X)}$$

X = Cl, Br, I

90-99%
>90% Z

VI.A.11-4 Carreno, M.C., Ruano, J.L. et al., *TL*, **37**, 4081; Cerichelli, G. et al., *T*, **52**, 2465; Evans, P.A. and Brandt, T.A., *TL*, **37**, 6443; Queguiner, G. et al., *TL*, **37**, 6695; Srinivasan, C. et al., *T*, **52**, 3487.

$$\text{Ar-H} \xrightarrow{\text{NIS, MeCN}} \text{Ar-I}$$

85-97%

Ar = MeO activated aromatic

VI.A.11-5 Roy, S. and Chowdhury, S., *TL*, **37**, 2623.

$$\text{ArCH=CR(CO}_2\text{H)} \xrightarrow[\text{Mn(OAc)}_2]{\text{NBS, aq MeCN}} \text{ArCH=CR(Br)}$$

Mn catalyzed Hunsdiecker reaction

73-95%

VI.A.11-6 Guidi, A. and Arcamone, F., *TL*, **37**, 1123.

[Structure: dihydronaphthacenone with OH, OH, OR substituents and acetyl group] $\xrightarrow[\text{collidine, }\Delta]{\text{NBS, AIBN, CCl}_4}$ [Same structure with Br substituent]

80%

VI.A.11-7 Shibuya, S. et al., *JOC*, **61**, 7207; Piettre, S.R. et al., *TL*, **37**, 4711; Kim, D.Y. et al., *TL*, **37**, 653.

$$R\text{-CH=CH-X} \xrightarrow[\text{DMF, rt}]{\text{Br}_2\text{Zn}\cdot\text{CuF}_2\text{CPO}_3\text{Et}_2} R\text{-CH=CH-CF}_2\text{PO}_3\text{Et}_2$$

0-90%

VI.A.11-8 Petasis, N.A. and Zavialov, I.A., *TL*, **37**, 567; Deng, M.Z. and Zou, M.F., *JOC*, **61**, 1857; Srebnik, M. and Zhang, B., *SC*, **26**, 393; Kishi, Y. et al., *TL*, **37**, 8647.

[Reaction: vinyl boronic acid R-CH=C(R')-B(OH)$_2$ + N-halosuccinimide (N-X) → R-CH=C(R')-X, 62-86%]

VI.A.11-9 Kumadaki, I. et al., *SL*, 82.

[Reaction: HO-CR(H)-C(Cl)=CF$_2$ with MeC(OEt)$_3$, EtCO$_2$H, 140°C → R-CH=C(Cl)-CF$_2$-CH$_2$-CO$_2$Et, 27-90%]

VI.A.11-10 Piettre, S.R. and Cabanas, L., *TL*, **37**, 5881; Percy, J.M. et al., *TL*, **37**, 6403.

$$R\text{-CO-R'} \xrightarrow[\text{2: H}_2\text{O}]{\text{1: LiCF}_2\text{PO}_3\text{Et}_2} R\text{-C(=CF}_2\text{)-R'}$$

14-69%

VI.A.11-11 Yamanaka, H. et al., *TL*, **37**, 1829; Billard, T. and Langlois, B.R., *TL*, **37**, 6865.

$$\text{MeCO}_2{}^t\text{Bu} \xrightarrow[\substack{\text{2: TBSCl} \\ \text{3: CF}_3\text{I, Et}_3\text{B} \\ \text{hexane}}]{\text{1: LDA, THF}} \text{CF}_3\text{CH}_2\text{CO}_2\text{H} \quad 69\%$$

VI.A.11-12 Mohanazadeh, F. and Momeni, A.R., *OPP*, **28**, 492; Richert, C. et al., *TL*, **37**, 1591; Chou, T.S. et al., *TL*, **37**, 17; Stiasny, H.C., *S*, 259.

$$\underset{R'}{\overset{R''}{\diagdown}}\underset{R}{\overset{\diagup}{\text{C}}}\text{OH} \xrightarrow{\text{SiCl}_4} \underset{R'}{\overset{R''}{\diagdown}}\underset{R}{\overset{\diagup}{\text{C}}}\text{Cl} \quad 80\text{-}90\%$$

VI.A.11-13 Takeda, T. et al., *SL*, 273; Barton, D.H.R. et al., *OS*, **74**, 101.

$$\underset{R}{\overset{}{\diagdown}}\text{C}=\text{N}-\text{NH}_2 \xrightarrow{{}^t\text{BuOLi, CuBr}_2, \text{THF}} \underset{R}{\overset{Br}{\diagdown}}\underset{R'}{\overset{Br}{\diagup}}\text{C} \quad 63\text{-}83\%$$

VI.A.11-14 Jonczyk, A. and Kaczmarczyk, G., *TL*, **37**, 4085.

$$\underset{\text{Cl} \ \ \text{Cl}}{\overset{R \ \ \ \ Z}{\triangle_{R'}}} \xrightarrow{\text{TBAF, DMF, 0°C}} \underset{F \ \ \ F}{\overset{R \ \ \ \ Z}{\triangle_{R'}}} \quad 40\text{-}46\%$$

VI.A.11-15 Fujita, T. and Fuchigami, T., *TL*, **37**, 4725.

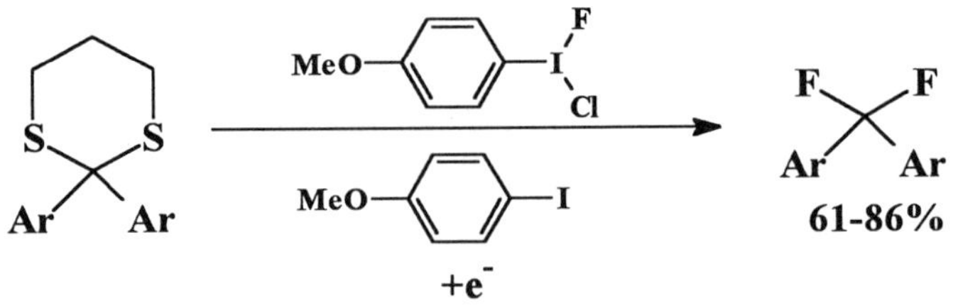

VI.A.11-16 Shen, Y. and Gao, S., *JCS(P1)*, 2531.

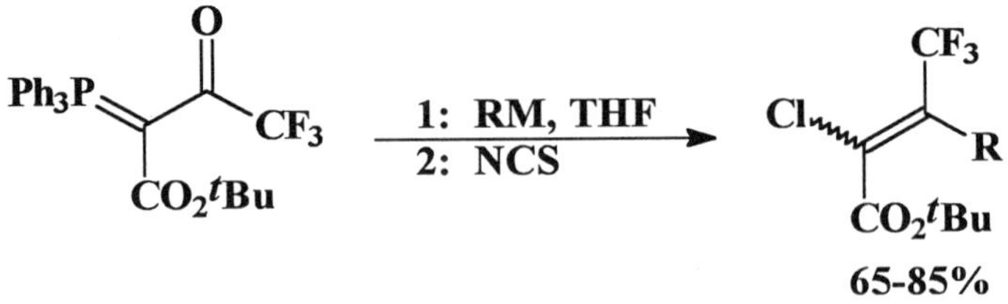

VI.A.11-17 Ferrara, A. and Burton, G., *TL*, **37**, 929.

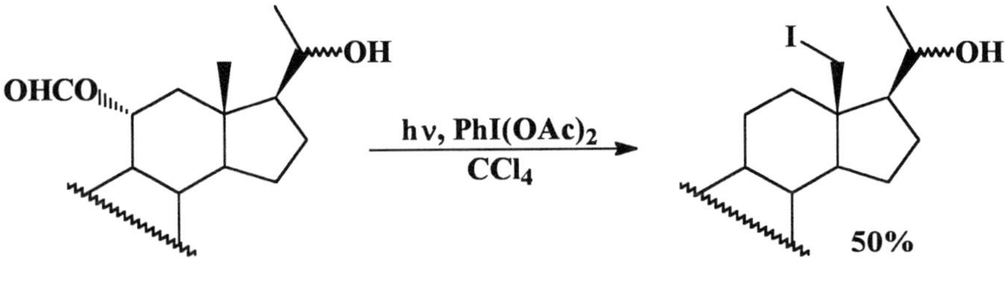

VI.A.11-18 Hoberg, J.G. and Claffey, D.J., *TL*, **37**, 2533.

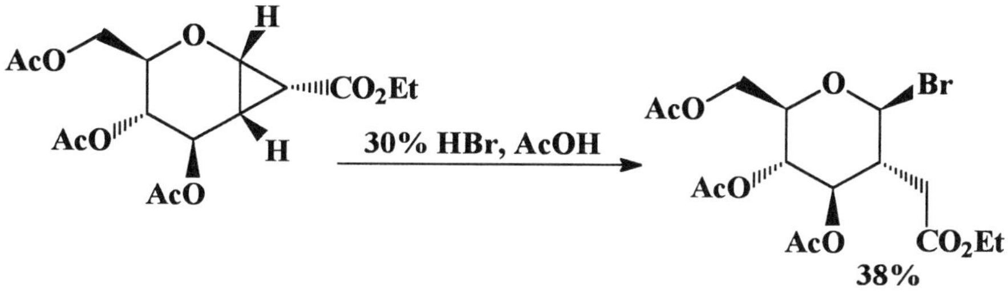

VI.A.11-19 Uenishi, J. et al., *TL*, **37**, 6759.

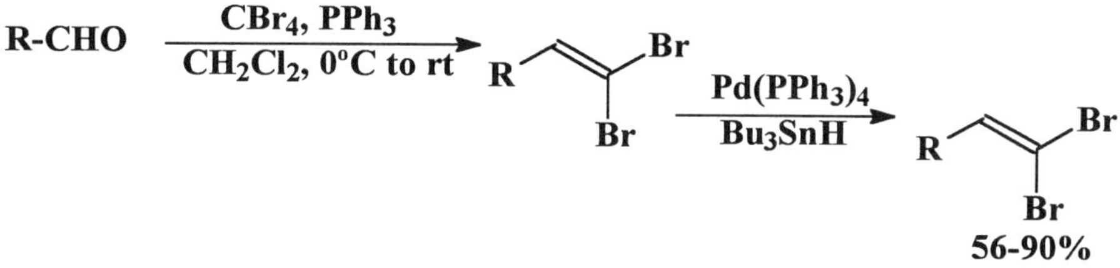

$$R\text{-CHO} \xrightarrow[\text{CH}_2\text{Cl}_2,\ 0°C\ \text{to rt}]{\text{CBr}_4,\ \text{PPh}_3} R\!-\!\!\!=\!\!\!C(Br)_2 \xrightarrow[\text{Bu}_3\text{SnH}]{\text{Pd(PPh}_3)_4} R\!-\!\!\!=\!\!\!C(Br)_2$$

56-90%

VI.A.12. Nitriles and Imines

VI.A.12-1 Mioskowski, C. et al., *JOC*, **61**, 6468.

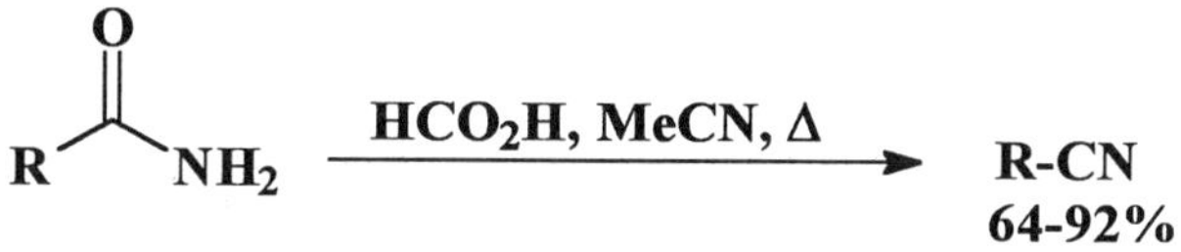

$$R\text{-C(O)NH}_2 \xrightarrow{\text{HCO}_2\text{H, MeCN, }\Delta} R\text{-CN}$$

64-92%

VI.A.12-2 Kim, K. and Lee, H.S., *TL*, **37**, 3709.

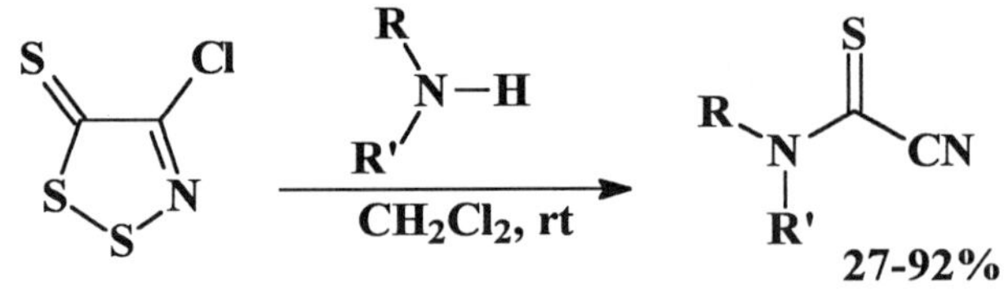

VI.A.12-3 Fort, Y. et al., *SC*, **26**, 2811.

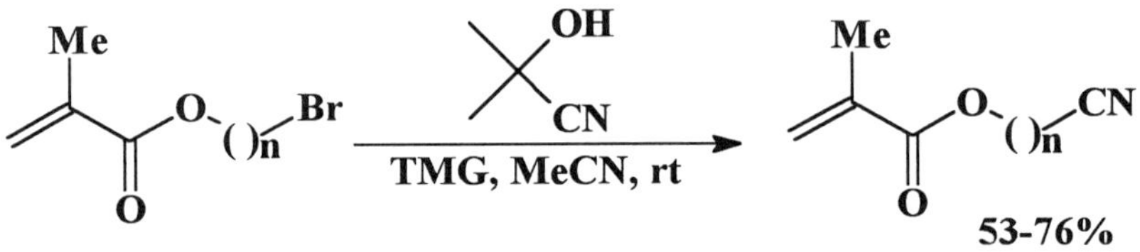

VI.A.12-4 Yamashita, T. et al., *JOC*, **61**, 6438.

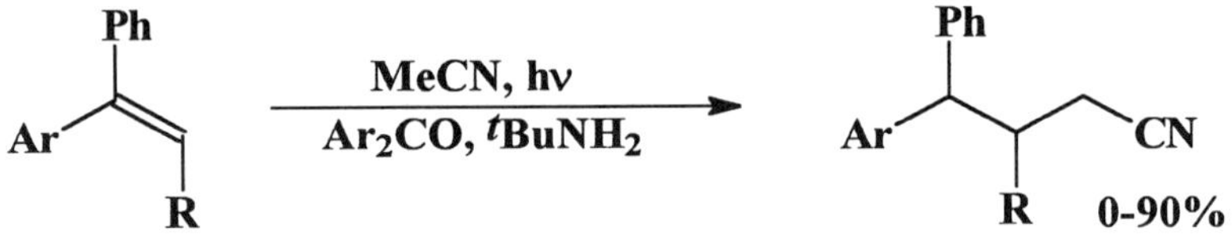

VI.A.12-5 Effenberger, F. et al., *AGE*, **35**, 437; Whitesell, J.K. and Apoduca, R., *TL*, **37**, 2525.

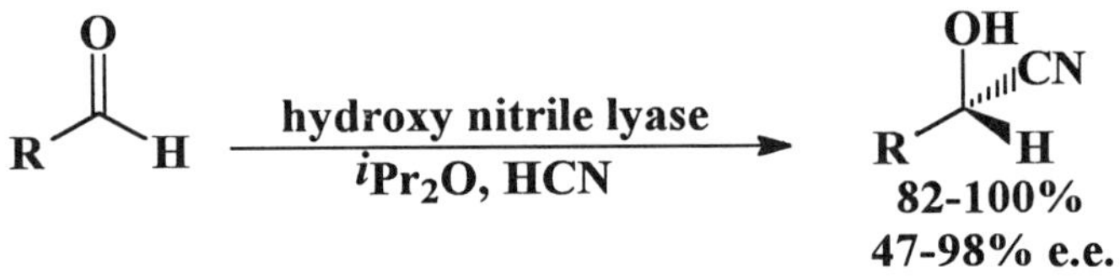

VI.A.12-6 Hoveydu, A.H. et al., *AGE*, **35**, 1668.

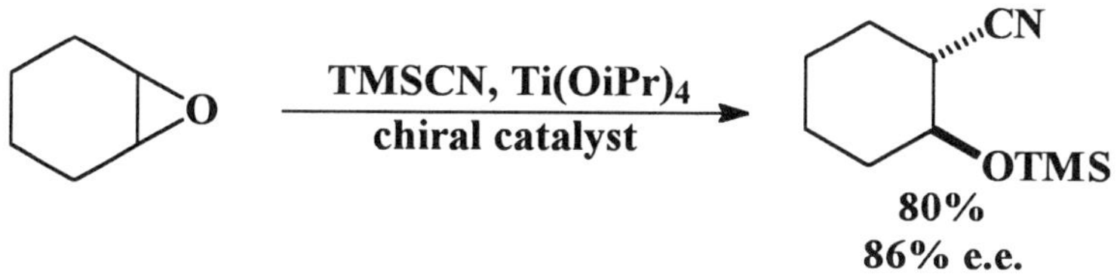

[cyclohexene oxide] →(TMSCN, Ti(OiPr)$_4$, chiral catalyst)→ trans-2-(trimethylsilyloxy)cyclohexanecarbonitrile
80%
86% e.e.

VI.A.12-7 Mlochowski, J. et al., *JPR*, **338**, 65; Chapman, J.J. et al., *OS*, **74**, 217.

Ar–CH=N–NMe$_2$ →(MCPBA, CH$_2$Cl$_2$, -15°C to rt)→ Ar-CN
53-93%

VI.A.12-8 Eisen, M.S. et al., *OM*, **15**, 3773.

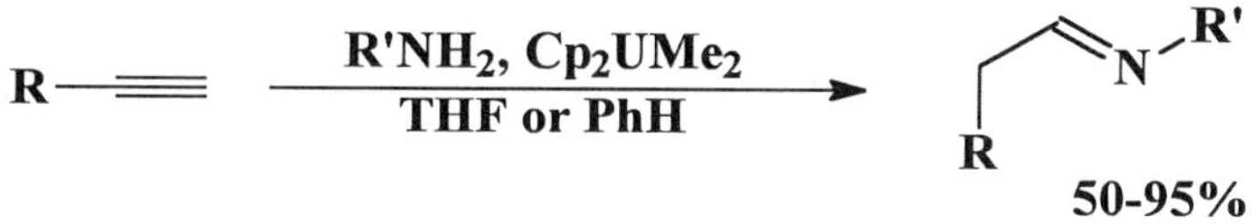

R–≡ →(R'NH$_2$, Cp$_2$UMe$_2$, THF or PhH)→ RCH$_2$–C(=N–R')H
50-95%

VI.A.12-9 Ichikawa, J., Minami, T. et al., *SL*, 243.

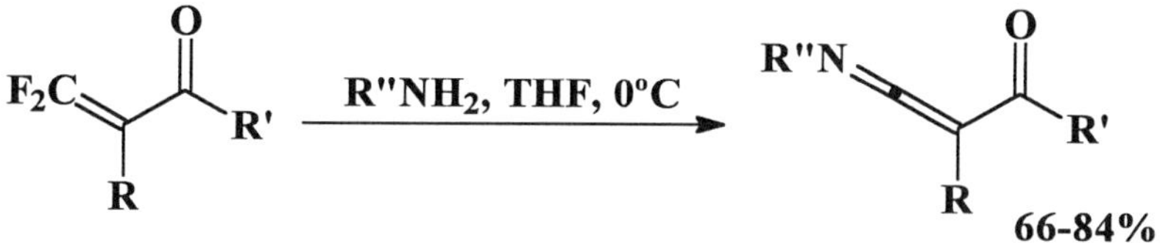

F$_2$C=C(R)C(O)R' →(R"NH$_2$, THF, 0°C)→ R"N=C(R)C(O)R'
66-84%

VI.A.12-10 Prajapati, D. et al., *JCR(S)*, 538.

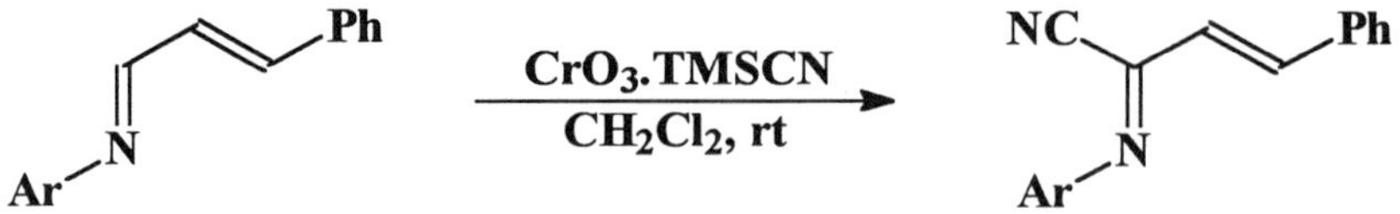

Ar–N=CH–CH=CH–Ph →[CrO$_3$·TMSCN / CH$_2$Cl$_2$, rt] Ar–N=C(CN)–CH=CH–Ph

VI.A.13. Other N-Containing Functional Groups

VI.A.13-1 Smith, K. et al., *CC*, 469 and 467; Christensen, J.B. et al., *OPP*, **28**, 123; Barret, R. et al., *H*, **43**, 263.

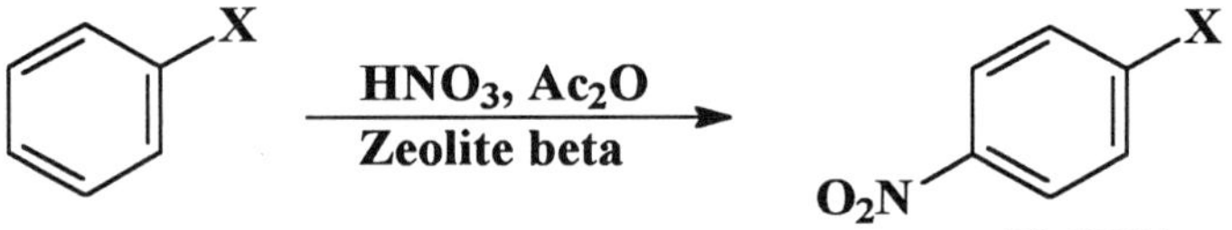

Ph–X →[HNO$_3$, Ac$_2$O / Zeolite beta] O_2N–C$_6$H$_4$–X

92-99%
79-99% para

VI.A.13-2 Bandgar, B.P. et al., *SL*, 149; Miller, M.J. et al., *TL*, **37**, 3799.

RCHO + R'CH$_2$NO$_2$ →[ENVIROCAT EPZG, 100°C] RCH=C(NO$_2$)R'

90-97%

VI.A.13-3 Sandhu, J.S. et al., *CL*, 351.

Ar-NO$_2$ →[CdCl$_2$-Zn, MeCN, 60°C] Ar-N(O)=N-Ar

65-85%

VI.A.13-4 Nicholas, D.E. and Ghosh, D., *S*, 195; Hwu, J.R. et al., *OM*, **15**, 499; Kochi, J.K. and Rathore, R., *JOC*, **61**, 627.

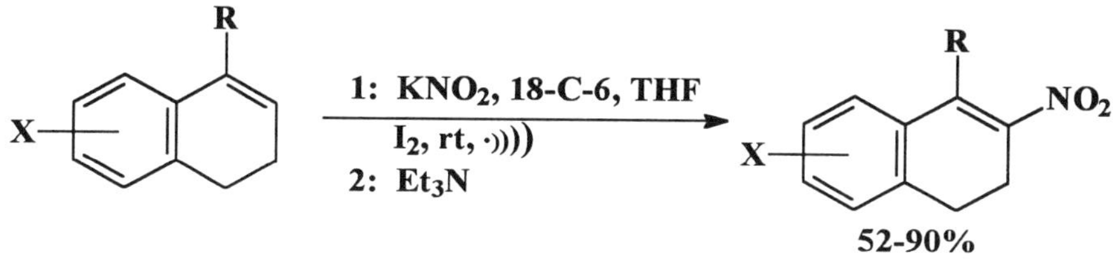

[Reaction: dihydronaphthalene with R substituent and X on aromatic ring → 2-nitro dihydronaphthalene. Conditions: 1: KNO$_2$, 18-C-6, THF, I$_2$, rt, ·))); 2: Et$_3$N. Yield: 52-90%]

VI.A.13-5 Yao, C.F. et al., *TL*, **37**, 6339; Kumaran, G., *TL*, **37**, 6407.

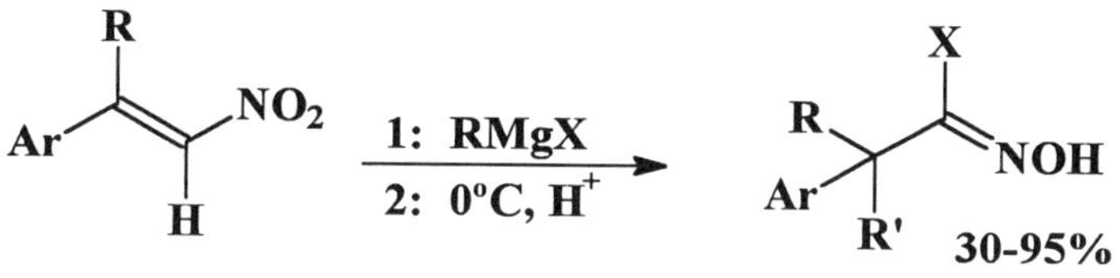

[Reaction: Ar(R)C=CH-NO$_2$ → Ar(R)(R')C-C(X)=NOH. Conditions: 1: RMgX; 2: 0°C, H$^+$. Yield: 30-95%]

VI.A.13-6 Mioskowski, C. et al., *TL*, **37**, 7047.

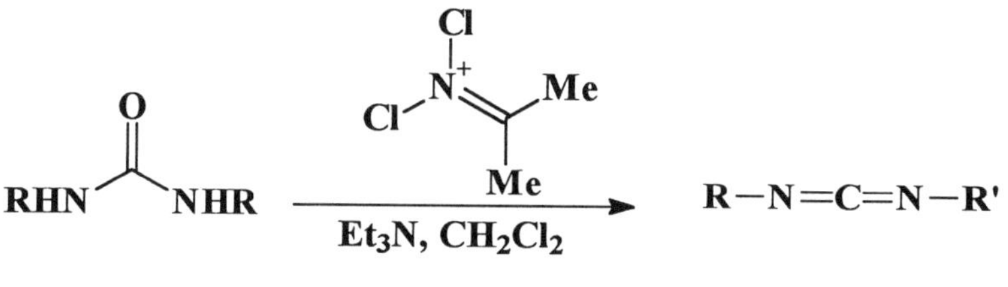

[Reaction: RHN-C(=O)-NHR + Cl-N$^+$=C(Me)(Me)·Cl → R-N=C=N-R'. Conditions: Et$_3$N, CH$_2$Cl$_2$]

VI.A.13-7 Williams, R.B. and Yuau, C., *TL*, **37**, 1945.

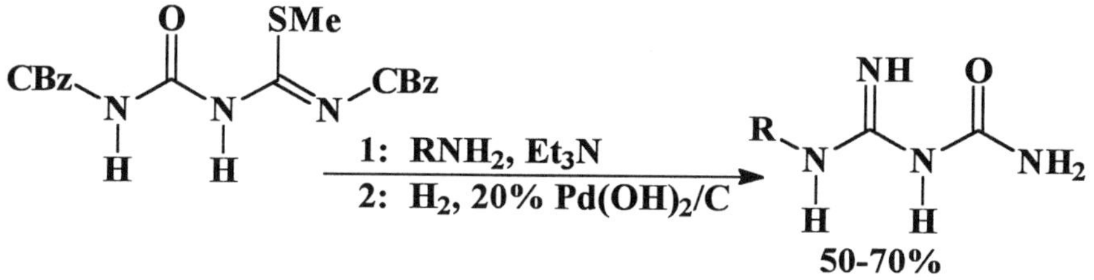

[Reaction: CBz-NH-C(=O)-NH-C(SMe)=N-CBz → R-N(H)-C(=NH)-N(H)-C(=O)-NH$_2$. Conditions: 1: RNH$_2$, Et$_3$N; 2: H$_2$, 20% Pd(OH)$_2$/C. Yield: 50-70%]

VI.A.13-8 Patil, V., *TL*, **37**, 1481.

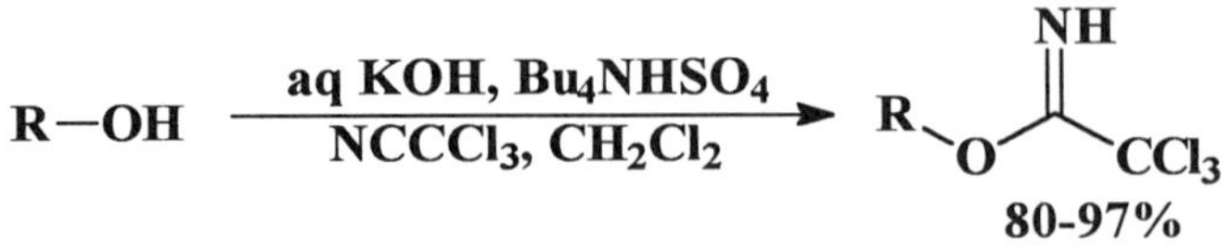

$$R-OH \xrightarrow[\text{NCCCl}_3, \text{CH}_2\text{Cl}_2]{\text{aq KOH, Bu}_4\text{NHSO}_4} R-O-C(=NH)CCl_3$$

80-97%

VI.A.13-9 Abdelaziz, S. et al., *TL*, **37**, 179.

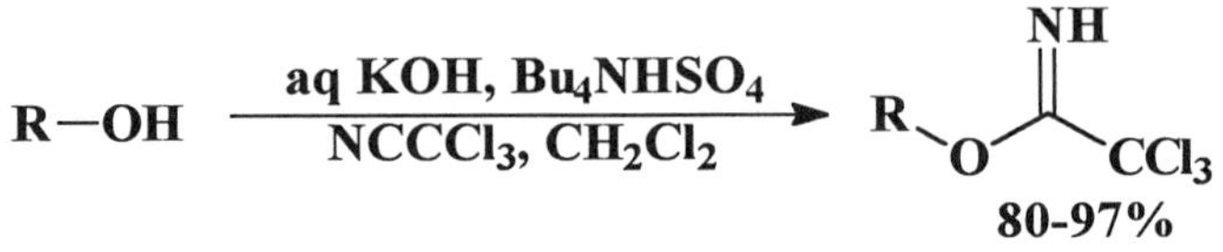

$$R-OH \xrightarrow[\text{NCCCl}_3, \text{CH}_2\text{Cl}_2]{\text{aq KOH, Bu}_4\text{NHSO}_4} R-O-C(=NH)CCl_3$$

80-97%

VI.A.13-10 Falborg, L. and Jorgensen, K.A., *JCS(P1)*, 2823.

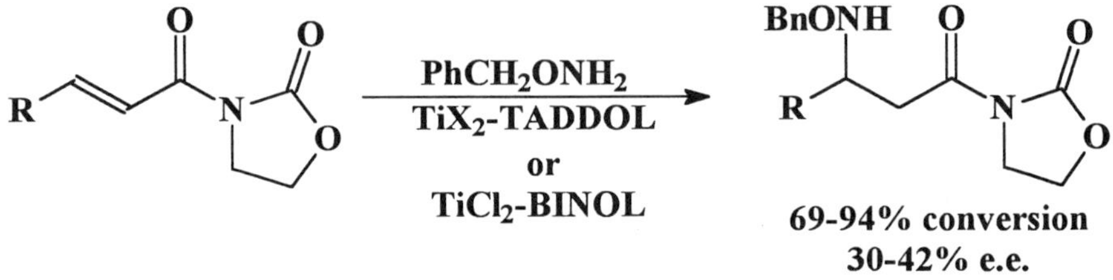

R-CH=CH-C(O)-N(oxazolidinone) → (with PhCH₂ONH₂, TiX₂-TADDOL or TiCl₂-BINOL) → R-CH(NHOBn)-CH₂-C(O)-N(oxazolidinone)

69-94% conversion
30-42% e.e.

VI.A.13-11 Merino, P. et al., *JOC*, **61**, 9028.

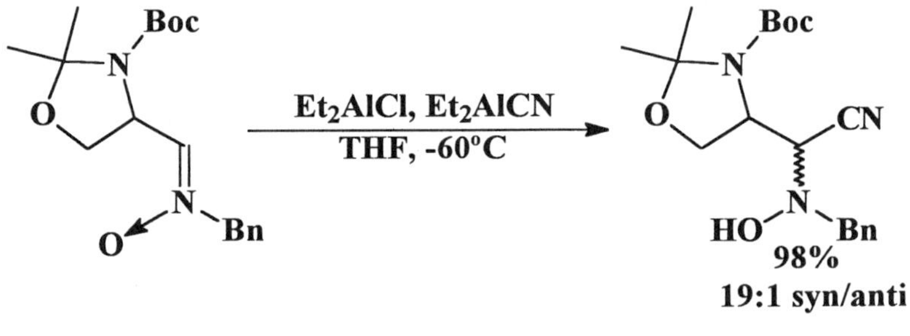

Boc-oxazolidine-CH=N(O)Bn → (Et₂AlCl, Et₂AlCN, THF, -60°C) → Boc-oxazolidine-CH(CN)-N(OH)Bn

98%
19:1 syn/anti

VI.B. Additions to Alkenes and Alkynes

VI.B-1   Kiyota, H. et al., *SL*, 777; Martin, O.R. et al., *TL*, **37**, 1991.

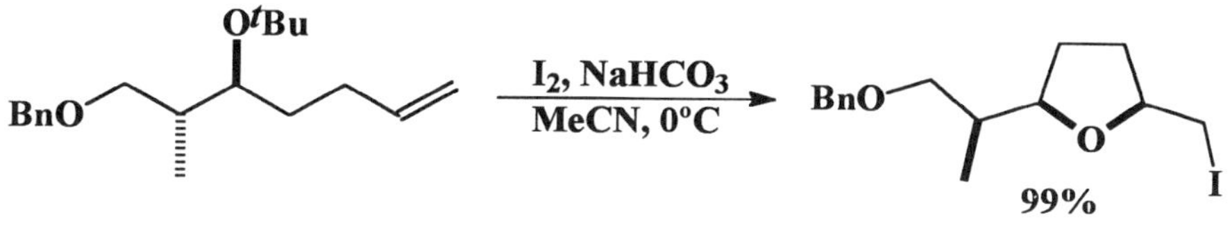

VI.B-2   Davies, S.G. and Ichihara, O., *TA*, **7**, 1919 and *SL*, 621; see also: You, Z. and Lee, H.J., *TL*, **37**, 1165.

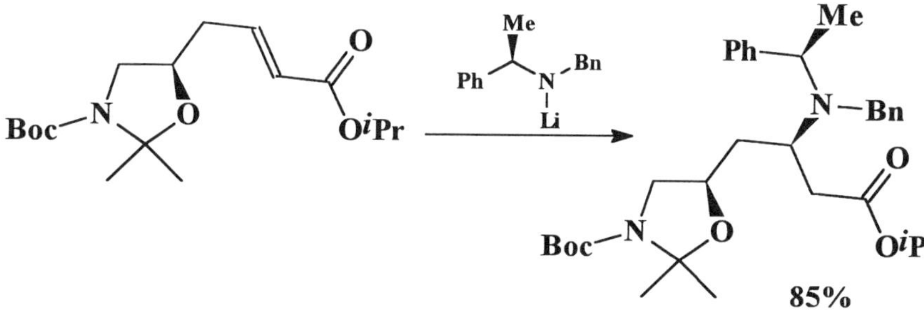

VI.B-3   Deslongchamps, P. et al., *HCA*, **79**, 41; Evans, P.A. and Garber, L.T., *TL*, **37**, 2927; Wu, Y.L. et al., *TL*, **37**, 893; Evans, D.H. et al., *JOC*, **61**, 8786; Kessler, H. and Michael, K., *TL*, **37**, 3453.

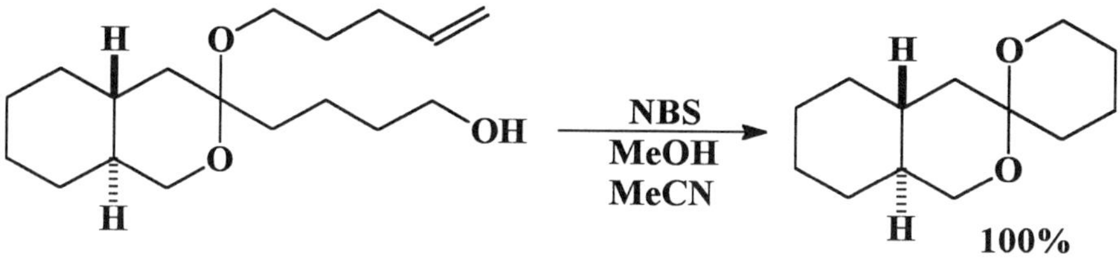

VI.B-4 Gu, X. and Sponsler, M.B., *TL*, **37**, 1571; Comasseto, J.V. et al., *T*, **52**, 9687.

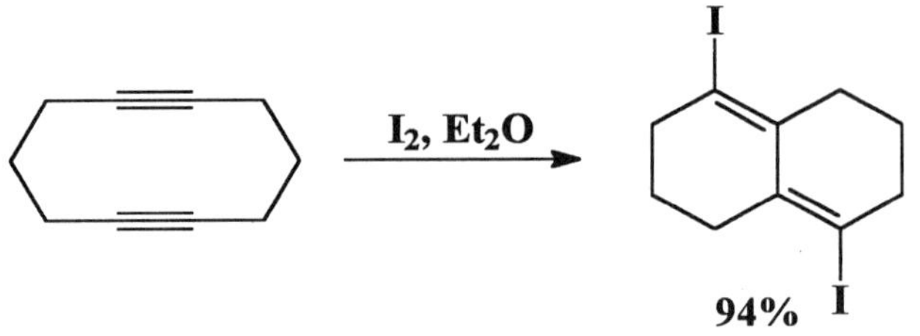

VI.B-5 Renaud, P. and Abuzi, S., *S*, 253.

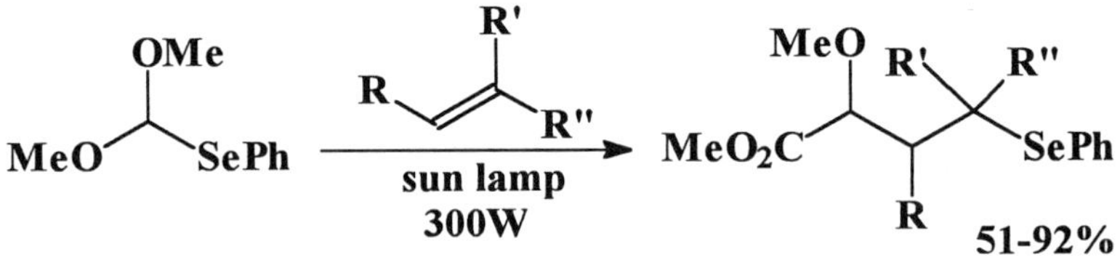

VI.B-6 Taylor, R.J.K. and Wei, X., *CC*, 187; Snieckus, V. et al., *TL*, **37**, 6061; Katritzky, A.R. et al., *SC*, **26**, 2657.

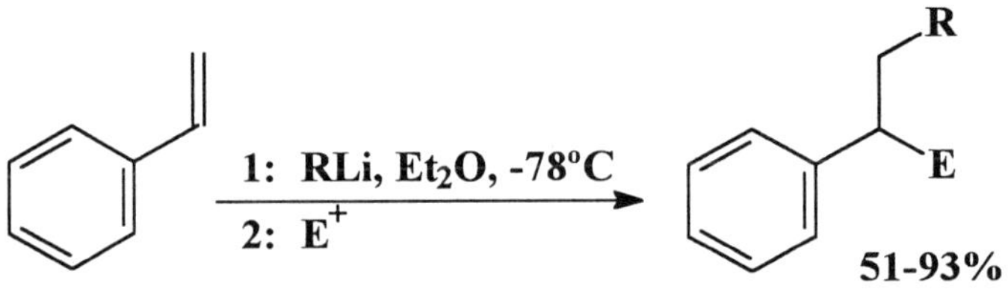

VI.B-7 Cacchi, S. et al., *T*, **52**, 10225; Yamamoto, Y. et al., *CC*, 831.

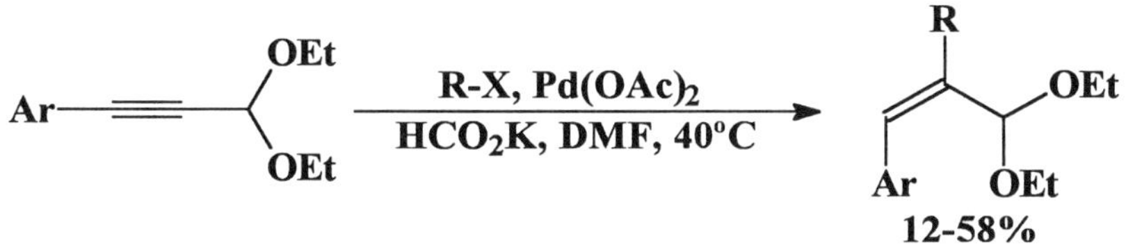

Ar—≡—CH(OEt)₂ + R-X, Pd(OAc)₂, HCO₂K, DMF, 40°C → (R)(Ar-CH=)C–CH(OEt)₂ 12-58%

VI.B-8 Vaultier, M. et al., *S*, 45.

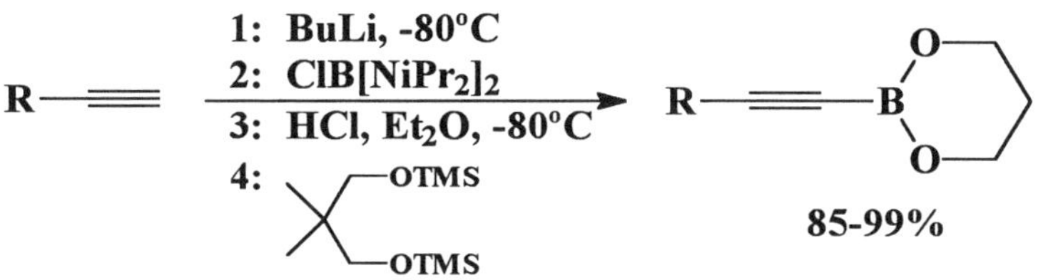

R—≡—H
1: BuLi, -80°C
2: ClB[NiPr₂]₂
3: HCl, Et₂O, -80°C
4: (Me)₂C(OTMS)₂

→ R—≡—B(OCH₂CH₂CH₂O)   85-99%

VI.B-9 Tani, K. et al., *CL*, 727; Rodriguez, M.A. et al., *TL*, **37**, 3595.

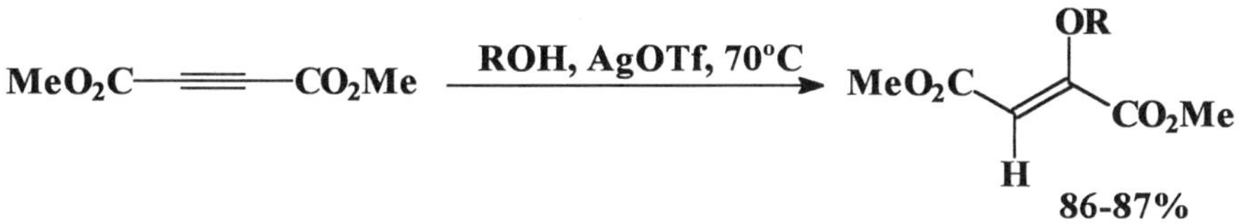

MeO₂C—≡—CO₂Me $\xrightarrow{\text{ROH, AgOTf, 70°C}}$ MeO₂C-CH=C(OR)(CO₂Me)   86-87%

VI.B-10 Yamamoto, Y. et al., *JOC*, **61**, 4874.

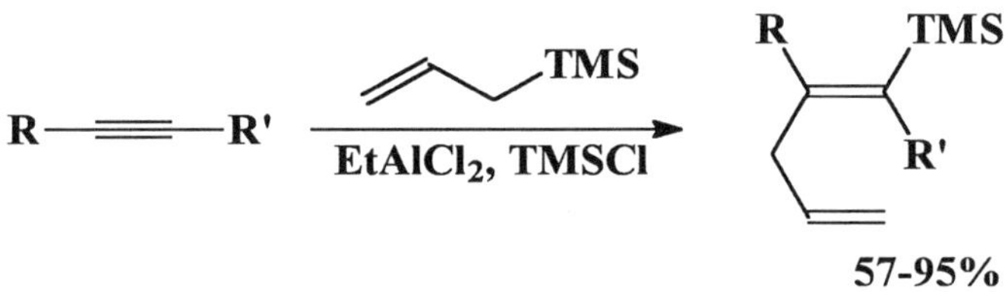

R—≡—R' + CH₂=CHCH₂TMS $\xrightarrow{\text{EtAlCl}_2, \text{TMSCl}}$ (R)(TMS)C=C(R')(CH₂CH=CH₂)   57-95%

VI.C. Nucleotides, etc.

VI.C-1 Tanaka, H. et al., *JOC*, **61**, 851.

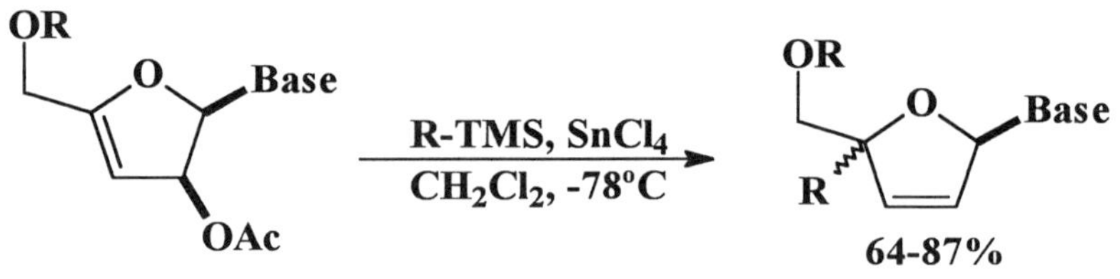

Reagents: R-TMS, SnCl$_4$, CH$_2$Cl$_2$, -78°C
64-87%

VI.C-2 Tanaka, H. et al., *TL*, **37**, 2801.

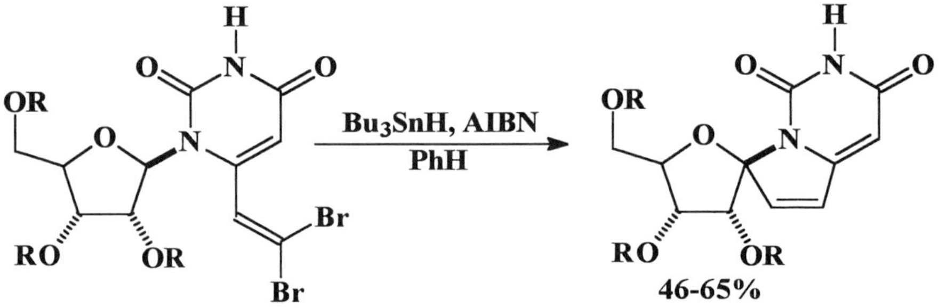

Reagents: Bu$_3$SnH, AIBN, PhH
46-65%

VI.C-3 Pederseu, E.B. et al., *S*, 237.

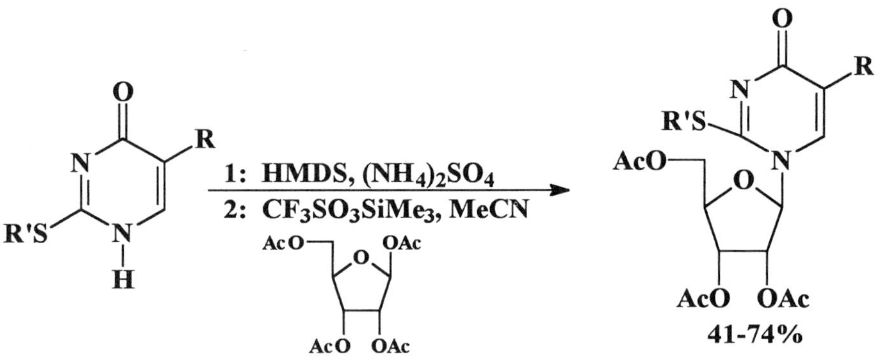

Reagents:
1: HMDS, (NH$_4$)$_2$SO$_4$
2: CF$_3$SO$_3$SiMe$_3$, MeCN

41-74%

VI.C-4 Lee-Ruff, E. et al., *JOC*, **61**, 1547.

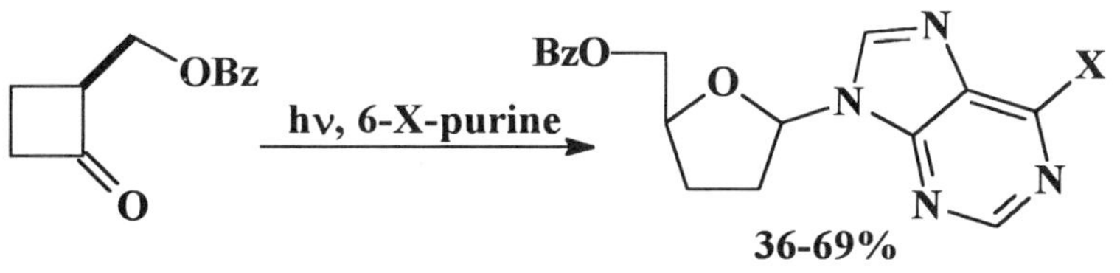

[Scheme: cyclobutanone with CH₂OBz → hv, 6-X-purine → BzO-furanose-purine(X), 36-69%]

VI.C-5 Sindona, G. et al., *G*, **126**, 605.

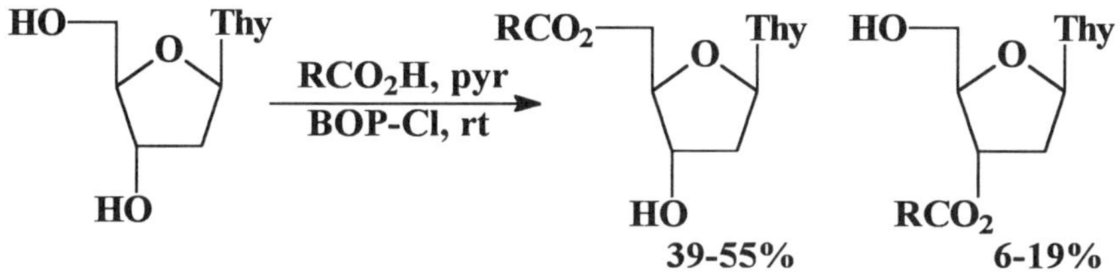

[Scheme: 3',5'-diol nucleoside (Thy) → RCO₂H, pyr, BOP-Cl, rt → 5'-acylated (39-55%) + 3'-acylated (6-19%)]

VI.C-6 Endo, M. and Komiyama, M., *JOC*, **61**, 1994; Kraszewski, A. et al., *TL*, **37**, 4561; Zhang, Z. and Tang, J.Y., *TL*, **37**, 331.

Novel Phosphoramidite Monomer for the Site-Selective Incorporation of a Diastereochemically Pure Phosphoramidate to Oligonucleotide.

VI.D. Phosphorus, Selenium and Tellurium Compounds

VI.D-1 Galeotti, N. et al., *TL*, **37**, 3997.

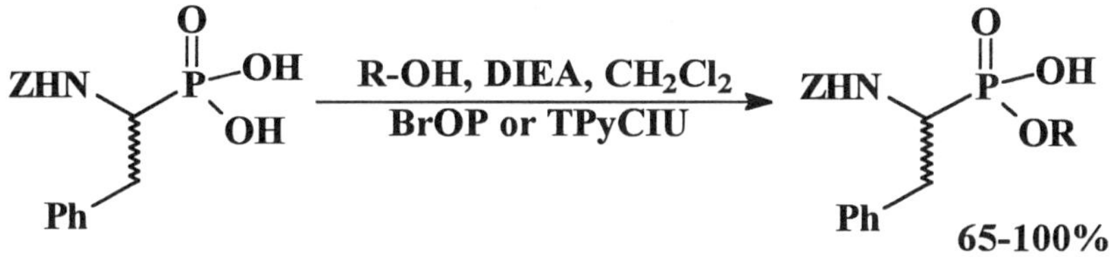

[Scheme: ZHN-CH(CH₂Ph)-P(O)(OH)₂ → R-OH, DIEA, CH₂Cl₂, BrOP or TPyClU → ZHN-CH(CH₂Ph)-P(O)(OH)(OR), 65-100%]

VI.D-2 Silverberg, L.J. et al., *TL*, **37**, 771; Luu, B. et al., *TL*, **37**, 5123.

$$\text{Ar-OH} + \underset{\text{OBn}}{\overset{\overset{\displaystyle O}{\|}}{\text{HP}}}\!\!-\!\text{OBn} \xrightarrow[\text{DMAP, MeCN, -10°C}]{\text{CCl}_4,\ \text{DIPEA}} \underset{\text{OBn}}{\overset{\overset{\displaystyle O}{\|}}{\text{ArOP}}}\!\!-\!\text{OBn}$$

87-97%

VI.D-3 Masson, S. et al., *BSF*, **133**, 951; Achiwa, K. et al., *CPB*, **44**, 1132; Baccolini, G. et al., *G*, **126**, 271; Enders, D. et al., *HCA*, **79**, 118; Koenig, M. et al., *TL*, **37**, 3109.

[Reaction scheme: 4-R-C₆H₄-SPO₃ⁱPr₂ → (1: LDA, 2: R'X) → 2-(PO₃ⁱPr₂)-4-R-C₆H₃-SR']

43-82%

VI.D-4 Warren, S. et al., *TL*, **37**, 7465 and 7461 and *JCS(P1)*, 2117 and 2129; Diziere, R. and Savignac, P., *TL*, **37**, 1783.

[Reaction scheme: PhCH(Me)CH₂-P(O)Ph₂ → (1: BuLi, 2: PhCO₂Et) → PhCH(Me)CH(POPh₂)-P(O)Ph₂ with Ph₂PO substituent]

VI.D-5 Snieckus, V. et al., *AGE*, **35**, 1558.

[Reaction scheme: bis(2-CONEt₂-phenyl)phenylphosphine oxide → LDA, THF, 0°C → fused tetracyclic P-oxide diketone]

80%

USEFUL SYNTHETIC PREPARATIONS

VI.D-6   Tanaka, M. et al., *OM*, **15**, 3259.

$$R-\equiv \quad \xrightarrow[\text{Pd(PPh}_3)_4,\ 35°C]{\text{Ph}_2\text{P(O)H, PhH}} \quad R\diagdown\!\!=\!\!\diagdown\!\!\overset{\displaystyle O}{\underset{\text{Ph}}{P}}\!\!-\!\text{Ph}$$

51-86%

VI.D-7   Boyd, E.A. et al., *TL*, **37**, 1651.

$$\underset{\text{HO}}{\overset{\text{Ph}}{\diagdown}}\!\!\overset{\displaystyle O}{\underset{H}{P}} \quad \xrightarrow[\text{2: electrophile}]{\text{1: TMSCl, TEA} \atop \text{CH}_2\text{Cl}_2,\ 0°C} \quad \underset{\text{HO}}{\overset{\text{Ph}}{\diagdown}}\!\!\overset{\displaystyle O}{P}\!\!-\!\!E$$

44-99%

VI.D-8   Bartoli, G. et al., *TL*, **37**, 7421.

1: TiCl$_4$, CH$_2$Cl$_2$, -30°C
2: LiBH$_4$, THF, -78°C to 0°C

high yields

VI.D-9   Dabdoub, M.J. et al., *TL*, **37**, 9005; Murai, T., Kato, S. et al., *CC*, 1809.

$$R-\equiv \quad \xrightarrow[\text{hexane, PhMe, }\Delta]{\text{PhSeAlMe}_2} \quad$$

45-85%

VI.D-10 Abe, H., Harayama, T. et al., *CPB*, **44**, 2223; Braga, A.L. et al., *JCR(S)*, 206.

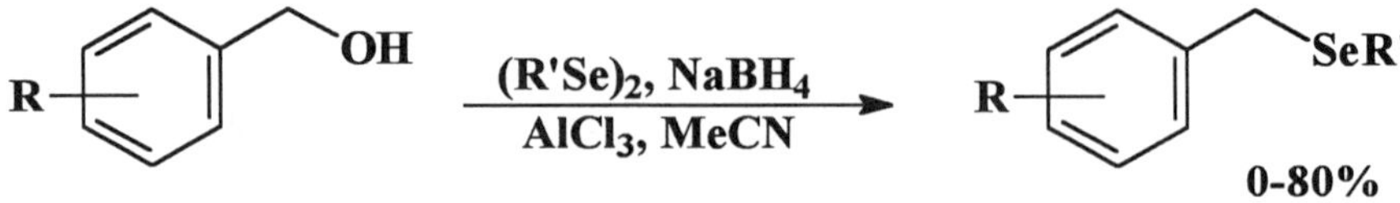

R—C6H4—CH2OH $\xrightarrow{\text{(R'Se)}_2,\ \text{NaBH}_4}_{\text{AlCl}_3,\ \text{MeCN}}$ R—C6H4—CH2SeR'

0-80%

VI.D-11 Zhang, Y. et al., *TL*, **37**, 9333; Silveira, C.C. et al., *TL*, **37**, 6085.

A Novel Synthesis of Allyl and Propargyl Selenides in Aqueous Media Promoted by Indium.

VI.D-12 Kato, S. et al., *OM*, **15**, 5753.

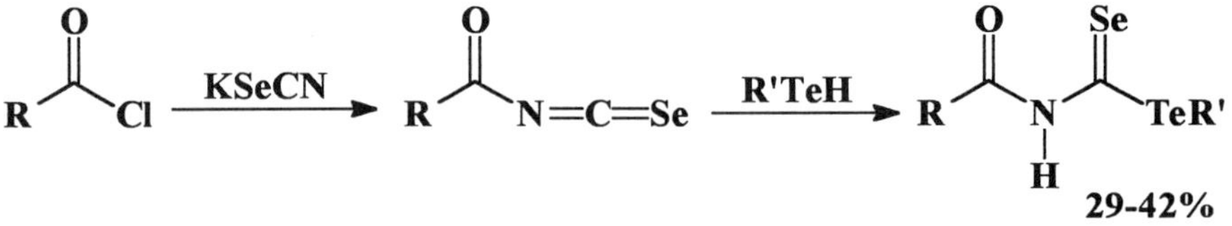

R-C(O)-Cl $\xrightarrow{\text{KSeCN}}$ R-C(O)-N=C=Se $\xrightarrow{\text{R'TeH}}$ R-C(O)-N(H)-C(=Se)-TeR'

29-42%

VI.D-13 Suzuki, H. et al., *OM*, **15**, 3760.

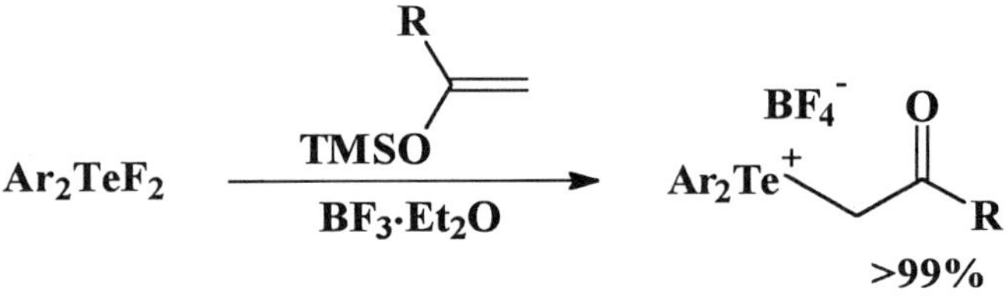

Ar$_2$TeF$_2$ $\xrightarrow[\text{BF}_3\cdot\text{Et}_2\text{O}]{\text{CH}_2=\text{C(R)(OTMS)}}$ Ar$_2$Te$^+$-CH$_2$-C(O)-R   BF$_4^-$

>99%

VI.E. Silicon Compounds

VI.E-1 Molander, G.A. and Winterfeld, J., *JOM*, **524**, 275; Hayashi, T. et al., *TL*, **37**, 4169; Cutler, A.R. et al., *OM*, **15**, 2764; Chatgilialoglu, C. et al., *TL*, **37**, 6383; Yamamoto, Y. et al., *JOC*, **61**, 7654.

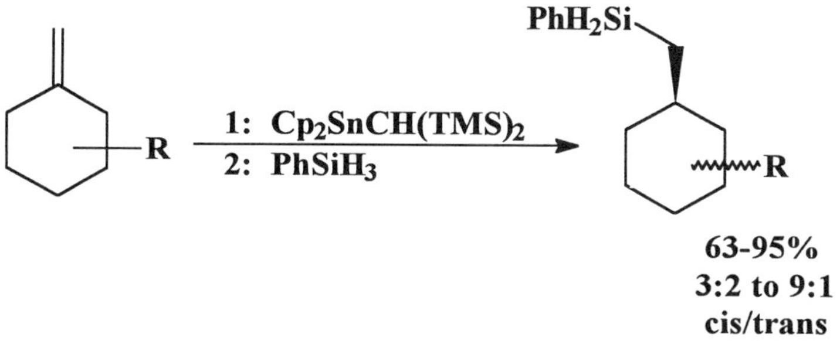
PhH2Si
R
1: Cp2SnCH(TMS)2
2: PhSiH3
R
63-95%
3:2 to 9:1
cis/trans

VI.E-2 Barnier, J.P. and Blanco, L., *JOM*, **514**, 67.

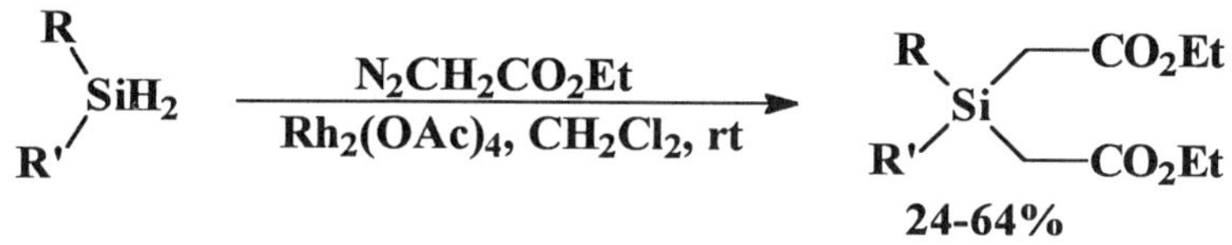
R
SiH2
R'
N2CH2CO2Et
Rh2(OAc)4, CH2Cl2, rt
R
Si
R'
CO2Et
CO2Et
24-64%

VI.E-3 Tsuji, Y. et al., *JOC*, **61**, 5779.

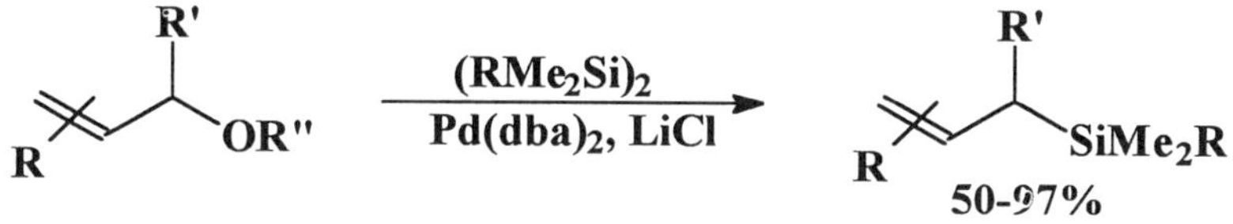
R'
R
OR"
(RMe2Si)2
Pd(dba)2, LiCl
R'
R
SiMe2R
50-97%

VI.E-4   Sugita, H. et al., *CL*, 379.

$$R-\!\!\equiv\!\!-Cu \quad \xrightarrow[\text{100°C, sealed tube}]{R_3SiCl,\ MeCN} \quad R-\!\!\equiv\!\!-SiR_3$$
$$34\text{-}98\%$$

VI.E-5   Luh, T.Y. et al., *CC*, 327.

MeO–C$_6$H$_4$–CH(OCH$_2$CH$_2$O) $\xrightarrow[\text{PhH}]{\text{TMSCH}_2\text{MgCl}}$ MeO–C$_6$H$_4$–CH(CH$_2$SiMe$_3$)$_2$

72%

VI.E-6   Katritzky, A.R. et al., *OM*, **15**, 486.

Ar–CH(Bt)(OEt) $\xrightarrow[\text{3: H}_3\text{O}^+]{\text{1: BuLi; 2: RMe}_2\text{SiCl}}$ Ar–C(O)–SiMe$_2$R

57-97%

VI.E-7   Bordeau, M., Biran, C. et al., *JOM*, **522**, 213.

2-bromothiophene $\xrightarrow[\text{Mg or Al anode}]{\text{RR'SiCl}_2,\ 2.2\ \text{F/mol}}$ (2-thienyl)$_2$SiRR'

42-87%

VI.E-8   Marek, I. et al., *TL*, **37**, 6689.

Me$_3$Si–C≡C–C(R^1)=C(R^2)(R^3) $\xrightarrow[\text{3: H}^+]{\text{1: R}^4\text{Li, Et}_2\text{O};\ \text{2: ZnBr}_2}$ Me$_3$Si–C≡C–C(R^1)(E)–C(R^2)(R^3)(R^4)

50-70%

VI.E-9   Narasaka, K. et al., *CL*, 841.

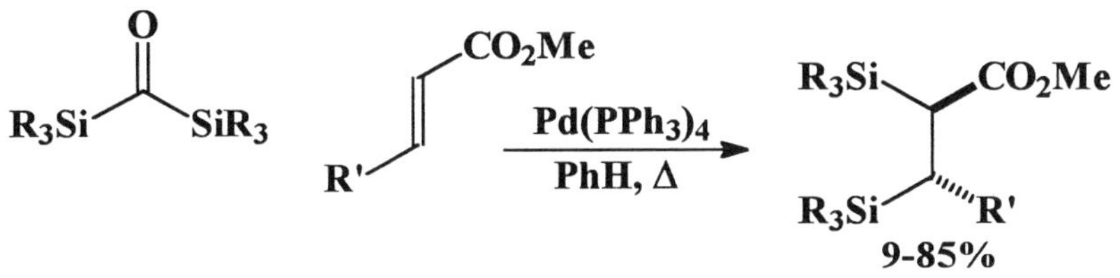

$$R_3Si-C(=O)-SiR_3 + R'CH=CH-CO_2Me \xrightarrow[\text{PhH, }\Delta]{Pd(PPh_3)_4} R_3Si-CH(CO_2Me)-CH(SiR_3)(R')$$

9-85%

VI.F.   Sulfur Compounds

VI.F-1   Tsuchiya, T. et al., *CC*, 1621.

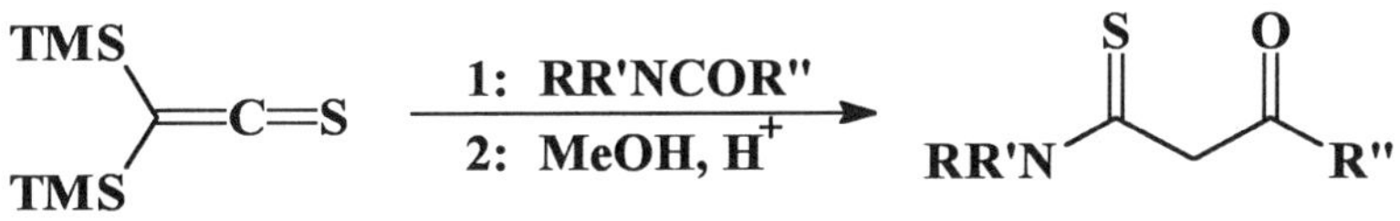

$$(TMS)_2C=C=S \xrightarrow[\text{2: MeOH, H}^+]{\text{1: RR'NCOR''}} RR'N-C(=S)-CH_2-C(=O)-R''$$

VI.F-2   Pariza, R.J. and Reno, D.S., *OS*, **74**, 124.

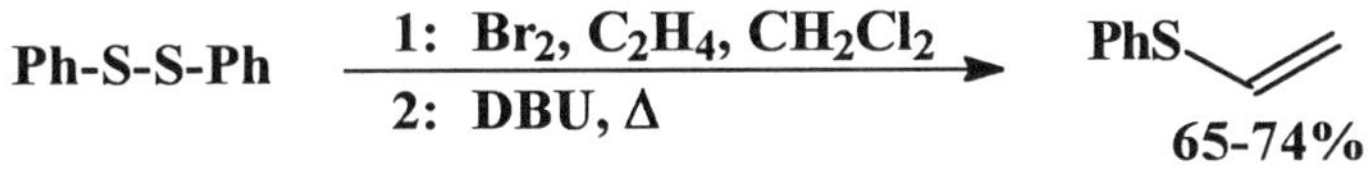

$$Ph-S-S-Ph \xrightarrow[\text{2: DBU, }\Delta]{\text{1: Br}_2\text{, C}_2\text{H}_4\text{, CH}_2\text{Cl}_2} PhS-CH=CH_2$$

65-74%

VI.F-3   Suzuki, H. and Abe, H, *TL*, **37**, 3717.

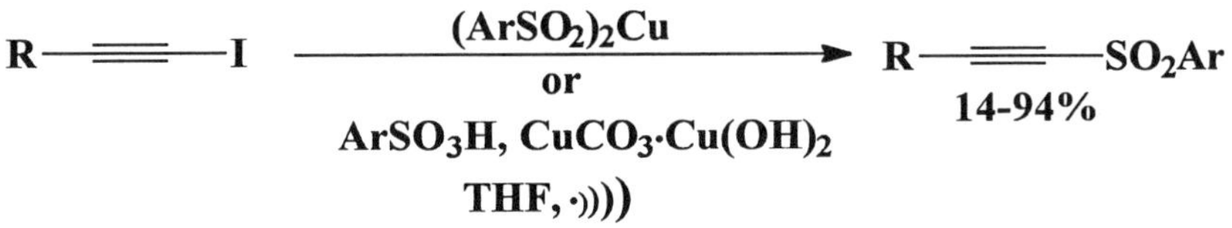

$$R-C\equiv C-I \xrightarrow[\substack{\text{or}\\\text{ArSO}_3\text{H, CuCO}_3\cdot\text{Cu(OH)}_2\\\text{THF, }\cdot)))}]{(ArSO_2)_2Cu} R-C\equiv C-SO_2Ar$$

14-94%

VI.F-4 Jung, M.E. and Lazarova, T.I., *TL*, **37**, 7.

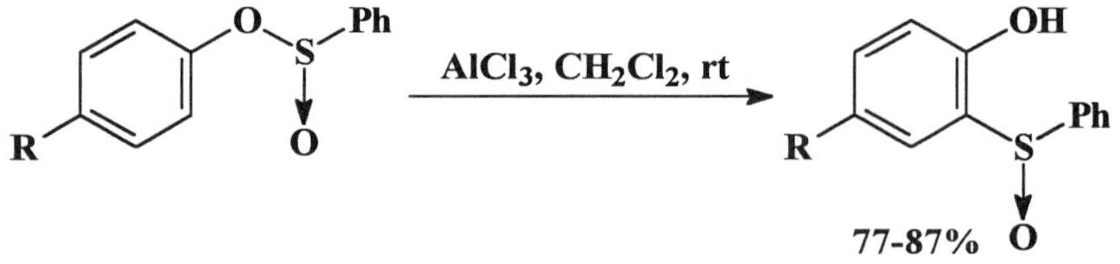

[Ar-O-S(=O)-Ph with R para substituent] → [AlCl₃, CH₂Cl₂, rt] → [2-hydroxyaryl sulfoxide, R para, S(=O)Ph ortho to OH] 77-87%

VI.F-5 Suzuki, H. and Abe, H., *SC*, **26**, 3413; Piancatelli, G. et al., *TL*, **37**, 1889.

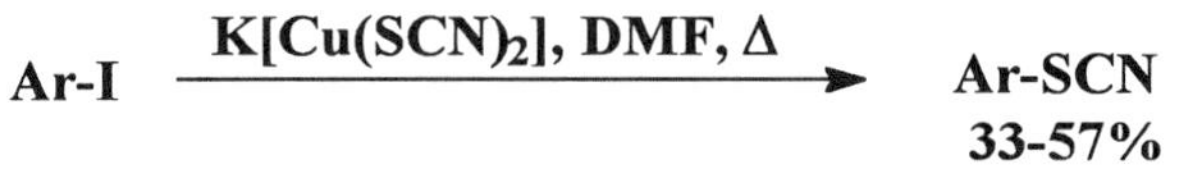

$$\text{Ar-I} \xrightarrow{\text{K[Cu(SCN)}_2\text{], DMF, }\Delta} \text{Ar-SCN}$$
33-57%

VI.F-6 Hamel, P. and Preville, P., *JOC*, **61**, 1573; Steinborn, D. et al., *JPR*, **338**, 172 and 264.

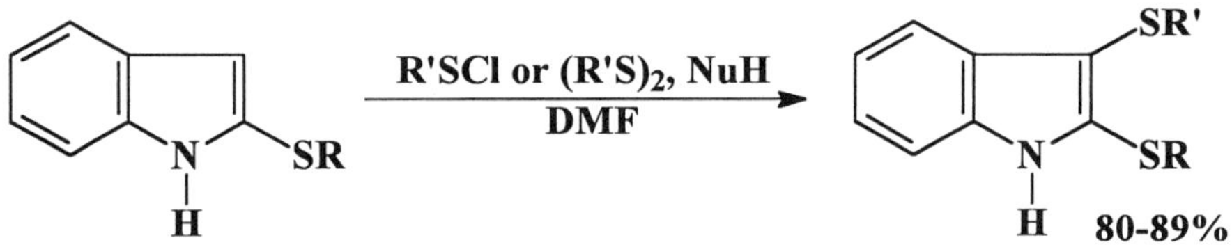

[2-SR indole] → [R'SCl or (R'S)₂, NuH, DMF] → [2-SR, 3-SR' indole] 80-89%

VI.F-7 Memoli, K.A., *TL*, **37**, 3617; Arnould, J.C. et al., *TL*, **37**, 4523; Capozzi, G., Nativi, C. et al., *G*, **126**, 227; Tamura, Y. et al., *CL*, 543.

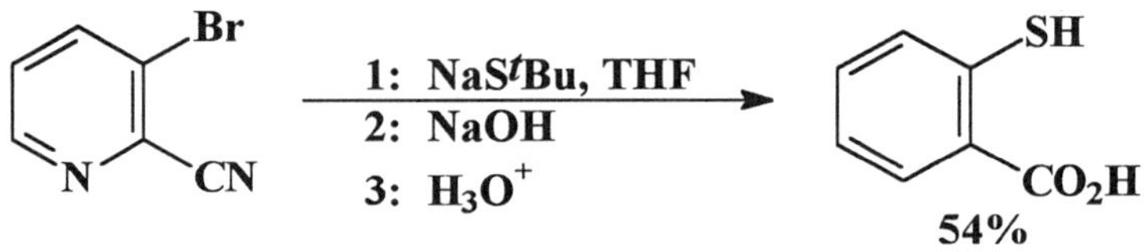

[3-bromo-2-cyanopyridine] → 1: NaS^{t}Bu, THF; 2: NaOH; 3: H₃O⁺ → [2-mercaptobenzoic acid] 54%

VI.F-8 Still, I.W.J. and Toste, F.D., *JOC*, **61**, 7677.

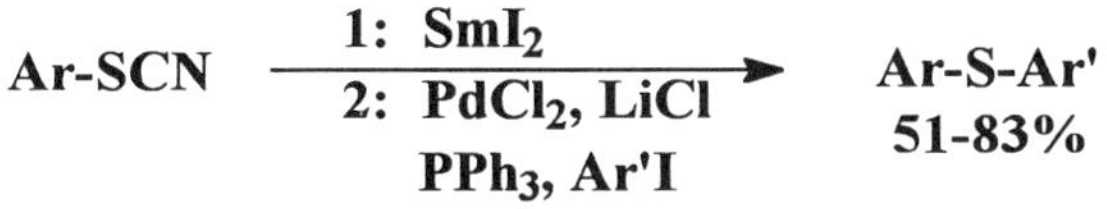
Ar-SCN
1: SmI2
2: PdCl2, LiCl
PPh3, Ar'I
Ar-S-Ar'
51-83%

VI.F-9 Julia, S.A. et al., *BSF*, **113**, 515.

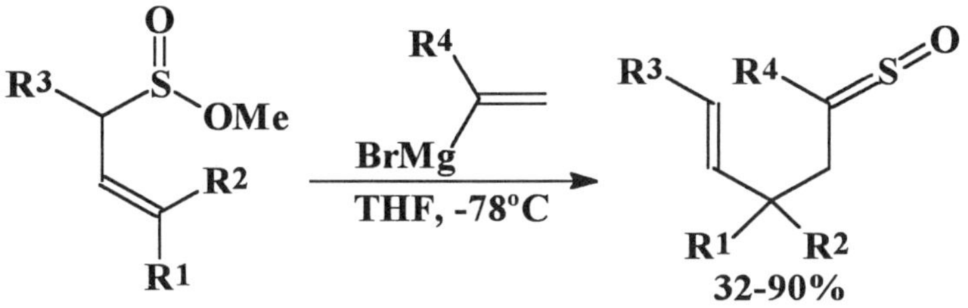
BrMg
THF, -78°C
32-90%

VI.F-10 Degl'Innocenti, A. et al., *JOC*, **61**, 7174; Baudin, J.B. et al., *BSF*, **133**, 329.

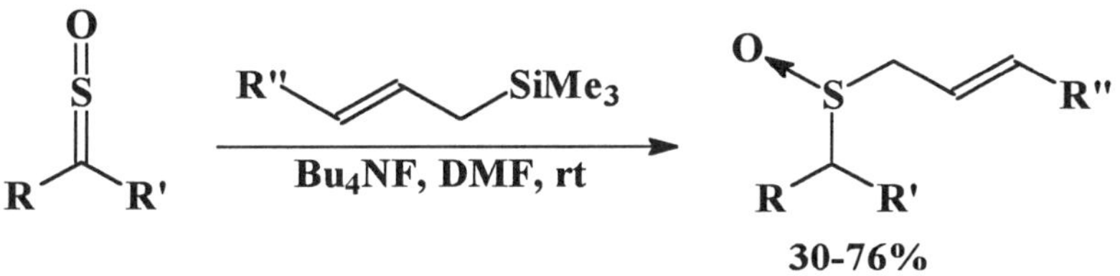
SiMe3
Bu4NF, DMF, rt
30-76%

VI.F-11 Metzner, P. et al., *TL*, **37**, 4507.

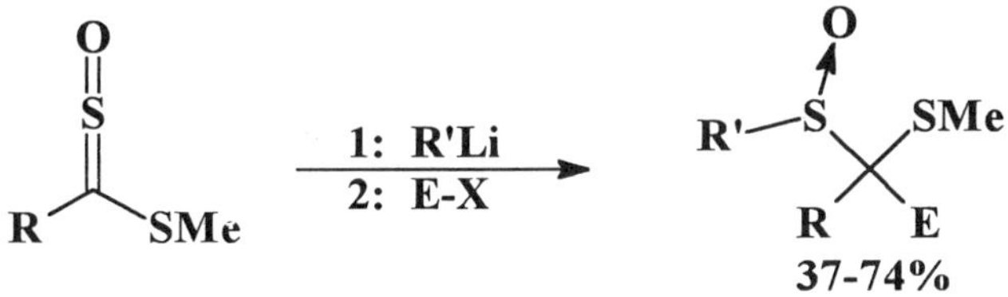
1: R'Li
2: E-X
37-74%

VI.F-12 Kang, S.K. et al., *SC*, **26**, 3225; Oguni, N. et al., *T*, **52**, 7817.

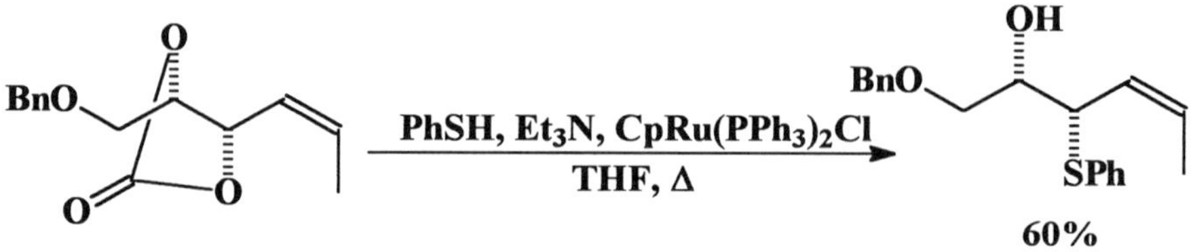

[Reaction: BnO-substituted cyclic dioxo compound with vinyl group + PhSH, Et$_3$N, CpRu(PPh$_3$)$_2$Cl, THF, Δ → BnO-CH$_2$-CH(OH)-CH(SPh)-CH=CH-CH$_3$, 60%]

VI.F-13 Zhang, Y. and Yang, J., *SC*, **26**, 135; Cochran, J.C. et al., *JOC*, **61**, 1533; Rieke, R.D. and Wu, X., *SC*, **26**, 191.

$$\text{ArSO}_2\text{X} \xrightarrow[60°\text{C}]{\text{TiCl}_4,\ \text{Sm, THF}} \text{Ar-S-S-Ar} \quad 61\text{-}83\%$$

VI.F-14 Barton, D.H.R. and Choi, S.Y., *TL*, **37**, 2695.

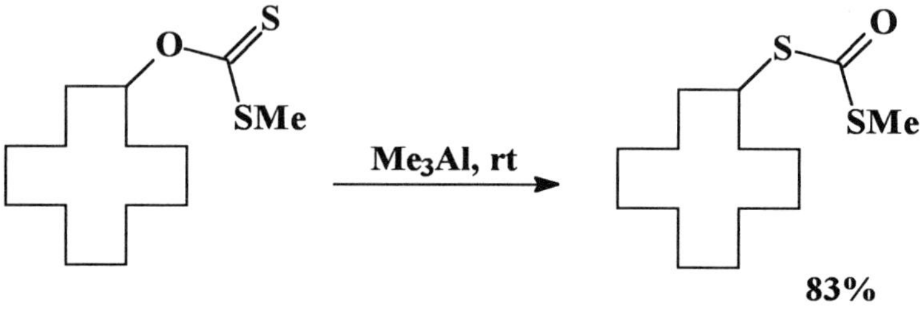

[Reaction: R-O-C(=S)-SMe → R-S-C(=O)-SMe with Me$_3$Al, rt, 83%]

VI.F-15 Miyaura, N. et al., *JOM*, **525**, 225; Tortorella, P. et al., *TL*, **37**, 6017.

$$\text{RS-B(R'')}_2 + \text{R'-X} \xrightarrow[\text{DMF, 50°C}]{\text{PdCl}_2(\text{dppf}),\ \text{K}_2\text{CO}_3} \text{R-S-R'} \quad 87\text{-}99\%$$

VI.F-16 Smith, K. and Hou, D., *JOC*, **61**, 1530.

$$\text{R-Li} \xrightarrow[\text{2: H}^+]{\text{1: SO}_3\cdot\text{NMe}_3,\ \text{THF}} \text{R-SO}_3\text{H}$$

R = alkyl, aryl, hetroaryl   60-79%

VI.F-17 van der Gen, A. et al., *T*, **52**, 11095.

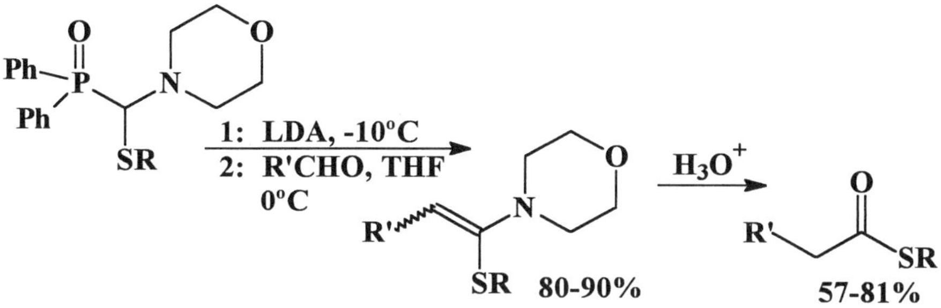

VI.F-18 Simpkins, N.S. et al., *SL*, 27; Kim, Y.H. et al., *SL*, 247.

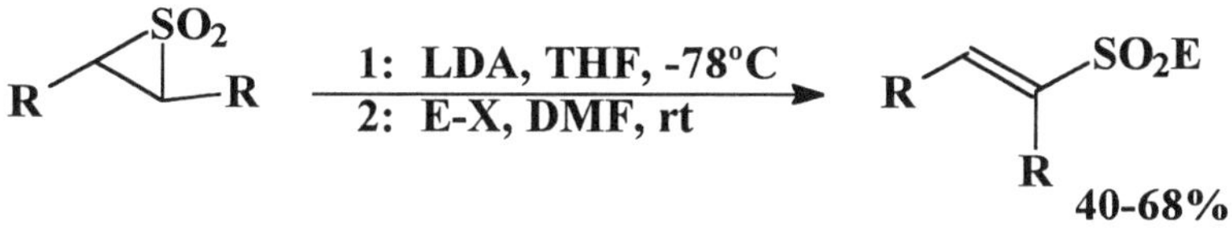

VI.F-19 Zard, S.Z. et al., *TL*, **37**, 9057.

$$\text{CF}_3\text{CO}_2\text{K} + \text{ArS-SAr} \xrightarrow{\text{sulfolone, }\Delta} \text{Ar-SCF}_3$$

32-82%

VI.G. Tin Compounds

VI.G-1 Piers, E. and Tillyer, R.D., *CJC*, **74**, 2048; Alami, M. and Ferri, F., *SL*, 755; Pattenden, G. et al., *JCS(P1)*, 2417.

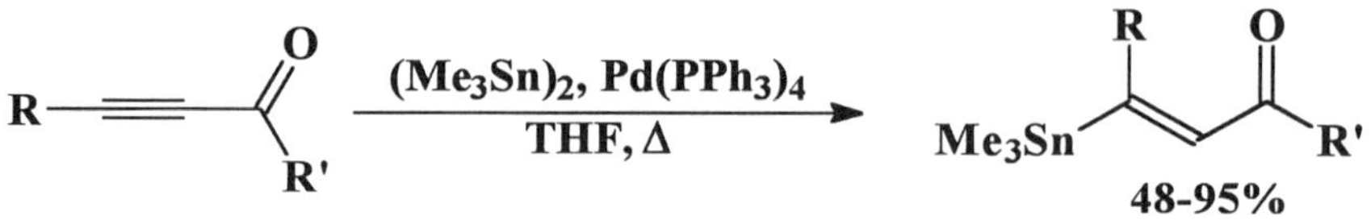

$$R-\equiv-C(O)R' \xrightarrow{(Me_3Sn)_2, Pd(PPh_3)_4, THF, \Delta} Me_3Sn-C(R)=CH-C(O)R' \quad 48\text{-}95\%$$

VI.G-2 Sweeny, J.B. et al., *SL*, 749.

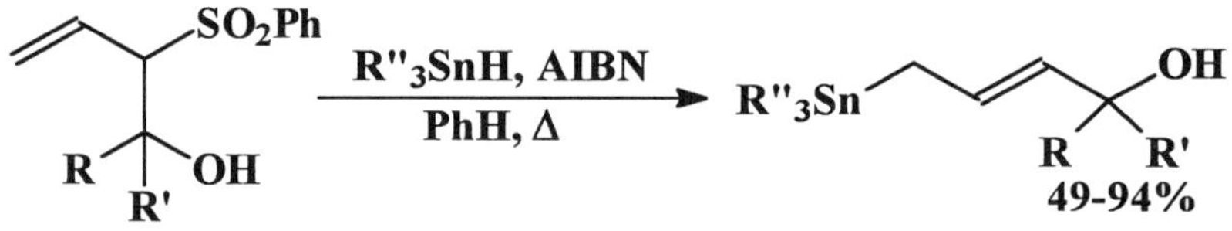

$$\text{CH}_2\text{=CHCH(SO}_2\text{Ph)C(R)(R')OH} \xrightarrow{R''_3SnH, AIBN, PhH, \Delta} R''_3Sn\text{-CH}_2\text{-CH=CH-C(R)(R')OH} \quad 49\text{-}94\%$$

VI.G-3 Lee, A.S.Y. and Dai, W.C., *TL*, **37**, 495.

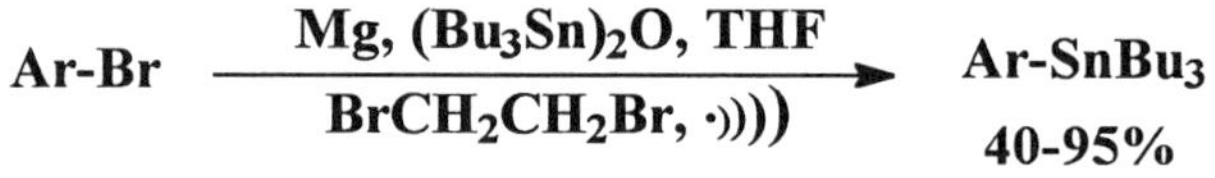

$$\text{Ar-Br} \xrightarrow{Mg, (Bu_3Sn)_2O, THF, BrCH_2CH_2Br, \cdot)))} \text{Ar-SnBu}_3 \quad 40\text{-}95\%$$

VI.G-4 Matsuda, A. et al., *JMC*, **39**, 3847.

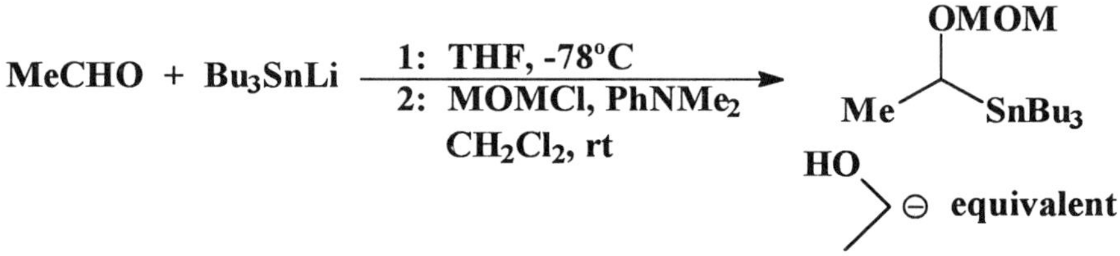

$$\text{MeCHO} + \text{Bu}_3\text{SnLi} \xrightarrow[\text{2: MOMCl, PhNMe}_2, CH_2Cl_2, rt]{1: THF, -78°C} \text{Me-CH(OMOM)-SnBu}_3$$

HO-CH=CH₂ ⊖ equivalent

VI.G-5 Bruckner, R. and Weigaud, S., *S*, 475.

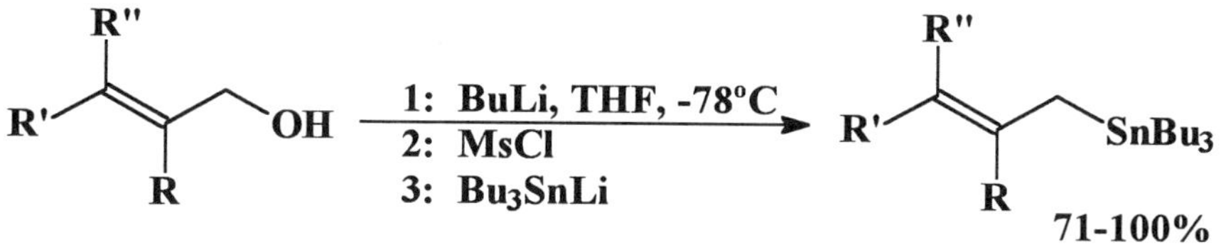

[Structure: allylic alcohol with R", R', R substituents and CH₂OH] → **1:** BuLi, THF, -78°C **2:** MsCl **3:** Bu₃SnLi → [allylic stannane with CH₂SnBu₃] **71-100%**

VI.G-6 Prakash, G.K.S., Olah, G.A. et al., *SL*, 151; Burton, D.J. et al., *TL*, **37**, 1921.

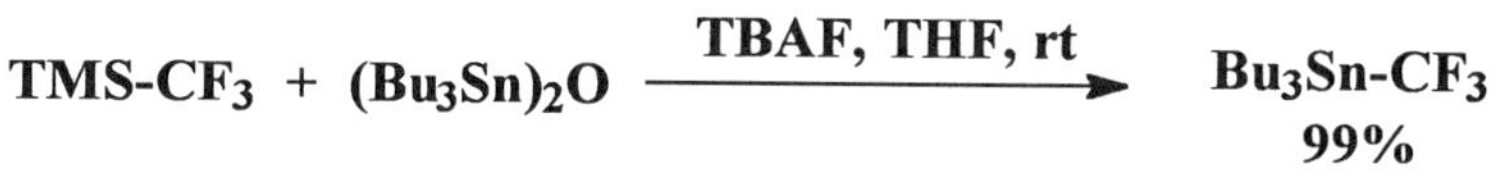

$$\text{TMS-CF}_3 + (\text{Bu}_3\text{Sn})_2\text{O} \xrightarrow{\text{TBAF, THF, rt}} \text{Bu}_3\text{Sn-CF}_3 \quad 99\%$$

VI.G-7 Vitale, C.A. and Podesta, J.C., *JCS(P1)*, 2407.

[Menthyl₂Sn(Me)Br] — LAH, Et₂O → [Menthyl₂Sn(Me)H] **98%**

VII
REVIEWS

VII.A Techniques

VII.A-1 Zeigarnik, A.V. et al., *RCR*, **65**, 117.

Review: "Computer-aided Studies of Reaction Mechanisms."

VII.A-2 Chanon, M. et al., *RJOC*, **31**, 1271 (1995).

"ComputerAided Organic Synthesis: The Holosynthon Concept and the HOLOWin Software."

VII.A-3 Barone, R. et al., *T*, **52**, 14625.

"HOLOWin: A Fast Way to Search for Tandem Reactions with Computer Applications to the Taxane Framework."

VII.A-4 Dolbier, W.R., Jr., Koroniak, H., Houk, K.N. and Shev, C., *ACR*, **29**, 471.

Review: "Electronic Control of Stereoselectivities of Electrocyclic Reactions of Cyclobutenes: A Triumph of Theory in the Prediction of Organic Reactions."

VII.A-5 Kollman, P.A., *ACR*, **29**, 461.

Review: "Advances and Continuing Challenges in Achieving Realistic and Predictive Simulations of the Properties of Organic and Biological Molecules."

VII.A-6 Karelson, M. et al., *CRV*, **96**, 1027.

Review: "Quantum-Chemical Descriptors in QSAR / QSPR Studies."

VII.A-7 Hansch, C. et al., *CRV*, **96**, 1045.

Review: "Comparative QSAR: Toward a Deeper Understanding of Chemicobiological Interactions."

VII.A-8 Dodziuk, H., *T*, **52**, 12941.

"The Classification Scheme of Isomers of Organic Molecules."

VII.A-9 Aime, S. et al., *CC*, 1509.

"An NMR Relaxometric Indicator of the Formation of OH• Radicals in Fenton-type Reactions."

VII.A-10 Furihata, K. and Seto, H., *TL*, **37**, 8901.

"3D-HMBC, A New NMR Technique Useful for Structural Studies of Complicated Molecules."

VII.A-11 Satoh, M and Hirota, M., *BCJ*, **69**, 2031.

"Simple and Rapid Determination of the Activation Parameters of Organic Reactions by Temperature-Dependent NMR Spectroscopy. I. Application to Reversible Reactions."

VII.A-12 Helliwell, J.R. and Helliwell, M., *CC*, 1595.

Feature Article: "X-Ray Crystallography in Structural Chemistry and Molecular Biology

VII.A-13 Camilleri, P., *CC*, 1851.

Feature Article: "Capillary Electrophoresis: A Major Advancement in Separation Technology."

VII.A-14 Paulus, A., *AGE*, **35**, 857.

Review: "Separation, Characterization and Fraction Collection in the Nanoliter Domain with Capillary Electrophoresis."

VII.A-15 Genders, J.D. and Pletcher, D., *CI(L)*, 682.

"Electrosynthesis: A Tool for the Pharmaceutical Industry Today?"

VII.A-16 McNab, H., *COS*, **3**, 373.

Review: "Synthetic Applications of Flash Vacuum Pyrolysis."

VII.A-17 Parker, M.-C. et al., *TL*, **37**, 8383.

"Microwave Radiation Can Increase the Rate of Enzyme-Catalysed Reactions in Organic Media."

VII.A-18 Yates, J.T., Jr., ed., *CRV*, **96**, 1221-1554.

Reviews: "Surface Chemistry - Advances and Technological Impact - 1996."

VII.A-19 Scheffer, J.R. et al., *ACR*, **29**, 203.

Review: "The Ionic Auxiliary Concept in Solid State Organic Photochemistry."

VII.A-20 Harriman, A. and Ziessel, R., *CC*, 1707.

Feature Article: "Making Photoactive Molecular-Scale Wires."

VII.A-21 Eder-Mirth, G. and Lercher, J.A., *RTC*, **115**, 157.

Review: "Acid/Base-Induced Selectivity of Molecular Sieves in Catalytic Conversion of Polar Molecules."

VII.A-22 Lubineau, A., *CI(L)*, 123.

Review: "Making A Splash in Synthesis: Water as a Solvent."

VII.A-23 Tascioglu, S., *T*, **52**, 1113.

Review: "Micellar Solutions as Reaction Media."

VII.A-24 Schelhaas, M. and Waldmann, H., *LA,* 2057 and *AGE*, **35**, 2056.

Review: "Protecting Group Strategies in Organic Synthesis."

VII.A-25 Jarowicki, K and Kocienski, P., *COS*, **3**, 397.

Review: "Protecting Groups."

VII.A-26 Nelson, T.D. and Crouch, R.D., *S*, 1031.

Review: "Selective Deprotection of Silyl Ethers."

VII.A-27 Crich, D. and Sun, S., *JOC*, **61**, 7200.

"A Practical Method for the Removal of Organotin Residues from Reaction Mixtures."

VII.A-28 Snaith, R. et al., *CC*, 1581.

"The Mechanisms of Dilithiation Reactions in Organic Syntheses: A Case Study Based on the Syntheses of Ketene Dithioacetals."

VII.A-29 Keijsper, J. et al., *RTC*, **115**, 248.

"'Green' MMA; an Environmentally Benign and Economically Attractive Process for the Production of Methyl Methacrylate."

VII.A-30 Clark, J.H. and MacQuarrie, D.J., *CSR*, 303.

Review: "Environmentally Friendly Catalytic Methods."

VII.A-31 Kraus, G.A., Petrich, J.W., Carpenter, S. et al., *CRV*, **96**, 523.

Review: "Research at the Interface Between Chemistry and Virology. Development of a Molecular Flashlight."

VII.A-32 Vulfson, E.N. et al., *JACS*, **118**, 8771.

"Bacteria-Mediated Lithography of Polymer Surfaces."

VII.B   Asymmetric Synthesis and Molecular Recognition

VII.B-1 Philp, D. and Stoddart, J.F., *AGE,* **35**, 1155.

Review: "Self-Assembly in Natural and Unnatural Systems."

VII.B-2 Fujita, M. and Ogura, K., *BCJ*, **69**, 1471.

Account: "Supramolecular Self-Assembly of Macrocycles, Catenanes, and Cages Through Coordination of Pyridine-Based Ligands to Transition Metals."

VII.B-3 Stoddart, J.F. et al., *CC*, 1483.

Feature Article: "The Genesis of a New Range of Interlocked Molecules."

VII.B-4 Rebek, J., Jr., *ACS,* **50**, 707.

Review: "Molecular Recognition and Assembly."

VII.B-5 Rebek, J., Jr., *CSR,* 255.

Review: "Assembly and Encapsulation with Self-Complementary Molecules."

VII.B-6 Wintner, E.A. and Rebek, J., Jr., *ACS,* **50**, 469.

Review: "Autocatalysis and the Generation of Self-Replicating Systems."

VII.B-7 Desiraju, G.R., *ACS,* **29**, 441.

Review: "The C-H••O Hydrogen Bond: Structural Implications and Supramolecular Design."

VII.B-8 Atwood, J.L., Holman, K.T. and Steed, J.W., *CC,* 1401.

Feature Article: "Laying Traps for Elusive Prey: Recent Advances in the Non-Covalent Binding of Anions."

VII.B-9 Reinhoudt, D.N. et al., *RTC,* **115**, 307.

Review: "Synthetic Receptors for Anion Complexation."

VII.B-10 Bishop, R., *CSR,* 311.

Review: "Designing New Lattice Inclusion Hosts."

VII.B-11 Belohradshy, M. et al., *CCC,* **61**, 1.

Review: "Template-Directed Synthesis of Rotaxanes."

VII.B-12 Vogtle, F. et al., *ACR,* **29**, 451.

Review: "Catenanes and Rotaxanes of the Amide Type."

VII.B-13 Asfari, Z. and Vicens, J., *AOA,* **1**, 18 (1995).

Review: "The Chemistry of the Calix[5]arenes."

VII.B-14 De Grado, W.F. et al., *ACS,* **50**, 688.

Review: "Expression of de novo Designed α-Helical Bundles."

VII.B-15 Przybylski, M. and Glocker, M.O., *AGE,* **35**, 807.

Review: "Electrospray Mass Spectrometry of Biomacromolecular Complexes with Noncovalent Interactions - New Analytical Perspectives for Supramolecular Chemistry and Molecular Recognition Processes."

VII.B-16 Rossiter, K.J., *CRV,* **96**, 3201.

Review: "Structure-Odor Relationships."

VII.B-17 Lemieux, R.U., *ACR,* **29**, 373.

Review: "How Water Provides the Impetus for Molecular Recognition in Aqueous Solution."

VII.B-18 Easton, C.J. and Lincoln, S.F., *CSR,* 163.

Review: "Chiral Discrimination by Modified Cyclodextrins."

VII.B-19 Hodgson, D.M. et al., *T,* **52**, 14361.

Review: "Enantioselective Desymmetrisation of Achiral Epoxides."

VII.B-20 Bolm, C. et al., *AGE,* **35**, 1657.

Review: "Asymmetric Autocatalysis with Amplification of Chirality."

VII.B-21 Kagan, H.B. et al., *ACS,* **50**, 345.

Review: "Nonlinear Effects in Asymmetric Catalysis: Some Recent Aspects."

VII.B-22 Moberg, C. et al., *ACS,* **50**, 195.

Review: "Pyridinamides in Asymmetric Catalysis."

VII.B-23 Tanner, D., Andersson, P.G. et al., *ACS,* **50**, 361.

Review: "Asymmetric Catalysis via Chiral Aziridines."

VII.B-24 Pfaltz A., *ACS*, **50**, 189.

Review: "Design of Chiral Ligands for Asymmetric Catalysis: From C_2-Symmetric Semicorrins and Bisoxazolines to Non-Symmetric Phosphinooxazolines."

VII.B-25 Nozaki, K., Yoshida, M. and Takaya, H., *BCJ,* **69**, 2043.

"Chiral Bimetallic Boranic Esters: A Donor-Acceptor Coexisting Receptor for Amines."

VII.B-26 Trost, B.M., *ACR,* **29**, 355.

Review: "Designing a Receptor for Molecular Recognition in a Catalytic Synthetic Reaction: Allylic Alkylation."

VII.B-27 Otsuka, S., *ACS,* **50**, 353.

Review: "Discoveries of the Catalysis of Asymmetric Isomerization of Allylamines and Its Significance in Science and Industry."

VII.B-28 Davies, I.W. and Reider, P.J., *CI(L),* 412.

Review: "Practical Asymmetric Synthesis."

VII.B-29 Enders, D. et al., *TA,* **7**, 1847.

Review: "Asymmetric [3,3]-Sigmatropic Rearrangements in Organic Synthesis."

VII.B-30 Clayden, J. and Warren, S., *AGE,* **35**, 241.

Review: "Stereocontrol in Organic Synthesis Using the Diphenylphosphoryl Group."

VII.B-31 Wittmann, S. and Schonecker, B., *JPR,* **338,** 759.

The
Reagent: "Selectrides - Highly Efficient Reagents for Diastereoselective Synthesis."

VII.B-32 Enders, D. and Meyer, O., *LA,* 1023.

Review: "Diastereo- and Enantioselective Diels-Alder Reactions of 2-Amino-1, 3-dienes."

VII.B-33 Reissig, H.U., *AGE,* **35,** 971.

Review: "Recent Developments in the Enantioselective Synthesis of Cyclopropanes."

VII.B-34 Koskinen, A.M.P. and Hassila, H., *ACS,* **50,** 323.

Review: "Asymmetric Intramolecular Cyclopropanation. Synthesis of Comformationally Constrained Aminocyclopropane Carboxylic Acids."

VII.B-35 Gung, B.W., *T,* **52,** 5263.

Review: "Diastereofacial Selection in Nucleophilic Additions to Unsymmetrically Substituted Trigonal Carbons."

VII.B-36 Widhalm, M. et al., *JOM,* **523,** 167.

"Macrocyclic Diphosphine Ligands in Asymmetric Carbon-Carbon Bond-Forming Reactions."

VII.B-37 Reinhoudt, D.N. et al., *T,* **52,** 2663.

Review: "Resorcinarenes."

VII.B-38 Donohoe, T.J. et al., *TA,* **7,** 317.

Report: "Prospects for Stereocontrol in the Reduction of Aromatic Compounds."

VII.B-39 Noyori, R., *ACS,* **50**, 380.

Review: "Asymmetric Hydrogenation."

VII.B-40 Adam, W. and Prein, M., *AGE,* **35**, 477.

Review: "Diastereoselective Oxyfunctionalization with Singlet Oxygen in Synthetic Applications."

VII.B-41 Klabunovskii, E.I., *RCR*, **65**, 329.

Review: "Catalytic Asymmetric Synthesis of β-Hydroxy Acids and their Esters."

VII.B-42 Studer, A., *S,* 793.

Review: "Amino Acids and their Derivatives as Stoichiometric Auxiliaries in Asymmetric Synthesis."

VII.B-43 Ager, D.J. et al., *CRV*, **96**, 835.

Review: "1,2-Amino Alcohols and their Heterocyclic Derivatives as Chiral Auxiliaries in Asymmetric Synthesis."

VII.B-44 Enders, D. and Klatt, M., *S,* 1403.

Review: "Asymmetric Synthesis with (S)2-methoxymethyl-pyrrolidine (SMP) - A Pioneer Auxiliary."

VII.B-45 Basu, B. and Frejd, T., *ACS,* **50**, 316.

Review: "Catalytic Asymmetric Synthesis of Bis-Armed Aromatic Amino Acid Derivatives. Problems Related to the Synthesis of Enantiomerically Pure Bis-methyl Ester of the (S,S)-Pyridine-2,6-diyl Bis-alanine."

VII.B-46 Cardillo, G. and Tomasini, C., *CSR,* 117.

Review: "Asymmetric Synthesis of β-Amino Acids and α-Substituted β-Amino Acids."

VII.B-47 Kanerva, L.T., *ACS,* **50**, 234.

Review: "Biocatalytic Ways to Optically Active 2-Amino-1-phenylethanols."

VII.B-48 Patani, G. and LaVoie, E.J., *CRV,* **96**, 3147.

Review: "Bioisosterism: A Rational Approach in Drug Design."

VII.B-49 Cannarsa, M.J., *CI(L),* 375.

Review: "Single Enantiomer Drugs: New Strategies and Directions."

VII.B-50 Iwata, C. and Takemoto, Y., *CC,* 2497.

Review: "[Fe(diene) (CO)3] Complexes as a Guide in Stereocontrol. Applications to the Asymmetric Synthesis of Natural Products."

VII.B-51 Backvall, J.E., *ACS,* **50**, 661.

Review: "Enantiocontrol in Some Palladium- and Copper-Catalyzed Reactions."

VII.B-52 Kumobayashi, H., *RTC,* **115**, 201.

Review: "Industrial Application of Asymmetric Reactions Catalyzed by BINAP-metal Complexes."

VII.B-53 Gothelf, K.V. and Jorgensen, K.A., *ACS,* **50**, 652.

Review: "Metal-Catalyzed Asymmetric 1,3-Dipolar Cycloaddition Reactions."

VII.B-54 Kirby, A.J., *AGE,* **35**, 707.

Review: "Enzyme Mechanisms, Models and Mimics."

VII.B-55 Benner, S.A. et al., *ACS,* **50**, 243.

Review: "Developing New Synthetic Catalysts. How Nature Does It."

VII.B-56 Fessner, W.-D. and Walter, C., *TCC,* **184**, 97.

Review: "Enzymatic C-C Bond Formation in Asymmetric Synthesis."

VII.B-57 Johnson, C.R. et al., *T,* **52**, 3769.

Review: "Enantioselective Synthesis Through Enzymatic Asymmetrization."

VII.B-58 Wong, C.-H., *ACS*, **50**, 211.

Review: "Chemoenzymatic Synthesis: Application to the Study of Carbohydrate Recognition."

VII.B-59 Keinan, E. et al., *ACS,* **50**, 679.

Review: "Asymmetric Organic Synthesis with Catalytic Antibodies."

VII.B-60 Kirby, A.J., *ACS*, **50**, 203.

Review: "The Potential of Catalytic Antibodies."

VII.B-61 Schoemaker, H.E. et al., *ACS*, **50**, 225.

Review: "Enzymatic Catalysis in Organic Synthesis. Synthesis of Enantiomerically Pure Cα-Substituted α-Amino and α-Hydroxy Acids."

VII.B-62 Hudlicky, T. et al., *S,* 897.

Feature Article: "Toluene-Dioxygenase-mediated cis-Dihydroxylation of Aromatics in Enantioselective Synthesis. Iterative Glycoconjugate Coupling Strategy and Combinatorial Design for the Synthesis of Oligomers of nor-Saccharides, Inositols and Pseudosugars with Interesting Properties."

VII.B-63 Faber, K. et al., *ACS,* **50**, 249.

Review: "Microbial Epoxide Hydrolases."

VII.B-64 Hamberg, M., *ACS,* **50**, 219.

Review: "Stereochemical Aspects of Fatty Acid Oxidation: Hydroperoxide Isomerases."

VII.B-65 Que, L., Jr. and Dong, Y., *ACR*, **29**, 190.

Review: "Modeling the Oxygen Activation Chemistry of Methane Monooxygenase and Ribonucleotide Reductase."

VII.B-66 Schultz, P.G. et al., *ACR*, **29**, 164.

Review: "Lessons from the Immune System: From Catalysis to Materials Science."

VII.C Reactions

VII.C-1 Basiuk, V.A., *R CR,* **64**, 1003 (1995).

Review: "Organic Reactions on the Surface of Silicon Dioxide: Synthetic Applications."

VII.C-2 Tietze, L.F., *CRV,* **96**, 115.

Review: "Domino Reactions in Organic Synthesis."

VII.C-3 Parsons, P.J. et al., *CRV,* **96**, 195.

Review: "Tandem Reactions in Organic Synthesis: Novel Strategies for Natural Product Elaboration and the Development of New Synthetic Methodology."

VII.C-4 Winkler, J.D., *CRV,* **96**, 167.

Review: "Tandem Diels-Alder Cycloadditions in Organic Synthesis."

VII.C-5 Denmark, S.E. and Thorarensen, A., *CRV,* **96**, 137.

Review: "Tandem [4 + 2]/[3 + 2] Cycloadditions of Nitroalkenes."

VII.C-6 Nakamura, E. et al., *S,* 1380.

Feature Article: "Synthesis of Dimethyleneketene Acetals and their [2 + 2] Cycloaddition to Olefins and [60] Fullerene as Cyclopropanecarboxylate Synthons."

VII.C-7 Goti, A., Cordero, F.M. and Brandi, A., *TCC,* **178**, 1.

Review: "Cycloadditions onto Methylene- and Alkylidene-cyclopropane Derivatives."

VII.C-8 Winterfeldt, E. et al., *CC,* 887.

Review: "Chiral Discrimination in Cycloaddition Experiments."

VII.C-9 Katritzky, A.R., Allin, S.M. and Siskin, M., *ACR,* **29**, 399.

Review: "Aquathermolysis: Reactions of Organic Compounds with Superheated Water."

VII.C-10 Gaillard, E.R. and Whitten, D.G., *ACR,* **29**, 292.

Review: "Photoinduced Electron Transfer Bond Fragmentations."

VII.C-11 Jones, G.R. and Landais, Y., *T,* **52**, 7599.

Review: "The Oxidation of the Carbon-Silicon Bond."

VII.C-12 Colonna, S. et al., *CC,* 2303.

Review: "Enantioselective Oxidation of Sulfides to Sulfoxides Catalysed by Bacterial Cyclohexanone Monooxygenases."

VII.C-13 Hirao, T., *TCC,* **178**, 99.

Review: "Selective Transformations of Small Ring Compounds in Redox Reactions."

VII.C-14 Luk'yanov, S.M. and Koblik, A.V., *RCR,* **65**, 1.

Review: "Acid-catalysed Acylation of Carbonyl Compounds."

VII.C-15 Basavaiah, D. et al., *T,* **52**, 8001.

Review: "The Baylis-Hillman Reaction: A Novel Carbon-Carbon Bond Forming Reaction."

VII.C-16 Ganem, B., *AGE,* **35**, 937.

Review: "The Mechanism of the Claisen Rearrangement: Deja Vu All Over Again."

VII.C-17 Perkins, M.J., *CSR,* 229.

Review: "A Radical Reappraisal of Gif Reactions."

VII.C-18 Barton, D.H.R., *CSR*, 237.

Review: "On the Mechanism of Gif Reactions."

VII.C-19 Gibson, S.E. and Middleton, R.J., *COS*, **3**, 447.

Review: "The Intramolecular Heck Reaction."

VII.C-20 Hughes, D.L., *OPP*, **28**, 127.

Review: "Progress in the Mitsunobu Reaction."

VII.C-21 Cornils, B. and Wiebus, E., *RTC*, **115**, 211.

Review: "Virtually No Environmental Impact: The Biphasic Oxo Process."

VII.C-22 Kawashima, T. and Okazaki, R., *SL*, 600.

Review: "Synthesis and Reactions of the Intermediates of the Wittig, Peterson, and Their Related Reactions."

VII.C-23 Rein, T. and Reiser, O., *ACS*, **50**, 369.

Review: "Recent Advances in Asymmetric Wittig-Type Reactions."

VII.D Reactive Intermediates

VII.D-1 Agosta, W.C. and Margaretha, P., *ACR*, **29**, 179.

Review: "Exploring the 1,5-Cyclizations of Alkyl Propargyl 1,4-Biradicals."

VII.D-2 Little, R.D., *CRV*, **96**, 93.

Review: "Diyl Trapping and Electroreductive Cyclization Reactions."

VII.D-3 Wang, K.K., *CRV*, **96**, 207.

Review: "Cascade Radical Cyclizations via Biradicals Generated from Enediynes, Enyne-Allenes and Enyne-Ketenes."

VII.D-4 Malacria, M., *CRV*, **96**, 289.

Review: "Selective Preparation of Complex Polycyclic Molecules from Acyclic Precursors via Radical Mediated- or Transition Metal-Catalyzed Cascade Reactions."

VII.D-5 Snider, B.B., *CRV*, **96**, 339.

Review: "Manganese (III)-Based Oxidative Free-Radical Cyclizations."

VII.D-6 Vasin, V.A., *RJOC*, **31**, 1258 (1995).

Review: "Homolytic Reactions of Bicyclobutane Derivatives."

VII.D-7 Ryu, I. and Sonoda, N., *AGE*, **35**, 1051.

Review: "Free Radical Carbonylations: Then and Now."

VII.D-8 Ryu, I., Sonoda, N. and Curran, D.P., *CRV,* **96**, 177.

Review: "Tandem Radical Reactions of Carbon Monoxide, Isonitriles, and Other Reagent Equivalents of the Geminal Radical Acceptor / Radical Precursor Synthon."

VII.D-9 van Bekkum, H. et al., *S*, 1153.

Review: "On the Use of Stable Organic Nitroxyl Radicals for the Oxidation of Primary and Secondary Alcohols."

VII.D-10 Koert, U., *AGE*, **35**, 405.

Review: "Radical Reactions as Key Steps in Natural Product Synthesis."

VII.D-11 Fontecave, M. and Pierre, J.-L., *BSF*, **133**, 653.

Review: "Protein Tyrosyl Free Radicals as Active Species in Metalloenzyme Catalysis."

VII.D-12 Kluge, R., *JPR*, **338**, 287.

Review: "Tris (4-bromophenyl)ammonium and Tris (2,4-dibromophenyl)ammonium Cation Radicals - Synthetically Useful One Electron Oxidants."

VII.D-13 Eberson, L. et al., *CC*, 2105.

Feature Article: "Making Radical Cations Live Longer."

VII.D-14 Krespan, C.G. and Petrov, V.A., *CRV*, **96**, 3269.

Review: "The Chemistry of Highly Fluorinated Carbocations."

VII.D-15 Laali, K.K., *CRV*, **96**, 1873.

Review: "Stable Ion Studies of Protonation and Oxidation of Polycyclic Arenes."

VII.D-16 Farnham, W.B., *CRV*, **96**, 1633.

Review: "Fluorinated Carbanions."

VII.D-17 Knyazev, V.N. and Drozd, V.N., *RJOC*, **31**, 1 (1995).

Review: "Anionic σ-Complexes in Organic Synthesis."

VII.D-18 Satoh, T., *CRV*, **96**, 3303.

Review: "Oxiranyl Anions and Aziridinyl Anions."

VII.D-19 Burton, D.J., Yang, Z.-Y. and Qin, W., *CRV*, **96**, 1641.

Review: "Fluorinated Ylides and Related Compounds."

VII.D-20 Kolodiazhnyi, O.I., *T*, **52**, 1855.

Review: "C-Element-Substituted Phosphorus Ylids."

VII.D-21 Brahms, D.L.S. and Dailey, W.P., *CRV*, **96**, 1585.

Review: "Fluorinated Carbenes."

VII.D-22 Harvey, D.F. and Sigano, D.M., *CRV*, **96**, 271.

Review: "Carbene-Alkyne-Alkene Cyclization Reactions."

VII.D-23 McClelland, R.A., *T*, **52**, 6823.

Review: " Flash Photolysis Generation and Reactivities of Carbenium and Nitrenium Ions."

VII.D-24 Padwa, A. and Weingarten, M.D., *CRV*, **96**, 223.

Review: "Cascade Processes of Metallo Carbenoids."

VII.D-25 Ganeshpure, P.H. and Adam, W., *S*, 179.

Review: "α-Hydroxy Hydroperoxides as Oxygen Transfer Agents in Organic Synthesis."

VII.D-26 Kresge, A.J., *CSR*, 275.

Ingold Lecture: "Reactive Intermediates: Carboxylic Acid Enols and Other Unstable Species."

VII.D-27 Wan, P. et al., *CJC*, **74**, 465.

Lecture: "Quinone Methides: Relevant Intermediates in Organic Chemistry."

VII.D-28 Michellys, P.-Y., Pellissier, H. and Santelli, M., *OPP*, **28**, 545.

Review: "Cycloadditions of *ortho*-Quinodimethanes Derived from Benzocyclobutenes in Organic Synthesis."

VII.D-29 Tidwell, T.T. et al., *CJC*, **74**, 457.

Lecture: "Ketenes and Bisketenes: Organic Chemistry in Microcosm."

VII.D-30 Takeuchi, K. and Ohga, Y., *BCJ*, **69**, 833.

Account: "Synthesis of Bifunctional Polycyclic Compounds and Their Application to Mechanistic Studies of Solvolysis Reactions."

VII.E. Organo- metallics and metalloids

VII.E-1 Marko, I.E., *T*, **52**, 7201-7598.

Review: "Tetrahedron Symposiain-Print #61: New Synthetic Methods: Organometallics in Organic Chemistry."

VII.E-2 Wills, M., *COS*, **3**, 201.

Review: "Main Group Organometallics in Synthesis."

VII.E-3 Grubbs, R.H. and Coates, G.W., *ACR*, **29**, 85.

Review: "α-Agostic Interactions and Olefin Insertion in Metallocene Polymerization Catalysts."

VII.E-4 Marek, I. and Normant, J.-F., *CRV*, **96**, 3241.

Review: "Synthesis and Reactivity of sp^3-Geminated Organodimetallics."

VII.E-5 Creton, I., Marek, I. and Normant, J.-F., *S*, 1499.

Feature Article: "Synthesis of Polysubstituted Stereodefined Olefins via the Reactivity of sp^2 Organo-gem-bismetallics."

VII.E-6 McElwee-White, L., *SL*, 806.

Review: "Organic Products from Oxidation of Metal-Carbynes."

VII.E-7 Yus, M., *CSR*, 155.

Review: "Arene-Catalysed Lithiation Reactions."

VII.E-8 Li, C.-J., *T*, **52**, 5643.

Review: "Aqueous Barbier-Grignard Type Reaction: Scope, Mechanism, and Synthetic Applications."

VII.E-9 Sartori, P. and Habel, W., *JPR*, **338**, 197.

Review: "'One Pot' Syntheses, Modifications and Applications of Poly(carbosilanes)."

VII.E-10 Interrante, L.V. et al., *JOM*, **521**, 1.

Review: "Poly(silylenemethylenes) - A Novel Class of Organosilicon Polymers."

VII.E-11 Moreau, J.J.E. et al., *JOM*, **521**, 11.

Review: "Silyl Substitution as an Aid in Polymerization Reactions: Oxidative Coupling of Silylthiophene, a Route to Highly Conjugated Polythiophene."

VII.E-12 Soum, A. et al., *JOM*, **521**, 21.

Review: "Ring-opening Polymerization of Nitrogen-containing Cyclic Organosilicon Monomers."

VII.E-13 Holmes, R.R., *CRV*, **96**, 927.

Review: "Comparison of Phosphorus and Silicon: Hypervalency, Stereochemistry, and Reactivity."

VII.E-14 Ando, W, *BCJ*, **69**, 1.

Account: "Polyorganosilicon Compounds in Strained Carbocyclic Systems."

VII.E-15 Roesky, H.W. et al., *ACR*, **29**, 183.

Review: "Discrete Silanetriols: Building Blocks for Three-Dimensional Metallasiloxanes."

VII.E-16 Dawson, G.J. et al., *COS*, **3**, 277.

Review: "Catalytic Applications of Transition Metals in Organic Synthesis."

VII.E-17 Donohoe, T.J., *COS*, **3**, 1.

Review: "Stoichiometric Application of Organotransition Metal Complexes in Organic Synthesis."

VII.E-18 Fujiwara, Y. et al., *SL,* 591.

Review: "Exploitation of Synthetic Reactions via C-H Bond Activation by Transition Metal Catalysts. Carboxylation and Aminomethylation of Alkanes or Arenes."

VII.E-19 Moreno-Manas, M. et al., *T*, **52**, 3377.

Review: "Transformations of β-Dicarbonyl Compounds by Reactions of Their Transition Metal Complexes with Carbon and Oxygen Electrophiles."

VII.E-20 Trost, B.M. and Van Vranken, D.L., *CRV*, **96**, 395.

Review: "Asymmetric Transition Metal-catalyzed Allylic Alkylations."

VII.E-21 Ojima, I. et al., *CRV*, **96**, 635.

Review: "Transition Metal-Catalyzed Carbocyclizations in Organic Synthesis."

VII.E-22 Lautens, M. et al., *CRV*, **96**, 49.

Review: "Transition Metal-mediated Cycloaddition Reactions."

VII.E-23 Bolm, C. et al., *ACS*, **50**, 305.

Review: "Sulfoximine-Titanium Reagents in Enantioselective Trimethylsilyl-cyanations of Aldehydes."

VII.E-24 Siling, M.I. and Laricheva, T.N., *RCR,* **65**, 279.

Review: "Titanium Compounds as Catalysts for Esterification and Transesterification."

VII.E-25 Hashmi, A.S.K., *JPR*, **338**, 491.

Review: "Chromium (II) chloride: A Reagent for Chemo-, Regio-, and Diasteroselective C-C-Bond Formation."

VII.E-26 Ley, S.V. et al., *CRV*, **96**, 423.

Review: "(π-Allyl)tricarbonyliron Lactone Complexes in Organic Synthesis: A Useful and Conceptually Unusual Route to Lactones and Lactams."

VII.E-27 Sychev, A.Ya. and Isak, V.G., *RCR*, **64**, 1105.

Review: "Iron Compounds and the Mechanisms of the Homogeneous Catalysis of the Activation of O_2 and H_2O_2 and of the Oxidation of Organic Substrates."

VII.E-28 Kaufmann, T., *AGE*, **35**, 386.

Review: "Non-stabilized Alkyl Complexes and Alkyl-Cyanato-Ate Complexes of Iron (II) and Cobalt (II) as New Reagents in Organic Synthesis."

VII.E-29 Mukai, C. and Hanaoka, M., *SL*, 11.

Review: "Development of Highly Stereoselective and Regioselective Reactions Based on the Alkyne-$Co_2(CO)_6$ Complexes."

VII.E-30 Tiecco, M. et al., *G*, **126**, 635.

Research Report: "Production and Reactivity of New Organoselenium Intermediates, Formation of Carbon-Oxygen and Carbon-Nitrogen Bonds."

VII.E-31 Boduszek, B. and Gancarz, R., *JPR*, **338**, 186.

Review: "Pyridine-4-Selenyl Bromides as New Reagents for Selenenylation of Olefins."

VII.E-32 Rousenthal, U. et al., *SL*, 111.

Review: "Unusual Reactions of Titanocene- and Zirconocene-Generating Complexes."

VII.E-33 Wipf, P. and Jahn, H., *T*, **52**, 12853.

Review: "Synthetic Applications of Organochlorozirconocene Complexes."

VII.E-34 Murahashi, S.-I. and Naota, T., *BCJ*, **69**, 1805.

Review: "A New Way for Efficient Catalysis by Using Low Valent Ruthenium Complexes as Redox Lewis Acid and Base Catalysts."

VII.E-35 Genet, J.P., *AOA*, **1**, 4 (1995).

Review: "General Synthesis of Chiral Ru Catalysts $(P^*P)RuX_2$ Using $CODRu-(2-methylallyl)_2$."

VII.E-36 Williams, J.M.J., *SL*, 705.

Review: "The Ups and Downs of Allylpalladium Complexes in Catalysis."

VII.E-37 Catellani, M. and Chiusoli, G.P., *G*, **126**, 57.

Review: "Palladium-Catalyzed Ring-Forming Reactions of Organic Halides with Unsaturated Substrates and Carbon Monoxide."

VII.E-38 Tsuji, J. and Mandai, T., *S*, 1.

Review: "Palladium Catalyzed Hydrogenolysis of Allylic and Propargylic Compounds with Various Hydrides"

VII.E-39 Heumann, A. and Réglier, M., *T*, **52**, 9289.

Review: "The Stereochemistry of Palladium Catalyzed Cyclisation Reactions. Part C: Cascade Reactions."

VII.E-40 Negishi, E. et al., *CRV*, **96**, 365.

Review: "Cyclic Carbopalladation. A Versatile Synthetic Methodology for the Construction of Cyclic Organic Compounds."

VII.E-41 Drent, E. and Budzelaar, P.H.M., *CRV*, **96**, 663.

Review: "Palladium-Catalyzed Alternating Copolymerization of Alkenes and Carbon Monoxide."

VII.E-42 Ali, H. and van Lier, J.E., *S*, 423.

Review: "Synthesis of Radiopharmaceuticals via Organotin Intermediates."

VII.E-43 Marshall, J.A., *CRV*, **96**, 31.

Review: "Chiral Allylic and Allenic Stannanes as Reagents for Asymmetric Synthesis."

VII.E-44 Matano, Y. and Suzuki, H., *BCJ*, **69**, 2673.

Review: "A New Aspect of Organobismuth Chemistry: Synthesis, Properties, and Reactions of Bismuthonium Compounds."

VII.E-45 Molander, G.A. and Harris, C.R., *CRV*, **96**, 307.

Review: "Sequencing Reactions with Samarium (II) Iodide."

VII.F. Halogen Compounds and Halogenation

(see also: VI.A.11.)

VII.F-1 Marsden, S.P., *COS*, **3**, 133.

Review: "Organic Halides."

VII.F-2 Tundo, P. et al., *G*, **126**, 317.

Review: "Hydrodehalogenation of Polyhalogenated Aromatics Under Multiphase Conditions with H_2 and Metal Catalyst: Kinetics and Selectivity."

VII.F-3 Zanaveskin, L.N. et al., *RCR*, **65**, 617.

Review: "Prospects for the Development of Methods for the Processing of Organohalogen Waste. Characteristic Features of the Catalytic Hydrogenolysis of Halogen-containing Compounds."

VII.F-4 Cotarca, L. et al., *S*, 553.

Review: "Bis(trichloromethyl)carbonate in Organic Synthesis."

VII.F-5 Resnati, G. and Soloshonok, V.A., eds., *T*, **52**, 1-330.

Reviews: "Fluoroorganic Chemistry: Synthetic Challenges and Biomedicinal Rewards."

VII.F-6 Rozen, S., *ACR*, **29**, 243.

Review: "Elemental Fluorine: Not Only for Fluoroorganic Chemistry."

VII.F-7 Rozen, S., *CRV*, **96**, 1717.

Review: "Selective Fluorinations by Reagents Containing the OF Group."

VII.F-8 Pez, G.P. et al., *CRV*, **96**, 1737.

Review: "Electrophilic NF Fluorinating Agents."

VII.F-9 Umemoto, T., *CRV*, **96**, 1757.

Review: "Electrophilic Perfluoroalkylating Agents."

VII.F-10 Dolbier, W.R., Jr., *CRV*, **96**, 1557.

Review: "Structure, Reactivity and Chemistry of Fluoroalkyl Radicals."

VII.F-11 Sawada, H., *CRV*, **96**, 1779.

Review: "Fluorinated Peroxides."

VII.F-12 Tozer, M.J. and Herpin, T.F., *T*, **52**, 8619.

Review: "Methods for the Synthesis of gem-difluoromethylene Compounds."

VII.F-13 Kiselyov, A.S. and Strekowski, L., *OPP*, **28**, 289.

Review: "The Trifluoromethyl Group in Organic Synthesis."

VII.F-14 Tyrra, W. and Naumann, D., *JPR*, **338**, 283.

The Reagent: "Trifluoromethyl Zinc Bromide - A Useful Trifluoromethylation and Difluoromethylation Reagent."

VII.F-15 Lamberth C., *JPR*, **338**, 586.

The Reagent: "Ruppert's Reagent: Trifluoromethyltrimethylsilane."

VII.F-16 Haufe, G., *JPR*, **338**, 99.

Review: "Triethylamine Trishydrofluoride in Synthesis."

VII.F-17 Francisco, J.S. and Maricq, M.M., *ACR*, **29**, 391.

Review: "Making Sure that Hydrofluorocarbons are Ozone Friendly."

VII.F-18 Eicher, T. et al., *JPR*, **338**, 589.

The Reagent: "Dess-Martin-Periodinan (DMP)."

VII.F-19 Stang, P.J. and Zhdankin, V.V., *CRV*, **96**, 1123.

Review: "Organic Polyvalent Iodine Compounds."

VII.G Natural Products

VII.G-1 Nicolaou, K.C. and Nadin, A., *AGE*, **35**, 1623.

Review: "Chemistry and Biology of Zaragozic Acids."

VII.G-2 Tolstikov, A.G. and Tolstikov, G.A. *RCR*, **65**, 441.

Review: "Natural Aliphatic Oxygenated Unsaturated Acids. Synthesis and Biological Activity."

VII.G-3 Harriman, A. and Sauvage, J.-P., *CSR*, 41.

Review: "A Strategy for Constructing Photosynthetic Models: Porphyrin-Containing Modules Assembled Around Transition Metals."

VII.G-4 King, A.G. and Meinwald, J., *CRV*, **96**, 1105.

Review: "The Defensive Chemistry of Coccinellids."

VII.G-5 Konstantinova, I.D. and Serebrennikova, G.A., *RCR*, **65**, 537.

Review: "Positively Charged Lipids: Structure, Methods of Synthesis, and Applications."

VII.G-6 Geller, B.E., *RCR*, **65**, 725.

Review: "Bacterial Polyesters. Synthesis, Properties, and Applications."

VII.G-7 Hudlicky, T. and Thorpe, A.J., *CC*, 1993.

Feature Article: "Current Status and Future Perspectives of CyclohexadienecisDiols in Organic Synthesis: Versatile Intermediates in the Concise Design of Natural Products."

VII.G-8 Sieburth, S.McN. and Cunard, N.T., *T*, **52**, 6251.

Review: "The [4+4] Cycloaddition and Its Strategic Application in Natural Product Synthesis."

VII.G-9 Stella, L. et al., *BSF*, **133**, 441.

Review: "Chemical and Biological Aspects of the Biosynthesis of Ethylene, A Plant Hormone."

VII.G-10 Norley, M.C., *COS*, **3**, 345.

Review: "Synthetic Approaches to Rapamycin."

VII.G-11 Braekman, J.-C. et al., *OPP*, **28**, 499.

Review: "Synthesis of the Fire Ant Alkaloids, Solenopsins."

VII.G-12 Mansell, H.L., *T*, **52**, 6025.

Review: "Synthetic Approaches to Anatoxin-A."

VII.G-13 Franklin, A.S. and Overman, L.E., *CRV*, **96**, 505.

Review: "**Total Syntheses of Pumiliotoxin A and Allo pumiliotoxin Alkaloids. Interplay of Pharmacologically Active Natural Products and New Synthetic Methods and Strategies.**"

VII.G-14 Quideau, S. and Feldman, K.S., *CRV*, **96**, 475.

Review: "**Ellagitannin Chemistry.**"

VII.G-15 Hansen, M.R. and Hurley, L.H., *ACR*, **29**, 249.

Review: "**Pluramycins: Old Drugs Having Modern Friends in Structural Biology.**"

VII.G-16 Khosla, C., Cane, D.E. et al., *CSR*, 297.

Review: "**Specificity and Versatility in Erythromycin Biosynthesis.**"

VII.G-17 Stubbe, J. and Kozarich, J.W. et al., *ACR*, **29**, 322.

Review: "**Bleomycins: A Structural Model for Specificity, Binding, and Double Strand Cleavage.**"

VII.G-18 Sergeev, D.S. and Zarytova, V.F., *RCR*, **65**, 355.

Review: "**Interaction of Bleomycin and its Oligonucleotide Derivatives with Nucleic Acids.**"

VII.G-19 Lorsch, J.R. and Szostak, J.W., *ACR*, **29**, 103.

Review: "**Chance and Necessity in the Selection of Nucleic Acid Catalysts.**"

VII.G-20 Sheflyan, G.Ya. et al., *RCR*, **65**, 709.

Review: "**Methods for the Covalent Attachment of Nucleic Acids and Their Derivatives to Proteins.**"

VII.G-21 Herdewijn, P., *LA*, 1337.

Review: "**Targeting RNA with Conformationally Restricted Oligonucleotides.**"

VII.G-22 Moras, D. and Rees, B., *BSF*, **133**, 661.

Review: "**The Amino Acylation of Transfer RNAs: A Structural Point of View.**"

VII.G-23 Wong, C.-H. et al., *CRV*, **96**, 443.

Review: "**Recent Advances in the Chemoenzymatic Synthesis of Carbohydrates and Carbohydrate Mimics.**"

VII.G-24 Fraser-Reid, B., *ACR*, **29**, 57.

Review: "**Some Progeny of 2,3-Unsaturated Sugars - They Little Resemble Grandfather Glucose: Twenty Years Later.**"

VII.G-25 Prestwich, G.D., *ACR*, **29**, 503.

Review: "**Touching All the Bases: Synthesis of Inositol Polyphosphate and Phosphoinositide Affinity Probes from Glucose.**"

VII.G-26 Hudlicky, T. et al., *CRV*, **96**, 1195.

Review: "**Modern Methods of Monosaccharide Synthesis from Non-Carbohydrate Sources.**"

VII.G-27 Boons, G.-J., *COS*, **3**, 173 and *T*, **52**, 1095..

Review: "**Recent Developments in Chemical Oligosaccharide Synthesis.**" and "**Strategies in Oligosaccharide Synthesis.**"

VII.G-28 Dwek, R.A., *CRV*, **96**, 683.

Review: "Glycobiology: Toward Understanding the Function of Sugars."

VII.G-29 Lambert, J.N., *AJC*, **49**, 1179.

Review: "The Chemistry of Biology: Molecular Evolution, the Total Synthesis of Proteins, and DNA Restriction and Modification."

VII.G-30 Hudlicky, T., *CRV*, **96**, 3.

Review: "Design Constraints in Practical Syntheses of Complex Molecules: Current Status, Case Studies with Carbohydrates and Alkaloids, and Future Perspectives."

VII.G-31 Pullerits, T. and Sundstrom, V., *ACR*, **29**, 381.

Review: "Photosynthetic Light-Harvesting Pigment-Protein Complexes: Toward Understanding How and Why."

VII.G-32 Voyer, N., *TCC*, **184**, 1.

Review: "The Development of Peptide Nanostructures."

VII.G-33 Carpino, L.A., Beyermann, M. et al., *ACR*, **29**, 268.

Review: "Peptide Synthesis via Amino Acid Halides."

VII.G-34 Parsons, A.F., *T*, **52**, 4149.

Review: "Recent Developments in Kanoid Amino Acid Chemistry."

VII.G-35 Botting, N.P., *CSR*, 401 (1995).

Review: "Chemistry and Neurochemistry of the Kynurenine Pathway of Tryptophan."

VII.G-36 Krasnov, V.P., Zhdanova, E.A. and Smirnova, L.I., *RCR*, **64**, 1049 (1995).

Review: "The Synthesis and Biological Activity of 4-[bis (2-chloroethyl)amino]-DL-, L-, and D-phenylalanine amides and peptides."

VII.G-37 Murakami, Y. et al., *CRV*, **96**, 721.

Review: "Artificial Enzymes."

VII.G-38 Jones, J.B. et al., *ACS*, **50**, 697.

Review: "Probing Enzyme Specificity."

VII.G-39 Holm, R.H. and Solomon, E.I., guest editors, *CRV*, **96**, 2237-3042.

Reviews: "Bioinorganic Enzymology."

VII.G-40 Lerner, R.A. and Barbas, C.F., III, *ACS*, **50**, 672.

Review: "Using the Process of Reactive Immunization to Induce Catalytic Antibodies with Complex Mechanisms: Aldolases."

VII.G-41 Kikuchi, K. and Hilvert, D., *ACS*, **50**, 333.

Review: "Antibody Catalysis via Strategic Use of Haptenic Charge."

VII.G-42 Christianson, D.W. and Fierke, C.A., *ACR*, **29**, 331.

Review: "Carbonic Anhydrase: Evolution of the Zinc Binding Site by Nature and Design."

VII.G-43 Di Bello, C., *G*, **126**, 189.

Review: "Total Synthesis of Proteins by Chemical Methods: The Horse Heart Cytochrome C Example."

VII.G-44 Joule, J.A. et al., *CSR*, 25.

Review: "The Structure and Mode of Action of the Cofactor of the Oxomolybdoenzymes."

VII.G-45 Waggon, W.-D., *TCC*, **184**, 39.

Review: "Cytochrome P450: Significance, Reaction Mechanisms and Active Site Analogues."

VII.H. Others

VII.H-1 Mukaiyama, T., *AA*, **29**, 59.

Review: "New Possibilities in Organic Synthesis."

VII.H-2 Hormann, R.E., *AA*, **29**, 31.

Review: "Non Natural Products Non Pariel."

VII.H-3 Gokel, G.W. and Murillo, O., *ACR*, **29**, 425.

Review: "Synthetic Organic Chemical Models for Transmembrane Channels."

VII.H-4 Tour, J.M., *CRV*, **96**, 537.

Review: "Conjugated Macromolecules of Precise Length and Constitution: Organic Synthesis for the Construction of Nanoarchitectures."

VII.H-5 Griesbeck, A.G. et al., *S*, 1261.

Review: "Photochemical Synthesis of Macrocycles."

VII.H-6 Saito, I. and Nakatani, K., *BCJ*, **69**, 3007.

Review: "Design of DNA-Cleaving Agents."

VII.H-7 Eisenbrand, G., Lauck-Birkel, S. and Tang, W.C., *S*, 1247.

Feature Article: "An Approach Towards More Selective Anticancer Agents."

VII.H-8 Richardson, K., *COS*, **3**, 125.

Review: "The Discovery of Fluconazole."

VII.H-9 Berks, A.H., *T*, **52**, 331.

Review: "Preparation of Two Pivotal Intermediates for the Synthesis of 1-β-Methyl Carbapenem Antibiotics."

VII.H-10 Denisov, E.T., *RCR*, **65**, 505.

Review: "Cyclic Mechanisms of Chain Termination in the Oxidation of Organic Compounds."

VII.H-11 Knölker, H.-J., *JPR*, **338**, 190.

The Reagent: "Trimethylamine N-Oxide - A Useful Oxidizing Reagent."

VII.H-12 Kovalenko, G.A., *RCR*, **65**, 625.

Review: "Selective Oxidation of Gaseous Hydrocarbons By Bacterial Cells."

VII.H-13 Vinogradov, M.G. and Zinenkov, A.V., *RCR*, **65**, 131.

Review: "Chemistry of Methylenecyclobutane."

VII.H-14   Wiberg, K.B., *ACR*, **29**, 229.

Review: "Bent Bonds in Organic Compounds."

VII.H-15   Della, E.W. and Lochert, I.J., *OPP*, **28**, 411.

Review: "Synthesis of Bridgehead-Substituted Bicyclo [1,1,1]Pentanes. A Review."

VII.H-16   Borden, W.T., *SL*, 711.

Review: "Synthesis of Alkenes with Pyramidalized Double Bonds - Unnatural Products of Theoretical Interest."

VII.H-17   Alder, R.W. and East, S.P., *CRV*, **96**, 2097.

Review: "In / Out Isomerism."

VII.H-18   Boden, C.D.J. and Pattenden, G., *COS*, **3**, 19.

Review: "Saturated and Partially Unsaturated Carbocycles."

VII.H-19   Booker-Milburn, K.I. and Sharpe, A., *COS*, **3**, 473.

Review: "Saturated and Partially Unsaturated Carbocycles."

VII.H-20   Williams, A.C., *COS*, **3**, 535.

Review: "The Synthesis of Carbocyclic Aromatic Systems."

VII.H-21   Drent, E. et al., *RTC*, **115**, 263.

Review: "Alternating Copolymerization of Alkenes and Carbon Monoxide Catalyzed by Cationic Palladium Complexes."

VII.H-22 Shaik, S. et al., *ACR*, **29**, 211.

Review: "A Kekule-Crossing Model for the 'Anomalous' Behavior of the b_{20} Modes of Aromatic Hydrocarbons in the Lowest Excited $^1B_{20}$ State."

VII.H-23 Miller, L.L. and Mann, K.R., *ACR*, **29**, 417.

Review: "π-Dimers and π–Stacks in Solution and in Conducting Polymers."

VII.H-24 Zimmerman, H.E. and Armesto, D., *CRV*, **96**, 3065.

Review: "Synthetic Aspects of the Di-π-methane Rearrangement."

VII.H-25 Zimmer, R. and Khan, F.A., *JPR*, **338**, 93.

The Reagent: "Methoxyallene: A Reagent of Versatile Applications in Organic Synthesis."

VII.H-26 Trofimov, B.A., *RJOC*, **31**, 1233 (1995).

Review: "Some Aspects of Acetylene Chemistry."

VII.H-27 Shim, S.C. et al., *CC*, 2609.

Review: "Photochemistry of Conjugated Polyiynes."

VII.H-28 Haw, J.F., Nicholas, J.B. et al., *ACR*, **29**, 259.

Review: "Physical Organic Chemistry of Solid Acids: Lessons for in Situ NMR and Theoretical Chemistry."

VII.H-29 Ladduwahetty, T., *COS*, **3**, 243.

Review: "Carboxylic Acids and Esters."

VII.H-30 Hau, C.S. et al., *COS*, **3**, 65.

Review: "Alcohols, Ethers and Phenols."

VII.H-31 Steel, P.G., *COS*, **3**, 151.

Review: "Aldehydes and Ketones."

VII.H-32 Gallagher, P.T., *COS*, **3**, 433.

Review: "The Synthesis of Quinones."

VII.H-33 Nozoe, T. and Takeshita, H., *BCJ*, **69**, 1149.

Account: "Chemistry of Azulenequinones and their Analogues."

VII.H-34 Seybold, G., *JPR*, **338**, 392.

Progress Report: "VilsmeierHaack Formylation Reaction - Importance in the Colour Industry."

VII.H-35 Bowden, K., *CSR*, 431 (1995).

Review: "Intramolecular Catalysis: Carbonyl Groups in Ester Hydrolysis."

VII.H-36 Niclas, H.-J. et al., *JPR*, **338**, 488.

The Reagent: "Formyloxy-acetonitrile - A Reagent for Convenient N- and O-Formylations."

VII.H-37 Bashir-Hashemi, A. and Doyle, G., *AA*, **29**, 43.

Review: "Oxalyl Chloride in Photochemical Chlorocarbonylation of Cage Compounds."

VII.H-38 Shaikh, A.-A.G. and Sivaram, S., *CRV*, **96**, 951.

Review: "Organic Carbonates."

VII.H-39 Ranu, B.C. and Bhar, S., *OPP*, **28**, 371.

Review: "Dealkylation of Ethers. A Review."

VII.H-40 Danishefsky, S.J. and Bilodeau, M.T., *AGE*, **35**, 1380.

Review: "Glycals in Organic Synthesis."

VII.H-41 Labarre, J.-F. *SL*, 799.

Review: "The Saga of the Design and Synthesis of Dandelion Dendrimers."

VII.H-42 Bracher, F. and Litz, T., *JPR*, **338**, 386.

Review: "9-Borabicyclo[3.3.1]nonane (9-BBN) in Organic Synthesis."

VII.H-43 North, M., *COS*, **3**, 323.

Review: "Amines and Amides."

VII.H-44 Romine, J.L., *OPP*, **28**, 249.

Review: "bis-Protected Hydroxylamines as Reagents in Organic Synthesis. A Review."

VII.H-45 Gridnev, I.D. and Gridnev, N.A., *RCR*, **64**, 1021 (1995).

Review: "The Interaction of Nitriles with Electrophiles."

VII.H-46 Buttke, K. and Niclas, H.-J., *JPR*, **338**, 681.

The Reagent: "Acylated Cyanatoarenes - Reagents for Convenient Cyanations."

VII.H-47 Williams, D.L.H., *CC*, 1085.

Feature Article: "The Mechanism of Nitric Oxide Formation from S-Nitrosothiols (thionitrites)."

VII.H-48 Exner, O. and Krygowski, T.M., *CSR*, 71.

Review: "The Nitro Group as Substituent."

VII.H-49 Tafesh, A.M. and Weiguny, J., *CRV*, **96**, 2035.

Review: "The Selective Catalytic Reduction of Aromatic Nitro Compounds into Aromatic Amines, Isocyanates, Carbamates, and Ureas Using CO."

VII.H-50 Nakagaki, R. and Mutai, K., *BCJ*, **69**, 261.

Account: "Photophysical Properties and Photosubstitution and Photoredox Reactions of Aromatic Nitro Compounds."

VII.H-51 Katritzky, A.R. and Jiang, J., *JPR*, **338**, 684.

The Reagent: "BETMIP [1-(Triphenylphosphorylidene-aminomethyl)benzotriazole], A Unique $CH_2=N-PPh_3^+X^-$ Equivalent for Organic Synthesis."

VII.H-52 Lattes, A. et al., *BSF*, **133**, 925.

Review: "Chemical Decontamination. I. Dephosphorylation of Organophosphorus Compounds."

VII.H-53 Munoz, A. et al., *JOC*, **61**, 6015.

Review: "One-Pot Synthesis of Phosphonic Acid Diesters."

VII.H-54 Cavell, R.G. et al., *CRV*, **96**, 1917.

Review: "Neutral Six-Coordinate Phosphorus."

VII.H-55 Hartke, K. and Gerber, H.-D., *JPR*, **338**, 763.

The Reagent: "Tetraphosphorus Decasulfide, Revival of an Old Thionating Agent."

VII.H-56 Mashkina, A.V., *RCR*, **64**, 1131 (1995).

Review: "Heterogeneous Catalytic Synthesis of Alkanethiols and Dialkylsulfides from Alcohols and Hydrogen Sulfide."

VII.H-57 Bondarenko, O.B. et al., *RCR*, **65**, 147.

Review: "Synthesis and Properties of Sultines, Cyclic Esters of Sulfinic Acids."

VII.H-58 Koval', I.V., *RJOC*, **31**, 889 (1995).

Review: "Activation of Bivalent Sulfur in Reactions with Electrophilic and Nucleophilic Reagents."

VII.H-59 Zyk, N.V., Beloglazkina, E.K. and Zefirov, N.S., *RJOC*, **31**, 1153 (1995).

Review: "Sulfur Trioxide: Reagent, Acid, and Catalyst."

VII.H-60 Luh, T.-Y., *SL*, 201.

Review: "Chelation Assistance in the Activation of C-S and C-O Bonds."

VII.H-61 Krief, A. et al., *AOA*, **1**, 49 (1995).

Review: "Phenyl thiocyclopropane."

VII.H-62 Koval', I.V., *RCR*, **65**, 421.

Review: "Synthesis, and Application of Sulfenamides."

VII.H-63 Markovskii, L.N. et al., *RJOC*, **31**, 139 (1995).

Review: "Sulfinimides."

VII.H-64 Rayner, C.M., *COS*, **3**, 498.

Review: "Synthesis of Thiol, Selenols, Sulfides, Selenides, Sulfoxides, Selenoxides, Sulfones and Selenones."

VIII
SELECTED TOPICAL AREAS

VIII.A. Fullerene Chemistry

VIII.A.1. Diels-Alder-type Cycloadditions

VIII.A.1-1   Martin, N., et al., *JCS(P1)*, 1077.

Adducts of C_{60} via Sulfur-containing o-Quinodimethanes.

VIII.A.1-2   Eguchi, S. et al., *TL,* **37**, 9211.

δ-Valerolactam Derivatives of C_{60} via Hetero Diels-Alder.

VIII.A.2. Other Cycloadditions

VIII.A.2-1   Yoshida, S.-i, et al., *CL*, 373; Prato, M. et al., *JOC,* **61**, 9070, *CC,* 903; Irngartinger, H. et al., *TL,* **37**, 4137, *LA*, 1845; Wilson, S.R. et al., *TL,* **37**, 775; Seonae, C. et al., *TL*, **37**, 9391; Jagerovic, N., *JCS(P1)*, 499.

Various 1,3-Dipolar Cycloadditions to C_{60}.

VIII.A.2-2   Irngartinger, H. et al., *LA*, 1609; Mattay, J. et al., *T,* **52**, 5407, 5421; Ohno, M. et al., *CC,* 291.

Various [3+2] Cycloadditions to C_{60}.

VIII.A.2-3   Foote, C.S. et al., *JOC,* **61**, 5456; Darwish, A.D. et al., *JCS(P2)*, 2079.

[2+2] Cycloadditions of C_{60} with Alkenes and Alkynes and C_{70} with Benzyne.

VIII.A.2-4 Nakamura, E. et al., *CL*, 395.

Water-promoted cycloaddition of C_{70} with Trimethylenemethane.

VIII.A.2-5 Bestmann, H.J. and Moll, C., *SL*, 729.

Reaction of C_{60} with α-Diazoketones.

VIII.A.2-6 Hirsch, A. et al., *LA*, 1725; Komatsu, K. et al., *CC*, 2059.

Cyclopropanations of C_{60}.

VIII.A.2-7 Nakamura, E. et al., *CC*, 1747; Diederich, F. et al., *AG(E)*, **35**, 2101.

Regio- and Diastereoselective Cycloadditions to C_{60}.

VIII.A.2-8 Paquette, L.A. and Trego, W.E., *CC*, 419.

3-Fold Cycloaddition of C_{60} to Hericene.

VIII.A.2-9 Shevlin, P.B. et al., *TL*, **37**, 4651.

Syntheses of Open and Closed Cycloalkylidenefullerenes.

VIII.A.3. Photochemical Reactions

VIII.A.3-1 Schuster, D.I. and Wilson, S.R., *JACS*, **118**, 5639.

[2+2] Photocycloaddition of Cyclic Enones to C_{60}.

VIII.A.3-2 Lunazzi, L., Placucci, G. et al., *JOC,* **61**, 3327.

Dialkoxysulfide Photolysis; Addition of Alkoxy Radicals to C_{60}.

VIII.A.3-3 Williams, R.R., Rubin, Y., Paddon-Row, M.N., *JOC,* **61**, 5055; Sakata, Y., Okada, T. et al., *JACS,* **118**, 11771; Liou, K.-F. and Cheng, C.-H, *CC,* 1423; **see also**: Williams, P.M. et al., *RTC,* **115**, 72.

Reactions of Fullerenes via Photoinduced Electron Transfer.

VIII.A.4. Other Fullerene Chemistry

VIII.A.4-1 Miles, W.H. and Smiley, P.M., *JOC,* **61**, 2559.

Ene Reaction of C_{60} and 3-Methylene-2,3-Dihydrofuran.

VIII.A.4-2 Benito, A.M.. et al., *TL,* **37**, 1085; Wudl, F. et al., *JOC,* **61**, 1306, 5837; Echegoyen, L. et al., *CC,* 1547; Schuster, D.I., Wilson, S.R. et al., *JOC,* **61**, 5198.

Various Syntheses of Methanofullerenes.

VIII.A.4-3 Astruc, D. et al., *CC,* 1565; Sun, Y.-P. et al., *CC,* 1241; Sannicolo, F. et al., *AGE,* **35**, 648.

Synthesis of Fullerene-substituted Polystyrene and Polythiophene Polymers.

VIII.A.4-4 Scott, L.T. et al., *JACS,* **118**, 8743; Rabideau, P.W. and Sygula, A., *ACR,* **29**, 235.

Synthesis of Polynuclear Aromatics as Fullerene Subunits.

VIII.A.4-5 Paddon-Row, M.N. et al., *TL,* **37**, 4797 and *JOC,* **61**, 5032.

Synthesis of "Ball and Chain" Fullerene Derivatives.

VIII.A.4-6 Diederich, F. et al., *HCA,* **76**, 1741; Gan, L. et al., *JOC,* **61**, 1954; Luh, T.-Y. et al., *JOC,* **61**, 9242.

Synthesis of Various Chiral Fullerene Derivatives.

VIII.A.4-7 Diederich, F. et al., *HCA,* **79**, 6 and *CC,* 797.

Synthesis of Fullerene-Acetylene Scaffolding.
Synthesis of the Tetrakis-adduct $C_{64}(COOEt)_8$.

VIII.A.4-8 Boltalina, O.V. et al., *CC,* 529, 2549 and *JCS(P2)*, 2275; **see also**: Yoshida, M. and Iyoda, M., *CL,* 1097.

Synthesis of Various Fluorine-substituted Fullerenes.

VIII.A.4-9 Vogtle, F. and Osterodt, J., *CC,* 547.

Synthesis of $C_{61}Br_2$.

VIII.A.4-10 Nakamura, E., Sugiura, Y. et al., *BCJ,* **69**, 2143; Migata, N. et al., *JOC,* **61**, 7236.

Fullerene Derivatives with DNA-cleaving and Other Significant Biological Activities.

VIII.A.4-11 Goroff, N.S., *ACR,* **29**, 77.

Review: "Mechanism of Fullerene Formation"

VIII.A.4-12   Sun, Y.-P. et al., *CC,* 2699.

Synthesis of a Highly Water-soluble Pendant Fullerene Polymer.

VIII.A.4-13   Housecraft, C.E. et al., *CC,* 2009.

Buckyligands: Fullerene-substituted Oligopyridines.

VIII.A.4-14   Raston, C.L. et al., *CC,* 2615.

Supramolecular Encapsulation of C_{60} Aggragates.

VIII.A.4-15   Planeix, J.-M. et al., *CC,* 2087.

Grafting C_{60} on High Surface Area Silica.

VIII.A.4-16   Nagase, S. et al., *BCJ,* **69**, 213.

Endohedral Metallofullerenes.

VIII.A.4-17   Miyamoto, T. et al., *JOC,* **61**, 8500.

Synthesis of Disubstituted 1,2-Dihydro[60]Fullerenes.

VIII.A.4-18   Lunazzi, L. et al., *JACS,* **118**, 7608.

Addition of Aryl and Fluoralkyl Radicals to C_{70}.

VIII.A.4-19   Miki, S. et al., *TL,* **37**, 2049.

Benzylation of C_{60} with the Collman Reagent.

VIII.A.4-20 Duczek, W. et al., *T*, **52**, 8733.

Formation of New C_{60}-fused Heterocycles.

VIII.A.4-21 Tomoika, H. and Yamamoto, K., *JCS(P1)*, 63.

Synthesis and Solubility of Carboxyl-substituted C_{60} Derivatives.

VIII.A.4-22 Viado, A.L. et al., *OM*, **15**, 4340.

Synthesis of a $[n^4$-(cyclohexadieno)C_{60}]FeCO$_3$ Complex.

VIII.A.4-23 Gotschy, B. et al., *CC*, 1571.

Characterization of C_{60} [PPh$_4^+$]$_2$ Cl$_{1-x}^-$ I$_x^-$ Radical Anion.

VIII.A.4-24 Nogami, T. et al., *TL*, **37**, 4031.

Unusual Reactions of C_{60} with Aldehydes in NH$_3$(aq).

VIII.A.4-25 Komatsu, K. et al., *TL*, **37**, 6153.

Synthesis of $(C_{60})_2$ acetylene and $(C_{60})_2$ butadiyne Derivatives.

VIII.A.4-26 Martin, N. et al., *TL*, **37**, 5979.

Semiconducting CT-complexes from C_{60}-TTF Systems.

VIII.A.4-27 Xu, Z. et al., *TL*, **37**, 7409.

Generation of C_{60}^- and C_{60}^{2-} in Aqueous Caustic THF or DMSO.

VIII.A.4-28 Shinkai, S. et al., *TL,* **37**, 7091.

Solution Color Change via a C_{60} Derivative-Ag^+ Interaction.

VIII.A.4-29 Komatsu, K. et al., *TL,* **37**, 7061.

Novel 1,4-adduct from Reaction of C_{60} and Lithium Fluorenide.

VIII.A.4-30 Iyoda, M. et al., *TL,* **37**, 7987.

Mono- and Dianion of Benzoquinone-linked C_{60}.

VIII.A.4-31 Usatov, A.V. et al., *JOM,* **522**, 147.

Reactions of Fullerenes with Organometallic Hydrides.

VIII.A.4-32 Banks, M.R. et al., *CC,* 507.

Unprecedented Ring Expansion in C_{60}.

VIII.A.4-33 Nuber, B. and Hirsch, A., *CC,* 1421.

New Route to Heterofullerenes and Synthesis of $(C_{69}N)_2$.

VIII.A.4-34 Mattay, J. et al., *TL,* **37**, 4683.

Nucleophilic Substitution with 1,2-(2,3-dihydro-1H-azirino)-C_{60}.

VIII.A.4-35 Rotello, V.M. and Nie, B., *JOC,* **61**, 1870.

Non-chromotographic Fullerene Purification via Reversible Addition to Silica-supported Dienes.

VIII.A.4-36 Kubozono, Y. et al., *JACS,* **118**, 6998.

Extractions of Y@C_{60}, Ba@C_{60}, La@C_{60}, Ce@C_{60}, Pr@C_{60}, Nd@C_{60}, and Gd@C_{60} with Aniline.

VIII.A.4-37 Reed, C.A. et al., *JACS,* **118**, 13093.

Synthesis and Characterization of Fullerene Carbocation C_{70}^+.

VIII.A.4-38 Haddon, R.C., *JACS,* **118**, 3041.

C_{70} Thin Film Transistors.

VIII.A.4-39 Smith, III, A.B., Saunders, M. et al., *JOC,* **61**, 1904.

Synthesis of C_{70} Epoxides and ^{3}He NMR in Fullerene Analysis.

VIII.A.4-40 Kroto, H.W. et al., *CC,* 1231.

$C_{70}Ph_9OH$; First Fullerene with -OH Attached to the Cage.

VIII.B. Taxol and Related Taxane Chemistry

VIII.B-1 Danishefsky, S.J. et al., *JACS,* **118**, 2843.

Total Synthesis of Taxol.

VIII.B-2 Heinstein, P. et al., *JCS(P1),* 845.

Taxol and Taxane Formation in Plant Cell Culture.

VIII.B-3   Kiwajima, I. et al., *JACS,* **118**, 9186.

Total Synthesis of (±)-Taxusin.

VIII.B-4   Gennari, C. et al., *AGE*, **35**, 1723.

Semi-synthesis of Taxol.

VIII.B-5   Cabri, W. et al., *TL,* 37, 4785; **see also**: Kingston, D.G.I. et al., *JOC,* **61**, 799.

High Yield Semi-synthetic Approach to 2'-epi-Taxol.

VIII.B-6   Shiina, I. et al., *CL*, 223.

Synthesis of 7-Triethylsilyl Baccatin III.

VIII.B-7   Pericas, M.A., Riera, A. et al., *TA*, **7**, 243; Righi, G. et al., *JOC,* **61**, 3557.

Stereoselective Syntheses of the Taxotere Side-chain.

VIII.B-8   Greene, A.E. et al., *JCS(P1)*, 2869.

Synthesis of Two C-2' Hydroxymethyl Analogues of Docetaxel.

VIII.B-9   Srikrishna, A. et al., *CC,* 1369.

Synthesis of Taxanes - The Carvone Approach.

VIII.B-10   Georg, G.I. et al., *JOC,* **61**, 2664.

Synthesis of Heteroaromatic Taxanes.

VIII.B-11 Chen, S.-H. et al., *TL,* **37**, 3935 and *JOC,* **61**, 2065.

Syntheses of C-4 Methyl Ester and C-13 Amide-Linked Paclitaxel Analogs.

VIII.B-12 Funk, R.L. et al., *JOC,* **61**, 2598; **see also**: Magnus, P. et al., *TL,* **37**, 9193.

Functionalized Taxol A-Ring Synthons via 2-Acyloxyacroliens.

VIII.B-13 Fenoglio, I. et al., *TL,* **37**, 3203.

Synthesis of Azetidine-type Taxanes.

VIII.B-14 Swindell, C.S. et al., *JOC,* **61**, 1101.

Taxane Synthesis via Intramolecular Pinacol Coupling.

VIII.B-15 Pancrazi, A. et al., *TL,* **37**, 3313.

Diastereoselective Synthesis of a Taxane Precursor.

VIII.B-16 Sieburth, S.M. et al., *JACS,* **118**, 10803.

A 2-Pyridone Photo[4+4] Approach to Taxanes.

VIII.B-17 Al Mourabit, A. et al., *TL,* **37**, 9189.

Selectively Protected 5-O-Cinnamoyl Taxicine I.

VIII.C. Enediyne and Dienediyne Chemistry

VIII.C-1 Grisson, J.W. et al., *T*, **52**, 6453; Smith, A.L. and Nicolaou, K.C., *JMC*, **39**, 2103; Lhermitte, H. and Grierson, D.S., *COS*, **3**, 41, 93.

Reviews: The Synthesis, Chemistry and Biological Activity of Enediynes, Dienedynes and Related Compounds.

VIII.C-2 Danishefsky, S.J. et al., *JACS,* **118**, 9509; Danishefsky, S.J. and Shair, M.D., *JOC,* **61**, 16.

Total Syntheses of Dynemicin A and Calicheamicin.

VIII.C-3 Townsend, C.A. et al., *JACS,* **118**, 1938; **see also:** Nicolaou, K.C. et al., *CC,* 1495; Crotti, P. et al., *TA,* **7**, 779.

Role of the Aminosugar and Helix Binding in the Thiol-Induced Activation of Calicheamicin for DNA Cleavage.

VIII.C-4 De Clercq, P.J. and Wang, J., *TL,* **37**, 3395; Jones, G.B. et al,. *TL,* **37**, 3643.

Estradiol and Estrogen Conjugates of Enediynes.

VIII.C-5 Isobe, M. et al., *CL*, 113.

Diels-Alder Synthesis of the Dynemicin A Anthraquinone Part.

VIII.C-6 Yoshimatsu, M. and Fuseya, T., *JPB*, **44**, 1954.

New Synthesis of TMS-Substituted Enynes and (Z)-Enediynes.

VIII.C-7 Konig, B., *AGE,* **35**, 165, 446; Ryan, J.H. and Stang, P.J., *JOC,* **61**, 6162; Uenishi, J., *JOC,* **61**, 5716; Hemoto, H. et al., *CPB,* **44**, 2186.

New Syntheses of Cyclic and Acyclic Enediynes.

VIII.C-8 Basak, A. et al., *TL,* **37**, 2475 and *CC,* 749.

Synthesis and Reactivity of Novel Enediynyl β-Lactams.

VIII.C-9 Brana, M.E. et al., *JOC,* **61**, 1369.

Synthesis of Enediynyl Tetrahydropyridines.

VIII.C-10 McPhee, M.M. and Kerwin, S.M., *JOC,* **61**, 9385.

Ion Binding Studies of Enediyne-Containing Crown Ethers.

VIII.C-11 Hirama, M. et al., *TL,* **37**, 5135.

Synthesis of the C-1027 Carbocyclic Core Moiety.

VIII.C-12 Myers, A.G. et al., *JACS,* **118**, 10006.

Synthesis of Neocarzinostatin Chromophore Aglycone.

VIII.C-13 Mastalerz, H. and Doyle, T.W., *TL,* **37**, 8683, 8687.

Synthesis of an Epoxide-triggered Esperamycin Core Analog.

VIII.C-14 Sankaram S., Chandrasekhar, J. et al., *JOC,* **61**, 2247; see also: Wang, K.K. et al., *JOC,* **61**, 8503.

Oxidative Cyclization of Enediyne Radical Cations.

VIII. D. Total Syntheses of Selected Natural Products

(see also VIII.B, VIII.C)

VIII.D-a

Paquette, L.A., *JACS,* **118**, 1309	**Acetoxycrenulide**
Hansen, H.J., *HCA,* **79**, 203	**4-Acetylcolchicine**
Ward, D.E., *JOC,* **61**, 5498	**Actinobolin**
Muroaka, O., *JCS(P1)*, 405	**Agatharesinol**
Bennasar, M.-L., *JOC,* **61**, 1239	**Akuammiline Alkaloids**
Snider, B.B., *JACS,* **118**, 7644	**Allocyathin B$_2$**
Danishefsky, S.J., *JACS,* **118**, 9526	**Allosamidin**
Larsen, D.S., *JOC,* **61**, 5681	**AngucyclineAntibiotics**
Larsen, D.S.,*CC,* 203	**AngucyclineAntibiotics**
Toshima, K., *CC,* 225	**AngucyclineAntibiotics**
Martin, S.F., *T,* **52**, 3229	**Ansamycins**
Yamada, K., *JOC,* **61**, 5326	**Aplyronine A**
Meyers, A.I., *JOC,* **61**, 4607	**Argemonine**
Constantino, M.G., *SC,* **26**, 321	**Artemensin**
Quintero-Cortez, L., *SC,* **26**, 3223	**Astemizole**
Little, R.D., *JOC,* **61**, 3240	**Arteannuin B (desmethyl)**
Takesako, K., *T,* **52**, 4327	**Aureobasidin**
Hecht, S.M., *CC,* 2717	**Avaraone and Avarole**

VIII.D-b

Griffin, J.H., *JOC,* **61**, 3983	**Bacitracin A**
Toshima, K., *TL,* **37**, 1073	**Bafilomycin**
Depres, J.-P., *JACS,* **118**, 9992	**Bakkanes**
Lampe, J.W., *JOC,* **61**, 4572	**Balanol**
Honda, T., *JOC,* **61**, 4944	**Boronolide**
McMorris, T.C., *JCS(P1)*, 295	**Brassinolide**
Nicolaou, K.C., *AGE,* **35**, 588	**Brevitoxin B**
Grieco, P.A., *JOC,* **61**, 5316	**Bruceoside C**

VIII.D-c

Queguiner, G., *JOC,* **61**, 1673	**Caerulomycin C**
Clive, D.L.J., *CC,* 2543	**Calicheamicinone**
Shioiri, T., *CC,* 871	**Calyculin A**
Ogasawara, K., *CC,* 1839	**Capnellene**
Boger, D.L., *JOC,* **61**, 1710	**CC-1065**
Meyers, A.I., *JACS,* **118**, 9876	**Conessine**
Kodama, M., *CL,* 809	**Cubitene**
Iwasaki, S., *T,* **52**, 14543	**Curacin A**
Hesse, M., *HCA,* **79**, 1379	**Cyclocelabenzine**
Plumet, J., *TL,* **37**, 3043	**Cyclophellitol**
Gotschi, E., *HCA,* **79**, 2219	**Cyclothialidine**
Shioiri, T., *TL,* **37**, 2261	**Cyclothionamide B**

VIII.D-d

Corey, E.J., *JACS,* **118**, 8765	**Dammarenediol II**
Paterson, I., *T,* **52**, 1811	**Denticulins A and B**
Mulzer, J., *JOC,* **61**, 566	**Detoxinine**
Stork, G., *JACS,* **118**, 10660	**Digitoxigenin**
Fuchs, P.L., *JACS,* **118**, 10672	**Dihydrocephalostatin I**
Hesse, M., *HCA,* **79**, 1995	**Dihydromyricoidine**
Kelly, T.R., *JOC,* **61**, 4623	**Dimethyl Sulfomycinamate**
Yamada, K., *JACS,* **118**, 1874	**Dolastatin H**
Petit, G.R., *JCS(P1),* 859	**Dolastatin 10**
Boger, D.L., *JACS,* **118**, 230	**Duocarmycin A**

VIII.D-e

Corey, E.J., *JACS,* **118**, 9202	**Ecteinascidin 743**
Borschberg, H.-J., *HCA,* **79**, 151	**Elacomine**
Schultz, A.G., *JOC,* **61**, 5626	**Epianastrephin**
Snider, B.B., *JACS,* **118**, 7644	**Erinacine A**
Bennasar, M.-L., *CC,* 2755,	**Ervatamine Alkaloids**
Bennasar, M.-L., *JOC,* **61**, 1916	**Ervatamine Alkaloids**
Ujihara, K., *TL,* **37**, 2039	**Eurylene**

VIII.D-f

Canonne, P., *TA*, 7, 2817   **Fulvanin 1**
Terashima, S., *TL*, **37**, 3475, 3479   **FR-900482**
Barrett, A.G.M., *JACS*, **118**, 11030   **FR-900848**
Barrett, A.G.M., *CC*, 325   **FR-900848**
Shishido, K., *CC,* 1357   **Furanoterpene**

VIII.D-g

Tse, B., *JACS,* **118**, 7094   **Galbanolide B**
Fukayama, T., *JACS,* **118**, 7426   **Gelsemine**
Vatele, J.-M., *TL,* **37**, 371   **Goniodiol**
Vatele, J.-M., *T*, **52**, 14877   **Goniodiol**
Font, J., *T*, **52**, 1279, 1267   **Grandisol**

VII.D-h

Shibasaki, M., *JOC,* 61, 4876   **Halenaquinol**
Sakaguchi, K., *TL,* **37**, 2253   **Halitunal**
Ghosh, A.K., *AGE*, **35**, 74   **Hapalosin**
Nakata, T., *CL,* 487   **Hemibrevitoxin B**
Ho, T.-L., *CC,* 1887   **Herbassolide**
Kocienski, P.J., *S*, 652   **Herboxidiene A**
Bielman, J.F., *JOC,* **61**, 1822   **Homocitric Acid Lactone**
Green, I.R., *SC*, **26**, 867   **Hongconin**
Greck, C., *TL,* **37**, 2031   **Hydroxy Pipecolic Acid**

VIII.D-i

Solladie, G., *JOC,* **61**, 4369   **Isobretonin A**
Trost, B.M., *JACS,* **118**, 10094   **Isoclavukerin**
Meyers, A.I., *HCA*, **79**, 1026   **Isocomene**
Hesse, M., *T*, **52**, 14189   **Isocyclocelabenzine**
Bland, J.M., *JOC,* **61**, 5663   **Iturin-A2**

VIII.D-j,k

Bringmann, G., *T*, **52**, 13409   **Jozimine A**
Hoye, T.R., *TL*, **37**, 3097   **Korupensamine-D**
Wood, J.L., *JACS*, **118**, 10656   **K252a**

VIII.D-l

Snider, B.B., *JOC*, **61**, 2839   **Leporin A**
Money, T., *CC*, 667   **Limonoids**
van Boom, J.H., *JOC*, **61**, 1883   **Lincosamine**
Wipf, P., *JACS*, **118**, 12358   **Lissoclinamide 7**
Schultz, A.G., *JACS*, **118**, 6210   **Lycorine**
Hoshino, O., *JCS(P1)*, 571   **Lycorine**
Horita, K., *T*, **52**, 551   **Lysocellin**

VIII.D-m

Smith, III, A.B., *JACS*, **118**, 13095   **Macrolactin A**
Kurihara, T., *T*, **52**, 14563   **Magallanesine**
Kishi, Y., *JACS*, **118**, 7946   **Maitotoxin**
Taylor, R.J.K., *TL*, **37**, 2101   **Manumycins**
Hanessian. S., *JACS*, **118**, 9884   **Methoxytrinem**
Roy, S.C., *JCS(P1)*, 403   **Methylenolactocin**
Canonne, P., *TA*, **7**, 2821   **Microcionin**
Chamberlin A.R., *JACS*, **118**, 11759   **Microcystin-LA**
Crimmins, M.T., *JACS*, **118**, 7513   **Milbemycin D**
Wood, J.L., *JACS*, **118**, 10656   **MLR-52**
Hudlicky, T., *TL*, **37**, 8155   **Morphine**
Smith, III, A.B., *JACS*, **118**, 8308   **Mycotrienins**

VIII.D-n,o

Tian, W.-s., *JCS(P1)*, 209   **Neoclausenamide**
Kim, B.H., *T*, **52**, 571   **Nonactin**
Roush, W.R., *JACS*, **118**, 7502   **Norgenicin A**
Kibayashi, C., *JOC*, **61**, 1023   **Oncinotine**

VIII.D-p

Perlmutter, P., *TL*, **37**, 3751	**Pamamycin**
Hudlicky, T., *JACS*, **118**, 10752	**Pancratistatin**
Barrett, A.G.M., *JOC*, **61**, 685	**Papuamine**
Heathcock, C.H., *JOC*, **61**, 700	**Papuamine**
Barrett, A.G.M., *JOC*, **61**, 1082	**Papulacandin D**
Haugan, J.A., *TL*, **37**, 3887	**Paracentrone**
Williams, R.M., *JACS*, **118**, 557	**Paraherquamide B**
Hoye, T.R., *JACS*, **118**, 1801	**Parviflorin**
Feldman, K.S., *JOC*, **61**, 2606	**Pedunculagin**
Jacobi, P.A., *TL*, **37**, 8297	**Phaseolinic Acid**
Yamamura, S., *TL*, **37**, 2997	**Phenoxan**
Pena, M.R., *JOC*, **61**, 4853	**Phenoxan**
Todano, K., *JOC*, **61**, 2845	**PI-091**
Bringmann, G., *T*, **52**, 13419	**Pindikamine A**
Jones, D.W., *JCS(P1)*, 151	**Podophyllotoxin**
Overman, L.E., *JACS*, **118**, 9062	**Pumiliotoxins A and B**
Chang, N.-C., *JOC*, **61**, 4967	**Pupukeanone**
Fung, J.M., *JOC*, **61**, 1473	**Pyrrolizidines**

VIII.D-r

Liao, C.-C., *CC*, 1537	**Reserpine**
Peterson, I., *TL*, **37**, 8243	**Restricticin**
Tori, M., *JOC*, **61**, 5362	**Riccardiphenols A and B**
Wood, J.L., *JACS*, **118**, 10656	**RK-286c**
Denmark, S.E., *JACS*, **118**, 8266	**Rosmarinecine**
Mutti, S., *TL*, **37**, 3125	**RPR-107880**

VIII.D-s

Boger, D.L., *JACS*, **118**, 1629   **Sandramycin**
de Groot, A., *JOC*, **61**, 4955   **α-Santalanes**
Hoveyda, A.H., *JACS*, **118**, 10926   **Sch-38516**
Ogasawara, K., *CL*, 987   **Shikimic Acid**
Bartlett, P.A., *JOC*, **61**, 3916   **Shikimic Acid (2-Fluoro)**
Mori, K., *TL*, **37**, 3741   **Sordidin**
Wood, J.L., *JACS*, **118**, 10656   **Staurosporine**
Danishefsky, S.J., *JACS*, **118**, 2825   **Staurosporine**
Steglich, W., *TL*, **37**, 7955   **Strobilurin E**
Bailey, P.D., *CC*, 1749   **Suaveoline**
Nicolaou, K.C., *JACS*, **118**, 3059   **Swinholide A**

VIII.D-t

Shibasaki, M., *T*, **52**, 13363   **Tautomycin**
Kobayashi, S., *CL*, 931   **Terpentecin**
Meyers, A.I., *JOC*, **61**, 573   **Tetrahydropalmatine**
Jacobi, P.A., *JOC*, **61**, 2413   **Thienamycin**
Myashita, M., CC, 21   **Tirandamycin B**
Schreiber, S.L., *JACS*, **118**, 10413   **Trapoxins**
Baldwin, J.E., *CC*, 43   **Trichoviridin**
Smith, III, A.B., *JACS*, **118**, 8308   **Trienomycins**
Smith, III, A.B., *JACS*, **118**, 8316   **Trienomycins**
Kanematsu, K., *JOC*, **61**, 3406   **Trikentrin B**
Amat, M., *TA*, **7**, 2775   **Tubifoline**

VIII.D-u-z

Barrett, A.G.M., *JACS*, **118**, 7863   **U-106305**
Charette, A.B., *JACS*, **118**, 10327   **U-106305**
Arimoto, H., *T*, **52**, 13901   **Vallartanone B**
Pattenden, G., *JCS(P1)*, 1315   **Virginiamycins**
Li, H.-Y., *TL*, **37**, 8321   **Warfarin**
Tius, M.A., *T*, **52**, 14651   **Xanthocidin**

VIII.E. Reactions in Aqueous Media

VIII.E.1 Chen, D.-L. and Li, C.-J., *TL*, **37**, 295.

A Gem-allyl Dianion Synthon in Water.

VIII.E.2 Lu, Y. and Li, C.-J., *TL*, **37**, 471.

Novel [3+2] Annulation via a Trimethylenemethane Zwitterion Equivalent in Water.

VIII.E.3 Barden, M.C and Schwartz, J., *JACS*, **118**, 5484.

Selective Pinacol Coupling in Aqueous Media.

VIII.E.4 Loh, T.-P. et al., *SL*, 263.

Indium-mediated Coupling of Ethyl-4-Bromocrotonate with Carbonyl Compounds in Water.

VIII.E.5 Plusquellec, D. et al., *TL*, **37**, 53.

Highly Regio- and Stereoselective Reductions of Carbonyl Compounds in Aqueous Glycosidic Media.

VIII.E.6 Keller, E. and Feringa, B.L., *TL*, **37**, 1879.

Ytterbium Triflate Catalyzed Michael Additions of β-Ketoesters in Water.

VIII.E.7 Allen, D.W. et al., *JCRS(S)*, 242.

Fenton-like Oxidation of Thiophene under Aqueous Conditions.

VIII.F. Combinatorial Chemistry

VIII.F-1 DeWitt, S.H. and Czarnik, A.W., *ACR*, **29**, 114.

- Review: "Combinatorial Organic Synthesis Using Parke-Davis's DIVERSOMER Method"

VIII.F-2 Armstrong, R.W. et al., *ACR*, **29**, 123.

- Review: "Multiple-Component Condensation Strategies for Combinatorial Library Synthesis"

VIII.F-3 Ellman, J.A., *ACR*, **29**, 132 and *CRV*, **96**, 555.

- Review: "Design, Synthesis, and Evaluation of Small-Molecule Libraries"

VIII.F-4 Gordon, E.M. et al., *ACR*, **29**, 144.

- Review: "Strategy and Tactics in Combinatorial Organic Synthesis. Applications to Drug Discovery."

VIII.F-5 Still, W.C., *ACR*, **29**, 155.

- Review: "Discovery of Sequence Selective Peptide Binding by Synthetic Receptors Using Encoded Combinatorial Libraries"

VIII.F-6 Fruchtel, J.S. and Jung, G., *AG(E)*, **35**, 17.

- Review: "Organic Chemistry on Solid Supports"

VIII.F-7 Balkenhohl, F. et al., *AG(E)*, **35**, 2289.

- Review: "Combinatorial Synthesis of Small Organic Molecules"

VIII.F-8 Rinnova, M. and Lebl, M., *CCC*, **61**, 171.

Review: "Molecular Diversity and Libraries of Structures: Synthesis and Screening"

VIII.F-9 Bovin, N.V. and Gabius, H.-J., *CSR*, 413 (1995)

Review: "Polymer-Immmobilized Carbohydrate Ligands: Versatile Chemical Tools for Biochemistry and Medical Sciences"

VIII.F-10 Hermkens, P.H.H. et al., *T*, **52**, 4527.

Review: "Solid Phase Organic Reactions: A Review of the Recent Literature"

VIII.F-11 Karger, B.L. et al, *JACS*, **118**, 7827

Affinity Capillary Electrophoresis-Mass Spectrometry for Screening Combinatorial Libraries

VIII.F-12 Yan, B. et al., *JOC*, **61**, 7467 and *T*, **52**, 843 and *TL*, **37**, 8325; see also: Russell, K., Pivonka, D.E. et al., *JACS*, **118**, 7941; Ellis, T.H. et al., *JOC*, **61**, 7980 (photoacoustic FTIR spectroscopy).

Progression of Organic Reactions on Resin Supports Monitored by Single Bead FTIR Microspectroscopy

VIII.F-13 Sarkar, S.K. et al, *JOC*, **61**, 2911 and *JACS*, **118**, 2305; Wehler, T. and Westman, J., *TL*, **37**, 4771.; see also: Keifer, P.A., *JOC*, **61**, 1558; Lin, M. and Shapiro, M.J., *JOC*, **61**, 7617 (diffusion-resolved NMR); Svennson, A., Fex, T. and Kihlberg, J., *TL*, **37**, 7649; Shapiro, M.J. et al., *TL*, **37**, 4671 (^{19}F NMR).

Use of Spin Echo Magic Angle Spinning ^{1}H NMR in Reaction Monitoring in Combinatorial Organic Synthesis

VIII.F-14 Kempe, M. and Barany, G., *JACS*, **118**, 7083; **for other supports, see also:** Brown, J.M. and Ramsden, J.A., *CC*, 2117; Bonora, G.M. et al., *TL*, **37**, 4671.

CLEAR: A Novel Family of Highly Cross-Linked Polymeric Supports for Solid Phase Peptide Synthesis

VIII.F-15 Spear, K.L. et al, *TL*, **37**, 1145; Ellman, J.A. et al., *JACS*, **118**, 3055.

Application of the Sulfonamide Functional Group as a Anchor for Solid Phase Organic Synthesis (SPOS)

VIII.F-16 Janda, K.D. et al., *TL*, **37**, 6491; **for other linkers, see also:** Rock, R.S. and Chan, S.I., *JOC*, **61**, 1526 and Teague, S.J., *TL*, **37**, 5751 (photolabile); Zhang, X. and Jones, R.A., *TL*, **37**, 3789 (allyl); Boehm, T.L. and Showalter, H.D.H., *JOC*, **61**, 6498 (silyl ether); Bradley, M. et al., *CC*, 941 (polyamine).

A Linker That Allows Efficient Formation of Aliphatic C-H Bonds on Polymeric Supports

VIII.F-17 Kaldor, S.W., Siegel, M.G. et al., *TL*, **37**, 7193.

Use of Solid Supported Nucleophiles and Electrophiles for the Purification of Non-Peptide Small Molecule Libraries

VIII.F-18 Boger, D.L. et al., *JACS*, **118**, 2567, 2109; **see also:** An, H. and Cook, P.D., *TL*, **37**, 7233.

Novel Solution Phase Strategy for the Synthesis of Chemical Libraries Containing Small Organic Molecules

VIII.F-19 Jacobsen, E.N. et al., *JACS*, **118**, 8983.

Combinatorial Approach to the Discovery of Novel Coordination Complexes

VIII.F-20 Burgess, K. et al., *AG(E)*, **35**, 220.

New Catalysts and Conditions for a C-H Insertion Reaction Identified by High Throughput Screening

---

VIII.F-21 Singh, J. et al., *JACS*, **118**, 1669.

Application of Genetic Algorithms to Combinatorial Synthesis: A Computational Approach to Lead Identification and Optimization

---

VIII.F-22 Whitten, J.P., Webb, T.R., McCarthy, J.R. et al., *JMC*, **39**, 4354.

Rapid Microscale Synthesis, A New Method for Lead Optimization Using Robotic and Solution Phase Chemistry

---

VIII.F-23 Curran, D.P. and Hadida, S., *JACS*, **118**, 2531.

Tris (2-perfluorohexyl)ethyl)tin Hydride: A New Fluorous Reagent for Use in Traditional Organic Synthesis and Liquid Phase Combinatorial Synthesis

---

VIII.F-24 Armstrong, R.W. et al., *JACS*, **118**, 2754 and *TL*, **37**, 1149; Mjalli, A.M.M. et al., *TL*, **37**, 2943.

Postcondensation Modifications of Ugi Four-Component Condensation Products: 1-Isocyanocyclohexene as a Convertible Isocyanide. Mechanism of Conversion, Synthesis of Diverse Structures, and Demonstration of Resin Capture

---

VIII.F-25 Kobayashi, S. et al, *TL*, **37**, 7783, 2809.

Parallel Synthesis Using Mannich-Type Three-Component Reactions and "Field Synthesis" for the Construction of an Amino Alcohol Library

---

VIII.F-26 Allin, S.M. and Shuttlesworth, S.J., *TL*, **37**, 8023; Reggelin, M. and Brenig, V., *TL*, **37**, 6851; see also: Kobayashi, S. et al, *TL*, **37**, 5569;

The Preparation and First Application of a Polymer-Supported "Evans Oxazolidinone"

VIII.F-27 Ward, Y.D. and Farina, V., *TL*, **37**, 6993; Willoughby, C.A. and Chapman, K.T., *TL*, **37**, 7181; Fiegelova, Z. and Patek, M.; *JOC*, **61**, 6735; **for other amine syntheses, see also:** Balasubramanian, S. et al, *TL*, **37**, 4819; Bycroft, B.W. et al., *TL*, **37**, 2625.

Solid Phase Synthesis of Aryl Amines via Palladium Catalyzed Amination of Resin-Bound Aromatic Bromides

VIII.F-28 Han, Y. et al., *TL*, **37**, 2703; Miyaura, N. et al., *TL*, **37**, 2993; Genet, J.-P. et al., *TL*, **37**, 3857; Hallberg, A. et al., *TL*, **37**, 8219; Guiles, J.W. et al., *JOC*, **61**, 5169; **see also:** Curran, D.P. and Hoshino, M., *JOC*, **61**, 6480; Marquais, S. and Arlt, M., *TL*, **37**, 5491.

Silicon Directed *ipso*-Substitution of Polymer Bound Arylsilanes: Preparation of Biaryls *via* the Suzuki Cross-Coupling Reaction

VIII.F-29 Greenberg, M.M. et al. , *JOC*, **61**, 525 and *T*, **52**, 3827; **see also:** Dahl, O., *TL*, **37**, 8041; Wengel, J. et al, *TL*, **37**, 7619; Krepinsky, J.J. et al., *TL*, **37**, 3093; Agrawal, S. et al., *TL*, **37**, 1539, 1543.

Improved Utility of Photolabile Solid Phase Synthesis Supports for the Synthesis of Oligonucleotides

VIII.F-30 De Napoli, L. et al., *TL*, **37**, 5007; Rademann, J. and Schmidt, R.R., *TL*, **37**, 3989; Krepinsky, J.J. et al., *TL*, **37**, 6985; Hunt, J.A. and Roush, W.R., *JOC*, **61**, 9998.

Solid Phase Synthesis of Oligosaccharides

VIII.F-31 Ellman, J.A., Glick, G.D. et al., *JACS*, **118**, 10650.

Non Nucleic Acid Inhibitors of Protein-DNA Interactions Identified Through Combinatorial Chemistry

VIII.F-32 Schreiber, S.L. et al., *JACS*, **118**, 287.

Protein Structure-Based Combinatorial Chemistry: Discovery of Non-Peptide Binding Elements to S_{rc} SH3 Domain

VIII.F-33 Sasaki, S., Maeda, M. et al., *TL*, **37**, 85.

A New Application of a Peptide Library to Identify Selective Interaction Between Small Peptides in an Attempt to Develop Recognition Molecules Toward Protein Surfaces

---

VIII.F-34 Decicco, C.P., De Grado, W.F. et al., *JACS*, **118**, 10337.

Complementarity of Combinatorial Chemistry and Structure Based Ligand Design: Application to the Discovery of Novel Inhibitors ofMatrix Metalloproteinases

---

VIII.F-35 Cardno, M. and Bradley, M., *TL*, **37**, 135; see also: Yagisawa, S. and Urakami, M., *TL*, **37**, 7557.

A Simple Multiple Release System for Combinatorial Library and Peptide Analysis

---

VIII.F-36 Peptides and Peptidomimetics

Schultz, P.G., *TL*, **37**, 5653	N-Alkyl Carbamates
Boussard, G., *TL*, **37**, 183	Aza Peptides
Andreu, D., *TL*, **37**, 4229	Head-to-Tail Peptides
Melnyk, O., *TL*, **37**, 7259	Hydrazinopeptides
Rotella, D.P., *JACS*, **118**, 12246	Olefin Peptodomimetics
Schultz, P.G., *TL*, **37**, 5305	Oligoureas
Unden, A., *TL*, **37**, 3031	Peptide Aminoalkylamides
Robinson, J.A., *CC*, 2155	Protein Loop Mimetics
Gennari, C., *TL*, **37**, 8589	β-Sulfonopeptides
Ellman, J.A., *TL*, **37**, 6961	β-Turn Mimetics

VIII.F-37 Reactions/Reagents on Solid Phase

Wipf, P., *TL*, **37**, 4659	Burgess Reagent (PEG)
Zibuck, R., *TL*, **37**, 157	$CuBr_2/Al_2O_3$
Schlessinger, R.H., *TL*, **37**, 2133	Diels-Alder
Sarkar, T.K., *SL*, 97	Ene Reaction
Kodomari, M., *JCR(S)*, 240	Friedel-Crafts
Sharma, S.K., *TL*, **37**, 5665	Macrocyclization
Bolton, G.L., *TL*, **37**, 3433	Pauson-Khand Cyclization
van Maaeseveen, J.H., *TL*, **37**, 8249	Ring Closing Methatesis
Armstrong, R.W., *TL*, **37**, 1161	Weinreb-Type Amides

VIII.F-38 Solid Phase Synthesis of Heterocycles

Phillips, G.B., *TL*, **37**, 4887	**Benzimidazoles**
Mayer, J.P., *TL*, **37**, 8081	**Benzodiazepine-2,5-diones**
Mayer, J.P., *TL*, **37**, 5633	**β-Carbolines**
Mohan, R., *TL*, **37**, 3963	**β-Carbolines**
Yang, L., *TL*, **37**, 5041	**β-Carbolines**
Panek, J.S., *TL*, **37**, 8151	**1,2-Diazines**
Dressman B.A., *TL*, **37**, 937	**Hydantoins**
Hanessian, S., *TL*, **37**, 5835	**Hydantoins**
Mjalli, A.M.M., *TL*, **37**, 7489	**Hydantoin-4-imides**
Mjalli, A.M.M., *TL*, **37**, 751, 835	**Imidazoles**
Hutchins, S.M., *TL*, **37**, 4865	**Isoquinolines**
Hughes, I., *TL*, **37**, 7595	**Indoles**
Hutchins, S.M., *TL*, **37**, 4869	**Indoles**
Mohan, R., *TL*, **37**, 7189	**Indoles**
Gallop, M.A., *JACS*, **118**, 253	**β-Lactams**
Goff, D.A., *TL*, **37**, 6247	**2-Oxopiperazines**
Felder, E.R., *TL*, **37**, 1003	**Pyrazoles**
Gordeev, M.F., *JOC*, **61**, 924	**Pyridines**
Gordeev, M.F., *TL*, **37**, 4643	**Pyridines**
Hamper, B.C., *TL*, **37**, 5277	**Pyrimidine-2,4-diones**
Hamper, B.C., *TL*, **37**, 3671	**Pyrrolidines**
Hollinshead, S.P., *TL*, **37**, 9157	**Pyrrolidines**
Buckman, B.O., *TL*, **37**, 4439	**Quinazolin-2,4-diones**
Winternitz, F., *TL*, **37**, 7031	**Quinazolin-2,4-diones**
Kobayashi, S., *JACS*, **118**, 8977	**Quinolines**
Kunzer, H., *TL*, **37**, 2757	**Quinolines**
MacDonald, A.A., *TL*, **37**, 4815	**Quinolones**
Zaragoza, F., *TL*, **37**, 6213	**Thiophenes**

VIII.F-39 Small Molecule Synthesis on Solid Phase

Mjalli, A.M.M., *TL*, **37**, 5457	**α-Amino Phosphonates**
Scialdone, M.A., *TL*, **37**, 8141	**Bis-Ureas**
Tietze, L.F., *AG(E)*, **35**, 651	**Cycloalkanes (Chiral)**
Mallouk, T.E., *TL*, **37**, 8313	**Cyclophanes (Chiral)**
Parlow, J.J., *TL*, **37**, 5257	**Ehers**
Valerio, R.M., *TL*, **37**, 3019	**Ethers (Mitsunobu)**
Floyd, C.D., *TL*, **37**, 8045	**Hydroxamic Acids**
Mjalli, A.M.M., *TL*, **37**, 6073	**α-Hydroxy Phosphonates**
Acevedo, O.L., *TL*, **37**, 3931	**Propane-2,3-diols**
Adamczyk, M., *TL*, **37**, 4305	**Thiol Esters**

AUTHOR INDEX

Abad, A. -148
Abdelaziz, S. -346
Abe, H. -354, 358
Abiko, A. -22, 44, 67
Abrams, S.R. -169
Acevedo, O.L. -432
Achiwa, K. -352
Adam, W. -167, 249, 284, 373
Adamczyk, M. -216, 231, 432
Agbossou, F. -179
Ager, D.J. -373
Aggarwal, V.K. -22, 35, 163, 200
Agosta, W.C. -379
Agrawal, S. -430
Ahn, K.H. -127
Aida, T. -231, 334
Aime, S. -365
Aires-de Sousa, J. -199
Aitken, D.J. -7
Aitken, R.A. -86
Ajayaghosh, A. -328
Akiba, K. -31, 280
Al Mourabit, A. -416
Alajarin, M. -264
Alami, M. -86, 362
Alberti, A. -319
Alcaide, B. -173
Alder, R.W. -400
Algharib, M.S. -257
Ali, H. -389
Allen, D.W. -425
Allenmark, S.G. -162
Allin, S.M. -208, 429
Alper, H. -10, 205, 274, 318
Alvarez-Builla, J. -31, 312
Amat, M. -259, 424
Amer, I. -136
An, H. -428
Andersen, J.-A.M. -136
Anderson, B.A. -124
Anderson, J.C. -141
Andersson, P.G. -88, 194, 371
Ando, W 385
Andreu, D. -431
Andrews, D.R. -309
Andrews, I.P. -175
Andrus, M.B. -166
Annunziata, R. -243
Anthonsen, T. -331
Antus, S. -223
Apelquist, T. -294
Appendino, G. -224
Arai, Y. -93, 247
Araki, S. -19, 39
Arcadi, A. -218, 222
Arcamone, F. -337
Ardisson, J. -152
Arimoto, H. -424
Arjona, O. -52
Arlt, M. -430
Armesto, D. -111, 272, 401
Armstrong, A. -165
Armstrong, R.W. -262, 266, 426, 429, 431
Arno, M. -148
Arnould, J.C. -358
Arterburn, J.B. -161, 185
Asakura, J. -301
Asensio, G. -158
Astruc, D. -117, 409
Atwood, J.L. -369
Aube, J. -74, 209, 269
Audia, J.E. -244
Aumann, R. -98, 137
Aurich, H.G. -273
Aurrecoechea, J.M. -225
Baba, A. -37
Babu, K.N. -216
Baccolini, G. -352
Bach, T. -191, 204
Back, T.J. -93
Backvall, J.E. -155, 374

Bai, D. -144, 245
Baik, W. -185
Bailey, P.D. -244, 424
Bailey, W.F. -101, 233
Balasubramanian, S. -430
Baldwin, J.E. -324, 424
Balenkova, E.S. -120
Balkenhohl, F. -426
Ballini, R. -46, 154
Balme, G. -213
Bandgar, B.P. -299, 344
Banerji, A. -197
Banfi, L 38
Banks, M.R. -93, 413
Banwell, M.G. -141
Barany, G. -428
Barby, D. -174
Barluenga, J. -13, 203, 230, 233, 251
Barone, R. -364
Barone, V. -250
Barret, R. -344
Barrett, A.G.M. -76, 89, 421, 423, 424
Bartlett, P.A. -203, 424
Bartoli, G. -40, 353
Bartolome, J.M. -98
Barton, D.H.R. -137, 318, 321, 339, 360, 379
Basak, A. -418
Basavaiah, D. -378
Bashir-Hashemi, A. -402
Basiuk, V.A. -376
Bates, R.W. -123
Batsugan, Y. -88
Baudin, J.B. -359
Beak, P. -13, 14, 27, 283
Beam, C.F. -260
Beaulieu, P.L. -202
Beifuss, U. -241, 242
Beletskaya, I.P. -86
Belik, A.V. -140
Beller, M. -82

Bellina, F. -81
Beloglazkina, E.K. -405
Belohradshy, M. -369
Belokon', Y. -44
Benito, A.M. -409
Bennani, Y.L. -69
Bennasar, M.-L. -419, 420
Benner, S.A. -375
Berks, A.H. -399
Berlin, A. -161
Bernardi, A. -48
Bernotas, R.C. -252
Bertrand, M.P. -60, 227
Besson, M. -154
Bestmann, H.J. -408
Bettolo, M. -111
Beyermann, M. -396
Bhaduri, A.P. -175
Bhakuni, D.S. -98
Bhakuni, V. -163
Bhar, S. -403
Bhat, S. -169
Bhattacharyya, S. -190
Bhawal, B.M. -205
Bielman, J.F. -421
Bienz, S. -139
Bigg, D.C.H. -331
Biran, C. -356
Bishop, R. -369
Black, D.St C. -120
Black, W.C. -139
Blanco, L. -355
Bland, J.M. -421
Blechert, S. -75, 238
Blum, J. -34
Boden, C.D.J. -400
Boduszek, B. -387
Boger, D.L. -228, 234, 420, 424, 428
Boland, W. -5
Bolm, C. -8, 370, 386
Boltalina, O.V. -410
Bolton, G.L. -431
Bonacorso, H.G. -266

Bondarenko, O.B. -405
Bonete, P. -12
Bongini, A. -53
Bonjoch, J. -259
Bonnet-Delpon, D. -79
Bonora, G.M. -428
Booker-Milburn, K.I. -111, 159, 400
Booker-Milburn, K.L. -62
Boons, G.-J. -395
Bordeau, M. -356
Borden, W.T. -400
Borner, A. -136
Bornsheuer, U.T. -296
Borodkin, V.S. -147
Borschberg, H.-J. -420
Bosch, J. -236
Bott, S.G. -88
Botta, M. -233
Botting, N.P. -396
Boudreault, N. -261
Boussard, G. -431
Bovicelli, P. -154
Bovin, N.V. -427
Bowden, K. -402
Boyd, D.R. -286
Boyd, E.A. -353
Boyd, R. -167
Bracher, F. -403
Bradley, M. -428, 431
Braekman, J.-C. -393
Braga, A.L. -354
Brana, M.E. -418
Brandi, A. -237, 271, 377
Braun, M. -205
Breit, B. -136
Breslow, R. -88
Bringmann, G. -284, 422, 423
Brion, J.-D. -216
Brocard, J. -33
Brookhart, M. -200
Brossi, A. -284

Brown, H.C. -23, 85, 133, 169, 176, 215
Brown, J.M. -428
Bruckner, R. -363
Brummond, K.M. -83
Bruneau, C. -186
Brussee, J. -163
Bryce, M.R. -268
Buchwald, S.L. -36, 134, 182, 212, 222, 227, 232, 320
Buckman, B.O. -432
Bulman Page, P.C. -162
Bumagin, N.A. -82, 86
Burger, K. -326
Burgess, K. -429
Burns, C.J. -286
Burton, D.J. -81, 131, 363, 382
Burton, G. -340
Busacca, C.A. -225, 275
Butcher, J.W. -330
Butler, R.N. -228
Bycroft, B.W. -430
Byers, J.H. -113
Cabri, W. -415
Cacchi, S. -349
Caddick, S. -258
Cahiez, G. -80
Camilleri, P. -365
Cane, D.E. -394
Cannarsa, M.J. -374
Canonne, P. -421, 422
Capozzi, G. -358
Caramella, P. -272
Cardenas, D.J. -124
Cardillo, G. -374
Carducci, M. -199
Carpenter, S. -368
Carpino, L.A. -396
Carreira, E.M. -35
Carreno, M.C. -53, 337
Carretero, J.C. -56, 303
Carrie, R. -277

AUTHOR INDEX

Casiraghi, G. -288
Castagnoli, Jr., N. -184
Castedo, L. -102, 104, 143, 257
Catellani, M. -388
Cativiela, C. -104
Cava, M.P. -287
Cavelier, F. -294
Cavell, R.G. -405
Cazes, B. -168
Cerichelli, G. -337
Cha, J.K. -92
Chamberlin A.R. -422
Chan, A.S.C. -177
Chan, D.M.T. -319
Chan, K.S. -123
Chan, S.I. -428
Chan, T.-H. -52
Chan, T.L. -72
Chandrasekaran, S. -169, 181, 296
Chandrasekhar, J. -418
Chandrasekhar, S. -299
Chang, N.-C. -423
Chanon, M. -113, 364
Chapleur, Y. -88
Chapman, J.J. -343
Chapman, K.T. -430
Charette, A.B. -80, 89, 183, 424
Charton, J.L. -215
Chatgilialoglu, C. -61, 193, 355
Chavan, S.P. -139
Chelucci, G. -8, 33
Chen, B.C. -160
Chen, S.-H. -416
Chen, Y.-J. -57
Cheng, C.-H. -409
Chiacchio, U. -272
Chiappe, C. -66
Chiara, J.L. -295
Chiba, T. -42, 44
Chmielewski, M. -285

Cho, B.P. -144
Cho, B.T. -33
Cho, H. -210
Chou, T. -103
Chou, T.C. -93
Chou, T.S. -339
Chow, H.-F. -72
Chowdhury, P. -336
Chowdhury, S. -337
Christensen, J.B. -344
Christianson, D.W. -397
Chu, J.K. -299
Chuang C.-P. -251
Chung, Y.K. -134
Cinquini, M 205
Ciufolini, M.A. -122
Clark, A.J. -79
Clark, J.H. -161, 164, 367
Claver, C. -136
Clayden, J. -371
Clennan, E.L. -162
Clive, D.L.J. -226, 420
Cochran, J.C. -360
Coe, J.W. -235, 323
Cohen, T. -194
Coldham, I. -226
Collignon, N. -141
Collins, I. -286
Colombo, D. -331
Colonna, S. -378
Comasseto, J.V. -52, 348
Comins, D.L. -50, 257
Constantino, M.G. -419
Cooksey, C.J. -170
Copp, J.D. -334
Cordero, F.M. -377
Corey, E.J. -104, 139, 151, 166, 177, 420
Cornils, B. -379
Cossio, F.P. -77
Cossu, S. -93, 304
Cossy, J. -197, 255
Costa, M. -269
Cotarca, L. -390

Couture, A. -210
Cozzi, F. -205
Cozzi, P.G. -33
Craig, D. -5, 99, 100, 219
Creary, X. -87
Crich, D. -60, 367
Crimmins, M.T. -69, 75, 111, 246, 422
Crisp, G.T. -82
Cristau, H.J. -68
Cristobal Lopez, J. -70
Croce, P.D. -320
Crotti, P. -329, 417
Crouch, R.D. -367
Crout, D.H.G. -42
Crowe, W.E. -76, 127, 212
Cunico, R.F. -84
Curci, R. -155
Curran, D.P. -60, 62, 429, 430
Curran, D.P., 380
Cushman, M. -229
Cutler, A.R. -355
Czarnik, A.W. -426
d'Angelo, J. -47
d'Angelo, J. -319
D'Annibale, A. -317
D'Auria, M. -287
Dabdoub, M.J. -353
Dahl, O. -278, 430
Dai, L.-X. -201
Dai, W.-M. -33, 244
Dailey, W.P. -382
Dalton, H. -167
Dang, H.-S. -26
Dang, Q. -265
Danielsen, K. -117
Danishefsky, S.J. -247, 403, 414, 417, 419
Darwish, A.D. -407
Dauben, W.G. -94
Daunis, J. -328
Dave, P.R. -281

Davies, H.M.L. -88, 108
Davies, I.W. -104, 371
Davies, S.G. -347
Davis, F.A. -336
Dawson, G.J. -385
De Clercq, P.J. -417
De Grado, W.F. -369, 431
de Groot, A. -47, 150, 424
De Kimpe, N. -227, 237
de March, P. -271
de Meijere, A. -46, 79, 92
De Napoli, L. -430
Deardorff, D.R. -11
Decicco, C.P. -431
Degani, I. -155
Degl'Innocenti, A. -359
Della, E.W. -255, 400
DeLucchi, O. -185
deMeijere, A. -271
Deng, M.Z. -338
Denisov, E.T. -399
Denmark, S.E. -26, 177, 377, 423
Depres, J.-P. -419
DeShong, P. -35
Deshpande, V.H. -291
Desiraju, G.R. -369
Deslongchamps, G. -67
Deslongchamps, P. -102, 347
Desmaele, D. -320
Desmarteau, D.D. -165
Devine, P.N. -334
DeVos, D.E. -165
DeWitt, S.H. -426
Di Bello, C. -397
Diaz-Ortiz, A. -279
Diederich, F. -408, 410
Dieter, R.K. -227, 319
DiGrandi, M.J. -324
Ding, K. -122
Dixneuf, P.H. -186, 313
Dodziuk, H. -365

Dolbier, W.R., Jr. -364, 391
Dominguez, D. -143, 257, 316
Dominguez, E. -271
Donnelly, D.M.X. -123
Donohoe, T.J. -188, 372, 386
Douglas, A.W. -177
Doyle, M.P. -63, 88, 209, 212, 283
Drago, R.S. -45, 161
Drent, E. -389, 400
Dressman B.A. -432
Drozd, V.N., 382
Dubac, J. -25
Dubovitskii, S.V. -234
Duchene, A. -214
Duczek, W. -412
Duhamel, L. -29, 70, 104
Duhamel, P. -24
Dujardin, G. -246
Dumas, F. -319
Durandetti, M. -65
Durst, T. -116, 195
Dwek, R.A. -396
Easton, C.J. -370
Eaton, B.E. -212
Eberle, M.K. -22
Eberson, L. -381
Echavarren, A.M. -18, 45
Echegoyen, L. -409
Eder-Mirth, G. -366
Effenberger, F. -342
Eguchi, S. -266, 407
Eicher, T. -392
Eilbracht, P. -136
Einhorn, J. -153
Eisen, M.S. -343
Eisenbrand, G. -399
El Kaim, L. -119
Ellis, T.H. -427
Ellman, J.A. -426, 428, 430, 431

Elmorsy, S.S. -187
Elnagdi, M.H. -210
Ema, T. -331
Enders, D. -2, 3, 23, 30, 42, 48, 79, 143, 163, 352, 371, 372, 373
Endus, D. -249
Engler, T.A. -106, 235
Enholm, E.J. -2, 60
Erian, A.W. -287
Ermolenko, M.S. -67
Espenson, J.H. -89, 174
Essigmann, J.M. -111
Evans, D.A. -20
Evans, D.H. -347
Evans, P.A. -8, 130, 220, 248, 337, 347
Exner, O. -404
Faber, K. -376
Falck, J.R. -31, 54
Faller, J.W. -38
Fallis, A.G. -80, 135
Falorni, M. -33, 176
Farnham, W.B. -382
Faulkner, D.J. -139
Felder, E.R. -432
Feldman, K.S. -232, 394, 423
Fenoglio, I. -416
Feringa, B.L. -163, 425
Fernandez de la Pradilla, R. -52, 163
Fernandez, I. -202
Fernandez-Mateos, A. -61, 81
Ferreira, D. -249
Fessner, W.-D. -375
Fex, T. -427
Fiandanese, V. -107
Field, R.A. -305
Fierke, C.A. -397
Figadere, B. -289
Filippone, P. -260
Finet, J.-P. -123

Fink, D.M. -272
Firouzabadi, H. -153
Fishwick, C.W.G. -228
Florio, S. -194, 202
Floyd, C.D. -432
Flynn, D.L. -304
Fochi, R. -155
Font, J. -421
Fontecave, M. -381
Foote, C.S. -407
Forsyth, C.J. -308
Fort, Y. -342
Fowler, F.W. -240
Franck-Neumann, M 44
Fraser-Reid, B. -299, 395
Frei, H. -156
Frejd, T. -98, 373
Frey, L.F. -336
Fringuelli, F. -216
Frohlich, J. -284
Fry, D.F. -227
Fu, G.C. -186
Fuchigami, T. -128, 340
Fuchikami, T. -136, 192
Fuchs, P.L. -78, 420
Fuji, K. -51, 83
Fujioka, H. -267, 311
Fujisawa, T. -25, 311
Fujita, M. -368
Fujiwara, M. -34
Fujiwara, Y. -386
Fukase, K. -290, 305
Fukayama, T. -421
Fukumoto, K. -56, 150, 245, 270, 271
Fukumoto, S. -129
Fukuyama, T. -145
Fukuyama, Y. -132
Fukuzawa, S. -40, 119
Fung, J.M. -423
Funk, R.L. -416
Furstner, A. -36, 75, 80, 217, 312
Furstoss, R. -311

Furukawa, I. -271
Fuseya, T. -417
Gais, H.-J. -15
Galeotti, N. -351
Gallagher, P.T. -402
Gallop, M.A. -432
Gan, L. -410
Ganem, B. -181, 231, 283, 378
Ganeshpure, P.H. -383
Garanti, L. -261
Garcia Ruano, J.L. -21, 202
Garcia, J. -177
Gasic, M.J. -170
Gauthier, S. -67, 250
Geirsson, J.K.F. -241
Geller, B.E. -393
Gelmi, M.L. -213
Gelo-Pujic, M. -331
Genders, J.D. -366
Genet, J.-P. -90, 123, 239, 388, 430
Gennari, C. -415, 431
Georg, G.I. -415
George, M.V. -110
Gewald, K. -265
Gewald, R. -36
Ghavan, S.P. -296
Ghera, E. -47
Ghosh, A.K. -94, 421
Ghosh, S. -315, 327
Gibson, C.L. -33, 53
Gibson, S.E. -13, 90, 379
Giles, R.G.F. -119
Glick, G.D. -430
Goff, D.A. -432
Gokel, G.W. -398
Gomez-Sanchez, A. -46
Goodman, J.L. -89
Gordeev, M.F. -432
Gordon, E.M. -426
Gore, J. -63, 79
Goroff, N.S. -410

AUTHOR INDEX

Gorrichon, L. -25
Gossauer, A. -231
Gosselin, P. -93
Goti, A. -160, 271, 377
Gotor, V. -316
Gotschi, E. -420
Gotschy, B. -412
Gough, G.R. -298
Greck, C. -421
Gree, R.L. -93
Green, I.R. -421
Greenberg, M.M. -430
Greene, A.E. -209, 415
Greeves, N. -40
Gribble, G.W. -217, 231
Gridnev, I.D. -403
Gridnev, N.A. -403
Grieco, P.A. -4, 48, 419
Griengl, H. -157
Grierson, D.S. -240, 417
Griesbeck, A.G. -398
Griffin, J.H. -419
Grigg, R. -97, 125, 228, 234, 236, 254
Grisson, J.W. -417
Groundwater, P.W. -92, 235
Grubbs, R.H. -75, 384
Guiles, J.W. -123, 430
Guindon, Y. -18
Gundersen, L.-L. -132
Gung, B.W. -372
Gunnewegh, E.A. -216
Guoqing, L. -140
Ha, D.-C. -73
Ha, H.-J. -200
Haddad, N. -111
Haddon, R.C. -414
Hager, L.P. -163
Hahn, H.-G. -276
Hakimelahi, G.H. -302
Hallberg, A. -82, 119, 430
Hamada, Y. -8, 295
Hamberg, M. -376

Hamel, P. -358
Hamper, B.C. -432
Han, Y. -430
Hanack, M. -289
Hanaoka, M. -387
Hanessian, S. -27, 32, 156, 214, 432
Hanessian. -S. -422
Hanna, I. -152
Hansch, C. -365
Hansen, H.J. -419
Hansen, K.C. -173
Hao, X.-J. -244
Hara, O. -141
Hara, S. -150, 336
Harada, T. -85, 134
Harayama, T. -354
Harmata, M. -11, 108
Harriman, A. -366, 392
Harrison, T. -286
Harrowven, D.C. -129, 147
Hart, D.J. -28
Hart, H. -124
Hartke, K. -405
Hartwig, J.F. -320, 334
Harvey, D.F. -137, 382
Hasegawa, E. -2, 310
Hashmi, A.S.K., 387
Hassner, A. -47, 55, 227
Hatanaka, Y. -122
Hau, C.S. -402
Haufe, G. -392
Haugan, J.A. -423
Haw, J.F. -401
Hayashi, T. -87, 191, 270, 355
Hayes, C.J. -61
Heaney, H. -258
Heathcock, C.H. -423
Hecht, S.M. -419
Hegedus, L.S. -206
Heimgartner, H. -280, 323
Heinstein, P. -414

Heinz, L.J. -208
Helliwell, J.R. -365
Helliwell, M. -365
Helmchen, G. -178, 179
Helquist, P. -150, 269
Hemoto, H. -418
Hendrickson, J.B. -72
Herdewijn, P. -395
Hermkens, P.H.H. -427
Hesse, M. -211, 420, 421
Heumann, A. -389
Hibino, S. -126
Hidai, M. -213, 285
Hiegel, G.A. -191, 333
Hiemstra, H. -73
Hillhouse, G.L. -231
Hilvert, D. -397
Hirama, M. -86, 418
Hirano, M. -161
Hirao, T. -306, 378
Hird, M. -86
Hirsch, A. -408, 413
Ho, T.-L. -140, 421
Hoberg, J.G. -341
Hodge, P. -310
Hodgson, D.M. -15, 337, 370
Hoffmann, H.M.R. -41, 67
Hollinshead, S.P. -432
Holm, R.H. -397
Holmes, A.B. -211
Holmes, R.R. -385
Holzapfel, C.W. -62, 128
Honda, K. -151
Honda, T. -137, 419
Hong, B. -107, 109
Hoppe, D. -13, 38
Horiguchi, Y. -246
Horita, K. -422
Hormann, R.E. -398
Horton, D. -277
Horuguchi, T. -291
Hosangadi, B.D. -297
Hoshino, O. -422

Hosomi, A. -220, 221
Hou, X.-L. -32
Houk, K.N. -364
Housecraft, C.E. -411
Hoveyda, A.H. -343, 424
Howell, A.R. -204
Hoye, T.R. -422, 423
Hruby, V.J. -53
Huang, W. -270
Huang, X. -80
Huang, Y.-Z. -63
Huang, Z.Z. -322
Hudlicky, T. -376, 393, 395, 396, 422, 423
Huet, F. -109
Huff, B.E. -13
Hughes, D.L. -68, 332, 379
Hughes, I. -432
Hui, Y. -291
Hulst, R. -33
Hurley, L.H. -394
Hussein, A.Q. -278
Hutchins, S.M. -432
Hwu, J.R. -188, 302, 345
Iadonisi, A. -303
Ibata, T. -269
Ibuka, T. -322
Ichikawa, J. -81, 343
Ichikawa, Y. -142
Iglesias, G.Y.M. -96
Ihle, N.C. -245
Ikeda, I. -8
Ikeda, M. -206
Ikegami, S. -143
Ila, H. -126, 130, 147
Imanishi, T. -234, 326
Imgartinger, H. -407
Imgartingerm, H. -407
Inamura, Y. -172
Inomata, K. -270
Inoue, S. -151, 249
Interrante, L.V. -385
Iqbal, J. -321

Iqbal, R. -323
Iranpoor, N. -203
Iseki, K. -23, 27, 36
Ishibashi, H. -206
Ishii, Y. -156, 164, 297
Isobe, M. -417
Ito, T. -312
Ito, Y. -113, 197, 228, 329
Iwasaki, S. -89, 420
Iwata, C. -33, 53, 374
Iyoda, M. -410, 413
Izumi, J. -117
Jacobi, P.A. -207, 423, 424
Jacobsen, E.N. -72, 329, 428
Jacobson, I.C. -21
Jadhav, P.K. -133
Jäger, V. -30
Jagerovic, N. -407
Jakupovic, J. -146
Janda, K.D. -166, 428
Jang, D.O. -194
Jarowicki, K 367
Jefford, C.W. -231, 327
Jennings, P.W. -152
Jeong, I.H. -79
Jiang, Y.L. -322
Jimenez, L.S. -258
Jin, M.-J. -33
Johnson, C.R. -375
Johnson, D.A. -298
Johnson, R.L. -293
Johnstone, R.A.W. -191
Jonczyk, A. -7, 339
Jones, C.-W. -162
Jones, D.W. -102, 423
Jones, G.B. -417
Jones, G.R. -378
Jones, J.B. -397
Jones, M., Jr. -110
Jones, R.A. -428
Jorgensen, K.A. -247, 271, 346, 374

Joshi, N.N. -177
Jouannetaud, M.-P. -171
Joule, J.A. -398
Joullie, M.M. -322
Julia, M. -74, 90, 157
Julia, S.A. -359
Jung, G. -426
Jung, M.E. -204, 272, 358
Junjappa, H. -126, 130, 147
Jurczak, J. -247
Kabat, M.M. -219
Kablaoui, N.M. -36
Kagan, H.B. -41, 370
Kaldor, S.W. -428
Kamal, A. -171
Kamata, M. -2
Kaneda, K. -154, 173, 182
Kanematsu, K. -94, 105, 424
Kanerva, L.T. -374
Kang, H.-Y. -193
Kang, S.-K. -16, 19, 82, 132
Kang, S.K. -360
Kann, N. -335
Kantam, M.L. -122
Karelson, M. -364
Karger, B.L. -427
Karl, R.M. -298
Kasch, H. -164
Kashimura, S. -281
Kataoka, Y. -32
Kato, N. -81, 146
Kato, S. -353, 354
Kato, T. -214
Katritzky, A.R. -2, 128, 141, 230, 284, 289, 307, 348, 356, 377, 404
Katsuki, T. -33, 157, 162, 163, 168, 200
Katsumura, S. -132
Kaufman, T.S. -242

Kaufmann, T., 387
Kawada, A. -117
Kawai, Y. -188
Kawashima, T. -379
Kazmaier, U. -140
Ke-Qing, L. -119
Keay, B.A. -95, 123, 127, 154, 298
Keck, G.E. -38, 94
Keese, R. -134
Keglevich, G. -282
Keifer, P.A. -427
Keijsper, J. -367
Keinan, E. -375
Kelker, A. -82
Kellogg, R.M. -8, 178
Kelly, D.R. -162, 173
Kelly, T.R. -420
Kempe, M. -428
Kerr, M.A. -98
Kerr, W.J. -291
Kerwin, S.M. -418
Kessler, H. -347
Ketcha, D.M. -117
Khosla, C. -394
Khurana, J.M. -162, 292
Kibayashi, C. -54, 76, 422
Kihlberg, J. -427
Kiji, J. -136
Kim, B.H. -422
Kim, B.Y. -272
Kim, D.-K. -237
Kim, D.Y. -338
Kim, K. -342
Kim, M.J. -304
Kim, S. -84, 150
Kim, S.C. -324
Kim, Y.H. -65, 131, 172, 198, 361
Kimura, T. -293
King, S.B. -317
Kingery-Wood, J. -307
Kingston, D.G.I. -415
Kirby, A.J. -375

Kirby, G.W. -250
Kirsch, G. -234
Kiselyov, A.S. -391
Kishi, Y. -338, 422
Kita, A. -331
Kita, Y. -49, 123, 148, 224, 242, 252, 311, 333
Kitaura, K. -171
Kitching, W. -189
Kiwajima, I. -415
Kiyooka, S. -23, 142
Kiyota, H. -347
Klabunovskii, E.I. -373
Klar, U. -66
Kluge, R. -381
Knight, D.W. -95, 218
Knight, J.G. -88
Knochel, P. -33, 53, 74, 178
Knolker, H.-J., 322, 399
Knyazev, V.N. -382
Kobayashi, K. -65, 132, 224, 312
Kobayashi, S. -2, 37, 118, 241, 424, 429, 432
Kobayashi, Y. -16, 23, 36, 123, 133, 172
Kobaysashi, S. -180
Koblik, A.V. -378
Kochi, J.K. -163, 173, 345
Kocienski, P. -139, 179, 367
Kocienski, P.J. -211, 421
Kodama, M. -70, 420
Kodomari, M. -431
Kodra, J.T. -336
Koenig, M. -352
Koert, U. -381
Koga, K. -45, 292
Koh, H.Y. -193
Koike, T. -150
Kokotos, G. -190
Koldobskii, G.I. -277
Koll, P. -6

Kollman, P.A. -364
Kolodiazhnyi, O.I. -382
Komatsu, K. -408, 412, 413
Komatsu, N. -291
Komiyama, M. -351
Kondo, Y. -15, 233
Konig, B. -418
Konoike, T. -14
Konstantinova, I.D. -393
Koreeda, M. -185, 300
Koskinen, A.M.P. -372
Kosugi, M. -124, 130
Kotsuki, H. -314
Kovacs, L. -83
Koval', I.V. -405, 406
Kovalenko, G.A. -399
Kozarich, J.W. -394
Krafft, M.E. -134
Krasnov, V.P. -397
Kraszewski, A. -351
Kraus, G.A. -368
Krebs, A. -140
Krepinsky, J.J. -430
Kresge, A.J. -383
Krespan, C.G. -381
Kreutzfeld, H.-J. -186
Krief, A. -406
Kristian, P. -275
Krohn, K. -145, 149, 179
Kroto, H.W. -414
Kroutil, W. -163
Krow, G.R. -209
Krysan, D.J. -325
Ku, Y.-Y. -127
Kubiak, C.P. -212
Kubozono, Y. -414
Kulawiec, R.J., 26
Kulinkovich, O.G. -1
Kumadaki, I. -338
Kumar, P. -290
Kumar, R. -24
Kumaran, G. -345
Kumobayashi, H. -374

Kundig, E.P. -50, 239
Kündig, E.P. -61
Kundu, B. -326
Kundu, N.G. -86
Kunz, H. -294
Kunzer, H. -432
Kunzevich, A.D. -288
Kurihara, T. -274, 422
Kusumoto, S. -305
Kuwajima, I. -107
L'abbe, G. -280
Laali, K.K. -381
Labarre, J.-F. -403
Labrie, F. -67
Ladduwahetty, T. -401
Lahiri, S. -114
Lakshman, M.K. -324
Lallemand, J.-Y. -93
Lamartine, R. -110
Lamas, C. -233, 244
Lamba, D. -111
Lambert, J.N. -396
Lamberth C. -391
Lampe, J.W. -419
Landais, Y. -378
Langa, F. -73
Langlois, B.R. -339
Langlois, Y. -284
Larock, R.C. -129, 232
Larsen, D.S. -419
Laschat, S. -242
Lassaletta, J.-M. -58
Lattes, A. -404
Lau, C.K. -241
Lauck-Birkel, S. -399
Laurent, A.J. -117
Laurent, E.G. -117
Lautens, M. -15, 89, 94, 107, 218, 386
Lauteus, M. -309
LaVoie, E.J. -374
Lawrence, N.J. -128
Le Bozec, H. -158
Le Gall, T. -4

Lebl, M. -427
Leblanc, Y. -231, 261
Leclaire, M. -180
LeDrian, C. -332
Lee, A.S.Y. -362
Lee, E. -217
Lee, H.J. -347
Lee, J.C. -297
Lee-Ruff, E. -351
Lehmler, H.-J. -103
Lehn, J.-M. -285
Lemaire, M. -178, 323
LeMerrer, Y. -238
Lemieux, R.U. -370
Lendais, Y. -166
Lercher, J.A. -366
Lermontov, S.A. -86
Lerner, R.A. -397
Leroy, J. -160
Lete, E. -258
Lett, R. -99
Levin, J.I. -98
Ley, S.V. -300, 387
Li, C.-J. -76, 384, 425
Li, H.-Y. -424
Li, Y. -47
Liang, G.B. -279
Liao, C.-C. -423
Licini, G. -105, 162
Liebeskind, L.S. -126, 233
Lightner, D.A. -158
Lin, J.M. -335
Linderman, R.J. -35
Linker, T. -9
Liotta, D.C. -50
Lipshutz, B.H. -17
Lissavetzky, J. -224
Little, R.D. -106, 380, 419
Litvinov, V.P. -288
Liu, A. -298
Liu, C. -17
Liu, H.-J. -152
Lleva, J.M. -94

Loh, T.-P. -18, 24, 37, 97, 425
Lohray, B.B. -166
Lopez, L. -129
Lorerth, J. -89
Loupy, A. -93
Love, B.E. -287
Lu, X. -59, 207, 214
Lubineau, A. -366
Luh, T.-Y. -73, 84, 89, 356, 405, 410
Luk'yanov, S.M. -378
Luke, R.W.A. -326
Lunazzi, L. -409, 411
Luo, F.-T. -81, 213
Luu, B. -203, 352
Mabic, S. -184
MacDonald, A.A. -432
Machiguchi, T. -97
MacQuarrie, D.J. -367
Maddaluno, J. -92
Maeda, M. -431
Maestro, M.C. -21
Magid, A.F. -184
Magnus, P. -329, 330, 416
Magnusson, G. -61
Mahajan, M.P. -205
Mahrwald, R. -24
Maignan, C. -93, 246
Maikap, G.C. -162
Maiorana, S. -239
Majetich, G. -121, 164
Majumdar, K.C. -250
Makosza, M. -32, 128
Mal, D. -139
Malacria, M. -9, 380
Mallouk, T.E. -432
Malpass, J.R. -245
Mander, L.N. -87
Mann, A. -81, 83, 228, 332
Mann, J. -108, 282
Mansell, H.L. -393

Marcaccini, S. -262
Marchand, A.P. -88
Marco-Contelles, J. -134, 295
Marek, I. -356, 384
Margaretha, P. -113
Margolin, A.L. -312
Mariano, P.S. -238
Maricq, M.M. -392
Marino, J.P. -52
Marko, I.E. -74, 131, 383
Markovskii, L.N. -406
Marks, T.J. -227, 320
Marquais, S. -430
Marquez, V.E. -329
Marsden, S.P. -131, 390
Marshall, J.A. -37, 141, 389
Martens, J. -177
Martin, N. -407, 412
Martin, O.R. -347
Martin, S.F. -419
Martin, V.S. -156
Martin-Lomas, M. -305
Martinelli, M.J. -231, 235
Maruoka, K. -24
Maryanoff, B.E. -180
Masaki, Y. -71
Masamune, S. -22
Mascaretti, O.A. -296
Mashkina, A.V. -405
Masson, S. -352
Mastalerz, H. -418
Matano, Y. -203
Matsuda, A. -362
Mattay, J. -407, 413
Matteoli, U. -136
Mattern, R.-H. -69
Mauzé, B. -39
Mayer, J.P. -432
Maynard, D.F. -222
Mayoral, J.A. -89, 93
Mayr, H. -321
McCarthy, J.R. -429

McClelland, R.A. -382
McDaniel, K.F. -10
McDonald, F.E. -222
McElwee-White, L. -384
McGill, J.M. -323
McKervey, M.A. -88
McMills, M.C. -10, 201, 209, 274
McMorris, T.C. -419
McNab, H. -273, 366
McPhee, M.M. -418
Medici, A. -179
Mehta, G. -141, 291, 333
Meier, H. -287
Meinwald, J., 392
Mellor, J.M. -325
Melnyk, O. -431
Melnyk, P. -264
Memoli, K.A. -358
Mendelson, W.L. -120, 298
Mendez, J.M. -231
Menicagli, R. -55
Merino, P. -346
Merlic, C.A. -126
Merour, J.-Y. -131
Meth-Cohn, O. -236
Metz, P. -72, 100
Metzner, P. -359
Meyers, A.G. -84
Meyers, A.I. -6, 58, 87, 121, 124, 172, 419, 420, 421, 424
Micovic, I.V. -184
Migata, N. -410
Mikami, K. -43, 147
Miki, S. -411
Miles, W.H. -409
Miller, B. -94
Miller, L.L. -401
Miller, M.J. -344
Miller, M.L. -272
Miller, R.A. -159
Miller, R.B. -224

Minami, T. -81, 343
Mincione, E. -164
Mioskowski, C. -14, 31, 325, 341, 345
Misun, M. -187
Mittelbach, M. -315
Miura, M. -123, 130, 131, 215
Miyamoto, T. -411
Miyaura, M. -123
Miyaura, N. -66, 134, 360, 430
Miyazawa, T. -327
Mizuno, K. -112
Mjalli, A.M.M. -429, 432
Mladenova, M. -189, 332
Mlochowski, J. -343
Moberg, C. -370
Moderhack, D. -277
Moeller, K.D. -64
Mohan, R. -432
Mohanazadeh, F. -339
Mohri, K. -72
Molander, G.A. -41, 62, 219, 256, 290, 355, 389
Molina, P. -240, 262
Molinski, T.F. -273
Moloney, M.G. -206
Money, T. -422
Monteiro, A.L. -81
Monteiro, H.J. -10
Montgomery, J. -42
Moody, C.J. -209, 326
Moon, N.M. -58
Moore, H.W. -126, 141, 223
Moras, D. -395
Mordini, A. -204
Moreau, J.J.E. -385
Moreau, P. -118
Moreno-Manas, M. -123, 386
Morgan, K.M. -244
Mori, K. -424

Mori, M. -18, 36, 75, 91
Mori, Y. -12
Morimoto, T. -161
Morin, C. -302
Mortier, J. -49, 128
Mortreux, A. -8, 179
Mosbach, K. -20
Motherwell, W.B. -59, 107
Moyano, A. -134
Muchowski, J.M. -264
Mukai, C. -387
Mukaiyama, T. -117, 178, 305, 319, 398
Muller, P. -200
Mulzer, J. -34, 36, 68, 267, 420
Munoz, A. -404
Murahashi, S.-I. -170, 388
Murai, S. -65, 78, 131, 135, 136, 212
Murai, T. -353
Murakami, M. -197, 329
Murakami, Y. -193, 397
Muratake, H. -89
Muroaka, O. -419
Murphy, J.A. -236
Murphy, W.S. -106
Murray, P.J. -6
Murray, R.W. -160, 161, 163
Mutai, K. -404
Mutti, S. -228, 423
Muzart, J. -186
Myashita, M. -424
Myers, A.G. -5, 77, 112, 181, 314, 418
Myrboh, B. -144
Naemura, K. -331
Nagano, H. -18
Nagao, Y. -21, 254
Nagasawa, K. -195
Nagase, S. -411
Nagashima, H. -188

Nagata, T. -253
Nair, V. -103, 148, 224
Naito, T. -142, 221, 271
Najera, C. -12, 28, 180, 252
Najima, M. -282
Nakagaki, R. -404
Nakagawa, M. -244
Nakai, T. -2, 139, 141, 309
Nakajima, T. -234
Nakamura, E. -32, 377, 408, 410
Nakamura, K. -179, 331
Nakata, T. -421
Nakatani, M. -94
Nakayama, J. -174, 281
Namy, J.-L. -41
Nangia, A. -67
Nantz, M.H. -85
Napolitano, E. -215
Narasaka, K. -180, 312, 357
Narasimhan, S. -181
Nativi, C. -358
Natsume, M. -89
Naumann, D., 391
Navarro-Ocana, A. -270
Negishi, E. -81, 135, 210, 389
Negishi, E.i. -308
Nelson, T.D. -367
Nemoto, H. -56
Neuman, R. -156
Nicholas, D.E. -345
Nicholas, J.B. -401
Niclas, H.-J. -317, 402, 403
Nicolaou, K.C. -81, 247, 392, 417, 419, 424
Nie, B. -413
Nieduzak, T.R. -315
Nishida, A. -57
Nishida, M. -82

Nishigaichi, Y 38
Nishiguchi, I. -58
Nishiguchi, T. -297
Nishino, H. -207, 221
Nishio, T. -112
Nishiyama, T. -63
Nixon, J.F. -284
Node, M. -92, 179, 195, 328
Nogami, T. -228, 412
Nogradi, M. -174
Noguchi, M. -253
Noiret, N. -74
Noland, W.E. -96
Norley, M.C. -393
Norman, B.H. -6
Normant, J.-F. -384
North, M. -44, 403
Nouguier, R. -227
Noyori, R. -53, 178, 186, 373
Nozaki, K. -186, 314, 371
Nozoe, T. -402
Nuhn, P. -278
Nujevu C. -208
O'Brien, P. -321
O'Donnell, M.J. -327
Oberdorfer, F. -304
Obushak, N.D. -78
Ogasawara, K. -60, 98, 185, 420, 424
Oguni, N. -360
Ogura, K. -331, 368
Oh, D.Y. -197, 219
Ohkata, K. -202
Ohkubo, M. -122
Ohmori, H. -31
Ohno, M. -407
Ohno, T. -58
Ohsawa, A. -198
Ohta, A. -230, 255
Ohta, S. -123
Ohta, T. -186
Oi, S. -247

Ojima, I. -135, 386
Okada, Y. -302, 409
Okahata, Y. -305
Okai, H. -327
Okamura, H. -94
Okazaki, R. -379
Oku, A. -246
Okuma, K. -250
Olah, G.A. -126, 363
Olsen, R.K. -92
Ono, N. -231
Orena, M. -207
Orlinkov, A. -120
Ortuno, R.M. -105
Osa, T. -153
Osborn, J.A. -145, 182, 183
Oshima, K. -19, 25, 30, 71, 76
Otera, J. -334
Otsuka, S. -371
Ottolina, G. -173
Ovaska, T.V. -101
Overman, L.E. -228, 394, 423
Paddon-Row, M.N. -409, 410
Padwa, A. -8, 47, 95, 97, 103, 209, 382
Pagoria, F.F. -320
Palacios, F. -43, 240
Pale, P. -15, 138
Palermo, M.G. -272
Palmieri, G. -183
Palmisano, G. -9
Palomo, C. -6, 205, 328
Pancrazi, A. -29, 152, 416
Pandey, G. -116
Pandit, U.K. -256
Panek, J.S. -35, 432
Pang, J. -334
Paquette, L.A. -39, 140, 141, 149, 315, 408, 419
Parish, E.J. -155, 159

Pariza, R.J. -357
Park, J. -127
Park, S.W. -169
Parker, M.-C. -366
Parlow, J.J. -432
Parsons, A.F. -295, 396
Parsons, P.J. -16, 377
Patek, M. -430
Paterson, I. -23, 318, 420
Patil, V.J. -66, 346
Patney, H.K. -291
Patonay, T. -249
Pattenden, G. -61, 151, 217, 362, 424
Pattenden, R. -221
Patzel, M. -100, 261
Paulus, A. -365
Pearson, A.J. -7, 334
Pearson, W.H. -256
Pedersen, S.F. -41
Pederseu, E.B. -350
Pedrosa, R. -32, 33
Pellissier, H. -35, 383
Pelter, A. -29, 123
Pena, M.R. -423
Percy, J.M. -105, 141, 338
Peregrin, J.M. -104
Periasamy, M. -261, 312
Pericas, M.A. -134, 415
Perkins, M.J. -378
Perlmutter, P. -22, 306, 423
Perry, P.J. -192
Persons, P.J. -234
Perumal, P.T. -314
Petasis, N.A. -338
Pete, J.-P. -111
Petersen, U. -285
Peterson, I. -423
Petit, G.R. -420
Petrich, J.W. -368
Petrov, V.A. -286, 381
Pez, G.P. -391

Pfaltz A. -371
Pfaltz, A. -82, 187
Phillips, G.B. -432
Piancatelli, G. -358
Piers, E. -63, 78, 362
Piers, W.E. -180
Piettre, S.R. -338
Pillai, V.N.R. -328
Pirrung, M.C. -115
Piva, O. -111
Pivonka, D.E. -427
Pizzo, F. -216
Placucci, G. -409
Planeix, J.-M. -411
Platzer, N. -101
Pletcher, D. -366
Plumet, J. -52, 420
Plusquellec, D. -425
Podesta, J.C. -363
Pohmakotr, M. -218
Ponrathnam, S. -167
Pornet, J. -85
Porta, O. -41
Porter, N.A. -56
Prajapati, D. -344
Prakash, G.K.S. -363
Praly, J.P. -330
Prandi, J. -221
Prato, M. -407
Prein, M. -283
Prejapati, D. -73
Prestwich, G.D. -395
Provent, C. -66
Przybylski, M. -370
Pulido, F.J. -12
Puredes, R. -297
Qin, W. -382
Qing, F. -80
Quayle, P. -161, 175
Que, L., Jr. -376
Queguiner, G. -337, 420
Quintero-Cortez, L. -419
Rabideau, P.W. -109, 409
Radwan-Pytlewski, T. -12

Raju, S.V.N. -291
Ramachandran, P.V. -176
Ramana, M.M.V. -120
Ramsden, J.A. -428
Ranu, B.C. -34, 118
Rapoport, H. -31, 286
Raston, C.L. -411
Ravindranathan, T. -296
Ray, P.S. -272
Rayner, C.M. -161, 406
Read, R.W. -239
Rebek, J., Jr. -368, 369
Reed, C.A. -414
Rees, B. -395
Reetz, M.T. -123, 166
Regan, A.C. -44
Reggelin, M. -429
Reginato, G. -81
Reider, P.J. -371
Rein, T. -379
Reinhoudt, D.N. -170, 369, 372
Reissig, H.U. -372
Remuzon, P. -289
Renaud, P. -12, 348
Resnati, G. -179, 286, 390
Rezende, C. -297
Rich, D.H. -201
Richards, C.J. -4
Richardson, K. -399
Richert, C. -339
Richmond, T.G. -194
Rieke, R.D. -34, 312, 360
Riera, A. -415
Rigby, J.H. -108, 112, 125, 208, 257
Righi, G. -415
Risch, N. -228
Roberts, B.P. -3, 26
Robertson, J. -146, 255
Robinson, J.A. -431
Rodriguez, J. -90
Rodriguez, M.A. -349

Rodriquez, J.A.R. -154
Roesky, H.W. -385
Rokach, J. -291
Romero, A.G. -263
Romine, J.L. -403
Rose, E. -7
Rosini, G. -315
Rossi, E. -218
Rossi, R. -81
Rossi, R.A. -19
Rossi, R.H. -268
Rossiter, K.J. -370
Rotella, D.P. -431
Rotello, V.M. -413
Roth, G.P. -6
Rothwell, I.P. -20
Rousenthal, U. -388
Roush, W.R. -99, 102, 422, 430
Rousseau, G. -68, 253
Roy, S.C. -299, 337, 422
Royer, J. -282
Rozen, S. -157, 165, 390
Ruano, J.L.G. -28, 337
Rubin, Y. -409
Rusanov, A.L. -288
Russell, G.A. -216
Russell, K. -427
Ryan, J.H. -418
Rychnovsky, S.D. -86, 254, 311
Rykowski, A. -260
Ryu, E. -214
Ryu, I. -380
Saalfrank, R.W. -83
Sabitha, G. -283
Saigo, K. -17
Saika, T. -132
Saito, I. -399
Saito, S. -300
Saito, T. -102, 264
Sakaguchi, K. -421
Sakamoto, T. -15, 233
Sakata, Y. -409

Saladino, R. -164
Salama, P. -116
Salaun, J. -91
Salvadori, P. -215
Sammakia, T. -219
Sandhu, J.S. -196, 198, 269, 344
Sankararaman, S. -116, 314, 418
Sannicolo, F. -409
Sano, H. -100
Santelli, M. -35, 383
Santorelli, G.M. -331
Sardina, F.J. -286, 325
Sarkar, A. -54, 313
Sarkar, S.K. -427
Sarkar, T.K. -146, 431
Sartori, P. -385
Sasaki, S. -431
Sassaman, M.B. -196
Sasson, Y. -157
Sato, F. -36, 80, 92, 229
Sato, K.i. -314
Sato, Y. -151
Sato, F. -321
Satoh, M 365
Satoh, T. -382
Saunders, M. -414
Savignac, P. -86, 352
Savoia, D. -31
Sawada, H. -391
Sawaki, Y. -143, 162
Sayama, S. -172, 192
Scettri, A. -153
Schafer, H.J. -140
Scharf, H.-D. -167
Schaumann, E. -145
Schecter, H. -110
Scheffer, J.R. -366
Scheiber, P. -257
Schiesser, C.H. -289
Schinzer, D. -1
Schlessinger, R.H. -188, 431

Schlosser, M. -29, 128, 242, 308
Schmalz, H.-G. -11
Schmidt, A.H. -121
Schmidt, R.R. -430
Schmittel, M. -126
Schneider, C. -139
Schoemaker, H.E. -375
Schonecker, B. -372
Schreiber, S.L. -424, 430
Schuchardt, U. -157
Schultz, A.G. -4, 60, 115, 188, 420, 422
Schultz, P.G. -376, 431
Schulz, M. -163, 166
Schumann, H., 34
Schuster, D.I. -408, 409
Schvekhgeimer, M.-G.A. -288
Schwartz, J. -71, 193, 196, 425
Schwarz, S. -187
Schwindt, M.A. -312
Scialdone, M.A. -432
Scolastico, C. -48
Scott, L.T. -409
Sebesta, D.P. -335
Selke, R. -186
Semmelhack, M.F. -7
Senda, Y. -181
Sengupta, S. -82, 335
Seonae, C. -407
Serebrennikova, G.A., 393
Sergeev, D.S. -394
Serivanti, A. -136
Seto, H. -333, 365
Seybold, G. -402
Shaik, S. -401
Shankar, B.B. -32
Shapiro, M.J. -427
Sharma, S.K. -431
Sharpless, K.B. -166, 168
Shau, X. -312

Shea, K.J. -99
Sheflyan, G.Ya. -394
Sheldon, R.A. -164
Shen, Y. -340
Shevlin, P.B. -408
Shi, G. -35, 82, 87
Shi, Y. -163
Shibasaki, M. -8, 45, 79, 87, 421, 424
Shibuya, I. -290
Shibuya, S. -338
Shifrina, Z.B. -288
Shigemasa, Y. -22
Shih, H. -317
Shiina, I. -415
Shim, S.C. -232, 401
Shimizu, I. -70, 140
Shimizu, T. -310
Shimkai, S. -77
Shing, T.K.M. -101
Shinkai, S. -413
Shioiri, T. -420
Shishido, K. -421
Shono, T. -43, 281
Showalter, H.D.H. -235, 428
Shtefan, E.D. -288
Shulpin G.B. -157
Shvekhgeimer, M.-G.A. -288
Sibi, M. -P. -166
Sibi, M.P. -18, 54, 56
Sieburth, S.McN. -393, 416
Siegel, M.G. -428
Sierra, M.A. -74, 91
Siling, M.I. -386
Silveira, C.C. -354
Silverberg, L.J. -352
Simpkins, N.S. -361
Sindona, G. -351
Singer, R.D. -117
Singh, J. -429
Singh, V. -114

Singh, V.K. -158, 298
Singleton, D.A. -16
Sinibaldi, M.-E. -235
Sinou, D. -86
Siskin, M. -377
Sivanandaiah, K.M. -292
Sivaram, S. -402
Skattebol, L. -248
Skrydstrup, T. -40
Sliwa, W. -287
Smallridge, A.J. -188
Smirnova, L.I. -397
Smith W.J., III -320
Smith, A.B., III -293, 414, 422, 424
Smith, A.L. -417
Smith, E.H. -228
Smith, K. -14, 209, 344, 361
Smith, S.C. -141
Smitrovich, J.H. -310
Snaith, R. -367
Snider, B.B. -3, 43, 380, 419, 420, 422
Snieckus, V. -81, 313, 348, 352
Snyder, B.B. -187
Snyder, J.K. -244
Soai, K. -33
Sodergren, M.J. -158
Soderquist, J.A. -71
Solaja, B.A. -170
Solladie, G. -180, 239, 421
Solladié-Cavallo, A. -28
Solomon, D.H. -268
Solomon, E.I. -397
Soloshonok, V.A. -270, 390
Somfai, P. -237
Song, C.E. -166
Soum, A. -385
South, M.S. -264
Spangler. -L.A. -128

Spear, K.L. -428
Speckamp, W.N. -81
Spilling, C.D. -164
Spino, C. -179
Spivey, A.C. -198
Sponsler, M.B. -348
Srebnik, M. -123, 133, 338
Srikrishna, A. -139, 140, 184, 415
Srinivasan, C. -337
Srinivasan, K.V. -24
Srinivasan, P.C. -244
Stanetty, P. -275
Stang, P.J. -392, 418
Stavber, S. -159
Steckhau, E. -336
Steed, J.W. -369
Steel, P.G. -402
Steglich, W. -424
Steinborn, D. -358
Stella, L. -393
Stephenson, R. -81
Stewart, J.D. -173
Stiasny, H.C. -339
Still, I.W.J. -359
Still, W.C. -426
Stoddart, J.F. -368
Stolcova, M. -275
Stork, G. -420
Storr, R.C. -95
Strauss, S.H. -48
Streith, J. -289
Strunz, G.M. -27
Stubbe, J. -394
Studer, A. -62, 373
Subba Rao, G.S.R. -60
Subramanyam, C. -81
Sudalai, A. -119, 167, 291
Sudhakar, A.R. -309
Sugimoto, A. -115
Suginome, H. -111
Sugita, H. -356

Sugiura, Y. -410
Sun, Y.-P. -409, 411
Sundstrom, V. -396
Suri, S.C. -139
Suryawanshi, S.N. -98
Suto, M.J. -292
Sutton, P.W. -106
Suzuki, H. -291, 354, 357, 358, 389
Suzuki, K. -39
Sweeney, J.B. -202, 362
Swenton, J.S. -64
Swindell, C.S. -41, 416
Sychev, A.Ya. -387
Sydnes, L.K. -86
Szeimies, G. -336
Szostak, J.W. -394
Szymoniak, J. -316
Taber, D.F. -4, 63, 71
Tada, M. -111
Tadano, K. -99
Taddei, M. -35
Tafesh, A.M. -404
Tagliavini, G. -32
Taguchi, T. -214, 335
Taguchi, Y. -208
Takacs, J.M. -64
Takagi, K. -215
Takagi, Y. -331
Takahashi, I. -208
Takahashi, M. -268, 277
Takahashi, T. -75, 141
Takai, K. -55, 139
Takaya, H. -371
Takechi, N. -334
Takeda, T. -339
Takei, H. -28
Takesako, K. -419
Takeshita, H. -146
Takeuchi, K. -383
Talaty, E.R. -278
Tamariz, J. -123
Tamura, Y. -358
Tanabe, Y. -88, 148, 218

Tanaka, A. -180
Tanaka, H. -350
Tanaka, M. -122, 281, 312, 333, 353
Tanemura, K. -291
Tang, J.Y. -351
Tang, W.C., 399
Tani, K. -32, 168, 349
Tanner, D. -371
Tascioglu, S. -367
Taylor, E.C. -234
Taylor, R.J.K. -14, 72, 322, 348, 422
Teague, S.J. -428
Templeton, J.L. -200
Terashima, S. -421
Thompson, M. -263
Tian, W.-s. -422
Tidwell, T.T. -105, 383
Tiecco, M. -273, 387
Tietze, L.F. -132, 376, 432
Tillyer, R. -336
Tito, A. -28
Tius, M.A. -424
Toda, F. -114
Todano, K. -423
Todd, C.J. -163
Togo, H. -242, 247
Tojo, G. -112
Tokuda, M. -226
Tolstikov, A.G. -392
Tolstikov, G.A. -392
Tomioka, K. -14, 51
Tomoika, H. -412
Tori, M. -423
Torii, S. -81, 166, 228, 276
Torres, T. -289
Tortorella, P. -360
Toshima, K. -17, 419
Tour, J.M. -398
Townsend, C.A. -417
Tozer, M.J. -391

Trahanovsky, W.S. -243
Trehan, S. -35
Trivedi, G.K. -260, 271
Trofimov, B.A. -288, 401
Trost, B.M. -8, 59, 76, 146, 149, 216, 323, 371, 386, 421
Trudell, M.L. -286
Tsai, H.-J. -66
Tschaen, D.M. -177
Tse, B. -421
Tso, H.-H. -95
Tsuchiya, T. -357
Tsuji, J. -388
Tsuji, T. -93
Tsuji, Y. -355
Tsukayama, M. -223
Tsunoda, T. -247
Tundo, P. -3, 390
Turnbull, K. -117, 279
Turner, N.J. -306
Uchiro, H. -305
Uemura, S. -55, 80, 118, 178, 267
Uenishi, J. -341, 418
Uguen, D. -301, 313
Ujihara, K. -420
Ukaji, Y. -270
Umani-Ronchi, A. -33
Umemoto, T. -391
Unden, A. -293, 294, 431
Undheim, K. -326
Uneyama, K. -263
Urones, J.G. -149
Usatov, A.V. -413
Uskokovic, M.R. -89
Utaka, M. -331
Utimoto, K. -25, 30, 76
Valerio, R.M. -432
van Bekkum, H. -381
van Boom, J.H. -88, 326, 422
van den Broek, L.A.G.M. -271

van der Gen, A. -361
van Doren, H.A. -305
van Leeuwen, P.W.N.M. -136
Van Leusen, A.M. -231
van Lier, J.E. -389
van Maaeseveen, J.H. -431
van Nostrum, C.F. -285
Vankar, Y.D. -187, 192
Vasin, V.A. -380
Vatele, J.-M. -150, 213, 421
Vaultier, M. -49, 349
Vedejs, E. -300
Venkataratnam, R.V. -140, 266
Venkateswaran, R.V. -204
Venkov, A. -243
Viado, A.L. -412
Viaud, M.-C. -132
Vicens, J. -369
Villemin, D. -1
Villiéras, J. -51
Vinogradov, M.G. -399
Virgili, A. -93
Voelter, W. -314
Vogtle, F. -369, 410
Vollhardt, K.P.C. -101
Voyer, N. -396
Vulfson, E.N. -368
Vuligonda, V. -182
Waddell, S.T. -331
Wadgaonkar, P.P. -299
Waegell, B. -156
Waggon, W.-D. -398
Wakharkar, R.D. -119, 153
Waldmann, H. -98, 259, 283, 367
Walkup, R.D. -276
Walter, C. -375
Walters, M.A. -108, 138
Wan, P. -383

Wang, D. -36
Wang, K.K. -106, 125, 380, 418
Wang, S.-F. -251
Wang, Y. -185
Wanner, K.T. -17
Ward, D.E. -419
Ward, R.S. -123
Ward, Y.D. -430
Warren, S. -352
Watt, P.B. -5
Webb, T.R. -429
Wee, A.G.H. -40
Weedon, A.C. -111
Wehler, T. -427
Weidner-Wells, M.A. -120
Weinreb, S.M. -158, 239, 273
Welker, M.E. -98
Welzel, P. -290
Wender, P.A. -101, 113, 228
Wengel, J. -430
Wentrup, C. -243, 265
Westman, J. -427
Whitby, R.J. -308
Whitesell, J.K. -38, 342
Whitesides, G.M. -39, 305
Whiting, A. -17
Whitten, D.G. -378
Whitten, J.P. -429
Wiberg, K.B. -400
Widhalm, M. -8, 372
Wiebus, E. -379
Wiegrebe, W. -20
Wiessman, S.A. -176
Wijnberg, J.B.P.A. -47, 150
Williams, A.C. -400
Williams, D.L.H. -404
Williams, J.M.J. -52, 178, 312, 388
Williams, P.M. -409
Williams, R.B. -345
Williams, R.M. -423
Williams, R.R. -409
Wills, M. -177, 183, 384
Wilson, S.R. -228, 407, 408
Winkler, J.D. -99, 377
Winterfeldt, E. -377
Winternitz, F. -432
Wipf, P. -53, 274, 388, 422, 431
Wirth, T. -33, 220
Witty, D.R. -235
Woldmann, H. -294
Wong, C.-H. -322, 375, 395
Wood, J.L. -422, 423, 424
Wright, S.W. -209
Wu, P.L. -183
Wu, Y.-L. -66, 347
Wudl, F. -409
Wulff, W.D. -49, 137
Wurthwein, E.U. -251
Wynberg, H. -289
Xavier, L.C. -177
Xu, Y.C. -296, 301
Xu, Z. -412
Yadav, J.S. -190, 299
Yadav, V.K. -165
Yagisawa, S. -431
Yamabe, S. -97
Yamada, K. -419, 420
Yamada, S. -301, 331
Yamagishi, T. -186
Yamaguchi, M 45
Yamamoto, A. -9
Yamamoto, H. -39, 187, 248, 290, 307
Yamamoto, K. -144, 171, 314
Yamamoto, M. -65
Yamamoto, Y. -37, 80, 85, 238, 246, 253, 349, 355
Yamamura, S. -423
Yamanaka, H. -339

Yamashita, M. -41
Yamashita, T. -342
Yamauchi, M. -105
Yamazaki, S. -91
Yan, B. -427
Yan, T.-H. -23
Yanada, R. -71
Yang, D. -163
Yang, L. -432
Yang, T.-K. -105
Yang, Z.-Y. -382
Yao, C.F. -345
Yasuda, M. -287
Yates, J.T., Jr. -366
Yokoyama, M. -242, 247
Yoneda, N. -150, 336
Yonezawa, N. -118
Yoon, H. -324
Yoon, N.M. -34, 189
Yoshida, J. -18
Yoshida, M. -32, 410
Yoshida, S. -407
Yoshida, T. -261
Yoshikawa, M. -215
Yoshimatsu, M. -218, 417
You, Z. -347
Young, D.J. -37
Yu, C.-M. -142
Yuan, C.-Y. -270
Yum, E.K. -222
Yus, M. -29, 189, 384
Zaitseva, G.S. -89

Zajc, B. -324
Zaks, A. -161
Zanaveskin, L.N. -390
Zaragoza, F. -432
Zard, S.Z. -195, 206, 361
Zarechi, A. -187
Zarytova, V.F. -394
Zavada, J. -122
Zecchi, G. -286
Zefirov, N.S. -86, 405
Zeigarnik, A.V. -364
Zenk, H. -252
Zercher, C.K. -89, 90
Zhang, R.-Y. -225
Zhang, X. -8
Zhang, Y. -40, 178, 312, 354, 360
Zhao, S.-H. -163, 320
Zhdankin, V.V. -392
Zhdanova, E.A. -397
Zhu, J. -334
Zibuck, R. -431
Ziessel, R. -366
Zimmer, R. -401
Zimmerman, H.E. -401
Zinenkov, A.V. -399
Zmijewski, M.J. -294
Zoltewicz, J.A. -245
Zoretic, P.A. -10, 137
Zou, J.P. -262
Zwanenburg, B. -331
Zwierzak, A. -320
Zyk, N.V. -405